全国高等农林院校生物科学类
专业“十二五”规划系列教材

基础生物化学

赵国芬 张少斌 主编

basic biochemistry

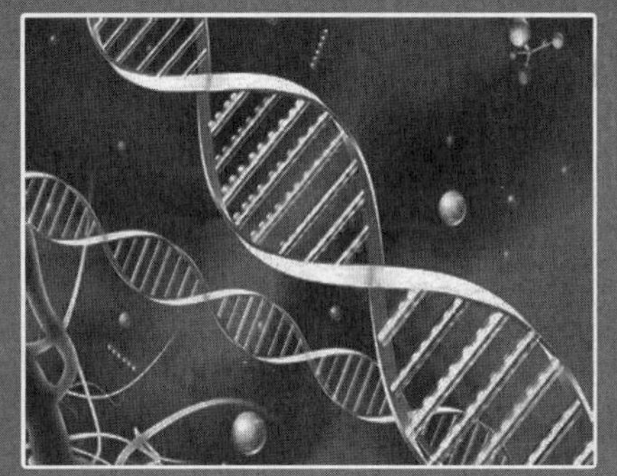

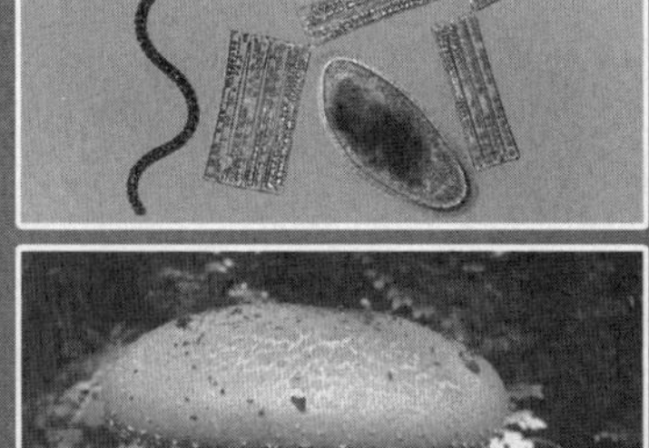

中国農業大學出版社
China Agricultural University Press

内容简介

生物化学是用化学的、物理学的和近代生物学的方法从分子水平上研究生命活动过程中物质的组成、性质、代谢变化与生物体机能之间的关系，从而阐明生命现象的化学本质的一门学科。

本教材是全国高等农林院校生物科学类专业“十二五”规划系列教材之一，主要包括以下几部分内容：①静态生物化学部分，主要探讨了构成生物体的大分子糖、脂、蛋白、酶、核酸的结构、性质、功能，同时介绍了这些物质的分离、分析技术及其应用；②动态生物化学部分，主要系统介绍了糖、脂、蛋白、核酸在体内的代谢变化规律、代谢调控及代谢变化与生物体机能之间的关系；③分子生物学部分，这部分以原核生物为主，介绍了遗传信息传递的分子基础与调控规律，是生物化学的发展和延续。

图书在版编目(CIP)数据

基础生物化学/赵国芬，张少斌主编. —北京：中国农业大学出版社，2014.6(2022.6 重印)
ISBN 978-7-5655-0956-8

Ⅰ.①基… Ⅱ.①赵…②张… Ⅲ.①生物化学 Ⅳ.①Q5

中国版本图书馆 CIP 数据核字(2014)第 089449 号

书　名 基础生物化学
作　者 赵国芬　张少斌　主编

策划编辑 赵　艳　孙　勇　潘晓丽　　**责任编辑** 田树君
封面设计 郑　川　　**责任校对** 陈　莹　王晓凤
出版发行 中国农业大学出版社
社　址 北京市海淀区圆明园西路 2 号　　**邮政编码** 100193
电　话 发行部 010-62818525，8625　　读者服务部 010-62732336
编辑部 010-62732617，2618　　出　版　部 010-62733440
网　址 http://www.cau.edu.cn/caup　　**e-mail** cbsszs @ cau.edu.cn
经　销 新华书店
印　刷 北京时代华都印刷有限公司
版　次 2014 年 9 月第 1 版　2022 年 6 月第 6 次印刷
规　格 787×1 092　16 开本　28.25 印张　702 千字
定　价 69.00 元

图书如有质量问题本社发行部负责调换

全国高等农林院校生物科学类专业“十二五”规划系列教材编审指导委员会

（按姓氏拼音排序）

编写人员

主　编　赵国芬（内蒙古农业大学）
　　　　　张少斌（沈阳农业大学）

副主编　韩占江（塔里木大学）
　　　　　谢东雄（广东海洋大学）
　　　　　张　桦（新疆农业大学）

参编者　（按姓氏拼音排列）
　　　　　包海霞（内蒙古农业大学）
　　　　　何秀玲（内蒙古农业大学）
　　　　　金　青（安徽农业大学）
　　　　　刘　扬（内蒙古农业大学）
　　　　　苏豫梅（新疆农业大学）
　　　　　杨致芬（山西农业大学）
　　　　　王桂花（内蒙古农业大学）
　　　　　王光霞（内蒙古农业大学）
　　　　　王育林（广东海洋大学）
　　　　　武春燕（内蒙古农业大学）
　　　　　张志勇（河南科技学院）

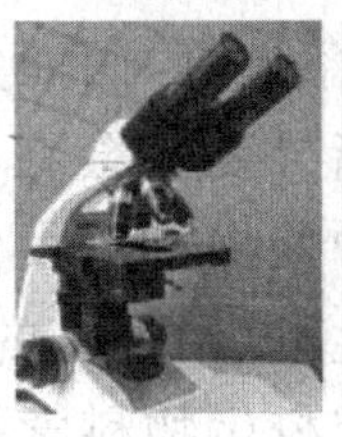

出版说明

生物科学是近几十年来发展最为迅速的学科之一,它给人类的生产和生活带来巨大变化,尤其在农业和医学领域更是带来了革命性的变革。生物科学与各个学科之间、生物科学各个分支学科之间的广泛渗透,相互交叉,相互作用,极大地推动了生物科学技术进步。生物科学理论和方法的丰富和发展,在持续推动传统农业和医学创新的同时,其应用领域不断扩大,广泛应用的领域已包括食品、化工、环保、能源和冶金工业等各个方面。仿生学的应用还对电子技术和信息技术产生巨大影响。生物防治、生物固氮等生物技术的应用,极大地改变了农业过分依赖石化工业的局面,继而为自然生态平衡的恢复做出无可替代的贡献。以大量消耗资源为依赖的传统农业被以生物科学和技术为基础的生态农业所替代和转变。新的、大规模的近现代农业将由于生物科学的快速发展而迅速崛起。

生物科学在农业领域中越来越广泛的应用,以及不可替代作用的发挥,既促进了生物科学教育的发展,也为生物科学教育提出了新的更高的要求。农业领域高素质、应用型人才对生物科学知识的需求具有自身独特的使命和特征。作为培养高素质、应用型人才重要途径和方式的农业高等教育亟需探索出符合实际需求和发展的教育教学模式和内容。为此,中国农业大学生物学院和中国农业大学出版社与全国 30 余所高等农林院校合作,在充分汲取各校生物科学类专业教改实践经验和教改成果的基础上,经过进一步集成、融合、优化、提升,凝聚形成了比较符合农林院校教学实际、适应性更好、针对性更强、教学效果更佳的教学理念和教材编写思路,进而精心打造了“全国高等农林院校生物科学类专业‘十二五’规划系列教材”。系列教材覆盖了近 30 门生物科学类专业骨干课程。

本系列教材站在生物科学类专业教育教学整体目标的高度,以学科知识内容关联性为依据,审核确定教材品种和教材内容,通过相关课程教材小规模组合、专家交叉多重审定、编审指导委员会统一把关等措施,统筹解决相关教材内容衔接问题;以统一的编写指导思想因课制宜确定各门课程教材的编写体例和形式。因此,本系列教材主导思想整体归一、各种教材各具特色。

农业是生物科学最早也是应用范围最广的领域,其厚重的实践积累和丰硕成果使得农业高等教育生物科学类专业教学独具特色和更高要求。本系列教材比较好地体现了农业领域生物科学应用的重要成果和前沿研究成就，并考虑到农林院校生源特点、教学条件等，因而具有很强的适用性、针对性和前瞻性。

系列教材编审指导委员会在教材品种的确定、内容的筛选、编写指导思想以及质量把关等环节中发挥了巨大作用。其组成专家具有广泛的院校代表性、学科互补性和学术权威性，以及丰富的教学科研经验。专家们认真细致的工作为系列教材打造成为农林院校生物科学类专业精品教材奠定了扎实的基础，在此谨致深深谢意。

作为重点规划教材，为准确把握教学需求，突出特色和确保质量，教材的策划运行被赋予更为充分的时间，从选题调研、品种筛选、编写大纲的拟制与审定、组织教师编写书稿，直至第一种教材出版至少 3 年时间，按照拟定计划主要品种的面世需近 4 年。系列教材的运行经过了几个阶段。第一个阶段，对农林院校生物科学教学现状进行深入的调查研究。2010—2011 年，出版社用了近 1 年的时间，先后多批次走访了近 30 所院校，与数百位生物科学教学一线的专家和教师进行座谈，深入了解我国高等农林院校生物科学教学的进展状况及存在的问题。第二个阶段，召开教学和教材建设研讨会。2011 年 12 月份，中国农业大学生物学院和中国农业大学出版社组织召开了有 30 余所院校、100 余位教师参加的生物教学研讨会，与会代表就农林院校生物科学类专业教学和教材建设问题进行了广泛和深入的研讨，会上还组织参观了中国农业大学生物学院教学中心、国家级生命科学实验教学示范中心以及两个国家重点实验室，给与会代表留下了深刻的印象和较大的启发。第三个阶段，教材立项编写。在广泛达成共识的基础上，有 30 多所高等农林院校、近 500 人次教师参加了系列教材的编写工作。从 2013 年 4 月起，系列教材将陆续出版，希望这套凝聚了广大教师智慧、具有较强的创新性、反映各校教改探索实践经验与成果的系列教材能够对农林院校生物科学类专业教育教学质量的提高发挥良好的作用。

良好的愿望和教学效果需要实践的检验和印证。我们热切地期待着您的意见反馈。

中国农业大学生物学院
中国农业大学出版社
2013 年 3 月 16 日

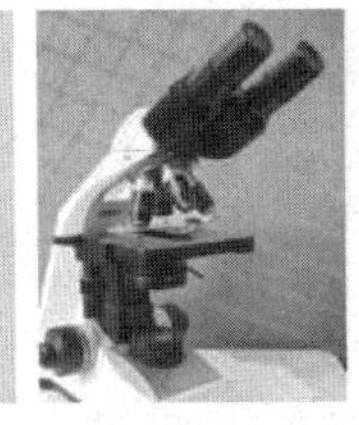

前　言

生物化学是在有机化学和生理学的基础上发展起来的，与有机化学、生理学、物理化学、分析化学有着密切的联系，19 世纪末 20 世纪初发展为独立的学科，是生物学中发展最快的一门前沿学科，其特点是从分子水平阐明生物体的化学组成，及其在生命活动中所进行的化学变化与其调控规律等生命现象的本质。生物化学的发展和成就推动了生物科学其他学科的发展和进步，尤其是基因信息的传递、基因重组与基因工程、基因组学等知识点已成为生命科学领域的前沿学科，在工业、农业、食品工业等领域的发展中也发挥出越来越明显的作用。

基础生物化学课程是高等农林院校农学、园艺、生态、林学类专业非常重要的一门基础课程，学生学好基础生物化学将为学好其他专业课程奠定扎实的基础。

本教材是全国高等农林院校生物科学类专业"十二五"规划系列教材之一，是按照全国农林院校农学类专业《基础生物化学教学大纲》，根据生物化学发展的最新成果并结合参编院校的教学经验而编写的。本书编写大纲经主编制定、副主编修改，最后经编委讨论和修改才确定的。本书编写得到 8 所高校 16 位老师的大力支持，根据各编者的学术专长而分配有关章节的编写任务，书稿最后经过多次校对完成。在保证基本知识、基本理论、基本技能的基础上，加入了新成果、新进展，内容上既全面、完整、前沿，又考虑到学科的交叉、渗透。希望本教材能成为全国农林院校生命科学类专业一本较好的教科书。

本教材力求基本概念精准严谨，基本理论简洁明了，基本技能先进全面。在每章的开头加入了内容提示与教学目标，在每章的结尾有本章小结、思考练习，在教材结尾有参考资料，使学生学习起来更加方便，教师讲授更加容易掌控。本书共 15 章，绪论、第 5 章、第 13 章由塔里木大学的韩占江编写；第 1 章由内蒙古农业大学的王光霞编写；第 2 章由河南科技学院张志勇编写；第 3 章由山西农业大学的杨致芬编写，第 4 章由内蒙古农业大学的包海霞编写；第 6 章由内蒙古农业大学的何秀玲编写；第 7 章由内蒙古农业大学的王桂花编写；第 8 章由广东海洋大学的谢东雄编写；第 9 章由内蒙古农业大学的刘扬和武春燕编写；第 10 章由内蒙古农业大学的赵国芬编写；第 11 章由安徽农业大学的金青编写；第 12 章由新疆农业大学的张桦和苏豫梅编写；第 14 章由广东海洋大学王育林编写；第 15 章由沈阳农业大学的张少斌编写。一审由各位主编和副主编完成，二审由编写人员完成，全书的通稿工作由赵国芬完成。

由于编者水平，编写过程中难免出现一些纰漏和错误，敬请读者批评和指正。

编　者

2013 年 10 月

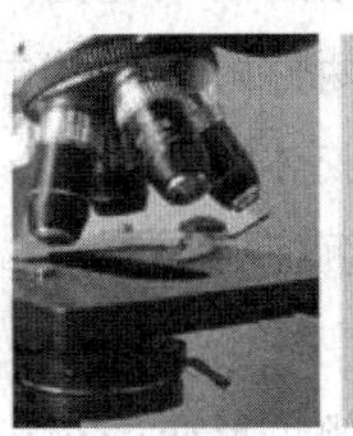

目录

第 0 章 绪论 …… 1

0.1 生物化学研究的主要内容 …… 1

0.2 生物化学发展简史 …… 2

0.3 生物化学与其他学科的关系 …… 4

0.4 生物化学的应用和发展前景 …… 5

第 1 章 蛋白质化学 …… 6

1.1 蛋白质的元素组成 …… 6

1.2 蛋白质的基本组成单位是氨基酸 …… 6

1.2.1 蛋白质中的标准氨基酸的结构特点和表示方法 …… 7

1.2.2 蛋白质中的标准氨基酸的分类 …… 7

1.2.3 蛋白质中的非标准氨基酸 …… 9

1.2.4 非蛋白质氨基酸 …… 10

1.2.5 氨基酸的重要性质 …… 10

1.2.6 氨基酸的分离分析 …… 15

1.3 肽 …… 17

1.3.1 肽与肽键 …… 17

1.3.2 几种重要的天然活性肽 …… 18

1.4 蛋白质的分子结构 …… 19

1.4.1 蛋白质的一级结构 …… 19

1.4.2 蛋白质的二级结构 …… 22

1.4.3 超二级结构和结构域 …… 26

1.4.4 蛋白质的三级结构 …… 26

1.4.5 蛋白质的四级结构 …… 28

1.4.6 纤维状蛋白质的结构 …… 29

1.5 蛋白质结构与功能的关系 …… 31

1.5.1 蛋白质一级结构与功能的关系 …… 31

1.5.2 蛋白质空间结构与功能的关系 …… 33

1.6 蛋白质的特性…… 37
1.6.1 蛋白质的紫外吸收光谱…… 37
1.6.2 蛋白质的两性解离和等电点…… 37
1.6.3 蛋白质的胶体性质…… 38
1.6.4 蛋白质的沉淀…… 38
1.6.5 蛋白质的变性与复性…… 39
1.6.6 蛋白质的颜色反应…… 40
1.7 蛋白质的分离与研究方法简介…… 41
1.7.1 根据分子大小差异分离蛋白质…… 41
1.7.2 利用溶解度差异分离蛋白质…… 42
1.7.3 利用电荷不同分离蛋白质…… 43
1.7.4 根据蛋白质吸附特性分离蛋白质…… 44
1.7.5 根据生物分子特异亲和力分离蛋白质…… 45
1.7.6 蛋白质的鉴定…… 45
1.7.7 蛋白质组与蛋白质组学简介…… 49
1.8 蛋白质的分类…… 50
1.8.1 根据分子形状分类…… 50
1.8.2 根据化学组成分类…… 50
1.8.3 根据溶解度分类…… 51
第 2 章 酶 …… 53
2.1 酶的概述…… 54
2.1.1 酶的概念及其化学本质…… 54
2.1.2 酶的催化作用特点…… 57
2.1.3 酶作用的专一性…… 57
2.1.4 酶的化学组成…… 58
2.2 酶的命名与分类…… 59
2.2.1 酶的命名…… 59
2.2.2 酶的分类…… 60
2.3 酶催化的机制…… 62
2.3.1 酶的活性中心…… 62
2.3.2 酶专一性催化反应的机制…… 67
2.3.3 酶高效催化反应的机制…… 67
2.3.4 蛋白酶的作用机理举例…… 73
2.4 酶促反应动力学…… 74
2.4.1 酶促反应速度的测量…… 74
2.4.2 底物浓度对酶促反应速度的影响…… 77

2.4.3 酶浓度对酶促反应速度的影响 …… 80
2.4.4 pH 对酶作用的影响 …… 81
2.4.5 温度对酶作用的影响 …… 81
2.4.6 抑制剂对酶促反应速度的影响 …… 82
2.4.7 激活剂对酶作用的影响 …… 89
2.5 酶活性的调节 …… 90
2.5.1 别构调节 …… 90
2.5.2 酶活性的共价调节 …… 91
2.5.3 酶原激活 …… 92
2.5.4 调节蛋白 …… 92
2.5.5 同工酶 …… 93
2.6 酶的纯化与酶活力测定 …… 94
2.6.1 酶的分离纯化 …… 94
2.6.2 酶活力的测定 …… 94
2.7 酶工程简介 …… 97
2.7.1 酶的应用 …… 97
2.7.2 酶工程的研究内容 …… 97
第 3 章 维生素与辅酶 …… 100
3.1 水溶性维生素 …… 101
3.1.1 维生素 B_1 与焦磷酸硫胺素 …… 101
3.1.2 维生素 B_2 与 FMN、FAD …… 101
3.1.3 维生素 B_3 与辅酶 A …… 102
3.1.4 维生素 PP 与 NAD^+、$NADP^+$ …… 103
3.1.5 维生素 B_6 及其辅酶 …… 103
3.1.6 维生素 B_7(生物素) …… 104
3.1.7 叶酸与四氢叶酸 …… 104
3.1.8 维生素 B_{12}(钴胺素)及其辅酶 …… 105
3.1.9 硫辛酸 …… 106
3.1.10 维生素 C 与辅酶 …… 106
3.2 脂溶性维生素 …… 106
3.2.1 维生素 A …… 107
3.2.2 维生素 D …… 107
3.2.3 维生素 E …… 107
3.2.4 维生素 K …… 108
3.3 其他的辅基或辅酶 …… 109
3.3.1 核苷酸 …… 109

3.3.2 辅酶 Q …… 109
3.3.3 蛋白质辅酶 …… 109
第 4 章 核酸化学 …… 111
4.1 核酸的化学组成 …… 111
4.1.1 核酸的种类与分布 …… 111
4.1.2 核酸的结构单元——核苷酸 …… 112
4.1.3 核酸的生物学功能 …… 115
4.2 DNA 的结构 …… 116
4.2.1 DNA 分子具特定的碱基组成 …… 116
4.2.2 DNA 分子的一级结构 …… 117
4.2.3 DNA 分子的双螺旋结构 …… 118
4.2.4 DNA 分子螺旋的多态性 …… 119
4.2.5 DNA 分子的超螺旋结构 …… 121
4.2.6 DNA 序列分析 …… 123
4.3 RNA 的结构 …… 124
4.3.1 tRNA 的结构 …… 125
4.3.2 mRNA 的结构 …… 127
4.3.3 rRNA 的结构 …… 128
4.3.4 其他 RNA 分子 …… 129
4.4 核酸的理化性质 …… 130
4.4.1 核酸的一般性质 …… 130
4.4.2 核酸的变性、复性及分子杂交 …… 132
4.5 核酸的分离鉴定 …… 134
4.5.1 分离提取 …… 134
4.5.2 含量测定 …… 134
4.6 基因组 …… 135
4.6.1 病毒基因组 …… 135
4.6.2 原核生物的基因组 …… 137
4.6.3 真核生物的基因组 …… 138
第 5 章 糖类 …… 143
5.1 单糖 …… 143
5.1.1 单糖的种类 …… 143
5.1.2 常见单糖 …… 145
5.1.3 单糖的重要衍生物 …… 147
5.2 寡糖 …… 149
5.2.1 双糖 …… 149

5.2.2 三糖 …… 150
5.2.3 四糖 …… 150
5.3 多糖 …… 151
5.3.1 同多糖 …… 151
5.3.2 杂多糖 …… 154
5.4 结合糖 …… 156
5.4.1 肽聚糖 …… 156
5.4.2 糖蛋白 …… 156
5.4.3 蛋白聚糖 …… 158
5.4.4 糖脂 …… 158
5.5 糖的分离纯化与鉴定 …… 158
5.5.1 分离纯化 …… 158
5.5.2 鉴定 …… 159
第 6 章 脂类和生物膜 …… 160
6.1 生物体内的脂类 …… 160
6.1.1 脂肪酸(fatty acid) …… 160
6.1.2 脂酰甘油和蜡 …… 163
6.1.3 磷脂 …… 166
6.1.4 固醇 …… 168
6.1.5 结合脂类 …… 169
6.2 生物膜的结构 …… 171
6.2.1 生物膜的组成 …… 171
6.2.2 生物膜的结构 …… 175
6.3 生物膜的功能 …… 178
6.3.1 物质运输 …… 178
6.3.2 跨膜信号转导 …… 182
6.3.3 能量传递和转换 …… 184
6.3.4 识别功能 …… 185
第 7 章 新陈代谢概论与生物氧化 …… 187
7.1 新陈代谢概论 …… 187
7.1.1 新陈代谢 …… 187
7.1.2 新陈代谢的类型 …… 188
7.1.3 新陈代谢的研究方法 …… 189
7.2 生物氧化概述 …… 192
7.2.1 生物氧化概念 …… 192
7.2.2 生物氧化的自由能变化 …… 193

7.2.3 高能化合物 …… 197

7.3 电子传递链 …… 201

7.3.1 线粒体 …… 201

7.3.2 电子传递链 …… 202

7.3.3 电子传递抑制剂 …… 208

7.4 氧化磷酸化作用 …… 210

7.4.1 氧化磷酸化的概念及类型 …… 210

7.4.2 磷酸化与电子传递链的偶联 …… 211

7.4.3 氧化磷酸化机制 …… 212

7.4.4 氧化磷酸化的解偶联作用与抑制作用 …… 214

7.4.5 ATP 的合成机制 …… 215

7.4.6 能荷 …… 217

7.4.7 P/O …… 218

7.4.8 氧化磷酸化的调节 …… 218

7.4.9 线粒体穿梭系统 …… 218

第 8 章 糖类代谢 …… 222

8.1 双糖和多糖的酶促降解 …… 222

8.1.1 双糖的酶促降解 …… 222

8.1.2 多糖的酶促降解 …… 223

8.2 糖酵解 …… 225

8.2.1 糖酵解的生物化学过程 …… 226

8.2.2 糖酵解化学计量与生物学意义 …… 230

8.2.3 糖酵解的其他底物 …… 230

8.2.4 丙酮酸的进一步代谢 …… 231

8.2.5 糖酵解的调控 …… 232

8.3 三羧酸循环 …… 233

8.3.1 丙酮酸形成乙酰 CoA …… 233

8.3.2 三羧酸循环的反应历程 …… 234

8.3.3 三羧酸循环的化学计量和特点 …… 237

8.3.4 三羧酸循环的调控 …… 238

8.3.5 三羧酸循环的生物学意义 …… 238

8.3.6 三羧酸循环的回补反应 …… 239

8.4 磷酸戊糖途径 …… 239

8.4.1 磷酸戊糖途径的反应历程 …… 239

8.4.2 磷酸戊糖途径的特点 …… 243

8.4.3 磷酸戊糖途径的调控 …… 243

8.4.4 磷酸戊糖途径的生物学意义 …… 243
8.5 糖的异生作用 …… 245
8.5.1 糖的异生作用的途径 …… 245
8.5.2 糖的异生作用的前体 …… 246
8.5.3 糖的异生作用的生物学意义 …… 246
8.6 蔗糖和多糖的生物合成 …… 247
8.6.1 活化的单糖基供体及其相互转化作用 …… 247
8.6.2 蔗糖的生物合成 …… 248
8.6.3 淀粉的生物合成 …… 249
第 9 章 脂类代谢 …… 252
9.1 脂肪的降解 …… 253
9.1.1 脂肪的降解 …… 253
9.1.2 甘油的降解与转化 …… 254
9.1.3 脂肪酸的氧化分解 …… 255
9.1.4 乙醛酸循环 …… 265
9.1.5 脂肪酸氧化的调节 …… 268
9.2 脂肪的合成 …… 268
9.2.1 α-磷酸甘油的形成 …… 268
9.2.2 脂肪酸的生物合成 …… 269
9.2.3 甘油三酯的生物合成 …… 281
9.2.4 脂肪酸合成的调节 …… 282
9.3 类脂的代谢 …… 283
9.3.1 甘油磷脂的生物合成与降解 …… 284
9.3.2 鞘磷脂的生物合成与降解 …… 288
9.3.3 糖脂的降解与生物合成 …… 290
9.3.4 胆固醇的生物合成与转化 …… 290
第 10 章 蛋白质的酶促降解和氨基酸代谢 …… 296
10.1 蛋白质的酶促降解 …… 296
10.1.1 蛋白质在消化道的降解 …… 296
10.1.2 蛋白在细胞中的降解 …… 297
10.2 氨基酸的降解与转化 …… 299
10.2.1 脱氨基作用(deamination) …… 299
10.2.2 脱羧基作用(decarboxylation) …… 302
10.2.3 氨的去路 …… 302
10.2.4 碳架的去路 …… 304
10.2.5 氨基酸可衍生的其他化合物 …… 309

10.3 氮素循环 …… 310
10.3.1 氮素循环 …… 310
10.3.2 氨的来源 …… 310
10.3.3 氨的同化 …… 312
10.3.4 氨基酸的生物合成 …… 313
第 11 章 核酸的酶促降解与核苷酸代谢 …… 318
11.1 核酸的酶促降解 …… 318
11.1.1 脱氧核糖核酸酶与核糖核酸酶 …… 319
11.1.2 核酸内切酶与核酸外切酶 …… 319
11.1.3 限制性内切核酸酶 …… 319
11.2 核苷酸的降解 …… 321
11.2.1 核苷酸和核苷的降解 …… 321
11.2.2 嘌呤碱的降解 …… 321
11.2.3 嘧啶碱的降解 …… 324
11.3 核苷酸的生物合成 …… 325
11.3.1 嘌呤核苷酸的生物合成 …… 325
11.3.2 嘧啶核苷酸的生物合成 …… 329
11.3.3 脱氧核糖核苷酸的生物合成 …… 331
11.3.4 核苷三磷酸与脱氧核苷三磷酸的合成 …… 333
11.3.5 核苷酸合成的抑制剂 …… 334
第 12 章 DNA 的生物合成 …… 336
12.1 DNA 的复制概貌 …… 336
12.1.1 DNA 复制的半保留性 …… 336
12.1.2 DNA 复制的半不连续性 …… 338
12.2 DNA 复制所需的酶及相关蛋白 …… 339
12.2.1 拓扑异构酶和解旋酶 …… 339
12.2.2 SSB 单链结合蛋白 …… 340
12.2.3 引物酶及引物的合成 …… 340
12.2.4 DNA 聚合酶及聚合反应 …… 341
12.2.5 DNA 连接酶 …… 344
12.3 原核生物 DNA 的复制 …… 345
12.3.1 DNA 复制的起始 …… 345
12.3.2 DNA 链的合成与延伸 …… 346
12.3.3 DNA 复制的忠实性 …… 348
12.4 真核生物 DNA 的复制 …… 349
12.4.1 真核生物的染色体复制 …… 349

12.4.2 端粒的复制…… 350
12.5 反转录作用…… 351
12.5.1 反转录酶的性质…… 351
12.5.2 反转录的过程…… 352
12.5.3 反转录的生物学意义…… 352
12.6 DNA 的损伤修复 …… 353
12.6.1 直接修复…… 353
12.6.2 切除修复…… 353
12.6.3 错配修复…… 354
12.6.4 重组修复…… 354
12.6.5 应急反应…… 355
12.7 DNA 的突变 …… 355
12.7.1 DNA 突变类型 …… 355
12.7.2 诱变剂的作用…… 356
12.8 基因工程简介…… 357
12.8.1 基因工程的概念…… 357
12.8.2 基因工程的操作技术…… 357
12.8.3 基因工程的应用与前景…… 360
12.8.4 聚合酶链式反应…… 360
第 13 章 RNA 的生物合成 …… 363
13.1 原核生物 RNA 转录 …… 363
13.1.1 原核生物启动子…… 363
13.1.2 原核生物 RNA 聚合酶 …… 364
13.1.3 原核生物的转录过程…… 365
13.1.4 原核生物 RNA 转录后加工 …… 368
13.2 真核生物 RNA 转录 …… 369
13.2.1 真核生物 RNA 聚合酶 …… 370
13.2.2 真核生物启动子…… 370
13.2.3 真核生物的转录过程…… 371
13.2.4 真核生物 RNA 转录后加工 …… 372
13.3 RNA 的复制 …… 375
第 14 章 蛋白质的生物合成 …… 378
14.1 遗传密码…… 378
14.1.1 遗传密码的解读…… 378
14.1.2 密码子的基本性质…… 380
14.2 蛋白质的合成体系…… 382

14.2.1 mRNA 是合成蛋白质的模板 …… 382

14.2.2 tRNA 是转运氨基酸的工具 …… 383

14.2.3 核糖体是合成蛋白质的场所 …… 384

14.2.4 翻译辅助因子 …… 386

14.3 蛋白质的合成过程 …… 387

14.3.1 氨基酸的活化与转移 …… 387

14.3.2 肽链合成的起始 …… 390

14.3.3 肽链合成的延伸 …… 392

14.3.4 肽链合成的终止与释放 …… 395

14.3.5 多核糖体 …… 396

14.3.6 真核细胞蛋白质的合成 …… 396

14.3.7 蛋白质合成后的修饰与折叠 …… 397

14.3.8 蛋白质合成后的定位 …… 399

14.3.9 蛋白质合成抑制剂 …… 403

第 15 章 代谢调节 …… 406

15.1 物质代谢的相互联系 …… 407

15.1.1 细胞代谢网络 …… 407

15.1.2 糖类代谢与脂类代谢的相互关系 …… 407

15.1.3 糖类代谢与蛋白质代谢的相互关系 …… 409

15.1.4 脂类代谢与蛋白质代谢的相互关系 …… 409

15.1.5 核酸代谢与糖类、脂类、蛋白质代谢的相互关系 …… 410

15.2 代谢调节 …… 410

15.2.1 代谢调节的水平 …… 410

15.2.2 酶水平调节 …… 411

15.2.3 细胞水平调节 …… 413

15.2.4 多细胞整体水平调节 …… 418

15.3 基因的表达调控 …… 424

15.3.1 原核生物基因表达调控 …… 424

15.3.2 真核生物基因表达调控 …… 427

参考文献 …… 431

推荐书目 …… 433

绪　论

0.1　生物化学研究的主要内容

生物化学(biochemistry)是研究生命体化学组成及化学变化规律的科学,即研究生命现象的化学本质的科学。主要利用化学、物理学和生物学的原理和方法来研究生命活动规律。生物化学是生命科学领域重要的领头学科之一。生物化学研究的主要内容大致包括以下几个方面(图 0-1):

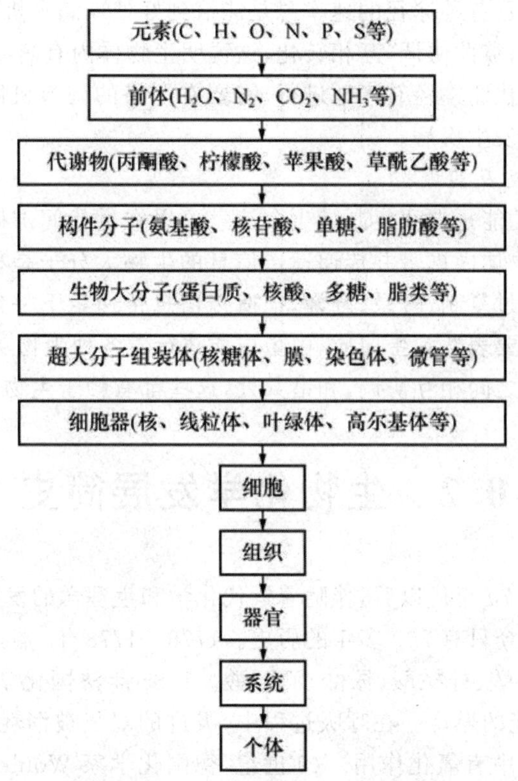

图 0-1　生物个体的分子组织层次

1. 生物体的化学组成

组成生物体的基本有机化合物均由 C、H、O、N、P、S 等元素以及少数其他元素组成,自然界所有的生命物体都由三类物质组成:水、无机物和有机物(生物分子)。水的含量最多,占65%～90%,代谢过程中作溶剂;无机盐,如 Cl^- 可激活唾液淀粉酶,K^+、Na^+ 可调节细胞内外渗透压;生物分子是生物体和生命现象的结构基础和功能基础,是生物化学研究的基本对象,其中最重要的生物大分子有蛋白质、核酸、糖类和脂类。生物体中最重要的生物大分子是核酸和蛋白质。核酸是遗传信息的携带者和传递者,它通过控制蛋白质的生物合成决定细胞的类型和功能。而蛋白质是细胞结构的主要组成成分,也是细胞功能的主要体现者。构成生命的各种物质不能单独地完成生命过程,只有这些物质组织起来才能表现出生命现象。生物大分子需要进一步组装成更大的复合体,然后装配成亚细胞结构、细胞、组织、器官、系统,最后成为能体现生命活动的机体。

2. 生物体的物质代谢、能量转换和代谢调节

组成生物体的化学物质不是一成不变的,而是在不断地变化。为了维护生物体高度有序的精细结构,为了推动生长、发育、遗传、变异等生命活动,生物体必须与外界环境进行物质和能量交换,即进行新陈代谢。新陈代谢是生命的基本特征,是生命活动的物质基础和推动力。生物体一方面需要与外界环境进行物质交换,同时在体内进行各种代谢变化,以维持其内环境的相对稳定,通过代谢变化将摄入营养物中储存的能量释放出来,供机体活动所需。在这些变化中,生物体内特殊的生物催化剂——酶起着决定性的作用。在生物体内各类物质都有其各自的分解和合成途径,而且各种途径的速率总是能恰到好处地满足机体的需要,并且各种途径之间互不干扰,互相配合,彼此协调,互相转化,这说明生物体内有高度精密的自动调节控制系统,要维持体内错综复杂代谢途径有序地进行,需要有严格的调节机制,否则代谢的紊乱可影响正常的生命活动,从而发生疾病。

3. 生物体的基因表达及其调控

生物体的一个重要功能是自我复制。生命信息可以在世代间准确传递,在传递过程中还要对环境做出反应。生物体内携带并传递遗传信息的生物大分子是核酸,核酸分子上携带着生命的遗传信息,它可通过复制、转录、翻译,把遗传信息传递给下一代,以保证生物体的发育和繁殖;同时遗传信息还要表达为蛋白质,由蛋白质执行着各种生物功能。生物体是一个有机的统一体,各种代谢途径之间相互协调,和谐共处,这些都有赖于生物体精确的调节机制。

0.2 生物化学发展简史

生物化学是18世纪70年代以后,伴随着近代化学和生理学的发展,开始逐步形成的一门独立的新兴边缘学科,至今只有200多年的历史。1776—1778年,瑞典化学家 Scheele 从天然产物中分离出甘油、苹果酸、柠檬酸、尿酸、酒石酸。1785年法国化学家 Lavoisier 证明,动物呼吸是体内缓慢和不发光的燃烧。在呼吸过程中,吸进的氧气被消耗,呼出的是二氧化碳,同时放出热能,在呼吸过程中有氧化作用。19世纪,德国化学家 Wöhler 在1828年发现无机化合物氰化铵经过加热能合成尿素。尿素本来是一种仅存在与生命体的有机化合物,尿素的体外合成意味着有机化学和无机化学之间并没有鸿沟存在。1840年德国化学家 Liebig 在出版的《有机化学在农业和生理学中的应用》一书中详细地描述了自然界存在的物质循环,阐明了动物、植物和微生物在物质和能量方面相互依赖和循环的关系,并于1842年提出"代谢"这个

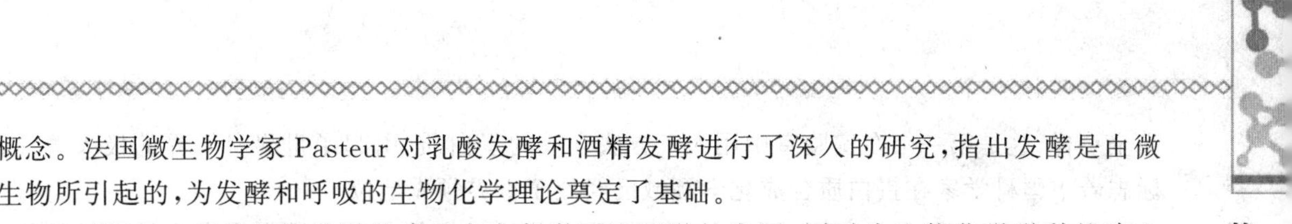

概念。法国微生物学家 Pasteur 对乳酸发酵和酒精发酵进行了深入的研究，指出发酵是由微生物所引起的，为发酵和呼吸的生物化学理论奠定了基础。

19 世纪 40 年代细胞学说的建立大大刺激了生理学的发展，同时为生物化学学科的建立和发展奠定了基础。此后，许多化学家致力于分离、鉴定细胞的各种化学成分，其中最为突出的是德国化学家 Hoppe-Seyler，他广泛研究血液、软骨及其体液的化学组分，首次从血液中分离出血红蛋白，并于 1877 年创办了《生理化学杂志》，这时化学家们不仅开辟了生命科学新的研究领域，而且有了自己的科学园地。生物化学逐渐从生理学分出，作为一门新的独立学科从而诞生。

19 世纪末至 20 世纪初，生物化学领域有三个重大发现，即酶、维生素和激素。德国化学家 Buchner 于 1897 年证明破碎酵母细胞的抽提液仍能使糖发酵，引进了生物催化剂的概念。这是用无细胞提取液离体的方法研究动态生物化学的开始，为以后对糖的分解代谢机制的研究以及酶学研究打下基础。19 世纪末期，德国生物化学家 Fischer 用化学方法确定了单糖和二糖的结构和构型，证明酶有专一性，于 1894 年提出酶催化作用的“锁-钥假说”，完成了氨基酸之间的缩合反应，提出了蛋白质肽键理论。由于他对生物化学的杰出贡献，被公认为“生物化学之父”，并于 1902 年获诺贝尔奖。20 世纪初，人们确认脚气病和坏血病是由于缺乏某种微量营养物质引起的。

1903 年，德国化学家 Neuberg 首次使用“biochemistry”这个词。波兰生物化学家 Funk 在 1911 年结晶出抗神经炎维生素，实际是复合维生素 B，并提出 Vitamine(维他命)一词，意为“生命的胺”。后来发现许多维生素并非胺类化合物，因此，又改为 Vitamin(维生素)。1902 年，美国生物化学家 Abel 分离出肾上腺素并制成结晶。1905 年，英国生理学家 Starling 提出 hormone(激素)一词。1926 年，美国生物化学家 Sumner 首次将脲酶制成结晶，并证明酶的化学本质是蛋白质。

20 世纪 30 年代以后，随着实验技术和分析鉴定手段不断更新与完善，生物化学进入了动态生物化学发展时期，在研究生物体的新陈代谢及其调控机制方面取得了重大进展。1937 年，生于德国的英国生物化学家 Krebs 发现三羧酸循环。在 1940 年前后，基本上阐明了各类生物大分子的主要代谢途径：糖酵解、三羧酸循环、氧化磷酸化、磷酸戊糖途径、脂肪代谢和光合磷酸化等。如德国生物化学家 Embden、Meyerhof 和 Parnas 阐明了糖酵解反应途径；Krebs 发现了尿素循环；美国生物化学 Lipmann 发现了 ATP 在能量传递循环中的中心作用。

从 20 世纪 50 年代开始，生物化学以更快的速度发展，建立了许多先进技术和方法，其中色谱技术、电泳技术、超速离心技术、同位素示踪技术、X 射线衍射技术等技术手段应用于生物化学研究中，使人们可以从整体水平逐步深入到细胞、细胞器以致分子水平，来探索生物分子的结构与功能。如美国生物化学家、植物生理学家 Calvin 和他的学生 Benson 通过放射性同位素示踪和纸层析等方法研究植物光合作用的化学反应过程，经过 10 年的系统研究，提出了卡尔文循环，揭开了光合作用的奥秘。英国生物化学家 Sanger 用 15 年时间完成了牛胰岛素蛋白质一级结构的分析，这项工作建立了测定蛋白质氨基酸顺序的方法，为蛋白质一级结构的测定打下基础，具有划时代的意义。当 Sanger 测定牛胰岛素氨基酸顺序以后，许多实验室试图合成这种蛋白质，都失败了。从 1959 年开始，由北京大学、中国科学院生物化学研究所和上海有机化学研究所组成的一支研究队伍，经过多年努力，于 1965 年用人工合成的方法得到有生物活性的结晶牛胰岛素，它的结构、生物活性、物理化学性质、结晶形状都和天然的牛胰岛素完全一样，这是第一个在实验室中用人工方法合成的蛋白质，引起了世界科学界的极大关注，标志着中国科学家在蛋白质合成化学领域已经处于世界领先地位。

美国化学家 Pauling 于 20 世纪 40 年代开始利用 X 光衍射技术研究蛋白质的三维结构，推断广泛存在于毛发、指甲中的蛋白质纤维是以一种 α-螺旋的空间结构形式存在，这是人类认识到的第一个蛋白质空间结构。1958 年，英国剑桥大学的 Kendrew 和 Perutz 采用 X 光衍射法对鲸肌红蛋白和马血红蛋白进行研究，开创了蛋白质三级结构和四级结构的研究，阐明这两种蛋白的三维空间结构，这是蛋白质研究中的又一重大贡献。

1944 年，美国微生物学家 Avery 等通过肺炎球菌转化实验，证明了遗传物质是 DNA。1953 年，美国生物学家 Watson 和英国生物学家 Crick 根据 Wilkins 和 Franklin 的 X 射线衍射图以及 Chargaff 提出的 DNA 碱基组成规律，创造性地提出了 DNA 分子的双螺旋结构模型，使人们第一次知道了基因的结构实质，不仅为 DNA 复制机制的研究打下了基础，从分子水平上揭示遗传现象的本质，而且开辟了分子生物学的新纪元，从分子水平上研究和改变生物细胞的基因结构及遗传特性。这是生物学历史上的重要里程碑。随后 Crick(1958)提出了分子生物学的中心法则，明确指出生物体的遗传信息是从 DNA 传到 RNA，再从 RNA 传到蛋白质。1961 年，法国生物化学家 Jacob 和 Monod 提出操纵子学说。1966 年，美国生物化学家 Nirenberg 等破译了遗传密码，提出了三个核苷酸编码一个氨基酸。1968—1970 年，Arber(瑞士)、Nathans(美国)和 Smith(美国)发现了限制性核酸内切酶。20 世纪 70 年代，美国肿瘤学家 Temin 和生物学家 Baltimore 等发现了反转录酶，稍后，美国生物化学家、分子生物学家 Berg 等成功进行了 DNA 体外重组，美国分子生物学家 Coben 等建立了分子无性系(分子克隆)，美国生物学家 Boyer 等在大肠杆菌中成功表达了人工合成的生长激素释放抑制因子基因。1975 年 Sanger 等建立了 DNA 酶法测序。随后美国生物化学家 Maxam 和 Gilbert 用化学法解决了 DNA 核苷酸序列测定。1981 年，我国首先完成了酵母丙氨酸 rRNA 的人工合成。1982 年，美国生物化学家 Cech 发现了核酶。1985 年，美国化学家 Mulis 建立了聚合酶链式反应(PCR)技术。1995 年，美国生物医学家 Fire 和 Mello 阐明了 RNA 干扰(RNAi)的机制。2000 年，由美国、英国、日本、法国、德国和中国共同承担的人类基因组计划完成。我国继 2002 年宣布独立完成水稻基因组全部测序后，近年又有多种作物基因组测序报道。

目前，生物化学已经建立起完整的理论和技术体系，同时随着研究领域的不断拓展和深入，生物化学对生命科学、农业和医学的发展将有更加深刻的影响。

0.3 生物化学与其他学科的关系

生物化学是用物理的、化学的原理和方法研究生物体的生命现象，所以生物化学与化学特别是分析化学、有机化学以及物理化学有着密切的关系。例如，研究生物体的化学成分，必须应用化学方法或物理化学方法把它分离、提纯，研究它的性质，确定它的组成和结构，以至于把它合成出来。而生物化学的物质代谢和能量代谢的研究，则需要物理化学中的热力学原则和理论作为基础。生物化学的研究对象是生物体，属于生物学科的一个分支，它和生物学科的其他分支也有着相互联系。

生物化学与生理学是特别密切的姊妹学科。例如植物生理学，它是研究植物生命活动现象的一门科学。植物的生命活动包括许多方面,其中有机物代谢是重要的方面。这本身也属于生物化学的内容。因此,在植物生理学的教科书中也包括部分生物化学内容。

生物化学与遗传学也有密切关系,现已知核酸是一切生物遗传信息载体,而遗传信息的表达,则是通过核酸所携带的遗传信息翻译为蛋白质来实现的。因此,核酸和蛋白质的结构、代谢与功能,同时是生物化学与遗传学的内容。

生物化学也与微生物学有关,目前所积累的生物化学知识,有相当部分是用微生物为研究材料获得的,如大肠杆菌是被生物化学广泛应用的材料。

生物化学与分类学也有关系,由于蛋白质在进化上是较为保守的,因此,近代利用某些蛋白质结构的研究,可以作为分类的依据。

生物化学是生物学许多新兴学科的基础,如分子生物学、结构生物学、基因组学、蛋白质组学,而新兴学科的发展又为生物化学提供了新理论和新技术。此外,农业科学、食品科学、医药卫生及生态环境等科学,都需要生物化学的基础。

0.4 生物化学的应用和发展前景

生物化学向其他学科的渗透越来越明显,它几乎渗透到了一切生命科学的领域,绝大多数生物学问题都需要从生化角度或用生化方法才可能更深入地了解。可以说,生物化学是研究现代生物科学的基础和重要手段之一。生物化学的原理和技术在生产实践中也得到了广泛的应用,如农业生产、食品工业、发酵工业、制药工业、制革与造纸、医学等都与生物化学有着密切的关系。

生物化学是农业科学的重要理论基础之一,如研究植物新陈代谢的各种过程,就有可能控制植物的发育,如能明确糖、脂类、蛋白质、维生素、生物碱以及其他化合物在植物体内合成规律,就有可能创造一定的条件,获得农作物的优质高产。了解某种作物的遗传特性之后,可利用基因重组技术,培育出优良的作物新品种。此外,农产品的贮藏与加工、植物病虫害的防治、除草剂和植物生长调节剂的应用、家畜的营养问题及畜牧业生产率的提高、土壤的肥力提高和养分的吸收等都需要应用生物化学的理论和技术手段。

生物化学理论还可以与工业技术领域学科相结合,在材料工业、污水和废物处理方面发挥作用。目前已产生了生物化学和电子学的边缘学科——分子生物电子学,研究生物芯片和生物传感器,对电子计算机制造、疾病防治和生物模拟都有重要的推动作用。

21世纪是生物科学大发展的世纪,同时人类面临着人口、食物、能源、环境和资源问题的挑战。生物化学的发展也面临着前所未有的机遇和挑战。生物化学与分子生物学等学科交叉渗透,相互促进,将更加全面的发展,也将更加发挥其基础和带头作用,为人类生存和发展做出更大贡献,显示出更加广阔的应用前景和发展活力。

复习思考题

1. 什么是生物化学?
2. 生物化学研究的内容有哪些?

第1章 蛋白质化学

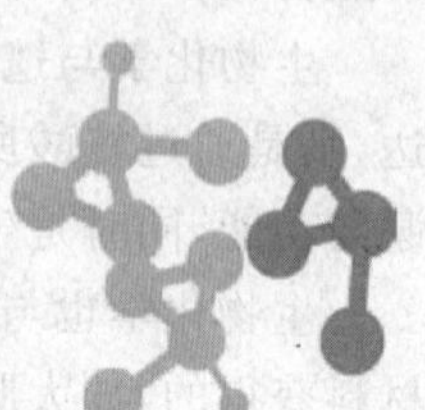

◆内容提示与教学目标

重点掌握：氨基酸的结构、分类、两性解离、等电点、天然氨基酸的结构特点、三字符；一级结构、肽键及其结构、N-末端、C-末端；二级结构（主要为α-螺旋体和β-折叠片）；三级结构、次级键、四级结构；结构与功能的关系；蛋白质的等电点、沉淀变性及光学性质。

掌握：氨基酸的理化性质、蛋白质的平均含氮量、蛋白系数、蛋白质的分类、超二级结构、结构域。

一般了解：活性肽、肌红蛋白、血红蛋白、纤维蛋白的结构及其功能的关系、蛋白质分离纯化与鉴定的一般方法；蛋白质一级结构测定的一般步骤。

难点：氨基酸的化学性质及其反应；肽键的结构与肽键平面，蛋白质的结构与功能的关系。

蛋白质(protein)是生物体的基本组成成分。生物体内的蛋白质种类极其繁多，而且各自具有其独特的结构和功能，在细胞结构、生物催化、物质运输、运动、防御、调控及信息识别等各方面起着极其重要的作用。例如，机体新陈代谢过程中的一系列化学反应几乎都依赖于生物催化剂——酶的作用，而其本质就是蛋白质；调节物质代谢的激素有许多也是蛋白质或它的衍生物；其他诸如肌肉的收缩，血液的凝固，免疫功能，组织修复以及生长、繁殖等主要功能无一不与蛋白质相关。近代分子生物学的研究表明，蛋白质在遗传信息的控制、细胞膜的通透性、神经冲动的发生和传导以及高等动物的记忆等方面都起着重要的作用。

1.1 蛋白质的元素组成

单纯蛋白质的元素组成为碳50%～55%、氢6%～7%、氧19%～24%、氮13%～19%，除此之外还有硫0～4%。有的蛋白质含有磷、碘。少数含铁、铜、锌、锰、钴、钼等金属元素。各种蛋白质的含氮量很接近，平均为16%。由于体内组织的主要含氮物是蛋白质，因此，只要测定生物样品中的氮含量，就可以推算出蛋白质大致含量。

1.2 蛋白质的基本组成单位是氨基酸

蛋白质可以在酸、碱或酶的作用下水解。例如，一种单纯蛋白质用6 mol/L盐酸在真空下110℃水解约16 h，可达到完全水解（酸水解的条件下，色氨酸、酪氨酸易被破坏）。利用层析

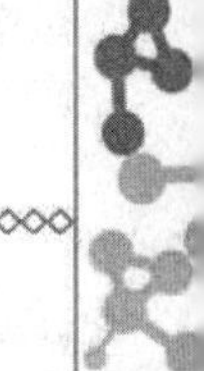

等手段分析水解液，就可证明组成蛋白质分子的基本单位是氨基酸(amino acid，Aa)。在自然界中已经发现700多种氨基酸，参与构成蛋白质的称为蛋白质氨基酸，其他属于非蛋白质氨基酸。在蛋白质氨基酸中，有20种氨基酸出现频率高，称为标准氨基酸(standard amino acids)。

1.2.1 蛋白质中的标准氨基酸的结构特点和表示方法

蛋白质的标准氨基酸也称为基本或常见氨基酸。从细菌到人类细胞，所有蛋白质都由 *L*-α-氨基酸(*L*-α-amino acid)组成，其基本结构如图1-1所示。

20种氨基酸除脯氨酸外，在结构的共同点是同一个α-碳原子上有一个羧基和一个氨基，一个氢原子和R侧链基团。各种氨基酸不同之处在于和α-碳原子上相连的R基团结构不同。生物界中也发现一些 *D* 系氨基酸，主要存在于某些抗生素以及个别植物的生物碱中。

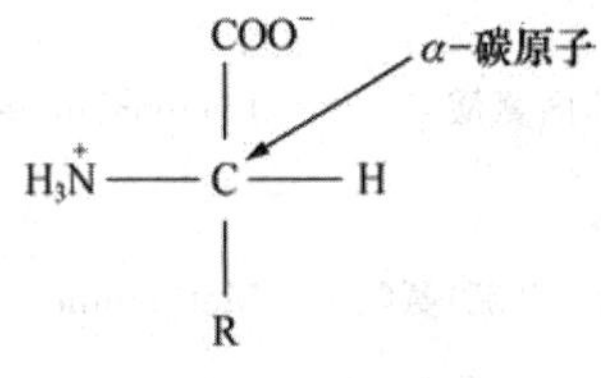

图1-1 氨基酸通式

1.2.2 蛋白质中的标准氨基酸的分类

已经发现的氨基酸种类很多，其分类标准也很多，下面主要对组成生物体的20种标准氨基酸按以下标准进行分类。

1. 按R基的极性分(表1-1)

根据氨基酸侧链R的极性不同可将氨基酸分为非极性氨基酸和极性氨基酸两类。

非极性中性氨基酸：R基团不带电荷或极性极微弱，具有疏水性。

极性氨基酸：R基团带电荷或有极性不带电，它们又可分为以下3类。

(1)极性中性氨基酸　R基团有极性，但不解离，或仅极弱地解离，有亲水性。如丝氨酸。

(2)酸性氨基酸　R基团有极性，且解离，在中性溶液中显酸性，亲水性强。如天门冬氨酸、谷氨酸。

(3)碱性氨基酸　R基团有极性，且解离，在中性溶液中显碱性，亲水性强。如组氨酸、赖氨酸、精氨酸。

表1-1 20种标准氨基酸

中文名称	英文名称	三字符	单字符	结构式
非极性氨基酸				
甘氨酸	Glycine	Gly	G	$CH_2(^+NH_3)-COO^-$
丙氨酸	Alanine	Ala	A	$CH_3-CH(^+NH_3)-COO^-$
亮氨酸	Leucine	Leu	L	$(CH_3)_2CHCH_2-CH(^+NH_3)COO^-$
异亮氨酸	Isoleucine	Ile	I	$CH_3CH_2CH(CH_3)-CH(^+NH_3)COO^-$

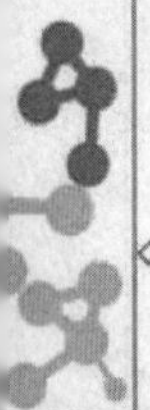

续表1-1

中文名称	英文名称	三字符	单字符	结构式
缬氨酸	Valine	Val	V	$(CH_3)_2CH-CH(^+NH_3)COO^-$
脯氨酸	Proline	Pro	P	吡咯烷环（N^+ 上带 2 个 H）$-COO^-$
苯丙氨酸	Phenylalanine	Phe	F	$C_6H_5-CH_2-CH(^+NH_3)COO^-$
蛋(甲硫)氨酸	Methionine	Met	M	$CH_3SCH_2CH_2-CH(^+NH_3)COO^-$
色氨酸	Tryptophan	Trp	W	吲哚环（NH）$-CH_2CH(^+NH_3)-COO^-$
极性不带电的氨基酸				
丝氨酸	Serine	Ser	S	$HOCH_2-CH(^+NH_3)COO^-$
谷氨酰胺	Glutamine	Gln	Q	$H_2N-C(=O)-CH_2CH_2CH(^+NH_3)COO^-$
苏氨酸	Threonine	Thr	T	$CH_3CH(OH)-CH(^+NH_3)COO^-$
半胱氨酸	Cysteine	Cys	C	$HSCH_2-CH(^+NH_3)COO^-$
天冬酰胺	Asparagine	Asn	N	$H_2N-C(=O)-CH_2CH(^+NH_3)COO^-$
酪氨酸	Tyrosine	Tyr	Y	$HO-C_6H_4-CH_2-CH(^+NH_3)COO^-$
酸性氨基酸				
天冬氨酸	Aspartic acid	Asp	D	$HOOCCH_2CH(^+NH_3)COO^-$
谷氨酸	Glutamic acid	Glu	E	$HOOCCH_2CH_2CH(^+NH_3)COO^-$

续表1-1

中文名称	英文名称	三字符	单字符	结构式
碱性氨基酸				
赖氨酸	Lysine	Lys	K	$^{+}NH_3CH_2CH_2CH_2CH_2CH(^{+}NH_2)COO^{-}$
精氨酸	Arginine	Arg	R	$H_2N-C(=^{+}NH_2)-NHCH_2CH_2CH_2CH(NH_2)COO^{-}$
组氨酸	Histidine	His	H	咪唑环(N—H)$-CH_2CH(^{+}NH_3)-COO^{-}$

这20种标准氨基酸都有各自的遗传密码，它们是生物合成蛋白质的构件，无种属差异。

2. 按氨基和羧基数目分

氨基酸分子中同时含有氨基($—NH_2$)和羧基(—COOH)。中性氨基酸只含有一个氨基和一个羧基。酸性氨基酸分子中羧基的数目比氨基多，碱性氨基酸分子中氨基的数目比羧基多。

3. 按R基的结构特征分

按R基的结构特征可将20种标准蛋白质氨基酸分为以下3类。

(1)脂肪族氨基酸　侧链只是烃链的氨基酸(如甘氨酸)、侧链含有羟基的氨基酸(如丝氨酸)、侧链含硫原子的氨基酸(如半胱氨酸)、侧链含有羧基的氨基酸(如天冬氨酸)、侧链含酰胺基的氨基酸(如天冬酰胺)。

(2)芳香族氨基酸　包括苯丙氨酸、酪氨酸和色氨酸3种，都含苯环。

(3)杂环氨基酸　包括组氨酸和脯氨酸2种。

4. 按动物体是否需要分

按照动物体需要与否，又可将20种标准蛋白质氨基酸分为必需氨基酸和非必需基酸两种类型。必需氨基酸是指动物体自身不能合成或合成量不足，必须从食物中摄取的氨基酸。必需氨基酸共有8种：蛋氨酸、色氨酸、缬氨酸、赖氨酸、异亮氨酸、亮氨酸、苯丙氨酸、苏氨酸。如果饮食中经常缺少上述氨基酸，可影响健康。组氨酸为小儿生长发育期间的必需氨基酸，精氨酸、胱氨酸、酪氨酸、牛磺酸为早产儿所必需。

1.2.3　蛋白质中的非标准氨基酸

除常见的20种标准氨基酸外，生物体内还有300多种不常见的氨基酸，它们是基本氨基酸在蛋白质合成以后经羟化、羧化、甲基化等修饰衍生而来的。称为非标准氨基酸(nonstandard amino acids)，也叫稀有氨基酸或特殊氨基酸(图1-2)。如4-羟脯氨酸、5-羟赖氨酸等。其中羟脯氨酸和羟赖氨酸在胶原和弹性蛋白中含量较多。在肌球蛋白和组蛋白中的6-N-甲基赖氨酸、凝血酶原中的γ-羧基谷氨酸。这些氨基酸没有对应的遗传密码。

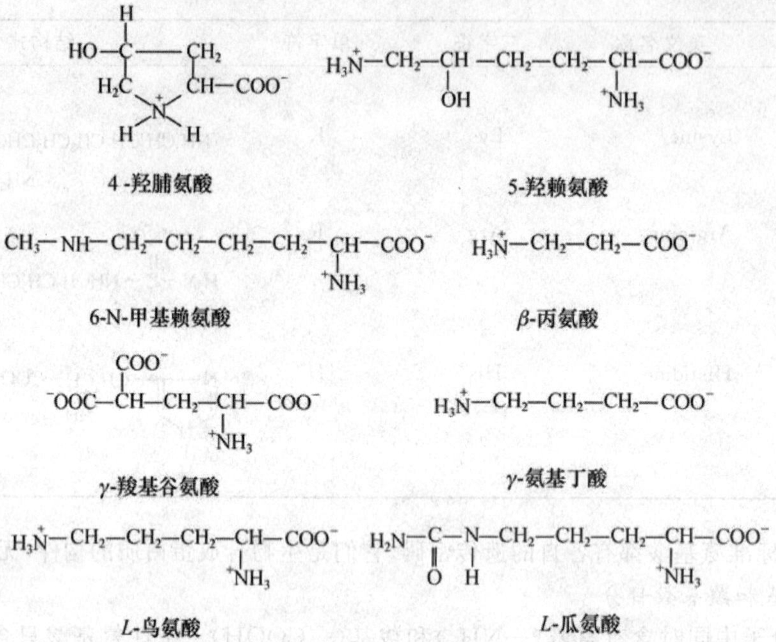

4-羟脯氨酸

$H_3\overset{+}{N}-CH_2-CH(OH)-CH_2-CH_2-CH(\overset{+}{N}H_3)-COO^-$

5-羟赖氨酸

$CH_3-NH-CH_2-CH_2-CH_2-CH_2-CH(\overset{+}{N}H_3)-COO^-$

6-N-甲基赖氨酸

$H_3\overset{+}{N}-CH_2-CH_2-COO^-$

β-丙氨酸

$^-OOC-CH(COO^-)-CH_2-CH(\overset{+}{N}H_3)-COO^-$

γ-羧基谷氨酸

$H_3\overset{+}{N}-CH_2-CH_2-CH_2-COO^-$

γ-氨基丁酸

$H_3\overset{+}{N}-CH_2-CH_2-CH_2-CH(\overset{+}{N}H_3)-COO^-$

L-鸟氨酸

$H_2N-C(=O)-NH-CH_2-CH_2-CH_2-CH(\overset{+}{N}H_3)-COO^-$

L-瓜氨酸

图 1-2 部分稀有蛋白质氨基酸和非蛋白质氨基酸

1.2.4 非蛋白质氨基酸

除了参与蛋白质组成的 20 种标准氨基酸和少数稀有氨基酸外，自然界中还有 150 多种不参与构成蛋白质的氨基酸。它们大多是基本氨基酸的衍生物，也有一些是 *D*-氨基酸或 β、γ、δ-氨基酸。这些氨基酸中有些是重要的代谢物前体或中间产物，如瓜氨酸和鸟氨酸是合成精氨酸的中间产物，β-丙氨酸是遍多酸（泛酸，辅酶 A 前体）的前体，γ-氨基丁酸是传递神经冲动的化学介质。

1.2.5 氨基酸的重要性质

氨基酸由于具有不同的 R 基团而具有不同物理、化学性质。这里主要讨论在蛋白质中具有重要意义的氨基酸化学性质，同时介绍几种常见的氨基酸化学反应。

1.2.5.1 氨基酸的紫外吸收光谱

氨基酸在可见光区没有吸收，在红外区和远紫外区（＜200 nm）都有吸收。在近紫外区（200～400 nm），酪氨酸、苯丙氨酸和色氨酸由于带有苯环结构都有紫外吸收，其中苯丙氨酸的最大吸收波长在 257 nm，酪氨酸的最大吸收波长在 275 nm，色氨酸的最大吸收波长在 280 nm。通常我们认为蛋白质的紫外吸收在 280 nm（图 1-3）。

溶液中氨基酸浓度越高，光吸收值越高，在一定浓度范围内二者成正比例关系，符合郎伯-比尔定律。

1.2.5.2 氨基酸的立体化学

具有光活性的分子一般都含有不对称中心（asymmetric centers）或手性中心（chiral centers），能使平面偏振光（plane-polarized light）旋转。氨基酸的 α-碳原子为手性碳原子，因此具

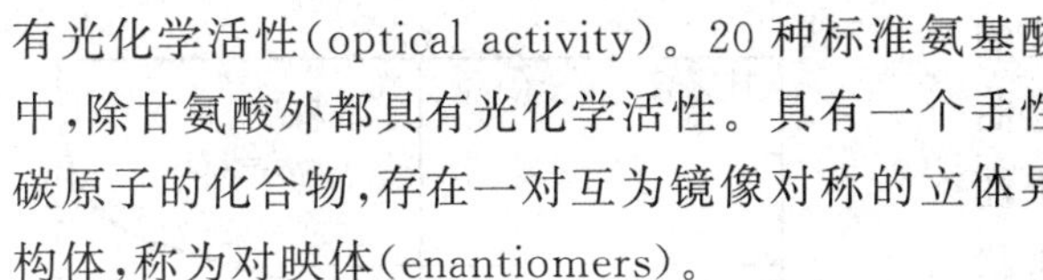

有光化学活性(optical activity)。20种标准氨基酸中,除甘氨酸外都具有光化学活性。具有一个手性碳原子的化合物,存在一对互为镜像对称的立体异构体,称为对映体(enantiomers)。

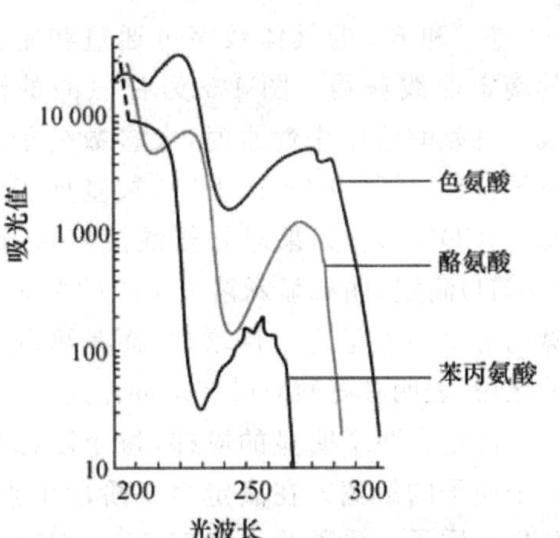

图 1-3 酪氨酸、苯丙氨酸和色氨酸的紫外吸收光谱

在生物化学中,光活性分子的立体异构体命名一般采用 *L*-、*D*-系统。以 *D*-甘油醛为参照,氨基酸羧基在上,侧链在下时,如果 α-氨基酸位于左侧为 *L*-构型,位于右侧为 *D*-构型。几乎所有的蛋白质氨基酸均为 *L*-构型,只有菌类能够利用 *D*-氨基酸合成细胞壁结构中的寡肽(图 1-4)。

COO^-; $H_3\overset{+}{N}$—C—H; CH_3　　*L*-氨基酸

COO^-; H—C—$\overset{+}{N}H_3$; CH_3　　*D*-氨基酸

图 1-4 互为镜像对称的立体异构体

1.2.5.3 氨基酸的酸碱性质

掌握氨基酸的酸碱性质是极其重要的,是了解蛋白质很多性质的基础,也是氨基酸分析分离工作的基础。

1. 酸碱性

酸碱性质是氨基酸的重要性质。氨基酸分子中既含有氨基又含有羧基,在水溶液中以偶极离子的形式存在。氨基酸晶体或在中性水溶液中是以兼性离子(zwitterion)的形式存在,以"A^0"表示。兼性离子是指所带的净电荷为零状态时的氨基酸。

$$\underset{\text{阳离子}A^+}{R-\overset{H}{\underset{^+NH_3}{C}}-COOH} \underset{+H^+}{\overset{K_1,\ -H^+}{\rightleftharpoons}} \underset{\text{兼性离子}A^0}{R-\overset{H}{\underset{^+NH_3}{C}}-COO^-} \underset{+H^+}{\overset{K_2,\ -H^+}{\rightleftharpoons}} \underset{\text{阴离子}A^-}{R-\overset{H}{\underset{NH_2}{C}}-COO^-}$$

其中,K_1 为 α-COOH 的表观解离常数,K_2 为 α-NH_3^+ 的表观解离常数。

由于羧基比氨基有更强的酸性,当 pH 从 1 增到 11 时,它最先失去质子,氨基酸变成既带负电荷(—COO^-)又带正电荷(—NH_3^+)的中间形式,即兼性离子形式,它既是酸又是碱。当在高 pH 条件下,兼性离子起酸的作用而提供质子时,它成为带负电荷的氨基酸,以(A^-)。在较低的 pH 条件下,起碱的作用成为质子的受体,它转变成为带正电荷的氨基酸(A^+)。氨基酸的解离常数可用测定滴定曲线的实验方法求得。以甘氨酸为例来介绍。

$$\overset{+}{N}H_3-CH_2-COOH \overset{K_1}{\rightleftharpoons} \overset{+}{N}H_3-CH_2-COO^- \overset{K_2}{\rightleftharpoons} NH_2-CH_2-COO^-$$

滴定可从甘氨酸溶液、甘氨酸盐溶液或甘氨酸钠盐溶液开始。

那么,$K_1=[A^0][H^+]/[A^+]$　　(1)

$K_2=[A^-][H^+]/[A^0]$　　(2)

K_1 和 K_2 的具体数字可通过测定氨基酸的滴定曲线获得。图 1-5 为甘氨酸的滴定曲线。甘氨酸溶于中性水时,大多数分子为兼性离子:氨基质子化(—NH^{3+}),羧基处于解离状态(—COO^-)。如果对甘氨酸溶液进行碱(如 NaOH)滴定,曲线显示溶液 pH 的变化不是随碱的等量加入呈现线性增加,而是出现一个缓冲区段,表明甘氨酸对碱有缓冲作用。

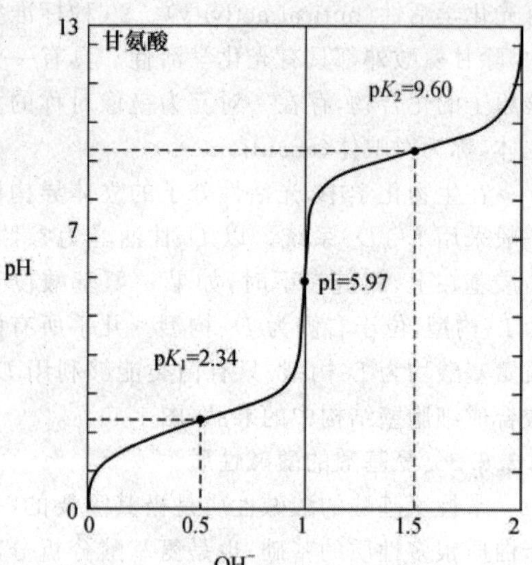

图 1-5　甘氨酸的酸碱滴定曲线

滴定有两个明显的阶梯,每个阶梯相当于一个质子的解离。在滴定第一阶段中点,甘氨酸失去质子。质子的供体 H_3N^+—CH_2COOH 和质子受体 H_3N^+—CH_2COO^- 是等量浓度。

在此中点处的 pH 是 2.34,也就是甘氨酸羧基的 pK_1 值。如果继续碱滴定,就会到达另外一个重要的中点。此处 pH 为 5.97。在此 pH 处氨基酸第一个质子完全解离,第二个质子刚刚开始解离。甘氨酸在此 pH 条件下,偶极离子(H_3N^+—CH_2COO^-)程度达到最高。滴定的第二个阶段,质子从甘氨酸氨基(—H_3N^+)上解离,在第二阶段中点时 H_3N^+—CH_2COO^- 和 H_2N—CH_2COO^- 是等浓度的。此处 pH 是 9.60,相当于—H_3N^+ 基的 pK_2 值。

2. 氨基酸的等电点

从甘氨酸的解离公式可以看出,氨基酸的带电情况直接与溶液的 pH 有关,改变 pH 可以使氨基酸带正电荷或负电荷。使氨基酸处于净电荷为零的兼性离子状态时溶液的 pH 即为氨基酸的等电点(isoelectric point,pI)。对侧链 R 基团不解离的氨基酸来说,其等电点是它的 pK_1 值和 pK_2 值的算术平均值。推算过程如下:

$$K_1=[A^0][H^+]/[A^+] \quad K_2=[A^-][H^+]/[A^0]$$

$$K_1 \cdot K_2=[H^+]^2[A^-]/[A^+]$$

在等电点时,甘氨酸主要以兼性离子存在,且$[A^-]=[A^+]$。因此,

$$[H^+]^2=K_1 \cdot K_2$$

$$[H^+]=K_1 \cdot K_2^{1/2}$$

取负对数后为:$pH=(pK_1+pK_2)/2$

氨基酸分子所带正负电荷相等时溶液的 pH,即为该氨基酸的等电点 pI。

对于中性氨基酸来说:$pI=(pK_1+pK_2)/2$

对于侧链含有可解离基团的氨基酸来说,pI 取决于两性离子两边 pK 值的算术平均值。图 1-6 为酸性氨基酸(以谷氨酸为例)和碱性氨基酸(以组氨酸为例)的滴定曲线。

酸性氨基酸:$pI=(pK_1+pK_{R-COO^-})/2$

碱性氨基酸:$pI=(pK_2+pK_{R-NH_2})/2$

氨基酸处于等电点时,在电场中不泳动,溶解度最小,可利用此特点来分离氨基酸。表 1-2 列出了 20 种标准氨基酸的 pI 和 pK。氨基酸在 pI 以上 pH 的溶液中带负电荷,在 pI 以下

pH 的溶液中带正电荷。离等电点越远,带电荷越多。

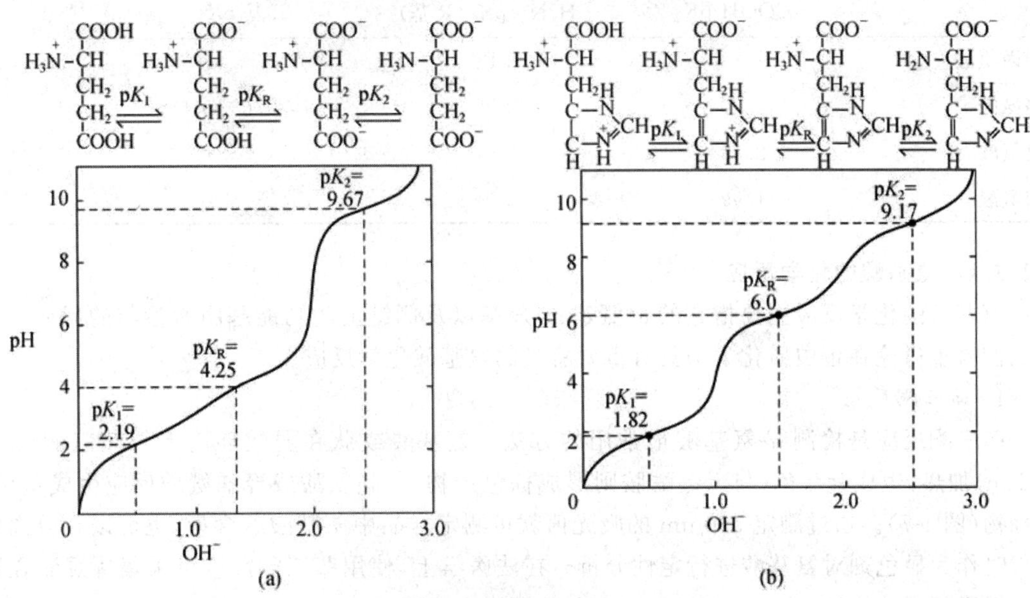

图 1-6 酸性氨基酸和碱性氨基酸的滴定曲线

(a)谷氨酸的酸碱滴定曲线;(b)组氨酸的酸碱滴定曲线

表 1-2 氨基酸的解离常数和等电点

	—COOH pK_a	—H_3N^+ pK_a(R 基)	R 基 pK_a	pI
甘氨酸	2.34	9.60		5.97
丙氨酸	2.34	9.60		6.02
缬氨酸	2.32	9.62		5.97
亮氨酸	2.36	9.60		5.98
异亮氨酸	2.36	9.68		6.02
丝氨酸	2.21	9.15		5.68
苏氨酸	2.63	10.43		6.53
天冬氨酸	2.09	9.82	3.86(β-COOH)	2.97
天冬酰胺	2.02	8.8		5.41
谷氨酸	2.19	9.67	4.25(γ-COOH)	3.22
谷氨酰胺	2.17	9.13		5.65
精氨酸	2.17	9.04	12.48(胍基)	10.76
赖氨酸	2.18	8.95	10.53(ε-氨基)	9.74
组氨酸	1.82	9.17	6.00(咪唑基)	7.59
半胱氨酸	1.71	10.78	8.33(—SH)	5.02
甲硫氨酸	2.28	9.21		5.75

续表1-2

	—COOH pK_a	$—H_3N^+$ pK_a(R 基)	R 基 pK_a	pI
苯丙氨酸	1.83	9.13		5.48
酪氨酸	2.20	9.11	10.07(—OH)	5.66
色氨酸	2.38	9.39		5.89
脯氨酸	1.99	10.60		6.30

1.2.5.4 氨基酸的化学反应

氨基酸的化学反应主要指它的 α-氨基、α-羧基以及侧链上的功能基团所参与的反应。下面我们着重讨论在蛋白质化学中具有重要意义的氨基酸化学反应。

1. 茚三酮反应

茚三酮反应是检测 α-氨基酸最常用的方法。氨基酸或肽在弱酸环境下与茚三酮(ninhydrin)加热,生成紫蓝色(与天冬酰胺则形成棕色产物,与脯氨酸或羟脯氨酸反应生成黄色)化合物(图 1-7)。通过测定 570 nm 的吸光值就可测定样品中氨基酸的含量,也可以在分离氨基酸时作为显色剂对氨基酸进行定性分析。在法医学上,使用茚三酮反应可采集嫌疑犯在犯罪现场留下了的指纹。

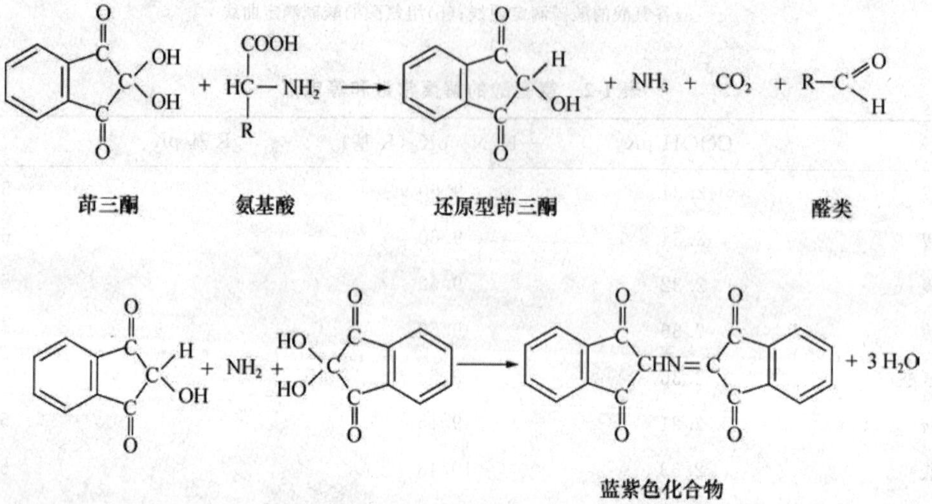

图 1-7 茚三酮反应

2. 桑格(Sanger)反应

在弱碱性(pH 8~9)、暗处、室温或 40℃条件下,氨基酸(或肽)的 α-氨基很容易与 2,4-二硝基氟苯(2,4-dinitrofluorobenzene,DNFB)反应,生成黄色的 2,4-二硝基氨基酸(dinitrophenyl amino acid,DNP-氨基酸)。该反应由 F. Sanger 首先用来鉴定氨基酸的,所以称为桑格反应(图 1-8)。

3. 艾德曼(Edman)反应

α-氨基与苯异硫氰酸酯(phenylisothiocyanate,PITC)在弱碱性条件下形成相应的苯氨基硫甲酰衍生物(PTC-AA),后者在硝基甲烷中与酸作用发生环化,生成相应的苯乙内酰硫脲衍

R
F
+ HNH—CH—COOH
O_2N
NO_2
2,4-二硝基氟苯
弱碱性
R
HN—CH—COOH + HF
O_2N
NO_2
DNP-氨基酸

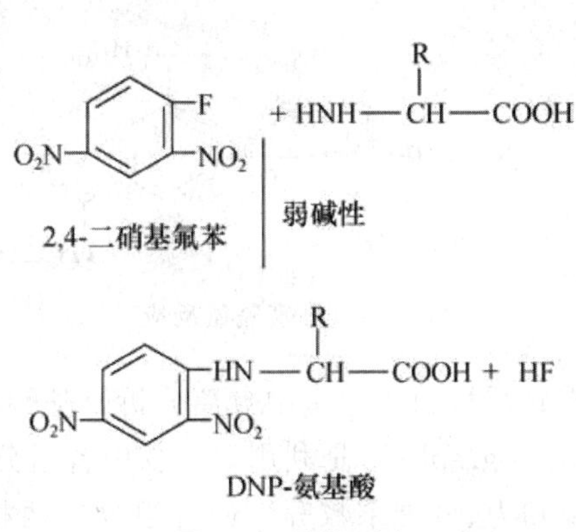

图 1-8 桑格反应

生物(PTH-AA)。这些衍生物是无色的,可用层析法加以分离鉴定。这个反应首先为Edman用来鉴定蛋白质的N-末端氨基酸,所以称为艾德曼反应(图1-9)。在蛋白质的氨基酸顺序分析方面占有重要地位。

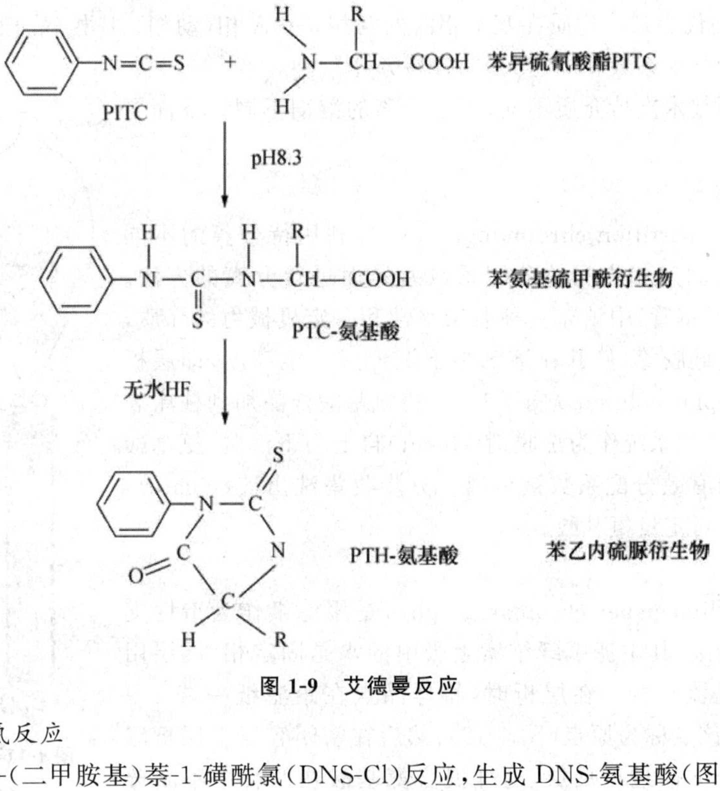

N=C=S
+
H
R
N—CH—COOH
苯异硫氰酸酯PITC
H
PITC
pH8.3
H
H
R
N—C—N—CH—COOH
苯氨基硫甲酰衍生物
S
PTC-氨基酸
无水HF
S
N—C
N
C
O
C
H
R
PTH-氨基酸
苯乙内硫脲衍生物

图 1-9 艾德曼反应

4. 丹黄酰氯反应

氨基酸与5-(二甲胺基)萘-1-磺酰氯(DNS-Cl)反应,生成DNS-氨基酸(图1-10)。产物在酸性条件下(6 mol/L HCl)100℃也不破坏,因此可用于氨基酸末端分析。DNS-氨基酸有强荧光,激发波长在360 nm左右,比较灵敏,可用于微量分析,直接用电泳法或层析法鉴定出N-端是何种氨基酸。

1.2.6 氨基酸的分离分析

为测定蛋白质的氨基酸组成或从蛋白质水解液中制取氨基酸,都需要对氨基酸的混合物

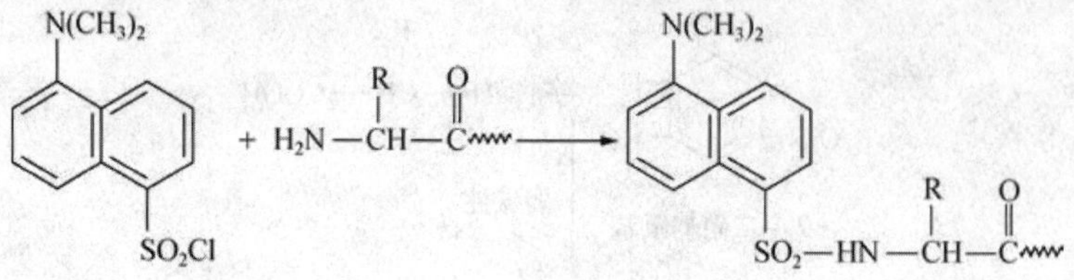

图 1-10　丹磺酰氯反应

进行分离分析工作。下面主要介绍目前实验室中分离分析氨基酸的常用方法。

层析法也称色谱法(chromatography),是利用混合物中各组分物理化学性质的差异(如吸附力、分子形状及大小、分子亲和力、分配系数等),使各组分在两相(一相为固定的,称为固定相;另一相流过固定相,称为流动相)中的分布程度不同,从而使各组分以不同的速度移动而达到分离的目的。当一种溶质在两种给定的互不相溶的溶剂中分配时,在一定温度下达到平衡后,各溶质在两相中的浓度比值为一个常数,即分配系数(K_d)。

$$K_d = c_A / c_B$$

式中,c_A、c_B 分别代表某一物质在互不相溶的两相——A 相(动相)、B 相(静相)中的浓度。一般被分离物质的分配系数差异越大,越容易分开。

不同的层析技术支持介质不同,用于分离的溶剂不同。下面予以介绍。

1. 分配柱层析

分配柱层析(partition chromatography)是利用待分离的不同组分在流动相和固定相之间的分配系数差异而进行分离的方法。在玻璃管(或不锈钢管)中填充一种兼亲水性和一定机械力的介质,如纤维素、淀粉、硅胶等,使其在溶剂中下沉形成一定高度,即层析柱(chromatographic column)(图 1-11)。将氨基酸样品加到柱床表面,然后用一个溶剂系统作为洗脱剂(eluent)自上而下洗脱,氨基酸便随流动相按照有效分配系数被分离。分步收集洗出液(eluate),结合茚三酮显色可定量氨基酸。

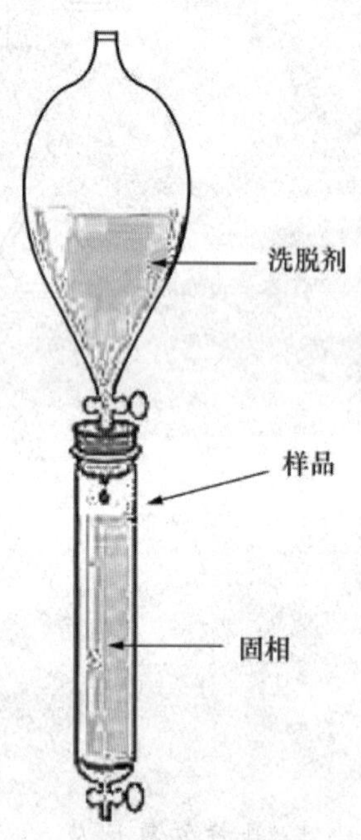

图 1-11　柱层析系统

2. 纸层析

纸层析法(fliter-paper chromatography)是用滤纸作为惰性支持物的分配层析法,其中滤纸纤维素上吸附的水是固定相,展层用的有机溶溶剂是流动相。在层析时,将样品点在距滤纸一端 2～3 cm 的某一处,该点称为原点(图 1-12);然后在密闭容器中层析溶剂沿滤纸的一个方向进行展层,这样混合氨基酸在两相中不断分配,由于分配系数(K_d)不同,结果它们分布在滤纸的不同位置上。物质被分离后在纸层析图谱上的位置可用比移值(rate of flow, R_f)来表示。所谓 R_f 是指在纸层析中,从原点至氨基酸停留点(又称为层析点)中心的距离(X)与原点至溶剂前沿的距离(Y)的比值。在一定条件下 R_f 值是恒定的。

3. 薄层层析

薄层层析(thin-layer chromatography)又称薄层色谱,兼备了柱色谱和纸色谱的优点,一

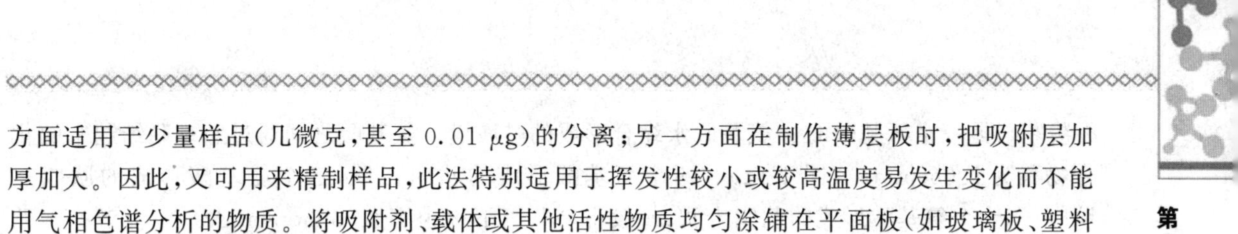

方面适用于少量样品（几微克，甚至 0.01 μg）的分离；另一方面在制作薄层板时，把吸附层加厚加大。因此，又可用来精制样品，此法特别适用于挥发性较小或较高温度易发生变化而不能用气相色谱分析的物质。将吸附剂、载体或其他活性物质均匀涂铺在平面板（如玻璃板、塑料片、金属片等）上，形成薄层（常用厚度为 0.25 mm 左右）后，在此薄层上进行层析分离的分析方法（图 1-13）。

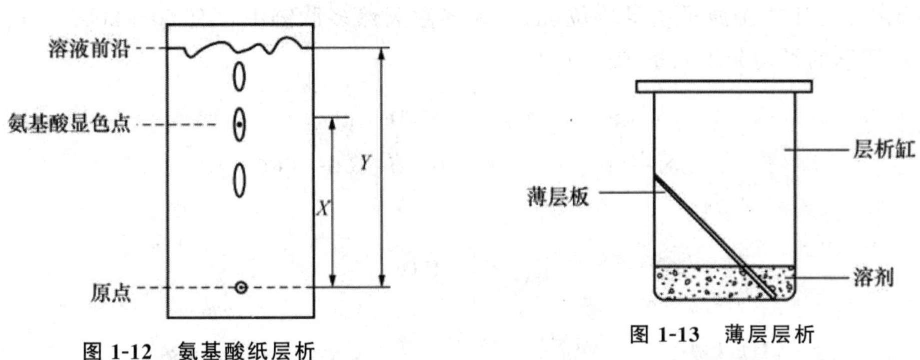

图 1-12　氨基酸纸层析

图 1-13　薄层层析

4. 离子交换层析法

离子交换层析法（ion-exchange chromatography，IEC）是依据被分离物质的酸碱性，也就是所带阴、阳离子的不同来分离物质的一种方法。电荷不同的物质，对层析柱中的离子交换剂有不同的亲和力，改变冲洗液的离子强度和 pH，物质就能依次从层析柱中分离出来。

离子交换剂为人工合成的多聚物，其上带有许多可电离基团，根据这些基团所带电荷的不同，可分为阴离子交换剂和阳离子交换剂。通常离子交换剂用的是制成球形的高分子树脂颗粒。阳离子交换树脂含有酸性基团如—SO_3H（强酸型）或—COOH（弱酸型）可解离出 H^+，从而可与溶液中的其他阳离子进行交换，如 H^+ 与在酸性环境中的氨基酸阳离子发生交换，使氨基酸阳离子“结合”在树脂上。同样地阴离子交换树脂含有的碱性基团如—$N(CH_3)_3OH$（强碱型）或—NH_3OH（弱碱型）可解离出 OH^-，它能和碱性环境中的氨基酸阴离子发生交换，而使氨基酸阴离子结合在树脂上。

氨基酸分离纯化时，分子上的净电荷取决于氨基酸的 pI 和溶液的 pH，所以当溶液的 pH 值较低，氨基酸分子带正电荷，它将结合到强酸性的阳离子交换树脂上；随着通过的缓冲液 pH 逐渐增加，氨基酸将逐渐失去正电荷，结合力减弱，最后被洗下来。由于不同的氨基酸 pI 不同，这些氨基酸将依次被洗出，最先被洗出的是酸性氨基酸，随后是中性氨基酸。碱性氨基酸在 pH 很高的缓冲液中仍带有正电荷，因此这些氨基酸在 pH 高达 10～11 时才被洗脱下来。

1.3 肽

1.3.1 肽与肽键

在蛋白质分子中，氨基酸之间是以肽键（peptide bond）相连的。肽键就是一个氨基酸的

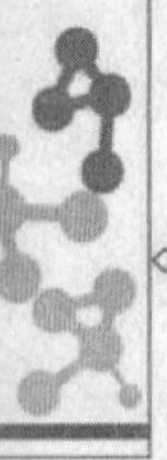

α-羧基与另一个氨基酸的 α-氨基脱水缩合形成的酰胺键。氨基酸之间通过肽键联结起来的化合物称为肽(peptide)(图 1-14)。两个氨基酸形成的肽叫二肽,三个氨基酸形成的肽叫三肽……,十个氨基酸形成的肽叫十肽,一般将十肽以下称为寡肽(oligopeptide),以上者称多肽(polypeptide)或称多肽链。

在国际上蛋白质的分子量通常以道尔顿(daldon,Da)、千道尔顿(kilodaldon,kDa)为单位表示。1 Da 相当于 1 个原子质量单位(u)。大多数天然多肽链中含有 50～2000 个氨基酸残基,氨基酸残基的平均分子质量为 110 Da。

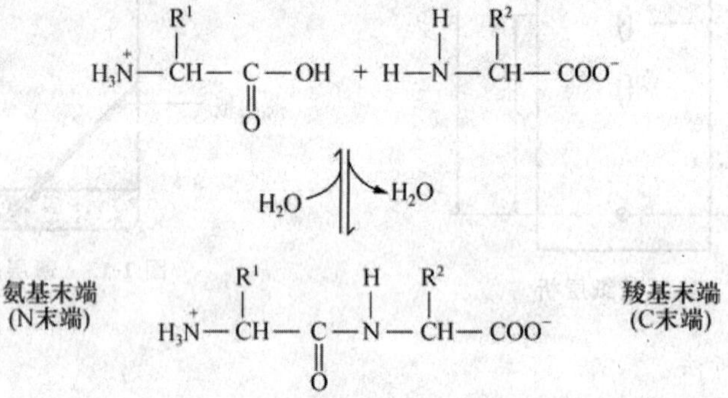

$$H_3\overset{+}{N}-\overset{R^1}{\overset{|}{CH}}-\underset{\underset{O}{\|}}{C}-OH + H-\overset{H}{\overset{|}{N}}-\overset{R^2}{\overset{|}{CH}}-COO^-$$

$$\Big\Downarrow \quad H_2O \;\; H_2O$$

氨基末端 (N末端)

$$H_3\overset{+}{N}-\overset{R^1}{\overset{|}{CH}}-\underset{\underset{O}{\|}}{C}-\overset{H}{\overset{|}{N}}-\overset{R^2}{\overset{|}{CH}}-COO^-$$

羧基末端 (C末端)

图 1-14　氨基酸的缩合反应

组成多肽链的氨基酸在相互结合时,失去了一分子水,因此把多肽中的氨基酸单位称为氨基酸残基(amino acid residue)。

在多肽链中,肽链的一端保留着一个游离 α-氨基,另一端保留一个游离 α-羧基,带游离 α-氨基的末端称氨基末端或 N 端(N-terminus);带游离 α-羧基的末端称羧基末端或 C 端(C-terminus)。

书写多肽链时,N 端写于左侧,C 端于右侧,从 N 端到 C 端的方向写出氨基酸残基的排列顺序,可以用三字符或单字符表示。

肽详细命名时为××酰××酰……××氨基酸。

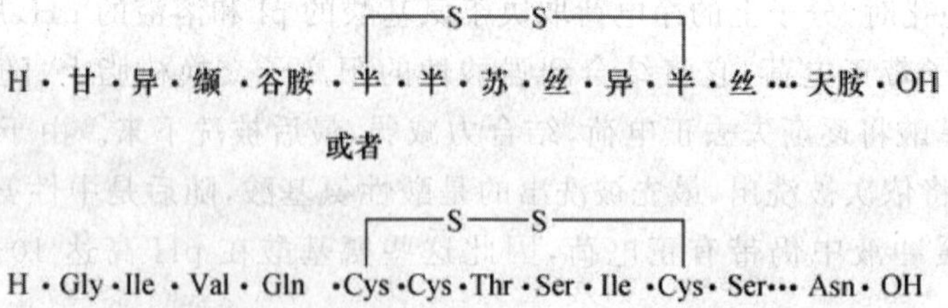

S—S

H · 甘 · 异 · 缬 · 谷胺 · 半 · 半 · 苏 · 丝 · 异 · 半 · 丝 ··· 天胺 · OH

或者

S—S

H · Gly · Ile · Val · Gln · Cys · Cys · Thr · Ser · Ile · Cys · Ser ··· Asn · OH

1.3.2　几种重要的天然活性肽

生物体内有许多活性肽(active peptide)。它们虽然含量很少,但具有各种特殊的生物学功能。已知很多激素属于肽类物质,如促甲状腺释放激素、催产素、加压素等。其中促甲状腺释放激素为三肽(焦谷氨酰组氨酰脯氨酸),可促进甲状腺素的释放;牛催产素和牛加压素都为九肽,分子中含有一对二硫键,两者结构类似(图 1-15)。

谷胱甘肽是由谷氨酸半胱氨酸和甘氨酸三个氨基酸所组成的三肽,简称谷胱甘肽(gluta-

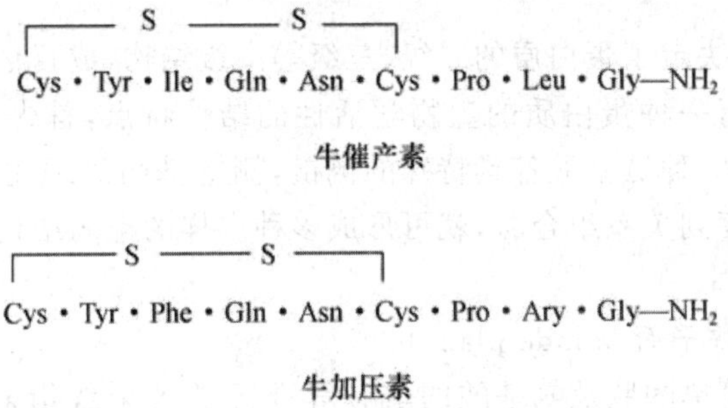

S —— S
Cys · Tyr · Ile · Gln · Asn · Cys · Pro · Leu · Gly—NH2
牛催产素
S —— S
Cys · Tyr · Phe · Gln · Asn · Cys · Pro · Ary · Gly—NH2
牛加压素

图 1-15　一些肽类激素的结构

chione，GSH)(图 1-16)。其中 N 末端的谷氨酸是通过 γ-羧基与半胱氨酸的氨基相连，这是一个异肽键。谷胱甘肽具有抗氧化作用和整合解毒作用，活性基团是巯基(故谷胱甘肽常简写为 G—SH)，易与某些药物(如扑热息痛)、毒素(如自由基、碘乙酸、芥子气、铅、汞、砷等重金属)等结合，而具有整合解毒作用。故谷胱甘肽(尤其是肝细胞内的谷胱甘肽)能参与生物转化作用，从而把机体内有害的毒物转化为无害的物质，排泄出体外。谷胱甘肽有还原型(G—SH)和氧化型(G—S—S—G)两种形式，在生理条件下以还原型谷胱甘肽占绝大多数。谷胱甘肽还原酶催化两型间的互变。

COOH
CH2SH
H2N—CH—CH2—CH2—CO—NH—CH—CO—NH—CH2—COOH
γ-谷氨酸
半胱氨酸
甘氨酸

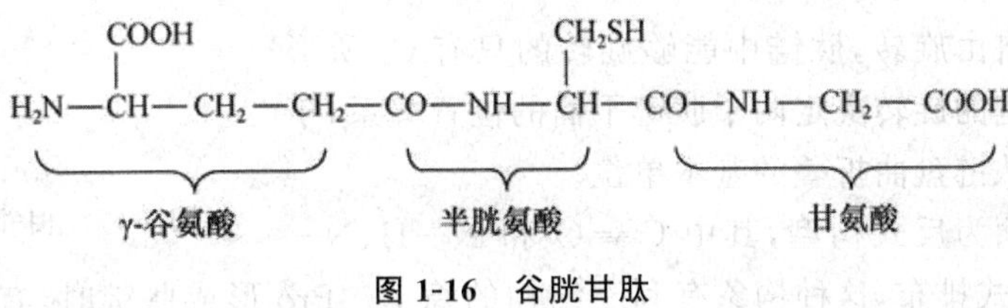

图 1-16　谷胱甘肽

有些抗生素(antibiotics)也属于肽类或肽的衍生物，例如短杆菌肽 S(gramicidin S)，青霉素等。短杆菌肽 S 为环十肽，含 *D*-氨酸、鸟氨酸，对革兰氏阴性细菌有破坏作用。青霉素是含有 *D*-半胱氨酸和 *D*-缬氨酸的二肽衍生物，主要破坏细菌细胞壁黏肽的合成引起溶菌。

1.4　蛋白质的分子结构

蛋白质是具有特定构象的大分子，为研究方便，将蛋白质结构分为四个结构水平，包括一级结构、二级结构、三级结构和四级结构。一级结构也称为蛋白质的初级结构或基本结构，在一级结构的基础上可形成蛋白质的二级结构、三级结构和四级结构，称为蛋白质的高级结构或空间结构。

1.4.1　蛋白质的一级结构

蛋白质的一级结构(primary structure)就是蛋白质多肽链中氨基酸残基的种类、数量、排列顺序和连接方式，是蛋白质最基本的结构。它是由基因上遗传密码的排列顺序所决定的。各种氨基酸按遗传密码的顺序，通过肽键连接起来，成为多肽链，故肽键是蛋白质结构中的主键。迄今已有约 1 000 种蛋白质的一级结构被研究确定，如胰岛素、胰核糖核酸酶、胰蛋白

酶等。

蛋白质的一级结构决定了蛋白质的二级、三级等高级结构，成百亿的天然蛋白质各有其特殊的生物学活性，决定每一种蛋白质的生物学活性的结构特点，首先在于其肽链的氨基酸序列，由于组成蛋白质的20种氨基酸各具特殊的侧链，侧链基团的理化性质和空间排布各不相同，当它们按照不同的序列关系组合时，就可形成多种多样的空间结构和不同生物学活性的蛋白质分子。

1. 肽平面(或称酰胺平面，amide plane)

Pauling等对一些简单的肽及氨基酸的酰胺等进行了X射线衍射分析，得出肽平面的结构(图1-17)。

多肽链的主链结构实际上是由数个肽基平面组成，肽键的4个原子及相邻2个C_α，6个原子基本上同处于一个平面，这就是肽平面。各平面之间通过C_α连接。肽键N原子上的孤对电子与羧基具有明显的共轭作用，是一个共振杂化体。因此，使得肽平面出现以下4个特征：

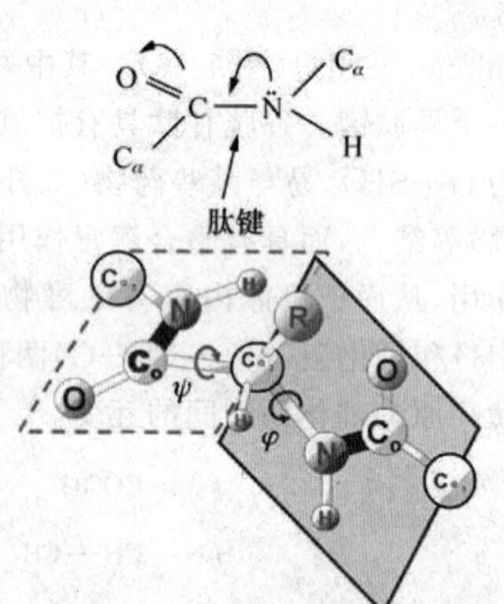

图1-17 相邻的两个肽平面

①肽键具有部分双键的性质。肽键中的C—N键长0.132 nm，比相邻的N—C单键(0.147 nm)短，而较一般C═N双键(0.128 nm)长。

②肽键不能自由旋转，肽链中能够旋转的只有C_α所形成的单键。此单键的旋转决定两个肽键平面的位置关系，于是肽键平面成为肽链盘曲折叠的基本单位。

③多数肽平面为反式构型，其中C═O和N—H、N—C_α和C—C_α呈反式排布，这种构象有利于结构的稳定。Pro形成肽键时，有顺、反2种构型，因为四氢吡咯环的空间位阻引起的。

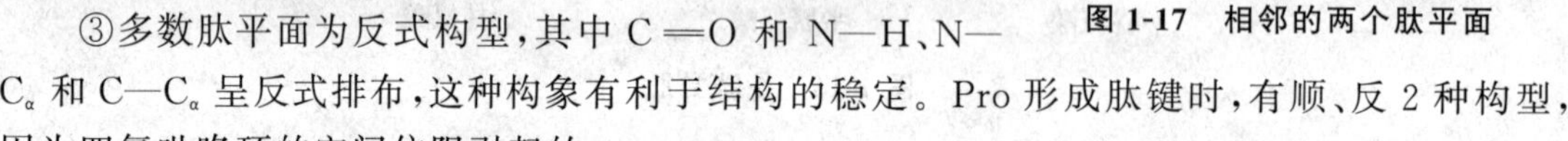

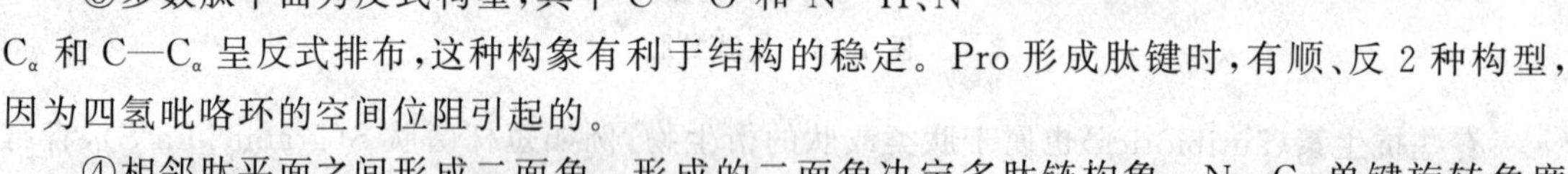

④相邻肽平面之间形成二面角。形成的二面角决定多肽链构象。N—C_α单键旋转角度定义为φ角，C—C_α单键旋转角度定义为ψ角。φ和ψ这两个构象角称为二面角(dihedral angle)。规定相邻两个肽平面处于某一空间构象时二面角为0°，顺时针旋转为正值，逆时针旋转为负值，那么Φ和ψ的大小分别在$-180°\sim+180°$。

大多数多肽链主链构象可以用二面角表示，一对二面角决定了相邻两个肽平面的空间位置。实际上，并非任意成对二面角都存在，主要限制来自主链原子和相邻氨基酸残基侧链之间发生的空间干扰。

1963年印度科学家G. N. Ramachandran等研究了多肽链的立体化学，以非键合原子之间的接触距离为理论依据，用蛋白质二面角φ作横坐标，ψ作纵坐标，作图推测哪些成对二面角所规定的构象是立体化学所允许的，哪些是不允许的。这个φ-ψ图称为拉氏构象(图1-18)。

2. 蛋白质一级结构测定基本原理和方法(策略)

测定蛋白质的一级结构，要求样品必须是均一的(纯度大于97%)而且是已知分子质量的蛋白质。一般的测定步骤是：

①确定蛋白质分子由几条肽链构成。通过末端分析(氨基末端或羧基末端)的摩尔数和蛋白质的分子质量可以确定蛋白质中多肽链的数量。

②拆分蛋白质分子的多肽链。如果蛋白质分子是由几条多肽链构成的多聚蛋白，则多肽

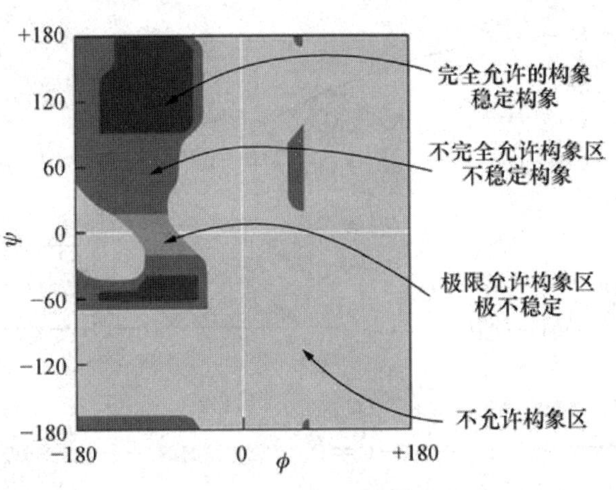

图 1-18 拉氏构象图

链之间主要靠非共价键缔合在一起,使用变性剂 8 mol/L 的尿素或 6 mol/L 的盐酸胍即可把这些多肽链拆分开。如果多肽链之间有二硫键存在,可采用氧化剂法或还原剂法将二硫键断裂。拆开后的多肽链可依据其分子质量大小或电荷差异进行分离、纯化。

③拆开肽链内部的二硫键。应用过甲酸氧化法或巯基还原法拆分多肽链间的二硫键。

④测定多肽链的氨基酸组成。经过分离提纯的多肽链的一部分样品进行完全水解,测定其氨基酸组成和比例。

⑤肽链的另一部分样品进行 N 末端和 C 末端的鉴定。以便建立两个重要的氨基酸顺序参考点。

⑥肽链用酶解或化学的部分水解方法降解成一套大小不等的肽段,并将各个肽段分离出来。

酶解法有内切酶和外切酶两种方法。内切酶有胰蛋白酶、糜蛋白酶、胃蛋白酶、嗜热菌蛋白酶等。外切酶有羧肽酶和氨肽酶。最常用的内切酶是胰蛋白酶,它专门水解赖氨酸和精氨酸的羧基形成的肽键,所以生成的肽段之一的 C 末端是赖氨酸或精氨酸。糜蛋白酶,水解苯丙氨酸、酪氨酸、色氨酸等疏水残基的羧基形成的肽键。其他疏水残基反应较慢。胃蛋白酶水解疏水残基之间的肽键。嗜热菌蛋白酶水解疏水残基的氨基形成的肽键。

化学法主要有用溴化氰(CNBr)水解法和羟胺(NH_2OH)水解法。溴化氰可专一水解断裂甲硫氨酸的羧基形成的肽键。水解后甲硫氨酸残基转变为 C 末端高丝氨酸残基。羟氨较专一性断裂天冬酰胺—甘氨酸之间的肽键,天冬酰胺—亮氨酸及天冬酰胺—丙氨酸键也能部分断裂。

⑦测定每个肽段的氨基酸顺序。

⑧从第二步得到的肽链样品再用另一种部分水解方法水解成另一套肽段,其断裂点与第五步不同。分离肽段并测序。比较两套肽段的氨基酸顺序,根据其重叠部分拼凑出整个肽链的氨基酸顺序。

⑨测定原来的多肽链中二硫键和酰胺基的位置。

一般用蛋白酶水解带有二硫键的蛋白质,从部分水解产物中分离出含二硫键的肽段,再拆开二硫键,将两个肽段分别测序,再与整个多肽链比较,即可确定二硫键的位置。常用胃蛋白

$$CH_3{-}S{:}{-}CH_2{-}CH_2{-}\text{(---NH—CH—CO—NH—CHR—CO---)} + Br{-}C^{+}{\equiv}N \xrightarrow{\;-Br^{-}\;}$$

$$CH_3{-}S^{+}({-}C{\equiv}N){-}CH_2{-}CH_2{-}\text{(---NH—CH—CO—NH—CHR—CO---)} \xrightarrow{\;-CH_3{-}S{-}C{\equiv}N\;} \text{---NH—CH(}CH_2CH_2\text{—O—)C—NH—}\overset{+}{C}\text{HR—CO---}$$

$$\xrightarrow{H_2O} \text{---NH—CH—C=O (}CH_2{-}CH_2{-}O\text{ ring)} + H_3N^{+}\text{—CHR—CO---}$$

高丝氨酸内酯

$$\text{—NH—CH(}CH_2CONH_2\text{)—CO—NH—CH}_2\text{—CO—} \xrightarrow{\text{羟胺}} \text{—NH—CH(}CH_2\text{—CO—)—CO—N—}CH_2\text{—CO— (环酰亚胺)}$$

$$\longrightarrow \text{—NH—CH(}CH_2\text{—CO—NHOH)—CO—NHOH} + H_2N{-}CH_2{-}CO{-}$$

羟胺(NH_2OH)水解法

酶,因其专一性低,生成的肽段小,容易分离和鉴定,而且可在酸性条件下作用,此时二硫键稳定。肽段的分离可用对角线电泳(图 1-19),将混合物点到滤纸的中央,在 pH6.5 进行第一次电泳,然后用过甲酸蒸汽断裂二硫键,使含二硫键的肽段变成一对含半胱氨磺酸的肽段。将滤纸旋转 90°在相同条件下进行第二次电泳,多数肽段迁移率不变,处于对角线上,而含半胱氨磺酸的肽段因负电荷增加而偏离对角线。用茚三酮显色,分离,测序,与多肽链比较,即可确定二硫键位置(巯基乙醇也可以)。

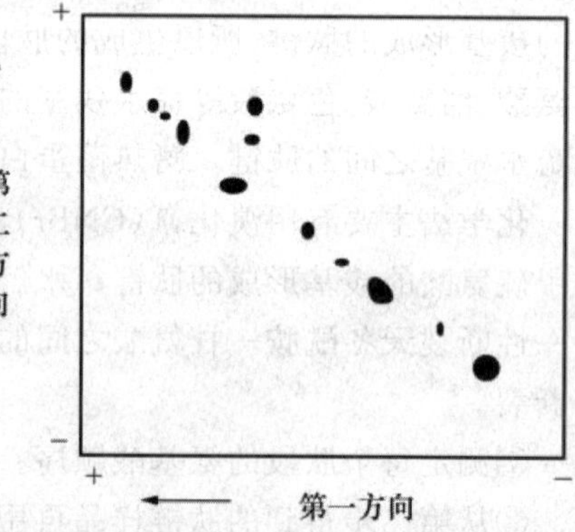

图 1-19　对角线电泳

1.4.2　蛋白质的二级结构

细胞中的天然蛋白质并非以伸展的一级结构存在,而是形成特定的空间构象或称高级结构。构象(conformation)与构型(configuration)是两个不同的概念。构象是指这些取代基团当单键旋转时可能形成的不同的立体结构,构象的改变不涉及共价键的改变。构型指不对称碳原子上相连的各原子或取代基团在空间的排布,即 L 构型和 D 构型。构型的改变必须通过共价键的断裂。

蛋白质的二级结构是指肽链主链的空间走向(折叠和盘绕方式),是有规则重复的构象。

肽链主链具有重复结构，其中氨基是氢键供体，羰基是氢键受体。通过形成链内或链间氢键可以使肽链卷曲折叠形成各种二级结构单元。复杂的蛋白质分子结构，就由这些比较简单的二级结构单元进一步组合而成。二级结构类型包括 α-螺旋(α-helix)、β-折叠(β-pleated sheet)、β-转角 (β-turn)和无规卷曲。

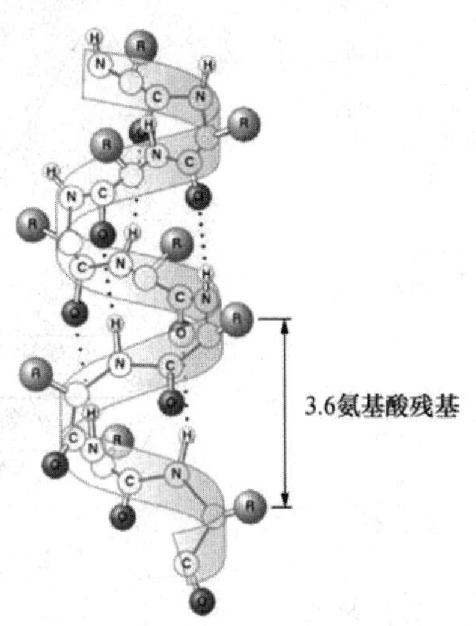

图 1-20 α-螺旋

1. α-螺旋

α-螺旋指多肽链主链借助氢键紧密卷曲而成的周期性螺旋状结构。它是 1951 年 Pauling 和 Corey 等通过 X 射线衍射技术研究 α-角蛋白时提出的。角蛋白是动物的不溶性纤维状蛋白，是由动物的表皮衍生而来的。它包括皮肤的表皮以及毛发、鳞、羽、甲、蹄、角、丝等。是蛋白质中最常见、最典型、含量最丰富的二级结构元件，α-螺旋的结构特点如图 1-20 所示：

①多个连续的肽键平面通过 C_α 旋转前行形成右手螺旋。

②主链呈螺旋上升，每 3.6 个氨基酸残基上升一圈，螺距为 0.54 nm。

③相邻两圈螺旋之间借肽键中 C═O 和 NH 形成许多链内氢键(图 1-21)，即每一个氨基酸残基中的 NH 和前面相隔三个残基的 C═O 之间形成氢键，这是稳定 α-螺旋的主要键。α-螺旋由氢键构成一个封闭环，其中包括 3 个残基，共 13 个原子，称为 3.6_{13}-螺旋。

④肽链中氨基酸侧链 R，分布在螺旋外侧，其形状、大小及电荷影响 α-螺旋的形成。

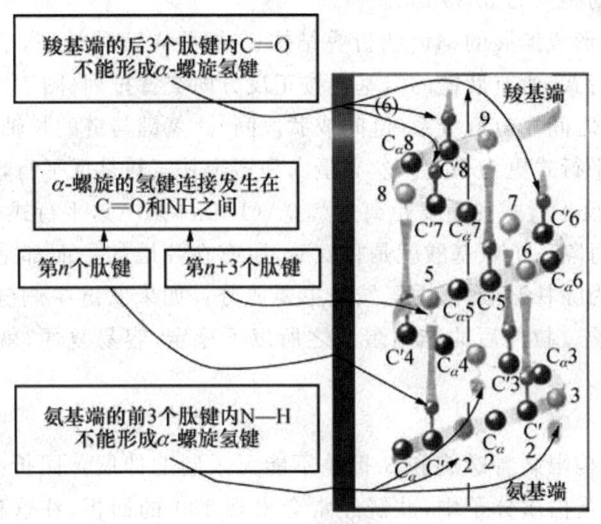

图 1-21 α-螺旋链内氢键

较大的 R(如苯丙氨酸、色氨酸、异亮氨酸)集中的区域，妨碍 α-螺旋形成；脯氨酸因其 α-碳原子位于五元环上，不易扭转，加之它是亚氨基酸，不易形成氢键，故不易形成上述螺旋；甘氨酸的 R 基为 H，空间占位很小，也会影响该处螺旋的稳定。

除了典型的 α-螺旋即 3.6_{13}-螺旋外，蛋白质的螺旋还有其他的类型(图 1-22)。

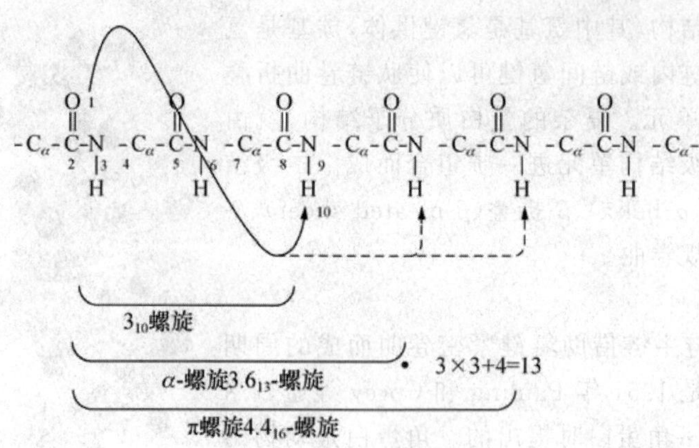

图 1-22　螺旋的其他类型

2. β-折叠

β-折叠也叫β-片层，在β角蛋白如蚕丝丝心蛋白中含量丰富。Astbury 等曾对β角蛋白进行 X 射线衍射分析，发现具有 0.7 nm 的重复单位。如将毛发α-角蛋白在湿热条件下拉伸，可拉长到原长 2 倍，这种α-螺旋的 X 射线衍射图可改变为与β-角蛋白类似的衍射图。说明β-角蛋白中的结构和α-螺旋拉长伸展后结构相同。两段以上的这种折叠成锯齿状的肽链，通过氢键相连而平行成片层状的结构称为β-片层(β-pleated sheet)结构。

β-折叠的结构特点如下：

①肽链较为伸展，若干条肽链或一条肽链的若干肽段平行排列；侧链交替分布在片层的两侧，相邻氨基酸的轴向距离为 0.35 nm。

②每条链或肽段形成伸展的锯齿状折叠结构；β-折叠有两种类型，平行式：所有肽链的氨基端在同一端；反平行式：所有肽链的氨基端按正反方向交替排列(图 1-23)。

③相邻主链骨架之间靠氢键维系(链间或肽段间)。氢键与链的长轴接近垂直；

从能量上看，反平行式更为稳定。丝心蛋白和多聚甘氨酸是反平行，拉伸α角蛋白形成的β角蛋白是平行式。反平行式的重复距离是 7.0Å(1 nm＝10Å)，平行式是 6.5Å。

在丝心蛋白中，每隔一个氨基酸就是甘氨酸，所有在片层的一面都是氢原子；在另一面的侧链主要是甲基，因为除甘氨酸外，丙氨酸是主要成分。如果肽链中侧链过大，并带有同种电荷，则不能形成β-折叠。拉伸后的α角蛋白之所以不稳定，容易复原，就是因为侧链体积大，电荷高。

3. β-转角

球形蛋白质的结构限制着螺旋和β-折叠不能无限制的伸展。回折必定是折叠多肽链必不可少的结构成分。蛋白质分子中，肽链经常会出现 180°的回折，在这种回折角处的构象就是β-转角(β-bend)，也叫β-回折(β-turn)。β-转角中，第一个氨基酸残基的 C═O 与第四个残基的 NH 形成氢键，从而使结构稳定(图 1-24)。回折的氨基酸常含有甘氨酸、脯氨酸和某些极性氨基酸。甘氨酸的侧链很小，仅一个 H，在β-转角中能很好地调整其他残基的空间位阻；脯氨酸具有环状结构有利于β-转角的形成。β-转角主要有两种类型。

4. 无规则卷曲

没有确定规律性的部分肽链构象，肽链中肽键平面不规则排列，属于松散的无规则卷曲

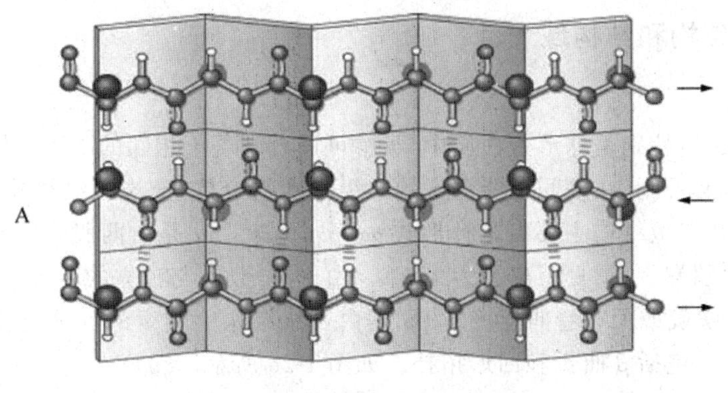

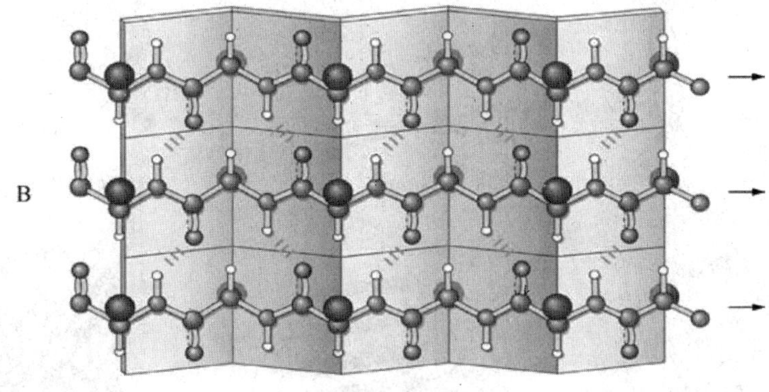

图 1-23 β-折叠

A 为反平行式 B 为平行式

A

```
R            R
CH—C—N—CH
   ‖  H
HN O      C=O
C=O------HN
HC          CH
```

B

```
       O
R      ‖     R
CH—C—N—CH
      H
HN        C=O
C=O ---- HN
HC          CH
```

图 1-24 β-转角的两种类型

(random coil)。此结构看来杂乱无章,但对一种特定蛋白又是确定的,而不是随意的(图 1-25)。在球状蛋白中含有大量无规卷曲,倾向于产生球状构象。这种结构有高度的特异性,与生物活性密切相关,对外界的理化因子极为敏感。酶的活性中心往往位于无规则卷曲中。

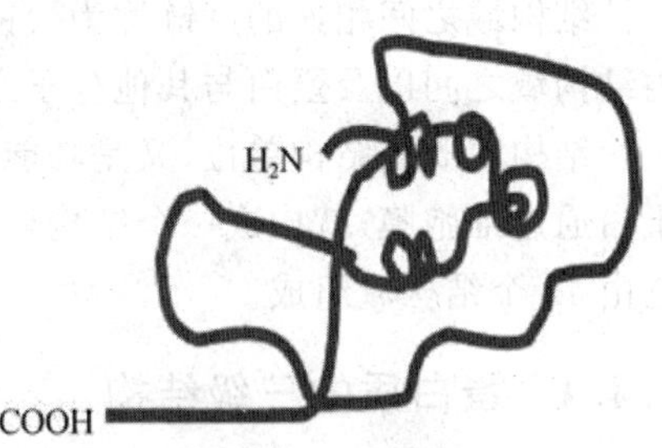

图 1-25 无规则卷曲

除以上常见的二级结构单元外,还有其他新发现的结构,如 Ω 环,由 10 个残基组成,像希腊字母 Ω。

1.4.3 超二级结构和结构域

1. 超二级结构

在很多蛋白质中，特别是球形蛋白质中，经常可以看到若干相邻的二级结构单元组合在一起，相互作用，形成有规则、在空间上能辨认的二级结构组合体，充当三级结构的构件，称为超二级结构。目前，超二级结构主要有三种形式 $\alpha\alpha$、$\beta\alpha\beta$、$\beta\beta\beta$。$\alpha\alpha$ 是由两股或三股右手 α 螺旋彼此缠绕形成的左手超螺旋，重复距离约为 140Å。由于超螺旋，与独立的 α 螺旋略有偏差。$\beta\alpha\beta$ 是 β 折叠之间由 α 螺旋或无规卷曲连接。$\beta\beta\beta$ 是由一级结构上连续的反平行 β 折叠通过紧凑的 β 转角连接而成。包括 β 曲折和回形拓扑。如图 1-26 所示。

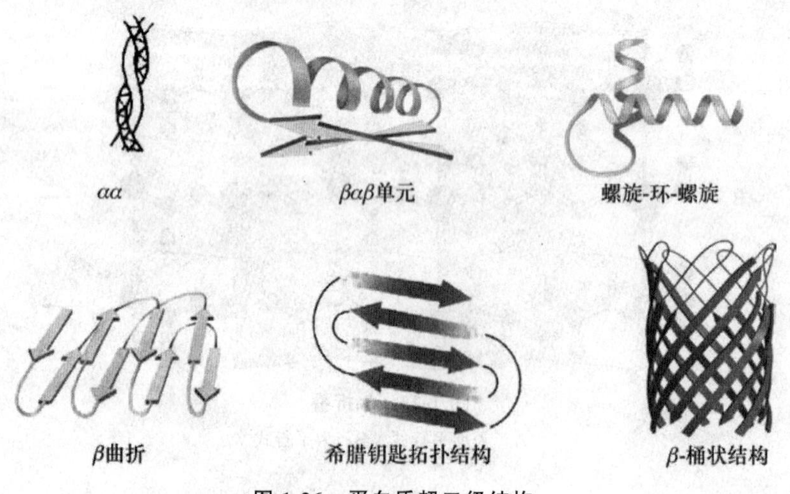

图 1-26 蛋白质超二级结构

2. 结构域

对于较大的球蛋白分子来说，一条长的多肽链在超二级结构的基础上，往往组装成几个相对独立的球状区域，彼此分开，以松散的单条肽链相连。这种相对独立的球状区域，称结构域(domain)。结构域的氨基酸残基数在 40～400 个。

对于较小的蛋白质分子或亚基来说，结构域和它的三级结构往往是一个意思，也就是说这些蛋白质或亚基是单结构域。

结构域之间相连的肽链称为铰链区(hinge region)，柔性较强，易发生相对运动，利于分子内结构域之间以及蛋白与其他分子之间的互作。酶的活性中心常位于结构域之间。

结构域既是结构单位，又是功能单位。如一些要分泌到细胞外的蛋白，其信号肽(负责使蛋白通过细胞膜)就构成一个结构域。再如免疫球蛋白(IgG)的功能区就是结构域(图 1-27)，它由 12 个结构域组成。

1.4.4 蛋白质的三级结构

1.4.4.1 蛋白质三级结构的特征

蛋白质的多肽链在各种二级结构的基础上再进一步盘曲或折叠形成具有一定规律的三维结构，称为蛋白质的三级结构(tertiary structure)。

对球状蛋白质如血浆清蛋白、球蛋白、肌红蛋白等来说，形成疏水区和亲水区。亲水区多

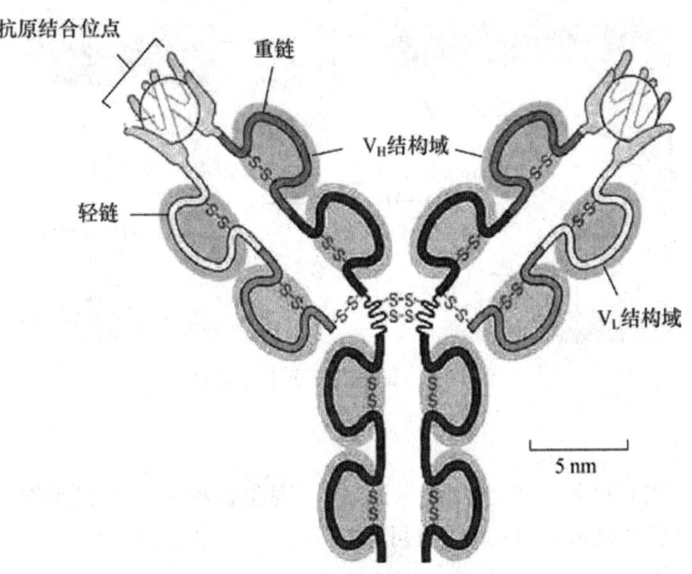

图 1-27 免疫球蛋白结构

在蛋白质分子表面，由很多亲水侧链组成。疏水区多在分子内部，由疏水侧链集中构成，疏水区常形成一些"洞穴"或"口袋"，某些辅基就镶嵌其中，成为活性部位。

1.4.4.2 维持蛋白质三级结构的作用力

蛋白质三级结构的稳定主要靠次级键，包括氢键、疏水键、盐键、二硫键以及范德华力（Van der Wasls 力）等（图 1-28）。这些次级键可存在于一级结构序号相隔很远的氨基酸残基的 R 基团之间。

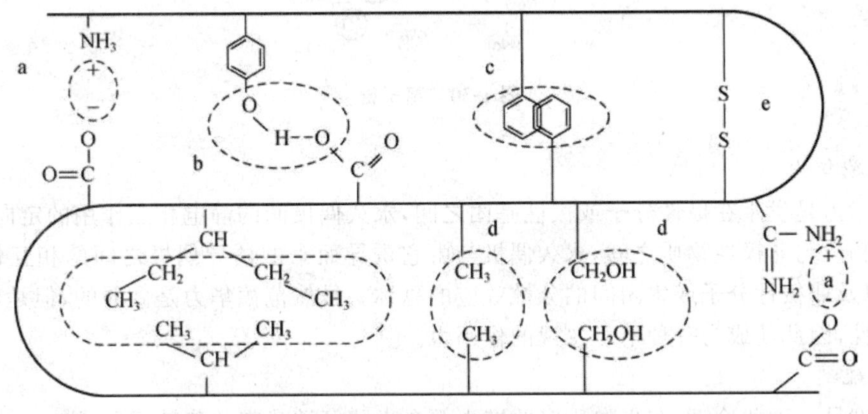

图 1-28 维持蛋白质稳定的主要作用力

a. 盐键（离子键） b. 氢键 c. 疏水作用力 d. 范德华力 e. 二硫键

1. 氢键

氢键在维持蛋白质的结构中起着重要的作用。蛋白质分子中大多数的氢键是主链的 C═O 和 N—H 间形成的。此外氢键还可以在侧链、侧链与介质水之间形成。由于蛋白质分子中氢键很多，所以氢键在维持蛋白质分子构象稳定性上起非常重要的作用（图 1-29）。

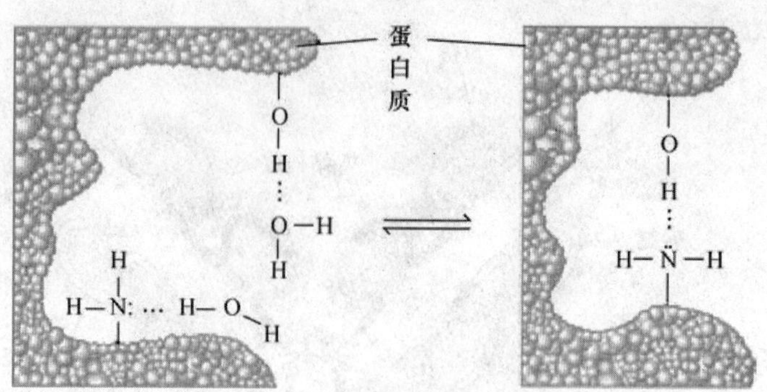

图 1-29　蛋白质分子中的氢键

2. 疏水作用力

非极性侧链为避开极性溶剂水彼此靠近，这一现象被称为疏水相互作用(疏水效应)。蛋白质表面通常具有极性链或区域，蛋白质可形成分子内疏水链/腔/缝隙。是维持蛋白质三级结构中最突出的作用。

3. 离子键

在生理 pH 下，酸性氨基酸(Asp，Glu)的侧链解离出的负离子与碱性氨基酸(Lys，Arg，His)的侧链解离出的正离子之间产生的静电相互作用形成离子键又称为盐键(图 1-30)。

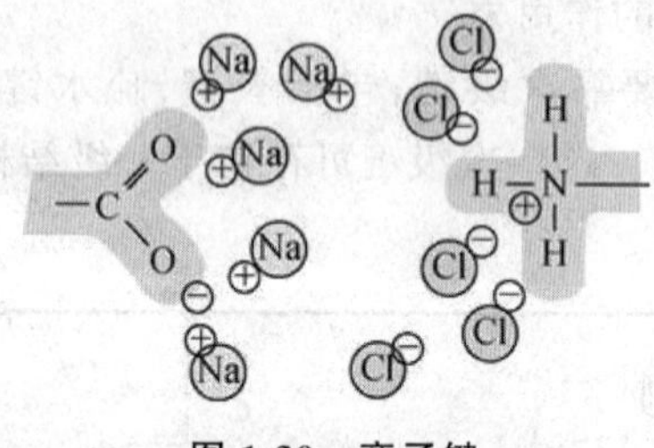

图 1-30　离子键

4. 范德华力

范德华力是发生在极性分子或极性基团之间，永久偶极间的静电相互作用的定向效应；发生在极性物质与非极性物质之间，永久偶极与由它诱导而来的诱导偶极之间的相互作用的诱导效应；以及非极性分子或集团间的分散效应的总称。虽然范德华力是微弱的，但是数量大且具有加和性，因此就成为一种不可忽视的作用力。

5. 二硫键

二硫键是一种共价键，在蛋白质多肽链中两个半胱氨酸残基的巯基间形成的。

1.4.5　蛋白质的四级结构

由二条或二条以上具有独立三级结构的多肽链聚合体称为蛋白质的四级结构(quarternary structure)。其中，每个具有独立三级结构的多肽链单位称为亚基(subunit)。四级结构实际上是指亚基的立体排布、相互作用及接触部位的布局。亚基间次级键的结合比二、三级结构疏松。因此，在一定的条件下，四级结构的蛋白质可分离为游离的亚基，而亚基本身构象仍可不变，但游离的亚基没有功能。

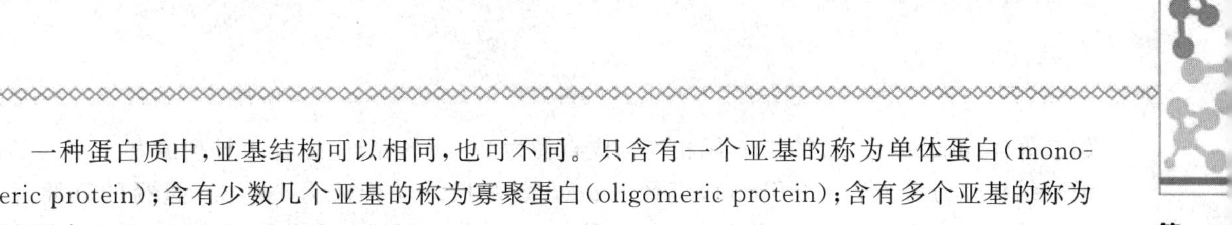

一种蛋白质中,亚基结构可以相同,也可不同。只含有一个亚基的称为单体蛋白(monomeric protein);含有少数几个亚基的称为寡聚蛋白(oligomeric protein);含有多个亚基的称为多聚蛋白(polymemultimeric protein)。

维持蛋白质四级结构稳定的力蛋白质亚基之间主要通过疏水作用、氢键、离子键、范德华力、二硫键等作用力形成四级结构,其中最主要的是疏水作用。

1.4.6 纤维状蛋白质的结构

纤维蛋白(fibrous protein)是一类主要的不溶于水的蛋白质,通常含有相同二级结构的多个肽链紧密结合,并为单个细胞或整个生物体提供机械强度,起着保护或结构上的作用。下面介绍几种纤维状蛋白质。

1. 胶原蛋白

胶原蛋白(collagen)是许多动物体内含量最丰富的蛋白质。是动物结缔组织的主要成分。有较高的弹性。胶原蛋白的氨基酸组成有如下特征:①甘氨酸每隔两个其他氨基酸残基(X,Y)即有一个甘氨酸,故其肽链可用(甘—X—Y)$_n$ 来表示。②含有较多的4-羟脯氨酸和5-羟赖氨酸残基,也有较多脯氨酸(pro)和赖氨酸。③胶原中缺乏色氨酸,所以它在营养上为不完全蛋白质。

胶原蛋白分子的基本结构单位称为原胶原(protocollagen)。每个原胶原分子由三条α-螺旋肽链以平行、右手螺旋缠绕成“草绳状”三股螺旋结构(图1-31)。肽链中每三个氨基酸残基中就有一个要经过此三股螺旋中央区,而此处空间十分狭窄,只有甘氨酸适合于此位置,由此可解释其氨基酸组成中每隔两个氨基酸残基出现一个甘氨酸的特点。而且三条α-肽链是交错排列的,因而使三条α-肽链中的Gly、X、Y残基位于同一水平上,借Gly中的N—H基与相邻链X残基上羟基形成牢固的氢键,以稳定其分子结构。

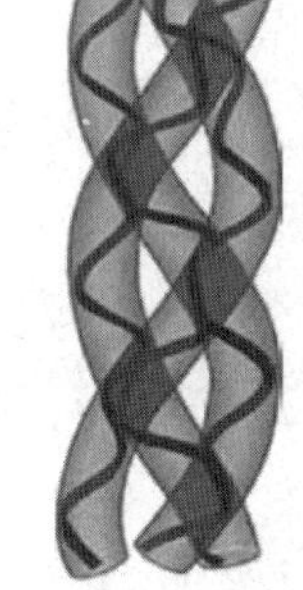

图1-31 胶原蛋白三螺旋

原胶原分子平行排列成束,通过共价交联,可形成稳定的胶原微纤维(microfibril),进一步聚集成束,形成胶原蛋白。胶原分子通过分子内或分子间的交联成为不溶性的纤维。因胶原分子氨基酸组成中缺乏半胱氨酸,不可能像角蛋白那样以二硫键相连,而是通过组氨酸与赖氨酸间的共价交联,一般发生在胶原分子的C或N末端之间。

2. α-角蛋白

角蛋白(keratin)系硬蛋白之一,是一类具有结缔和保护功能的纤维状蛋白质。角蛋白存在于发、毛、鳞、羽、甲、蹄、角、爪、喙、丝及其他表皮结构中。根据X射线衍射分析角蛋白的空间结构有α-螺旋结构(α-角蛋白)和β-折叠片层结构(β-角蛋白)两种类型。前者如羊毛,后者如丝心蛋白。

由于角蛋白含有较多的胱氨酸,故二硫键含量特别多,在蛋白质肽链中起交联作用,因此角蛋白化学性质特别稳定,有较高的机械强度。它们不易溶解和消化,含较多的胱氨酸(14%~15%)。粉碎的羽毛和猪毛,在15~20磅蒸气压力下加热处理1 h,其消化率可提高到70%~80%,胱氨酸含量则减少5%~6%。

α-角蛋白的基本结构单位是两条Ⅰ型和Ⅱ型的α-右手螺旋肽链紧密结合为平行的左手螺

旋二聚体(dimer),此二聚体首-尾相连构成直径为 2 nm 的原丝,原丝再排列成"9+2"式的电缆式结构称为纤丝(protofibril),直径 8 nm,数百根纤丝构成为 200 nm 直径的巨原纤维(macrofibril)(图 1-32)。α-角蛋白富含半胱氨酸,并能与邻近的多肽链通过二硫键进行交联。因此,α-角蛋白很难溶解,并有一定的抗拉力作用。烫发时先用巯基化合物破坏二硫键使之易于卷曲,然后用氧化剂恢复二硫键使卷曲固定(图 1-33)。

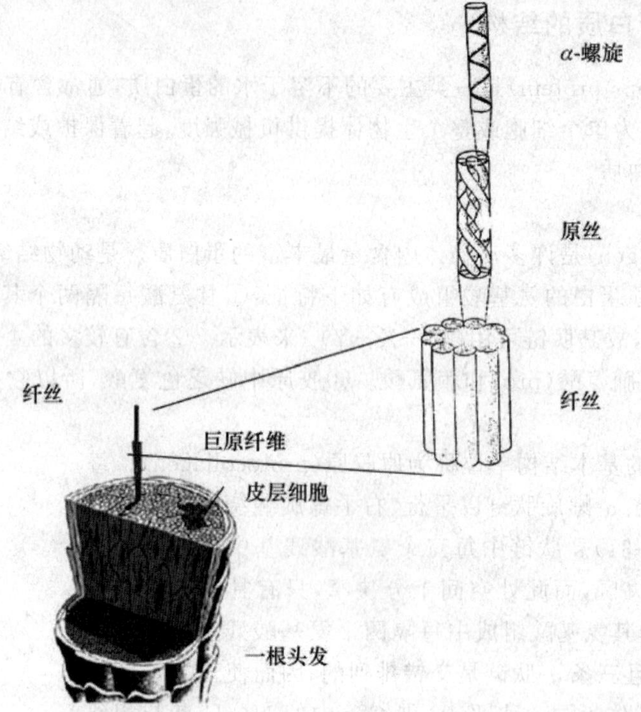

图 1-32 α-角蛋白图(头发的结构)

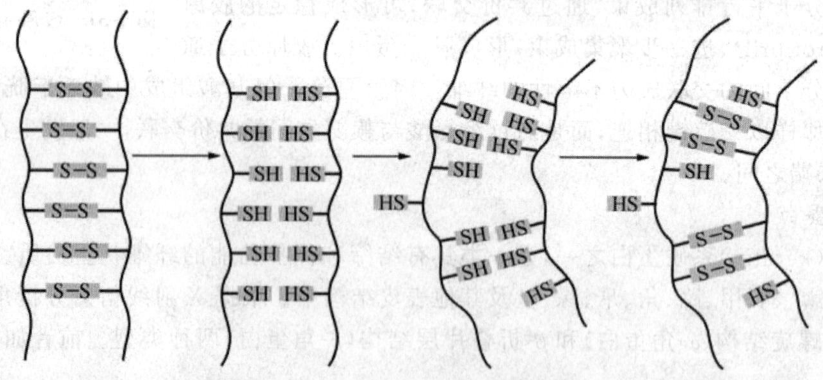

图 1-33 烫发过程中二硫键的断裂和再形成

3. β-角蛋白

β-角蛋白系角蛋白的一种。分子结构取反平行式 β-折叠片以平行的方式堆积成多层结构,链间主要以氢键连接,层间主要靠范德华力维系。可以通过使 α-角蛋白在一定条件下充分伸展可逆地转变为 β-角蛋白,自然界中的 β-角蛋白有丝心蛋白(fibroin),实际上就是蚕丝或蜘蛛丝的一种蛋白质。基于β-角蛋白分子的β-折叠片结构，丝心蛋白具有抗张强度高、质地柔软、但不能拉伸的特点。

1.5 蛋白质结构与功能的关系

蛋白质多种多样的生物功能是以其化学组成和极其复杂的结构为基础的。这不仅需要一定的结构还需要一定的空间构象。蛋白质的空间构象决定功能。但一级结构是空间构象的基础。因此，研究一级结构与功能的关系是十分重要的。

1.5.1 蛋白质一级结构与功能的关系

1. 肽类激素一级结构与功能的关系

一级结构是功能的基础。一级结构相似的多肽或蛋白质，其空间构象和功能也相似。在比较、研究肽类激素和蛋白质类激素的调节作用时，发现激素的调节功能与一级结构密切相关。垂体后叶分泌的催产素和加压素都是由相同数量的氨基酸残基组成的九肽。在9个残基中，催产素N端2、7位是亮氨酸和异亮氨酸，加压素对应位置是精氨酸和苯丙氨酸，其余7个氨基酸组成、位置相同，二硫键位置也相同。就是这两个氨基酸组成的差异决定了两者功能的不同，催产素收缩子宫平滑肌，具有催产功能。加压素主要收缩血管平滑肌，同时作用于肾远曲小管，促进钠和水的重吸收，具有升压和抗利尿作用。但是，因为两者氨基酸组成又有很多相似之处，所以有部分相同或类似的功能。

例如，加压素也具有一定收缩子宫平滑肌的功能，尽管这种作用很弱。这种比较研究说明，相似的一级结构具有相似的功能，不同的结构具有不同的功能，即一级结构决定生物学功能。

2. 前体与活性蛋白质一级结构的关系

在生物体内，有些具有特殊生物活性的物质如酶和激素，它们在细胞内合成的都是无生物活性、分子量较大的前体物，分别称为酶原(proenzyme)和激素原(prohormone)，酶原特别是消化酶类在细胞内合成后，被一层膜包起来成为囊泡，称为酶原颗粒，通过这样的囊泡将酶原与细胞内其他成分分开，加上颗粒内的专一抑制剂，这种双重的保险机制，可以防止酶原的激活，不至于消化自身细胞。酶原和激素原只有按一定方式裂解除去部分肽链之后才具有生物活性，这一过程称为蛋白质的前体激活。

例如，有功能的胰岛素含有51个氨基酸残基，由A、B两条链组成。它在胰岛β细胞最初合成的是前胰岛素原(108个氨基酸)，切去20个左右的氨基酸残基(信号肽)转变为胰岛素原(84个氨基酸)，最后再切去一段C肽成为有活性的胰岛素(图1-34)。

3. 蛋白质的一级结构与分子病

蛋白质分子一级结构的改变如果引起蛋白的空间结构的改变，使其生物功能的显著变化，甚至引起疾病。这种现象称为分子病。突出的例子是镰刀型贫血病(sickle-cell anemia)。这种病是由于血红蛋白β链第6位为谷氨酸换成了缬氨酸，缬氨酸侧链是非极性的，可形成一个疏水性的突起，正好插入相邻血红蛋白分子的β链的疏水凹穴中，从而形成刚性纤维状，使红细胞从正常的双凹盘状被扭曲成长而薄的镰刀状，失去了原有的平滑和弹性，在毛细血管处形

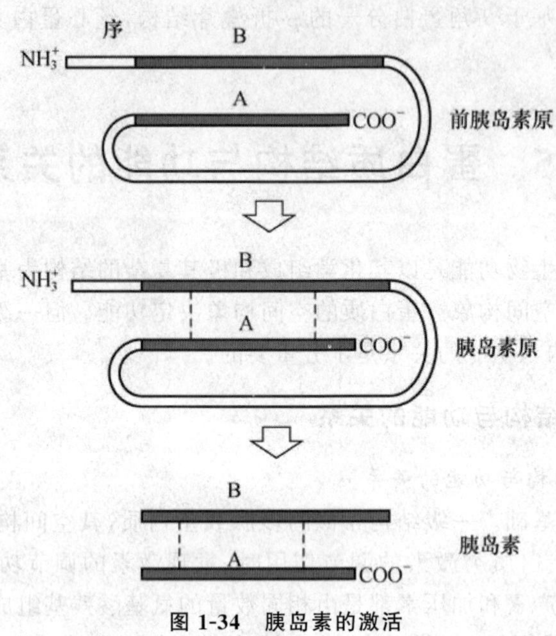

图 1-34　胰岛素的激活

成栓塞，造成红细胞受伤，引起炎症和疼痛，甚至产生溶血。

HbA	Val —	His —	Leu —	Thr —	Pro —	Glu —	Glu —	Lys……
HbS	Val —	His —	Leu —	Thr —	Pro —	Val —	Glu —	Lys……
	1	2	3	4	5	6	7	8……

4. 同工蛋白质的种属特异性、生物进化与一级结构的关系

同工蛋白质是功能相同但来源或分子组成不同的一组蛋白。从同工蛋白质氨基酸的序列可以了解到重要的生物进化信息。对于不同种属来源的同工蛋白质进行一级结构测定和比较，发现存在种属差异。由于物种变化起因于进化，因此同种蛋白质的种属差异可能是分子进化的结果。

例如，来源于不同哺乳类动物的胰岛素都具有 A、B 两条链，且连接方式相似，也都具有调节糖代谢的功能。X 射线衍射证明，空间结构也很相似。这提示不同动物的胰岛素是由同一分子进化而来的。但仔细比较、分析不同种属来源的胰岛素一级结构后，发现它们在氨基酸组成上有些差异(表 1-3)。在 51 个氨基酸残基上，A 链的 10 个(1、2、5～7、11、16、19～21)残基及 B 链的 12 个(6～8、11、12、15、16、19、23～26)残基为不同来源的胰岛素所共有，属进化保守序列。而 A 链第 8～10，B 链第 30 位残基为易变序列。在分析了胰岛素的空间结构之后，发现这 22 个进化保守残基对于维持胰岛素的空间构象非常重要。例如，3 个二硫键的连接方式未变；其他保守残基大多属于非极性侧链氨基酸，也处于稳定空间构象的重要位置。其他易变或可变残基(B 链 1～3、27～30)，一般处于胰岛素的“活性部位”之外，对维持活性并不重要，有可能与免疫活性有关。

总之，蛋白质一定的结构执行一定的功能，功能不同的蛋白质总是有不同的序列。比较种属来源不同而功能相同的蛋白质的一级结构，可能有某些差异，但与功能相关的结构却总是相同。若一级结构变化，蛋白质的功能可能发生很大的变化。

表 1-3 胰岛素分子中氨基酸残基的差异部分

胰岛素来源	氨基酸残基的差异部分			
	A_5	A_6	A_{10}	A_{30}
人	Thr	Ser	Ile	Thr
猪	Thr	Ser	Ile	Ala
犬	Thr	Ser	Ile	Ala
兔	Thr	Ser	Ile	Ser
牛	Ala	Ser	Val	Ala
羊	Ala	Gly	Val	Ala

1.5.2 蛋白质空间结构与功能的关系

蛋白质多种多样的功能取决于其特定的空间构象。

1.5.2.1 酶变性与功能的关系

20 世纪 60 年代，C. Anfinsen 以牛胰核糖核酸酶 A(RNase A)为对象，研究了二硫键的还原、重新氧化，以及这些化学变化与酶活性的关系。RNase A 是由 124 个氨基酸残基组成的一条多肽链，分子中 8 个半胱氨酸的巯基形成 4 对二硫键，进一步折叠，形成具有一定空间构象的蛋白质。

在天然 RNase 溶液中加入适量变性剂尿素和还原剂 β-巯基乙醇，分别破坏次级键，使蛋白质空间结构破坏，酶即变性失去活性。再将尿素和 β-巯基乙醇经透析除去，酶活性及其他一系列性质均可恢复到与天然酶一样。若不除去尿素，只是将还原状态 RNase 的 8 个巯基全部重新氧化成二硫键，产物的酶活性仅有 1%。这是因为重新氧化生成的二硫键位置与天然酶不同，产物是随机产生的“杂乱”RNase。再向无变性剂的“杂乱”产物水溶液中加入 β-巯基乙醇，“杂乱”产物又逐渐恢复了天然酶的活性(图 1-35)。8 个巯基随机排列成二硫键可有 105 种方式，有活性的 RNase 只有一种。β-巯基乙醇仅可加速随机结合的二硫键打开、重排，重排后的二硫键位置选择天然酶的方式则是由肽链中氨基酸排列顺序决定的。牛胰 RNase 的变性、复性及其酶活性变化充分说明，蛋白质一级结构决定空间构象，即一级结构是高级结构形成的基础。同时也证明，只有具有高级结构的蛋白质才能表现生物学功能。

1.5.2.2 肌红蛋白与血红蛋白的结构和功能的关系

1. 肌红蛋白(myoglobin，Mb)和血红蛋白(hemoglobin，Hb)结构的相似性决定了功能的相似性

肌红蛋白与血红蛋白都能与氧结合，因为它们以血红素为辅基，并且在血红素周围以疏水性氨基酸残基为主，形成空穴，为铁原子与氧结合创造了结构环境。

2. 肌红蛋白(Mb)和血红蛋白(Hb)结构的差异性决定了功能的不同

肌红蛋白为单体蛋白，而血红蛋白是由 4 个亚基组成的寡聚蛋白，这样的空间结构差异决定了它们之间的功能的各自特性。肌红蛋白的主要功能是储存氧。其三级结构折叠方式使辅基血红素对环境中 O_2 的浓度改变非常敏感，当环境中的 O_2 分压高时，Mb 与 O_2 结合能力极高，起到对 O_2 的储存功能；当环境中的 O_2 分压低时，Mb 与 O_2 结合能力大大降低，对外释放

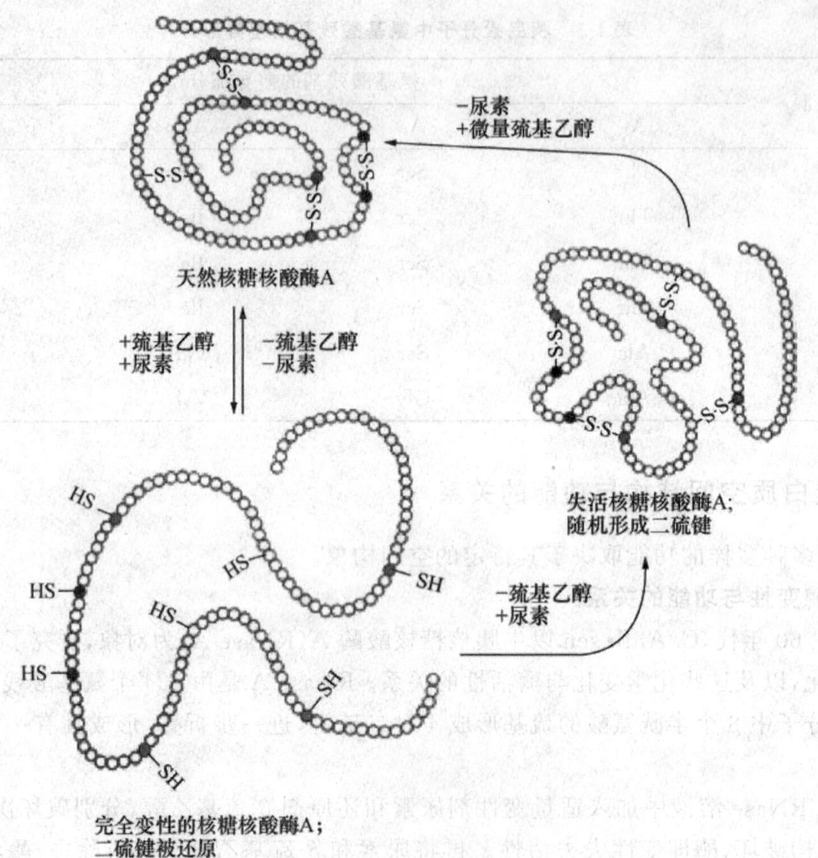

图 1-35 RNase 的变性和复性作用

O_2,为环境提供 O_2 供机体所需。

肌红蛋白相对分子质量为 16 700,由一条 153 个氨基酸残基组成的多肽链和一个血红素(heme)辅基组成。其形状呈紧密扁平状,多肽链中氨基酸残基上的疏水侧链大都在分子内部,亲水侧链多位于分子表面,因此其水溶性较好。其三级结构含有 8 段 α-螺旋区,每个 α-螺旋区含 7~24 个氨基酸残基,分别称为 A、B、C…G 及 H 肽段,占多肽链的 75%;分子内部和外部有严格的限定:分子外表面既有亲水性氨基酸残基,又有疏水性氨基酸残基,但分子内部多为疏水性氨基酸残基或极性氨基酸残基的疏水部分。肌红蛋白的最大特点是分子表面有一个由多肽链叠成的疏水裂隙(或凹穴),主要由 Val68 和 Phe43 的侧链组成,还有两个 His(图 1-36)。

血红素是铁卟啉化合物,它由 4 个吡咯通过 4 个甲炔基相连成一个大环,Fe^{2+} 居于环中。铁与卟啉环(toporphyrin)及多肽链氨基酸残基的连接:铁卟啉上的两个丙酸侧链以离子键形式与肽链中的两个碱性氨基酸侧链上的正电荷相连。血红素的 Fe^{2+} 与 4 个吡咯环的氮原子形成配位键,另 2 个配位键 1 个与 F8 组氨酸结合,1 个与 O_2 结合,故血红素在此空穴中保持稳定位置(图 1-37)。

血红蛋白是红细胞中所含有的一种结合蛋白质,它的蛋白质部分称为珠蛋白(globin),非蛋白质部分(辅基)为血红素。血红蛋白分子由四个亚基构成,每一亚基结合一分子血红

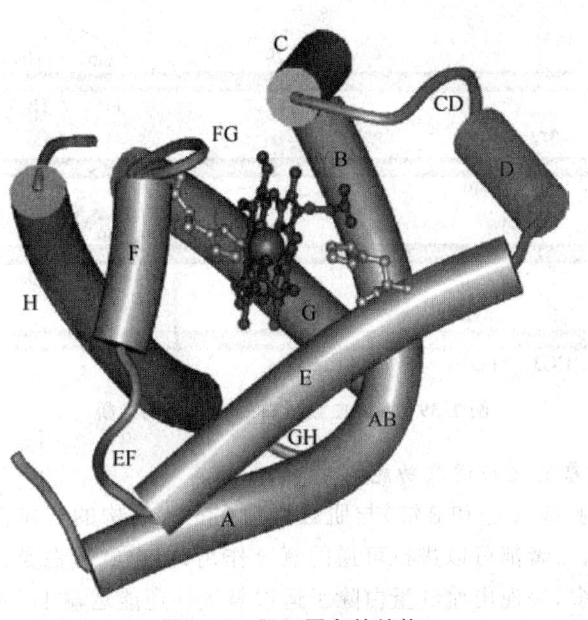

图 1-36 肌红蛋白的结构

素。正常成人血红蛋白分子的 4 个亚基为两条 α 链，两条 β 链。整个分子大小为 6.4 nm×5.5 nm×5.0 nm。α 链由 141 个氨基酸残基组成，β 链由 146 个氨基酸残基组成，它们的一级结构均已确定。每一亚基都具有独立的三级结构，各肽链折叠盘曲成一定构象，β 亚基中有 8 个 α-螺旋区（分别称 A、B…H 螺旋区），α 亚基中有 7 个 α-螺旋区。在此基础上肽链进一步折叠形成球状，依赖侧链间形成的各种次级键维持稳定，使之球形表面为亲水区，球形向内，在 E 和 F 螺旋段间的 20 多个疏水氨基酸侧链构成口袋形的疏水区，血红素就嵌接在其中，α 亚基和 β 亚基构象相似。最后，4 个亚基 $\alpha_2\beta_2$ 聚合成具有四级结构的血红蛋白分子（图 1-38）。在此分子中，4 个亚基沿中央轴排布四方，两 α 亚基沿不同方向嵌入两个 β 亚基间，各亚基间依靠多种次级键联系，使整个分子呈球形，这些次级键对于维系血红蛋白分子空间构象有重要作用，例如在四亚基间的 8 对盐键（图 1-39），它们的形成和断裂将使整个分子的空间构象发生变化。

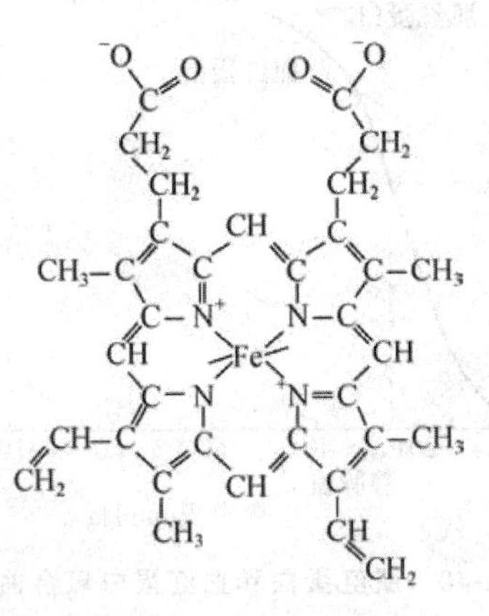

图 1-37 血红素

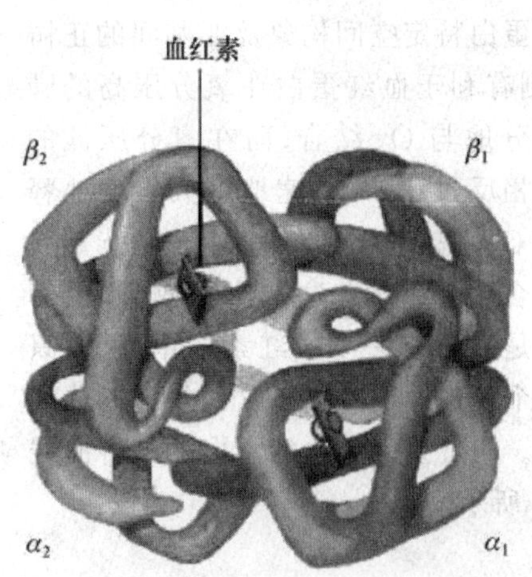

图 1-38 血红蛋白的结构

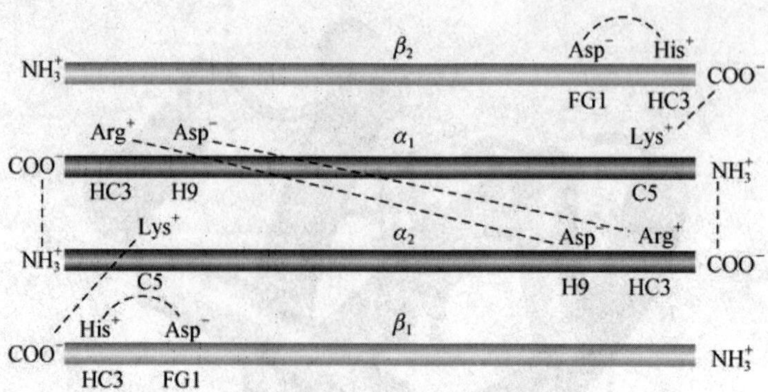

图 1-39　T 型血红蛋白肽链之间的盐桥

3. 血红蛋白的构象变化与运氧功能

虽然血红蛋白的亚基(α 链和 β 链)与肌红蛋白在三级结构的安排上极为相似,这反映在它们功能上的相似性,二者都可以进行可逆的氧合作用,但血红蛋白是四聚体,它的整个结构要比肌红蛋白复杂得多,表现出血红蛋白除了运输氧气外还能运输 H^+ 和 CO_2,并且运输的效率更高。

在脱氧的血红蛋白中,4 个亚基通过图 1-39 所示的盐桥互相连接起来的,在两个 β 亚基之间还夹着一分子的 2,3-二磷酸甘油酸(BGP)。它与每个 β 亚基形成 4 个盐键,把两个 β 亚基交联在一起。由于这些非共价键的作用,使得血红蛋白的四个亚基聚合成密集的近球形分子。当血红蛋白中第一个亚基与 O_2 结合后,引起其他盐键断裂促进第二、三、四亚基更易与 O_2 结合,完成血红蛋白的带 O_2 过程,发生了亚基之间相互作用的正协同效应。带 O_2 的血红蛋白亚基结构松弛,呈松弛态(relaxed state,R 态)。这时小分子 O_2 与血红蛋白亚基结合,导致分子构象改变及生物功能变化的过程,发生了变构效应(allosteric effect)。这种一个亚基与其配体(血红蛋白中的配体为 O_2)结合后,能影响此寡聚体中另一亚基与配体的结合能力,称为协同效应(cooperativity)。如果是促进作用则称为正协同效应(positive cooperativity);反之则为负协同效应(negative cooperativity)。血红蛋白结合 O_2 的"S"形曲线就是正协同效应的特征。

血红蛋白特定空间构象及亚基间的正协同效应,则有利于血红蛋白在氧分压高的肺部迅速充分地与 O_2 结合;而在氧分压低的组织发生相反过程,又迅速地最大限度地释出转运的 O_2,完成血红蛋白的生理功能。肌红蛋白结合 O_2 不存在这种协同效应,因为肌红蛋白是只含有一个血红素的单肽链,只能结合一个氧气分子。所以它的氧饱和曲线是双曲线。肌红蛋白和血红蛋白的氧合曲线如图 1-40 所示。

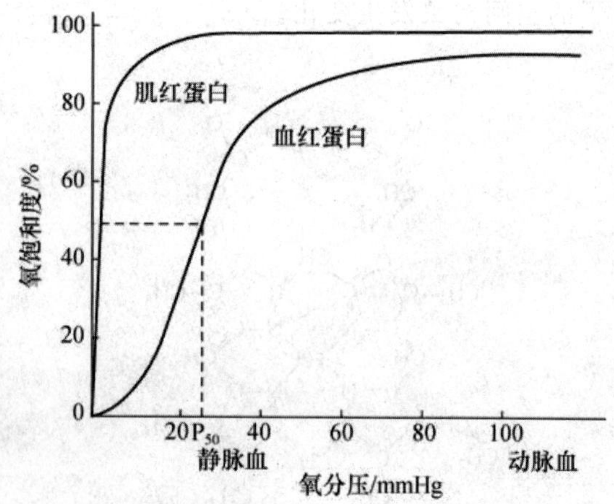

图 1-40　肌红蛋白和血红蛋白氧合曲线

1.6 蛋白质的特性

蛋白质是由氨基酸组成的，其理化性质一部分与氨基酸相似，如两性电离、等电点、呈色反应、成盐反应等，也有一部分又不同于氨基酸，如高分子质量、胶体性、变性等。

1.6.1 蛋白质的紫外吸收光谱

由于蛋白质中存在着含有共轭双键的酪氨酸、苯丙氨酸和色氨酸，因此蛋白质溶液在280 nm处具有紫外吸收高峰。在一定浓度范围内，蛋白质溶液在此波长处的吸光度与其浓度呈正比关系。因此，利用这一性质可进行蛋白质定量测定。

1.6.2 蛋白质的两性解离和等电点

1. 蛋白质的酸碱性

蛋白质分子中有许多酸性集团和碱性基团，它们同处于一个大分子中，在同一环境中有着不同解离状态，既可以发生酸性解离，又可以发生碱性解离，因此称为两性电解质。蛋白质分子中，除N-端的α-氨基和C-端的α-羧基外，肽链内多种氨基酸残基的R侧链带有可解离成正、负离子的化学基团，如Lys残基的ε-氨基、Arg残基的胍基、His残基的咪唑基、Asp残基的β-羧基和Glu残基γ-羧基等。因此，蛋白质分子可呈两性解离，其电离过程和带电状态决定于溶液的pH。

2. 蛋白质的等电点

作为带电颗粒，蛋白质可以在电场中移动，移动方向取决于蛋白质分子所带的电荷，既取决于其分子组成中碱性和酸性氨基酸的含量，又受所处溶液的pH影响。当蛋白质溶液处于某一pH时，蛋白质解离成正、负离子的趋势相等，即成为兼性离子，此时溶液的pH称为蛋白质的等电点。处于等电点的蛋白质颗粒，在电场中并不移动。蛋白质溶液的pH大于其等电点，该蛋白质颗粒带负电荷，反之则带正电荷。

另外，蛋白质在等电点的溶液中溶解度最小。体内大多数蛋白质的等电点接近于pH 5.0，在体液pH 7.4的环境下可解离成负离子。少数蛋白质为碱性蛋白质，如鱼精蛋白、组蛋白等。也有少量蛋白质为酸性蛋白质，如胃蛋白酶和丝蛋白等。蛋白质的电泳和离子交换层析技术就是依据蛋白质的两性解离性质。

$$\underset{\text{蛋白质的阳离子}}{P\begin{matrix}\diagup NH_3^+\\ \diagdown COOH\end{matrix}} \underset{+H^+}{\overset{+OH^-}{\rightleftharpoons}} \underset{\substack{\text{蛋白质的兼性离子}\\(\text{等电点})}}{P\begin{matrix}\diagup NH_3^+\\ \diagdown COO^-\end{matrix}} \underset{+H^+}{\overset{+OH^-}{\rightleftharpoons}} \underset{\text{蛋白质的阴离子}}{P\begin{matrix}\diagup NH_2\\ \diagdown COO^-\end{matrix}}$$

1.6.3 蛋白质的胶体性质

1. 胶体的分子大小

蛋白质分子质量颇大，介于 1 万到百万道尔顿之间，故其分子的大小已达到胶粒 1～100 nm 范围之内，其溶液为胶体溶液。

2. 胶体的性质

作为胶体溶液，均具有布朗运动、光散射、吸附、不能透过半透膜和电泳等现象。

利用不能透过半透膜的性质，在分离提纯蛋白质过程中，将混有小分子杂质的蛋白质溶液放于半透膜(semipermeable membrane)制成的囊内，置于流动水或适宜的缓冲液中，小分子杂质皆易从囊中透出，保留了比较纯化的囊内蛋白质，从而达到纯化的目的，这种方法称为透析(dialysis)。

利用电泳现象，可将不同蛋白质在电场中进行分离和分子质量的测定。

3. 胶体稳定的因素

维持蛋白质胶体溶液稳定的重要因素有两个：一个是蛋白质颗粒表面大多为亲水基团，具有强烈吸引水分子的作用，使蛋白质分子表面常为多层水分子所包围，称水化膜，将颗粒彼此分开，从而阻止蛋白质颗粒之间相互靠近而相互聚集；另一个是同种蛋白质胶粒表面带有同种电荷，具有静电排斥作用，使颗粒间也不容易相互靠近而沉淀。以上两个原因可起到胶粒稳定的作用，使蛋白质颗粒难以相互聚集从溶液中沉淀析出。如去除蛋白质胶粒的上述两个稳定因素时，可使蛋白质易从溶液中析出，在蛋白质分离中的盐析和丙酮沉淀直接依据这一原理。

1.6.4 蛋白质的沉淀

1. 概念

蛋白质分子表面的水化层或电荷破坏时便会从溶液中析出的现象称为蛋白质沉淀(precipitation)。变性的蛋白质一般易于沉淀，但也可不变性而使蛋白质沉淀，变性的蛋白质也可不发生沉淀。

2. 沉淀的本质

蛋白质颗粒表面的水化层和电荷除掉(如调节溶液 pH 至等电点和加入脱水剂)，蛋白质便容易凝集析出。

3. 沉淀的方法

使蛋白质沉淀的主要方法有下述几种：

(1)盐析(salting out) 向蛋白质溶液中加入大量的中性盐使蛋白质从溶液中析出，这种方法称为盐析。常用的中性盐有硫酸铵、硫酸钠、氯化钠等。各种蛋白质盐析时所需的盐浓度及 pH 不同，故可用于对混合蛋白质组分的分离。例如用半饱和的硫酸铵来沉淀出血清中的球蛋白，饱和硫酸铵可以使血清中的白蛋白、球蛋白都沉淀出来，盐析沉淀的蛋白质，经透析除盐，仍保证蛋白质的活性。调节蛋白质溶液的 pH 至等电点后，再用盐析法则蛋白质沉淀的效果更好。相反，在蛋白质水溶液中，加入少量的中性盐，如硫酸铵、硫酸钠、氯化钠等，会增加蛋白质分子表面的电荷，增强蛋白质分子与水分子的作用，从而使蛋白质在水溶液中的溶解度增大。这种现象称为盐溶(salting in)(图 1-41)。

(2)重金属盐沉淀蛋白质 蛋白质可以与重金属离子如汞、铅、铜、银等离子结合成盐沉

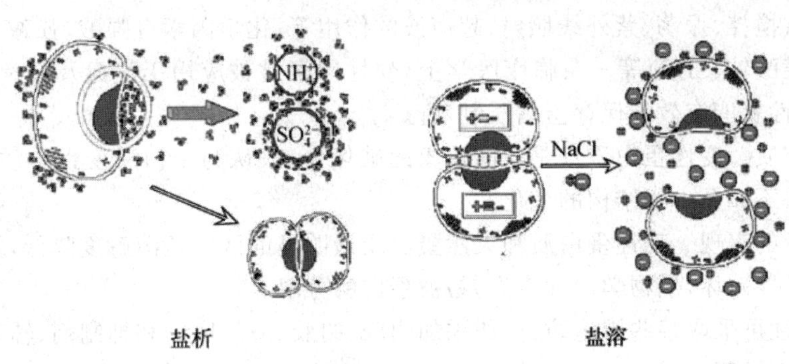

图 1-41 盐析和盐溶

淀。沉淀的条件以 pH 稍大于等电点为宜。因为此时蛋白质分子有较多的负离子易与重金属离子结合成盐。重金属沉淀的蛋白质常是变性的，但若在低温条件下，并控制重金属离子浓度，也可用于分离制备不变性的蛋白质。

临床上利用蛋白质能与重金属盐结合的这种性质，抢救误服重金属盐中毒的病人，给病人口服大量蛋白质，然后用催吐剂将结合的重金属盐呕吐出来解毒。

(3)生物碱试剂以及某些酸类沉淀蛋白质　蛋白质又可与生物碱试剂(如苦味酸、钨酸、鞣酸)以及某些酸(如三氯醋酸、过氯酸、硝酸)结合成不溶性的盐沉淀。沉淀的条件应当是 pH 小于等电点，这样蛋白质带正电荷易与酸根负离子结合成盐。

临床血液化学分析时常利用此原理除去血液中的蛋白质，此类沉淀反应也可用于检验尿中蛋白质。

(4)有机溶剂沉淀蛋白质　可与水混合的有机溶剂，如酒精、甲醇、丙酮等，对水的亲和力很大，能破坏蛋白质颗粒的水化膜，在等电点时使蛋白质沉淀。在常温下，有机溶剂沉淀蛋白质往往引起变性。例如酒精消毒灭菌就是如此，但若在低温条件下，则变性进行较缓慢，可用于分离制备各种血浆蛋白质。

(5)加热凝固　将接近于等电点附近的蛋白质溶液加热，可使蛋白质发生凝固(coagulation)而沉淀。加热首先是加热使蛋白质变性，有规则的肽链结构被打开呈松散状不规则的结构，分子的不对称性增加，疏水基团暴露，进而凝聚成凝胶状的蛋白块。如煮熟的鸡蛋，蛋黄和蛋清都凝固。

蛋白质的变性、沉淀、凝固相互之间有很密切的关系。但蛋白质变性后并不一定沉淀，变性蛋白质只在等电点附近才沉淀，沉淀的变性蛋白质也不一定凝固。例如，蛋白质被强酸、强碱变性后由于蛋白质颗粒带着大量电荷，故仍溶于强酸或强碱之中。但若将强碱和强酸溶液的 pH 调节到等电点，则变性蛋白质凝集成絮状沉淀物，若将此絮状物加热，则分子间相互盘缠而变成较为坚固的凝块。

1.6.5 蛋白质的变性与复性

1. 变性

(1)概念　天然蛋白质的严密结构在某些物理或化学因素作用下，其特定的空间结构被破坏，从而导致理化性质改变和生物学活性的丧失，称之为蛋白质的变性作用(denaturation)。

(2)变性因素　引起蛋白质变性的原因可分为物理和化学因素两类。物理因素可以是加热、加压、脱水、搅拌、振荡、紫外线照射、超声波的作用等;化学因素有强酸、强碱、尿素、重金属盐、十二烷基磺酸钠(SDS)等。在临床医学上,变性因素常被应用于消毒及灭菌。反之,注意防止蛋白质变性就能有效地保存蛋白质制剂。

(3)变性实质　变性蛋白质只是空间构象的破坏,一般认为蛋白质变性本质是次级键,二硫键的破坏,并不涉及一级结构的变化。

(4)变性后的表现　变性蛋白质和天然蛋白质最明显的区别是溶解度降低,同时蛋白质的黏度增加,结晶性破坏,生物学活性丧失,易被蛋白酶分解。

蛋白质变性可采取某些措施防止,如添加明胶、树胶、酶的底物和抑制剂、辅基、金属离子、盐类、缓冲液、糖类等,可抑制变性作用。但有些酶在有底物时会降低热稳定性。有时有机溶剂也可起稳定作用,如猪心苹果酸脱氢酶,在25℃下保温30 min,酶活为50%;加入70%甘油后,经同样处理,活力为100%。

变性现象也可加以利用,如用酒精消毒,就是利用乙醇的变性作用来杀菌。在提纯蛋白时,可用变性剂除去一些易变性的杂蛋白。工业上将大豆蛋白变性,使它成为纤维状,就是人造肉。

2. 复性

变性并非是不可逆的变化,当变性程度较轻时,如去除变性因素,有的蛋白质仍能恢复或部分恢复其原来的构象及功能,变性的可逆变化称为复性(renaturation)。例如,核糖核酸酶在β-巯基乙醇和8 mol/L尿素作用下,发生变性,失去生物学活性,变性后如经过透析去除尿素,β-巯基乙醇,并设法使巯基氧化成二硫键,酶蛋白又可恢复其原来的构象,生物学活性也几乎全部恢复,此称变性核糖核酸酶的复性。

许多蛋白质变性时结构破坏严重,不能恢复,称为不可逆性变性(irreversible denaturation)。

1.6.6　蛋白质的颜色反应

蛋白质中的一些基团能与某些试剂反应,生成有色物质,可作为测定根据。常用反应如下:

1. 双缩脲反应

双缩脲是有两分子尿素缩合而成的化合物。双缩脲在碱性溶液中能与硫酸铜反应生成紫红色络合物,称为双缩脲反应。蛋白质中的肽键与之类似,也能起双缩脲反应,形成紫红色络合物。此反应可用于定性鉴定蛋白质,也可在540 nm比色,定量测定蛋白含量。

$$H_2N—CO—NH_2 + NH_2—CO—NH_2 \longrightarrow \underset{\text{双缩脲}}{H_2N—CO—NH—CO—NH_2} + NH_3$$

2. 黄色反应

含有芳香族氨基酸特别是酪氨酸和色氨酸的蛋白质在溶液中遇到硝酸后,先产生白色沉淀,加热则变黄,再加碱颜色加深为橙黄色。这是因为苯环被硝化,产生硝基苯衍生物。皮肤、毛发、指甲遇浓硝酸都会变黄。

3. 米伦反应

米伦试剂是硝酸汞、亚硝酸汞、硝酸和亚硝酸的混合物,蛋白质加入米伦试剂后即产生白

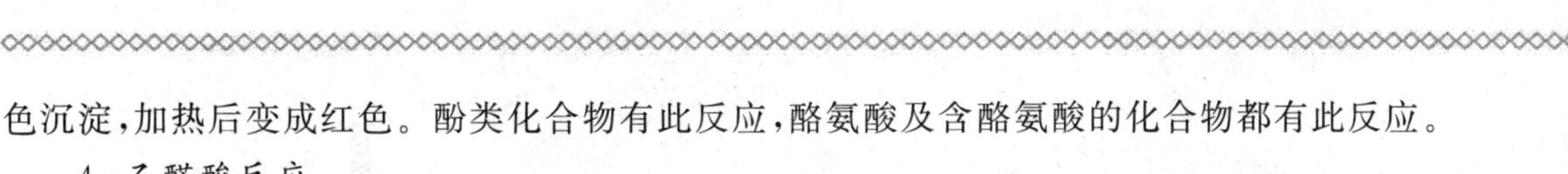

色沉淀，加热后变成红色。酚类化合物有此反应，酪氨酸及含酪氨酸的化合物都有此反应。

4. 乙醛酸反应

在蛋白溶液中加入乙醛酸，并沿试管壁慢慢注入浓硫酸，在两液层之间就会出现紫色环，凡含有吲哚基的化合物都有此反应。不含色氨酸的白明胶就无此反应。

5. 费林反应(Folin-酚)

酪氨酸的酚基能还原费林试剂中的磷钼酸及磷钨酸，生成蓝色化合物。可用来定量测定蛋白含量。它是双缩脲反应的发展，灵敏度高。

1.7 蛋白质的分离与研究方法简介

细胞中蛋白质有成千上万种，为了研究某一蛋白质的结构与功能，需要将其从生物材料众多分子中分离出来，并达到一定纯度。蛋白质的分离和提纯工作是一项艰巨而繁重的任务，到目前为止，还没有一个单独的或一套现成的方法能把任何一种蛋白质从复杂的混合物中提取出来，但对任何一种蛋白质都有可能选择一套适当的分离提纯程序来获取高纯度的制品。

蛋白质提纯的总目标是设法增加制品纯度或比活性，对纯化的要求是以合理的效率、速度、收率和纯度，将目的蛋白质从细胞的杂蛋白中分离出来，同时仍保留其生物学活性和化学完整性。下面介绍蛋白质分离、纯化、鉴定方法技术。

1.7.1 根据分子大小差异分离蛋白质

蛋白质分子质量大，且不同种类的蛋白质分子质量大小方面差异很大，因此可以利用一些简单的方法使蛋白质与其他小分子的物质分开，并使蛋白质混合液得到分离。

1. 透析(dialysis)和超滤(ultrafiltration)

透析和超滤是分离蛋白质时常用的方法。透析是将待分离的混合物放入半透膜制成的透析袋中，再浸入透析液进行分离(图 1-42)。超滤是利用离心力或压力强行使水和其他小分子通过半透膜，而蛋白质被截留在半透膜的另一侧的过程(图 1-43)。这两种方法都可以将蛋白质大分子与以无机盐为主的小分子分开。它们经常和盐析、盐溶方法联合使用，在进行盐析或盐溶后可以利用这两种方法除去引入的无机盐。由于超滤过程中滤膜表面容易被吸附的蛋白质堵塞，以致超滤速度减慢，截流物质的分子质量也越来越小。所以在使用超滤方法时要选择合适的滤膜，也可以选择切向流过滤得到更理想的效果。

2. 密度梯度离心

不同的蛋白质颗粒在质量、密度和形状上存在差异，在一定的强离心力场中表现出不同的沉降速度(sedimentation velocity)。用离心法时，大分子沉降速度的量度，等于每单位离心场的速度。

$$S=v/\omega^2 r$$

式中，S 是沉降系数，ω 是离心转子的角速度(弧度/秒)，r 是到旋转中心的距离，v 是沉降速度。沉降系数以每单位重力的沉降速度表示(the velocity per unit force)并且通常为(1～200)$\times10^{-13}$s 范围，1S$=10^{-13}$s。沉降系数越大在离心时候越先沉降。

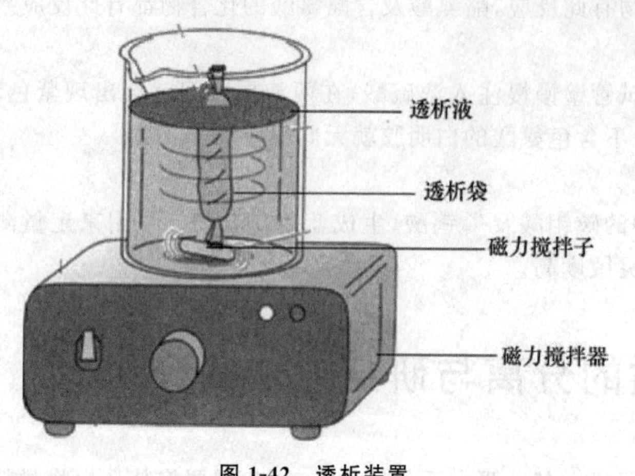

图 1-42　透析装置

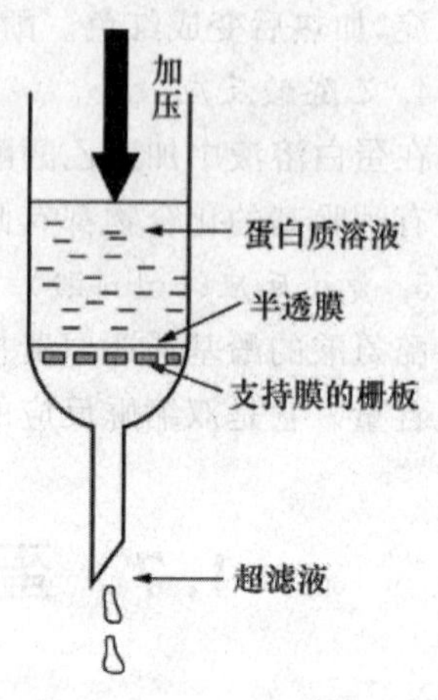

图 1-43　超滤

密度梯度离心法(density gradient centrifugation method)亦称平衡密度梯度离心法。先用离心介质(如蔗糖)制作一个从底部到顶部浓度逐渐下降的沉降池,然后在沉降池里加入少量大分子溶液进行超离心。在超离心场中,质量和密度越大的蛋白沉降速度越快。不同的蛋白分别在重力和浮力平衡的位置,集聚形成大分子带状物。

离心介质必须满足两个基本条件:一个是具有化学性质稳定性,不会影响蛋白质结构和性质;二是密度和黏度合适,在一定密度梯度范围内和离心力场下,允许不同蛋白质颗粒以不同速度下沉。

3. 凝胶过滤层析(gel-filtration chromatography)

凝胶过滤层析法又称排阻层析(molecular-exclusion chromatography)或分子筛方法,主要是根据蛋白质的大小和形状,即蛋白质的质量进行分离和纯化。层析柱中的填料是某些惰性的多孔网状结构物质(典型凝胶珠直径为 0.1 nm),多是交联的聚糖(如葡聚糖或琼脂糖)类物质。一般是大分子先流出来,小分子后流出来。

将蛋白质样品加在柱床表面,当用缓冲液洗脱时,比凝胶珠网孔大的蛋白质不能进入凝胶珠内部,只从凝胶珠的间隙里通过,受到的阻力小,经过的路径短,先被洗脱下来;比凝胶珠网孔小的蛋白质则容易进入凝胶珠内部,受到的阻力大,经过的路径长,后被洗脱下来(图 1-44)。

凝胶过滤层析既可用于蛋白质的分离纯化,也常用于除去蛋白质溶液中的小分子物质。

1.7.2　利用溶解度差异分离蛋白质

1. 等电沉淀

蛋白质在等电点时,净电荷为零,颗粒之间的静电斥力最小,因而溶解度也最小,分子之间极易聚集而发生沉淀。各种蛋白质的等电点有差别,可利用调节溶液的 pH 达到某一蛋白质的等电点使之沉淀,但此法很少单独使用,可与盐析法结合用。

2. 盐析与盐溶

中性盐对蛋白质的溶解度有显著影响,一般在低盐浓度下随着盐浓度升高,蛋白质的溶解度增加,此称盐溶;当盐浓度继续升高时,蛋白质的溶解度不同程度下降并先后析出,即盐析。由于各种蛋白质分子颗粒大小、亲水程度不同,故盐析所需的盐浓度也不一样,因此调节混合蛋白质溶液中的中性盐浓度可使各种蛋白质分段沉淀。

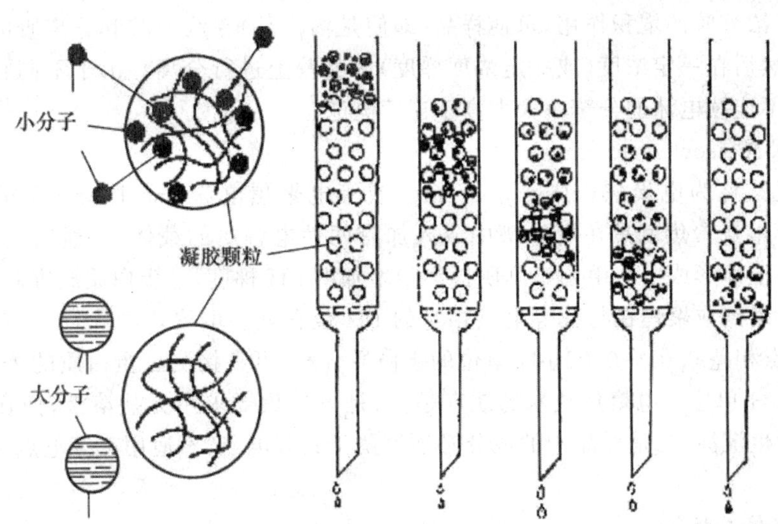

图 1-44 凝胶过滤层析示意图

影响盐析的因素有：①温度：除对温度敏感的蛋白质在低温（4℃）操作外，一般可在室温中进行。一般温度低蛋白质溶解度降低。但有的蛋白质（如血红蛋白、肌红蛋白、清蛋白）在较高的温度（25℃）比 0℃ 时溶解度低，更容易盐析。②pH：大多数蛋白质在等电点时在浓盐溶液中的溶解度最低。③蛋白质浓度：蛋白质浓度高时，目的蛋白质常常夹杂着其他蛋白质一起沉淀出来（共沉现象）。因此在盐析前血清要加等量生理盐水稀释，使蛋白质含量在 2.5%～3.0%。

蛋白质盐析常用的中性盐最多的是硫酸铵，它的优点是温度系数小而溶解度大，许多蛋白质和酶都可以盐析出来；另外硫酸铵分段盐析效果也比其他盐好，不易引起蛋白质变性。硫酸铵溶液的 pH 常在 4.5～5.5，当用其他 pH 进行盐析时，需用硫酸或氨水调节。

蛋白质在用盐析沉淀分离后，需要将蛋白质中的盐除去，常用的办法是透析。此外也可用葡萄糖凝胶 G-25 或 G-50 层析的办法除盐，所用的时间就比较短。

3. 有机溶剂沉淀法

用与水可混溶的有机溶剂，甲醇、乙醇或丙酮，可使多数蛋白质溶解度降低并析出，此法分辨力比盐析高，但蛋白质较易变性，应在低温下进行。

1.7.3 利用电荷不同分离蛋白质

1. 电泳（electrophoresis）

在溶液中，蛋白质分子由于氨基酸残基的解离带电荷；在电场中，蛋白质带电粒子会向与自身电荷相反的电极泳动，这便是电泳。在一定电场和一定电泳介质中蛋白质迁移率因分子质量、分子形状和电荷数量不同而不同。

电泳有多种类型：在电场中没有固体支持物、只有水溶液的称为自由界面电泳，有固体支持物的称为区带电泳。区带电泳中根据固体支持物不同，又可分为纸电泳、薄膜电泳及各种凝胶电泳。根据电泳装置的不同来分，有水平板电泳、垂直板电泳、圆盘电泳及毛细管电泳等。

2. 不连续电泳（discontinuous electrophoresis）

不连续电泳是指使用不同孔径和不同缓冲系统（离子成分、pH 及电位梯度的不连续性）

的电泳。由于浓缩胶的堆积作用,可使样品(即使是稀样品)在浓缩胶和分离胶的界面上先浓缩成一窄带,然后在一定浓度(或一定浓度梯度)的凝胶上进行分离。由于不同孔径凝胶的分子筛作用,使不连续电泳的分辨率大大高于连续电泳。

3. *等电聚焦*(isoelectric focusing)

等电聚集又称为电聚焦(electrofocusing)或等电聚焦电泳(isoelectric focusing electrophoresis)。等电点聚焦就是在电泳槽中放入加有两性电解质的载体,当通以直流电时,两性电解质在载体上即形成一个由阳极到阴极逐步增加的 pH 梯度,当蛋白质放进此体系时,不同的蛋白质即移动到或聚焦在与其等电点相当的 pH 位置处。电聚焦的优点是:有很高的分辨率,可将等电点相差 0.01～0.02 pH 单位的蛋白质分开,可直接测出蛋白质的等电点,其精确度可达 0.01 pH 单位。电聚焦技术的缺点是:一是电聚焦要求用无盐溶液,而在无盐溶液中蛋白质可能发生沉淀,二是样品中的成分必须停留于其等电点,不适用在等电点不溶或发生变性的蛋白质。

4. *离子交换层析*(ion exchange chromatography)

离子交换层析是以离子交换剂为固定相,依据流动相中的组分离子与交换剂上的平衡离子进行可逆交换时的结合力大小的差别而进行分离的一种层析方法。蛋白质离子交换层析介质主要由两部分组成:一部分是亲水性很强且能够形成较大网孔的惰性固体支持物,如琼脂糖、葡聚糖、纤维素等。另一部分是与之共价连接的可解离基团。能解离出阳离子(如 H^+、Na^+),可与带正电荷的蛋白质结合的介质称之阳离子交换剂,如羧甲基-纤维素(CM-cellulose),羧甲基琼脂糖(CM-agarose);能解离出阴离子(如 OH^-、Cl^-)、可与带负电荷的蛋白质结合的介质称之阴离子交换剂,如二乙氨基乙基-纤维素(DEAE-cellulose)(图 1-45)。

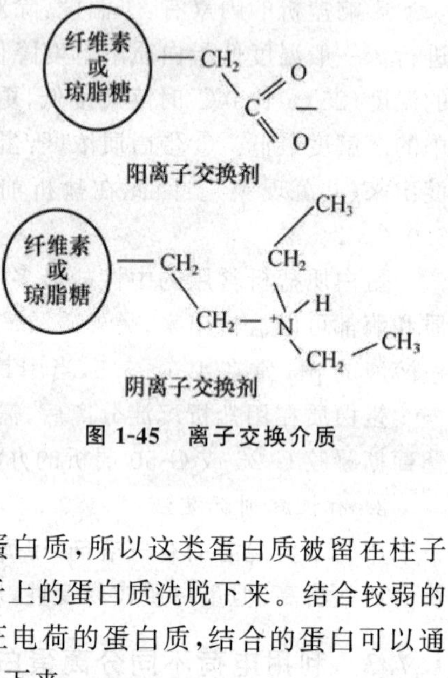

阳离子交换剂

阴离子交换剂

图 1-45　离子交换介质

离子交换层析可以用于蛋白质的分离纯化。由于蛋白质也有等电点,当蛋白质处于不同的 pH 条件下,其带电状况也不同。阴离子交换基质结合带有负电荷的蛋白质,所以这类蛋白质被留在柱子上,然后通过提高洗脱液中的盐浓度等措施,将吸附在柱子上的蛋白质洗脱下来。结合较弱的蛋白质首先被洗脱下来。反之阳离子交换基质结合带有正电荷的蛋白质,结合的蛋白可以通过逐步增加洗脱液中的盐浓度或是提高洗脱液的 pH 洗脱下来。

1.7.4　根据蛋白质吸附特性分离蛋白质

利用层析介质表面的活性基团对流动相中的不同组分吸附性能差异进行分离的方法,称为吸附层析(absorption chromatography)。当蛋白质颗粒接触到比表面积大的固体颗粒物质时,会受到表面基团的吸引而停留下来。不同的蛋白质表面的极性和非极性氨基酸残基的数目、比例及分布不同,与固体颗粒物质的吸附作用力也不同。选用合适的吸附剂能够将蛋白质分离开来。常见的吸附层析有:

1. *羟基磷灰石层析*(hydroxylapatite chromatography)

羟基磷灰石[$Ca_5(PO_4)_3OH$]是一类特殊的层析材料。以羟基磷灰石作为吸附剂,在低浓

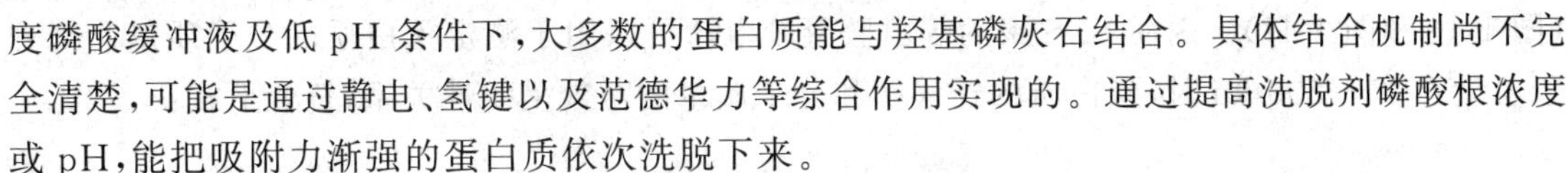

度磷酸缓冲液及低 pH 条件下，大多数的蛋白质能与羟基磷灰石结合。具体结合机制尚不完全清楚，可能是通过静电、氢键以及范德华力等综合作用实现的。通过提高洗脱剂磷酸根浓度或 pH，能把吸附力渐强的蛋白质依次洗脱下来。

2. 疏水层析(hydrophobic chromatography)

疏水层析也称疏水作用下层析(hydrophobic interaction chromatography HIC)，是利用固定相载体上偶联的疏水性配基与流动相中的一些疏水分子发生可逆性结合而进行分离。该方法基于蛋白质的疏水差异，在高盐溶液中，蛋白质会与疏水配基相结合，而其他的杂蛋白则没有此种性质，利用此种性质，可以将蛋白质初步的分离，用于盐析之后的蛋白质进一步提纯。

1.7.5 根据生物分子特异亲和力分离蛋白质

利用生物大分子与特异性配基(ligand)专一、可逆结合的特性进行分离大分子的层析技术称为亲和层析(affinity chromatography)，此法具有高效、快速、简便等优点。

亲和层析是利用蛋白质分子对其配体分子特有的识别能力(即生物学亲和力)建立起来的一种有效的纯化方法。它通常只需一步处理即可将目的蛋白质从复杂的混合物中分离出来，并且纯度相当高。近年来，亲和层析技术被广泛应用于靶标蛋白尤其是疫苗的分离纯化，特别是在融合蛋白的分离纯化上，更是起到了举足轻重的作用，因为融合蛋白具有特异性结合能力。亲和层析在基因工程亚单位疫苗的分离纯化中应用也相当广泛。

亲和层析则也是分离蛋白质工程菌发酵液中目的蛋白质一种非常有效的方法。该法可以采用改变抗原、抗体种类或使用类似物等来降低二者的亲和力来洗脱。

1.7.6 蛋白质的鉴定

在蛋白质分离过程中或分离后，常常需要对蛋白质的分子质量、性质、纯度、含量、等电点以及末端氨基酸等进行鉴定。

1.7.6.1 蛋白质分子质量鉴定

1. SDS-聚丙烯酰胺凝胶电泳(SDS-polyacrylamide gel electrophoresis，PAGE)

聚丙烯酰胺凝胶电泳简称为 PAGE，它是以聚丙烯酰胺凝胶作为支持介质的一种常用电泳技术。聚丙烯酰胺凝胶由单体丙烯酰胺和甲叉双丙烯酰胺聚合而成，聚合过程由自由基催化完成。催化聚合的常用方法有两种：化学聚合法和光聚合法。化学聚合以过硫酸铵(AP)为催化剂，以四甲基乙二胺(TEMED)为加速剂。在聚合过程中，TEMED 催化过硫酸铵产生自由基，后者引发丙烯酰胺单体聚合，同时甲叉双丙烯酰胺与丙烯酰胺链间产生甲叉键交联，从而形成三维网状结构。

蛋白质在聚丙烯酰胺凝胶中电泳时，它的迁移率取决于它所带净电荷以及分子的大小和形状等因素。如果加入一种试剂使电荷因素消除，那电泳迁移率就取决于分子的大小，便可以用电泳技术测定蛋白质的分子质量。1967 年，Shapiro 等发现阴离子去污剂十二烷基硫酸钠(SDS)具有这种作用。当向蛋白质溶液中加入足够量 SDS 和巯基乙醇，可使蛋白质分子中的二硫键还原。由于十二烷基硫酸根带负电，使各种蛋白质-SDS 复合物都带上相同密度的负电荷，它的量大大超过了蛋白质分子原有的电荷量，因而掩盖了不同种蛋白质间原有的电荷差别，SDS 与蛋白质结合后，还可引起构象改变，蛋白质-SDS 复合物形成近似“雪茄烟”形的长椭圆棒，在电场中其迁移率只取决于分子质量的大小，就会根据其各自分子质量的大小而被分离

(图 1-46 和图 1-47)。因而 SDS 聚丙烯酰胺凝胶电泳可以用于测定蛋白质的分子质量。当分子质量在 15～200 ku 时,蛋白质的迁移率和分子质量的对数呈线性关系,符合下式:

$$\log M_W = K - bX$$

式中,M_W 为分子质量,X 为迁移率,K、b 均为常数,若将已知分子质量的标准蛋白质的迁移率对分子质量对数作图,可获得一条标准曲线(图 1-48),未知蛋白质在相同条件下进行电泳,根据它的电泳迁移率即可在标准曲线上求得分子质量。这里得到的分子质量是蛋白亚基的分子质量。如果是寡聚蛋白,要想得到完整蛋白的分子质量还得借助其他方法。

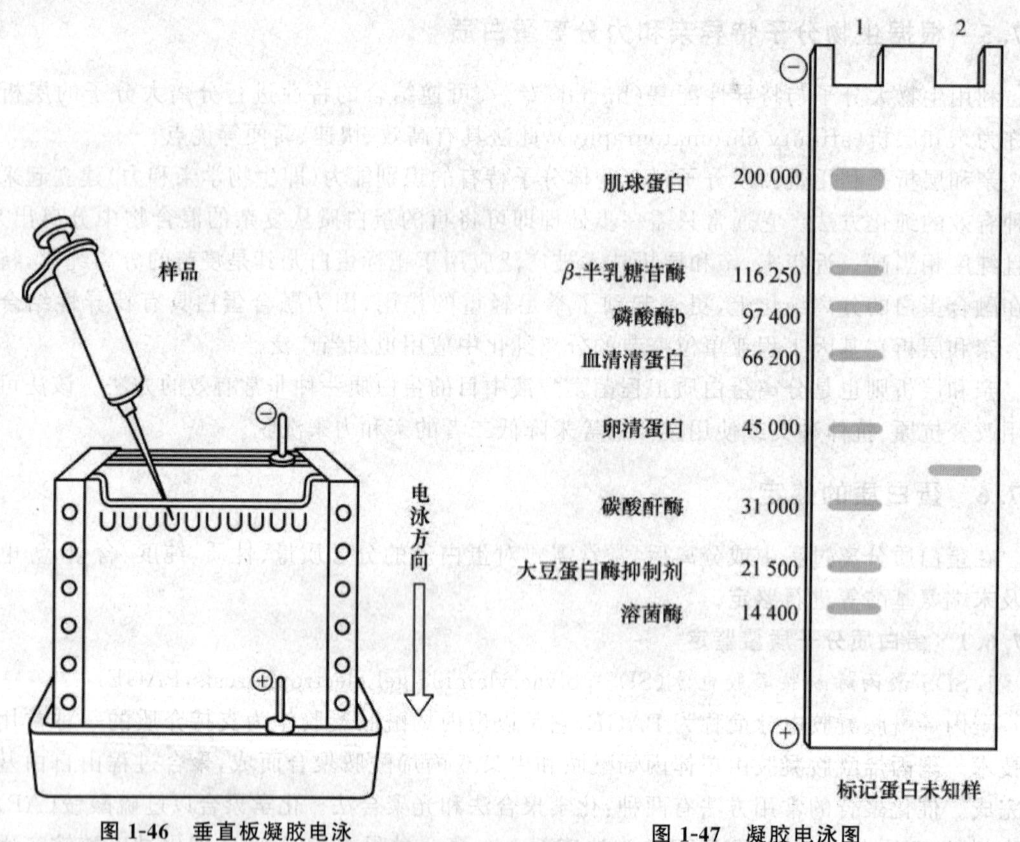

图 1-46 垂直板凝胶电泳　　图 1-47 凝胶电泳图

SDS-聚丙烯酰胺凝胶电泳具有较高的灵敏度,一般只需要不到微克量级的蛋白质,而且通过电泳还可以同时得到关于分子质量的情况,这些信息对于了解未知蛋白及设计提纯过程都是非常重要的。

2. 凝胶过滤

凝胶过滤原理如前所述。葡聚糖凝胶对大于凝胶胶粒网孔的分子完全没有阻力,洗脱这类完全被排阻的大分子所需的体积用 V_0 表示,称为外水体积(outer volume),即从样品进入柱床到该大分子被洗出层析柱所用洗脱剂的体积。如果某蛋白质的洗脱体积(elution volume)用 V_e 表示,那么该蛋白质分子质量的对数与 V_e/V_0 值的关系如下:

$$\log M = K_1 - K_2 V_e / V_0$$

式中，K_1、K_2 为常数，可见蛋白质分子质量的对数与 V_e/V_0 值呈线性相关。以标准蛋白质的 V_e/V_0 值为横坐标，以分子质量对数为纵坐标绘制出一条直线；利用未知蛋白质的 V_e/V_0 值，可在标准曲线上查出分子质量。用凝胶过滤鉴定蛋白质分子质量时，蛋白质分子形状对结果有明显影响，凝胶过滤法仅适合球状蛋白质，与 SDS-PAGE 不同，凝胶过滤法测定的是天然蛋白质分子质量。

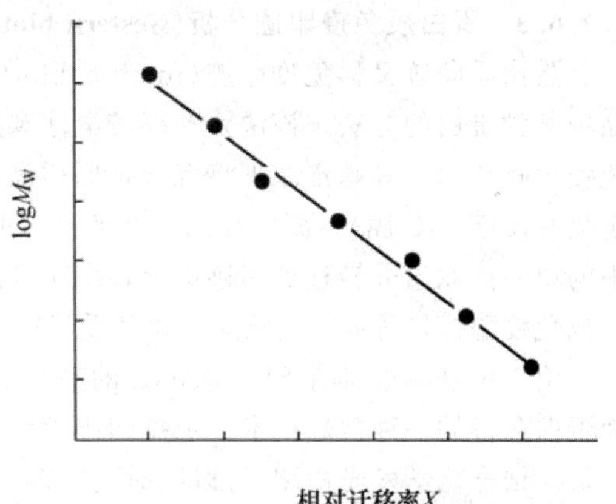

图 1-48　SDS-PAGE 分子质量测定标准

3. 沉降速度法

利用蛋白质沉降速度的差别不仅可以分离蛋白质，还可以分析蛋白质大小。沉降系数 S 指单位离心场强度溶质的沉降速度。S 也常用于近似地描述生物大分子的大小。蛋白质溶液经高速离心分离时，由于比重关系，蛋白质分子趋于下沉，沉降速度与蛋白质颗粒大小成正比，应用光学方法观察离心过程中蛋白质颗粒的沉降行为，可判断出蛋白质的沉降速度。根据沉降速度可求出沉降系数，将 S 代入公式，即可计算出蛋白质的分子质量。

$$M = \frac{RTS}{D(1-\bar{v}\rho)}$$

式中，M 为蛋白分子质量，R 为气体常数[8.314 J/(mol·K)]，T 为绝对温度，S 为沉降系数，D 为扩散系数，ρ 为溶剂密度，$\bar{v}$ 为蛋白分子的微分比体积。

1.7.6.2　蛋白质纯度测定

蛋白质纯度的测量与鉴定有许多方法，比如电泳、沉降分析、溶解度测定、质谱分析等。这里着重介绍一下双向电泳法。

双向电泳（two-dimensional electrophoresis）是等电聚焦电泳和 SDS-PAGE 的组合，即先进行等电聚焦电泳（按照 pI 分离），然后再进行 SDS-PAGE（按照分子大小），经染色得到的电泳图是个二维分布的蛋白质图。

双向电泳是目前唯一能将数千种蛋白质同时分离与展示的分离技术，其高分辨率、高重复性和兼具微量制备的性能是其他分离方法所无与伦比的。原理简明，第一向进行等电凝胶电泳聚焦，蛋白质沿 pH 梯度分离，至各自的等电点处；随后，换用 SDS-PAGE 再沿垂直的方向进行分子质量的分离。由此得到的电泳凝胶经过银染后，所有蛋白质便在一个平面上呈斑点分布（图 1-49）。目前，随着技术的飞速发展，已能分离出 10 000 个斑点（spot）。当双向电泳斑点的全面分析成为现实的时候，蛋白质组的分析变得可行。

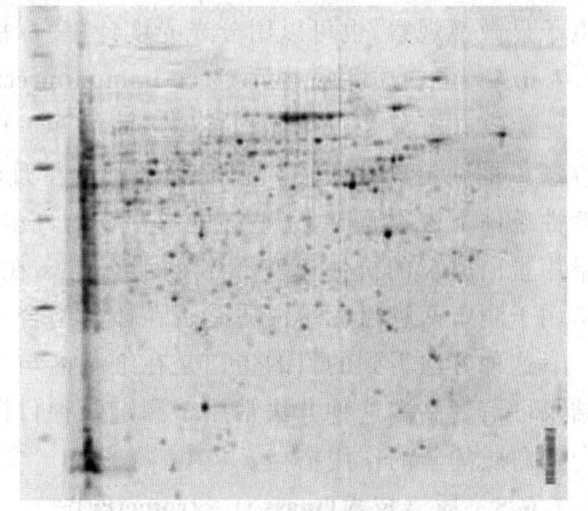
图 1-49　小鼠肝细胞提取物双向电泳
（引自 www.ybr.com.cn）

1.7.6.3 蛋白质免疫印迹分析(western blotting)

蛋白质印迹又称免疫印迹(immunoblotting),是根据抗原抗体的特异性结合检测复杂样品中某种蛋白的方法。该法是在凝胶电泳和固相免疫测定技术的基础上发展起来的一种新的免疫生化技术。其基本原理将混合抗原样品在凝胶板上进行单向或双向电泳分离，然后取固定化基质膜(NC 膜)与凝胶相贴。在印迹纸的自然吸附力、电场力或其他外力作用下，使凝胶中的单一抗原组分转移到印迹纸上，并且固相化。最后应用免疫覆盖液技术如免疫同位素探针或免疫酶探针等，对抗原固定化基质膜进行检测和分析。

由于免疫印迹具有 SDS-PAGE 的高分辨力和固相免疫测定的高特异性和敏感性,现已成为蛋白分析的一种常规技术。免疫印迹常用于鉴定某种蛋白,并能对蛋白进行定性和半定量分析。结合化学发光检测,可以同时比较多个样品同种蛋白的表达量差异。其基本方法是先将待检测样品溶解于含有去污剂和还原剂的溶液中,经过 SDS-PAGE 分离各组分,然后通过印迹技术把分离样品几乎原位、定量转移到 NC 膜上。随后进行类似间接酶联免疫吸附测定(enzyme-linked immunosorbent assay,ELISA)法测抗原的反应,即用特异抗体与 NC 膜上的靶抗原反应,结合上的抗体可用与辣根过氧化物酶或碱性磷酸酶偶联的抗免疫球蛋白进行反应,最后通过与酶的底物发生显色反应来做检测。

实际操作时,常把印迹后的 NC 膜分成两部分,一部分如上所述做免疫检测,另一部分直接进行蛋白质染色,以便对转移情况做直接观察和判断待测抗原所处位置及推算其分子量。

除免疫印迹分析外,用 ELISA 法也可以对溶液中微量存在的蛋白质样品进行定性或定量分析。ELISA 采用抗原与抗体的特异反应将待测物与酶连接,然后通过酶与底物产生颜色反应,用于定量测定。测定的对象可以是抗体也可以是抗原。

这种测定方法中有三种必要的试剂:①固相的抗原或抗体(免疫吸附剂),②酶标记的抗原或抗体(标记物),③酶作用的底物(显色剂)。

测量时,抗原(抗体)先结合在固相载体上,但仍保留其免疫活性,然后加一种抗体(抗原)与酶结合成的偶联物(标记物),此偶联物仍保留其原免疫活性与酶活性,当偶联物与固相载体上的抗原(抗体)反应结合后,再加上酶的相应底物,即起催化水解或氧化还原反应而呈颜色,其所生成的颜色深浅与欲测的抗原(抗体)含量成正比。这种有色产物可用肉眼、光学显微镜、电子显微镜观察,也可以用分光光度计(酶标仪)加以测定。其方法简单,方便迅速,特异性强。

1.7.6.4 蛋白质免疫共沉淀(co-immunoprecipitation, Co-IP)

免疫共沉淀是以抗体和抗原之间的专一性作用为基础的用于研究蛋白质相互作用的经典方法。是确定两种蛋白质在完整细胞内生理性相互作用的有效方法。其原理是:当细胞在非变性条件下被裂解时,完整细胞内存在的许多蛋白质-蛋白质间的相互作用被保留了下来。如果用蛋白质 x 的抗体免疫沉淀 x,那么与 x 在体内结合的蛋白质 y 也能沉淀下来。这种方法常用于测定两种目标蛋白质是否在体内结合;也可用于确定一种特定蛋白质的新的作用搭档。

这种方法得到的目的蛋白是在细胞内与兴趣蛋白天然结合的,符合体内实际情况,得到的结果可信度高。这种方法常用于测定两种目标蛋白质是否在体内结合;也可用于确定一种特定蛋白质的新的作用搭档。

1.7.6.5 质谱技术(mass spectrometry)

质谱是带电原子、分子或分子碎片按质荷比(或质量)的大小顺序排列的图谱。根据带电粒子在电磁场中能够偏转的原理,按物质原子、分子或分子碎片的质量差异进行分离和检测物

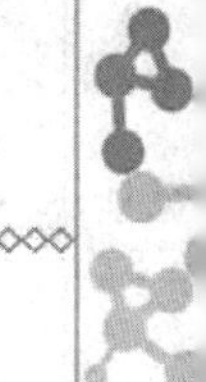

质组成的一类仪器。质谱仪主要由分析系统、电学系统和真空系统组成。

质谱分析的基本原理是用于分析的样品分子(或原子)在离子源中离化成具有不同质量的单电行分子离子和碎片离子,这些单电荷离子在加速电场中获得相同的动能并形成一束离子,进入由电场和磁场组成的分析器,离子束中速度较慢的离子通过电场后偏转大,速度快的偏转小;在磁场中离子发生角速度矢量相反的偏转,即速度慢的离子依然偏转大,速度快的偏转小;当两个场的偏转作用彼此补偿时,它们的轨道便相交于一点。与此同时,在磁场中还能发生质量的分离,这样就使具有同一质荷比而速度不同的离子聚焦在同一点上,不同质荷比的离子聚焦在不同的点上,其焦面接近于平面,在此处用检测系统进行检测即可得到不同质荷比的谱线,即质谱。通过质谱分析,我们可以获得分析样品的分子质量、分子式、分子中同元素构成和分子结构等多方面的信息。

生物质谱技术的出现使得在 10^{-12} mol 甚至 10^{-15} mol 水平上准确地分析分子质量高达几万到几十万的生物大分子成为可能,从而使质谱技术真正走入了生命科学的研究领域,并得到迅速的发展。

1.7.7 蛋白质组与蛋白质组学简介

蛋白质组(proteome)指由一个基因组(genome)或一个细胞、组织表达的所有蛋白质。蛋白质组的概念与基因组的概念有许多差别,它随着组织、甚至环境状态的不同而改变。转录时,一个基因可以多种 mRNA 形式剪接,一个蛋白质组不是一个基因组的直接产物,蛋白质组中蛋白质的数目有时可以超过基因组的数目。

蛋白质组学(proteomics)处于早期"发育"状态,这个领域的专家否认它是单纯的方法学,就像基因组学一样,不是一个封闭的、概念化的稳定的知识体系,而是一个领域。

蛋白质组学主要在于动态描述基因调节,对基因表达的蛋白质水平进行定量的测定,鉴定疾病、药物对生命过程的影响,以及解释基因表达调控的机制。

蛋白质组学研究的内容主要有两方面,一是结构蛋白质组学,二是功能蛋白质组学。其研究前沿大致分为三个方面:

①针对有关基因组或转录组数据库的生物体或组织细胞,建立其蛋白质组或亚蛋白质组及其蛋白质组连锁群,即组成性蛋白质组学。

②以重要生命过程或人类重大疾病为对象,进行重要生理病理体系或过程的局部蛋白质组或比较蛋白质组学。

③通过多种先进技术研究蛋白质之间的相互作用,绘制某个体系的蛋白,即相互作用蛋白质组学,又称为"细胞图谱"蛋白质组学。

此外,随着蛋白质组学研究的深入,又出现了一些新的研究方向,如亚细胞蛋白质组学、定量蛋白质组学等。

作为一门科学,蛋白质组研究并非从零开始,它是已有 20 多年历史的蛋白质(多肽)谱和基因产物图谱技术的一种延伸。多肽图谱依靠双向电泳和进一步的图像分析;而基因产物图谱依靠多种分离后的分析,如质谱技术、氨基酸组分析等。蛋白质分离分析,如同位素标记亲和标签(ICAT)技术、高效液相色谱技术(HPLC)等。

1.8 蛋白质的分类

蛋白质种类繁多,结构复杂,目前有几种分类方法。

1.8.1 根据分子形状分类

根据蛋白质分子外形的对称程度可将其分为两类。

1. 球状蛋白质

球状蛋白质(globular proteins)分子比较对称,接近球形或椭球形。溶解度较好,能结晶。大多数蛋白质属于球状蛋白质,如血红蛋白、肌红蛋白、酶、抗体等。

2. 纤维蛋白质

纤维蛋白质(fibrous proteins)分子对称性差,类似于细棒状或纤维状。溶解性质各不相同,大多数不溶于水,如胶原蛋白、角蛋白等。有些则溶于水,如肌球蛋白、血纤维蛋白原等。

1.8.2 根据化学组成分类

根据化学组成可将蛋白质分为两类。

1.8.2.1 简单蛋白质

简单蛋白质(simple proteins)分子中只含有氨基酸,没有其他成分。

1. 清蛋白(albumin)

清蛋白又称白蛋白,分子质量较小,溶于水、中性盐类、稀酸和稀碱,可被饱和硫酸铵沉淀。清蛋白在自然界分布广泛,如小麦种子中的麦清蛋白、血液中的血清清蛋白和鸡蛋中的卵清蛋白等都属于清蛋白。

2. 球蛋白(globulin)

球蛋白一般不溶于水而溶于稀盐溶液、稀酸或稀碱溶液,可被半饱和的硫酸铵沉淀。球蛋白在生物界广泛存在并具有重要的生物功能。大豆种子中的豆球蛋白、血液中的血清球蛋白、肌肉中的肌球蛋白以及免疫球蛋白都属于这一类。

3. 组蛋白(histone)

组蛋白可溶于水或稀酸。组蛋白是染色体的结构蛋白,含有丰富的精氨酸和赖氨酸,所以是一类碱性蛋白质。

4. 精蛋白(protamine)

精蛋白易溶于水或稀酸,是一类分子质量较小结构简单的蛋白质。精蛋白含有较多的碱性氨基酸,缺少色氨酸和酪氨酸,所以是一类碱性蛋白质。精蛋白存在于成熟的精细胞中,与DNA 结合在一起,如鱼精蛋白。

5. 醇溶蛋白(prolamine)

醇溶蛋白不溶于水和盐溶液,溶于 70%~80%的乙醇,多存在于禾本科作物的种子中,如玉米醇溶蛋白、小麦醇溶蛋白。

6. 谷蛋白(glutelin)

谷蛋白不溶于水、稀盐溶液,溶于稀酸和稀碱。谷蛋白存在于植物种子中,如水稻种子中的稻谷蛋白和小麦种子中的麦谷蛋白等。

7. 硬蛋白(scleroprotein)

硬蛋白不溶于水、盐溶液、稀酸、稀碱,主要存在于皮肤、毛发、指甲中,起支持和保护作用,如角蛋白、胶原蛋白、弹性蛋白、丝蛋白等。

1.8.2.2 结合蛋白质(conjugated protein)

结合蛋白质是由蛋白质部分和非蛋白质部分结合而成。主要的结合蛋白有六种:

1. 核蛋白(nucleoprotein)

非蛋白部分为核酸称核蛋白。核蛋白分布广泛,存在于所有生物细胞中。

2. 糖蛋白(glycoprotein)

非蛋白部分为糖类称糖蛋白。糖蛋白广泛存在于动物、植物、真菌、细菌及病毒中。

3. 脂蛋白(lipoprotein)

蛋白质和脂类结合构成脂蛋白。在脂蛋白中,脂类和蛋白质之间以非共价键结合。脂蛋白广泛分布于细胞和血液中。

4. 色蛋白(chromoprotein)

蛋白质和某些色素物质结合形成色蛋白。非蛋白质部分多为血红素,所以又称为血红素蛋白。

5. 金属蛋白(metalloprotein)

金属蛋白是一类直接与金属结合的蛋白质,如铁蛋白含铁,乙醇脱氢酶含锌,黄嘌呤氧化酶含钼和铁等。

6. 磷蛋白(phosphoprotein)

磷蛋白类分子中含磷酸基,一般磷酸基与蛋白质分子中的丝氨酸或苏氨酸通过酯键相连。如酪蛋白、胃蛋白酶等都属于这类蛋白。

1.8.3 根据溶解度分类

(1)可溶性蛋白质　可溶于水、稀中性盐、稀碱,如精蛋白、清蛋白。

(2)醇溶蛋白质　不溶于水,稀盐,溶于70%～80%的乙醇,如玉米醇溶蛋白、小麦醇溶蛋白。

(3)不溶性蛋白质　不溶于水、中性盐、稀酸、碱和有机溶剂,如角蛋白、纤维蛋白。近年来,有些学者还根据蛋白的生物学功能进行分类,把蛋白分为酶、运输蛋白、营养蛋白、贮存蛋白、结构蛋白等。

本章小结

蛋白质的基本结构单位是氨基酸。构成蛋白质最常见的氨基酸有20种。除甘氨酸外都有手性,除脯氨酸外都是L-构型,都是α-氨基酸,都符合结构通式。氨基酸既可以酸解又可以碱解,但环境总有一个pH使氨基酸所带净电荷为零,即氨基酸的等电点。氨基酸之间通过肽键连接成多肽链,蛋白质分子就是由一条或多条肽链构成的生物大分子。

通常使用一级结构、二级结构、三级结构和四级结构表示蛋白质的不同结构层次。一级结

构就是指蛋白质中的氨基酸顺序，每一种蛋白质都有其独特的氨基酸排列顺序，这是由遗传基因决定的。蛋白质经专一性的酶或化学试剂处理可以裂解成许多小肽，这些小肽经过离心、层析、电泳等技术可以进行分离纯化，然后经 N-末端或 C-末端氨基酸的特殊反应可以测定每个小肽的氨基酸排列顺序，利用拼凑法能够推导出整个多肽的氨基酸排列顺序。二级结构指多肽主链的空间走向，主要有 α-螺旋体、β-折叠片、β-转角和无规则卷曲。一条多肽链可以有几种二级结构，相邻几个二级结构的聚合体叫超二级结构。二级结构和超二级结构以特定的方式组织连接，组装成几个相对独立的球状区域，彼此分开，以松散的单条肽链相连。这种相对独立的球状区域，称结构域。三级结构指整个多肽链各原子的空间走向，它是在二级结构的基础上进一步盘曲折叠形成的，包括所有主链和侧链的结构。维持三级结构的作用力有二硫键、疏水力、范德华力、盐键、氢键。四级结构指多个肽链的聚合体，其中每一条多肽链称为亚基。

蛋白质的生物学功能是由蛋白质的天然构象所决定的。蛋白质受到某些物理、化学因素的作用时，会导致其天然构象的破坏，从而丧失生物学活性以及溶解度降低和其他物理化学常数的改变，这种变化称为蛋白质的变性作用。变性的实质是由于维持高级结构的次级键遭到破坏，但未涉及共价主键的断裂（二硫键可以断裂）。有些变性是可逆的（复性），有些则不可逆。

蛋白质分子胶体溶液之所以稳定是由于外层有水膜和电荷保护，当水膜或电荷去除后，蛋白质会发生沉淀现象，从溶液中聚集成团析出。蛋白质沉淀的方法有调 pI 法、盐析法、有机溶剂沉淀法、生物碱试剂和重金属离子沉淀法等。

蛋白质的分子质量可以通过凝胶过滤层析、超速离心、电泳等方法测定。

复习思考题

1. 为何蛋白质的含氮量能表示蛋白质相对量？实验中是如何依此原理计算蛋白质含量的？
2. 蛋白质的基本组成单位是什么？其结构特征是什么？
3. 何为氨基酸的等电点？如何计算中性氨基酸的等电点？
4. 何谓肽键和肽链及蛋白质的一级结构？
5. 什么是蛋白质的二级结构？它主要有哪几种？各有何结构特征？
6. 试举例说明蛋白质结构与功能的关系（包括一级结构、高级结构与功能的关系）。
7. 什么是蛋白质变性？变性与沉淀的关系如何？
8. 举例说明蛋白质的变构效应。
9. 常用的蛋白质分离纯化方法有哪几种？各自的作用原理是什么？

第2章 酶

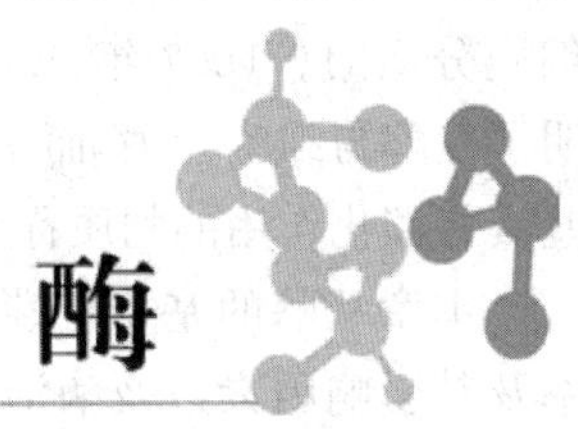

◈内容提示与教学目标

【说明】本章系生物化学静态部分重点内容之一，要求从酶的本质是蛋白质的角度认识酶的性质、功能和热力学特点。

重点掌握：酶的化学组成、结构特点；活性中心；变构酶；影响酶促反应速度的因素：温度、pH、酶浓度、底物浓度（米氏方程、米氏常数）、抑制剂（竞争性抑制作用和非竞争性抑制作用）；多酶复合体。

掌握：酶作用的特点、同工酶、酶原激活、酶的变性与复性、专一性的概念。

一般了解：酶的分类和命名、酶的催化机理。

本章难点：1. 底物浓度和抑制剂对酶促反应速度的影响及其动力学。2. 不可逆抑制作用、竞争性抑制作用和非竞争性抑制作用。

酶在生命活动中起到的作用是无法替代的。生命体区别于非生命体的一个基本特征是新陈代谢，所有的生命体都具有新陈代谢的特征，新陈代谢是一系列的生理生化反应，是一系列物质和能量的变化，而酶在新陈代谢中起到一个高效、选择的催化作用。例如，人类从食物中获取糖、脂肪、蛋白质等有机物作为体内能量的来源，有机物在体内经历一系列生理生化的反应，释放能量用于生命活动的需要，在现实生活中我们都有这样的经验，食物放置在空气中，如果不考虑腐败变质等微生物的作用（因为微生物的作用也是由酶催化形成的），食物转变为能量的过程是极其漫长的，而食物进入人体释放能量却只有几秒的时间。如果没有催化，一切的生命活动都不可能在有限时间内进行，新陈代谢活动在生命体内高效地运行都是依靠生物催化剂——酶。

酶具有的高效催化能力，远远超过无机催化剂几个数量级，例如尿素水解为 NH_3 和 CO_2，在没脲酶催化时，催化速率为 $3\times10^{-10}\,s^{-1}$，在有脲酶催化时催化速率为 $3\times10^{4}\,s^{-1}$，催化速率提高了 10^{14} 倍。高效的催化能力使得生命体的生理生化反应可以在有限的时间内进行。酶具有高度的底物专一性，这使得生命体内的催化可以有序地进行，并使得酶催化的反应基本无副反应产物。酶存在于生命体内，所以具有较为温和的反应条件。酶还具有一些调节能力，这就使得生命体可以调控生理生化反应的进行，更为节约能量，更为有序。

酶的缺失和活力亢进，会引起一系列人类疾病，酶活力的测定标准也成为诊断疾病的一种衡量指标。医药、农药、食品加工等都与酶有关。

我国古代人民对酶的利用已经有了 8 000 年的历史，早在禹时代，人们就已经利用酶来酿酒了，周代已经可以制作酱了，只是那个时候人们从实践中获得这样的制作经验，并不知道具体的生产原理。虽然人类对酶的使用已经有了上千年的历史，但是对酶有了真正的系统研究

却是在19世纪才开始的。1857年，Louis Pasteur认为在酿酒中使酒精发酵的是酵母细胞，并指出必须是活的酵母细胞，他认为是酵母细胞中的酵素起到了催化作用，但认为酵素是不可与细胞分离的。1897年，Eduard Buchner发现不含细胞的酵母提取液可以将糖发酵为乙醇，这说明了发酵与细胞无关，而是由在细胞外仍能发挥作用的物质所引起的。Frederick W. Kühne将这些具有催化作用的物质称为"Enzyme"，自此人类对酶的研究进入到一个新的时期。

本章从酶的基本特性、酶的命名与分类、酶的作用机理、酶的计量与分离纯化、酶的反应速率及其影响因素以及酶活性的调控这6个方面来介绍酶的相关知识。

2.1 酶的概述

2.1.1 酶的概念及其化学本质

2.1.1.1 酶的概念

酶是生物活细胞产生的具有催化能力的一类特殊的有机物(蛋白质、核酸等)，通常称生物催化剂(图2-1)。

2.1.1.2 酶的化学本质

人们对于酶化学本质的认识，随着科学和技术的发展，经历了一个曲折的过程。在20世纪20年代初，willstätter提出酶是由活动中心和胶质组成，而非蛋白质。1926年美国化学家J. B. Summer提出酶是由蛋白质组成。后来又经过多位科学家证实酶是一种蛋白质。于是提出酶是具有蛋白质性质的生物催化剂，因为酶与其他蛋白质一样，由氨基酸构成，具有一、二、三、四级结构。酶同蛋白质一样会受到热、紫外线辐射、重金属、蛋白质沉淀剂等物理和化学作用而发生变性，失去活力。酶分子质量很大，具有胶体性质，一般不能透过半透膜，酶也能被蛋白酶水解，在电场中跟蛋白质一样可以进行电泳。

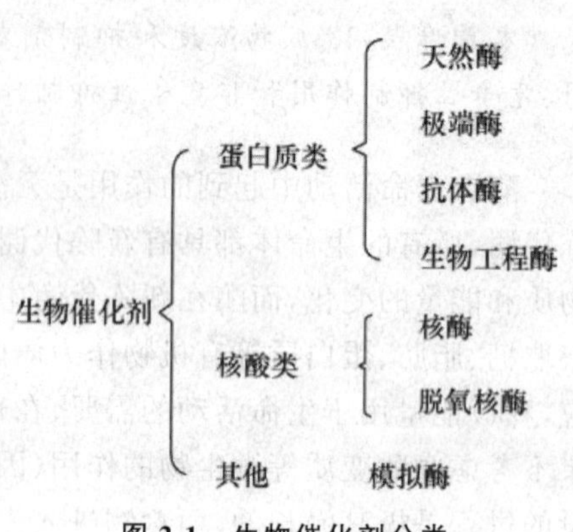

图2-1 生物催化剂分类

1. 蛋白质类酶

(1)天然酶　自然条件下，生物活细胞产生的具有催化能力的蛋白质。

(2)极端酶　在极端环境下能够生长的微生物称为极端微生物，又称嗜极菌。极端微生物能产生极端酶，能在极端环境下行使功能，将极大地拓展酶的应用空间，是建立高效率、低成本生物技术加工工程的基础，例如PCR技术中的Tag DNA聚合酶、洗涤剂中的碱性蛋白酶等都具有代表意义。极端微生物的研究与应用将是取得现代生物技术优势的重要途径，其在新酶、新药开发及环境整治方面应用潜力极大。

(3)抗体酶(abzyme)　既是抗体又具有催化功能的蛋白质，是具有催化活性的抗体，又称"催化性抗体"。

抗体酶是人工酶的一种，本质上是一种具有催化能力的抗体。与抗体不同，它在可变区域被赋予了酶的属性。抗体酶建立在pauling过渡态结构理论的基础上，即酶可以与高能的过渡态结合从而降低了化学反应所需的活化能。继而提出酶与抗体的区别在于：酶之所以有催化活性在于酶能够结合并稳定化学反应的过渡态，从而降低反应所需能量。抗体结合的抗原只是一个基态分子，所以没有催化能力。1969 年，W. P. Jencks 在过渡态理论的基础上猜想：若抗体能结合反应的过渡态，理论上它则能够获得催化性质。根据这一理论，他在 1986 年首先发明了能催化相应的羧酸酯和碳酸酯的抗体。抗体酶除具有传统酶所具有的特性之外，还可以利用免疫学技术催化一些天然酶不能催化的反应。与天然酶相比，抗体酶的催化性能更具有高度的专一性和稳定性，因为作为催化分子的抗体酶，蛋白性质较酶更稳定，与底物的识别位点更多，一般蛋白质的识别位点只有 7 个左右，而抗体酶的识别位点达 15～20 个，而且抗体的分子识别位点可以再生，使抗体酶可以反复使用。抗体酶可催化多种化学反应，包括酯水解、酰胺水解、转酰基反应、光诱导反应、氧化还原分应、金属螯合反应、脱羧反应、顺反异构反应等。随着抗体酶研究的深入，抗体酶可以催化的反应类型也将越来越多。抗体酶的制备方法有多种，现阶段主要有诱导法——通过间隔链与载体蛋白偶联制成抗原，采用单克隆抗体技术来制备、分离、筛选所需抗体酶；引入法——借助基因工程和蛋白质工程将催化基因引入到特异抗体的抗原结合位点上，使其获得催化功能；拷贝法——根据抗体生成过程中抗原-抗体互补性来设计的，用酶作为抗原对动物进行免疫得到抗酶的抗体，再将此免疫动物进行单克隆化，获得单克隆的抗体。抗体酶的研究和应用已经深入到很多层次，为人类创造了很大的效益，但由于很多酶催化反应历程还不清楚，对绝大多数抗体酶来说其催化能力都较普通酶低，仍需进一步研究。

(4)生物工程酶　生物工程酶是酶学和以基因重组技术为主的现代分子生物学技术相结合的产物，即通过生物工程产生的酶。包括克隆酶，是指通过基因工程手段，克隆各种天然酶的基因，将其连接到表达载体中，然后将表达载体转化到适当的宿主中，得到表达特定酶的基因工程菌，通过基因工程菌的繁殖大量产生的酶；突变酶，是指利用有控制地对天然酶基因进行剪切、修饰或突变，从而改变这些酶的催化特性、底物专一性或稳定性，使之更加符合人们的需要；杂合酶，是指从蛋白质或基因水平上设计，把来自不同酶分子中的结构单元或是整个酶分子进行组合和交换，以产生所需的优化酶杂合体或产生自然界不曾有的酶。

2. 核酸类酶

(1)核酶(ribozyme)　核酶主要指一类具有催化功能的 RNA，亦称 RNA 催化剂。1982 年，美国人 Cech 等发现四膜虫 26S rRNA 前体基因转录产物的Ⅰ型内含子剪切和外显子拼接过程可在无任何蛋白质存在的情况下发生，具有自我剪接的功能，4 年后证实其 L-19 IVS 内含子具有多种催化功能。1983 年 Altman 等人在研究细菌 RNase P 时发现，当约 400 个核苷酸的 RNA 单独存在时，也具有完成切割 rRNA 前体的功能，并证明了此 RNA 分子具有全酶的活性。随着研究的深入，Cech 发现 L-19 RNA 在一定条件下，能以高度专一性的方式去催化寡聚核苷酸底物的切割与连接。核酶可以识别底物 RNA 的特定序列，并在专一性位点上进行切割，其特异性接近于 DNA 限制性内切酶，高于 RNase，具有很大的潜在应用价值。于是将具有催化作用的 RNA 分子称为 ribozyme(核酶)。Ribozyme 的发现，从根本上改变了以往只有蛋白质才具有催化功能的概念，为此，Cech 和 Altman 也获得了 1989 年的诺贝尔奖。自然界中已发现多种核酶，目前主要有四种核酶能用于反式切割靶 RNA：四膜虫自身剪接内含子、大肠杆菌 RNase P、锤头状核酶(图 2-2)和发夹状核酶(图 2-3)。

无独有偶，1983 年又有两个实验室的合作研究表明 RNA 具有催化功能。当时已知催化

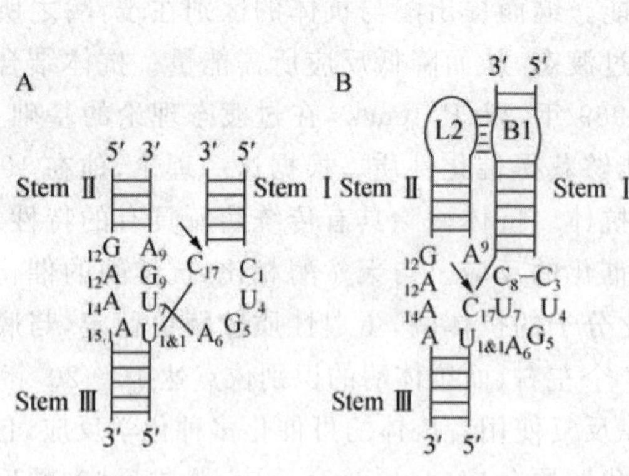

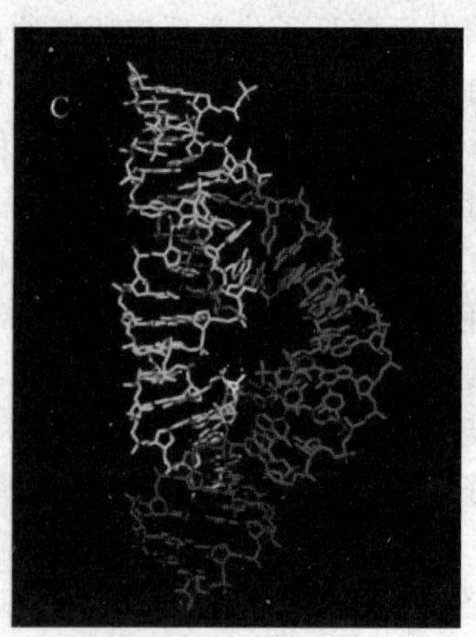

图 2-2 锤头形核酶的最小(A)的、全长(B)的二级结构和空间立体结构(C)

(引自 the free encyclopedia, Wikipedia. http://en. wikipedia. org/wiki/Hammerhead_ribozyme)

tRNA 前体分子趋向成熟的核糖核酸酶 P(RNaseP)是由蛋白质和 RNA 两部分组成的，然而从 RNaseP 中分离出的蛋白质组分，在各种条件下均无独立的催化活性；相反，其中的 RNA 部分，在一定的镁离子浓度条件下，再加上亚精胺，可以具有与天然或重组 RNaseP 同样的催化活性，并且该 RNA 可被看作是酶。这一现象的发现者给具有催化活性的 RNA 定名为 ribozyme，即酶性核酸。

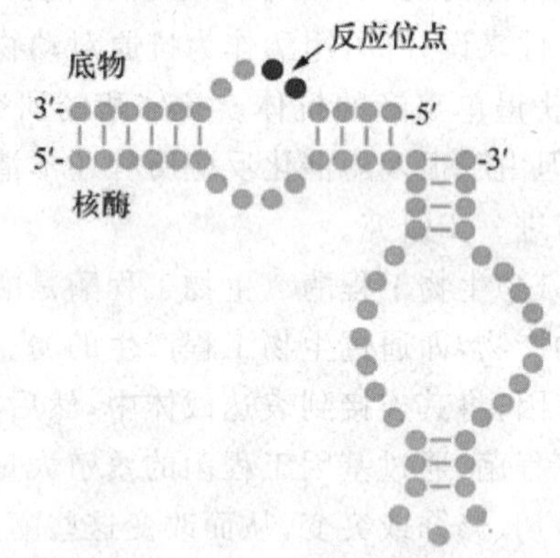

图 2-3 发夹状核酶的二级结构

(引自 the free encyclopedia, Wikipedia. http://en. wikipedia. org/wiki/Hairp_inribozyme)

(2)脱氧核酶 新近又发现了特异切割 RNA 的 DNA 分子，称之为脱氧核酶。Gerald F. Joyce 最早用 SELEX 技术发现具有催化活性的单链 DNA 分子。Dipankar Sen 发现能够折叠成 G-四链体的富含鸟嘌呤的单链 DNA 分子与血红素的复合物具有过氧化物酶活性。Itamar Willner 将此具有过氧化物酶活性的脱氧核酶应用于生物分析中。我们在前人工作的基础上发展了新的不对称裂分——组装的脱氧核酶检测体系，能够简洁、高效并且能用肉眼检测靶 DNA，结合竞争策略可以实现用肉眼检测 SNP 位点和抗药性基因突变位点。

3. 模拟酶

模拟酶又称人工酶或模型酶(artificial enzyme)，是根据酶的催化功能，用有机化学、生物化学等方法合成具有催化功能的非蛋白质分子或蛋白质分子。例如用电子传递催化剂$[Ru(NH_3)_5]^{3+}$与巨头鲸肌红蛋白结合，产生一种“半合成的无机生物酶”，这样就把能与 O_2 结合，无催化功能的肌红蛋白转变成能氧化各种有机物(如抗坏血酸)的半合成酶了，它的催化效率接近于天然抗坏血酸氧化酶的催化效率。合成酶不是蛋白质，而是小分子有机物，它们掺入到酶的催化基团并控制酶的空间构象，从而像自然酶那样专一性地催化化学反应。例如，由环糊精制成的人工转氨酶能催化 α-酮酸与磷酸吡哆胺专一性地合成氨基酸。

随着科学研究的进一步深化，酶的化学本质和概念也处于发展中。但本节中讲解叙述如无特殊标明，均指蛋白质类酶。

2.1.2 酶的催化作用特点

2.1.2.1 酶与一般催化剂的共性

酶作为生物催化剂，具有一般催化剂的特征：只能催化在能量学上允许进行的反应；能加快化学反应的速度而本身在反应前后没有数量、结构和性质的改变；只能改变反应达到平衡所需要的时间而不能改变反应的平衡点；量少而催化效率高。

2.1.2.2 酶的特殊性

酶作为一种生物大分子又有其独特之处：

1. 催化效率高

酶催化反应的速率比非催化反应高 10^8～10^{20} 倍，比非生物催化剂高 10^7～10^{13} 倍。如过氧化氢酶催化过氧化氢分解的反应，若用铁离子作为催化剂，反应速率为 6×10^{-4}(mol 底物/mol 催化剂)；若用过氧化氢酶催化，反应速率为 6×10^6(mol 底物/mol 催化剂)。酶能高效催化主要是能降低反应的活化能。

2. 酶具有高度专一性

酶对底物及催化的反应有严格的选择性(专一性)，一种酶仅能作用于一种物质或一类结构相似的物质，发生一定的化学反应，这种对底物的选择性称为酶的专一性。如蛋白酶只能水解蛋白质、脂肪酶只能水解脂肪、而淀粉酶只能作用于淀粉。

3. 酶易失活，反应条件温和

酶是生物大分子，对环境的变化非常敏感，高温、强酸或强碱、重金属等引起蛋白质变性的条件，都能使酶丧失活性。同时酶也常因温度、pH 的轻微改变或抑制剂的存在而使其活性发生改变。

4. 酶的催化活性可被调节控制

酶的催化活性是受到调节控制的，这是酶区别于一般催化剂的一个重要特性。酶在体内受到多方面因素的调节和控制，不同的酶调节方式也不同，包括抑制剂的调节、反馈调节、酶原激活、共价修饰、激素控制等。

5. 结合酶类的催化活力与辅酶、辅基、金属离子有关，若将它们除去，酶就会失活

2.1.3 酶作用的专一性

酶的专一性是由于酶与底物之间精确的相互作用，这种精确性是酶蛋白复杂的三维结构所导致的。根据各种酶所表现的专一性程度上的差异，酶的底物专一性可分为结构专一性(structure specificity)和立体异构专一性(stereospecificity)两种类型(图 2-4)。

1. 结构专一性

各种酶对底物结构的专一性要求是不同的。有一些酶具有绝对专一性，它们对底物的要求很严格，甚至有时只能催化一种底物进行一种反应。例如脲酶只能作用于尿素，催化其水解产生 CO_2 和 NH_3，而对尿素的各种衍生物均不起作用。过氧化物酶、琥白酸脱氢酶、碳酸酐酶等对其底物都具有高度的专一性，均属绝对专一性的例子。

有的酶只对底物分子中其所作用的化学键要求严格，而不管键两端所连基团的性质。例

如酯酶可以水解任何酸与醇所形成的酯，它不受键两端基团 R 和 R′的限制。

$$R-\overset{\overset{\displaystyle O}{\|}}{C}-O-R' + H_2O \xrightleftharpoons{酯酶} RCOO^- + R'OH + H^+$$

又如二肽酶可以水解二肽的肽键，而不管这个二肽是由哪两种氨基酸组成的。这种专一性称为键专一性。

另外一些酶不但要求底物具有一定的化学键，而且对键的某一端所连的基团也有一定的要求。例如，*α-D*-葡萄糖苷酶不仅要求水解 *α*-糖苷键，而且 *α*-糖苷键的一端必须是 *D*-葡萄糖。而对键另一端的化学基团则要求不严。又如胰蛋白酶能催化水解碱性氨基酸(Arg Lys)的羧基所形成的肽键，而对此肽键氨基端的氨基酸没有什么要求。这类专一性称为基团专一性。

键专一性和基团专一性均为相对专一性。

2. 立体异构专一性

几乎所有的酶对于立体异构体都具有高度专一性。当底物具有立体异构体时，酶只能作用于其中的一种。例如，*L*-氨基酸氧化酶只能催化 *L*-氨基酸的氧化脱氨基，而对 *D*-氨基酸不起作用，这种只对同一物质的一种旋光异构体起作用的专一性称为旋光异构专一性。延胡索酸酶可催化延胡索酸水合生成苹果酸及其逆反应，但对顺丁烯二酸没有催化活性，这种专一性称为几何异构专一性。

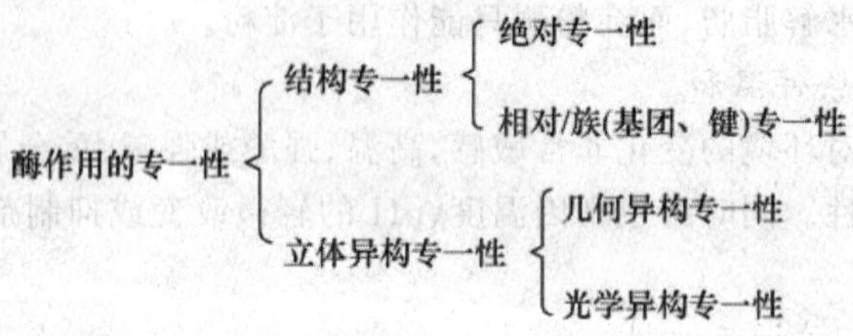

图 2-4 酶作用的专一性分类

2.1.4 酶的化学组成

有些酶完全由蛋白质构成，属于简单蛋白，如脲酶、蛋白酶等；有些酶除蛋白质外，还含有非蛋白成分，属于结合蛋白。其中的非蛋白称为辅助因子(cofactor)，蛋白部分称为酶蛋白，酶蛋白与辅助因子结合后形成的复合物叫全酶(holoenzyme)。全酶中的辅因子包括金属离子和小分子的有机化合物，根据它们与酶分子结合的牢固程度不同，可分为辅酶(coenzyme)和辅基(prosthetic group)，其中与酶蛋白以共价键紧密结合的称为辅基，不易用透析等方法除去；以非共价键松散结合的称为辅酶，可用透析等方法除去而使酶丧失活性(图 2-5)。但辅酶和辅基二者之间没有严格的界限。

全酶催化反应的专一性由酶蛋白决定，辅助因子起传递电子或某些化学基团的作用。如：

①传递电子体：如卟啉铁、铁硫簇。

②传递氢(递氢体)：如 FMN/FAD、NAD^+/$NADP^+$、CoQ、硫辛酸。

③传递酰基体：如 CoA、TPP、硫辛酸。

④传递一碳基团：如四氢叶酸。

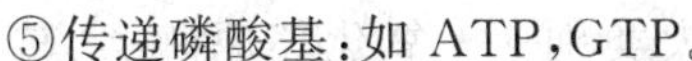

⑤传递磷酸基：如 ATP，GTP。

⑥其他作用：转氨基，如维生素 B_6；传递 CO_2，如生物素。

在催化过程中，辅基不与酶蛋白分离，作为酶内载体起作用，如黄素蛋白类酶分子中的 FAD、FMN 辅基携带氢，羧化酶的生物素辅基携带羧基等。辅酶则常作为酶间载体，将两个酶促反应连接起来，如 NAD^+ 在一个反应中被还原成 NADH，在另一个反应中又被氧化回 NAD^+。它在反应中像底物一样，有时也称为辅底物。

有 30％以上的酶需要金属元素作为辅因子。有些酶的金属离子与酶蛋白结合紧密，不易分离，称为金属酶；有些酶的金属离子结合松散，称为金属活化酶。金属酶的辅因子一般是过渡金属，如铁、锌、铜、锰等；金属活化酶的辅因子一般是碱金属或碱土金属，如钾、钙、镁等。

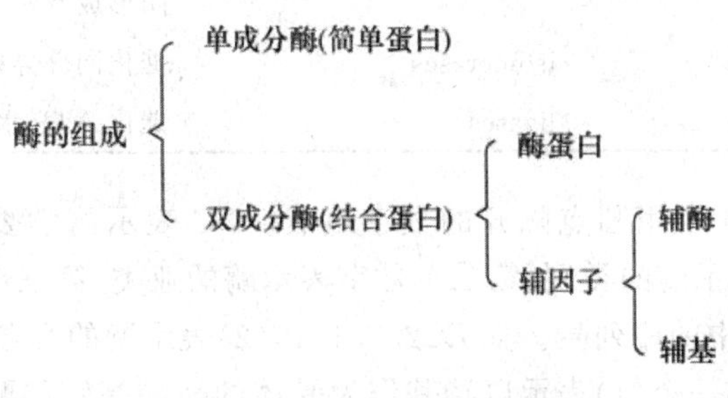

图 2-5　酶的化学组成

2.2　酶的命名与分类

随着生物化学、分子生物学的发展，我们发现酶的数量也在逐年增加。1961 年，已发现 712 种酶。1984 年，已发现 2 477 种酶。到 1997 年，已发现 3 702 种酶。迄今为止我们共发现了 4 000 多种酶，为了研究的方便，对酶进行系统的分类和命名成为必要。

2.2.1　酶的命名

酶的命名法有两种，习惯命名与系统命名。

习惯命名法是 1961 年以前，推出"国际系统命名法"前使用的命名方法，直到今天还可以看到此类命名。习惯命名以基团受体、基团供体和反应类型命名，有时还加上酶的来源。例如，催化蛋白质水解的酶叫蛋白酶，其中来源于胃部的称为胃蛋白酶，来源于胰脏的称胰蛋白酶等；催化脂肪水解的酶叫作脂肪酶；催化淀粉水解的酶叫作淀粉酶；催化反应脱氢的酶叫作脱氢酶；催化水解反应的叫水解酶等。有时从酶的名字上就可以看出酶的底物和其催化的反应类型，例如，葡萄糖氧化酶是催化葡萄糖氧化的酶，二氢尿嘧啶脱氢酶是用来催化二氢尿嘧啶脱氢的。习惯命名简单，迄今为止还在广为使用，并且可以满足广大学者的要求，但缺乏系统性，不准确，容易出现一个名字表示多种酶或一个酶用多种不同名字表示的现象。

1961 年国际酶学会议提出了酶的系统命名法。规定应标明酶的底物及反应类型，不同底物间用"："隔开，水可省略。如乙醇脱氢酶的系统命名为，乙醇：NAD^+ 氧化还原酶。

L-氨基酸氧化酶的系统命名为 *L*-氨基酸：氧氧化还原酶，催化的反应为：

$$L\text{-氨基酸} + H_2O_2 + O_2 \longrightarrow 2\text{-氧(代)酸} + NH_3 + H_2O$$

国际酶学委员会根据酶催化反应的类型，把酶分为六大类别——氧化还原酶类、转换酶类、水解酶类、裂合酶类、异构酶类、合成酶类，分别用1、2、3、4、5、6来表示，参见表2-1。

表 2-1　酶的分类与其催化反应类型

编号	酶的名称	英文名称	催化反应类型
1	氧化还原酶	oxido-reductases	催化氧化还原反应
2	转换酶	transferases	催化基团转移
3	水解酶	hydrolases	催化水解反应
4	裂合酶	lyases	催化底物添加基团消除双键或去掉基团形成双键
5	异构酶	isomerases	催化同分异构体互相转变
6	合成酶	ligases	催化ATP水解偶联的缩合反应

酶的编号由EC和4个用圆点隔开的数字组成。EC表示酶学委员会（enzyme commision）缩写，第一个数字表示酶的类别，第二个数字表示酶的亚类，第三个数字表示酶的小组，第四个数字表示酶在小组中的序列号。如EC2.7.1.1，(2)表示酶的类名是转移酶，(7)表示亚类名——磷酸基转移酶，第一个(1)表示以羟基作为受体的磷酸基转移酶，第二个(1)表示以*D*-葡萄糖中羟基作为受体。我们可以网上（www.expasy.org/enzyme/）查到酶的系统名称和EC编号。

$$HO-\overset{\displaystyle CH_3}{\underset{\displaystyle COO^-}{C}}-H + NAD^+ \underset{}{\overset{\text{乳酸脱氢酶}}{\rightleftharpoons}} \overset{\displaystyle CH_3}{\underset{\displaystyle COO^-}{C}}=O + NADH + H^+$$

2.2.2　酶的分类

2.2.2.1　按照酶蛋白分子的特点分类

根据酶蛋白分子的特点可以将酶分为三大类：单体酶、寡聚酶和多酶复合体。

(1)单体酶　由一条肽链构成的酶称为单体酶，通常为催化水解反应的酶，相对分子质量在(13～35)×10^3之间，如溶菌酶、羧肽酶A等，但也有单体酶由多条肽链组成，如胰凝乳蛋白酶是由3条肽链组成，肽链间以二硫键相连构成一个共价体系。单体酶应与单纯酶区分开来。

(2)寡聚酶　由多条肽链以非共价键结合而成的酶称为寡聚酶，属于寡聚蛋白相对分子质量一般大于35×10^3。大部分的寡聚酶由偶数亚基组成，但个别也含有单数亚基。一般为调节酶类，在生物的代谢调控中起重要作用。

(3)多酶复合体　几种不同的酶靠非共价键彼此嵌合而成的结构和功能的实体，一般由2～6个功能相关的酶组成，催化细胞代谢的一系列连续反应，以提高酶的催化效率。如脂肪酸合成酶复合体。

多酶体系是指能依次催化一个代谢过程的多步反应的一组酶，既包括在结构上呈嵌合体形式存在的多复合体，也包括以分散状态存在、功能密切相关的一组酶。构成多酶体系是代谢的需要，可以降低底物和产物的扩散限制，提高总反应的速度和效率。多酶体系的3种类型：

①多酶体系中各个组分分散在细胞中，各自独立存在，它们之间没有结构上的联系，如糖酵解途径的酶系，磷酸戊糖途径的酶系。

②多酶体系的各个组分分布在细胞器膜上，它们高度有序排列，如呼吸链的酶定位在线粒体膜上。

③多酶体系中的各个组分有机地组合在一起，镶嵌成有序的复合物，这种复合物叫多酶复合体，如丙酮酸脱氢酶系复合体，由 3 种酶和 6 种辅因子构成。脂肪酸合成酶系复合体，由 6 种酶和酰基载体蛋白构成。

上述分类中并不是表明单体酶只能催化一种反应，而寡聚酶催化相应数目的反应(如二聚体酶催化 2 种反应，四聚体催化 4 种反应)，因为一条肽链可以有多个活性中心。如糖原分解中的脱支酶在一条肽链上有淀粉-1，6-葡萄糖苷酶和 4-α-D-葡聚糖转移酶活性。

2.2.2.2 按照催化反应的类型分类

国际酶学委员会按照催化反应的类型将酶分为六大类包括：氧化还原酶、脱氢酶、转换酶、水解酶、裂合酶、异构酶、合成酶。在这六大类里，又各自分为若干亚类，亚类下又分小组。氧化还原酶是电子供体类型，移换酶是被转移基团的类型，水解酶是被水解的键的类型，裂合酶是被裂解的键的类型，异构酶是异构作用的类型，合成酶是生成的键的类型。

1. 氧化还原酶(oxido-reductases)

催化氧化还原反应，进行电子转移，可以根据电子的得失分为两类。氧化还原酶是已发现的量最大的一类酶，具有氧化、产能、解毒功能，在生产中的应用仅次于水解酶。需要辅因子，可根据反应时辅因子的光电性质变化来测定。按系统命名可分为 18 个亚类。

(1)氧化酶　催化电子转移到 O_2 中，生成 H_2O_2 或 H_2O。

$$AH+O_2 \longrightarrow A+H_2O_2$$
$$AH+O_2 \longrightarrow A+H_2O$$

如葡萄糖氧化酶，可将葡萄糖中的氢原子转移到 O_2 中，并和氧气生成水。

除上述例子外，抗坏血酸氧化酶也可使催化底物上的氢原子转移到 O_2 上。

(2)脱氢酶　催化底物脱氢的反应，一般需要 NAD(H)或 NADP(H)作为辅助因子，催化时起到接受氢或提供氢的作用。

$$AH+B \rightarrow A+BH$$

如乳酸脱氢酶可以将乳酸中的氢转移给 NAD^+。

$$\text{乳酸}+NAD^+ \xrightleftharpoons{\text{乳酸脱氢酶}} \text{丙酮酸}+NADH+H^+$$

2. 转换酶(transferases)

催化基团从一个化合物转移到另一化合物。可催化碳基、酰基、醛酮基、糖苷基、含氮基、含磷基等转移。转换酶也叫转移酶，多需要辅酶，但反应不易测定。按转移基团性质，可分为 8 个亚类。

$$AR+B \longrightarrow A+BR$$

常见的酶有谷丙转氨酶、蛋白激酶、DNA 聚合酶等。端粒酶也是属于这个类型，它可以在 DNA 的末端反转录生成 DNA，与细胞寿命有关。

3. 水解酶(hydrolases)

催化底物的水解反应,使某些基团转移到水分子上,起降解作用,多位于胞外或溶酶体中。有些蛋白酶也称为激酶,可分为水解酯键(如限制性内切酶)、糖苷键(如果胶酶、溶菌酶等)、肽键(如胃蛋白酶、凝血酶)、碳氮键(如 AMP 脱氨酶)等 11 个亚类。

$$AB + H_2O \rightarrow AOH + BH$$

如 AMP 脱氨酶,可以将 AMP 上的氨基脱去:$AMP + H_2O \rightarrow IMP + NH_3$

4. 裂合酶类

催化从底物上移去一个小分子而留下双键的反应或其逆反应,在生物的合成中起非常重要的作用。包括醛缩酶、水合酶、脱羧酶等,共 7 个亚类,可以用下列方程式表示:

$$AB \longrightarrow A + B$$

例如,草酰乙酸脱羧酶可以催化草酰乙酸分解为丙酮酸和二氧化碳:

$$\text{草酰乙酸} \rightarrow \text{丙酮酸} + CO_2$$

5. 异构酶类

可以催化同分异构体之间的相互转化,包括消旋酶、顺反异构酶、醛酮异构酶、变位酶等,共 6 个亚类。可以用方程式表示为:A=B

例如,谷氨酸消旋酶可以催化 *L*-谷氨酸转化为 *D*-谷氨酸。

6. 连接酶类

催化两种物质合成为一种产物,反应需要 ATP 分解与其偶联,也被称为合成酶,如 DNA 连接酶等,共 5 个亚类,方程式可以表示为:A+B+ATP=AB+ADP+Pi

如乙酰 CoA 合成酶在消耗 ATP 的条件下可以催化 CoA 和乙酸生成乙酰 CoA:

CoA+乙酸+ATP=乙酰 CoA+AMP+PPi

酶的分类如图 2-6 所示。

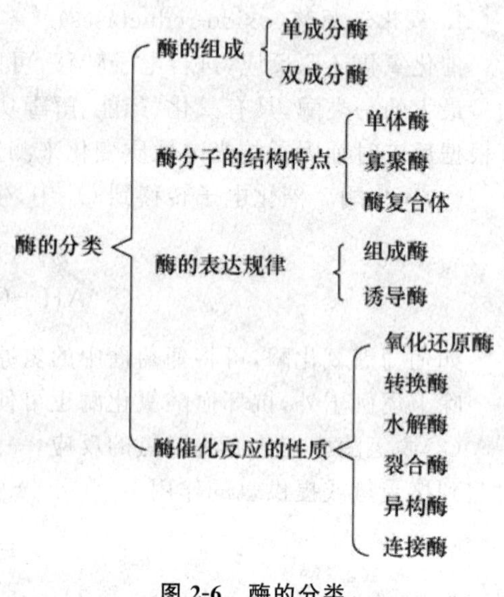

图 2-6 酶的分类

2.3 酶催化的机制

2.3.1 酶的活性中心

1. 活性中心概念

酶是大分子,其分子质量一般在 10^4 以上,由数百个氨基酸组成。而酶的底物一般很小,所以直接与底物接触并起催化作用的只是酶分子中的一小部分,只占酶分子总体积的 1%~

2％ 。有些酶的底物虽然较大，但与酶接触的也只是一个很小的区域，这一区域可以直接和底物结合，并可以催化底物形成过渡态，与酶活力直接相关，我们将这一区域称为酶的活性部位或活性中心(active center)，酶活性中心往往是酶分子表面的一个凹穴，或是裂隙(图 2-7)。需要辅酶的酶，活性中心不仅包括脱辅基酶的活性中心，还包括辅酶或辅酶其中一部分区域。一般单体酶只有一个活性中心，但有些具有多种功能的多功能酶具有多个活性中心，如大肠杆菌DNA 聚合酶Ⅰ是一条 109×10^4 的肽链，既有聚合酶活性，又有外切酶活性。

2. *必需基团*

活性中心的基团以及活性中心以外对维持酶空间构象必需的基团。

Koshland 将酶分子中的残基分为四类：接触亚基负责底物的结合与催化；辅助亚基起协助作用；结构亚基维持酶的构象；非贡献亚基的替换对活性无影响，但对酶的免疫、运输、调控与寿命等起作用。前二者构成活性中心，前三者称为酶的必需基团(图 2-7)。

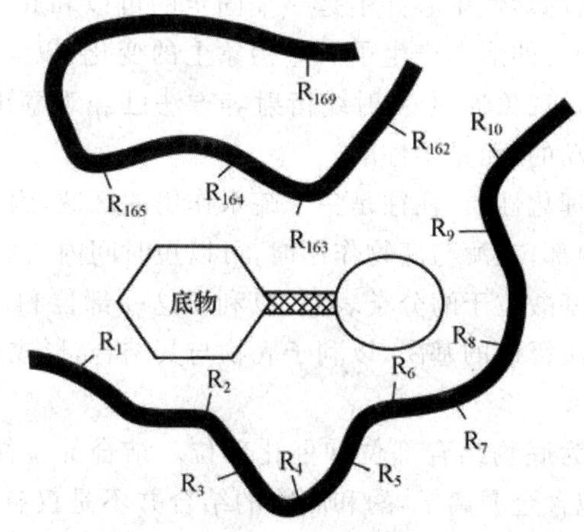

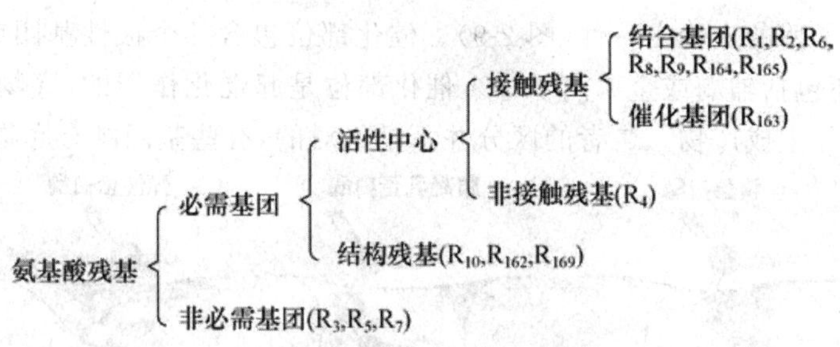

图 2-7 酶分子中各种残基的作用

活性中心以外的部分并不是无用的，它们能够维持酶的空间结构，使活性中心保持完整。在酶与底物结合后，整个酶分子的构象发生变化，这种扭动的张力使底物化学键容易断裂进而催化化学反应的进行，这种变化也要依靠非活性中心的协同作用。

3. *活性中心的结构特点*

酶是在一级结构的基础上，通过二级、三级结构的盘绕折叠、多个亚基的组合(单体酶不具备四级结构)形成的一个空间结构。活性中心同样也是一个空间结构。酶的二级、三级结构的形成，使得一级结构上距离较远的活性中心需要的氨基酸序列可以在空间上集中到一个区域，更利于活性中心的形成。

活性中心有其特殊的几何形状、空间大小及精确的基团定位(图 2-8)。

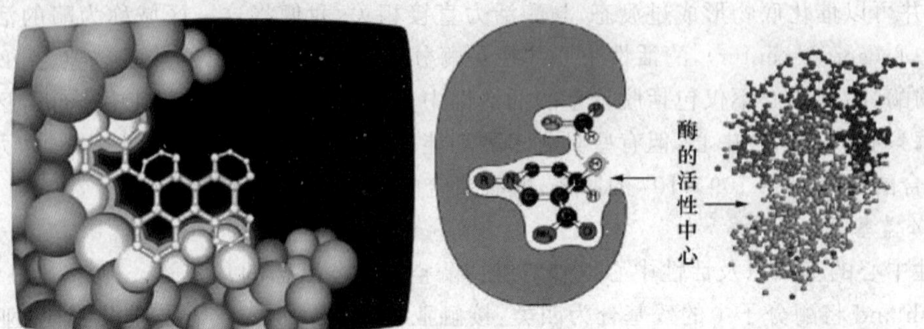

图 2-8 酶的活性中心

诱导契合理论表明,酶的活性中心并不是一个固定的可以和底物完全互补的形态。底物分子和酶作用时,酶活性中心的形态产生了一些构象上的变化,以满足底物与酶的互补,并催化底物向过渡态转变。这种现象通过 X 射线衍射等方法已经观察出来。组合也说明了酶的活性中心并不是刚性不运动的,而是柔性的。

活性中心具有特殊的理化性质,往往是一个疏水作用的区域,因为很大一部分酶都是极性分子,疏水基团位于酶的内部,在酶与底物作用时,可以短时间内增加底物的有效浓度,加快反应速率。但也有非极性氨基酸位于酶分子表面,以利于这一部位和非极性底物或膜结合。活性中心还要具备可以提供次级键的基团,以利于底物与其结合,形成过渡态,克服能障,催化反应进行。

活性中心按功能可分为底物结合部位和催化部位。结合部位往往由几个氨基酸残基组成,有些酶的结合部位也包含金属离子,酶和底物的结合并不是仅有一个结合位点,而是多个结合位点共同起作用。结合部位负责酶和底物的定向结合,使酶和底物处在具有最高活性的位置上,它们决定了酶的底物专一性(图 2-9)。催化部位包含几个极性基团或非极性基团,有辅酶或辅基的酶还包括辅酶或金属离子等。催化部位是起催化作用的,底物的敏感键在此被切断或形成新键,并生成产物。二者的区分并不是绝对的,有些基团既有底物结合功能又有催

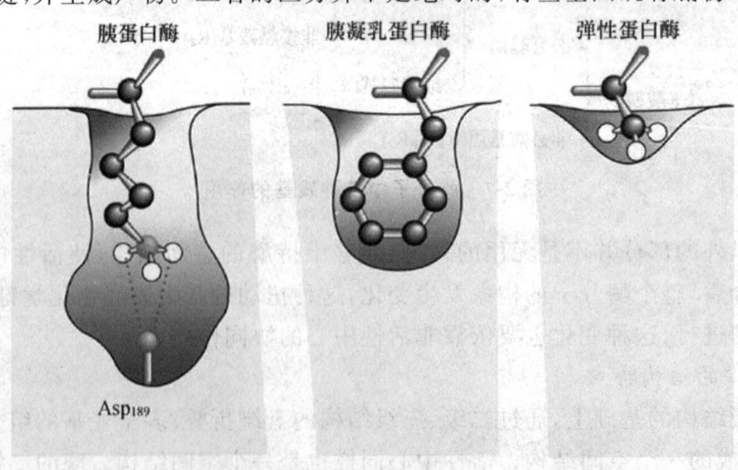

图 2-9 不同酶结合中心的形状不同导致其特异性不同

(引自 Reginald H. G, et al. Biochemistry. 2005)

化功能。例如,羧肽酶 A 活性中心的 Tyr_{248} 残基既是结合基团又是催化基团。

胰蛋白酶(trypsin):水解碱性氨基酸的羧基与其他氨基酸的氨基形成的肽键;糜蛋白酶(胰凝乳蛋白酶):水解芳香族氨基酸的羧基与其他氨基酸的氨基形成的肽键;弹性蛋白酶:水解脂肪族氨基酸羧基与其他氨基酸的氨基形成的肽键。

同类酶或功能相似的酶,活性中心的氨基酸序列往往具有高度的保守性,如枯草杆菌蛋白酶和牛胰凝乳蛋白酶活性中心必需的第 64～74 和第 218～229 肽段完全相同。在酶的活性中心中,某些特定氨基酸出现频率较高,如 Glu、Tyr、His、Lys、Cys、Asp 等。如胰凝乳蛋白酶(chymotrypsin)、胃蛋白酶(pepsin)、弹性蛋白酶(elastase)、溶菌酶的活性中心都含有 Asp,核糖核酸酶、木瓜蛋白酶、乳酸脱氢酶、反丁烯二酸酶的活性中心都含有 His。

4. *活性部位研究方法*

酶的底物和竞争性抑制剂的结构特点有助于研究酶的活性中心的结构。酶的最适 pH 及速度常数等动力学特点也可为研究酶的活性中心提供一些信息。

(1)化学修饰法　利用某些化学试剂可以与活性中心的某些氨基酸残基作用的原理,用化学试剂标记酶活性中心,从而改变活性中心的结构和性质,通过酶活力的测定就可判断出活性中心具有什么样的功能基团。可大致分为非特异性共价修饰、差示标记、亲和性标记(affinity labeling)。化学修饰在活性中心的研究中起着很重要的作用。因为活性中心的基团反应常与其他基团不同,所以一些试剂可以专一性地与活性中心中的某种残基反应,而不与活性中心外的残基作用。如 DFP(二异丙基氟磷酸)可与活性中心中的丝氨酸反应。TPCK(N-对甲苯磺酰苯丙氨酰氯甲基酮)的专一性更强,是底物类似物,烷化剂。只能与糜蛋白酶活性中心的 His_{57} 结合,这种方法称为亲和标记。TLCK(赖氨酸衍生物)作用于胰酶的 His_{46}。某些试剂的专一性不强,可用差示标记法。以下将详细介绍。

非特异性标记是指用某些能跟氨基酸残基起修饰反应的化学试剂标记酶分子,如果标记后酶的活性下降则可推断此氨基酸残基位于酶的活性中心,如果酶的活性没有下降,则可推断被标记的氨基酸残基位于酶活性中心以外。这种方法具有一定的局限性,因为化学修饰剂对氨基酸残基的修饰不是专一的,例如碘乙酸在不同的 pH 下,既可以与—SH 基结合,又可以与—$CH_2CH_2SCH_3$ 结合;某些酶活性的降低并不仅仅是由于化学修饰剂与酶活性中心的结合引起,也可能是由于化学修饰剂改变了酶的分子构象使得酶分子失活引起;有时酶活性中心中某些特殊环境的基团不易被化学修饰剂所修饰,这种情况下酶活力没有下降,也不是因为被修饰的对象不处于活性中心。由于以上原因,用化学修饰剂非特异性标记酶活性中心时就要注意:酶活力的丧失要与化学修饰剂的浓度呈现一定的比例关系,这样就可以判断酶的活性中心与化学修饰剂结合;用酶的可逆抑制剂与酶结合后,再用化学修饰剂作用酶,此时酶的活力不受化学修饰剂的影响,但当去除可逆抑制剂后,再用化学修饰剂作用于酶,酶的活性则降低,这样就可以排除化学修饰剂引起酶构象改变从而造成酶活性的降低。

差示标记是在非特异性标记的基础上发展起来的,先用竞争性抑制剂或底物将酶的活性部位保护起来,然后用化学修饰剂标记酶活性中心以外的氨基酸残基,去掉竞争性抑制剂或底物后,用含放射性元素的同一种化学修饰剂标记酶,测定同位素标记的位置就可以确立酶活性中心的基团。

亲和性标记是指利用酶与底物特异性结合的原理,将一个可鉴定识别的带有活性基团的底物类似物结合到酶的活性中心,该活性基团可以与邻近的易感基团形成稳定的共价键,从而使酶的活性不可逆地失活。胰凝乳蛋白酶活性中心的 His_{57} 就使用这种方法测定出来的，因为胰凝乳蛋白酶活性中心的 His_{57} 可以与底物中的 Phe 残基特异地结合，而 TPCK（甲苯磺酰-*L*-苯甲氨酸氯甲酮）与 Phe 残基类似，也可以与 His_{57} 结合，并且只与 His-57 结合，从而造成酶的失活。此方法要求，酶的带有活性基团的底物类似物可以专一地引入酶的活性位点，并且与酶活性位点的某一化学基团专一结合。

（2）X 射线衍射法　X 射线衍射可以观察出酶活性中心的空间结构，从某种程度上说还可以研究催化作用时的原子重排。是研究酶构象和酶活性中心的一种很重要的也是最准确的方法。在 1965 年，David Phillips 通过 X 射线衍射的方法测定了 HEW 溶菌酶的结构（图 2-10）。

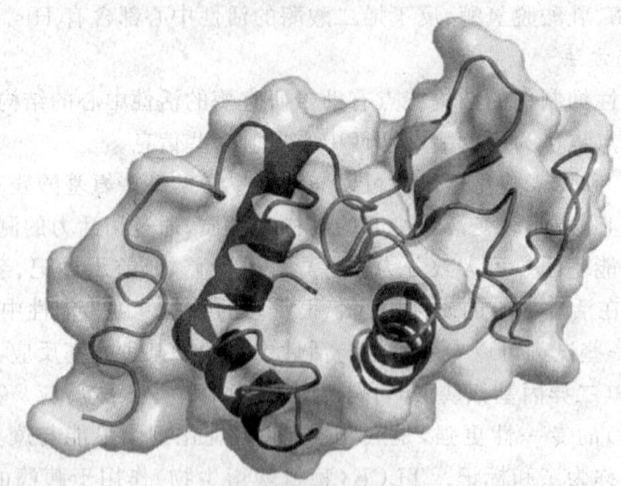

图 2-10　溶菌酶的三维结构图

（引自 the free encyclopedia，Wikipedia. http://en.wikipedia.org/wiki/Lysozyme）

这一方法的原理是利用 X 射线波长很短，可以穿透一定厚度的物质，当 X 射线透过晶体时发生衍射，使射线在某些方向上加强，某些方向上则减弱，通过分析衍射波在照片上的衍射花纹就可以分析晶体的结构。一般酶和底物作用时间很短，所以只能观测到在没有底物结合的情况下酶的结构状态或酶和底物分散后的结构状态。但如果酶和底物结合的时间超过测定 X 射线衍射强度所需要的时间时，就可以测出酶和底物相互作用时的结构。还可以用底物类似物与酶结合，这样酶和底物类似物结合，但不催化反应，这样就可以观察到酶和底物结合时的构象。这种方法的缺点是，酶和底物类似物的结合与底物和酶活性中心结合时的分子间相互作用不完全相同。还有一种延长酶与底物反应时间的方法是降低反应的温度，这样酶的活性受到抑制就会延长反应时间。现在也有用同步加速器来产生一种很强的 X 射线，需要的曝光时间短，可用来研究酶反应瞬间酶分子构象变化

紫外、荧光、圆二色光谱等方法也可用于活性中心的研究。在酶与底物结合时，位于底物结合部位的生色团必然会发生某种变化，从而导致其光谱的变化。这些生色团可以是酶本身带有的，也可以人工引入。这种方法可以用来判断活性中心的构成，也可以研究催化的反应过程。

（3）定点诱变法　用定点诱变技术，改变编码特定氨基酸的基因，造成特定氨基酸残基的置换，然后测定酶活性就可知道被改变的氨基酸是不是酶活性所必需的氨基酸。特定的氨基酸可以通过定点诱变逐个替换，这种通过改变克隆基因的 DNA 序列而改变氨基酸序列的方

法,成为研究酶结构和功能的一个有力方法。可以在限制性酶切位点切割编码需改变氨基酸的DNA的片段,然后插入人工合成的DNA片段。如果需改变的DNA序列周围没有合适的限制性酶切位点,可以人为合成需要的某个位点突变的寡核苷酸,与被替换的单链进行杂交,将由引物引发合成双链DNA单点错配,利用细菌本身具备的修复机制,将大约50%的错配转化为需要的目的基因,也可以通过比较进化过程中形成的特定残基的变化,来研究酶活性中心。

2.3.2 酶专一性催化反应的机制

为了解释酶作用的专一性曾提出过不同的假说。

1. 锁钥学说

早在1894年德国著名有机化学家Emil. Fisher提出"锁钥学说"(lock and key),即酶与底物为锁与钥匙的关系,以此说明酶与底物结构上的互补性(图2-11)。该学说的局限性是不能解释酶催化的可逆反应,不能解释别构效应物调节别构酶催化的反应。

2. 诱导锲合理论

1958年Koshland首先认识到底物的结合可以诱导酶活性部位发生一定的构象变化,并提出诱导契合假说(induced-fit hypothesis)(图2-12)。该学说认为:酶的活性中心的结构具有柔性(flexibility),即酶分子本身的结构不是固定不变的。酶分子与底物接近时,酶蛋白受底物分子的诱导,其构象发生有利于与底物结合的变化,从而引起催化部位的有关基团在空间位置上的改变,以利于酶的催化基团与底物敏感键正确的契合,酶与底物在此基础上互补契合形成中间络合物,并引起底物发生反应。诱导契合学说克服了"锁钥学说"刚性结构难以解释的问题。近年来使用各种物理、化学方法和X射线衍射、核磁共振、差示光谱等技术证明了酶与底物结合时确实有显著的构象变化,有力地支持这一假说。

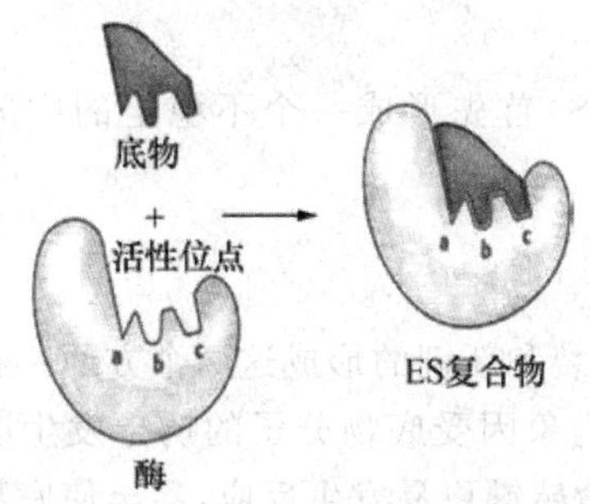

图2-11 酶与底物的"锁与钥匙"学说

(引自Reginald H. G, et al. Biochemistry. 2005)

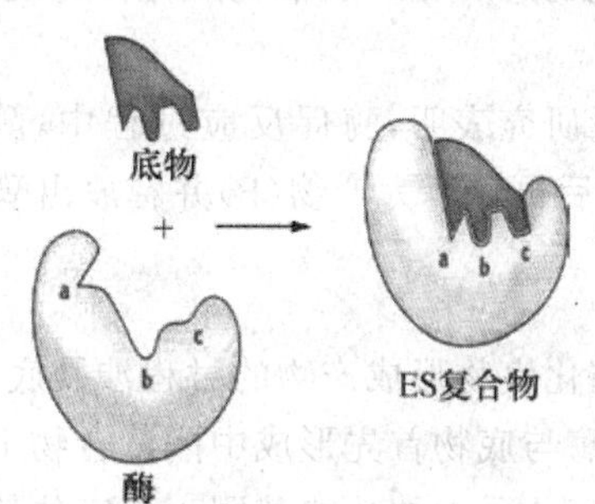

图2-12 酶与底物的"诱导契合"学说

(引自Reginald H. G, et al. Biochemistry. 2005)

2.3.3 酶高效催化反应的机制

2.3.3.1 活化能

在一个反应体系内,任何反应物分子都有发生化学反应的可能性,但不是所有的反应物分子都能进行反应。因为体系中各个反应物分子所含能量不同,只有那些所含能量达到或超过某一限度的"活化分子"才能在碰撞中发生反应。体系中所含的活化分子数越多,反应速度越快。因此,加快化学反应速度的唯一途径是提高体系中"活化分子"的比率。分子由常态转变

成活化态所需的能量称为活化能。提高体系中"活化分子"比率的途径有两条,一是向反应体系中输入能量;二是降低化学反应所需的活化能。两条途径之间的差异如图 2-13 所示。

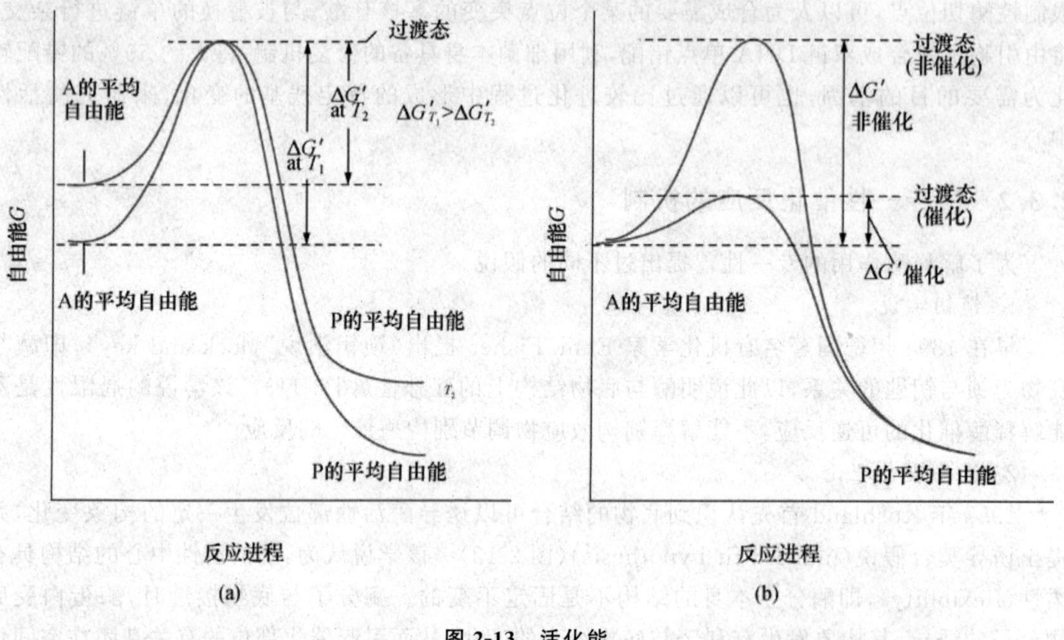

图 2-13 活化能

(引自 Reginald H. G, et al. Biochemistry. 2005)

2.3.3.2 中间产物学说

酶降低反应活化能的一个途径就是使反应分为两个或两个以上的步骤,由于两步反应所需活化能的总和比一般催化剂存在时发生的一步反应所需活化能低得多,因此反应的总速率会增加。

大量研究表明,酶促反应过程中,酶(E)与底物(S)首先形成一个不稳定的中间复合物(ES),然后再分解为产物(P)并释放出酶。

$$E + S \longleftrightarrow ES \rightarrow E + P$$

酶催化底物形成产物的过程涉及底物敏感键的断裂和新键的形成这两个方面。在新键形成之前,酶与底物首先形成中间复合物 ES,酶分子的构象因受底物分子的诱导发生明显的改变,同时酶分子中的功能基团正确定位使底物分子的敏感键更易发生反应,甚至使底物分子发生形变,从而形成一个互相契合的酶—底物复合物。此复合物反应活性很高,极易变成过渡态,因此反应活化能大大降低,底物可以越过较低"能域"而形成产物。借助于 X 射线衍射技术可直接观察到酶与底物反应过程中的 ES 复合物的存在。同位素标记底物的方法已证明磷酸化酶催化蔗糖合成反应中酶与葡萄糖结合的中间产物(酶—葡萄糖复合物)。光谱分析法也证明了含铁卟啉的过氧化氢酶的吸收光谱在与过氧化氢作用前后的变化,以及 *E. coli* 色氨酸合成酶在正常底物 *L*-Ser 加入后荧光强度明显升高,均证明在酶促反应过程中 ES 的存在(图 2-14)。

酶与过渡态的结合比酶与底物的结合具有更大的亲和力(图 2-15)。1946 年,Linus Pauling 提出酶可以使底物或其本身发生形变,以形成酶和过渡态结合的几何构型,即使底物和酶可以契合，从而催化反应的进行，如果底物或酶没有发生这种形变，那么酶的催化反应就不会很好地进行。酶与底物完全互补发生在酶与过渡态结合时形成很多弱键相互作用，在这个时候，酶和过渡态的结合是酶催化的主要驱动力，减少反应过程中的相对运动和熵降。如果没有这种酶和底物的结合，那么反应将不容易进行，因为反应的过程是分子与分子间有效碰撞，产生能量，而在溶液中两个分子有效碰撞的机会很少，酶与底物的结合就会使酶和分子间的有效碰撞大大地增加。

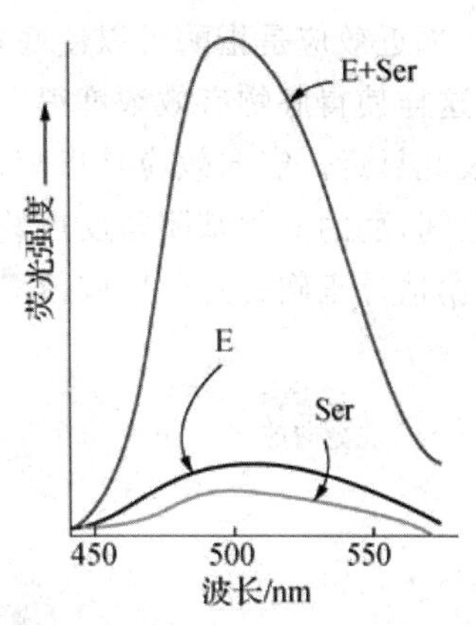

图 2-14　与底物结合前后，色氨酸合成酶吸收光谱的变化

这一理论的一个有力证明就是，过渡态类似物是酶的抑制剂，因为过渡态类似物可以优先结合到酶上，从而抑制了酶与底物的结合，例如脯氨酸外消旋酶可以催化 L-脯氨酸转化为 D-脯氨酸，吡咯-2-羧酸是 L-脯氨酸过渡态类似物，它可以抑制脯氨酸外消旋酶的催化作用。

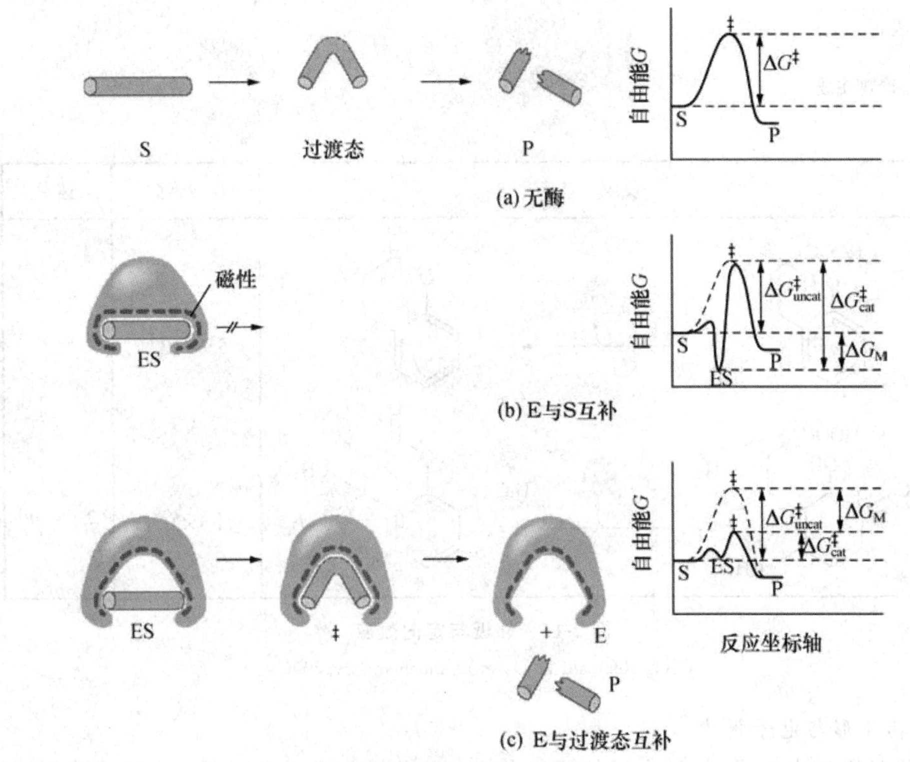

图 2-15　酶与底物的过渡态结合示意图

（引自 Reginald H. G，et al. Biochemistry. 2005）

2.3.3.3　高效催化的影响因素

1. 邻近与定向效应

酶的高效催化性与酶的活性中心的结构密切相关，活性中心的结构利于酶的化学反应的进行。

邻近效应是指酶可以使底物和它活性中心的催化基团相接触，并且可以和多个底物相作用，这样使得底物有效浓度得以增加，对于一个双分子反应，酶可以使两个底物结合在活性中心彼此靠近。定向效应是指酶在反应时可以使底物处于适宜催化的位置，即反应物的反应基团之间，酶的催化基团与反应物反应基团之间的正确定位，减少底物和催化基团之间相对转动，据估计正确的定位反应位置，可以使酶的催化速率提升 100 倍(图 2-16)。

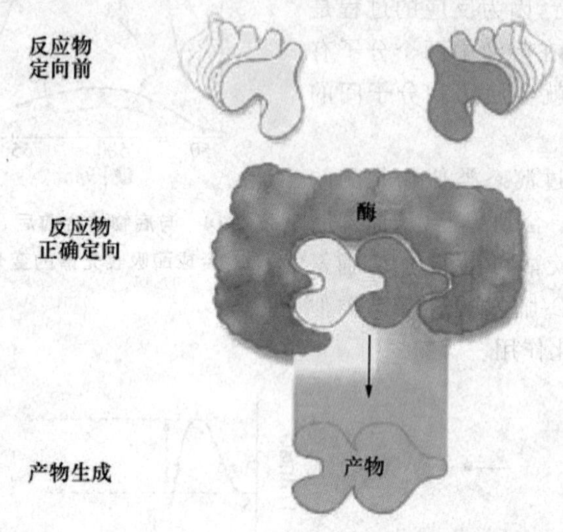

反应	反应常数	速率
HOOC OH → H_2O → O	5.9×10^{-6}	
HOOC OH H_3C CH_3 CH_3 CH_3 → H_2O → O H_3C CH_3 CH_3 CH_3	1.5×10^{6}	2.5×10^{11}

图 2-16　邻近与定向效应

(引自 Reginald H. G, et al. Biochemistry. 2005)

2. 底物变形与电子张力

所有化学键均由电子形成，电子的迁移会引起这些键的重排和断裂。X 射线分析证明，酶与底物结合并进行反应时，在底物诱导酶活性中心的构象发生改变的同时，酶也可诱导底物分子构象发生变化，促使底物分子中的敏感键发生“形变”，产生“电子张力”，以上变化有利于形成一个互相契合的酶—底物复合物，进一步形成过渡态，大大增加酶促反应的速率(图 2-17)。

3. 酸碱催化

酶活性中心的一些残基的侧链基团可以起酸碱催化的作用，例如 Asp、Glu、His、Tyr、Cys、Lys、Ser、Arg，这些基团严格定位在酶的活性中心，起质子转移的作用。酸碱催化可分为

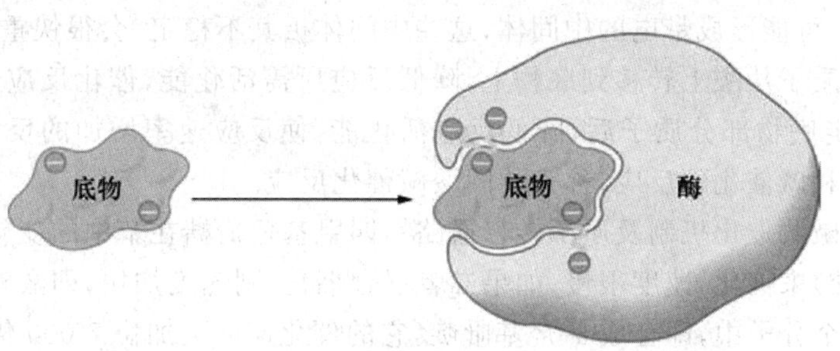

ES中的静电扰动

图 2-17 电子张力

（引自 Reginald H. G，et al. Biochemistry. 2005）

广义酸碱催化和特殊酸碱催化两种，特殊酸碱催化是特指 H^+ 和 OH^- 的催化作用，而广义酸碱催化还包括其他弱酸弱碱的催化作用。酶促反应一般发生在近中性条件，H^+ 和 OH^- 的浓度很低，所以酶促反应主要是广义酸碱(general acid or base)催化(图 2-18)。酶分子中的一些可解离基团如咪唑基、羧基、氨基、巯基常起一般酸碱催化作用，其中咪唑基最活泼有效。

氨基酸残基	广义酸	广义碱
Glu,Asp	R—COOH	$R—COO^-$
Lys,Arg	$R—\overset{+}{N}H_3$	$R—\ddot{N}H_2$
Cys	R—SH	$R—S^-$
His	咪唑环（R—C=CH，HN，$\overset{+}{N}H$，C—H）	咪唑环（R—C=CH，HN，N:，C—H）
Ser	R—OH	$R—O^-$
Tyr	R—苯环—OH	$R—苯环—O^-$

反应

$$CH_3COO\text{-}C_6H_4\text{-}NO_2 + H_2O \rightleftharpoons CH_3COO^- + HO\text{-}C_6H_4\text{-}NO_2 + H^+$$

机制

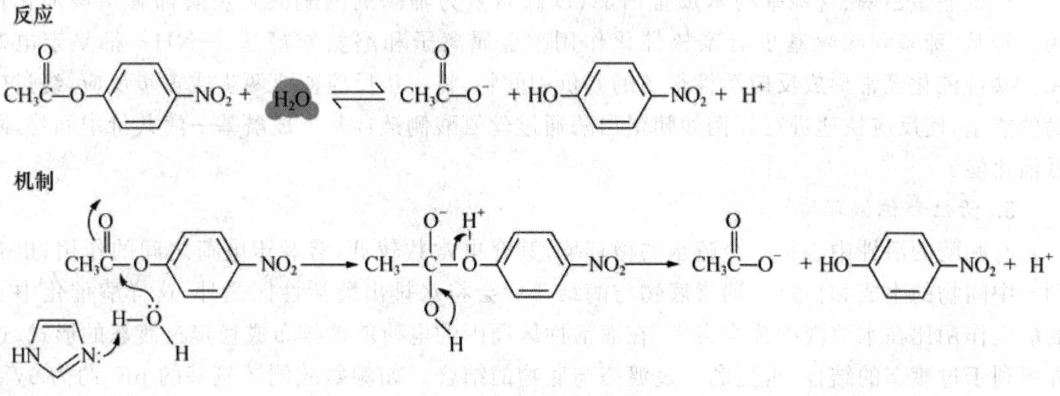

图 2-18 广义酸碱及酸碱催化

（引自 Reginald H. G，et al. Biochemistry. 2005）

化学反应中，可能形成带电的中间体，这些中间体极其不稳定，会很快重新裂解成反应物，影响反应速率。质子从酸上转移到底物上，降低反应所需活化能，催化反应进行，被称为酸催化；反应中碱夺走底物部分质子后，降低反应活化能，使反应速率增加的反应被称为碱催化。同时具有酸催化和碱催化的反应，称为共同酸碱催化反应。

有些酶有酸碱共催化机制及质子转移通路。四甲基葡萄糖在苯中的变旋反应如果单独用吡啶(碱)或酚(酸)来催化，速度很慢；如果二者混合催化，则速度加快，即酸碱共催化。如果把酸和碱集中在一个分子中，即合成 α-羟基吡啶，它的催化速度又加快 7 000 倍。这是因为两个催化基团集中在一个分子中有利于质子的传递。在酶—底物复合物中经常由氢键和共轭结构形成质子传递通路，从而大大提高催化效率。

4. 共价催化

酶和底物之间形成一个暂时的共价键，以加快反应速率(图 2-19)。共价催化包括亲电反应和亲核反应。如下方程式：$A—B+E:\longrightarrow A—E+B\longrightarrow A+E+B$。

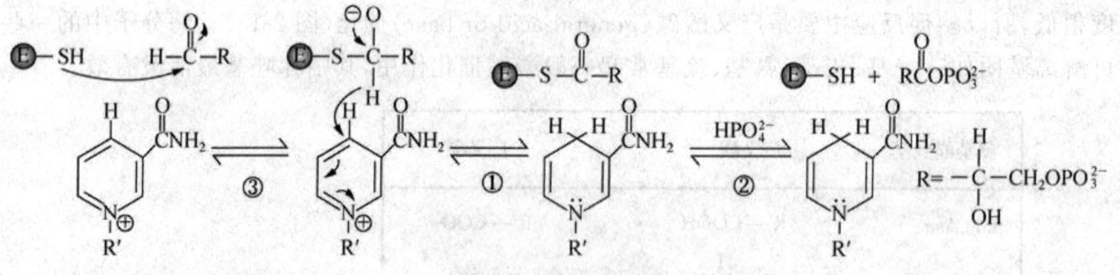

图 2-19　共价催化

(引自 Reginald H. G，et al. Biochemistry. 2005)

反应可以包括，酶所带电子与底物进行亲核反应(以上方程式中①步所表示)；通过亲电反应，将电子从反应中除掉(以上方程式中②步所表示)，从而使催化剂从中间物中去掉。共价催化与酸催化不同的是，催化剂亲核进攻底物形成共价键，而不是像酸催化一样将质子完全由酸转移到底物上。在共价催化中，所形成的共价键越稳定，越不容易在反应完成后分离，所以具有此类催化特性的酶，必须同时具有高的亲核性还要具有良好的去基团的能力。

丝氨酸蛋白酶、含巯基的木瓜蛋白酶、以硫胺素为辅酶的丙酮酸脱羧酶都有亲核催化作用。羟基、巯基和咪唑基也有亲核催化作用。金属离子和酪氨酸羟基、$—NH_3^+$ 都是亲电基团。共价催化经常形成反应活性很高的共价中间物，将一步反应变成两步或多步反应，绕过较高的能垒，使反应快速进行。例如胰蛋白酶通过丝氨酸侧链羟基形成酰基—酶共价中间物，降低活化能。

5. 活性部位微环境

有些酶的活性中心是一个疏水的微环境，其介电常数较低，有利于电荷之间的作用，也有利于中间物的生成和稳定。通常底物与酶结合后会将水排出酶活性区之外，这样酶催化中心的静电作用比在水溶液中要强得多，在酶活性区周围的电荷就被排布成稳定过渡态的形式，这样更利于过渡态的结合，也更利于过渡态与底物的结合。如赖氨酸侧链氨基的 pK 约为 9，而在乙酰乙酸脱羧酶活性中心的赖氨酸侧链 pK 只有 6 左右。

2.3.4 蛋白酶的作用机理举例

2.3.4.1 胰凝乳蛋白酶的作用机理

胰凝乳蛋白酶是存在于动物消化道水解蛋白质的酶。能专一性地水解由芳香族氨基酸和大的疏水氨基酸的羧基形成的肽键。

胰凝乳蛋白酶的活性中心是由 Ser_{195}、His_{57} 和 Asp_{102} 三个氨基酸残基组成，X 射线衍射分析显示，His_{57} 与 Ser_{195} 邻近。Asp_{102} 的羧基埋在蛋白质分子内，也靠近 His_{57}，这三个氨基酸构成了催化三联体(catalytic triad)(图 2-20)。在没有底物存在时，His_{57} 是非质子化形式；当 Ser_{195} 羟基中的氧原子对底物进行亲核攻击时，一个质子从 Ser_{195} 的羟基转给 His_{57}，Asp_{102} 带负电荷的羧基与 His_{57} 带正电荷的咪唑基以氢键结合，使 His_{57} 正确定位。这样，三个氨基酸的侧链构成了一个电荷转接系统(氢键系统)，在催化底物反应中，直接参与电子的接受和传递。His_{57} 的咪唑基在这里起广义酸碱催化作用。

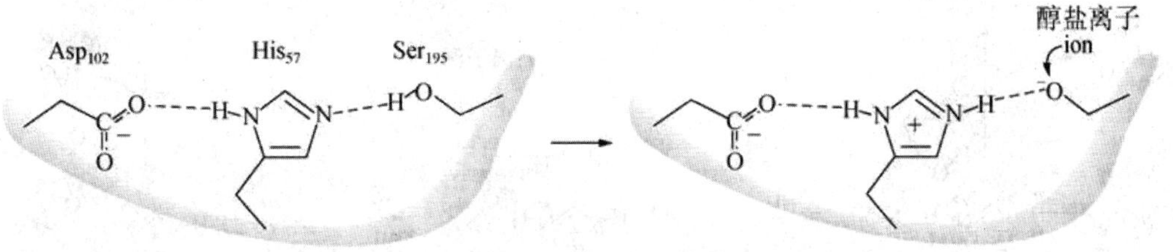

图 2-20 胰凝乳蛋白酶的活性中心

(引自 Reginald H. G, et al. Biochemistry. 2005)

胰凝乳蛋白酶的催化机理归纳如图 2-21 所示。首先，专一性底物与酶的结合。这种结合涉及多种交互作用，其中包括芳香环与酶疏水穴的结合；底物肽以反平行方式与酶分子主链之间氢键的形成。多肽的水解通过酰化和脱酰化两个阶段进行。反应的第一步是 Ser_{195} 的羟基氧原子对底物敏感肽键的亲核攻击，形成一个过渡态四面体复合物，与此同时，His_{57} 作为广义碱从 Ser_{195} 的羟基吸取一个质子，形成质子化的 His，然后又作为广义的酸将质子提供给底物敏感肽键的酰胺氮，肽键因此而断裂。在此期间，质子化胺组分通过氢键结合到 His_{57}，底物的酸组分酯化到 Ser_{195}，形成酰化的胰凝乳蛋白酶，随着产物胺的释放，酰化阶段完成。

随后的脱酰化是酰化的逆过程。用水取代胺，亲核攻击羰基碳。首先是电荷转接系统从水分子中接受一个质子，水分子中剩下的 OH^- 即攻击连接在 Ser_{195} 上酰基中的羰基碳原子，产生另一个过渡态的四面体中间物，然后 His_{57} 提供一个质子给 Ser_{195} 的氧，羧基组分从活性中心脱离，完成整个反应。

胰凝乳蛋白酶的催化机制提供了一个典型的酸-碱催化和共价催化的例子。除胰凝乳蛋白酶外，酶催化中心具有“Ser—His—Asp”催化三联体的酶还有胰蛋白酶、弹性蛋白酶和枯草杆菌蛋白酶等，通称为丝氨酸酶。

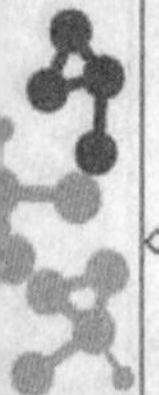

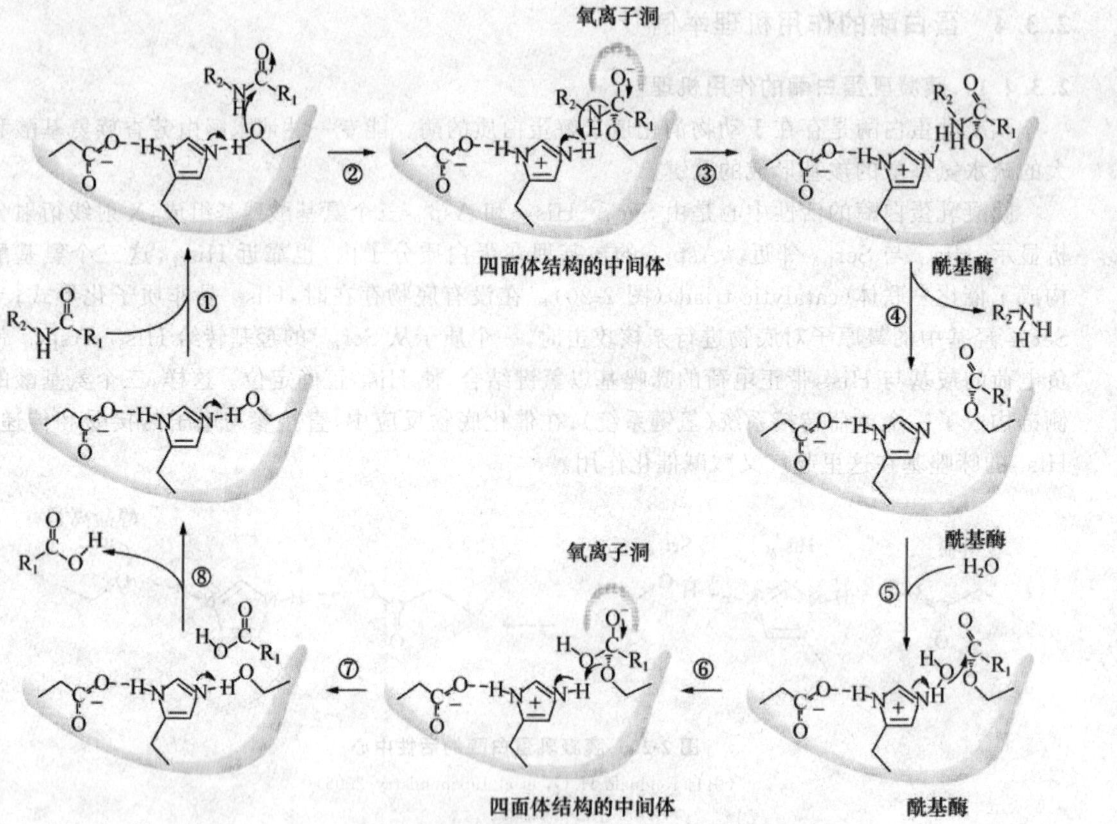
氧离子洞
四面体结构的中间体
酰基酶
酰基酶
H_2O
氧离子洞
四面体结构的中间体
酰基酶
①
②
③
④
⑤
⑥
⑦
⑧

图 2-21　胰凝乳蛋白酶催化机理

（引自 Reginald H. G，et al. Biochemistry. 2005）

2.4　酶促反应动力学

2.4.1　酶促反应速度的测量

酶促反应速率是以单位时间内反应物或生成物浓度的改变来表示的。一般反应的速率与反应分子的碰撞率成正比，随着反应的进行，反应物的消耗，反应底物的碰撞机会减少，反应速率会逐渐减慢。反应分子数是指同时碰撞产生产物的分子个数。

2.4.1.1　一级反应

对于简单的反应，S ⟶ P 的反应，瞬时反应速率为：

$$v=\frac{d[S]}{dt}=-\frac{d[P]}{dt}=k[S] \qquad 式(2\text{-}1)$$

式(2-1)中，k 为反应的速率常数，可以用来衡量反应速率的大小，单位是 s^{-1}。

如式(2-1)中，任何反应速率与反应物的浓度一次方成正比的关系，我们将这个反应称为一级反应，一级反应是单分子的反应，多发生在不稳定的物质或者是放射性物质上的反应。

将式(2-1)移项,转变成反应时间函数的方程式:

$$\frac{d[S]}{[S]}=d\ln[S]=-k\,dt \qquad 式(2\text{-}2)$$

将式(2-2)积分得:

$$\int_{[S]_0}^{[S]} d\ln[S]=-k\int_0^t dt \qquad 式(2\text{-}3)$$

整理得:

$$\ln[S]=\ln[S]_0-kt \qquad 式(2\text{-}4)$$

或

$$[S]=[S]_0 e^{-kt} \qquad 式(2\text{-}5)$$

我们可以看出,式(2-4)是一个线性方程,ln[S]为 y,$\ln[S]_0$ 为常数可表示为 $y=-kt+b$ 这种形式的线性曲线(图 2-22)。

把反应物的浓度减少到初始浓度一半时所需要的时间表示为 $t_{1/2}$,即 $t_{1/2}$ 时 $[S]=\frac{[S]_0}{2}$,代入式(2-4)中可以得到:

$$-kt_{1/2}=\ln\left(\frac{[S]_0/2}{[S]_0}\right)=\ln\frac{1}{2} \qquad 式(2\text{-}6)$$

整理得: $t_{1/2}\approx 0.693\,\frac{1}{k}$ 式(2-7)

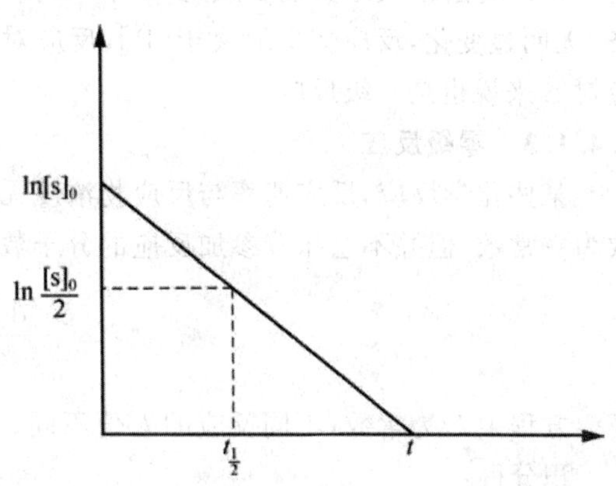

图 2-22 一级反应时间与 ln[S]坐标图

每个一级反应的 k 值是一定的,那么从式(2-7)中可以看出,反应物反应到一半的时间是个常数,将 $t_{1/2}$ 称为半衰期,反应速率常数与半衰期成反比,反应速率常数,即 k 值越大,反应达到半衰期所需时间就越短。反之,反应速率常数越小,反应达到半衰期所需时间就越长。

2.4.1.2 二级反应

对于反应式为 2S ⟶ P 的反应,反应速率为:

$$v=\frac{d[P]}{dt}=-\frac{d[S]}{dt}=k[S][S]=k[S]^2 \qquad 式(2\text{-}8)$$

在式(2-8)中,反应速度与底物浓度的平方成正比,我们将这种反应称为二级反应。k 的单位为 $(mol/L)^{-1}\cdot s^{-1}$。将式(2-8)移项,并像上面推导一级反应式一样进行积分,表示为[S]随时间变化的函数,为:

$$\int_{[S]_0}^{[S]}-\frac{d[S]}{[S]^2}=k\int_0^t dt \qquad 式(2\text{-}9)$$

并将式(2-9)整理得:

$$\frac{1}{[S]}=\frac{1}{[S]_0}+kt \qquad 式(2\text{-}10)$$

同样式(2-10)可以看成是一个 $y=\frac{1}{[S]}$，$x=t$，常数为 $\frac{1}{[S]_0}$ 的线性方程。半衰期为 $t_{1/2}$ 时，$[S]=\frac{[S]_0}{2}$ 代入式(2-10)可得：

$$t_{1/2}=\frac{1}{k[S]_0} \qquad \text{式(2-11)}$$

从式(2-11)我们可以看出，二级方程的半衰期与一级方程不同，不仅与反应速率常数有关，而且与初始反应物浓度有关。

$S+B\longrightarrow P$ 也是一个双分子反应，该反应的瞬时反应速率可以表示为：

$$v=-\frac{d[P]}{dt}=\frac{d[B]}{dt}=\frac{d[S]}{dt}=k[S][B] \qquad \text{式(2-12)}$$

可以将这个式子分别看成是[S]和[B]的一级反应式，假设当[S]≪[B]时，反应过程中[S]无明显变化，反应速率取决于[B]，反应对B来说是一级反应。反之，当[B]≪[S]时，反应对S来说也是一级反应。

2.4.1.3　零级反应

某些化学反应，反应速率与反应物浓度无关，这种反应称为零级反应。这种反应的速率常数为一常数，但并不意味着参加反应的分子数为零，即：

$$-\frac{d[S]}{dt}=k \qquad \text{式(2-13)}$$

方程中 k 为常数，不同反应的 k 值不同。

积分得：

$$\int_{[S]_0}^{[S]} d[S]=k\int_0^t dt \qquad \text{式(2-14)}$$

整理得：

$$[S]_0-[S]_t=k\,dt \qquad \text{式(2-15)}$$

底物的减少可以用产物的增加来表示：$[S]_0-[S]_t$ 可以用 $[p]_t$ 来表示。零级反应的半衰期可以表示为

$$t_{1/2}=\frac{1}{2k}[S]_0 \qquad \text{式(2-16)}$$

从以上方程式中可以看出，零级反应的半衰期与底物初浓度成正比，与反应速率常数成反比。

2.4.1.4　反应速率、平衡常数与活化能的关系

酶不仅催化正反应方向的进行，而且还催化逆反应方向的进行，当酶促反应到达平衡时，正反应速率与逆反应速率相等。如反应式：S→P 的反应。反应平衡常数 K_{eq} 可以表示为：

$$K_{eq}=\frac{[P]}{[S]} \qquad \text{式(2-17)}$$

根据热力学原理，反应平衡常数 K 与活化能 $\Delta G^{\ddagger}$ 之间的关系，可以表示为：

$$\Delta G^{\ddagger} = -RT\ln K_{eq} \quad 式(2\text{-}18)$$

式中，R 是气体常数为 $8.315\ J \cdot mol^{-1} \cdot K^{-1}$；$T$ 是绝对温度。

反应平衡常数越大，表示反应越容易平衡，从式(2-18)我们可以看出，反应平衡常数与活化能之间呈反比关系，$\Delta G^{\ddagger}$ 越低表示反应平衡常数越大，越利于反应的平衡。

对于一级反应，反应的速率常数 k 与反应分子数间的关系如前面所推导的：

$$v = k[S] \quad 式(2\text{-}19)$$

对于二级反应 S+B→P，反应速率常数 k 与反应分子数间的关系为：

$$v = k[S][B] \quad 式(2\text{-}20)$$

根据反应过渡态理论，反应速率与活化能之间的关系可以表示为：

$$k = \frac{k_B T}{h} e^{-\Delta G^{\ddagger}/RT} \quad 式(2\text{-}21)$$

式中，$k_B = 1.380\ 7 \times 10^{-23}\ J \cdot K^{-1}$，为波尔兹曼常数(Boltzmann constant)

$h = 6.626\ 1 \times 10^{-34}\ J \cdot s$，为普朗克常数(Planck's constant)

从式(2-21)中我们可以看出，反应速率常数与活化能之间成反比，即活化能越低反应速率越高，这个方程式还表明，随着温度升高，反应速率呈加快趋势，因为热能可以提供反应物跃过活化能障所需能量。

2.4.2 底物浓度对酶促反应速度的影响

1902 年，Adrian Brown 在研究 β-呋喃果糖苷酶对蔗糖的催化时发现，当蔗糖浓度远远大于酶浓度时，反应速率跟蔗糖浓度无关，即上面所说的零级反应。于是，他推断反应由两步组成：第一步，底物与酶先形成酶—底物复合物，然后酶—底物复合物再分解为产物和酶。

$$蔗糖 + H_2O \xrightarrow{\beta\text{-呋喃糖苷酶}} 葡萄糖 + 果糖$$

1913 年，Leonor Michaelis 和 Maud Menten 提出一个假说，与 Adrian Brown 相似。

$$E + S \underset{k_{-1}}{\overset{k_1}{\rightleftharpoons}} ES \underset{k_{-2}}{\overset{k_2}{\rightleftharpoons}} E + P$$

式中，K_1 表示从 S 反应生成 ES 的反应速率常数；K_{-1} 表示从 ES 逆反应生成 S 和 E 的反应速率常数；K_2 表示从 ES 分解生成产物的反应速率常数；K_{-2} 表示从产物逆反应生成 ES 的反应速率常数。

Leonor Michaelis 和 Maud Menten 提出的假说认为：对于给定的酶促反应，酶会与底物形成酶—底物复合物。当底物浓度比较低时，酶多以游离的形式存在，而当底物浓度很高时，所有酶都会转化为 ES 形式，这时反应速率最大。当所有的酶都转变为 ES 形式时，底物浓度的升高对总反应速率基本没有影响，这时候 ES 分解为 E 和产物 P 的过程就成为整个酶促反应的限速步骤。

1925 年，Briggs 和 Haldane 提出稳态学说，当反应的底物含量远远高于酶含量时，当反应

刚开始时,底物浓度下降,ES浓度上升,产物浓度上升,这个过程通常是很快、难以观察的,将这个过程称为前稳态,当酶全部结合底物形成ES时,ES的生成速率和分解速率相同,ES浓度基本恒定,将这一阶段称为稳态。稳态动力学是研究当ES浓度处于稳定阶段时的反应速率及影响反应速率的各种因素的学说。前稳态动力学说是研究在前稳态阶段,即ES浓度增加阶段,反应物的初速度及各种因素对反应初速度的影响。

1. 米氏方程

米氏学说是1913年Michaelis和Menton建立的,认为反应分为两步,先生成酶—底物复合物(中间产物),再分解形成产物,释放出游离酶。经过Briggs和Haldane的补充与发展,得到了现在的米氏方程。

$$v_0=\frac{V_{max}[S]}{K_m+[S]} \quad 式(2\text{-}22)$$

式中,v_0即初始速度,是指$t=0$时的反应速度,在实际操作中指大约10%底物反应转变成产物之前这个时间范围内的反应速度。尽管v_0被定义为反应的初始阶段的速度,但在实验中测得的v_0通常是反应稳态时的速率。V_{max}指反应最大速度。K_m是米氏常数。米氏方程是个关于初速度、最大速度和起始底物浓度之间关系的一个方程式。

米氏方程的推导建立在下面反应式的基础上:

$$E+S\underset{k_{-1}}{\overset{k_1}{\rightleftharpoons}}ES\underset{k_{-2}}{\overset{k_2}{\rightleftharpoons}}E+P \quad 反应式的格式$$

式中,E表示酶;ES表示酶—底物复合物;P表示产物。

反应早期时,产物的浓度可以忽略,一般为了数学上的计算方便,常假设ES分解为P的反应是不可逆的,那方程式变为:

$$E+S\underset{k_{-1}}{\overset{k_1}{\rightleftharpoons}}ES\xrightarrow{k_2}E+P$$

v_0由ES分解成产物的速率决定,即由K_2决定,那么以上反应式速率的表达式为:

$$v_0=\frac{d[P]}{dt}=k_2[ES] \quad 式(2\text{-}23)$$

在实验中[ES]的量很难测得,所以常常将与底物结合的酶与游离酶之和表示为酶总浓度,用$[E_t]$表示,即:

$$[E_t]=[E]+[ES] \quad 式(2\text{-}24)$$

ES总生成速率=ES生成速率−ES分解速率,即:

$$\frac{d[ES]}{dt}=k_1[E][S]-(k_{-1}[ES]+k_2[ES]) \quad 式(2\text{-}25)$$

根据稳态假说,当[S]≫[E]时,除反应的开始几微秒内,酶是处于游离态,当底物耗尽时,[ES]为一常数,是保持恒定的,即[ES]生成速度和分解速度相等,这就是稳态假说。

$$\frac{d[ES]}{dt}=0 \quad 式(2\text{-}26)$$

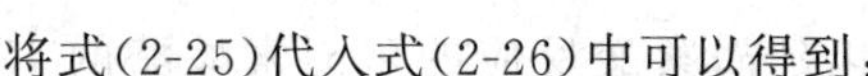

将式(2-25)代入式(2-26)中可以得到：

$$k_1[E][S]-(k_{-1}[ES]+k_2[ES])=\frac{d[ES]}{dt}=0 \qquad 式(2\text{-}27)$$

整理得：

$$k_1[E][S]=k_{-1}[ES]+k_2[ES] \qquad 式(2\text{-}28)$$

将式(2-24)整理为$[E]=[E_t]-[ES]$代入式(2-28)可得：

$$\frac{([E_t]-[ES])[S]}{[ES]}=\frac{k_{-1}+k_2}{k_1} \qquad 式(2\text{-}29)$$

将$\frac{k_{-1}+k_2}{k_1}$定义为米氏常数(Michelis constant)用K_m表示，即：

$$K_m=\frac{k_{-1}+k_2}{k_1} \qquad 式(2\text{-}30)$$

将式(2-30)代入式(2-29)中，整理得到：

$$K_m=\frac{([E_t]-[ES])[S]}{[ES]} \qquad 式(2\text{-}31)$$

式(2-31)整理得：

$$[ES]=\frac{[E_t][S]}{K_m+[S]} \qquad 式(2\text{-}32)$$

将式(2-32)代入式(2-23)中可以得出：

$$v_0=k_2[ES]=\frac{k_2[E_t][S]}{K_m+[S]} \qquad 式(2\text{-}33)$$

当底物浓度足够大，反应速度达到最大值时，无游离态酶存在，所有酶都以ES形式存在，

$$V_{max}=k_2[E_t] \qquad 式(2\text{-}34)$$

将式(2-34)与式(2-33)结合可推出方程式(2-22)：

$$v_0=\frac{V_{max}[S]}{K_m+[S]}$$

这个方程式就是米氏方程，是酶促反应的速度方程。其中K_m的单位为浓度单位。

对于$E+S\underset{k_{-1}}{\overset{k_1}{\rightleftharpoons}}ES\underset{k_{-2}}{\overset{k_2}{\longrightarrow}}E+P$ 这样的两步反应，如式(2-34)所给出的$V_{max}=k_2[E_t]$，第二步通常为反应的限速反应，即ES复合物的解离是整个酶促反应的限速反应，如果这一步速率没有提升，即使底物的浓度如何升高对速度的升高都不会有太大的影响，因为在这样的情况下，酶都是以酶和底物的复合物形态存在。但如果是一个多步的酶促反应，其中有一个明显的限速步骤，常常将这一步的速度常数写为K_{cat}，表示当酶与底物处于饱和状态时，单位时间内一个酶分子可以催化的底物分子数，单位为秒的倒数(s^{-1})。

$$K_{cat}=\frac{V_{max}}{[E_t]} \qquad 式(2\text{-}35)$$

对于上面给出的两步酶促反应 $K_{cat}=k_2$。催化延胡索酸反应的延胡索酸酶的 $K_{cat}=800\ s^{-1}$，催化乙酰胆碱反应的乙酰胆碱酯酶 $K_{cat}=1.4\times10^5 s^{-1}$，催化过氧化氢反应的过氧化氢酶的 $K_{cat}=4\times10^8 s^{-1}$。$K_{cat}$ 和 K_m 值一样常用于不同酶的比较，每个催化特定反应的酶都有其特定的 K_{cat} 值，这两个值常常一起被用于评价动力学效应。

2. 米氏常数及意义

米氏常数的实际定义是反应速度达到最大反应速度一半时的底物浓度。把[S]=K_m 代入式(2-22)中可以得出：

$$v_0=\frac{V_{max}K_m}{K_m+K_m} \qquad 式(2\text{-}36)$$

整理得：

$$v_0=\frac{V_{max}}{2} \qquad 式(2\text{-}37)$$

K_m 的物理含义是反应速度达到最大反应速度一半时底物的浓度。是酶分子的特征性常数之一，它只与酶分子的种类有关，而与底物的浓度无关。因此，利用 K_m 可以鉴别酶的种类。如酶能催化几种不同的底物，对每种底物都有一个特定的 K_m 值，其中 K_m 值最小的称该酶的最适底物或天然底物。K_m 除了与底物类别有关，还与 pH、温度有关。K_m 不等于 K_s，只有在特殊情况下即 $k_{-1}\gg k_2$，$K_m=K_s$。在 $K_m=K_s$ 时，K_m 可表示酶和底物的亲和力。

3. 米氏常数求法

从酶的 v—[S]图上可以得到 V_m，再从 $1/2V_m$ 处读出[S]，即为 K_m。但实际上只能无限接近 V_m，却无法达到。

Lineweaver-Bruk 作图法　为得到准确的米氏常数，Hans Lineweaver 和 Dean Burk 可把米氏方程加以变形

$$v_0=\frac{V_{max}[S]}{K_m+[S]}$$

将米氏方程两边取倒数得：

$$\frac{1}{v_0}=\frac{K_m+[S]}{V_{max}[S]} \qquad 式(2\text{-}38)$$

整理得：

$$\frac{1}{v_0}=\frac{K_m}{V_{max}[S]}+\frac{[S]}{V_{max}[S]}=\left(\frac{K_m}{V_{max}}\right)\frac{1}{[S]}+\frac{1}{V_{max}} \qquad 式(2\text{-}39)$$

这个方程可以看成是一个以 1/[S]为 X 变量，$1/v_0$ 为 Y 变量的一次函数。以 1/[S]对 $1/v_0$ 作图可以得到一个直线图，直线的斜率为 K_m/V_{max}，在 $1/v_0$ 上的截距为$\frac{1}{V_{max}}$，在 1/[S]上的截距为$-1/K_m$，从图 2-23 上就可以求出 K_m 和 V_{max} 的值，将这种作图法称为双倒数作图，又称为 Lineweaver-Bruk 作图。用 Lineweaver-Bruk 作图时，实验中测得的[S]值多分布在图的左侧 0.5～5K_m 的范围内，当底物浓度过低时，会出现很大的误差。

2.4.3　酶浓度对酶促反应速度的影响

在一定的 pH、温度和大气压条件下，当底物浓度一定时，酶催化反应的速率与酶浓度成

正比。呈现一级反应的特点(图 2-24)。

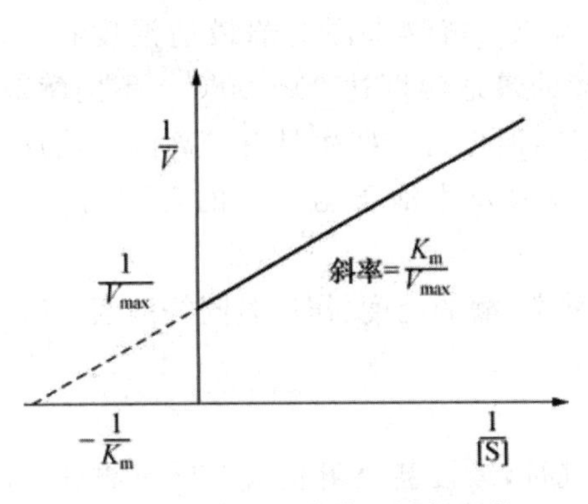

图 2-23 酶动力学的双倒数图线

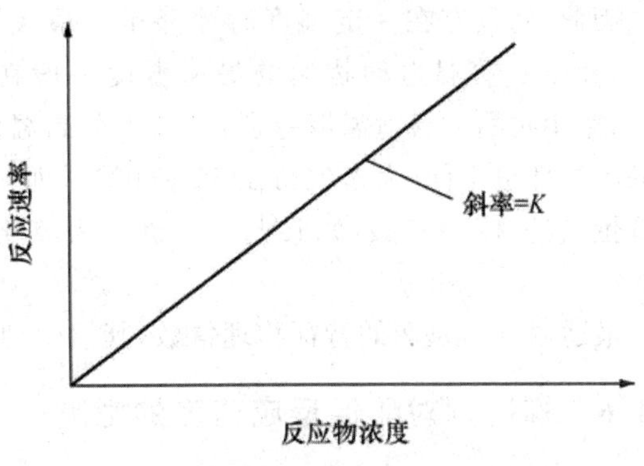

图 2-24 反应物浓度与反应速度关系

(引自 Reginald H. G, et al. Biochemistry. 2005)

2.4.4 pH 对酶作用的影响

酶对环境酸碱度敏感。每一种酶只能在一定限度的 pH 范围内才表现活性。在有限的 pH 范围内酶活力也随环境 pH 的改变而有所不同。在酶促反应其他条件保持不变,且为最佳状态时,以酶促反应速度(V)对 pH 作图显示:大多数酶的活力与环境 pH 的关系表现为钟罩形曲线。即某一酶只能在一定 pH 条件下才显示出最高催化活力,高于或低于此 pH,活力都会下降。使酶表现最大活力的 pH 称为该酶的最适 pH(optimum pH)。一般酶的最适 pH 在 4～8,植物及微生物来源的酶最适 pH 多在 4.5～6.5,动物体内的酶最适 pH 多在 6.5～8。但也有例外,如胃蛋白酶的最适 pH 为 1.5、肝脏的精氨酸酶为 9.7、胰蛋白酶为 7.7。不同酶的活力随 pH 变化的情况也不相同(图 2-25)。

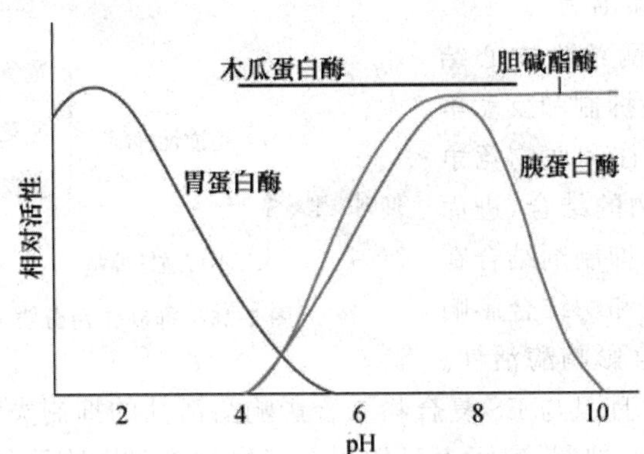

最佳pH	
酶	最佳pH
胃蛋白酶	1.5
过氧化氢酶	7.6
胰蛋白酶	7.7
延胡索酸酶	7.8
核糖核酸酶	7.8
精氨酸酶	9.7

图 2-25 酶活性与 pH 之间的关系

(引自 Reginald H. G, et al. Biochemistry. 2005)

pH 影响酶活力的原因可能是:pH 影响酶分子的荷电性从而影响酶的稳定性;pH 影响底物分子的解离状态,以及酶活性部位有关基团的解离从而影响酶与底物的结合和催化作用。

2.4.5 温度对酶作用的影响

正如大多数化学反应一样,酶促反应速度也受到温度的影响,在一定的温度范围内,酶促反应速度随温度升高而加快。但由于酶是蛋白质,温度过高会导致酶变性失活,使酶活力下降。因此,酶只有在一定温度时才显示出最大活力,这一温度称为酶的最适温度(optimum temperature)。温血动物酶的最适温度一般在35～40℃,植物来源的酶最适温度在45～60℃,微生物酶的最适温度差别较大,细菌高温淀粉酶的最适温度达80～90℃。不同酶对温度的敏感性也不同,大多数酶在55～60℃时即变性失活,但也有一些酶具有较高的抗热性,如木瓜蛋白酶、核糖核酸酶(RNase)、超氧物歧化酶(SOD)及生活于温泉中的各种嗜热菌的酶等。

最适温度不是酶的特征物理常数,其值受到底物种类、酶的纯度、作用时间等因素的影响。

2.4.6 抑制剂对酶促反应速度的影响

在自然界中,存在很多物质可以干扰酶促反应的进行,减慢甚至阻止酶促反应的进行,这些物质通过与酶结合,从而影响酶与底物的结合,或是引起酶活力的下降,但并不使酶变性,将这些物质称为抑制剂。酶的抑制作用基本上存在于所有酶促反应的细胞内,人类现阶段发明的很多药物都是酶抑制剂,例如治疗艾滋病的药物 ritonavir 含有可与 HIV 病毒蛋白酶活性中心结合的基团,从而抑制 HIV 病毒活性。还有阿司匹林也是利用其可以抑制酶活性,从而起到镇痛作用。研究酶的抑制也是研究酶结构、功能、催化机制和生物代谢途径的一个重要手段。研究酶的抑制在理论和实践上具有很重要的意义。这节我们通过米氏稳态动力学方程,研究酶抑制的机制和抑制剂对酶动力学的影响。

2.4.6.1 抑制类型

根据抑制剂与酶作用方式和抑制剂对酶的抑制作用是否可逆,将抑制剂分为两大类:可逆抑制、不可逆抑制(图2-26)。不可逆抑制是指抑制剂与酶结合后,破坏酶催化所需的功能基团,并与酶共价结合,抑制剂对酶的抑制作用是不可逆的。可逆抑制是指抑制剂与酶的结合是可逆的,可用透析法除去抑制剂,恢复酶活力。

可逆抑制中,根据抑制剂是否与酶活性中心结合,还可以分为:竞争性抑制、非竞争性抑制和反竞争性抑制3类。竞争性抑制中抑制剂往往和底物竞争结合在酶活性中心,从而影响酶和底物的结合,进而影响酶的催化效率。非竞争性抑制时,抑制剂结合在酶活性中心以外的部位,抑制剂即可以和酶结合影响酶活性,还可以和酶—底物复合物结合影响酶活性。我们将与酶活性中心以外位点结合,并且只与ES复合物结合影响酶活性的抑制类型称为反竞争性抑制。非竞争性抑制和反竞争性抑制,实际上只发生在双底物或多底物酶促反应中。利用这个理论可以说明双底物反应的机制。

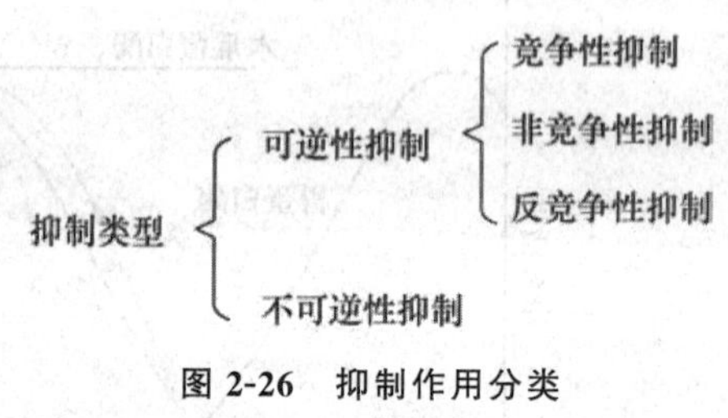

图2-26 抑制作用分类

2.4.6.2 不可逆抑制

不可逆抑制中,抑制剂和酶的结合是不可逆的,抑制剂结合到酶的功能基团,或破坏酶的结构,或与酶形成比较稳定的共价键结构。抑制剂与酶形成稳定的共价连接是不可逆抑制中较为常见的类型。随着时间的延长,抑制作用增强。如果抑制剂的浓度大于酶的浓度,那么酶最终会被完全抑制,不能测出酶活。如果抑制剂的浓度小于酶的浓度,那么抑制剂会结合所能结合到的酶达到饱和状态,未与抑制剂结合的酶还具有一定的活性,可以测出酶活。这与可逆抑制剂是不同的，由于可逆抑制剂与酶的结合是可逆的，所以即使加入的抑制剂量与酶量相同，也可以在反应时测得酶活。不可逆抑制也可以用稳态动力学方程来解释，随着抑制剂浓度的增加，K_m 值不变而 V_{max} 变小。其得到的双倒数图谱与下面要讲到的非竞争性抑制图谱非常相似。不可逆抑制剂在研究酶活性中心关键氨基酸方面有很重要的作用，例如用 DIFP(二异丙基氟磷酸)可与胰凝乳蛋白酶不可逆结合，推断酶活性中心必需氨基酸为 Ser^{195}。

不可逆抑制剂不能用透析、超滤等方法除去。按抑制剂的选择性，又可分为专一性与非专一性不可逆抑制剂。前者只能与活性部位的有关基团发生反应，后者可与多种基团反应。如对活性部位基团的亲和力比对其他基团大三个数量级，即为专一性抑制剂。专一性不可逆抑制剂可以分为两大类：K_s 型——具有底物类似结构和一个可以对酶分子必需基团进行修饰的化学基团，使得这类抑制剂可以和底物一样结合在酶分子上，又由于它带有修饰基团，可使酶分子活性受到抑制，这种抑制剂利用它对酶的亲和力对酶分子进行修饰，所以又称为亲和标记试剂，这类抑制剂的专一性是有一定限度的，因为它既可以和酶活性中心的必需基团结合，又可以和活性中心以外的相同基团结合；K_{cat} 型——这类抑制剂可以和酶结合，并且可以完成酶促反应的前几步，但不能形成产物，而是和酶结合形成一种活泼的化合物与酶不可逆的结合，通常是不活泼的，当它与酶结合后才表现出活性，也称为自杀性抑制剂，如 TPCK 等。有时因作用对象及条件不同，某些非专一性抑制剂会转化，产生专一性抑制作用。常用来判断专一性标准是：有底物保护现象，即底物大量存在时，可使抑制剂的抑制作用减少、有化学计量关系，且作用后酶完全失活、与失活的酶不反应。

常见的不可逆抑制剂有：有机磷化合物，可与酶中与酶活直接相关的丝氨酸上的羟基牢固结合，从而抑制某些蛋白酶及酯酶的活性，是专一性抑制剂。此类化合物强烈抑制胆碱酯酶，使乙酰胆碱堆积，引起一系列神经中毒症状，又称为神经毒剂。第二次世界大战中使用过的 DFP 及有机磷杀虫剂都属于此类。当有大量底物存在时，底物先与酶的活性部位结合，抑制作用就会减弱，称为底物保护作用。有机磷与酶结合后虽不解离，但有时可用肟化物(含—CH═NOH 基)或羟肟酸把酶上的磷酸根除去，使酶恢复活性。临床上用的解磷定(PAM)就是此类化合物。

有机砷、汞化合物与巯基作用，抑制含巯基的酶。如对氯汞苯甲酸，可用过量巯基化合物如半胱氨酸或还原型谷胱甘肽解除。砷化物可破坏硫辛酸辅酶，从而抑制丙酮酸氧化酶系统。路易斯毒气($CHCl═CHAsCl_2$)能抑制几乎所有的巯基酶。砷化物的毒性不能用单巯基化合物解除，可用过量双巯基化合物解除，如二巯基丙醇等。它是临床上重要的砷化物及重金属中毒的解毒剂。

氰化物与含铁卟啉的酶(如细胞色素氧化酶)中的 Fe^{2+} 结合，使酶失活而抑制细胞呼吸。

重金属银、铜、铅、汞等盐类能使大多数酶失活，可用螯合剂如 EDTA 解除。EDTA 的作用可能是与酶分子中的巯基发生反应，或置换酶中的金属离子。

烷化剂主要是含卤素的化合物，如碘乙酸、碘乙酰胺、卤乙酰苯等，是一种非专一性抑制剂，可以烷化巯基，使酶失活。常用于鉴定酶中巯基。

2.4.6.3 可逆抑制

抑制剂与酶的结合是可逆的，可用透析法除去抑制剂，恢复酶活。根据抑制剂与酶作用的部位可以分为两类：竞争性抑制和非竞争性抑制。

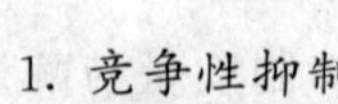

1. 竞争性抑制

竞争性抑制剂与底物竞争结合在酶上，抑制剂结合在酶的活性位点上，阻止底物与酶的结合，竞争性抑制剂与酶的结合是可逆的。但竞争性抑制剂与酶结合后并不能像酶与底物结合一样起催化反应，从某方面说，竞争性抑制剂是降低了可用于和底物结合起催化作用的有效酶的浓度。可逆抑制中较为常见的类型就是竞争性抑制，竞争性抑制剂多为底物类似物，或过渡态类似物。竞争性抑制不影响酶的转化数。

竞争性抑制剂与底物结合的反应方程式可以表示如下：

$$E + S \longrightarrow ES \longrightarrow E + P$$

$$I \xrightarrow{K_I} EI \longrightarrow \text{不发生反应}$$

I 用来表示竞争性抑制剂，K_I 表示 EI 的解离常数，$K_I=\frac{[E][I]}{[EI]}$，

酶和抑制剂结合后就不能同时和底物结合，所以：$[E_t]=[E]+[ES]+[EI]$这里 E_t 与前面推导米氏方程相同，表示酶的总量，[E]表示游离酶量，[ES]表示酶—底物复合物的量，[EI]表示酶与竞争性抑制剂结合后形成 EI 复合物的量。竞争性抑制动力学方程推导方法与米氏方程的推导方法相同，不同的是酶的总量中多了一个 EI 复合物的量。推导过程参照前面所讲内容，推导得到竞争性抑制米氏方程为：

$$v_0=\frac{V_{max}[S]}{\left(1+\frac{[I]}{K_I}\right)K_m+[S]} \qquad \text{式(2-40)}$$

定义 $\alpha=1+\frac{[I]}{K_I}$从这个式子我们可以看出，竞争性抑制剂浓度越大，α 值越大。式(2-40)可以简写成：

$$v_0=\frac{V_{max}[S]}{\alpha K_m+[S]} \qquad \text{式(2-41)}$$

取不同的 α 值作图 2-27，从图中可以看出，当[S]值无限增大时，不管是 α_1 还是 α_2，速度都无限趋近于 V_{max}，换句话说，底物浓度的增高可以消除竞争性抑制。反应速度为最大速度一半时可从图上得出 K_m 值，从图中可以看出，α 值越大，K_m 越大，即竞争性抑制时反应方程的 V_{max} 不变，K_m 变大。

用 Lineweaver-Bruk 作图法处理式(2-38)可得：

$$\frac{1}{v_0}=\frac{\alpha K_m}{V_{max}}\frac{1}{[S]}+\frac{1}{V_{max}} \qquad \text{式(2-42)}$$

用 Lineweaver-Bruk 作图法处理竞争性抑制，得到的图 2-28 所示图像，每条直线的斜率均为$\frac{\alpha K_m}{V_{max}}$，直线在横轴上的截距为$-\frac{1}{\alpha K_m}$，在纵轴上的截距为$\frac{1}{V_{max}}$，取不同的 α 值可以得到不同的直线，但所有直线在纵轴上的截距不变。

底物类似物是因为其结构与底物类似，都可以结合在酶的活性部位，从而抑制酶与底物的结合。乙醇进入人体后可以经过乙醇脱氢酶的催化生成乙醛，乙醛对人体是无毒的，可经过代

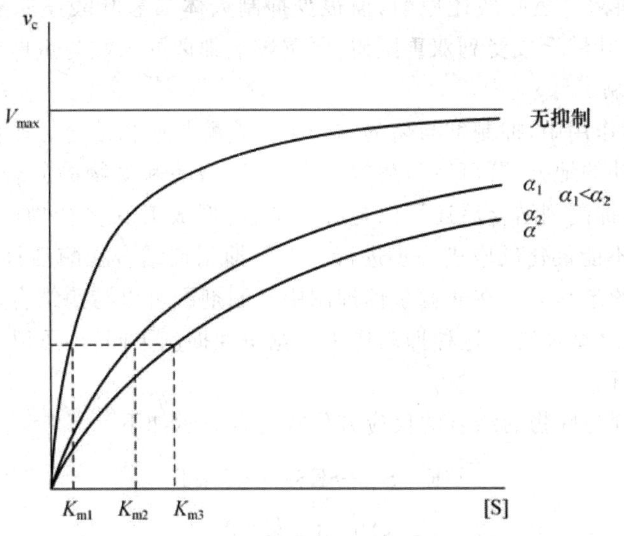

图 2-27 竞争性抑制酶反应动力学曲线

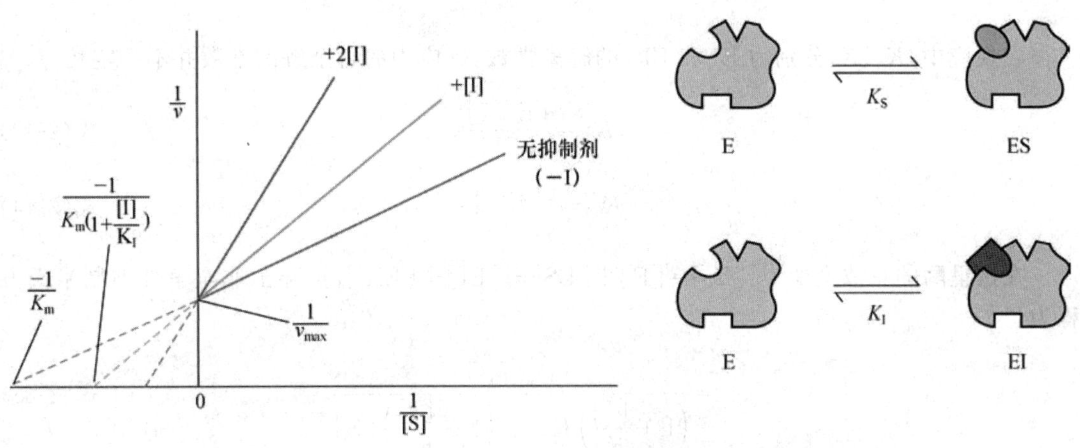

图 2-28 竞争性抑制双倒数图

(引自 Reginald H. G, et al. Biochemistry. 2005)

谢排出体外，甲醇与乙醇脱氢酶作用，生成对人体有毒的甲醛，可以致盲甚至死亡。治疗甲醇中毒是利用竞争性抑制的机理，向人体静脉血中输入乙醇，让乙醇竞争性地与乙醇脱氢酶结合，减缓甲醛的形成，最终通过代谢将甲醇通过尿液排出体外。酶通过与过渡态结合，降低反应需要的能障。过渡态类似物，在几何构型和电子排布上都与底物过渡态相似，但过渡态类似物与酶结合抑制酶促反应的进行，过渡态类似物与酶的亲和力往往比酶与底物的亲和力大，是一种很强的竞争性抑制剂。通过对过渡态类似物的研究，为酶的活性中心与过渡态互补提供了强有力的证明，而且也为抗体酶的研究提出了理论基础。抗体酶的理论基础是：可以与过渡态类似物结合的抗体，可以催化反应的进行。

磺胺类药物就是竞争性抑制剂，如对氨基苯磺胺。它与对氨基苯甲酸相似，可抑制细菌二氢叶酸合成酶，从而抑制细菌生长繁殖。人体可利用食物中的叶酸，而细菌不能利用外源的叶酸，所以对此类药物敏感。抗菌增效剂三甲氧苄氨嘧啶可增强磺胺的药效，因为其结构与二氢

叶酸类似，可抑制细菌二氢叶酸还原酶，但很少抑制人体二氢叶酸还原酶。它与磺胺配合使用，可使细菌的四氢叶酸合成受到双重阻碍，严重影响细菌的核酸与蛋白质合成。

2. 非竞争性抑制

(1)非竞争抑制作用中，抑制剂与酶的结合不影响酶与底物结合。非竞争性抑制剂常常结合在酶活性部位以外的地方，既可以与酶结合，也可以与酶和底物的复合物结合，从而影响酶促反应的进行，酶与抑制剂结合后还可以与底物结合，形成 EIS 复合物(其中 I 用来表示抑制剂)，但 EIS 复合物不能催化反应进一步进行。由于抑制剂结合在酶活性中心以外的地方，所以不影响酶和底物的亲和力。在非竞争性抑制中抑制剂既可以与酶结合又可以与酶—底物结合，所以又被称为混合型抑制。这种抑制作用跟竞争性抑制不同，不可以通过增加底物浓度来减少抑制作用的进行。

非竞争性抑制剂与底物的结合的反应方程式可以表示如下：

$$
\begin{array}{l}
E + S \longrightarrow ES \longrightarrow E + P \\
+ \; K_I \qquad + \; K'_I \\
I \longrightarrow EI \quad I \longrightarrow ESI \\
\quad + \; K'_I \\
\quad S \longrightarrow EIS
\end{array}
$$

在反应中，K_I、K'_I分别为 EI 和 EIS 的解离常数，反应中的每个解离常数并不一定相等。

$$K_I = \frac{[E][I]}{[EI]} \qquad 式(2\text{-}43)$$

$$K'_I = \frac{[ES][I]}{[EIS]} \qquad 式(2\text{-}44)$$

在这里酶的总浓度变为：$[E_t]=[E]+[ES]+[EI]+[EIS]$，推导出非竞争性抑制米氏方程为：

$$v_0 = \frac{V_{max}[S]}{\left(1+\frac{[I]}{K_I}\right)K_m + \left(1+\frac{[I]}{K'_I}\right)[S]} \qquad 式(2\text{-}45)$$

定义 $\alpha = 1+\frac{[I]}{K_I}$，$\alpha' = 1+\frac{[I]}{K'_I}$，$\alpha$ 和 α' 的值受抑制剂浓度的影响，抑制剂浓度越高，α 和 α' 的值也就越大。式(2-45)可以简化为：$v_0 = \frac{V_{max}[S]}{\alpha K_m + \alpha'[S]}$。取不同的 α 和 α' 值，根据米氏方程(2-45)，得图 2-29，从图中我们可以看出，非竞争性抑制剂改变了反应的最大速度 V_{max}，并且随着[I]的增大而减小，不管底物的浓度如何增加，都不能消除抑制剂对酶促反应的影响。从图上我们还可以看出，非竞争性抑制剂只改变酶促反应的 V_{max}，不影响酶促反应的米氏常数 K_m。

图 2-29 中 V_{max} 表示无抑制剂作用的情况下酶促反应的最大值，V'_{max} 表示加入非竞争性抑制剂后酶促反应的最大值

用 Lineweaver-Bruk 作图法处理式(2-40)可得：

$$\frac{1}{v_0} = \frac{\alpha K_m}{V_{max}} \frac{1}{[S]} + \frac{\alpha'}{V_{max}} \qquad 式(2\text{-}46)$$

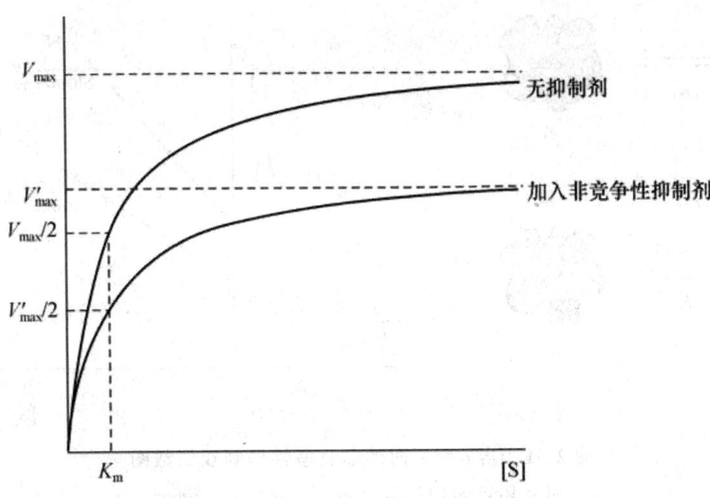

图 2-29 非竞争性抑制酶动力学曲线

可得到图 2-30,直线的斜率为$\frac{\alpha K_m}{V_{max}}$,在横轴上的截距为$-\frac{\alpha'}{\alpha K_m}$,在纵轴上的截距为$\frac{\alpha'}{V_{max}}$,取不同的 α 和 α' 值,可以得到不同的直线图,但它们都交于一点,这个交点的坐标是$\left(\frac{1-\alpha'}{(\alpha-1)K_m},\frac{\alpha-\alpha'}{(\alpha-1)V_{max}}\right)$。从图中我们可以看出,随着抑制剂浓度的增大,$\alpha$ 和 α' 值随之增大,直线的斜率也增大。

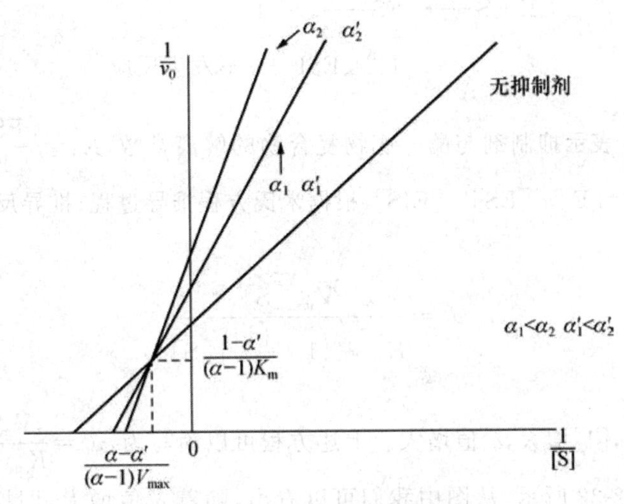

图 2-30 非竞争性抑制双倒数图

$\alpha=\alpha'$(即 $K_I=K'_I$)是一种特殊情况,也有人把这种情况定义为非竞争性抑制。当 $\alpha=\alpha'$ 时,双倒数法作图,随着[I]浓度的不同,非竞争性抑制直线的交点位于横轴上坐标为$\left(0,-\frac{1}{K_m}\right)$,作图 2-31。

一些含金属离子(铜、汞、银等)的化合物常常作为非竞争性抑制剂。EDTA 络合金属引起的抑制也是非竞争抑制,如对需要镁离子的已糖激酶的抑制。但并不是所有的非竞争性抑

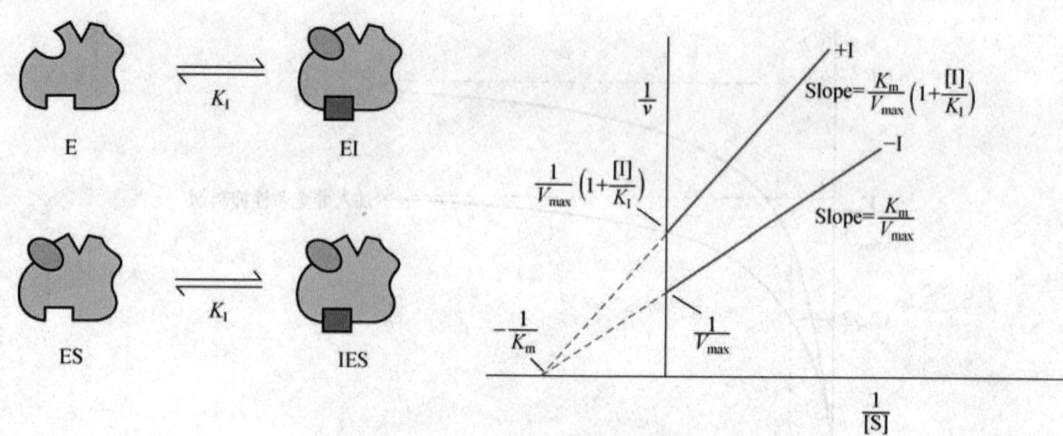

图 2-31　当 $\alpha=\alpha'$ 时的非竞争性抑制双倒数图

（引自 Reginald H. G，et al. Biochemistry. 2005）

制剂都是含金属离子的化合物，亮氨酸是精氨酸酶的非竞争抑制剂。

（2）与酶活性中心以外的地方结合，抑制酶促反应的抑制剂，除上面所说的非竞争性抑制剂外，还有一种反竞争性抑制剂，这种抑制剂只与 ES 复合物结合，不与游离酶结合，生成的 ESI 不催化反应，从而抑制酶促反应的顺利进行。将这种反竞争性抑制剂抑制的反应机制称为反竞争性抑制。

反竞争性抑制剂与底物的结合的反应方程式可以表示如下：

$$\begin{array}{l} E+S \longrightarrow ES \longrightarrow E+P \\ \qquad\qquad\quad + \\ \qquad\qquad\quad I \xrightarrow{K_I} ESI \longrightarrow \text{不发生反应} \end{array}$$

在反应式中，K_I 表示抑制剂与酶—底物复合物的解离常数，$K_I=\frac{[ES][I]}{[EIS]}$，这种机制中，酶的总浓度为：$[E_t]=[E]+[ES]+[EIS]$，根据米氏方程推导过程，推导反竞争性抑制米氏方程为：

$$v_0=\frac{V_{max}[S]}{K_m+\left(1+\frac{[I]}{K_I}\right)[S]} \qquad \text{式(2-47)}$$

定义 $\alpha=1+\frac{[I]}{K_I}$，[I]增大，α 值增大。上述方程可以简写为：$v_0=\frac{V_{max}[S]}{K_m+\alpha[S]}$，取不同的 α 值作图，可以得如图 2-32 所示，从图中我们可以看出，随着 α 值增大，即抑制剂浓度的增大，V_{max} 值减小，K_m 值也随之减小，也就是说反竞争抑制降低了酶促反应的最大反应速率和米氏常数。K_m 值的减小意味着底物和酶亲和力的增加——即抑制剂浓度的增加，反而增加了底物和酶的亲和力。这与竞争性抑制作用完全相反，所以称为反竞争性抑制。反竞争性抑制跟非竞争性抑制一样，不会因为底物浓度的增加，而消除抑制剂对酶促反应的抑制作用。

用 Lineweaver-Bruk 作图法处理式(2-42)可得：

$$\frac{1}{v}=\frac{K_m}{V_{max}}\frac{1}{[S]}+\frac{\alpha}{V_{max}} \qquad \text{式(2-48)}$$

可得到图 2-32,直线的斜率为$\frac{K_m}{V_{max}}$,在横轴上的截距为$-\frac{\alpha}{K_m}$,在纵轴上的截距为$\frac{\alpha}{V_{max}}$,取不同的 α 值,可得不同的直线图,虽然在反竞争抑制中,K_m 和 V_{max} 都减小,但它们的比值不变,即直线斜率相同,不相交,互相平行。

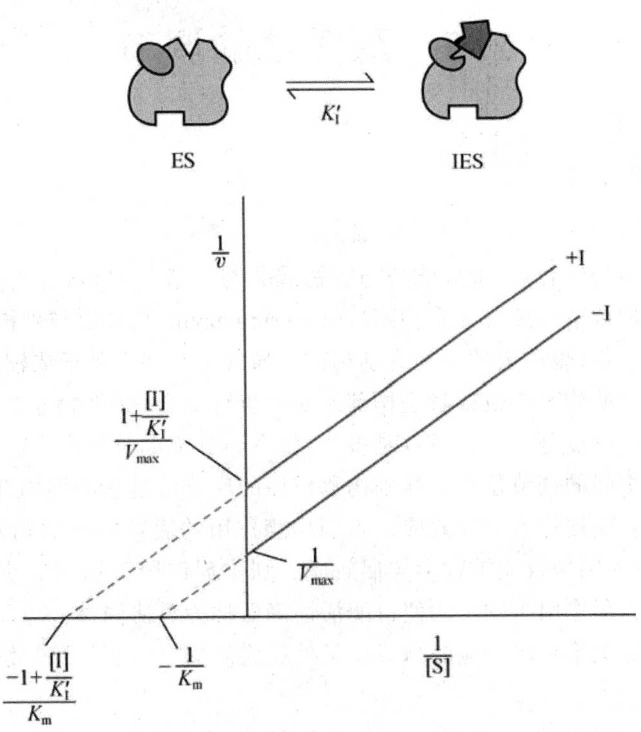

图 2-32 反竞争性抑制双倒数图

(引自 Reginald H. G, et al. Biochemistry. 2005)

在上面的分析中,将非竞争性抑制和反竞争性抑制都看成是在单底物条件下作用,而实际上,非竞争性抑制和反竞争性抑制都发生在双底物或多底物酶上。

2.4.7 激活剂对酶作用的影响

凡是能提高酶活性、加速酶促反应进行的物质都称为该酶的激活剂(activator),其中大部分是无机离子和小分子有机物。按其化学属性可分为以下 3 类:

(1)无机离子激活剂 如 Cl^-、Br^-、I^-、CN^- 等阴离子和某些金属离子如 Na^+、K^+、Mg^{2+}、Ca^{2+}、Zn^{2+}、Mn^{2+} 等都可作为激活剂。如 Mg^{2+} 是多数激酶及合成酶的激活剂,Cl^- 是唾液淀粉酶的激活剂。

(2)小分子有机物激活剂 如抗坏血酸、半胱氨酸、还原型的谷胱甘肽等对某些含巯基的酶有激活作用,保护酶分子中的巯基不被氧化,从而提高酶的活性。再如一些金属螯合剂 EDTA(乙二胺四乙酸)等能除去重金属离子对酶的抑制,也可视为酶的激活剂。

(3)生物大分子激活剂 一些蛋白激酶对某些酶的激活,如磷酸化酶 b 激酶可激活磷酸化酶 b,而磷酸化酶 b 激酶又受到 cAMP 依赖性代表激酶蛋白激酶的激活;酶原可被一些蛋白酶选择性水解肽键激活。这些蛋白激酶和蛋白酶也可看成是激活剂。

激活剂对酶的作用有一定的选择性，即一种激活剂对某些酶起激活作用，而对另一些酶可能起抑制作用。如 Mg^{2+} 是脱羧酶、烯醇化酶、DNA 聚合酶的激活剂，但对肌球蛋白三磷腺苷酶却有抑制作用。

2.5 酶活性的调节

2.5.1 别构调节

1. 概念

某些调节物质与酶结合后，会影响酶与底物或者与调节物的结合，改变酶的活性，称为别构调节。能进行别构调节的酶称为别构酶(allosteric enzyme)，可以与别构酶结合调节其活性的物质称为别构调节剂(也称为效应物或别构剂)，通常是一些小分子或辅因子，别构调节剂可以与酶活性部位以外的调节部位或者别构部位非共价键结合，催化的过程往往是可逆的，别构酶结合别构剂的位点可以是一个也可以是多个，每个调节位点对其调节物都是专一的，具有不同效应物的酶具有不同的调节位点。当别构酶作用的底物就是它的别构剂时，被称为同促酶，同促酶催化的别构效应被称为同促效应。当别构酶作用的底物和它的别构剂不同时，被称为异促酶，异促酶催化的别构效应被称为异促效应。别构剂作用于别构酶使得酶活性升高称为正协同性，反之，别构剂作用于别构酶使得酶活性降低称为负协同性。

在代谢反应中催化第一步反应的酶或交叉处反应的酶多为别构酶。别构酶均受代谢终产物的反馈抑制。

2. 别构酶结构上的特征

别构酶多为寡聚酶，含有两个或多个亚基。其分子中包括两个中心：一个是与底物结合、催化底物反应的活性中心；另一个是与调节物结合、调节反应速度的别构中心。两个中心可能位于同一亚基上，也可能位于不同亚基上。在后一种情况中，存在别构中心的亚基称为调节亚基。别构酶通过酶分子本身构象变化来改变酶的活性。

3. 别构机制

别构酶的反应初速度与底物浓度(v 对[S])的关系不服从米氏方程，而是呈现 S 形曲线。S 形曲线表明，酶分子上一个功能位点的活性影响另一个功能位点的活性，显示协同效应(co-operative effect)，当底物或效应物一旦与酶结合后，导致酶分子构象的改变，这种改变了的构象大大提高了酶对后续的底物分子的亲和力。结果底物浓度发生的微小变化，能导致酶促反应速度极大的改变。

对于别构剂如何使得酶构象发生变化，进而影响酶活性的机制还不是很清楚，下面介绍两个影响最为广泛的机制。

齐变模型(M. W. C. 模型，又称为对称模型)：1965 年由 Jacques Monod、Jeffries Wyman 和 Jean-Pierre Changeux 提出(图 2-33)，该理论认为别构酶分子由对称的亚基组成，每个亚基功能一致，每个亚基都有两种构象——低活性的紧张态(tight，T)和高活性的松弛态(relaxed form，R)，这两种构象可以互相转变，保持平衡，别构剂可以与任何一种构象结合，当别构剂作用于酶时，酶分子的所有亚基一起发生构象变化，别构剂与每种构象结合的亲和力不同，如果别构剂与R型结合的亲和力大于与T型的亲和力，那么会促进T型向R型的转换，即当抑制剂存在时，平衡趋向于向T态转化，而激活剂存在时平衡趋向于向R态转化。这个模型存在着一定的疑问，在自然界中构成别构酶的亚基不可能都是完全对称的，而且这个理论无法解释负协同效应。

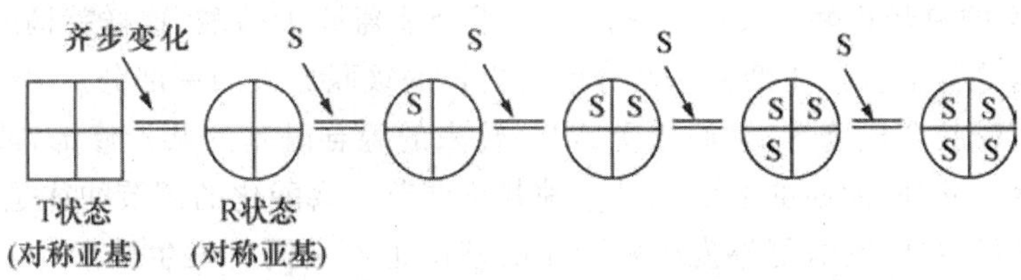

图 2-33 别构酶的齐变模型变化图

序变模型(K. N. F.)：是由 Daniel Koshland 于1966年提出的(图 2-34)，别构剂和别构酶单个亚基的结合，会诱导与之作用的单个亚基构象的变化，并且加强该亚基的协同作用，而单个亚基构象的变化会引起与之相邻亚基构象发生同样的变化，依次诱导所有亚基构象发生变化，从而使整个酶的协同效应增强，协同性取决于与配体结合的亚基对空位亚基的影响。这里增强的可以是正的协同效应，也可以是负的协同效应。序变模型与齐变模型相比，可以解释负协同效应。在实际的实验中这两种模型都具有局限性，不能很好地解释所有的现象，甚至表现出同一个酶在不同的条件下，表现出不同的模型。所以，对别构酶作用的模型还有待于进一步发展。

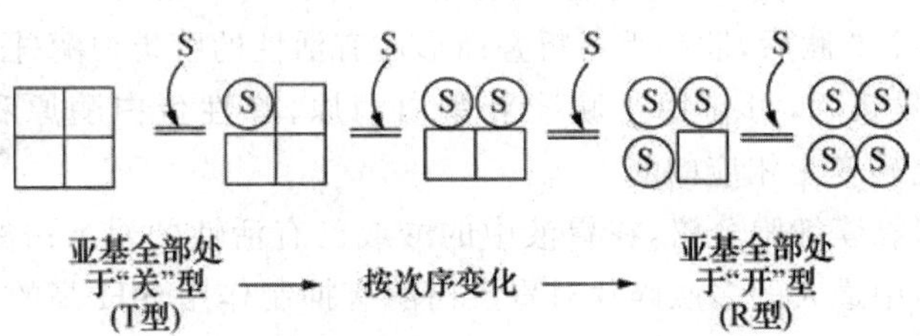

图 2-34 别构酶序变模型变化图

2.5.2 酶活性的共价调节

这种调节是通过酶促共价修饰使酶在活性形式与非活性形式之间转变。可以进行可逆共价修饰的酶叫作共价调节酶。共价修饰可以使基团磷酸化/去磷酸化，甲基化/去甲基化，腺苷酰化/去腺苷酰化等，了解最为熟悉的是磷酸化/去磷酸化。

蛋白质特定基团的磷酸化，可以改变酶的活性。蛋白质的磷酸化往往是通过蛋白激酶催化的，可以使得色氨酸、酪氨酸、丝氨酸磷酸化，磷酸化的基团中氧具有很强的极性可以和周围的基团形成氢键，从而影响酶的构象，影响酶对底物的结合和催化，磷酸化有时可以改变构成酶的基团间的相互作用。酶的磷酸化还可以通过改变酶和底物的亲和力来改变酶的活性。最典型的例子是动物组织的糖原磷酸化酶，它催化糖原分解产生葡萄糖-1-磷酸。这个酶有两种形式：高活性的磷酸化酶a和低活性的磷酸化酶b。前者是两个亚基的寡聚酶，每个亚基含有一个磷酸化的丝氨酸残基。这些磷酸基是活性必需的，在磷酸化酶的作用下可水解除去，变成

两个低活性的半分子;磷酸化酶 b,磷酸基团的去除使得酶的构象发生很大的变化,酶的活性也降低了。磷酸化酶 b 在磷酸化酶激酶的催化下又可以接受 ATP 的磷酸基,酶构象发生变化后,形成磷酸化酶 a。

共价调节酶可以将化学信号放大。一分子磷酸化酶激酶可以在短时间内催化数千个磷酸化酶 b,每个产生的磷酸化酶 a 又可催化产生数千个葡萄糖-1-磷酸,这样就构成了两步的级联放大。实际上这是肾上腺素使糖原急剧分解的更长的级联放大的一部分。另一类共价调节酶是大肠杆菌谷氨酰胺合成酶等,它们接受 ATP 转来的腺苷酰基的共价修饰,或酶促脱去腺苷酰基而调节活性。此外,酶原的激活也是一种共价调节。磷酸化的调节往往是多层次的,并不是所有的基团都可以磷酸化,能够发生磷酸化的基团也不是同时发生磷酸化,某些情况下,邻近基团发生磷酸化后,特定基团才能磷酸化。

2.5.3 酶原激活

1. 酶原与酶原激活概念

生物体内有些酶以无活性的前体形式合成和分泌,然后输送到特定部位,当功能需要时,经专一性蛋白酶作用后转变成有活性的酶而发挥作用。如消化系统中的各种酶和血液凝固系统中的许多酶均以无活性的前体形式合成和分泌,这些不具催化活性的酶前体称为酶原(zymogen)。如胰凝乳蛋白酶原(chymotrypsinogen)、胰蛋白酶原(trypsinogen)和胃蛋白酶原(pepsinogen)等。酶原必须在特定条件下,经过适当物质的作用,被打断一个或几个特殊肽键,而使酶的构象发生一定变化才具有活性。这种使无活性的酶原转变成有活性的酶的过程称为酶原的激活。例如胰脏分泌的胰蛋白酶原进入小肠后,可被肠液中的肠激酶激活或自身激活,自 N 端切下一个 6 肽后,肽链重新折叠而形成有活性的胰蛋白酶(图 2-35)。

胰蛋白酶原被激活后,可作用于胰凝乳蛋白酶原,弹性蛋白酶原和羧肽酶原(procarboxypeptidase),使之转变为相应的酶。

胃蛋白酶原由胃黏膜细胞分泌,在胃液中的酸或已有活性的胃蛋白酶作用下,自 N 端切下 12 个多肽碎片,其中最大的多肽碎片对胃蛋白酶有抑制作用,pH 高的条件下,它与胃蛋白酶非共价结合,而使胃蛋白酶原不具活性,在 pH 1～2 时,它很容易从胃蛋白酶上解离下来。因此,胃蛋白酶原在酸性条件下才能转变成胃蛋白酶。

2. 生理意义

特定肽键的断裂所导致的酶原激活在生物体中广泛存在,是生物体存在的重要调控酶活性的一种方式,具有一定的生理意义。哺乳动物消化腺分泌的一些蛋白酶均以酶原形式合成和分泌,它们必须进入到消化道才能被激活成有消化活性的酶进而发挥作用。这样可保护分泌酶原的组织不被自身分泌的酶水解而遭到破坏。如果酶原的激活过程发生异常,将导致一系列疾病的发生。如出血性胰腺炎的发生就是由于胰蛋白酶原在未进入小肠时就被激活,激活的胰蛋白酶水解自身腺细胞,导致胰脏出血、肿胀、腹部剧痛。凝血酶以酶原形式存在于血液中,使血管中流动的血液不会凝固。

2.5.4 调节蛋白

许多蛋白质具有调控功能,这些蛋白质称为调节蛋白。其中一类为激素,如调节动物体内血糖的胰岛素等。另一类可参与基因表达的调控,它们能激活或抑制基因的转录。

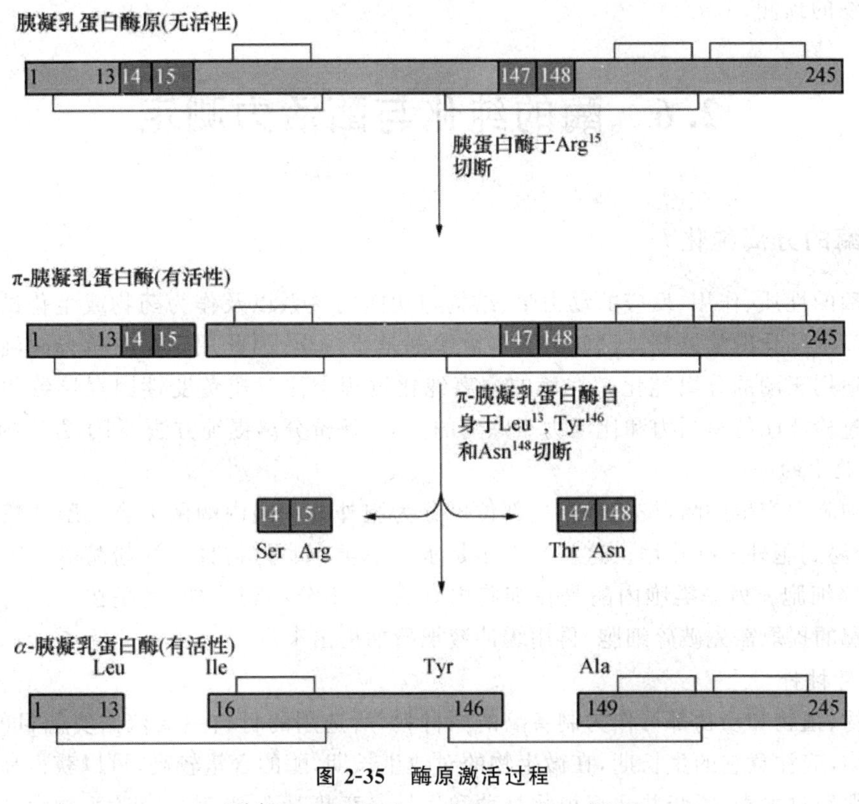

图 2-35 酶原激活过程

（引自 Reginald H. G，et al. Biochemistry. 2005）

2.5.5 同工酶

同工酶(isozyme)存在于同一种属生物或同一个体中能催化同一种化学反应，但酶蛋白分子的结构及理化性质和生化特性(K_m、电泳行为等)存在明显差异的一组酶。它们是由不同位点的基因或等位基因编码的多肽链组成。

乳酸脱氢酶(lactate dehydrogenase，LDH)是首先被深入研究的一种同工酶。存在于哺乳动物中的 LDH 是由 H(心肌型)和 M(骨骼肌型)两种类型的亚基，按不同的组合方式装配成的四聚体。H 亚基和 M 亚基由两种不同结构基因编码。两种亚基可装配成 H_4(LDH_1)、H_3M(LDH_2)、H_2M_2(LDH_3)、HM_3(LDH_4)、M_4(LDH_5)五种四聚体。此外，在动物睾丸及精子中还发现另一种基因编码的 X 亚基组成的四聚体 C_4(LDH—X)。

LDH 同工酶有组织特异性，LDH_1 在心肌中表达量较高，而 LDH_5 在肝、骨骼肌中相对含量高。每种组织中 LDH 同工酶谱具有特定相对百分率。因此，LDH 同工酶相对含量的改变在一定程度上更敏感地反映了某脏器的功能状况，若某一组织发生病变，则会引起血清 LDH 同工酶谱的变化，这些变化是组织损伤的象征，可被用于临床诊断。例如血清中 LDH_1 相对于 LDH_2 升高是心肌炎或心脏受损的标志。

同工酶广泛存在于生物界，具有多种多样的生物学功能。同工酶的存在能满足某些组织或某一发育阶段代谢转换的特殊需要，提供了对不同组织和不同发育阶段代谢转换的独特的调节方式；同工酶作为遗传标志，已广泛用于遗传分析的研究；农业上同工酶分析法已用于优

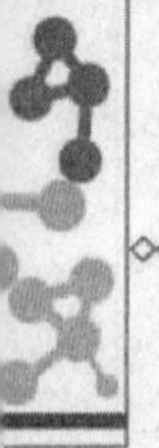

势杂交组织的预测。

2.6 酶的纯化与酶活力测定

2.6.1 酶的分离纯化

研究酶的性质、作用、反应的动力学、结构与功能的关系以及作为药物或生化试剂等实际应用均需高度纯化的酶制剂。已知的大多数酶都是蛋白质,因此用于蛋白质分离纯化的方法原则上都适用于酶的分离纯化。在酶的分离纯化过程中注意避免变性因素导致酶活性的丢失。可通过检测酶的总活力和比活力跟踪酶的去向,评价分离提纯方法、利于方法的改进。

1. 细胞中的分布

生物细胞内产生的酶,按其作用的部位可分为胞外酶和胞内酶两大类。胞外酶是由细胞产生后,分泌到胞外发挥作用。这类酶大多是水解酶类,如胃蛋白酶、淀粉酶等。胞外酶的制备不需破碎细胞。另一类胞内酶是在细胞内合成后,不分泌到胞外,而是在细胞内起催化作用。胞内酶的提取需先破碎细胞,再用缓冲液把酶抽提出来。

2. 分离材料

微生物、植物和动物都可作为制备酶的原材料,所选用的材料主要依据实验目的来确定。对于微生物,应注意它的生长期,在微生物的对数生长期,酶的含量较高,可以获得高产量。植物材料必须经过去壳、脱脂并注意植物品种和生长发育状况不同,其中所含生物大分子的量变化很大,另外与季节性关系密切。对动物组织,必须选择有效成分含量丰富的脏器组织为原材料,先进行绞碎、脱脂等处理。另外,对预处理好的材料,若不立即进行实验,应冷冻保存,−20～−70℃为宜。

3. 分离原则

酶是生物活性物质,在分离纯化时必须注意尽量减少酶活性的损失,操作条件要温和,全部操作一般在0～5℃进行。

根据酶大多属于蛋白质这一特性,盐析法、等电点沉淀法、色谱法均可用于酶的分离纯化,特别是亲和层析法在酶的分离纯化过程中占有重要地位。酶与底物、辅酶和某些抑制剂分子之间可专一、可逆地结合。利用这种亲和力,将酶的底物、辅酶和可逆抑制剂作为配基做成亲和层析柱,这样就能有效地将不具有相应生物亲和性的所有杂蛋白去除,大大提高纯化效率。

2.6.2 酶活力的测定

1. 酶的活性如何表示

由于酶容易受环境影响而失活,而且有相当一部分酶的相对分子质量是未知的,所以酶的单位用酶活力来表示。

酶活力(enzyme activity)是指酶催化一定化学反应的能力,又称为酶活性,是酶的分离纯化,酶制剂的生产中一项重要的指标。酶活力的大小可以用在一定的条件下,酶催化某一反应的反应初速度来表示。反应初速度可以用单位时间,单位体积中底物的减少量和产物的增加量来表示。因为产物的增加是从零开始,所以一般测量酶活力时都测量的是产物的增加量。

反应初速度越快，即单位时间，单位体积内底物减少量越多(产物增加量越大)，酶活力越高；反之，酶活力越低。

酶反应的初速度是指开始反应后很短的一段时间内，此时产物浓度与时间呈线性分布，如图 2-36 所示。我们可以看出在 t_1 时间内，酶反应速度=产物浓度/t_1，随着时间的延长，反应速度减小，因此为了准确地表示酶活力，只有用初速度来表示酶活力。

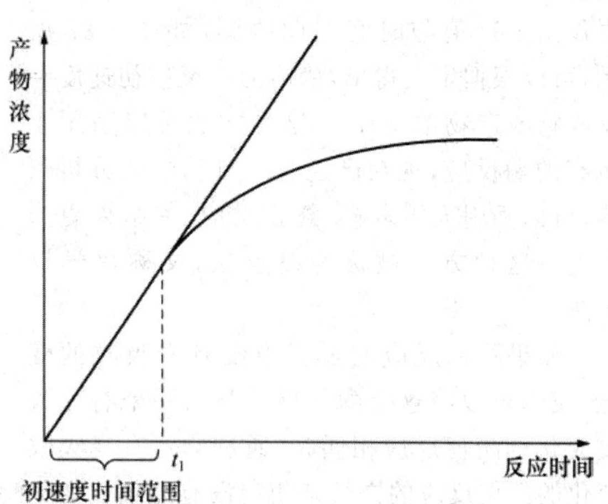

图 2-36　底物浓度与反应时间关系图

2. 酶的活力单位

1961 年，国际生化学会酶学委员会，采用"U"来表示酶活力的大小，1 U 是指在特定条件下(包括最适 pH、25℃、最适底物浓度、最适缓冲液的离子强度等)，1 min 内转化 1 μmol 底物所需要的酶量。

1972 年，国际酶学委员会又推荐了一个新的酶活力单位——Katal 单位(缩写为 Kat)，1 Kat 是指在 1 s 内能转化 1 mol 底物所需要的酶量。1 Kat=6×10^7 U。

总活力=活力单位数/mL 酶液×总体积(mL)

用不同的测量方法，测出的酶活力单位也不相同，所以酶活力单位的制定仍然很混乱，一般习惯自己制定活力单位。

3. 酶的比活力的概念

酶纯度的量度可以用比活力来表示，比活力是指每毫克酶蛋白所具有的酶活力。单位是 U/mg。比活力越高，表示酶越纯。

比活力=活力单位数/mg 蛋白质

在酶的制备过程中，每一步都应测定酶的总活力和比活力，以了解经过纯化后酶的回收率，纯化倍数，从而决定取舍。

纯化倍数=每次比活力/第一次比活力

回收率=每次总活力/第一次总活力×100%

4. 酶活力的测定方法

酶活力的测定方法有很多种，有分光光度法、荧光法等。

分光光度法：是通过紫外或可见分光光度计完成的，原理是组成酶的氨基酸分子的吸光值的不同。使用分光光度计可以检测出溶液中的分子数，而且还可以检测和鉴定分子。这种试验方法的要求是酶促反应要在恒温条件下进行，酶促反应的产物和反应物对光的吸收波长不同。测量出溶液吸光值(OD 值)，即可求出酶活力=$\Delta OD/t$。测量时一般测量 OD 值的增加量更为方便准确(图 2-37)。

在酶促反应的过程中，每隔一段时间取出一定体积的反应液，用化学或物理的方法终止酶反应，用显色剂标记反应物(或底物)，用可见分光光度计测量有色化合物的光密度(OD)，先作

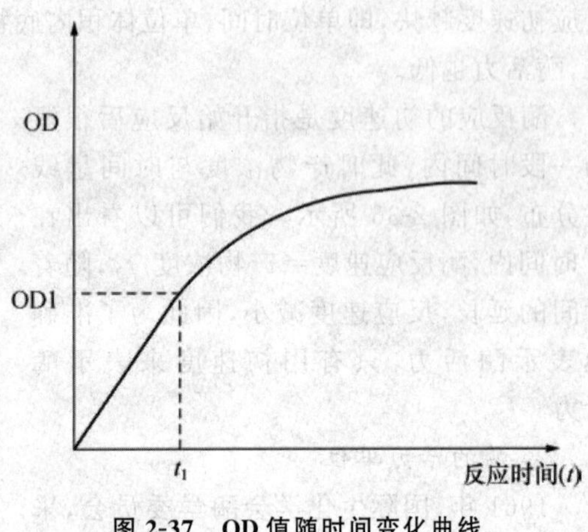

图 2-37　OD 值随时间变化曲线

OD 值与底物浓度或反应物浓度的图，OD 值与底物浓度成正比，与反应物浓度成反比。然后再作出 OD 值与时间的曲线图，如图 2-37 所示，可以根据定义得出，酶活力＝反应初速度＝反应物或产物浓度/t_1。这种方法可以适用于所有的酶反应，现在已经有了自动的酶分析仪器，可以不用人工取样、终止反应，使结果更为准确。这种方法被称为终点法，又称化学反应法。

如果酶促反应的过程中没有光吸收的变化，我们可以将这个酶促反应与另一个有光吸收变化的酶促反应相偶联，通过测定有光吸收变化的酶促反应的进行来测定没有光吸收变化酶促反应的酶活力。例如：

$$葡萄糖 + ATP \xrightarrow{己糖激酶} 葡萄糖\text{-}6\text{-}磷酸 + ADP$$

这个反应没有光吸收的变化，但该反应的产物 ADP 可以在通过偶联以下光吸收变化的反应。用分光光度计测定 NADPH 在 340 nm 波长下，吸光值的变化就可以测定出己糖激酶的酶活力了。

$$葡萄糖\text{-}6\text{-}磷酸 + NADP^+ \xrightarrow{葡萄糖\text{-}6\text{-}磷酸脱氢酶} 葡萄糖酸\text{-}6\text{-}磷酸 + NADPH + H^+$$

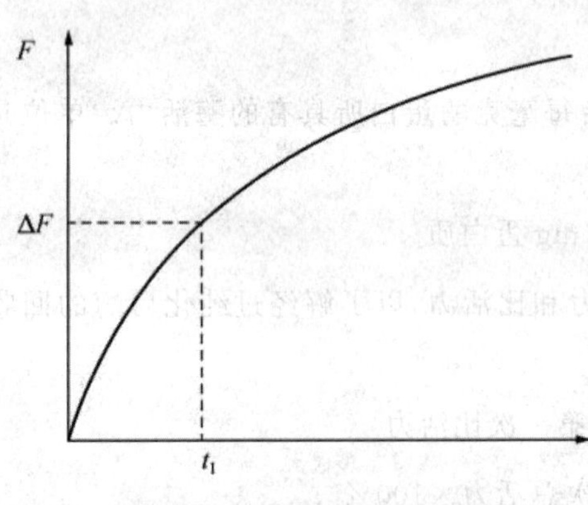

图 2-38　荧光强度变化曲线

荧光法：通过荧光分光光度计完成的，通过用激发光作用于氨基酸分子使其产生荧光，测定荧光的强度(F)变化来测定酶活力。这种方法灵敏度高，可以检测出 10^{-12} mol/L 的样品浓度，还可以在复杂的混合物中检测样品分子含量，这个方法要求底物或产物有荧光变化。但由于非常灵敏，干扰也多，进行此方法的要求是酶促反应的产物或底物有荧光变化(例如含有 Tyr、Trp、Phe 残基或含 NADH、FMN、FAD 等辅基的酶可以发出荧光)，选择适当的激发光波长和荧光波长用荧光光度计记录不同时间荧光强度(F)变化，如图 2-38 所示，即可求出酶活力＝初反应速度＝$\Delta F/t_1$。

同位素标记法，用放射性同位素标记底物，当酶促反应进行一段时间后，停止反应，将放射性底物和放射性产物分离，分别测定它们的放射量。通常用于底物标记的同位素有：^{3}H、^{14}C、^{131}I、^{35}S、^{32}P 等。该方法的优点是其灵敏度极高，达到 fmol(1×10^{-12})或更高水平，可以用于体内或体外酶活力的测定。但放射性元素对人体具有一定的伤害，使用时要注意安全，这种方法不能连续追踪，反应时间也不能太长。

2.7 酶工程简介

2.7.1 酶的应用

1. 酶法分析的应用

酶分析法是一种生物药物分析方法。酶分析法在生物药物分析中的应用主要有两个方面:第一,以酶为分析对象,根据需要对生物药物生产过程中所使用的酶和生物药物样品所含的酶进行酶的含量或酶活力的测定,称为酶分析法;第二,利用酶的特点,以酶作为分析工具或分析试剂,用于测定生物药物样品中用一般化学方法难以检测的物质,如底物、辅酶、抑制剂和激动剂(活化剂)或辅助因子含量的方法称为酶法分析。

酶法分析,与其他分析方法相比有许多独特的优点。当待测样品中含有结构和性质与待测物十分相似(如同分异构体)的共存物时,要找到被测物特有的特征性质或者要将被测物分离纯化出来,往往非常困难。而如果有仅作用于被测物质的酶,利用酶的特异性,不需要分离就能辨别试样中的被测组分,从而对被测物质进行定性和定量分析。所以,酶法分析常用于复杂组分中结构和物理化学性质比较相近的同类物质的分离鉴定和分析,而且样品一般不需要进行很复杂的预处理。酶法分析具有特异性强,干扰少,操作简便,样品和试剂用量少,测定快速精确,灵敏度高等特点。通过了解酶对底物的特异性,可以预料可能发生的干扰反应并设法纠正。在以酶作分析试剂测定非酶物质时,也可用偶联反应,而且偶联反应的特异性,可以增加反应全过程的特异性。此外,由于酶反应一般在温和的条件下进行,不需使用强酸强碱,它还是一种无污染或污染很少的分析方法。很多需要使用气相色谱仪、高压液相色谱仪等贵重的大型精密分析仪器才能完成的分析检验工作,应用酶分析方法即可简便快速地进行。

2. 酶制剂的应用

酶制剂是一类从动物、植物、微生物中提取的具有生物催化能力的蛋白质。具有高效性,专一性,在适宜条件下具有活性。酶制剂来源于生物,一般地说较为安全,可按生产需要适量使用。

2.7.2 酶工程的研究内容

1. 酶工程的概念

酶工程(enzyme engineering)是利用酶的催化作用进行物质转化的技术,是将酶学理论与化工技术、微生物技术结合而形成的新技术,是借助工程学手段利用酶或细胞、细胞器的特定功能提供产品的一门科学,是指酶制剂在工业上的大规模生产及应用。

2. 酶工程类型

虽然现在世界上已发现和鉴定的酶有 4 000 种以上。但是由于分离和提纯酶的技术比较复杂、繁琐,因而酶制剂的成本高,价格贵,不利于广泛应用。所以,到目前为止,投入大规模生产和应用的商品酶只有 16 种,小批量生产的商品酶也只有几百种。为了解决这个问题,人们把对自然酶的注意力转向对自然酶进行适当的加工与改造。根据研究和解决问题的手段不同,为求得大规模生产及应用酶而应运而生的酶工程可以分为两大类:化学酶工程和生物酶

工程。

(1)化学酶工程　亦可称为初级酶工程(primery enzyme engineering),它主要由酶学与化学工程技术相互结合而形成。通过化学修饰、固定化处理、甚至通过化学合成法等手段,改善酶的性质以提高催化效率及降低成本。它包括自然酶、化学修饰酶、固定化酶及化学人工酶的研究和应用。

食品工业、制药工业、制革工业、酿造工业及纺织工业使用酶制剂后可以大大地改造、革新工艺流程并降低成本。主要使用自然酶,多数使用微生物来源的粗酶制剂。

医学上进行治疗以及基础酶学研究要求纯度高、性能稳定、治疗上还需要低或无免疫原性,所以常常对酶进行化学修饰以改善酶的性能。如抗白血病药物天冬酰胺酶的游离氨基经过脱氨基作用,酰化反应或羰基亚胺反应进行修饰后,该酶在血浆中的稳定性得到很大的提高;人的 α-半乳糖苷酶 A 经交联反应修饰后,酶活性比自然酶稳定;酶与聚乙二醇、多糖、某些蛋白质结合后酶的性质亦可得到改善,α-淀粉酶与葡聚糖结合后,热稳定性显著增加,该自然酶的半寿期只有 2.5 min,结合酶则为 63 min。

固定化酶是指被结合到特定的支持物上并能发挥作用的一类酶,是化学酶工程中具有强大生命力的主干。它在应用上和理论上的巨大潜力吸引了生物化学、微生物学、医学、化学工程、高分子等各个领域的科研机构及企业科技部门的注意力。酶的固定化技术包括吸附、交联、共价结合及包埋 4 种方法。固定化酶的优点是:①可以用离心法或过滤法很容易地将酶与反应液分离开来,在生产中十分方便有利;②可以反复使用,在某些情况下甚至可以使用达千次以上,可极大地节约成本;③稳定性能好。国外工业上已制备固定化氨基酰化酶用以分析 *D*、*L* 型氨基酸;已把烯烃转变成石油化学产品的重要原料——环氧烃类;已用固定化的葡萄糖异构酶生产高果糖玉米糖浆。近年来,国内已用固定化酶技术半合成新青霉素、生产高果糖糖浆以及增产啤酒等。20 世纪 60 年代以来,人们还制造出带有固定化酶的各种电极用来检测和调节体液中代谢物的浓度。其中应用的电极部分包括各种离子电极、氧电极及二氧化碳电极,这样的电极称为酶电极,酶电极兼有酶的专一性、灵敏性及电位测定的简单性的多重优点,目前已有 20 多种固定化酶用于酶电极中。模拟生物体内的多酶体系,将完成某一组反应的多种酶和辅助因子固定化,可以制成特定的反应器。高效、专一、实用的生物反应器可通过将含酶的微生物细胞,细胞器固定化而制得。近年来,以固定化微生物组成的生物反应器已获工业应用。生物反应器的研究不仅具有使生物工业革新的实际意义,而且对推进生物化学、细胞生物学、生理学、仿生学等基础生物科学的研究具有重要的理论意义。

以上化学修饰酶和固定化酶都是在自然酶的基本结构上加以一些改变,从而改善酶在工业及医学上的应用。

(2)生物酶工程　是在化学酶工程基础上发展起来的,是以酶学和 DNA 重组技术为主的现代分子生物学技术相结合的产物。因此它亦可称为高级酶工程(advanced enzyme engineering)。

自从 20 世纪 70 年代初 DNA 重组技术问世以来,把酶学推进到一个十分重要的发展时期,使它的基础研究和应用研究领域发生着巨大的革命性变化,产生了生物酶工程。生物酶工程主要包括 3 个方面:①用 DNA 重组技术(即基因工程技术)大量地生产酶(克隆酶);②对酶基因进行修饰,产生遗传修饰酶(突变酶);③设计新的酶基因,合成自然界不曾有过的、性能稳定、催化效率更高的新酶。

复习思考题

一、名词解释

1. 酶 2. 辅酶和辅基 3. 酶的必需基团 4. 酶原激活 5. 酶的别构效应 6. 共价修饰调节 7. 同工酶 8. 酶活力单位 9. 比活力 10. 酶的最适温度

二、简答题

1. 酶作为生物催化剂与非酶催化剂有何异同点?
2. 什么是酶的活性中心?酶的活性中心有何特点?
3. 影响酶反应速度的因素有哪些?
4. 米氏方程的实际意义和用途是什么?
5. 何谓米氏常数,它的意义是什么?
6. 测定酶活力时为什么要加过量的底物?
7. 简述酶原激活的生物学意义。
8. 什么是别构酶?别构酶有什么特点?
9. 酶活力与酶的比活力有何区别?什么是酶的转换数?
10. 酶的别构调节与共价修饰调节的区别?

三、综述题

1. 请简要说明酶的催化机制(专一性与高效两个方面)。
2. 举例说明什么是竞争性抑制作用、非竞争性抑制作用和反竞争性抑制作用。三者之间的主要区别是什么?三者在酶促反应中的 V_{max} 和 K_m 分别发生什么变化?

四、计算题

1. 过氧化氢酶的 K_m 为 2.5×10^{-2} mol/L,当其过氧化氢浓度为 100 mmol/L 时,求在此浓度下,该酶被底物所饱和的百分数。

2. 25 mg 蛋白酶制剂溶于 25 mL 缓冲液中,取 0.1 mL 酶液以酪蛋白为底物测酶活力,测得其活力为每小时产生 1 500 μg 酪氨酸。另取 2mL 酶液测得蛋白氮含量为 0.2mg。若以每分钟产生 1 μg 酪氨酸的酶量为 1 个活力单位计算,求(1)1 mL 酶液中所含的蛋白质量和酶活力单位。(2)比活力是多少?(3)1 g 酶制剂的总蛋白含量及总活力。

3. 分离纯化某蛋白酶的主要步骤和结果如下。请问后三步的各自比活力和纯化倍数是多少?

分离步骤	分离液体积/mL	总蛋白含量/mg	总活力单位/IU
1. 离心分离	1 400	10 000	100 000
2. 硫酸铵盐析和透析	280	3 000	96 000
3. 离子交换层析	90	400	80 000
4. 亲和层析	6	3	45 000

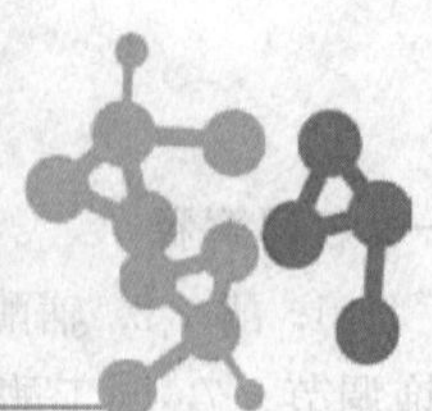

第3章 维生素与辅酶

◈内容提示与教学目标

【说明】本章系生物化学静态部分的基本内容。

重点掌握：脂溶性维生素生理功能及缺乏症；水溶性维生素的名称与辅酶的关系及其功能。

掌握：各种维生素的结构特点。

一般了解：维生素及其辅酶作用机理、来源和转变。

本章难点：维生素的结构。

生物体内除了含有蛋白质、糖类、脂类以及核酸等生物大分子以外，还含有许多的微量生理活性物质，它们在生物体内含量很少，但其对生物体的各种生理功能都起着重要的作用。维生素就属于这类物质。维生素是维持生物体正常生命活动所必需的一类微量小分子有机化合物，在人体生长、代谢、发育过程中发挥着重要的作用。

人类对维生素的发现和认识最初来自医学实践和临床观察。维生素的发现是19世纪的伟大发现之一。1897年，艾克曼(Christian Eijkman)在爪哇发现只吃精磨的白米即可患脚气病，未经碾磨的糙米能治疗这种病；并发现可治脚气病的物质能用水或酒精提取，当时称这种物质为“水溶性B”。随后医学又证明，动物肝脏中含有维生素A(简写成V_A)，缺乏维生素A可导致夜盲症，谷物麸皮中含有维生素B(简写成V_B)，缺乏维生素B可导致脚气病。而在20世纪初叶，英国的Hopkins研究发现，正常膳食中除了蛋白质、脂肪、糖类和矿物质外，还有必需的食物辅助因子，即维生素。美国生物学家Mendal和Osborni，McVollum和Davis于1913年先后发现了维生素A和维生素B。随后，其他维生素也相继被发现。

维生素既不是构成机体组织细胞的基本物质，也不能作为能量来源，需要的量少，但它对维持正常生命活动却有着不可替代的作用。当机体缺乏某种维生素时，会影响机体正常的生命活动，导致生物不能正常生长，甚至会发生多种疾病。如缺乏维生素A会出现夜盲症、干眼病和皮肤干燥；缺乏维生素D可患佝偻病；缺乏维生素B_1可得脚气病；缺乏维生素B_2可患唇炎、口角炎、舌炎和阴囊炎；缺乏维生素PP可患癞皮病；缺乏维生素B_{12}可患恶性贫血；缺乏维生素C可患坏血病等。

目前，已知的维生素有60多种，不同的维生素化学结构不同，主要有脂肪族、芳香族、杂环和甾类等。尽管维生素可按其化学结构进行分类和命名，现在人们仍习惯上按维生素的溶解性将其划分为水溶性维生素和脂溶性维生素两大类。

水溶性维生素主要包括维生素B_1、维生素B_2、维生素PP、维生素B_6、泛酸、生物素、叶酸、维生素B_{12}和维生素C。脂溶性维生素主要包括维生素A、维生素D、维生素E、维生素K等。

3.1 水溶性维生素

水溶性维生素是一类易溶于水的有机分子，包括维生素 C 和 B 族维生素。各种水溶性维生素之间化学结构差异较大，除维生素 B_{12} 外，都能在植物体内合成，但在体内贮存量有限。B 族维生素主要是作为酶的辅酶或辅基，参加机体的物质代谢和能量代谢。维生素 C 则在一些氧化还原及某些重要羟化反应中起着重要作用。

3.1.1 维生素 B_1 与焦磷酸硫胺素

维生素 B_1 又称硫胺素(thiamine)，由一个含硫的吡啶环和一个含氨基的噻唑环组成(图 3-1)。维生素 B_1 是白色针状晶体，易溶于水，在酸性、中性条件下较稳定，在碱性条件下极不稳定，极易被氧化。

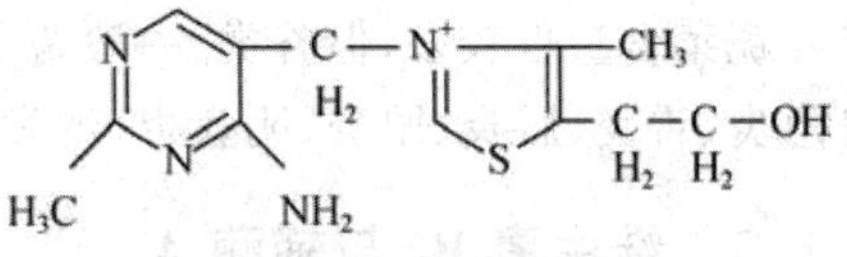

维生素 B_1 在生物体内的活性形式是焦磷酸硫胺素(TPP，图 3-2)，是 α-酮酸氧化脱羧酶系的辅酶，其主要功能是参与 α-酮酸的氧化脱羧作用。机体缺乏维生素 B_1 时，糖代谢受阻，丙酮酸在体内积累，能量供应减少，神经系统不能维持正常功能。人则出现脚气病，动物则出现多发性神经炎，故维生素 B_1 又称为抗神经炎维生素。

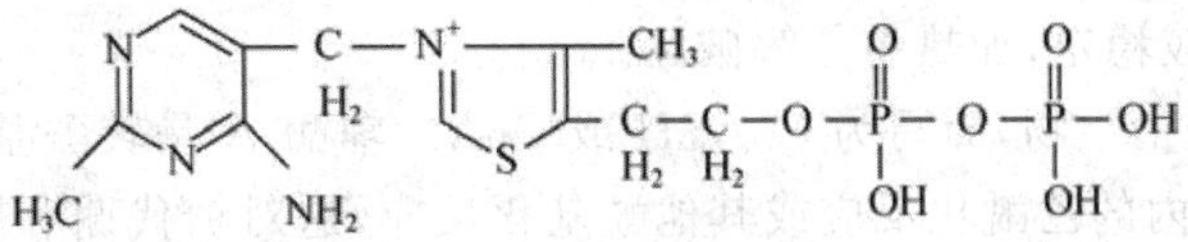

图 3-1 硫胺素

图 3-2 焦磷酸硫胺素的结构

维生素 B_1 广泛分布于种子外皮、胚芽中，米糠、肝脏、酵母中含量也多，其他食物(如豆类、水果、瘦肉和蛋类)中也含有一定量的维生素 B_1。

3.1.2 维生素 B_2 与 FMN、FAD

维生素 B_2，化学名称为核黄素(riboflavin)，它是由核糖醇与 6,7-二甲基异咯嗪结合而成的(图 3-3)。维生素 B_2 为橘黄色针状结晶体，能溶于水及乙醇，不溶于丙酮、乙醚及氯仿等脂类溶剂；在暗处、酸性及中性溶液中对热稳定，但在碱性条件下和遇光易被分解。

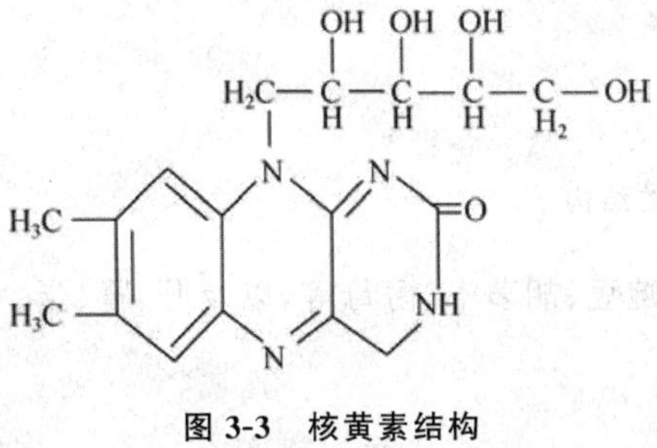

图 3-3 核黄素结构

在体内维生素 B_2 以黄素单核苷酸(flavin mononucleotide，FMN)，和黄素腺嘌呤二核苷酸(flavin adenine dinucleotide，FAD)的形式存在(图 3-4)。它们为多种氧化还原酶(黄素蛋白类)辅基，一般与酶蛋白结合紧密，不易分开。在生物氧化过程中，FMN 和 FAD 都能可逆地接受、供出质子和电子，其反应部位在异咯嗪环上。含 FMN 的脱氢酶有：*L*-氨基酸氧化酶、NADP-细胞色素氧化酶等；含

FAD 的酶有:琥珀酸脱氢酶、硝酸还原酶、黄嘌呤氧化酶等。

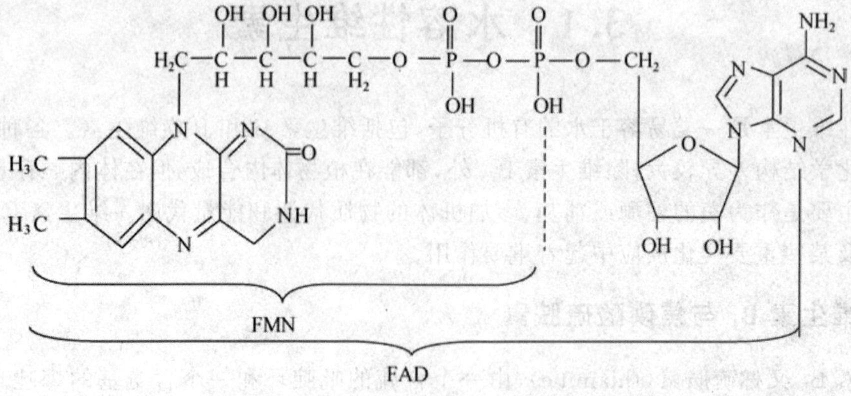

图 3-4　FMN 和 FAD 结构

核黄素在自然界分布广泛,动物的肝、肾、心,以及鳝鱼、蛋、奶等含量丰富,植物中豆类及绿叶蔬菜含量也较多,但谷类、一般蔬菜和水果中含量相对较少。当维生素 B_2 缺乏时,易发生口角炎、舌炎、唇炎、眼炎、阴囊炎、继发性贫血以及皮肤的多种炎症等。

3.1.3　维生素 B_3 与辅酶 A

维生素 B_3,化学名称为泛酸,又名遍多酸(pantothenic acid),是由 α,γ-二羟基-β,β-二甲基丁酸与 β-丙氨酸通过酰胺键相结合的化合物(图 3-5)。泛酸为淡黄色油状物,易吸潮,在近中性(pH 5～7)条件下较稳定,加热易分解破坏。

辅酶 A 是泛酸的衍生物,简写为 CoASH 或 CoA。辅酶 A 是转酰基酶的辅酶,它能通过酰基转移催化生物体内的乙酰化反应或其他酰基化反应,这对糖代谢和脂肪酸的代谢都有重要意义。

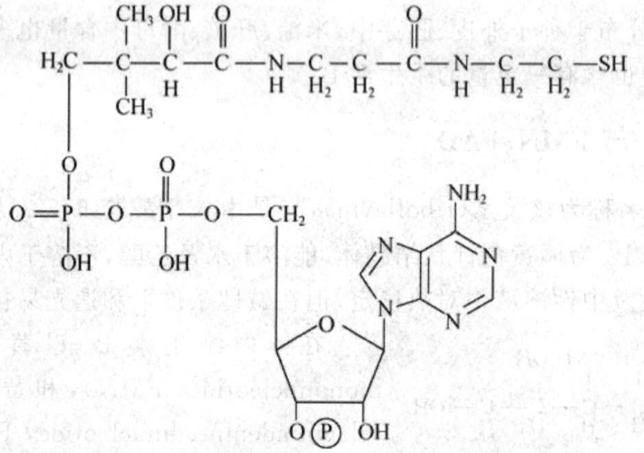

图 3-5　泛酸及辅酶 A 的结构

泛酸广泛存在于动植物体中,在麸皮、米糠、花生、豌豆、胡萝卜、酵母等,以及肝、肾、蛋、瘦肉中含量都很丰富,人类很少发生泛酸缺乏病。

3.1.4 维生素 PP 与 NAD^+、$NADP^+$

维生素 PP 的名称来源于 pellagra preventing(抗癞皮病)两词的第一个字母,又名维生素 B_5,包括尼克酸(烟酸)和尼克酰胺(烟酰胺)两种化合物(图 3-6 和图 3-7)。在体内主要以尼克酰胺形式存在,尼克酸则是尼克酰胺的前体。烟酸和烟酰胺均为白色针状晶体,它们在酸、碱及空气中都很稳定,不易被酸碱及热所破坏。

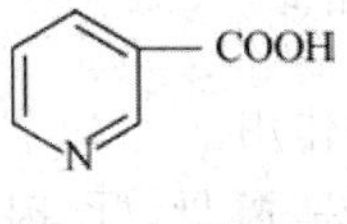

COOH

图 3-6 尼克酸

$CONH_2$

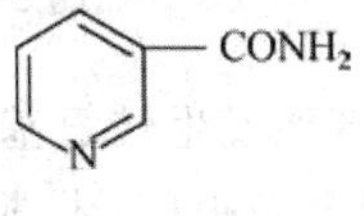

图 3-7 尼克酰胺

维生素 PP 是吡啶的衍生物,在体内经过代谢后变成两种脱氢酶的辅酶:一种是尼克酰胺腺嘌呤二核苷酸(NAD^+,又称辅酶Ⅰ,简写为 CoⅠ),另一种是尼克酰胺腺嘌呤二核苷酸磷酸($NADP^+$,又称辅酶Ⅱ,简写为 CoⅡ),其还原形式为 NADH 和 NADPH(图 3-8)。在多数情况下,代谢物上脱下的氢先交给 NAD^+ 或 NADP 和 H^+,氢则通过黄素蛋白中的 FAD 和 FMN 传递给氧而氧化生成水或过氧化氢;少数情况下,代谢物上脱下的氢先交给 NAD^+ 或 $NADP^+$ 生成还原型的 NADH 或 NADPH,后者再将氢去还原其他代谢物。

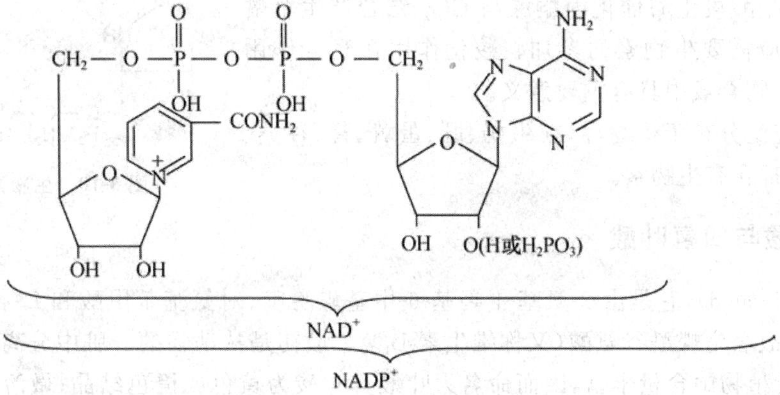

NH_2 N N N N O O O CH_2—O—P—O—P—O—CH_2 OH OH $CONH_2$ O N^+ O OH OH OH O(H或H_2PO_3)

NAD^+

$NADP^+$

图 3-8 NAD^+ 和 $NADP^+$ 的结构

维生素 PP 在自然界中分布很广,肉类、谷物及花生中含量丰富;人和动物体内的肠道细菌也能以色氨酸为原料合成维生素 PP,作为补充。当缺乏烟酰胺时导致神经营养障碍,会出现糙皮病。

3.1.5 维生素 B_6 及其辅酶

维生素 B_6 包括吡哆醇、吡哆醛和吡哆胺 3 种化合物(图 3-9),3 种化合物在生物体内可以相互转化。维生素 B_6 为无色晶体,易溶于水和乙醇。在酸性溶液中稳定,在碱性溶液或遇光不稳定。

以上 3 种化合物的磷酸酯都具有生物学活性,是氨基酸转氨基、脱羧和消旋作用的重要辅酶,在氨基酸代谢中起着重要作用,并且在生理条件下它们之间可以互变。在进行上述反应时,磷酸吡哆醛的醛基与底物 α-氨基酸的氨基结合生成醛亚胺中间复合物,醛亚胺再据不同

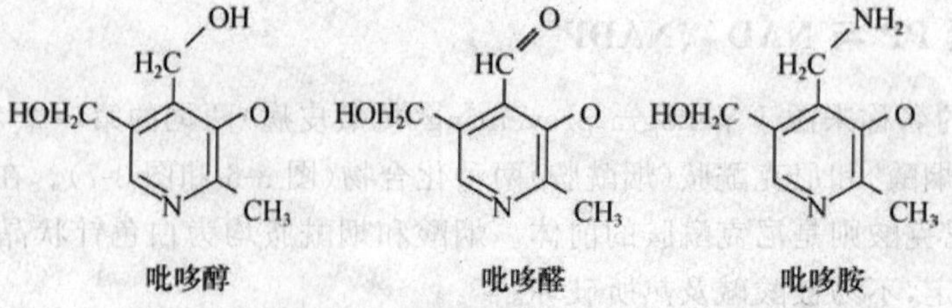

吡哆醇　　吡哆醛　　吡哆胺

图 3-9　维生素 B_6 的结构

酶蛋白的催化特性使氨基酸发生转氨基、脱羧或消旋等作用。

维生素 B_6 在自然界分布很广，米糠、大豆、豆类胚芽、酵母、肝、肉、蛋类中含量丰富，肠道中的细菌也可以合成人体所需的维生素 B_6。故人类很少发生维生素 B_6 缺乏症。

3.1.6　维生素 B_7(生物素)

生物素(biotin)又称维生素 H、维生素 B_7、辅酶 R(coenzyme R)，是由噻吩与尿素合并而成的双环化合物，在侧链上有一个五碳的羧酸(图 3-10)。生物素为无色针状结晶，易溶于水，不溶于有机溶剂，比较耐碱和耐热。

生物素是多种羧化酶的辅酶，对 CO_2 的固定起着催化作用，比如丙酮酸羧化酶催化丙酮酸与 CO_2 结合产生草酰乙酸，这一反应需要生物素的参加。羧化作用在光合作用和脂肪酸的生物合成中具有重要意义。

生物素广泛分布于生物界，在牛奶、肝、蛋黄、肾、谷类、蔬菜、酵母中都含有生物素。

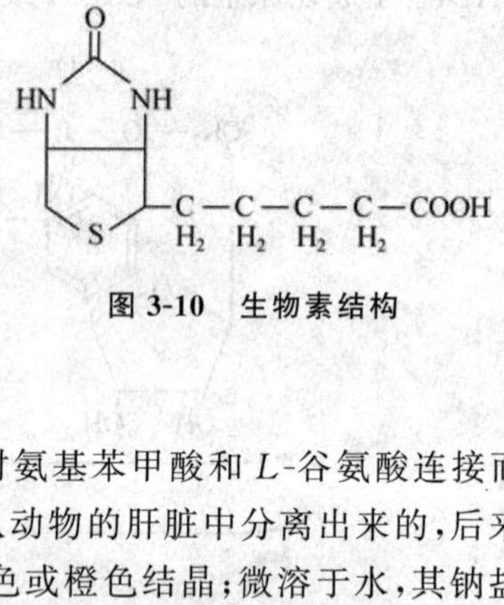

图 3-10　生物素结构

3.1.7　叶酸与四氢叶酸

叶酸(folic acid)，它是由 2-氨基-4-羟基-6-甲基蝶呤啶、对氨基苯甲酸和 *L*-谷氨酸连接而成(图 3-11)，故名为蝶酰谷氨酸(又称维生素 B_{11})。最初是从动物的肝脏中分离出来的，后来发现其在绿叶植物中含量丰富，因而命名为叶酸。叶酸为黄色或橙色结晶；微溶于水，其钠盐易溶于水；叶酸在中性、碱性溶液中对热稳定，在酸性溶液中加热或见光则被分解破坏。

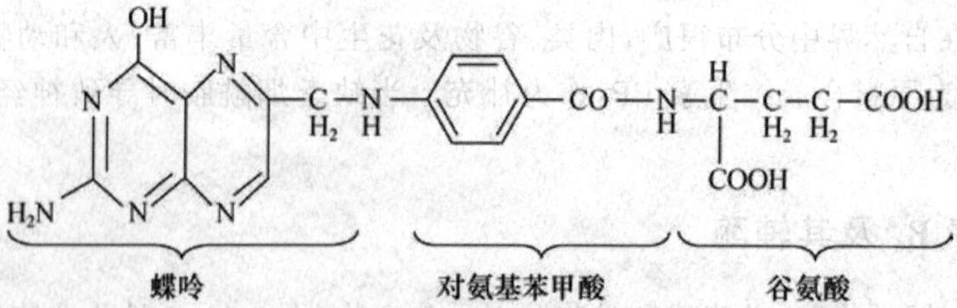

蝶呤　　对氨基苯甲酸　　谷氨酸

图 3-11　叶酸的结构

叶酸在生物体内的活性形式是四氢叶酸(tetrahydrofolate，THF 或 FH4)(图 3-12)，称为辅酶 F(简称 CoF)，是一碳基团转移酶的辅酶，是甲基、亚甲基、甲川基、甲酰基的载体。一碳基团的转移在氨基酸代谢、嘌呤、嘧啶、胆碱、甲硫胺酸等合成中占重要地位。

叶酸广泛分布于生物界，叶菜、酵母、肝以及各类植物中均含有叶酸，人体的肠道细菌也可

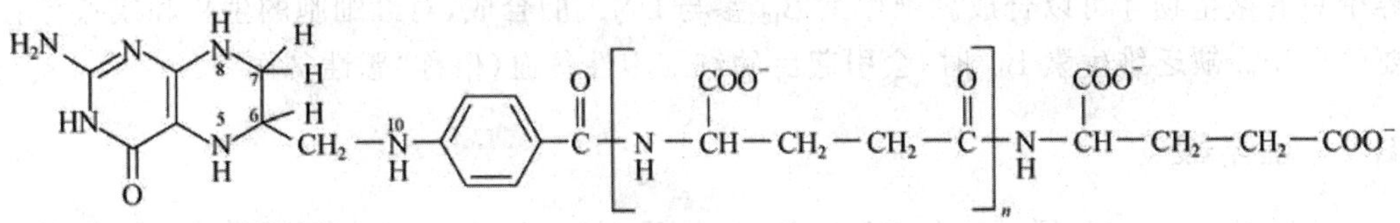

图 3-12　四氢叶酸的结构

以合成叶酸。

3.1.8　维生素 B_{12}(钴胺素)及其辅酶

维生素 B_{12} 是人体内唯一含有金属元素的维生素。其分子中含钴原子和多个酰氨基，故称为钴胺素(cyanocobalamin)(图 3-13)。在钴原子上结合不同的基团，即形成不同的维生素 B_{12}，如当在钴原子上结合—CN、—OH、—CH_3 或 5′-脱氧腺苷，分别得到氰钴胺素、羟钴胺素、甲基钴胺素和 5′-脱氧腺苷钴胺素，其中 5′-脱氧腺苷钴胺素是维生素 B_{12} 在体内的主要存在形式。维生素 B_{12} 是深红色的晶体，易被酸、碱、日光等因素所破坏。

维生素 B_{12} 是几种变位酶的辅酶，如催化谷氨酸转变为甲基天冬氨酸的甲基天冬氨酸变位酶、催化甲基丙二酰 CoA 转变为琥珀酰 CoA 的甲基丙二酰 CoA 变位酶。维生素 B_{12} 辅酶也参与甲基及其他一碳单位的转移反应。

R=—CN：氰钴氨素

R=—OH：羟钴氨素

R=—CH_3：甲基钴氨素

R=—5′-脱氧腺苷：5′-脱氧腺苷钴氨素

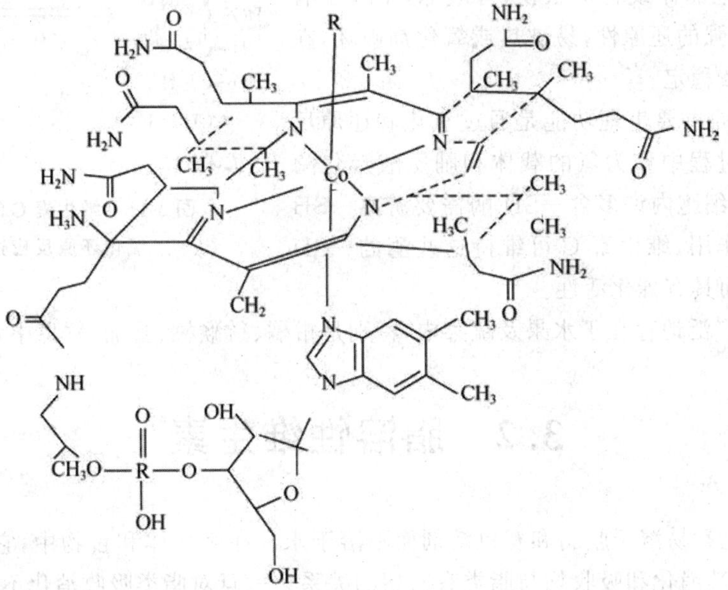

图 3-13　维生素 B_{12} 的结构

维生素 B_{12} 广泛存在于动物性食品，如肝、肉、鱼、蛋等食物中，人体肠道细菌能合成，而自然界中只有微生物才可以合成。维生素 B_{12} 参与 DNA 的合成，对红细胞的生长和成熟等有很重要的作用。缺乏维生素 B_{12} 时，会引起巨幼红细胞性贫血(俗称"恶性贫血")。

3.1.9 硫辛酸

硫辛酸(lipoic acid)是一种含硫的脂肪酸，分子中 C_6 和 C_8 上的氢原子被二硫键取代的 8 碳的羧酸(辛酸)。硫辛酸以氧化型和还原型存在，可以传递氢，其氧化型和还原型之间可相互转变(图 3-14)。

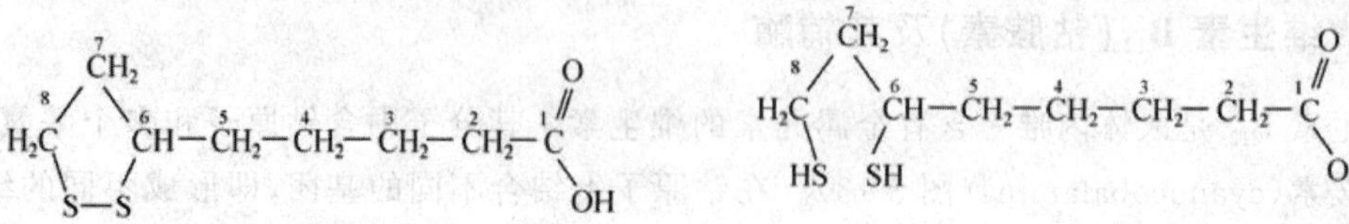

(a)氧化型　　(b)还原型

图 3-14　硫辛酸的化学结构

硫辛酸是一种能参与酰基转移反应的辅酶，如它是丙酮酸脱氢酶和 α-酮戊二酸脱氢酶的辅基。硫辛酸在自然界中分布很广，尤以肝脏和酵母中含量最为丰富，人体也能自行合成。

3.1.10 维生素 C 与辅酶

维生素 C，化学名称为抗坏血酸(ascorbic acid)，是一个含有六碳原子的不饱和酸性多羟基内酯化合物。维生素 C 自身可发生氧化还原反应，抗坏血酸和脱氢抗坏血酸可以相互转变(图 3-15)。维生素 C 为无色晶体或粉末状物，有酸味，不溶于有机溶剂，具有较强的还原性，易被热或氧化剂破坏，在酸性条件下比较稳定。

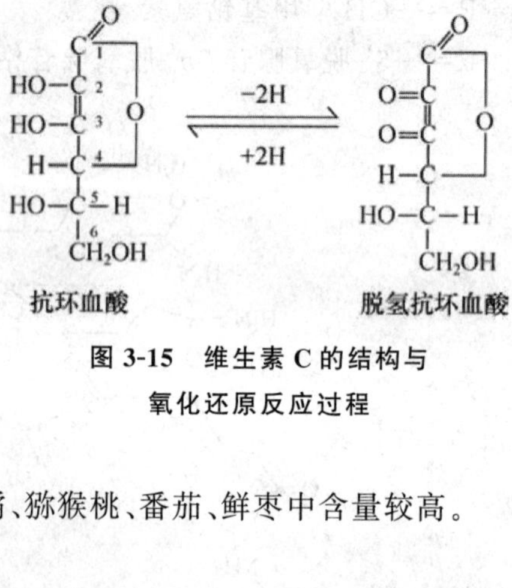

维生素 C 的主要生理功能是通过氧化和还原反应在生物氧化过程中作为氢的载体和脯氨酸羟化酶的辅酶。另外，细胞内许多含—SH 酶需要游离—SH 状态才能发挥作用，维生素 C 可维持这些酶的—SH 处于还原状态而具有催化活性。

抗坏血酸　$\underset{+2H}{\overset{-2H}{\rightleftharpoons}}$　脱氢抗坏血酸

图 3-15　维生素 C 的结构与氧化还原反应过程

维生素 C 广泛地存在于水果及蔬菜中，特别是柑橘、猕猴桃、番茄、鲜枣中含量较高。

3.2 脂溶性维生素

脂溶性维生素易溶于脂肪和有机溶剂而不溶于水。在生物体和食物中，它们常和脂类共同存在。因此，其消化和吸收均与脂类有密切的关系。一旦对脂类吸收消化不良时，脂类维生素的吸收也大为减少，甚至会引起缺乏症。

3.2.1 维生素 A

维生素 A 是一个具有脂环的不饱和一元醇，又称为视黄醇。天然维生素 A 包括维生素 A_1 和维生素 A_2，它们的结构非常相似(图 3-16)，它们的区别只是维生素 A_2 在 β-白芷酮环的 3、4 位上比维生素 A_1 多一个双键。维生素 A_1、维生素 A_2 是由 β-胡萝卜素在小肠黏膜内被相关酶水解生成的，所以，β-胡萝卜素被称为维生素 A 原。维生素 A 为黄色油状液体，黏性较大。

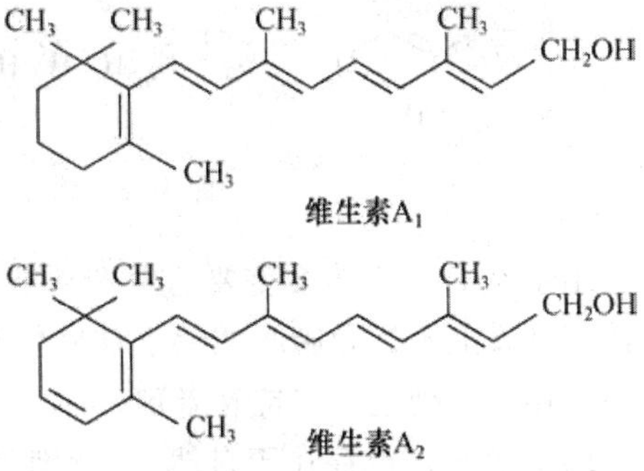

CH_3 CH_3 CH_3 CH_3 CH_2OH CH_3

维生素A_1

CH_3 CH_3 CH_3 CH_3 CH_2OH CH_3

维生素A_2

图 3-16 维生素 A 的结构

维生素 A 是构成视觉细胞光物质——视紫红质(rhodopsin)的组成成分。视紫红质由视蛋白和视黄醛组成。由于维生素 A 可氧化生成视黄醛，与视蛋白中的赖氨酸的 ε-氨基结合生成视紫红质，所以，当维生素 A 缺乏时，会导致视紫红质的减少，引起视网膜对弱光的敏感度降低，从而在暗处不能辨别物体，暗适应能力下降，严重时可导致夜盲症。此外，维生素 A 也是维持上皮组织的结构和功能所必需的物质。当维生素 A 缺乏时，上皮组织细胞糖蛋白及膜糖蛋白的合成受到影响，黏液分泌功能降低，从而使上皮组织干燥、增生和角化，产生干眼病等。

维生素 A 主要来源于动物性食物，其中以肝脏、蛋黄、乳制品含量较多。植物性食物中不含维生素 A，但绿色植物如蔬菜中含有 β-胡萝卜素可在一定的环境和条件下转化为维生素 A。

3.2.2 维生素 D

维生素 D 为固醇类衍生物，又称钙化醇。维生素 D 有多种，其中以维生素 D_2、维生素 D_3 较为重要，两者的结构(图 3-17)很相似，只是在侧链结构上有所不同，维生素 D_2 比维生素 D_3 在侧链上多一个甲基和一个双键。维生素 D 为无色结晶体，酸性条件下易被破坏。

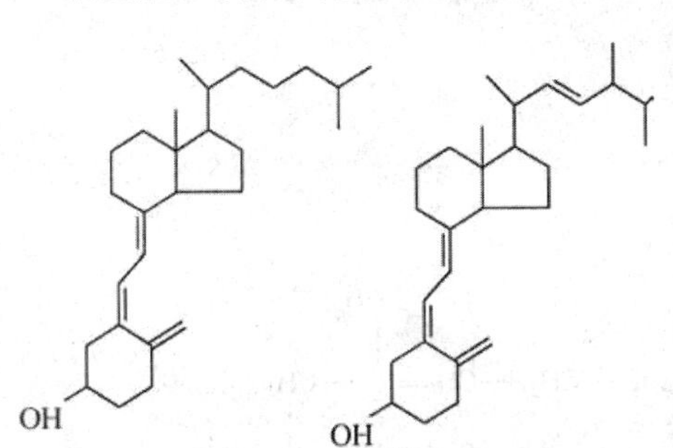

图 3-17 维生素 D_2 和维生素 D_3 的结构

麦角固醇经紫外线的照射可转变为维生素 D_2，人和动物皮下的 7-脱氢胆固醇，经过紫外线的照射转变维生素 D_3，故麦角固醇、7-脱氢胆固醇分别是维生素 D_2 和维生素 D_3 的维生素原。

维生素 D_2 和维生素 D_3 在体内主要的生理功能是调节钙、磷代谢，维持血钙和血磷水平，从而维持牙齿和骨骼的正常发育和钙化。儿童时期缺乏维生素 D，易发生佝偻病；成人缺乏维生素 D，易患软骨病。

维生素 D 主要来源于动物性食物如肝、奶及蛋黄中，尤以鱼肝油中含量最多。

3.2.3 维生素 E

维生素 E 为苯骈二氢吡喃的衍生物(图 3-18)，又名生育酚。天然维生素 E 有多种，它们均根据环上甲基(—CH_3)数目和位置的不同，可分为 α、β、γ、δ 等 8 种。其中以 α-生育酚的生理活性最强，δ-生育酚的抗氧化能力最强。维生素 E 易溶于脂肪和乙醇等有机溶剂中，不溶于水，对热、酸稳定，对碱不稳定，对氧敏感，对热不敏感，但油炸时维生素 E 活性明显降低。

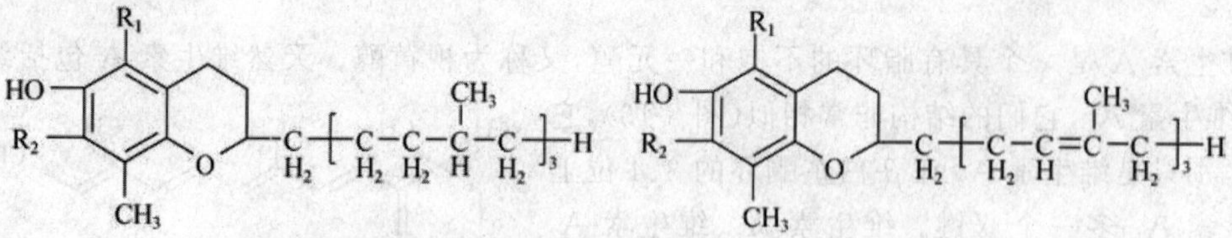

图 3-18　维生素 E 和生育三烯酚的基本结构

维生素 E 对人体最重要的生理功能是促进生殖。此外，维生素 E 具有抗氧化剂的功能，可使细胞膜上不饱和脂肪酸免于被氧化破坏；也可以保护—SH 不被氧化，从而维持某些酶的活性。还有人把它用作抗衰老剂。

维生素 E 广泛存在于自然界，特别是植物的组织中，尤以植物油如大豆油、麦胚油、玉米油、花生油中含量最丰富，蔬菜中含量也较多。

3.2.4　维生素 K

维生素 K 是 2-甲基-1,4-萘醌的衍生物，又名凝血维生素，是由丹麦科学家 H. Dam 于 1930 年发现的。天然维生素 K 有两种，维生素 K_1 和维生素 K_2，二者仅在侧链 R 上有差异（图 3-19）。维生素 K 是黄色晶体，通常呈油状液体或固体，不溶于水，能溶于油脂及醚等有机溶剂。维生素 K 的化学性质都较稳定，能耐酸、耐热，但对光敏感，也易被碱和紫外线分解。

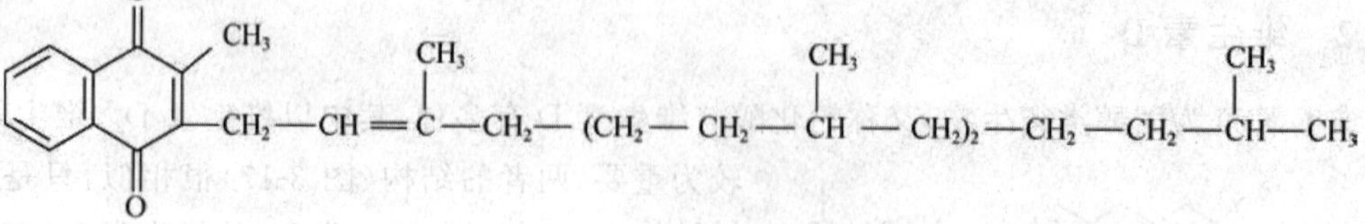

维生素K_1

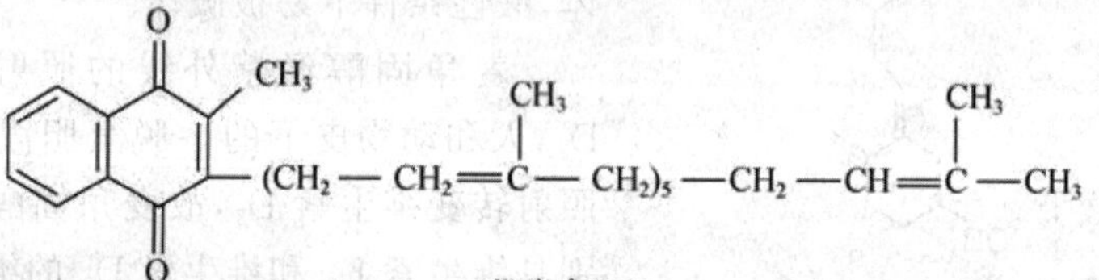

维生素K_2

图 3-19　维生素 K 的结构

维生素 K 是凝血因子 γ-羧化酶的辅酶。而其他凝血因子的合成也依赖于维生素 K。当缺乏维生素 K 时，血液中的凝血因子减少，使得凝血时间延长，从而发生肌肉及胃肠道出血。此外，维生素 K 还参与骨骼代谢。

蛋黄、苜蓿、绿色蔬菜、动物肝脏中都含有丰富的维生素 K，且人体肠道中的大肠杆菌也可合成维生素 K。因此，人体一般情况下不会缺乏维生素 K。

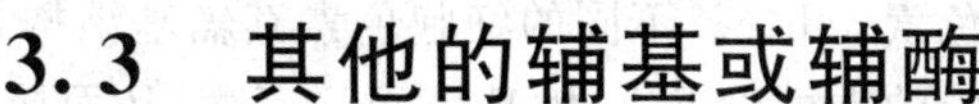

3.3 其他的辅基或辅酶

参加物质和能量代谢的辅酶除上述常见的B族维生素外，还有一些重要的非维生素辅酶、辅基，如ATP、GTP等核苷酸类和铁卟啉等色素类。

3.3.1 核苷酸

核苷酸是由嘌呤碱或嘧啶碱、核糖或脱氧核糖以及磷酸3种物质组成的化合物，是核糖核酸及脱氧核糖核酸的基本组成单位，是体内合成核酸的底物。核苷酸随着核酸分布于生物体内各器官、组织、细胞的核及胞质中，并作为核酸的组成成分参与生物的遗传、发育、生长等基本生命活动。除此之外，生物体内还有相当数量的核苷酸以游离形式存在，它们常以多磷酸、环式单核苷酸和辅酶类单核苷酸等存在。如NDP、NTP、cAMP等。

在生物体内，核苷酸类化合物除上述生理功能外，还可作为辅酶参加物质和能量代谢，如腺苷酸是辅酶Ⅰ（烟酰胺腺嘌呤二核苷酸，NAD^+）、辅酶Ⅱ（磷酸烟酰胺腺嘌呤二核苷酸，$NADP^+$）、黄素腺嘌呤二核苷酸（FAD）及辅酶A（CoA）的组成成分。

3.3.2 辅酶Q

辅酶Q又称泛醌（ubiquinone），是苯醌的衍生物，在动植物及微生物中普遍存在。在植物体中主要存在于线粒体内膜中，是脂溶性化合物，因而能在膜脂中自由移动，并传递电子和质子。在叶绿体中还存在着另一种结构类似的化合物，称为质醌（PQ）。辅酶Q的结构见图3-20。辅酶Q为黄色或橙黄色结晶状粉末；无臭无味，不溶于水，能溶于有机溶剂，遇光易分解。

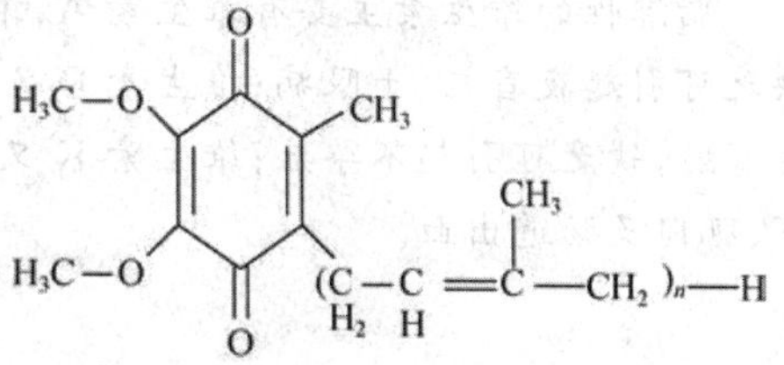

图3-20 辅酶Q的结构

不同来源的辅酶Q其侧链异戊烯单位的数目不同，常用CoQ_n表示它的一般结构。其异戊烯单位的n值在6～10。动物和高等植物多为辅酶Q_{10}，即CoQ_{10}。辅酶Q既能携带电子又能携带质子。

3.3.3 蛋白质辅酶

辅酶除上述常见的B族维生素外，还有一些是含有蛋白成分的，把含有蛋白成分的辅酶就叫蛋白质辅酶，如铁硫蛋白（Fe-S蛋白）。

铁硫蛋白（iron-sulfur proteins, Fe-S protein）是含铁的蛋白质，含有非血红素铁和对酸不稳定的硫，故称为铁硫蛋白，也称为铁-硫中心（iron-sulfur centers）。在植物、动物、微生物中广泛存在。已知铁硫蛋白有多种，其铁原子和硫原子的数目是相等的，不同的铁硫蛋白中的铁-硫对的数目不同，如2Fe-2S、4Fe-4S等。在铁硫蛋白中尽管有多个铁原子的存在，但整个复合物只有一个Fe^{3+}可接受电子。铁硫蛋白作为一种重要的电子载体在生命活动中起着重要的作用。

细胞色素类（cytochrome）存在于一切需氧生物的细胞中，它是一类以血红素（铁卟啉）为

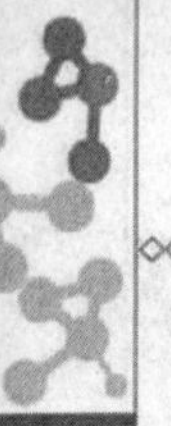

辅基的蛋白质，因为有颜色，并广泛存在于各种细胞中，因而得名。细胞色素因其吸收光谱不同，可以分为3类，即细胞色素a、b、c。不同的细胞色素其辅基结构及其和蛋白质结合方式各不相同。血红素(铁卟啉)中的铁可以Fe^{3+}和Fe^{2+}可逆互变，从而接受和释放电子。

本章小结

维生素是生物体内发挥重要生理功能的小分子化合物，分水溶性和脂溶性两种。水溶性维生素的作用主要是通过形成对应的辅酶来发挥其作用。维生素B_1又称硫胺素，其辅酶为焦磷酸硫胺素，主要功能为α-酮酸氧化脱羧作用的辅酶。维生素B_2又称核黄素，其辅酶为FMN、FAD，主要功能为氧化还原作用的递氢体。维生素B_3又称泛酸或遍多酸，其辅酶为CoASH，主要功能为酰基的载体。维生素B_5包括两个物质烟酸和烟酰胺，其辅酶为NAD^+和$NADP^+$，主要功能为α-酮酸氧化还原作用的辅酶。维生素B_6包括3个物质：吡哆醇、吡哆胺和吡哆醛，其辅酶为磷酸吡哆醛，主要功能为转氨酶的辅酶，α-氨基酸脱羧作用的辅酶。维生素B_7又称生物素，其活性形式为生物胞素，主要功能为羧化酶的辅酶。硫辛酸的活性形式为还原性硫辛酸，作用是传递酰基。维生素B_{12}又称钴胺素，是唯一的一种含有金属元素的维生素，其辅酶形式为5′-脱氧腺苷钴胺素，主要功能为变位酶的辅酶。叶酸其辅酶形式是四氢叶酸，参与一碳单位的转移。维生素C，其活性形式是还原性的生物素C，又称抗坏血酸，缺乏可引起坏血病。

脂溶性的维生素主要有维生素A、维生素D、维生素E、维生素K。维生素A又称视黄醇，缺乏可引起夜盲症、干眼病；维生素D又称钙化醇，缺乏可引起佝偻病、软骨病；维生素E又称生育酚，缺乏可引起不孕症；维生素K又称凝血维生素，缺乏可出现凝血时间延长，可发生皮下、肌肉及肠道出血。

复习思考题

1. 缺乏维生素B_1将影响糖代谢，为什么？
2. 举例说明何为维生素原。
3. 缺乏维生素B_6为什么会影响蛋白质的分解代谢？
4. 将下列化学名称与B族维生素及其辅酶形式相匹配：

(A)泛酸；(B)烟酸；(C)硫胺素；(D)核黄素；(E)吡哆素；(F)生物素。

(1)维生素B_1；(2)维生素B_2；(3)维生素B_3；(4)维生素B_5；(5)维生素B_6；

(Ⅰ)FMN；(Ⅱ)FAD；(Ⅲ)NAD^+；(Ⅳ)$NADP^+$；(Ⅴ)CoA；(Ⅵ)PLP；(Ⅶ)TPP。

第4章

核酸化学

◈内容提示与教学目标

【说明】本章是静态生物化学的重点内容之一，又是分子生物学的重要基础。在教学中要注意把重点放在核酸的组成、结构和性质的一般基础上，以避免与分子生物学过多重复。

重点掌握：DNA 和 RNA 的组成、结构，主要为 DNA 的双螺旋结构、tRNA 的"三叶草"模型；mRNA 的一级结构特点、核酸的理化性质。

掌握：核酸的种类、功能；核酸降解产物、构件分子，包括 5 种常见的碱基、几种重要的稀有碱基、核苷与核苷酸；几种重要的活性核苷酸及其衍生物。

一般了解：各种生物体基因组的特点、核酸分离纯化的应用。

本章难点：碱基对平面，建议从价键理论的角度并配合教具进行教学。

1868 年，瑞士青年科学家 F. Miescher 从脓细胞的细胞核中分离提取到一种富含磷元素的酸性化合物，称为核素(nuclein)，后来发现它有很强的酸性，所以又改称为核酸。Miescher 被认为是细胞核化学的创始人和 DNA 的发现者。

1944 年，Avery 等进行了肺炎双球菌的转化实验，证明了 DNA 是转化因子。

1952 年，Hershey 等利用同位素标记技术进行了噬菌体侵染细菌的实验，更加有力地证明了 DNA 是遗传物质，不是蛋白质。

1953 年，Watson 和 Crick 提出了 DNA 双螺旋结构模型，开启了分子生物学的大门，是生物学发展中一个转折点。

本章将主要介绍核酸的结构、性质、分离鉴定和基因组。

4.1 核酸的化学组成

4.1.1 核酸的种类与分布

1. 种类

核酸(nucleic acid)是重要的生物大分子，存在于任何有机体中。按其所含的糖不同分为脱氧核糖核酸(deoxyribonucleic acid，DNA)和核糖核酸(ribonucleic acid，RNA)两大类。病毒只含有一种核酸，除此之外，所有的生物都含有 DNA 和 RNA。

RNA 中参与蛋白质合成的有 3 类：转移 RNA(transfer RNA，tRNA)，核糖体 RNA(ribosomal RNA，rRNA)和信使 RNA(messenger RNA，mRNA)。20 世纪末，发现许多新的具有

特殊功能的 RNA,几乎涉及细胞功能的各个方面。

2. 分布

真核生物体内 98%的 DNA 分布在细胞核内。在细胞核与组蛋白结合高度螺旋化压缩成染色体(chromosome)。真核细胞不止一条染色体,每个染色体只含一个 DNA 分子。DNA 的含量和代谢上比较稳定,不受营养条件、年龄等因素的影响。此外,线粒体、叶绿体也含有 DNA,但分子质量小,通常呈双股螺旋环状结构。

原核生物无细胞核,其 DNA 主要在拟核区与组蛋白结合形成染色体。此外,在染色体外还存在闭合的、环状的双链小分子 DNA,如质粒(plasmid)DNA,它也携带有一定的遗传信息(如抗药性),在现代基因工程中作为载体。

真核生物 90%的 RNA 分布在细胞质中,少量存在于线粒体、叶绿体和核仁中。

原核生物的 RNA 分布在细胞质中。

无论 DNA 还是 RNA 都与蛋白质结合在一起形成脱氧核糖核蛋白和核糖核蛋白。

4.1.2 核酸的结构单元——核苷酸

4.1.2.1 核酸的水解

采用不同的降解法(酶法、酸、碱)水解核酸,可以得到很多核苷酸,核苷酸可被进一步水解产生核苷和磷酸,核苷还可再进一步水解,产生戊糖和含氮碱基,如图 4-1 所示。

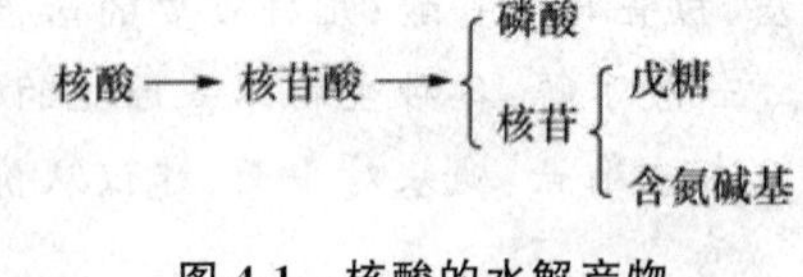

图 4-1 核酸的水解产物

4.1.2.2 核苷酸的结构

核苷酸可分为核糖核苷酸(ribonucleotide)和脱氧核糖核苷酸(deoxyribonucleotide)两类,核糖核苷酸是 RNA 的构件分子,而脱氧核糖核苷酸是 DNA 构件分子。组成核糖核苷酸的糖是核糖,而组成脱氧核糖核苷酸的糖是脱氧核糖,组成核糖核苷酸的碱基是 A、G、C、U,组成脱氧核糖核苷酸的碱基是 A、G、C、T。

1. 碱基

构成核苷酸中的碱基(base)分两类:嘌呤碱(purine)和嘧啶碱(pyrimidine)。DNA 和 RNA 中含有的嘌呤碱主要为腺嘌呤(adenine,A)和鸟嘌呤(guanine,G);组成 DNA 的嘧啶碱主要为胸腺嘧啶(thymine,T)和胞嘧啶(cytosine,C),RNA 分子中主要为尿嘧啶(uracil,U)及胞嘧啶。这 5 种碱基受介质 pH 的影响出现酮式、烯醇式互变异构体。碱基的结构式及其顺序如图 4-2 所示。

除以上 5 种基本的碱基外,核酸中还有一些含量极少的碱基称为稀有碱基(minor bases)。稀有碱基种类十分多。大多数都是 5 种基本碱基衍生出的甲基化碱基。tRNA 中含有较多的稀有碱基,高达 10%。植物 DNA 中有相当量的 5-甲基胞嘧啶。在一些大肠杆噬菌体中 5-羟甲基胞嘧啶代替了胞嘧啶。

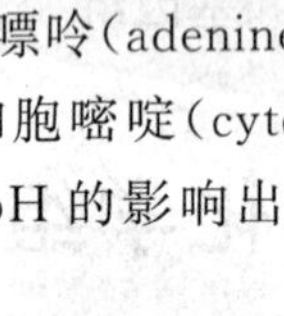

5-甲基胞嘧啶 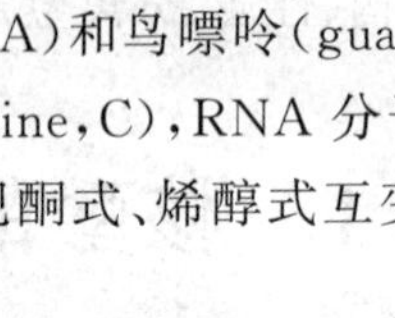　　5-羟甲基胞嘧啶

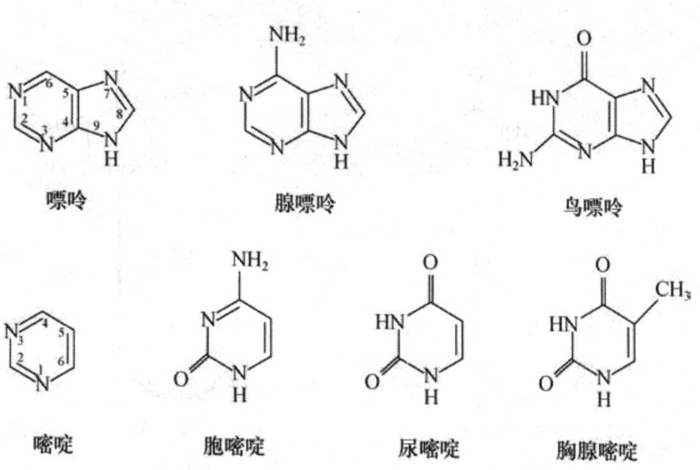

图 4-2 基本碱基的结构与命名

2. 戊糖

核酸中有两种戊糖(pentose),均为 *β*-呋喃型(图 4-3)。DNA 中为 *β*-*D*-2 脱氧核糖(*β*-*D*-2-deoxyribose),RNA 中则为 *β*-*D*-核糖(*β*-*D*-ribose)。在核苷酸中,为了与碱基中的碳原子编号相区别核糖或脱氧核糖中碳原子标以 C-1′,C-2′等。脱氧核糖与核糖两者的差别只在于脱氧核糖中与 2′位碳原子连接的不是羟基而是氢,这一差别使 DNA 在化学上比 RNA 稳定得多。

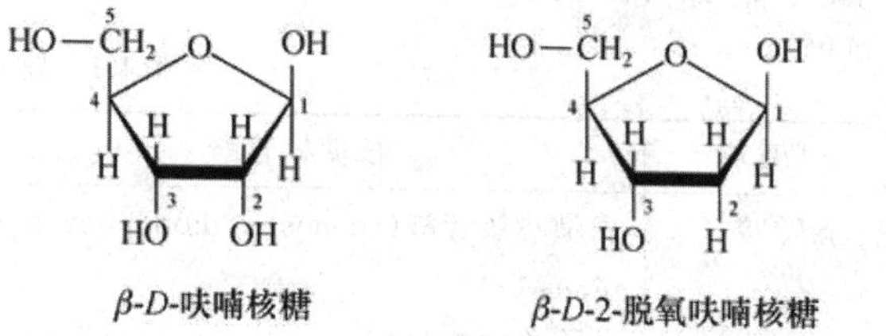

β-*D*-呋喃核糖　　*β*-*D*-2-脱氧呋喃核糖

图 4-3 核酸中的两种核糖

3. 核苷

核苷(nucleoside)由戊糖和碱基缩合而成,并以糖苷键(glycosidic bond)相连接。糖环上的 C1′与嘧啶碱的 N-1 和嘌呤碱的 N-9 相连接。这种糖与碱基之间的连接键是 N—C 键,称为 N-糖苷键。核酸分子中的糖苷键均为 *β*-糖苷键。核苷的碱基与糖环平面互相垂直。

核苷可分为核糖核苷和脱氧核糖核苷两大类。腺嘌呤核苷、胞嘧啶脱氧核苷的结构如下:

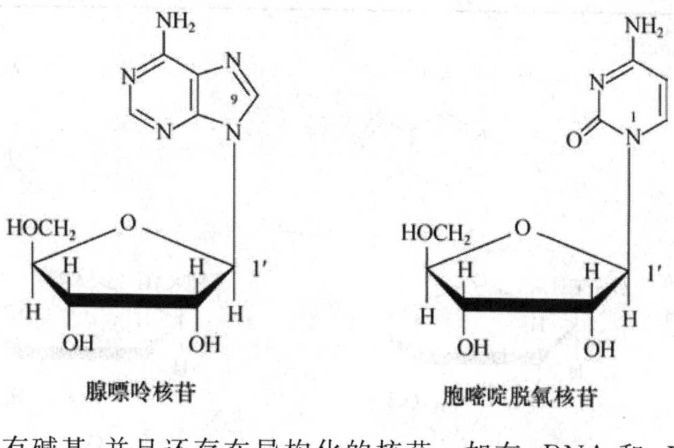

腺嘌呤核苷　　胞嘧啶脱氧核苷

RNA 中含有稀有碱基,并且还存在异构化的核苷。如在 tRNA 和 rRNA 中含有少量假尿嘧啶核苷(用 ψ 表示),在它的结构中戊糖的 C-1′不是与尿嘧啶的 N-1 相连接,而是与尿嘧

啶 C-5 相连接。

尿苷

假尿苷
(ψ)

4. 核苷酸及衍生物

在生物体内以游离形式存在的单核苷酸为 5′-核苷酸。用碱水解 RNA 时，可得到 2′-核苷酸与 3′-核苷酸的混合物。常见的核苷酸列于表 4-1。

表 4-1　常见的核苷酸

碱基	核糖核苷酸	脱氧核糖核苷酸
腺嘌呤	腺嘌呤核苷酸(adenosine monophosphate,AMP)	脱氧腺嘌呤核苷酸(deoxyadenosine monophosphate,dAMP)
鸟嘌呤	鸟嘌呤核苷酸(guanosine monophosphate,GMP)	脱氧鸟嘌呤核苷酸(deoxyguanosine monophosphat,dGMP)
胞嘧啶	胞嘧啶核苷酸(cytidine monophosphate,CMP)	脱胞嘧啶核苷酸(deoxycytidine monophosphate,dCMP)
尿嘧啶	尿嘧啶核苷酸(uridine monophosphate,UMP)	—
胸腺嘧啶	—	脱氧胸腺嘧啶核苷酸(deoxythymidine monophosphate,dTMP)

5′-腺嘌呤核苷酸

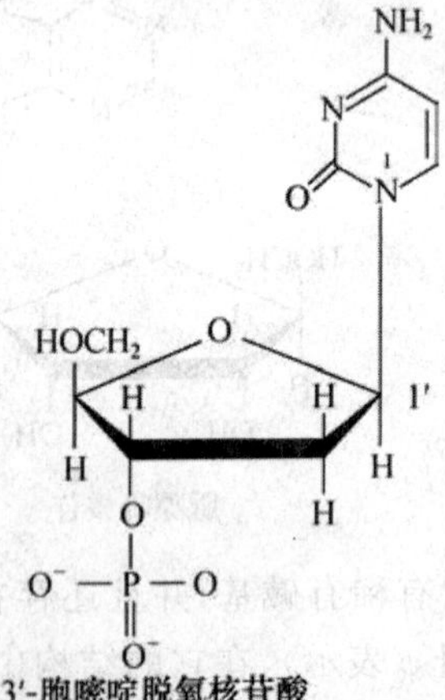

3′-胞嘧啶脱氧核苷酸

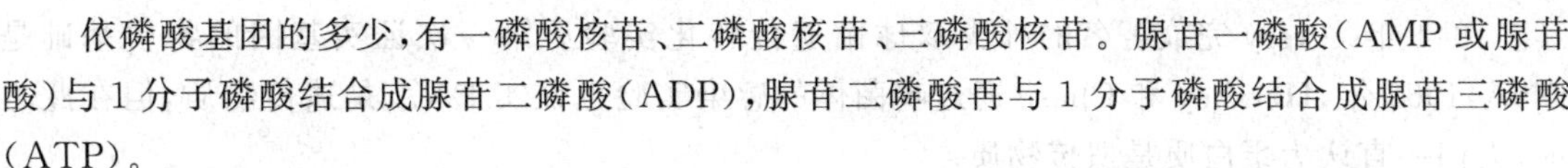

依磷酸基团的多少，有一磷酸核苷、二磷酸核苷、三磷酸核苷。腺苷一磷酸（AMP 或腺苷酸）与 1 分子磷酸结合成腺苷二磷酸（ADP），腺苷二磷酸再与 1 分子磷酸结合成腺苷三磷酸（ATP）。

AMP

ADP

ATP

3′，5′-环腺苷酸(cAMP)

核苷酸在体内除构成核酸外，尚有一些游离核苷酸参与物质代谢、能量代谢与代谢调节，如三磷酸腺苷（ATP）是体内重要能量载体；三磷酸尿苷参与糖原的合成；三磷酸胞苷参与磷脂的合成；环腺苷酸（cAMP）和环鸟苷酸（cGMP）作为第二信使，在信号传递过程中起重要作用；核苷酸还参与某些生物活性物质的组成：如尼克酰胺腺嘌呤二核苷酸（NAD^+），尼克酰胺腺嘌呤二核苷酸磷酸（$NADP^+$）和黄素腺嘌呤二核苷酸（FAD）。

5. 游离核苷酸的作用

核苷酸在体内除构成核酸外，尚有一些其他的功能：

①能量货币，通常是 ATP，有时使用 UTP（糖原合成）、CTP（磷脂合成）和 GTP（蛋白质合成）。

②核酸合成的前体：NTP→RNA，dNTP→DNA。

③信息转导，例如，cAMP 和 cGMP 作为某些激素的第二信使，鸟苷酸能调节 G 蛋白的活性。

④作为其他物质的前体或辅酶/辅基的成分，如 ADP 为辅酶Ⅰ和辅酶Ⅱ的组分，3′-磷酸腺苷是辅酶 A（CoA-SH）的组分等。

⑤活化的中间物，如 UDPG 和 CDP-乙酰胺分别参与糖原和磷脂酰乙醇胺的合成，S-腺苷甲硫氨酸参与甲基转移（S-adenosylmethionine，SAM）。

⑥作为酶的别构效应物参与代谢的调节，如 ATP 为磷酸果糖激酶的抑制剂，ADP 为此酶的激活剂。

4.1.3 核酸的生物学功能

1. 核酸是遗传的物质基础，是遗传信息的载体

可以将遗传信息在不同的生物体间传递。

1944年，Avery完成著名的肺炎双球菌遗传转化实验后第一次证实基因的物质基础是DNA，1952年，Hershey和Chase通过噬菌体的感染实验也证实DNA是遗传物质，但在此之前，人们一直认为蛋白质是遗传物质。

某些生物体（如某些病毒）中，RNA也可以作为遗传信息的携带者，并将其传递给子代。

DNA携带的遗传信息以基因（遗传的基本单位）或特定顺序的核苷酸片段为单位转录到RNA分子中，并通过RNA将核苷酸顺序翻译为蛋白质中的氨基酸顺序，产生特定的蛋白质而表现其生物学功能，这个过程称为遗传信息的表达。

2. 催化功能

1982年美国科学家Cech T和Altman S各自发现RNA分子也能自身拼接和装配，从而提出了核酶的概念，这改变了长达半个多世纪以来认为酶的化学本质只是蛋白质的传统观念，从而荣获了1989年的诺贝尔化学奖。1995年Cuenoud B等发现了具有酶活性的DNA，可催化2个底物DNA片段的连接。这些研究显示某些特定序列的核酸（DNA或RNA）也可具有酶的催化功能。

3. 其他功能

许多不具有编码蛋白的核酸还有一些其他功能。如rRNA用于合成核糖体RNA和SD序列的识别；tRNA负责氨基酸的转运、核糖体的识别、氨酰tRNA的识别、mRNA的配对的功能；Z-DNA区域，有基因表达的调控功能，microRNA具有基因表达调控的功能。

4.2 DNA的结构

DNA在遗传信息储存、传递和表达中起非常重要的作用，那么到底DNA以什么样的结构存在能将4种碱基的排列顺序的信息传给由20种氨基酸排列而成的蛋白呢？下面介绍DNA的结构。

4.2.1 DNA分子具特定的碱基组成

组成DNA的碱基有4种：腺嘌呤A、鸟嘌呤G、胞嘧啶C和胸腺嘧啶T。20世纪50年代初，Chargaff等研究了大量不同种属生物中DNA的碱基组成，发现生物体中碱基组成的一些定量关系，被称为Chargaff规则（Chargaff's rules），规则要点如下：

①DNA的碱基组成具有物种的特异性，即不同生物来源的DNA碱基组成不同，表现在(A+T)/(G+C)比值的不同，称作不对称比率。亲缘关系相近的生物DNA碱基组成相近，即其不对称比率相近。

②同一生物的不同组织的DNA碱基组成相同。

③无论种属来源如何，几乎所有的DNA的腺嘌呤摩尔含量与胸腺嘧啶摩尔含量相同[A]=[T]，鸟嘌呤摩尔含量与胞嘧啶摩尔含量相同[G]=[C]，总的嘌呤摩尔含量与总的嘧啶摩尔含量相同[A+G]=[C]+[T]，被称为“当量定律”。但是单链DNA不符合这一规律。

④相对稳定性。一种生物DNA碱基组成不随生物体的年龄、营养状态或者环境变化而改变。

这些结果为后来的DNA双螺旋结构模型中的碱基配对原则奠定了基础。

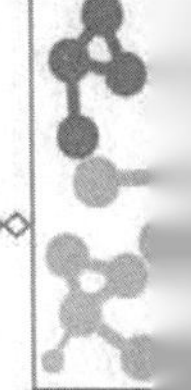

4.2.2 DNA 分子的一级结构

1. 概念

DNA 的一级结构是指 DNA 分子中核苷酸的排列顺序、连接方式和组成。由于核苷酸之间的差异仅仅是碱基的不同，故又可称为碱基的排列顺序。

2. 连接方式

数量极其庞大的 4 种脱氧核糖核苷酸按照一定的顺序，通过 3′,5′-磷酸二酯键连接起来的直线形或环形多聚体即为 DNA 的一级结构。由于脱氧核糖中 C_2 上不含羟基，C_1 又与碱基相连接，所以唯一可以形成的键是 3′,5′-磷酸二酯键。故 DNA 没有侧链，但有方向性的，并且有两个末端，一个末端具有一个 5′游离的磷酸基叫 5′端，另一末端则有 3′位游离的羟基叫 3′端。图 4-4 表示 DNA 多核苷酸链的一个小片段。

----pApCpTpG----

----pA—C—T—G----

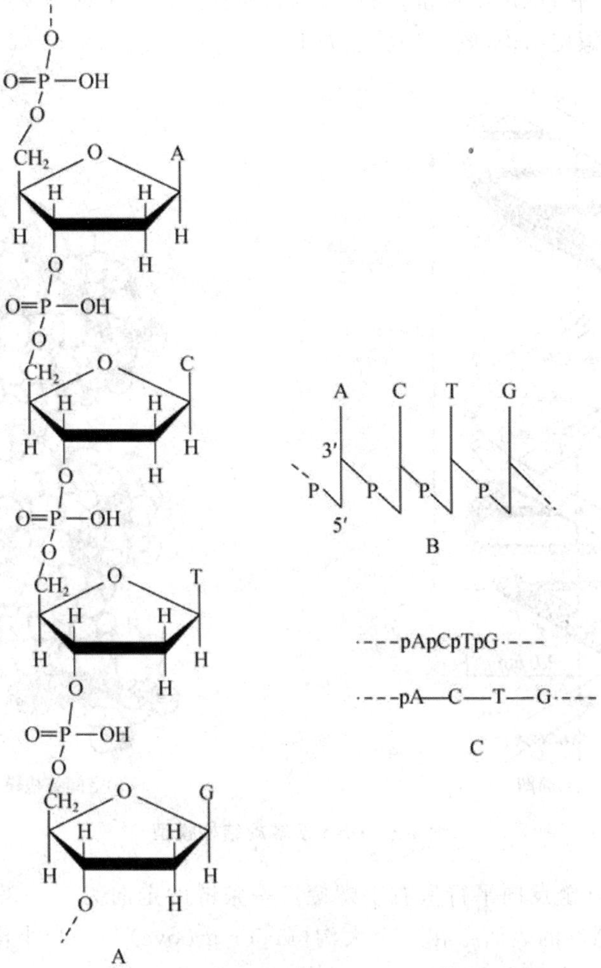

图 4-4　DNA 中多核苷酸链的一个小片段及缩写符号

A. DNA 中多核苷酸链的一个小片段；

B. 为线条式缩写；C. 为文字式缩写

3. 表示法

书写时，习惯上把 5′端放在左边，3′端放在右边，即 5′→3′方向书写。按图 4-4 的右侧是多核苷酸的几种缩写法。B 为线条式缩写，竖线表示核糖的碳链，A、C、T、G 表示不同的碱基，P 代表磷酸基，由 P 引出的斜线一端与 C_3′相连，另一端与 C_5′相连。C 为文字式缩写，P 在碱基之左侧，表示 P 在 C_5′位置上。P 在碱基之右侧，表示 P 与 C_3′相连接。有时，多核苷酸中磷酸二酯键上的 P 也可省略，而写成…$_p$A—C—T—G…。这两种写法对 DNA 和 RNA 分子都适用。

4.2.3 DNA 分子的双螺旋结构

1953 年 Watson 和 Crick 在 Chargaff 规则和 DNA X 射线衍射结果的基础上提出了著名的 DNA 双螺旋结构(double helix structure)模型，即 B－DNA 模型。该模型的提出不仅揭示了遗传信息稳定传递中 DNA 半保留复制的机制，而且是分子生物学发展的里程碑。

DNA 的 B-型双螺旋结构(图 4-5)特点如下：

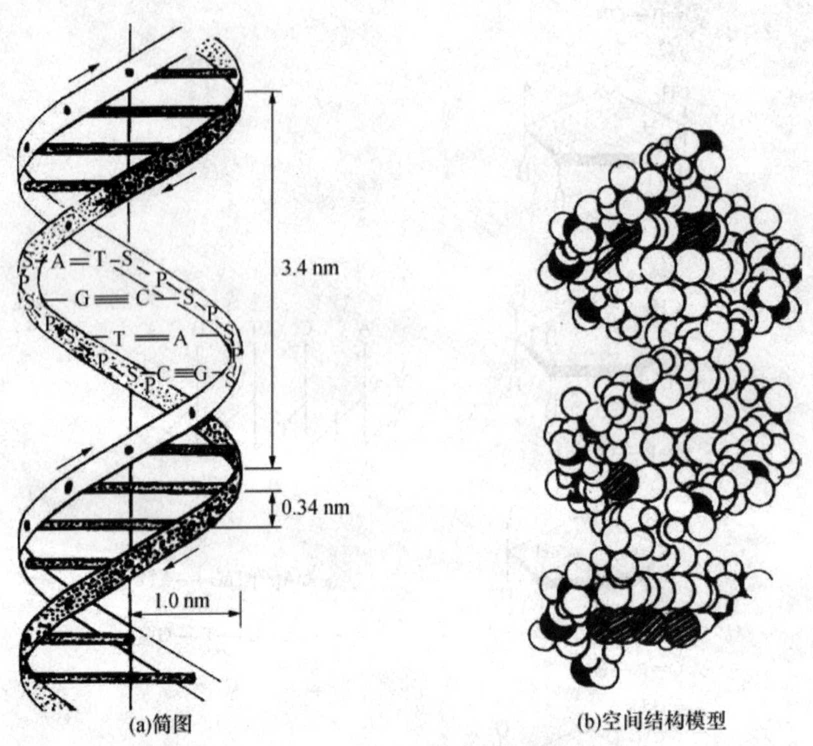

(a)简图　　(b)空间结构模型

图 4-5　DNA 双螺旋结构模型

①两条 DNA 互补链反向平行呈右手螺旋。一条链的走向为 5′→3′方向，另一条链走向为 3′→5′。DNA 双螺旋的表面存在一个大沟(major groove)和一个小沟(minor groove)，蛋白质分子通过这两个沟与碱基相识别。

②由脱氧核糖和磷酸间隔相连而成的亲水骨架在螺旋的外侧，而疏水的碱基对则在螺旋内部，碱基平面与螺旋轴垂直，螺旋每旋转 1 周包含 10 对碱基，螺距为 3.4 nm，直径 2.0 nm。

③两条 DNA 链的碱基互补，彼此形成氢键而结合在一起。A 与 T 相配对，形成 2 个氢

键;G 与 C 相配对,形成 3 个氢键。因此 G 与 C 之间的连接较为稳定(图 4-6)。

④DNA 双螺旋结构比较稳定。维持这种稳定性主要靠碱基对之间的氢键以及碱基的堆积力(stacking force)。

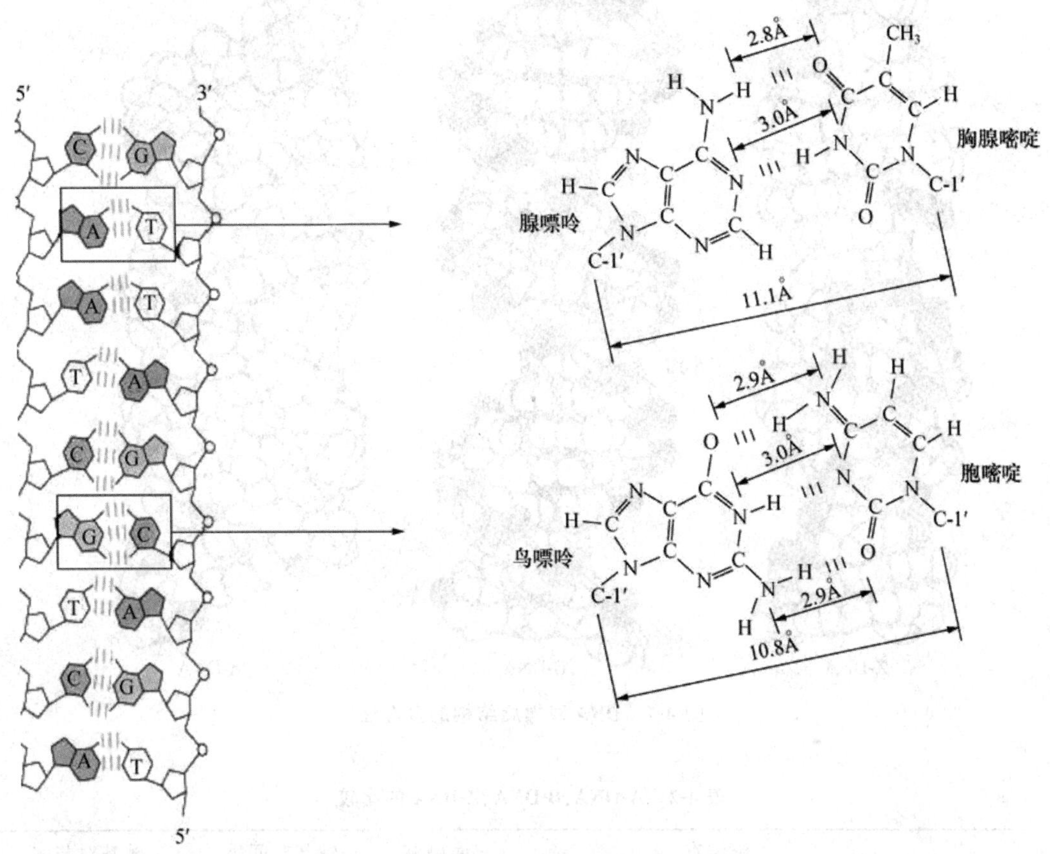

图 4-6 DNA 双螺旋中的碱基配对

4.2.4 DNA 分子螺旋的多态性

上述 B-DNA 双螺旋是 DNA 钠盐纤维在相对湿度为 92%所存在的状态。当外界条件发生改变时,双螺旋特征会发生改变,会出现 A 型、C 型、D 型、E 型等。当 DNA 钠盐纤维相对湿度为 75%时为 A-DNA。这种 DNA 纤维具有不同于 B-DNA 的结构特点,也是右手螺旋,但是螺体较宽而短,碱基对与中心轴之倾角也不同。RNA 分子的双螺旋区以及 RNA-DNA 杂交双链也具有与 A-DNA 相似的结构。RNA 分子由于在糖环上有 2′-OH 存在,从空间结构上说不可能形成 B-型结构。

此外还发现左手双螺旋的 Z-DNA。Z-DNA 是 1979 年 Rich 等在研究人工合成的 CGCGCG 的晶体结构时发现的。Z-DNA 的特点是两条反向平行的多核苷酸互补链组成的螺旋呈锯齿形,其表面只有一条深沟,每旋转一周是 12 个碱基对。研究表明在生物体内的 DNA 分子中确实存在 Z-DNA 区域,其功能可能与基因表达的调控有关(图 4-7)。

表 4-2 中比较了 A-DNA、B-DNA、Z-DNA 的一些主要特性。

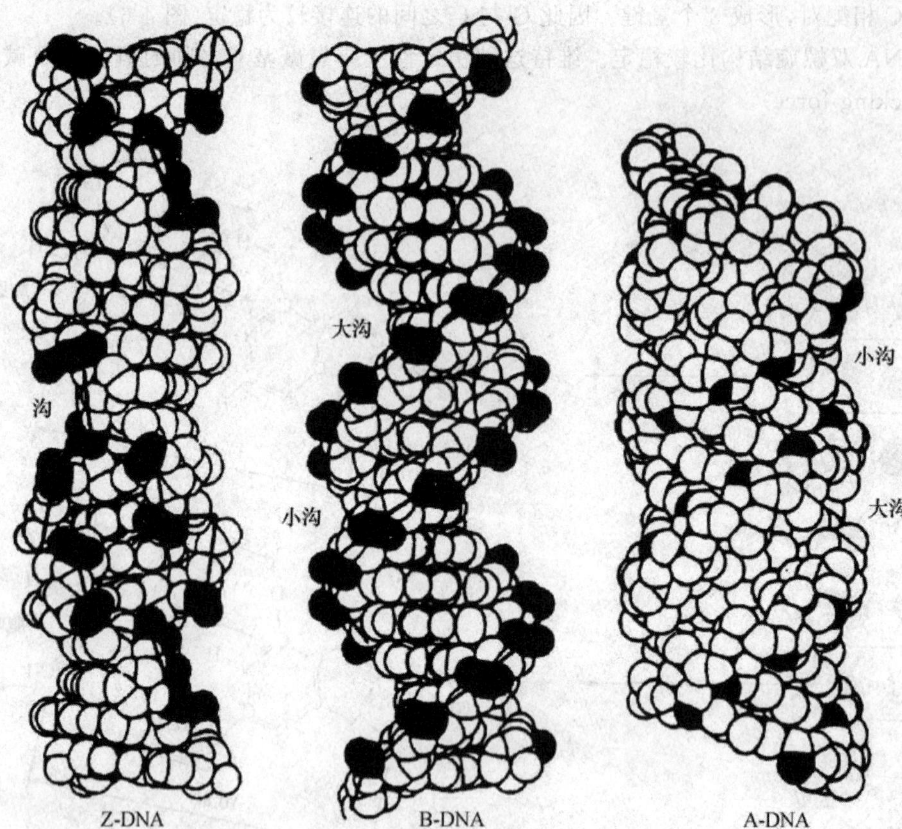

图 4-7 DNA 双螺旋结构的多态性

表 4-2 A-DNA、B-DNA、Z-DNA 的比较

类型	旋转方向	旋转直径/nm	螺距/nm	每圈碱基对数目	碱基对间垂直距离/nm	碱基对与水平面倾角(°)
A-DNA	左	2.5	2.8	11	0.255	20
B-DNA	右	2.0	3.4	10	0.34	0
Z-DNA	左	1.8	4.5	12	0.37	7

DNA 二级结构还存在三股螺旋 DNA（又称 tsDNA 和 H-DNA），它是在 DNA 双螺旋结构的基础上回折形成的，三条链均为同型嘌呤（homopurine，Hpu）或同型嘧啶（homopyrimidine，Hpy），即整段的碱基均为嘌呤或嘧啶。通常，三条链中两条为正常双螺旋，第三条嘧啶链位于双螺旋的大沟中，并随双螺旋结构一起旋转，三链 DNA 中的第三条链可以来自分子间，也可以来自分子内，如图 4-8b 所示。三条链中的碱基是通过 TAT 和 CGC 配对，与富含嘌呤的链以平行的方式键合，这种配对方式称 Hoogsteen 配对（图 4-8a）。与此相似，多聚嘌呤则与双链 DNA 的富含嘌呤的链以反平行的方式键合。

近年来，对短的寡核苷酸与双螺旋 DNA 中的寡聚嘧啶-寡聚嘌呤序列结合进行了许多详细研究，合成的寡核苷酸以靶序列 DNA 为目标，通过三链螺旋的形成，特异性识别双螺旋

T＝A·T

$C\equiv G\cdot C^+$

(a)Hoogsteen配对

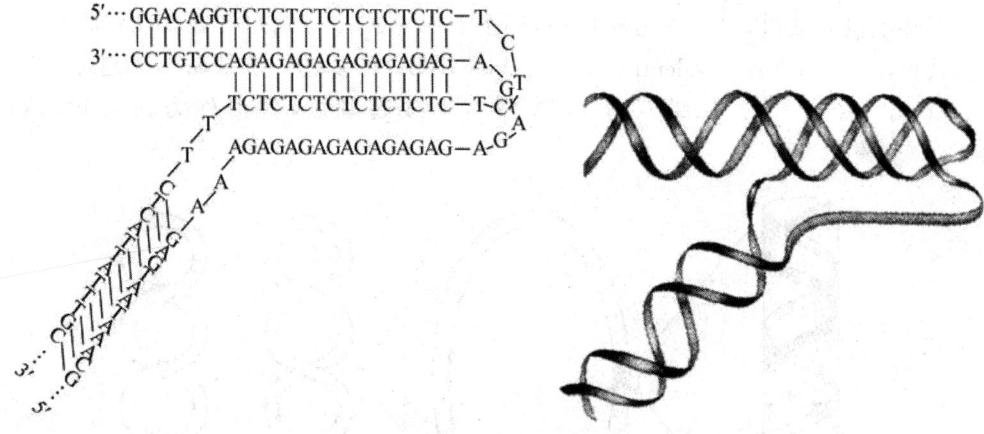

(b)DNA三股螺旋结构

图 4-8 Hoogsteen 配对及 DNA 三股螺旋结构

DNA,从而抑制转录因子等与蛋白的结合,阻断基因的转录,降低靶基因的表达。这种方法在医学及农业方面具有潜在的应用价值。

四条 DNA 链也可以通过碱基配对形成四链结构(图 4-9)。这种结构在端粒合成、DNA 同源组合和富 G 序列的双螺旋发生重叠等过程中出现。端粒是真核细胞染色体末端的特殊结构,研究表明各种端粒 DNA 都具有富含鸟嘌呤 G 的简单重复序列。富含 G 的单链可以形成多种稳定的 G-四链结构,其具有重要的生物功能,在许多细胞内的事件如端粒 DNA 的保护和延长、复制、重组和转录等事件中具有重要作用。

4.2.5 DNA 分子的超螺旋结构

1. *超螺旋*

DNA 三级结构是指 DNA 链进一步扭曲盘旋形成的超螺旋结构。生物体内有些 DNA 是以双链环状 DNA 形式存在,如有些病毒 DNA,某些噬菌体 DNA,细菌染色体与细菌质粒 DNA,真核细胞中的线粒体 DNA、叶绿体 DNA 都是环状的。环状 DNA 分子可以是共价闭

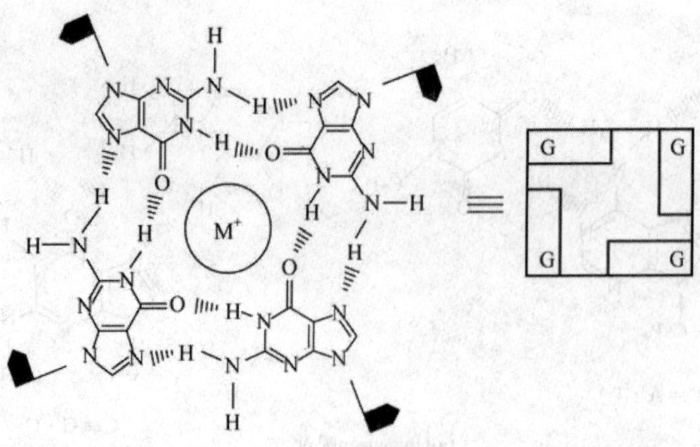

图 4-9　DNA 的四链结构

合环，即环上没有缺口，也可以是缺口环，环上有一个或多个缺口。在 DNA 双螺旋结构基础上，共价闭合环 DNA（covalently close circular DNA）可以进一步扭曲形成超螺旋形（super helical form）（图 4-10）。如果双链 DNA 没有形成超螺旋，就被称为松弛状态（relaxed state）。

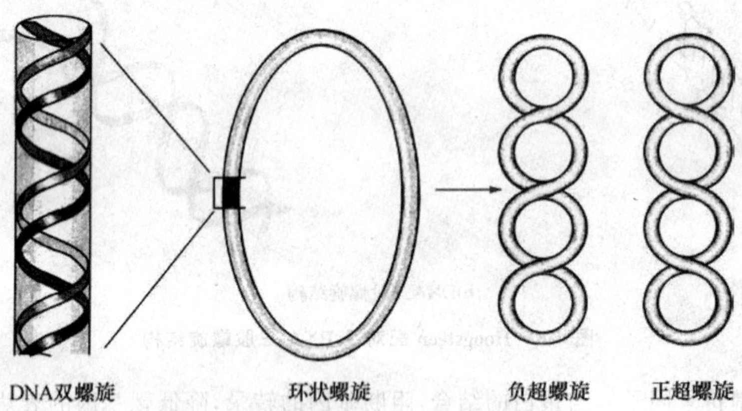

图 4-10　DNA 超螺旋结构

2. 正超螺旋和负超螺旋

根据螺旋的方向可分为正超螺旋和负超螺旋。DNA 分子是以双螺旋的形式卷曲的，由于 DNA 双螺旋结构具有一定的柔性，即 DNA 螺旋轴本身可以扭曲，因此 DNA 的超螺旋即指螺旋轴本身的扭曲。相反，如果 DNA 双螺旋轴没有弯曲，则它处在一种松弛型的状态。超螺旋的形成不是一种随机的过程，只有当 DNA 处在某种结构张力时才出现。因此 DNA 超螺旋是 DNA 结构张力的一种表现形式。DNA 旋转不足或者旋转过度是张力产生的原因。这种张力可以驱使负超螺旋或正超螺旋的形成（图 4-10）。正超螺旋使双螺旋结构更紧密，双螺旋圈数增加，而负超螺旋可以减少双螺旋的圈数。在正常生理条件下，所有天然 DNA 的超螺旋都是负超螺旋。

3. 超螺旋结构的拓扑异构特性

正超螺旋在 DNA 复制叉的头部和转录时 RNA 聚合酶的前面都会出现，必须通过拓扑异

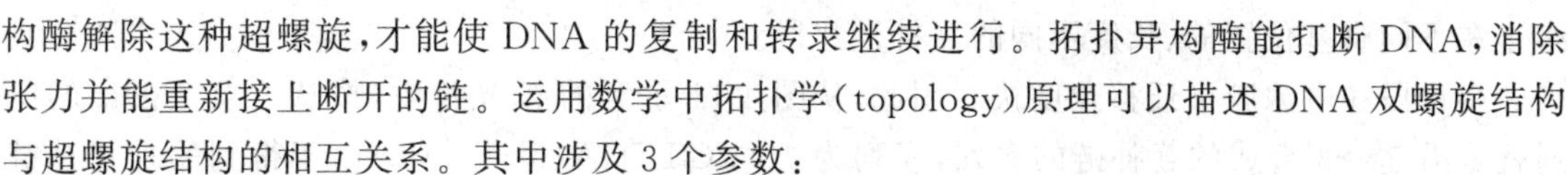

构酶解除这种超螺旋，才能使DNA的复制和转录继续进行。拓扑异构酶能打断DNA，消除张力并能重新接上断开的链。运用数学中拓扑学(topology)原理可以描述DNA双螺旋结构与超螺旋结构的相互关系。其中涉及3个参数：

(1)连环数(linking number) 用L表示，是指共价闭合的环状DNA分子的两条链相互缠绕的次数。连环数是一种拓扑学上的性质，只要DNA双螺旋保持完整，这个值是不会因双股DNA以任何方式扭曲或变形而发生改变，对于闭合环状DNA来说，它总是一个数。

(2)盘绕数(twist number) 用T表示，是指DNA分子中一条链缠绕另一条链的次数。

(3)超螺旋数(writhing number) 用W表示，是指DNA双螺旋绕超螺旋轴的次数，在数值上它与欠旋或过度旋转的圈数相等。三者存在如下关系：

$$L=T+W$$

T和W可以是小数，W为正数代表正超螺旋，为负数代表负超螺旋，T和L只取正数。

环状DNA分子因拓扑学性质的不同而产生的不同形式(如松弛型和超螺旋型)称为拓扑异构体(topoisomer)。

4.2.6 DNA序列分析

DNA是遗传物质，生物的遗传信息储存于DNA碱基序列中，DNA分子的4种脱氧核苷酸残基千变万化的精确排列顺序赋予了生物界的多样性。因此，我们可以通过测定DNA序列来研究和利用DNA所携带的遗传信息。

Gilbert的化学裂解法和Sanger的双脱氧末端终止法是两种基本的DNA测序方法。以下就Sanger建立的酶法测序过程作简要介绍。

Sanger的测序法中采用了DNA聚合酶来完成测序过程，故又称酶法测序。

该法以单链DNA为模板，加入适量的引物，在DNA聚合酶的催化下，在引物的3′-OH处，按照与模板链中碱基互补的原则，依次添加dNTP形成了磷酸二酯键，使DNA链延长。反应体系分4组，每组都需要：①模板(templet)：与要合成的链互补的DNA单链；②底物：4种脱氧核苷三磷酸dNTP；③引物(primer)：与模板单链3′端互补的一小段寡聚核苷酸链；④DNA聚合酶。同时，向每一组反应体系中引入了一种2′,3′-双脱氧核苷三磷酸(dideoxynucleotide,ddNTP)。由于ddNTP中没有3′-OH，因此，当ddNTP掺入到正在合成的DNA链中时，链的延伸即被终止(图4-11)，每组分别得到以同一核苷酸结尾的大小不同的片段 。例如，在引入ddATP的试管中，dATP和ddATP都可以随机掺入合成A的位置。因为dATP是DNA合成的正常底物，如果dATP掺入，则合成反应继续。如果ddATP掺入，新合成的链即在此位置终止合成。同样，在引入ddCTP的试管中，DNA的合成终止在C的位置。

测序反应需要在4个试管中都加入单链DNA模板、DNA聚合酶、dNTPs、放射性同位素标记的引物。另外，4个试管中还需分别加入一种互不相同的ddNTP(图4-11)。

将获得的不同长度的DNA片段变性后通过电泳进行分离，然后将电泳凝胶置于X-光片上进行放射自显影曝光，在X-光片上显示出电泳胶中分离的DNA条带。从图4-11中可以看到，在加入ddATP的试管中反应得到了大小不同的两种片段。ddATP先掺入的片段合成终止就早，产生的小片段。ddATP后掺入的片段合成终止就晚，产生的是大片段。虽然在同一试管中，合成反应都在A处终止，但合成产生的DNA片段长度却不同。其他各管中的也得到

终止在不同碱基位置的、长度不同的互补链片段。

小片段在电泳胶中迁移速度快。因此，从图 4-11 示意的 X 光片中，按从下至上读出的序列就是沿 5′→3′合成的互补链的序列，序列为 ATCGTTGA(5′→3′)。由于得到的是互补链的序列，按照碱基互补原则不难推导出模板链的序列为：TAGCAACT(3′→5′)。

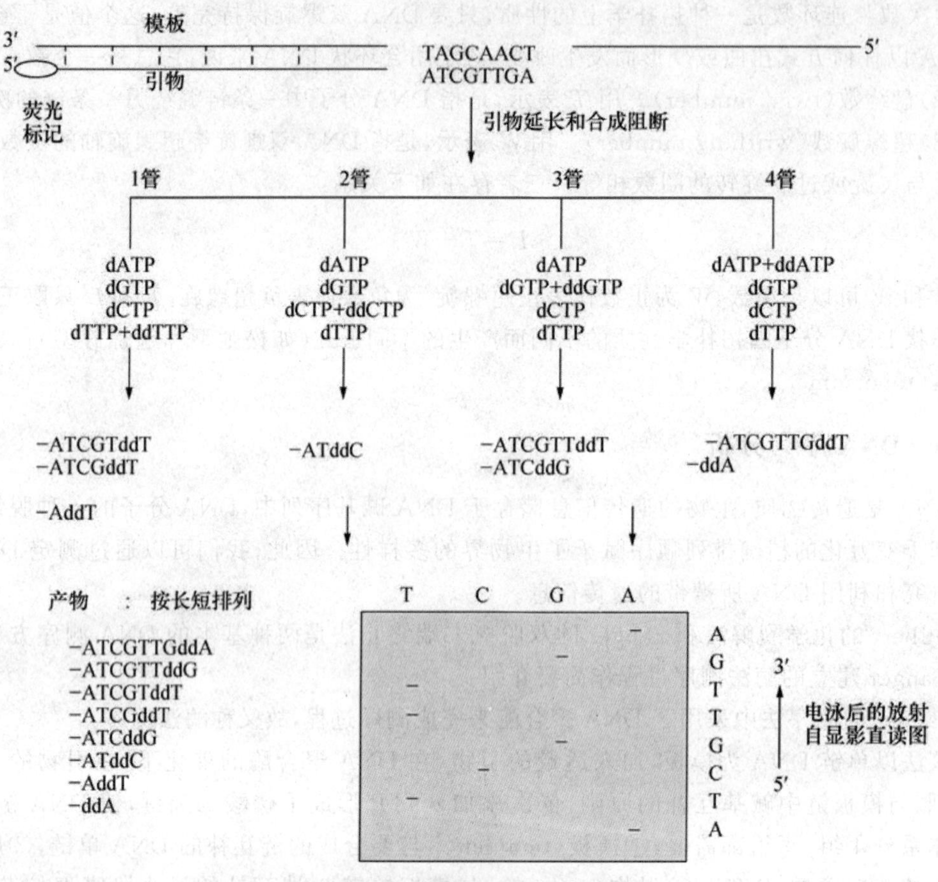

图 4-11 双脱氧法原理示意图

4.3 RNA 的结构

RNA 也是无分支的线形多聚核糖核苷酸，主要以单链存在，由 4 种核糖核苷酸组成，即腺嘌呤核糖核苷酸、鸟嘌呤糖核苷酸、胞嘧啶核糖核苷酸和尿嘧啶核糖核苷酸。这些核苷酸中的戊糖不是脱氧核糖，而是核糖。RNA 分子中还有某些稀有碱基。图 4-12 为 RNA 分子中的一小段结构。组成 RNA 的核苷酸也是以 3′,5′-磷酸二酯键彼此连接起来的。

天然 RNA 是单链线形分子，不具有像 DNA 那样的典型双螺旋结构，而只有局部区域为双螺旋结构。这些双链结构是由于 RNA 单链自身回折使得互补的碱基对相遇形成氢键结合形成的部分双螺旋结构。在 RNA 局部双螺旋中 A 与 U 配对、G 与 C 配对。除此之外，还存在非标准配对，如 G 与 U 配对。不能配对的区域形成突环(loop)，这种小的双螺旋区域和环

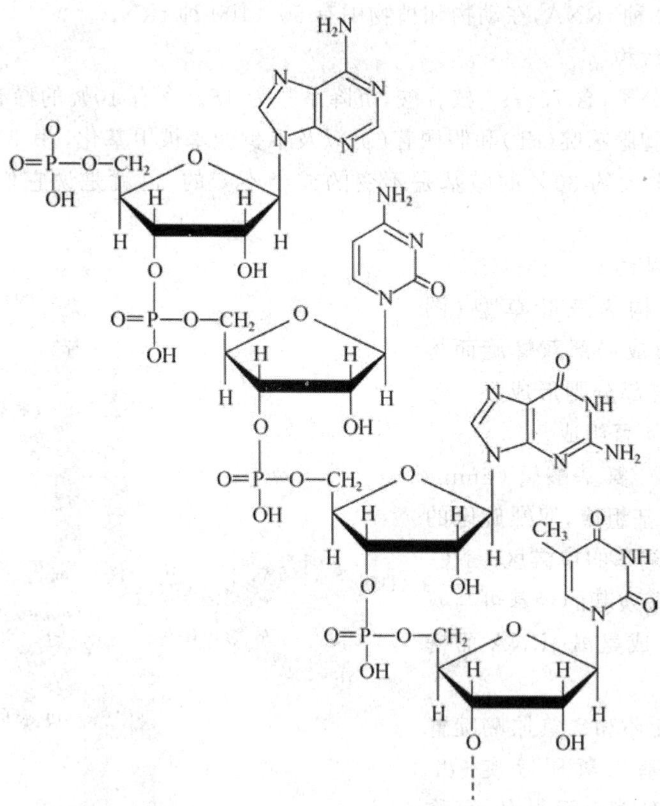

图 4-12 RNA 分子中一小段结构

称为发夹结构(hairpin)(图 4-13)。发夹结构是 RNA 中最普通的二级结构形式，二级结构进一步折叠形成三级结构，RNA 只有在具有三级结构时才能成为有活性的分子。RNA 也能与蛋白质形成核蛋白复合物，RNA 的四级结构是 RNA 与蛋白质的相互作用。

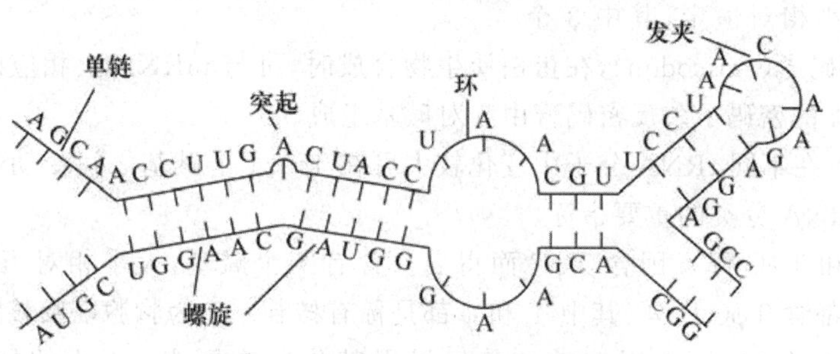

图 4-13 RNA 中的二级结构种类

动物、植物和微生物细胞内都含有 3 种主要 RNA，即核糖体 RNA (rRNA)、转运 RNA (tRNA)、信使 RNA(mRNA)。它们是根据在细胞中的功能不同而分的。

4.3.1 tRNA 的结构

tRNA 约占总 RNA 的 15%，tRNA 主要的生理功能是在蛋白质生物合成中转运氨基酸和识别密码子，细胞内每种氨基酸都有其相应的一种或几种 tRNA。因此，tRNA 的种类很多，

在细菌中有 30～40 种 tRNA，在动物和植物中有 50～100 种 tRNA。

1. tRNA 一级结构

tRNA 是单链分子，含 73～93 核苷酸，沉降系数为 4S。含有 10%的稀有碱基。如二氢尿嘧啶(DHU)、核糖胸腺嘧啶(rT)和假尿苷(ψ)以及不少碱基被甲基化，其 3′端为 CCA-OH，5′端多为 pG，分子中大约 30%的碱基是不变的或半不变的，也就是说它们的碱基类型是保守的。

2. tRNA 二级结构

tRNA 二级结构为三叶草型(图 4-14)。配对碱基形成局部双螺旋而构成臂，不配对的单链部分则形成环。三叶草型结构由 4 环 4 臂组成。

(1)氨基酸臂　氨基酸臂(amino acid arm)由 7 对碱基组成，双螺旋区的 3′末端为一个 4 个碱基的单链区—NCCA—OH 3′，腺苷酸残基的羟基可与氨基酸 α-羧基作用形成氨酰 tRNA 而携带氨基酸。

(2)二氢尿嘧啶环和二氢尿嘧啶臂　以含有稀有碱基二氢尿嘧啶(dihydrouridine loop，DHU)而得名，简称 DHU 环或 D 环。不同 tRNA 其大小并不恒定，在 8～14 个碱基之间变动，二氢尿嘧啶臂一般由 3～4 对碱基组成。

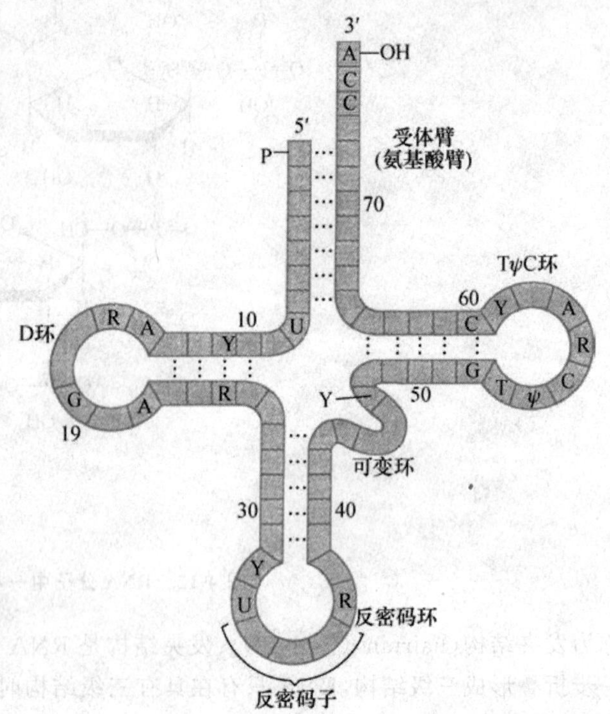

图 4-14　RNA 的二级结构(三叶草形)

(3)反密码环和反密码环臂　由 7 个碱基组成，大小相对恒定，其中 3 个核苷酸组成反密码子(anticodon)，在蛋白质生物合成时，可与 mRNA 上相应的密码子碱基互补来识别 mRNA 的密码子。反密码臂由 5 对碱基组成。

(4)额外环　在不同 tRNA 分子中变化较大可在 4～21 个碱基之间变动，又称为可变环，其大小往往是 tRNA 分类的重要指标。

(5)TψC 环和 TψC 臂　因含 TψC 而得名。含有 7 个碱基，大小相对恒定，几乎所有的 tRNA 在此环中都含 TψC 序列，其中 T 和 ψ 都是稀有核苷。T 为胸腺嘧啶核糖核苷(ribothymidine)，是 tRNA 合成后，由尿嘧啶核苷经过甲基化修饰而来。ψ 为假尿嘧啶核糖核苷(pseudouridine)。TψC 臂由 5 对碱基组成。

3. tRNA 的三级结构

20 世纪 70 年代初，科学家用 X 射线衍技术分析发现 tRNA 的三级结构为倒 L 形(图 4-15)。tRNA 三级结构的特点是氨基酸臂与 TψC 臂构成 L 的一横，—CCA—OH 3′末端就在这一横的端点上，是结合氨基酸的部位，而 DHU 臂与反密码臂及反密码环共同构成 L 的一竖，反密码环在一竖的端点上，能与 mRNA 上对应的密码子识别，DHU 环与 TψC 环在 L 的拐角上。形成三级结构的很多氢键与 tRNA 中不变的核苷酸密切有关，这就使得各种 tRNA

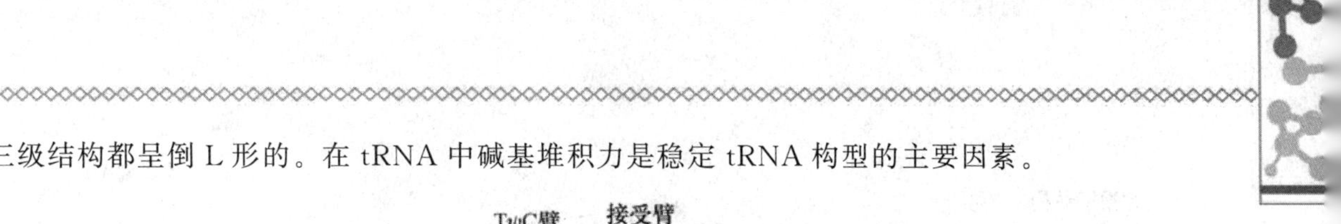

三级结构都呈倒L形的。在tRNA中碱基堆积力是稳定tRNA构型的主要因素。

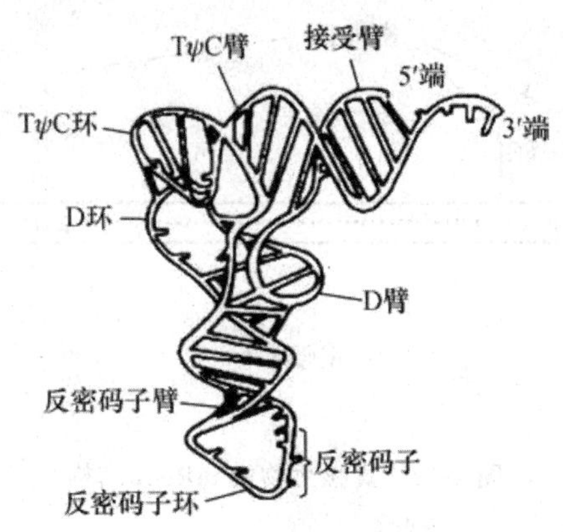

图4-15　tRNA的三级结构(倒L形)

4.3.2　mRNA的结构

原核生物中mRNA转录后一般不需加工,直接进行蛋白质翻译。mRNA转录和翻译不仅发生在同一细胞空间,而且这两个过程几乎是同时进行的。真核细胞成熟mRNA是由其前体核内不均一RNA(heterogeneous nuclear RNA,hnRNA)剪接并经修饰后才能进入细胞质中参与蛋白质合成。所以真核细胞mRNA的合成和表达发生在不同的空间和时间。mRNA的结构在原核生物中和真核生物中差别很大。下面分别作一介绍:

1. 原核生物mRNA的一级结构

原核生物的mRNA结构简单,往往含有几个功能上相关的蛋白质的编码序列,可翻译出几种蛋白质,为多顺反子。在原核生物mRNA中编码序列之间有间隔序列,可能与核糖体的识别和结合有关。在5′端与3′端有与翻译起始和终止有关的非编码序列(图4-16),原核生物mRNA中没有修饰碱基,5′端没有帽子结构,3′端没有多聚腺苷酸的尾巴(polyadenylate tail,polyA尾巴)。原核生物的mRNA的半衰期比真核生物的要短得多,现在一般认为,转录后1 min,mRNA降解就开始。

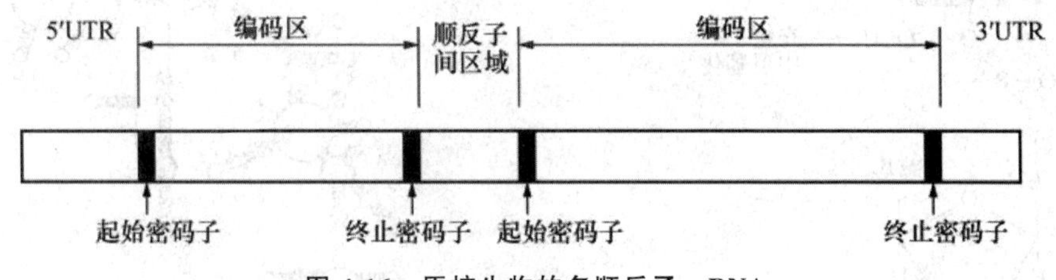

图4-16　原核生物的多顺反子mRNA

2. 真核生物mRNA的一级结构

真核生物mRNA为单顺反子结构(图4-17),即一个mRNA分子只编码一条多肽链。在真核生物成熟的mRNA中5′端有m^7GpppN的帽子结构(图4-18),帽子结构可保护mRNA不被核酸外切酶水解,并且能与帽子结合蛋白结合,识别核糖体并与之结合,与翻译起始有关。3′端有polyA尾巴,其长度为20～250个腺苷酸,其功能可能与mRNA的稳定性有关,少数成熟mRNA没有polyA尾巴,如组蛋白mRNA,它们的半衰期通常较短。

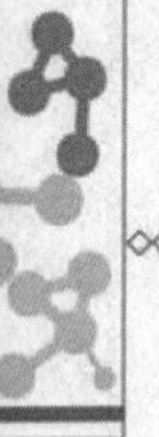

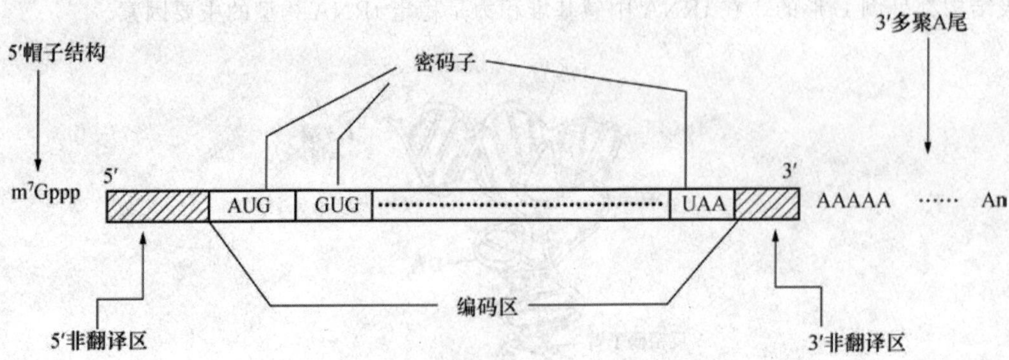

图 4-17 真核生物的 mRNA 结构

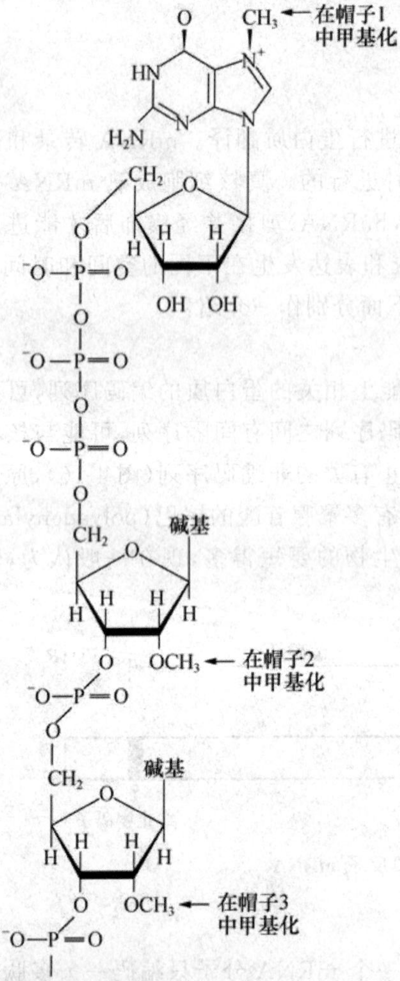

图 4-18 真核生物 mRNA 的帽子结构

4.3.3 rRNA 的结构

rRNA 占细胞总 RNA 的 80%左右，rRNA 分子为单链，局部有双螺旋区域(图 4-19)具有复杂的空间结构，原核生物的 rRNA 主要有 3 种，即 5S、16S 和 23S rRNA；真核生物则有 4 种，即 5S、5.8S、18S 和 28S rRNA；rRNA 分子作为骨架与多种核糖体蛋白(ribosomal protein)装配成核糖体，是蛋白质合成的场所。

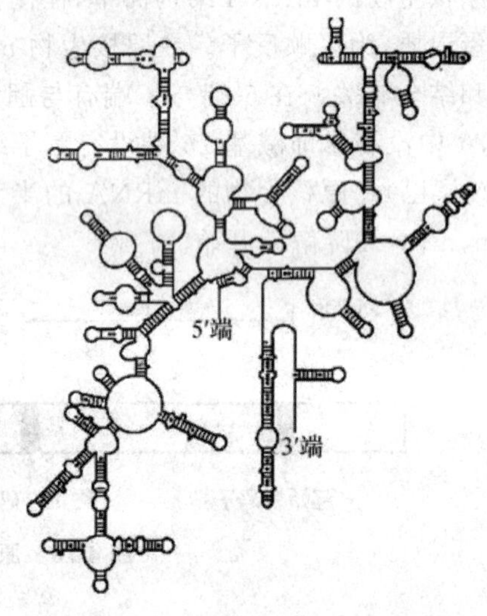

图 4-19 rRNA 的空间结构

核糖体由大、小不同的两个亚基所组成。原核生物的核糖体为 70S，由 50S 大亚基和 30S 小亚基组成。而真核生物的核糖体为 80S，由 60S 大亚基和 40S 小亚基组成。原核生物与真核生物中 rRNA 的比较见表 4-3。

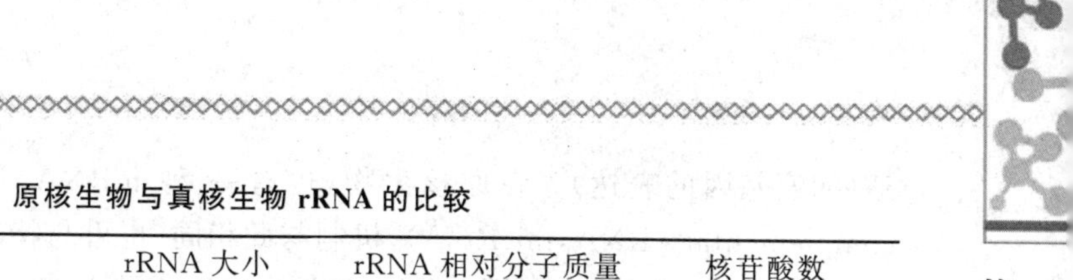

表 4-3 原核生物与真核生物 rRNA 的比较

核糖体	核糖体亚基	rRNA 大小	rRNA 相对分子质量	核苷酸数
原核生物	30S	16S	0.55×10^6	1 500
		23S	1.1×10^6	3 000
	50S	5S	0.04×10^6	120
真核生物	40S	18S	0.7×10^6	2 000
		28S	1.8×10^6	5 000
	60S	5.8S	0.05×10^6	160
		5S	0.04×10^6	120

4.3.4 其他 RNA 分子

20 世纪 80 年代以后由于新技术不断产生，人们发现 RNA 有许多新的功能和新的 RNA 基因。

1. 小核 RNA

小核 RNA(small nuclear RNA，snRNA)是细胞核内小分子的 RNA，是细胞核内核蛋白颗粒(small nuclear ribonucleoprotein particles，snRNPs)的组成成分，参与 mRNA 前体的剪接以及成熟的 mRNA 由核内向胞浆中转运的过程。

2. 核仁小分子 RNA

核仁小分子 RNA(small nucleolar RNA，snoRNA)是类新的核酸调控分子，参与 rRNA 前体的加工以及核糖体亚基的装配。

3. 胞质小分子 RNA

胞质小分子 RNA(small cytosol RNA，scRNA)的种类很多，其中 7S LRNA 与蛋白质一起组成信号识别颗粒(signal recognition particle，SRP)，SRP 参与分泌性蛋白质的合成。

4. 核酶

核酶是具有催化活性的 RNA 分子或 RNA 片段。目前在医学研究中已设计了针对病毒的致病基因 mRNA 的核酶，抑制其蛋白质的生物合成，为基因治疗开辟新的途径，核酶的发现也推动了生物起源的研究。

5. 微 RNA

微 RNA(microRNA，miRNA)是一种具有茎环结构的非编码 RNA，长度一般为 20～24 个核苷酸，在 mRNA 翻译过程中起到开关作用，它可以与靶 mRNA 结合，产生转录后基因沉默作用(post-transcriptional gene silencing，PTGS)，在一定条件下能释放，这样 mRNA 又能翻译蛋白质，由于 miRNA 的表达具有阶段特异性和组织特异性，它们在基因表达调控和控制个体发育中起重要作用。

6. 反义 RNA

反义 RNA(antisense RNA)是单链 RNA，其碱基序列正好与有义 mRNA(sense mRNA)互补，从而可与 mRNA 配对结合形成双链，抑制 mRNA 作为模板进行翻译。这是近年来所发现的一种基因表达的调控机制。利用此机制，人工合成一些反义 RNA，试图调节基因的表

达(如癌基因的表达)。在原核生物,也有一种 mRNA 干扰互补 RNA(mRNA interfering complementary RNA,micRNA),机制与此相同,也可与特异 mRNA 结合并阻止翻译。

随着基因组研究不断深入,蛋白组学研究逐渐展开,RNA 的研究也取得了突破性的进展,发现了许多新的 RNA 分子,人们逐渐认识到 DNA 是携带遗传信息的分子,蛋白质是执行生物学功能的分子,而 RNA 既是信息分子,又是功能分子。人类基因组研究结果表明,在人类基因组中约有 30 000～40 000 个基因,其中与蛋白质生物合成有关的基因只占整个基因组的 2%,对不编码蛋白质的 98%基因组的功能有待进一步研究,为此 20 世纪末科学家在提出蛋白质组学后,又提出 RNA 组学。RNA 组是研究细胞的全部 RNA 基因和 RNA 的分子结构与功能。目前 RNA 组的研究尚处在初级阶段,RNA 组的研究将在探索生命奥秘中做出巨大贡献。

4.4 核酸的理化性质

4.4.1 核酸的一般性质

1. 溶解度

DNA 和 RNA 均微溶于水,它们的钠盐在水中的溶解度较大。但 DNA 和 RNA 不溶于乙醇、乙醚等有机溶剂,所以在分离核酸时,加入乙醇即可使之从溶液中沉淀出来。

2. 核酸的水解

DNA 和 RNA 中的糖苷键与磷酸酯键都能用化学法和酶法水解。在很低 pH 条件下 DNA 和 RNA 都会发生磷酸二酯键水解。并且碱基和核糖之间的糖苷键更易被水解,其中嘌呤碱的糖苷键比嘧啶碱的糖苷键对酸更不稳定。在高 pH 时,RNA 的磷酸酯键易被水解,而 DNA 的磷酸酯键不易被水解。

水解核酸的酶有很多种,若按底物专一性分类,作用于 RNA 的称为核糖核酸酶(ribonuclease,RNase),作用于 DNA 的则称为脱氧核糖核酸酶(deoxyribonuclease,DNase)。按对底物作用方式分类,可分核酸内切酶(endonuclease)与核酸外切酶(exonuclease)。核酸内切酶的作用是在多核苷酸内部的 3′,5′磷酸二酯键,有些内切酶能识别 DNA 双链上特异序列并水解有关的 3′,5′磷酸二酯键。核酸内切酶是非常重要的工具酶,在基因工程中有广泛用途。而核酸外切酶只对核酸末端的 3′,5′磷酸二酯键有作用,将核苷酸一个一个切下,可分为 5′→3′外切酶,与 3′→5′外切酶。

3. 沉降特性

溶液中的核酸分子在离心场中可以下沉。不同构象的核酸(线形、开环、超螺旋结构)、蛋白质及其他杂质,在超离心机的强大离心场中,沉降的速率有很大差异,所以可以用超离心法纯化核酸或将不同构象的核酸进行分离,也可以测定核酸的沉降系数(S)与分子质量。它们之间呈现对应关系。由于分子的构象对其沉降特性有很大的影响,因此,这种对应关系只是相对一定构象而言的。如果相对分子质量相同,其构象不同,则沉降系数就会不同。环状 DNA 分子比同样大小的线形 DNA 分子的沉降系数大,而在环状基础上所形成的超螺旋结构,其沉降系数更大。

一般用不同介质组成密度梯度进行超离心分离核酸时,效果较好。RNA 分离常用蔗糖梯度。分离DNA时用得最多的是氯化铯梯度。氯化铯在水中有很大溶解度，可以制成浓度很高(80 mol/L)的溶液。

应用溴乙锭-氯化铯密度梯度平衡超离心，很容易将不同构象的DNA、RNA及蛋白质分开。这个方法是目前实验室中纯化质粒DNA时最常用的方法。如果应用垂直转头，每分钟65 000 r (Beckman L-70超离心机)，只要6 h就可以完成分离工作。离心完毕后，离心管中各种成分的分布可以在紫外光照射下显示得一清二楚(图4-20)。蛋白质漂浮在最上面，RNA沉淀在底部。超螺旋DNA沉降较快，开环及线形DNA沉降较慢。用注射针头从离心管侧面在超螺旋DNA区带部位刺入，收集这一区带的DNA。用异戊醇抽提收集到的DNA以除去染料，然后透析除去CsCl，再用苯酚抽提1～2次，即可用乙醇将DNA沉淀出来。这样得到的DNA有很高的纯度，可供DNA重组、测定序列及限制酶图谱等之用。在少数情况下，需要特别纯的DNA时，可以将此DNA样品再进行一次氯化铯密度梯度超离心分离。

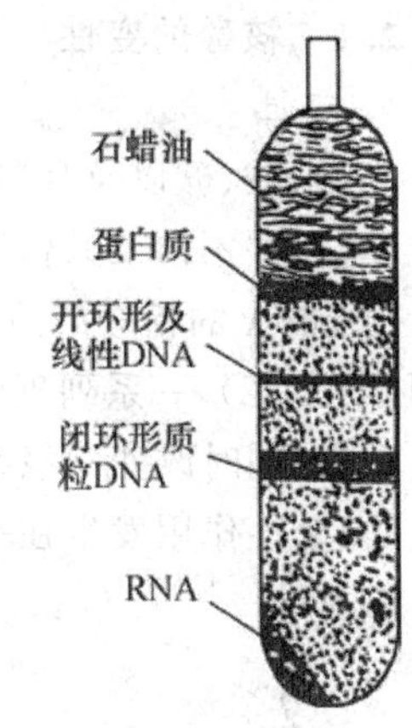

图4-20 经染料-氯化铯密度超离心后，质粒DNA及各种杂质的分布

4. 黏度

核酸是大分子，具有一定的黏度。黏度的大小与溶液的浓度、核酸的种类及溶液的性质有关。一般条件下，核酸分子越大、链越长、双链比例越高，则溶液的黏度也越大。大多数DNA为线形分子，分子极不对称，其长度可以达到几个厘米，而分子的直径只有2 nm。因此DNA溶液的黏度极高。RNA溶液的黏度要小得多；DNA变性后，溶液的黏度降低。通常情况下，由于DNA和RNA在纯水中的溶解度都不大，它们在溶液中的浓度相对较低，因此其溶液的黏度与普通水溶液并无明显差别。然而在高浓度的电解质溶液中，DNA的溶解度增大，此时高浓度的DNA溶液就具有很大的黏度。

5. 紫外吸收

嘌呤碱与嘧啶碱具有共轭双键，使碱基、核苷、核苷酸和核酸在240～290 nm的紫外波段有一强烈的吸收峰，最大吸收值在260 nm附近。不同核苷酸有不同的吸收特性。所以可以用紫外分光光度计加以定量及定性测定。实验室中最常用的是定量测定少量的DNA或RNA。检验待测样品是否纯品可用紫外分光光度计读出260 nm与280 nm的OD值，从OD_{260}/OD_{280}的值即可判断样品的比纯度。纯DNA的OD_{260}/OD_{280}应为1.8，纯RNA的应为2.0。样品中如含有杂蛋白及苯酚，OD_{260}/OD_{280}的值即明显降低。不纯的样品不能用紫外吸收法作定量测定。对于纯的样品，只要读出260 nm的OD值即可算出含量。通常按1OD值相当于50 μg/mL双螺旋DNA，或40 μg/mL单螺旋DNA(或RNA)，或2 μg/mL寡核苷酸计算。这个方法既快速又准确，而且不会浪费样品。对于不纯的核酸可以用琼脂糖凝胶电泳分离出区带后，经溴乙锭染色而粗略地估计其含量。图4-21为DNA的紫外吸收光谱。

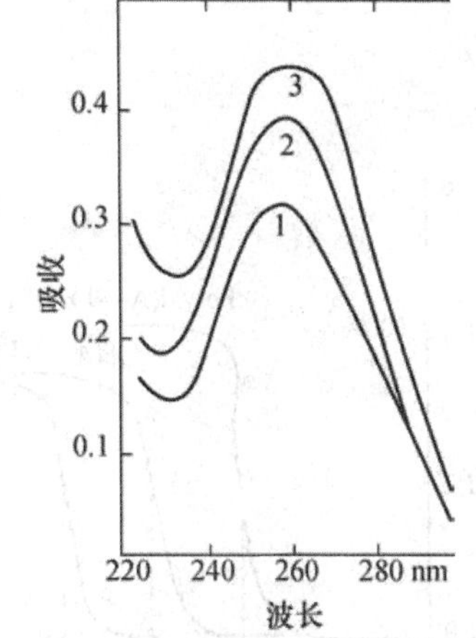

图4-21 DNA的紫外吸收光谱

1. 天然DNA；2. 变性DNA；3. 核苷酸总吸收

4.4.2 核酸的变性、复性及分子杂交

4.4.2.1 核酸的变性

1. 变性

高温、酸、碱以及某些变性剂(如尿素)能破坏核酸中的氢键,使之断裂,核酸中的双螺旋区变成单链,并不涉及共价键的断裂,这一过程称为核酸的变性。

将 DNA 的稀盐溶液加热到 80～100℃时螺旋结构即发生解体,双链分开,形成单链无规线团(图 4-22),一系列理化性质也随之发生改变:260 nm 区紫外吸收值升高,黏度降低,浮力密度升高,同时改变二级结构,有时可以失去部分或全部生物活性。DNA 的变性的特点是爆发式的,变性作用发生在一个很窄的温度范围内。

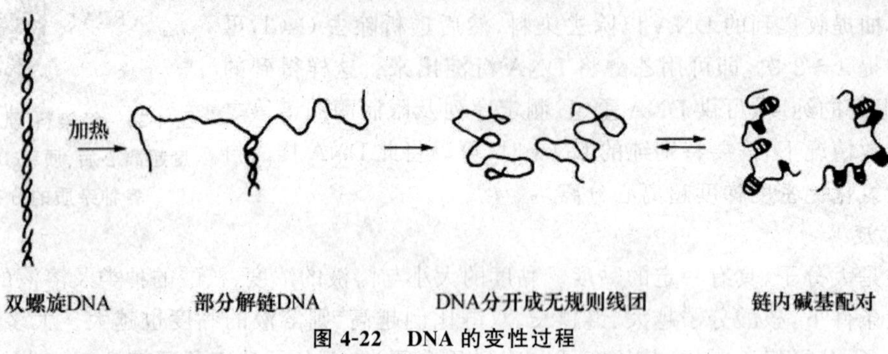

图 4-22 DNA 的变性过程

2. 熔解温度

通常把 DNA 的双螺旋结构失去一半时的温度称为该 DNA 的熔点或熔解温度(melting temperature),用 T_m 表示。DNA 的 T_m 值一般在 70～85℃。呈 S 形曲线,如图 4-23 所示。

DNA 的 T_m 值大小与下列因素有关:

(1)DNA 的均一性　均一性愈高的样品,熔解过程愈是发生在一个很小的温度范围内。

(2)G—C 的含量　G—C 含量越高,T_m 值越高,成正比关系,如图 4-24 所示。这是 G—C 配对比 A—T 配对更为稳定的缘故。所以测定 T_m 值可推算出 G—C 对的含量。

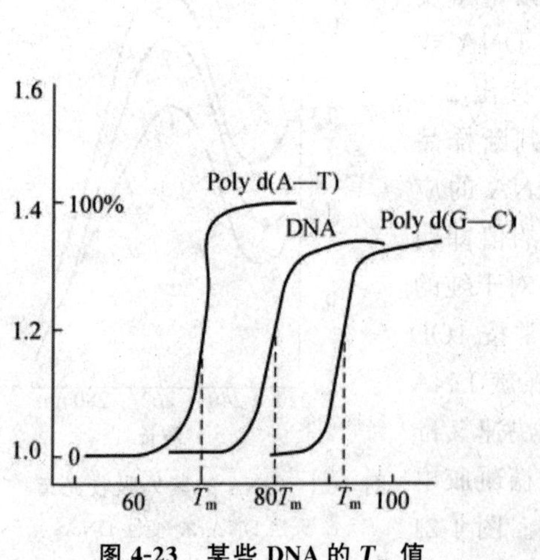

图 4-23 某些 DNA 的 T_m 值

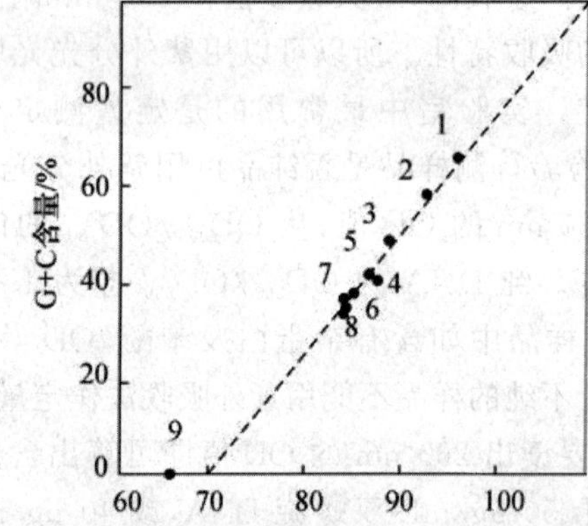

图 4-24 DNA 的 T_m 值与 G—C 含量关系

DNA 来源:1. 草分枝杆菌;2. 沙门氏杆菌;3. 大肠杆菌;4. 鲑鱼精子;5. 小牛胸腺;6. 肺炎球菌;7. 酵母;8. 噬菌体 T_6;9. 多聚 d(A—T)

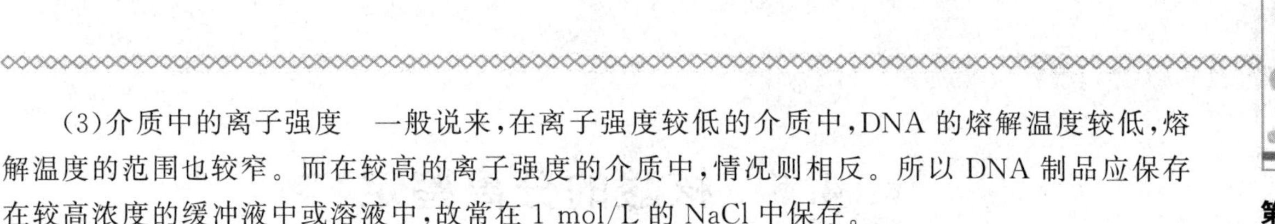

(3)介质中的离子强度　一般说来，在离子强度较低的介质中，DNA 的熔解温度较低，熔解温度的范围也较窄。而在较高的离子强度的介质中，情况则相反。所以 DNA 制品应保存在较高浓度的缓冲液中或溶液中，故常在 1 mol/L 的 NaCl 中保存。

(4)DNA 的大小　DNA 越大，T_m 值越高。

RNA 分子中有局部的双螺旋区，所以 RNA 也可发生变性，但 T_m 值较低，变性曲线也不那么陡。

3. 增色效应和减色效应

核酸变性后，双链解开变成单链，使碱基充分暴露，对紫外光的吸收值(A_{260} 值)会大大增加(图 4-21)。这种效应称为增色效应(hyperchromic effect)。当变性 DNA 单链重新形成双螺旋结构时，碱基又处于双螺旋结构内部，此时由于碱基的相互遮挡而减弱碱基对紫外线的吸收，这种效应称为减色效应(hypochromic effect)。

4.4.2.2　核酸的复性

变性 DNA 在适当条件下，又可使两条彼此分开的链重新缔合成为双螺旋结构，这一过程称为复性(renaturation)。DNA 复性后，许多物理化学性质又得到恢复，生物活性也可以得到部分恢复。当热变性的 DNA 经缓慢冷却后复性称为退火(annealing)。DNA 复性是非常复杂的过程，影响 DNA 复性速度的因素很多：DNA 浓度高，复性快；DNA 分子大复性慢；高温会使 DNA 变性，而温度过低可使误配对不能分离等。最佳的复性温度为 T_m 减去 25℃，一般在 60℃左右。离子强度一般在 0.4 mol/L 以上。

4.4.2.3　核酸的分子杂交

将不同来源的 DNA 放在试管里，经热变性后，慢慢冷却，让其复性，若这些异源 DNA 之间在某些区域有相同的序列，便会形成杂交 DNA 分子。DNA 与互补的 RNA 之间也可以发生杂交(hybridization)。

核酸的杂交在分子生物学和分子遗传学的研究中应用极广，许多重大的分子遗传学问题都是用分子杂交来解决的。如果杂交的一条链是特定(已知核苷酸序列)的 DNA 或 RNA 的序列，并经放射性同位素或其他方法标记，称为探针。利用杂交方法，使“探针”与特定未知的序列发生“退火”形成杂合体，即可达到寻找和鉴定特定序列的目的。

核酸杂交可以在液相或固相上进行。目前实验室中应用最广的是用硝酸纤维素膜作支持物进行的杂交。英国的分子生物学家 E. M. Southern 所发明的 Southern 印迹法(Southern blotting)就是将凝胶上的 DNA 片段转移到硝酸纤维素膜上后，再进行杂交的。除了 DNA 外，RNA 也可用作探针(probe)。用 ^{32}P 标记核酸时(用作探针)，可以在 3′或 5′末端标记，也可采用均匀标记。

应用类似的方法也可分析 RNA，即将 RNA 变性后转移到纤维素膜上再进行杂交。这种方法称为 Northern 印迹法(Northern blotting)。用类似的方法，根据抗体与抗原可以结合的原理，也可以分析蛋白质。这个方法称为 Western 印迹法(Western blotting)。

4.5 核酸的分离鉴定

4.5.1 分离提取

1. DNA 的提取

DNA 的提取法有多种。目前一般是根据 DNA 核蛋白能溶于水及高浓度(1～2 mol/L) NaCl 溶液,而难溶于 0.14 mol/L 的 NaCl,RNA 核蛋白则易溶于 0.14 mol/L 的 NaCl 溶液这一原理进行分离。可先用 0.14 mol/L 的 NaCl 溶液除去组织中的 RNA 核蛋白,然后用十二烷基硫酸钠(sodium dodecyl sulfate,SDS)处理,使 DNA 与蛋白质分离,并用浓(1 mol/L) NaCl 溶液溶解 DNA,再用氯仿-异戊醇将蛋白质沉淀除去,最后向 DNA 溶液中加入乙醇,DNA 即呈丝状物沉淀析出。

2. RNA 的提取

RNA 的分离方法因材料及所要分离的 RNA 种类而异。目前最普遍使用的是酚提取法。将组织匀浆用苯酚处理并离心,RNA 即溶解于上层被苯酚饱和的水层中,而 DNA 和已被凝固的蛋白质分布在下层为水饱和的苯酚中。将上清液吸出,加入乙醇,RNA 即呈白色絮状沉淀析出。

4.5.2 含量测定

1. 紫外法光吸收法

这是根据核酸中所含碱基具有紫外线特征吸收的性质而建立的方法,依照朗伯-比尔定律,利用核酸或其组分对紫外线吸收的吸光度与其浓度成正比的性质进行含量测定。

在一定 pH 条件下,测得样品的紫外线吸光率(A_{260}),用下式计算样品中核酸(或核苷酸)的含量。

$$C=(M_r \times A_{260}/\varepsilon)\times L$$

式中,C 为核酸(核苷酸)的质量浓度(mg/mL),M_r 为相对分子质量,ε 为摩尔消光系数(即 1 L 溶液中 1 mol 核酸或核苷酸的光吸收值),L 为比色杯的内径(cm)。

对于一个纯的核酸样品,每毫升 1 μg DNA 溶液,在 260 nm 的 A 值为 0.020;每毫升 1 μg RNA 溶液,则吸光值为 0.022～0.024,即一个 A 值相当于 50 μg/mL 的双螺旋 DNA 或 40 μg/mL RNA 或单链 DNA。此法简便、快速、灵敏度高(4 μg/mL),RNA 和 DNA 的产物均可测定,但色素及其他具有紫外吸收的物质对测定有干扰。

2. 定磷法

RNA 或 DNA 中都含有磷酸,磷的测定最常用的是钼蓝比色法,此法先必须用强酸(如浓硫酸、过氯酸)将核酸样品中的有机磷消化成无机磷,在酸性条件下正磷酸与定磷试剂中的钼酸作用生成磷钼酸(phosphate-molybolic acid),再经还原剂(如抗坏血酸)的还原作用生成蓝色复合物钼蓝,最后在 660 nm 波长进行比色。本方法的测定范围为 10～100 μg 核酸,在此范围内溶液光密度与磷含量成正比,以此可以计算出核酸的含量。

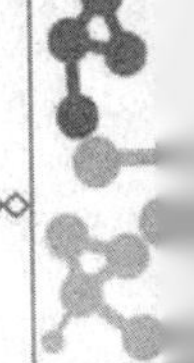

3. 定糖法

由于核酸及核苷酸中含有核糖或脱氧核糖，运用这两种糖的颜色反应，是可以进行核酸的定量测定的。常用方法包括 RNA 的地衣酚法及 DNA 的二苯胺法。

RNA 分子中所含的核糖经浓盐酸或浓硫酸作用脱水生成糠醛，与 3,5-二羟甲苯(又称地衣酚或抬黑酚，orcinol)反应生成鲜绿色物质，若有高铁离子存在时，反应更灵敏。所呈颜色的深浅与 RNA 的含量成正比，可在 680 nm 波长下比色测定，测定范围是 20～250 μg/mL RNA。

DNA 的脱氧核糖在冰醋酸或浓硫酸存在下可与二苯胺(diphenylamine)共热反应生成蓝色化合物，最大吸收峰在 595 nm 处，此法测定范围为 40～400 μg/mL DNA。

上述方法是受蛋白质、糖等物质的干扰，因此在比色测定前，应尽可能去除干扰杂质。但该法简便、快速，不需要特殊仪器即可直接鉴别 DNA 和 RNA，仍然是进行 DNA 或 RNA 分析测定常用的方法。

4.6 基 因 组

基因(gene)的现代分子生物学概念是指能编码有功能的蛋白质多肽链或合成 RNA 所必需的全部核酸序列，是核酸分子的功能单位。一个基因通常包括编码蛋白质多肽链或 RNA 的编码序列，保证转录和加工所必需的调控序列和 5′端、3′端非编码序列。另外在真核生物基因中还有内含子等核酸序列。

基因组(genome)是指一个生物体所有基因及间隔序列，储存了一个物种所有的遗传信息。最简单的是病毒的基因组，通常是一个核酸分子的碱基序列，单细胞原核生物如细菌的基因组，它仅有的一条染色体的碱基序列。而多细胞真核生物是一个单倍体细胞内多个染色体，含有的信息量最大。如人单倍体细胞的 23 条染色体的碱基序列。多细胞真核生物起源于同一个受精卵，其每个体细胞的基因组都是相同的。

4.6.1 病毒基因组

完整的病毒是由具有侵染性的核酸(DNA 或 RNA)和蛋白质组成的，是最简单的生物。病毒是介于生物和非生物之间，它们虽然含有核酸和蛋白质两种生物大分子，但它们本身不能进行繁殖，只有当侵入寄主细胞内后，才能利用寄主细胞的系统而进行繁殖。但病毒和其他生物一样，也具有繁殖、遗传、变异等生命现象。病毒能使动物和植物发生多种疾病：人类的疾病，如狂犬病、天花、肝炎、流行性感冒等，病毒也能引起恶性肿瘤；植物的病害，如烟草花叶病、番茄矮丛病、水稻矮缩病、小麦黄矮病等；病毒还能侵染细菌，侵染细菌的病毒称为噬菌体。

一个成熟的病毒称为病毒粒子(virion)，病毒粒子呈杆状或球状(多面体)，如烟草花叶病毒是杆状的，长约 300 nm，直径约为 18 nm。番茄丛矮病毒为球状(二十面体)，直径为 30 nm。构造比较复杂的大肠杆菌噬菌体 T_4 呈蝌蚪形，具有头部、尾部和尾丝等部分(图 4-25)。

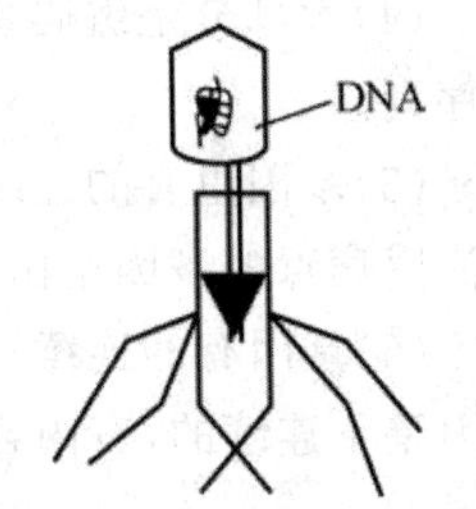

图 4-25 T 偶数噬菌体粒

完整的病毒粒子其核酸位于病毒粒子的中心，外面包围着蛋白质，形成衣壳(capsid)。这个衣壳起着保护的作用，使内部的核酸可以避免受酶的分解和机械破碎。同时也具有识别和侵袭寄主的作用。病毒的侵染性是由核酸引起的，衣壳无侵染性，因为用不含核酸的衣壳蛋白质处理寄主细胞不能引致细胞的破裂，也不能生成新的病毒粒子。有些较复杂的动物病毒在衣壳外面还包有被膜(envelope)，在被膜中含有来自宿主的脂双层和病毒自身编码的糖蛋白。病毒侵染寄主细胞，是靠病毒的衣壳蛋白质辨认寄主细胞外壁的特殊部位，然后将病毒的核酸释放到寄主细胞中去，并破坏了寄主细胞的正常代谢过程，迫使寄主细胞进行病毒粒子的复制。以后，受侵染细胞死亡并随即溶解，新形成的病毒粒子则从其中释放出来。一些病毒核酸的某些特性列于表 4-4。

表 4-4　一些病毒核酸的某些特性

病毒名称	核酸类型	单链或双链	核酸相对分子质量($\times 10^6$)	宿主细胞
小儿麻痹病毒	RNA	单链	2.2	人
多瘤病毒	DNA	双链	3	哺乳动物
烟草花叶病病毒	RNA	单链	2	菸草
腺病毒	DNA	200	10	5
噬菌体 T_2	DNA	220	13.4	61
人流行性感冒病毒	RNA	280	2.2	0.8

由于病毒必须在寄主内利用寄主的酶来复制自己，所以其基因组的信息量要比细胞少得多，结构上主要具有以下一些特征：

(1)基因组小，不同病毒间大小相差较大　病毒的基因组比真核生物和细菌小得多，而且不同病毒间大小差异比较大(表 4-4)。比如马铃薯卷叶病毒只有 2 000 bp，只能编码几个蛋白，而痘病毒的基因组有 300 kb，可编码几百个蛋白。

(2)基因重叠　同一核酸片段可编码几种蛋白的现象。这种重叠可以是包含、部分重叠、共用一个碱基的关系，但这几个重叠基因之间读码框是不同的，所以编码的蛋白是不同的。

(3)病毒不同，基因组种类和结构不同　病毒的核酸可以是 DNA 或是 RNA。目前发现的病毒均只含有 DNA 或 RNA 一种核酸。大多数病毒的核酸为双股 DNA 链或单股 RNA 链，但也有一些很简单的细菌病毒含单股 DNA 链，而呼肠弧病毒则含双股 RNA 链。大多数植物病毒含单股 RNA，动物的病毒有些含单股或双股 RNA，有些含单股或双股 DNA。

(4)大部分是编码蛋白质的　90%以上是编码序列，不编码序列少，通常是基因表达的调控序列。

(5)基因组有的连续，有的不连续　RNA 病毒的基因组多数是连续的，有些是不连续的，如流感病毒的基因组由 8 条 RNA 组成，是节段性的。

(6)基因有的连续，有的间隔　噬菌体的基因是连续的，无内含子。真核生物的病毒有些基因是不连续的，有内含子。

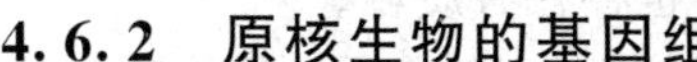

4.6.2 原核生物的基因组

原核生物的细胞没有细胞核，遗传物质存在于细胞内相对集中的区域，形成一个类核(nucleoid)的结构，习惯上仍将原核生物的遗传物质称为染色体。大多数原核生物仅有单一的染色体拷贝，只含一个环状双链 DNA。现在已发现不少原核生物含多条染色体，还有的原核生物含线性 DNA。DNA 是以负超螺旋与组蛋白类似蛋白质形成复合物，最后组织成约 50 个结构域结合到一个蛋白质支架上。最普通的蛋白有 HU，HSP-H1-NS 蛋白。原核生物的生命活动除了复制基因组外，还有复杂的代谢活动。所以，其基因组的结构特征要明显不同于病毒的基因组结构。下面我们介绍大肠杆菌的基因组和质粒 DNA 的结构及特征。

1. 大肠杆菌的基因组

大肠杆菌(*Escherichia coli*，*E. coli*)的基因组为一条环状双链 DNA 分子，与一些蛋白质形成类核(染色体)，染色体基因组的大小约为 4.6×10^6 bp，含有 4 000 多个基因。

大肠杆菌基因组包括编码区和非编码区，绝大多数是编码区，编码蛋白质或 RNA，少数为非编码区，大部分都参与基因表达的调控。类核中的蛋白质有稳定类核的作用。

大肠杆菌的基因组 DNA 与碱性的 DNA 结合蛋白质和少量 RNA 结合，压缩成一种致密结构存在于细胞质中，其分子长度是其菌体长度的 1 000 倍。DNA 双螺旋分子有许多位点与 DNA 结合蛋白结合，使双链 DNA 形成许多向四周伸展的突环(loop)，每个突环的两端被多种 DNA 结合蛋白所固定。所有突环区都形成负超螺旋(图 4-26)。

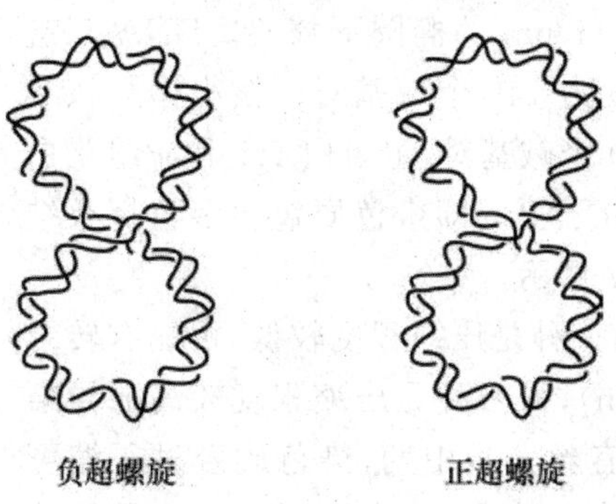

图 4-26 大肠杆菌基因组 DNA 的超螺旋结构

大肠杆菌基因组主要具有以下特征：

①多数基因序列是连续的，没有内含子(intron)。

②重复序列少，编码蛋白的结构基因多为单拷贝，而编码 rRNA 的基因往往是多拷贝。

③基因一般不会出现重叠现象。

④功能相关的几个结构基因常串联在一起，与调节序列组成操纵子(operon)结构。转录时，功能相关的几个结构基因转录在同一个 mRNA 分子中，形成多顺反子 mRNA。在操纵子的末端有特殊的终止序列。

⑤有多个功能识别区域，如复制和转录的起始区和终止区等。

2. 质粒

质粒(plasmid)是染色体外能够进行自主复制的遗传单位，是环状双链 DNA 分子。大约

50%的细菌中都含有一个或多个质粒。酵母、真菌等真核生物中也存在有质粒。

质粒存在于细胞中,也携带有遗传信息,但质粒不属于细胞基因组的一部分,某一种质粒可以存在于不同种类的生物细胞中,质粒可以从一种生物细胞中转移到另一种生物细胞中。在基因工程中,质粒常被用作外源基因的载体,可以携带外源基因进入细胞中。将细胞培养后就可以得到大量的外源 DNA 和 DNA 的产物。

4.6.3 真核生物的基因组

真核生物基因组是单倍体细胞中维持正常功能的最基本的一套染色体,包括全部的基因以及非编码的序列。真核生物基因组包括了核基因组和细胞器基因组。

1. 染色体的结构

染色体是基因的载体。每个中期染色体都由两条染色单体组成,每个染色单体含有一个 DNA 双螺旋分子。染色体存在于细胞核中,由 DNA、蛋白质和少量 RNA 组成。DNA 约占染色体分子质量的一半,余下的一半为蛋白质。这些蛋白质大部分是小的碱性蛋白质,称为组蛋白(histone)。

真核细胞染色体是在细胞分裂周期中期和减数分裂的粗线期由核内的染色质(chromatin)卷曲而呈现为一定数目和形态的物质。染色质存在于真核细胞细胞核中,是由核小体和 DNA 组成的。核小体由组蛋白 H2a、H2b、H3 和 H4 各两个分子组成,形成一个大小为 5 nm×11 nm 的椭圆形核心。DNA 双链沿核小体的短轴旋绕,其长度为 140 个碱基对。核小体与核小体之间的 DNA 链长 15～100 个碱基对,组蛋白 H1 和非组蛋白的酸性蛋白则附着在 DNA 分子上。即染色质包含多重折叠结构,染色质结构模式如图 4-27 所示。

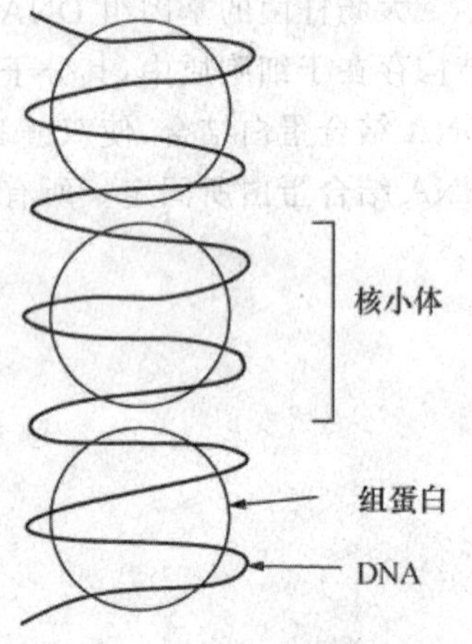

图 4-27 染色质结构模式

染色质主要有两种形式:一种是压缩程度较低,可能有转录活性的常染色质(euchromatin);另一种是压缩程度较高的异染色质(heterochromatin)。在有丝分裂中期,染色质经过压缩可以产生染色体。在染色质或染色体中,核小体(图 4-28)是最基本的结构和功能亚单位,每个核小体大约含有 200 bpDNA,缠绕在一个组蛋白八聚体表面,形成念珠状结构(图 4-29)。组成核小体的中的 DNA 纤维直径为 10 nm。形成的核小体进一步呈螺旋状排列,形成直径约 30 nm 的螺线管纤维,每圈由 6 个核小体组成。螺线管纤维再进一步经多次凝集和包装,形成直径为 700 nm 的染色单体,最后 2 个染色单体形成直径为 1 400 nm 染色质体(图 4-30)。因此,染色体和染色质是核蛋白体-核小体在不同折叠层次上的不同存在形式。不同生物或同一生物的不同时期的染色体,或者同一染色体的不同区域,DNA 的压缩程度不同,DNA 组装的结构层次也有所不同。

2. 核基因组的结构特征

真核生物的基因和基因组的结构(图 4-31)比原核生物复杂得多。人类的结构基因一般由几个区域组成:

编码区:包括外显子和内含子。

非编码区:包括 5′UTR 和 3′UTR。

调节区：包括调节基因转录的一些序列，如启动子、增强子等。这些序列通常位于编码区的两侧，所以也被称为侧翼序列。

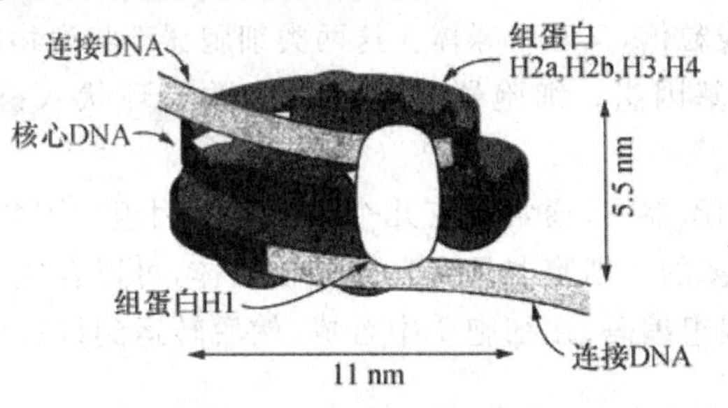

图 4-28 单核小体的结构

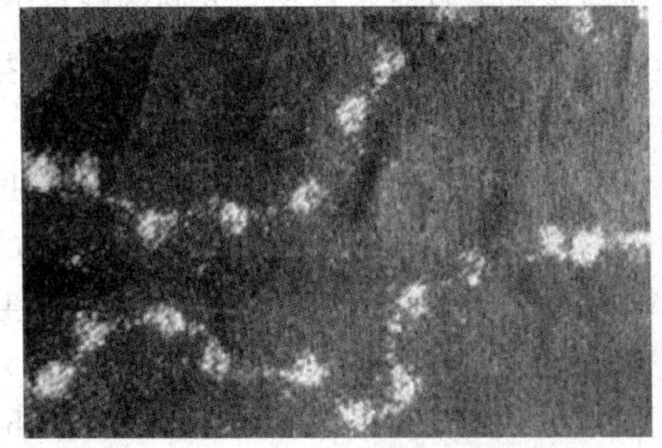

图 4-29 核小体的念珠状结构

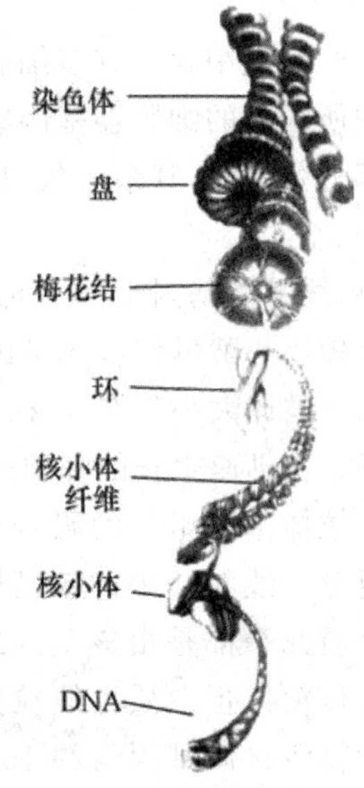

图 4-30 染色体的结构层次

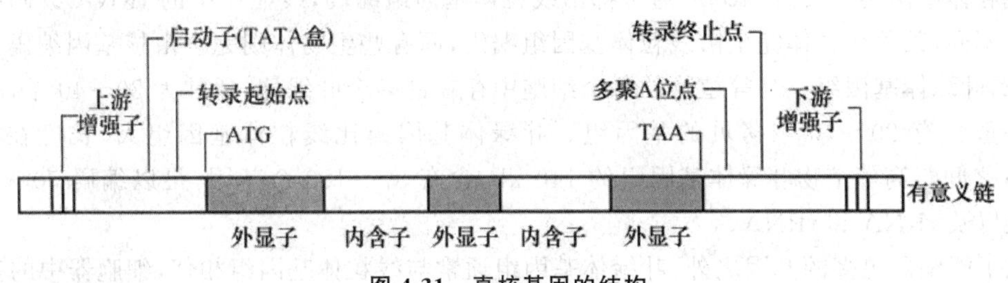

图 4-31 真核基因的结构

真核生物的核基因组具有一些显著的特征：

①绝大多数真核生物的基因都是不连续的，其中外显子与内含子交替排列，称为割裂基因(split gene)或不连续基因(discontinuous gene)。在这类基因中有编码作用的序列称外显子(exon)，没有编码作用的序列称内含子(intron)。

②有许多非编码区。如人的核基因组中编码序列只占整个基因组约 5%，约编码 30 000 个基因，其余的是非编码序列。每个真核细胞只表达整个基因组的一部分基因。其中，人脑细胞表达基因的比例最高，大约占全部基因的 22%。

③原核生物的复制、转录和翻译在同一个位置上进行。而真核生物基因表达在时间和空间上是分开的，复制和转录发生在细胞核中，翻译却在细胞质中进行。

④重复序列多。不同生物重复序列的长度在 2 到上千个核苷酸之间变化，重复频率也不尽相同，可分为高度重复序列(频率可达 10^6 次)、中度重复序列(频率可达 10^3～10^4 次)和低度重复序列(频率只有 1 到几次)。

⑤基因转录产物为单顺反子。一个多肽链对应一个 mRNA。

3. 细胞器基因组

动物细胞具有线粒体，植物细胞既有线粒体，又有叶绿体。这两类细胞器都与生物的能量代谢有关。线粒体和叶绿体也有自己的基因组。细胞器基因组大多数为环状双链 DNA 分子。

每个细胞中含有许多细胞器，在一个细胞器中，通常都有几个拷贝的基因组。因此，每个细胞中所含有的细胞器基因组拷贝数是很多的。细胞器具有自己的核糖体，可以合成自身所需的部分蛋白质，其余的蛋白质则由核基因组编码，在细胞质中合成，然后转运到线粒体和叶绿体中。

(1)线粒体基因组　不同生物的线粒体基因组的大小变化很大。动物细胞的线粒体基因组通常较小。酵母线粒体基因组要大得多，但是比起核基因组要小得多。在啤酒酵母中，不同菌株间线粒体大小都在 80kb 左右。每个细胞中有 22 个线粒体，每个线粒体中有 4 个拷贝的基因组。在迅速生长的啤酒酵母细胞中，线粒体 DNA 所占比率可达 18%。

线粒体基因组只编码较少的蛋白质，主要是电子传传递链中蛋白质复合物Ⅰ～Ⅳ的各亚基组分。线粒体内的核糖体蛋白不同生物编码的基因组不同，动物和真菌线粒体的核糖体蛋白质几乎都是由核基因组编码，而酵母线粒体所有的核糖体蛋白质、植物及原生物的大部分核糖体蛋白质由线粒体基因组编码的。编码蛋白质的数目与基因组大小无关。如哺乳动物线粒体基因组约 16. 5 kb，编码 13 种蛋白质。酵母线粒体基因组 60～80 kb，只编码 8 种蛋白质。

线粒体中两类主要的 rRNA 通常都由线粒体基因组编码，线粒体中的 tRNA 编码的基因组有所不同，某些生物体完全由线粒体基因组编码，而有些生物体则完全由核基因编码。

(2)叶绿体基因组　高等植物的每个细胞中存在许多个叶绿体，通常为 20～40 个，每个叶绿体一般含有 20～40 个拷贝的基因组。叶绿体基因组比线粒体基因组大，长度在 120～190 kb 之间。高等植物叶绿体基因组约 140 kb，含有 87～183 个基因，足以编码 50～100 个蛋白质以及 rRNA 和 tRNA。

除了能编码更多的基因之外，叶绿体基因组通常与线粒体基因组相似，细胞器中的基因由细胞器内相应装置完成转录和翻译。叶绿体基因组编码所有用于蛋白质合成的 rRNA 和 tRNA，编码的蛋白质约 50 种，包括了 RNA 聚合酶及核糖体蛋白质，以及类囊体膜上的蛋白质复合物中的组分。

目前对基因的研究已经发展到基因组学(genomics)。基因组学是对相关物种全部基因组结构组成及功能性质的研究。基因组学应用生物信息学、遗传分析、基因表达测量和基因功能鉴定等方法，研究生物基因组的组成、组内各基因的精确结构、相互关系及表达调控等。

基因组学使人们开始从基因组的整体水平，规模化地去解码生命、了解生命的起源、了解生物体生长发育的规律。人类基因组 30 亿个碱基对序列的阐明，第一次在分子层面上为人类打开了一张生命之图，不仅奠定了人类认识自我的基石，也推动了生命科学与医学的革命性进展。

本章小结

DNA是遗传信息载体，RNA具有多种生物学功能。核酸的基本单位是核苷酸，核苷酸由磷酸、戊糖和碱基组成。

核酸的一级结构是多核苷酸链中核苷酸的排列顺序、连接方式、碱基组成。查加夫提出了DNA碱基组成的特点，认为其有种属特异性，无组织特异性，碱基组成符合当量定律。Watson和Crick提出了DNA的B-型双螺旋结构模型，是划时代的贡献，其结构模型为反向、双股平行的右手螺旋，维持的作用力主要有两种：碱基堆积力（最主要）和氢键。除此之外还有一些其他二级结构形态，如Z-型双螺旋、A-型双螺旋、互补三链和四链结构，所以二级结构具有多态性。DNA的三级结构是超螺旋结构。

tRNA的一级结构中有许多稀有碱基。真核生物在一级结构上不同于原核生物，真核生物mRNA 5′端有帽子结构，3′端有尾巴结构，表达蛋白时是单顺反子。RNA的二级结构为部分双链形成的茎环或发夹结构。tRNA的二级结构为三叶草结构，在蛋白质的合成中具有携带氨基酸、识别核糖体、氨酰tRNA合成酶和mRNA配对的功能，三级结构为L形（或倒L形）结构。

核酸在理化因素的影响下，双链会解链变为单链，称核酸的变性。核酸在紫外260 nm处有很强的吸收值，在核酸变性时，其紫外吸收性增加的现象称增色效应。50%的DNA变性时温度称DNA的熔解度（T_m），GC含量越高，T_m越高，离子强度越大，T_m越大，DNA的均一性越高，T_m越窄，DNA分子越大，T_m越大。变性的DNA分子在温度降低时会发生复性，复性过程中具有减色效应。如果是不同的DNA或RNA分子，只要碱基可以配对就可以形成杂合分子，叫核酸的杂交。

复习思考题

1. 下列关于双链DNA碱基摩尔含量的关系式哪一项是错误的？

①A=T，G=C；②A+T=G+C；③A+G=C+T；④A+C=G+T。

2. 大多数真核生物mRNA的5′端有下列哪几种结构？

①polyA；②帽子结构；③起始密码；④终止密码。

3. 解释下列名词：

①DNA的一级结构；②增色效应与减色效应；③核酸的变性和复性；④核酸杂交；④DNA的熔解度。

4. 比较DNA和RNA在化学组成和分子结构上的异同点。

5. 试述DNA双螺旋结构的要点及其生物学意义。

6. 试述RNA的种类及其结构与功能特点。

7. 什么是熔解温度？影响核酸分子T_m值的主要因素有哪些？

8. tRNA的分子结构有哪些特点？

9. 在双链 DNA 中，若 C 的摩尔百分比为 20%，A 的摩尔百分比应该等于多少？

10. 一段含 20 bp 的双链 DNA，其中一条链的碱基序列如下，请写出其互补链的碱基序列。

5′-GTACCGTTCGGTACATC-3′

11. 比较原核生物与真核生物 mRNA 结构的异同。

第5章

糖 类

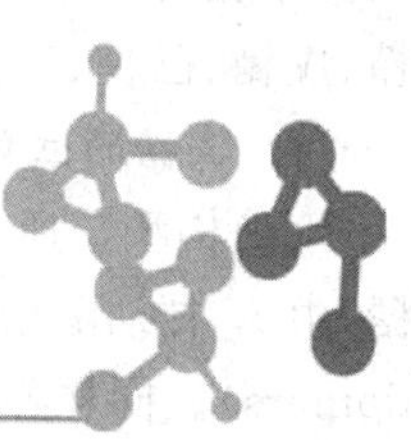

◈内容提示与教学目标

【说明】本章介绍三大生命物质之一糖类有关知识，为后续动态生物化学中糖类代谢的学习打好基础。

重点掌握：葡萄糖、果糖、甘油醛、二羟丙酮的结构特点。

掌握：淀粉、蔗糖的结构特点。

一般了解：其他各种糖的结构。

本章难点：糖的分离纯化与鉴定。

糖类(carbohydrate)广泛存在于生物体中，植物体中含量最丰富，占其干重的85%～90%，细菌为10%～30%，动物小于2%。糖类物质是地球上数量最多的一类有机化合物。

糖类是生物体的主要能源物质和结构成分，此外，还在细胞识别、细胞分化、免疫等方面起着重要作用。近年来，糖类研究进展极为迅速，已成为继蛋白质、核酸之后生物化学中的重大科学前沿。

从其化学本质给糖类下一个定义：糖类是多羟基醛、多羟基酮或其衍生物，或水解时能产生这些化合物的物质。

根据其聚合度，可将糖类分为：

①单糖(monosaccharides)：不能水解成更小分子的糖类，如葡萄糖、果糖、核糖等。

②寡糖(oligosaccharides)：由2～10个单糖分子聚合而成的糖类，如麦芽糖、蔗糖、棉子糖等。

③多糖(polysaccharides)：由多分子单糖分子聚合而成的糖类，如糖原、淀粉、纤维素、半纤维素、黏多糖等。

糖类与蛋白质、脂类等生物分子形成的共价结合物如糖蛋白、蛋白聚糖、糖脂等，总称复合糖或糖复合物(glycoconjugate)。

5.1 单 糖

5.1.1 单糖的种类

1. 按碳原子分

自然界中存在的单糖及其衍生物有数百种，其中多数是作为聚糖(glycan)的单糖单位存

在，少数以游离状态存在。

单糖可以根据碳原子数分为三碳糖、四碳糖、五碳糖、六碳糖、七碳糖、八碳糖（或丙糖、丁糖、戊糖、己糖、庚糖、辛糖）等。

2. 单糖的立体结构

（1）构型　所有醛糖都可以看成由甘油醛衍生而来。由 *D*-甘油醛衍生而来的称 *D* 系醛糖，由 *L*-甘油醛衍生而来的称 *L* 系醛糖（图 5-1）。*L* 系醛糖是相应 *D* 系醛糖的对映体（enantiomers）。同样各种酮糖可被认为是由二羟丙酮衍生而来（图 5-2）。

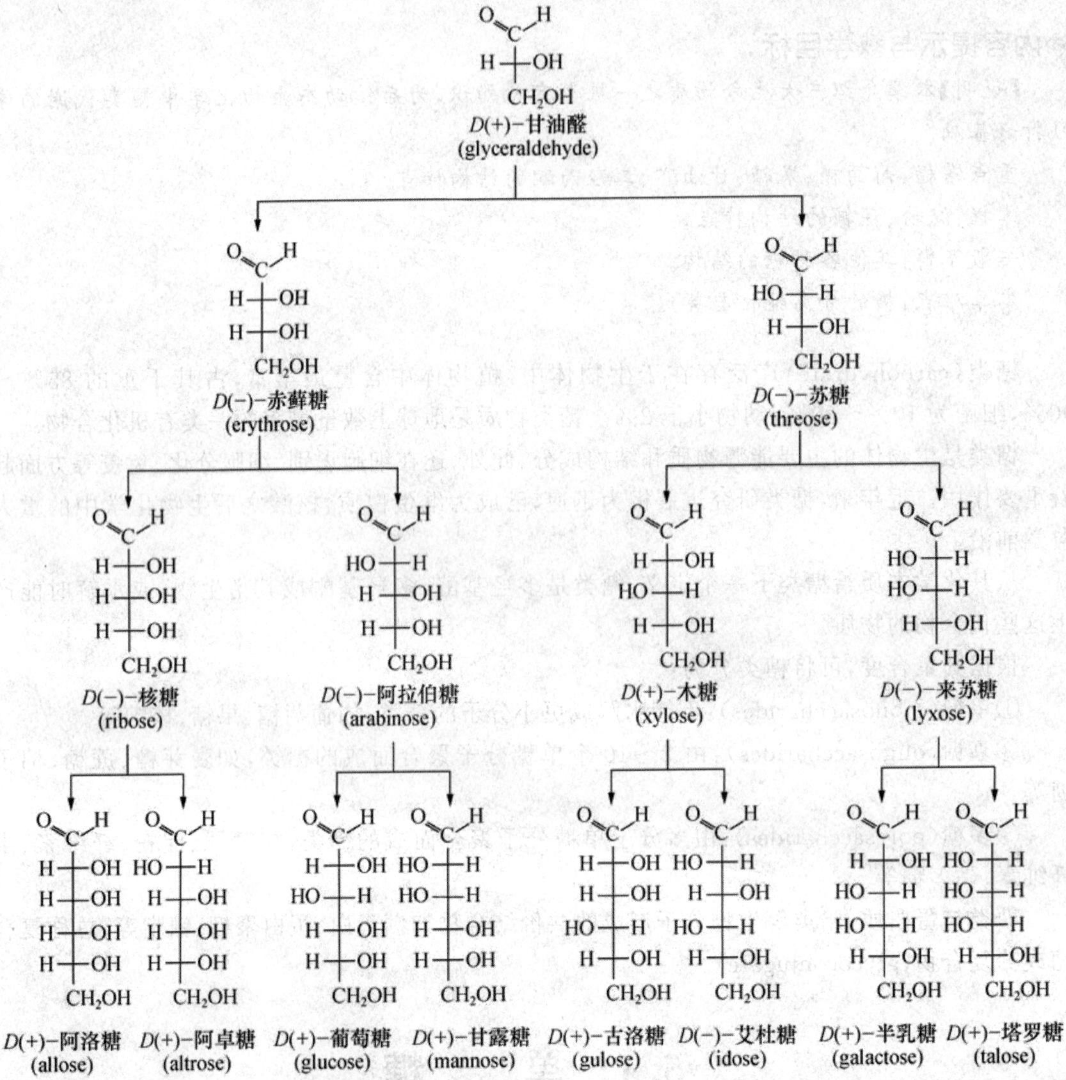

D(+)-甘油醛 (glyceraldehyde)

D(−)-赤藓糖 (erythrose)　*D*(−)-苏糖 (threose)

D(−)-核糖 (ribose)　*D*(−)-阿拉伯糖 (arabinose)　*D*(+)-木糖 (xylose)　*D*(−)-来苏糖 (lyxose)

D(+)-阿洛糖 (allose)　*D*(+)-阿卓糖 (altrose)　*D*(+)-葡萄糖 (glucose)　*D*(+)-甘露糖 (mannose)　*D*(+)-古洛糖 (gulose)　*D*(−)-艾杜糖 (idose)　*D*(+)-半乳糖 (galactose)　*D*(+)-塔罗糖 (talose)

图 5-1　*D* 系醛糖

（2）环状结构　在水溶液中，含有 4 个以上碳原子的单糖主要以环状结构存在，因为环状结构在能量上更稳定。环化的化学基础是醛基与醇基反应生成半缩醛。对于葡萄糖来讲，六元环（吡喃型）比五元环（呋喃型）结构稳定。葡萄糖 C5 上的羟基与 C1 的醛基加成生成六元环的吡喃型葡萄糖（图 5-3）。

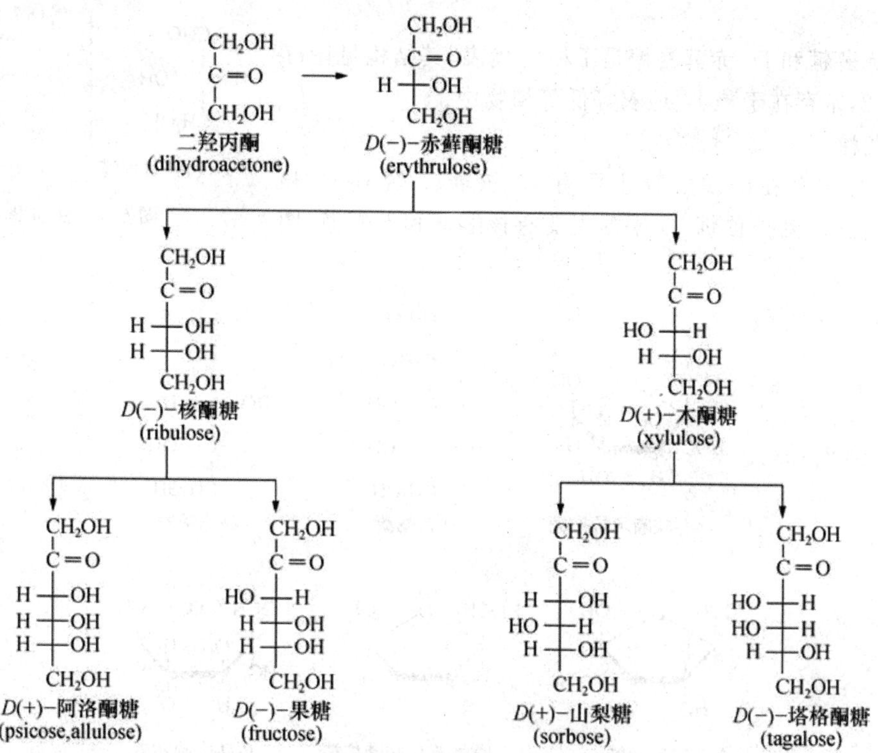

图 5-2 *D* 系酮糖

图 5-3 环状葡萄糖的形成

5.1.2 常见单糖

1. 丙糖

D-甘油醛是具有光学活性的最简单单糖，常被用作确定生物分子 *D*、*L* 构型的标准物，二羟丙酮无光学活性(图 5-4)。

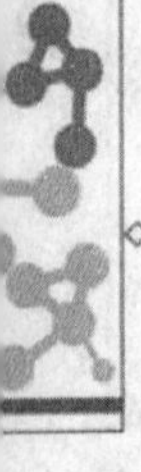

2. 丁糖

D-赤藓糖和 *D*-赤藓酮糖是丁糖的代表，其结构见图 5-1 和图 5-2，常存在于藻类、地衣等低等植物中。

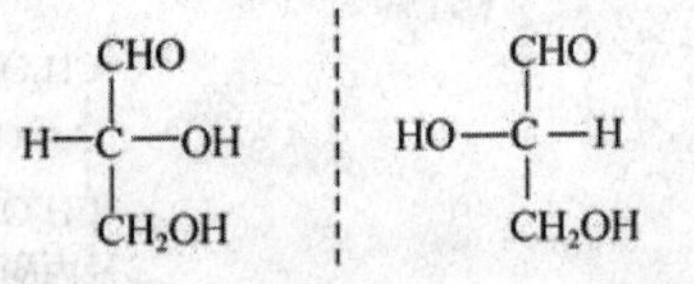

D-(+)-甘油醛　　*L*-(-)-甘油醛

图 5-4　甘油醛

3. 戊糖

自然界中存在的戊醛糖主要有 *D*-核糖、2-脱氧-*D*-核糖、*D*-木糖、*L*-阿拉伯糖，戊酮糖主要有核酮糖和木酮糖（图 5-5）。

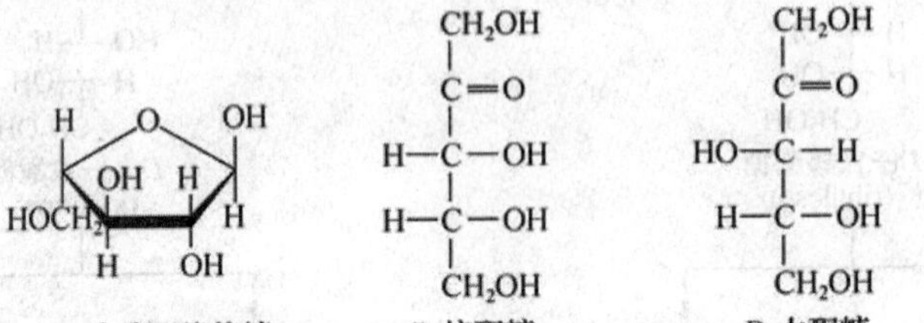

α-L-呋喃阿拉伯糖　　*D*-核酮糖　　*D*-木酮糖

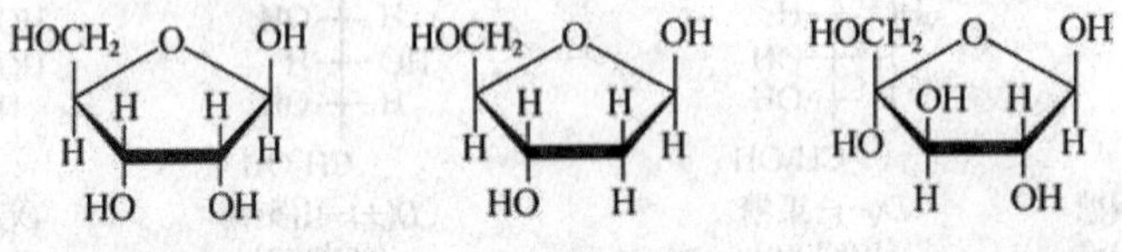

β-D-呋喃核糖　　2-脱氧-*β-D*-呋喃核糖　　*β-D*-吡喃木糖

图 5-5　自然界存在的戊糖

D-核糖是构成核糖核酸（RNA）的主要成分。2-脱氧-*D*-脱氧核糖，是脱氧核糖核酸（DNA）的主要成分。*D*-木糖多是植物黏质、树胶和半纤维素的组分。*L*-阿拉伯糖是果胶物质、半纤维素、树胶和植物糖蛋白的重要成分。*D*-核酮糖和 *D*-木酮糖的 5-磷酸酯是磷酸戊糖途径和光合作用 Calvin 循环中的重要中间物。

4. 己糖

常见的己糖有 *D*-葡萄糖、*D*-半乳糖、*D*-甘露糖、*D*-果糖（图 5-6）。

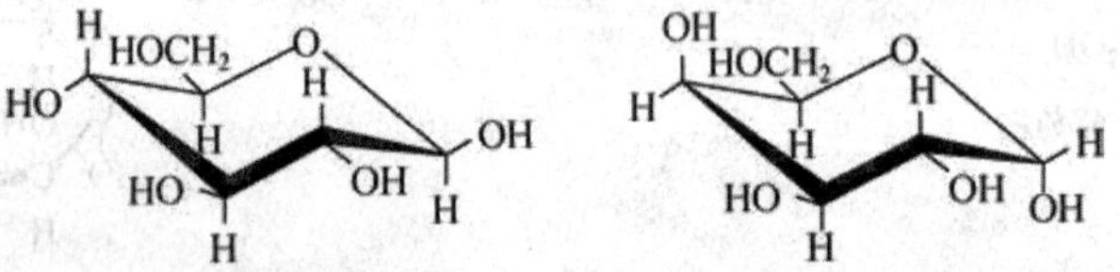

β-D-吡喃葡萄糖　　*α-D*-吡喃半乳糖

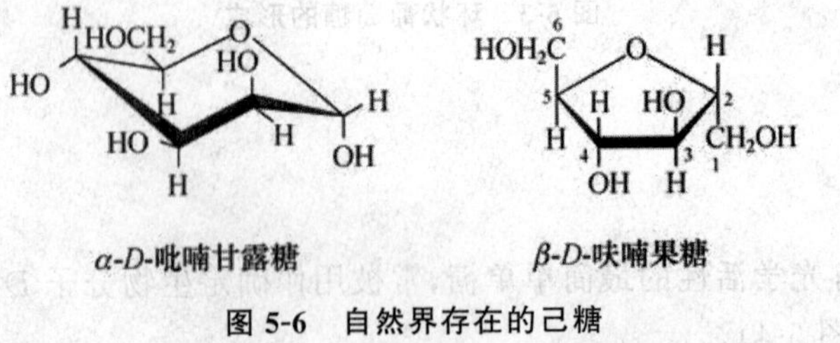

α-D-吡喃甘露糖　　*β-D*-呋喃果糖

图 5-6　自然界存在的己糖

D-葡萄糖是植物界分布最广，数量最多的一种单糖。*D*-半乳糖是乳糖、蜜二糖和棉子糖的组成成分，也是某些糖苷以及脑苷脂和神经节苷脂的组成成分。*D*-甘露糖是植物黏质和半纤维素的组成成分。

D-果糖是自然界中最丰富的酮糖，以游离状态与葡萄糖、蔗糖一起存在于果汁和蜂蜜中，或与其他单糖结合成为寡糖（蔗糖、龙胆糖、松三糖等）的组成成分。果糖是单糖中最甜的糖类。

5. 庚糖

庚糖在自然界分布较少，对它们的功能了解也较少。庚糖主要有 *D*-景天庚酮糖和 *D*-甘露庚酮糖，存在于高等植物中。此外还有 *L*-甘油-*D*-甘露庚糖（图 5-7）。

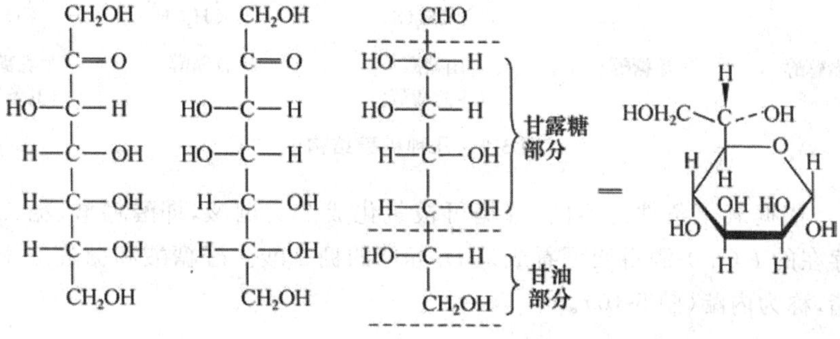

D-景天庚酮糖　*D*-甘露庚酮糖　*L*-甘油-*D*-甘露庚糖

图 5-7　自然界存在的庚糖

5.1.3　单糖的重要衍生物

1. 单糖磷酸酯

单糖磷酸酯（sugar phosphate ester）或称磷酸化单糖（phosphorylated sugar）（图 5-8），广泛存在于各种细胞中，它们是很多代谢途径的主要参与者。例如 *D*-葡萄糖-1-磷酸、*D*-葡萄糖-6-磷酸、*D*-果糖-6-磷酸、*D*-果糖-1，6-二磷酸、*D*-甘油醛-3-磷酸、*D*-二羟丙酮磷酸等参与糖代谢。

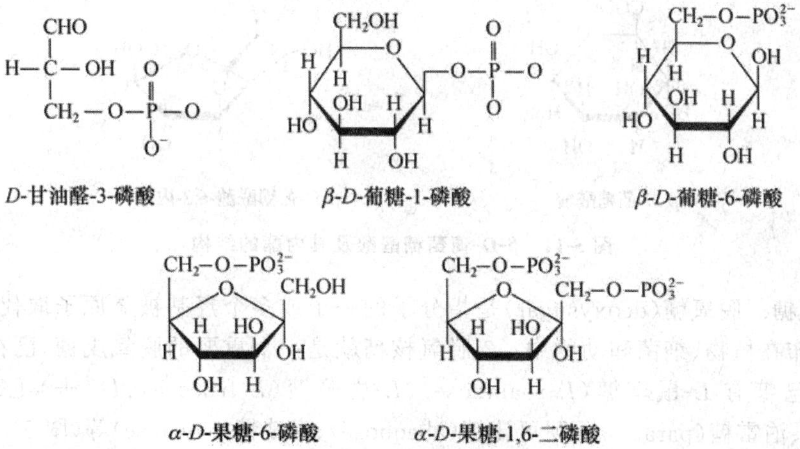

D-甘油醛-3-磷酸　*β*-*D*-葡糖-1-磷酸　*β*-*D*-葡糖-6-磷酸

α-*D*-果糖-6-磷酸　*α*-*D*-果糖-1,6-二磷酸

图 5-8　几种常见的单糖磷酸酯结构

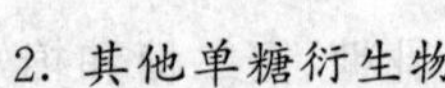

2. 其他单糖衍生物

(1)糖醇　单糖的羰基被还原生成糖醇(alditol 或 sugar alcohol),自然界广泛存在的已糖醇有山梨醇(sorbitol)、D-甘露醇(D-mannitol)、半乳糖醇(galactitol)和肌醇(inositol),其他糖醇有丙三醇(甘油 glycerin)、赤藓糖醇(erythritol)、木糖醇(xylitol)、核糖醇(ribitol)(图 5-9)。

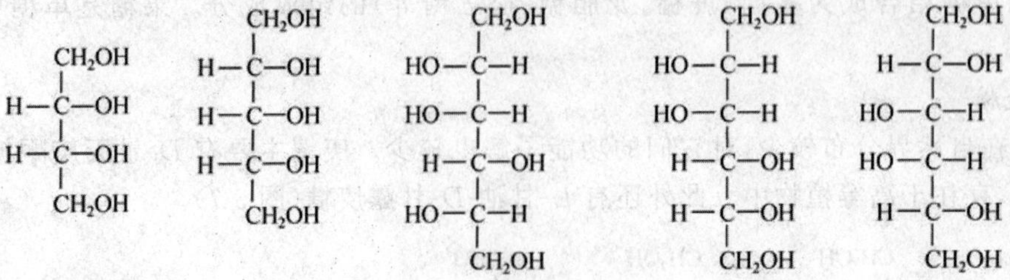

赤藓醇　核糖醇　山梨醇(D-葡萄醇)　D-甘露醇　半乳糖醇(卫矛醇)

图 5-9　几种糖醇结构

(2)糖酸　依据氧化条件的不同,醛糖可被氧化成 3 类糖酸,即醛糖酸、糖二酸、糖醛酸。植物界广泛存在的 L(+)-酒石酸可看成是 D-苏糖的糖二酸。醛糖酸和糖醛酸都可形成稳定的分子内的酯,称为内酯(图 5-10)。

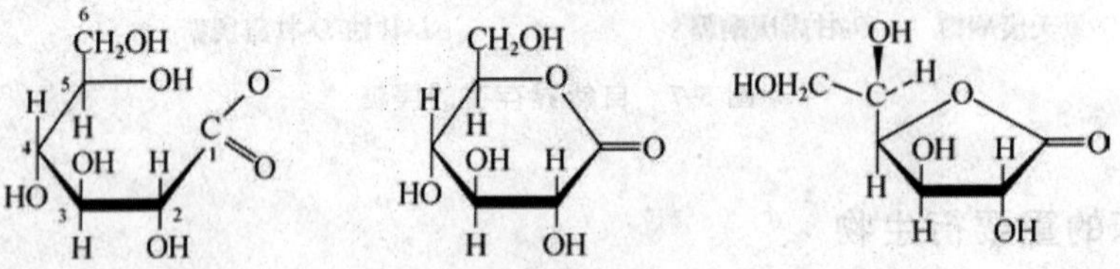

D-葡糖酸(开链式)　D-葡糖酸-δ-内酯　D-葡糖酸-γ-内酯

图 5-10 D-葡萄糖酸及其 δ 和 γ 两种内酯的结构

常见的糖醛酸有 D-葡萄糖醛酸(D-glucuronic acid)、D-半乳糖醛酸(D-galacturonic acid)、甘露糖醛酸(D-mannuronic acid)(图 5-11)。

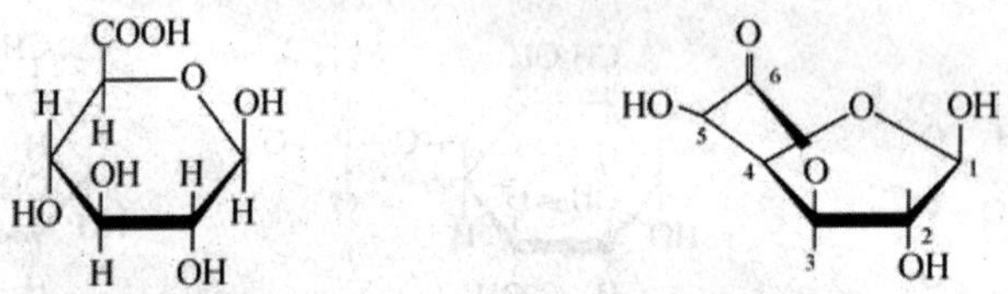

β-D-葡糖醛酸　β-D-葡糖醛酸-6,3-内酯

图 5-11　β-D-葡萄糖醛酸及其内酯的结构

(3)脱氧糖　脱氧糖(deoxysugar)是指分子的一个或多个羟基被氢原子取代的单糖。它们广泛地分布在植物、细菌和动物中。2-脱氧核糖就是一个重要的脱氧戊糖,已在前面述及。常见的脱氧已糖有 L-鼠李糖(L-rhamnose)、L-岩藻糖(L-frucose)、D(+)毛地黄毒素糖(digitoxose)、泊雷糖(paratose)、阿可比糖(abequose)、泰威糖(tyvelose)等(图 5-12)。

(4)氨基糖　氨基糖(amino sugar)是分子中一个羟基被氨基取代的单糖。氨基糖的氨基

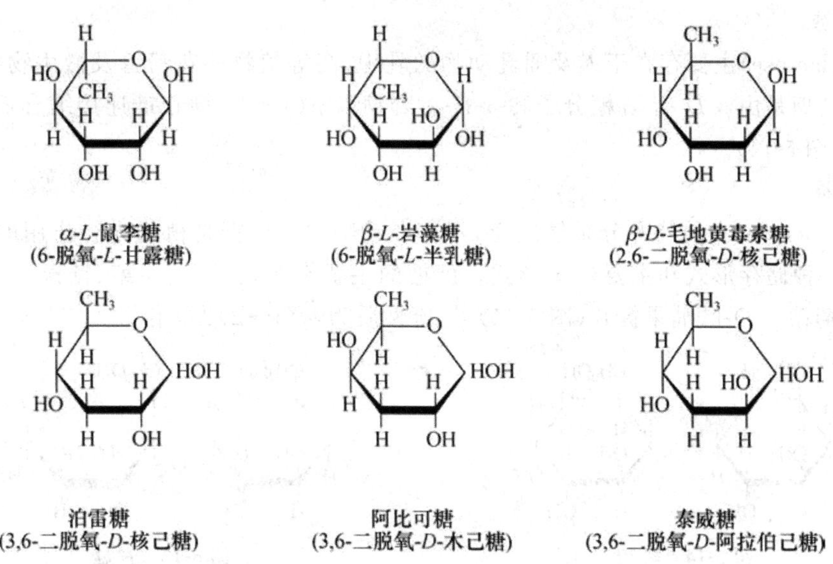

(注意：−HOH表示异头碳构型可以是α或β)

图 5-12　几种常见脱氧己糖的结构

是游离的，但多数是以乙酰氨基的形式存在。具有代表性的氨基糖及其衍生物是葡萄糖胺(glucosamine)、N-乙酰葡萄糖胺(N-acctyl glucosamine)、半乳糖胺(galactosamine)、N-乙酰半乳糖胺(图 5-13)。

β-D-葡萄糖胺　β-D-N-乙酰葡萄糖胺　β-D-半乳糖胺　β-D-N-乙酰半乳糖胺

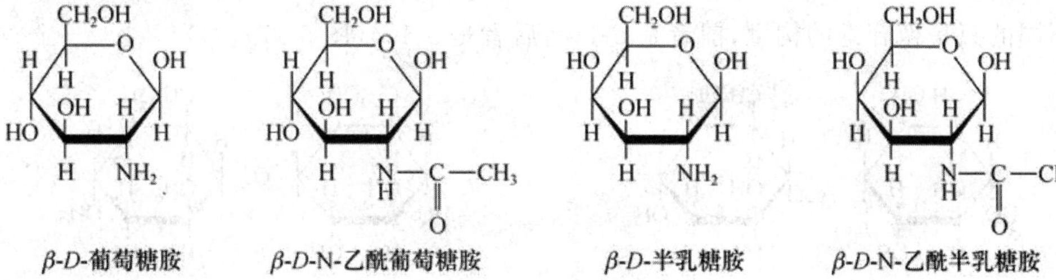

图 5-13　几种常见氨基糖的结构

5.2 寡　　糖

寡糖是由 2～10 个单糖通过糖苷键连接而成的糖类物质。单糖残基的上限数目并不确定，因此寡糖与多糖之间无绝对界限。自然界中存在着大量的寡糖。

5.2.1　双糖

双糖(disaccharides)又称二糖，是最简单的寡糖，由两个相同的或不同的单糖分子缩合而成的。在自然界中，有些双糖(蔗糖、乳糖)以游离状态存在，大多数则以结合形式存在。

1. 乳糖

乳糖(lactose)主要存在于人及哺乳动物的乳中,高等植物的花粉管及微生物中也含有少量乳糖。乳糖是由 *β-D*-半乳糖分子和-*α-D*-葡萄糖以 β(1→4)-糖苷键连接缩合而成的,乳糖是还原糖(图 5-14)。

2. 蔗糖

蔗糖(sucrose)在植物界分布最广泛,不存在动物中。蔗糖是植物光合作用的重要产物,也是糖的一种储存形式和主要运输形式。蔗糖的主要来源是甘蔗、甜菜、糖枫等。蔗糖是 *α-D*-吡喃葡萄糖-*β-D*-呋喃果糖苷(图 5-15),连键性质为:α(1→2)β 糖苷键。它是非还原糖。

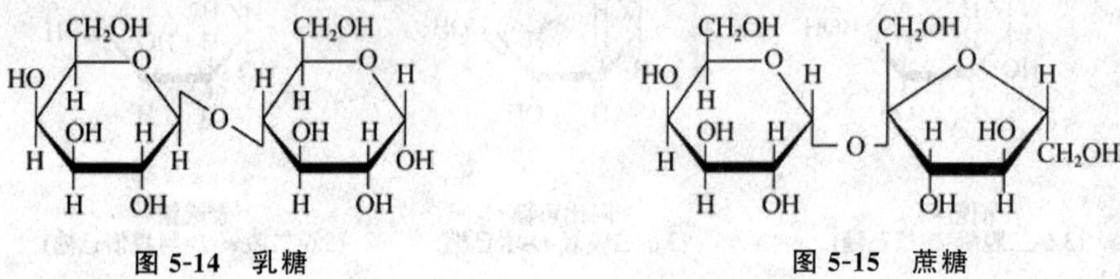

图 5-14 乳糖　　图 5-15 蔗糖

3. 麦芽糖

麦芽糖(maltose)大量存在于发芽的谷粒,特别是麦芽中。淀粉和其他葡聚糖水解可以产生麦芽糖。麦芽糖是由 2 分子 *α-D*-葡萄糖以 α(1→4)-糖苷键连接缩合而成的,具有半缩醛羟基,因而是一种还原糖(图 5-16)。

4. 纤维二糖

纤维二糖(cellobiose)属次生寡糖,是纤维素的二糖单位。纤维二糖与麦芽糖的结构几乎相同,不同的只是糖苷键的构型,前者是 β-1,4,后者是 α-1,4(图 5-17)。

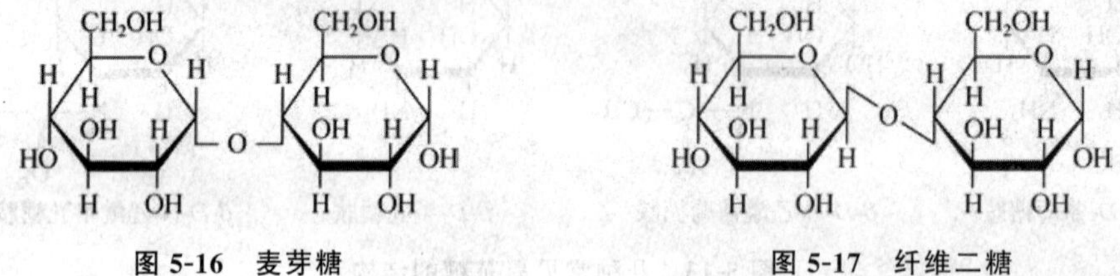

图 5-16 麦芽糖　　图 5-17 纤维二糖

5.2.2 三糖

棉子糖(raffinose)广泛地分布于高等植物界,主要存在于棉子、甜菜及大豆中。棉子糖完全水解产生葡萄糖、果糖和半乳糖各 1 分子。棉子糖是非还原糖(图 5-18)。

较常见的三糖还有:龙胆糖(gentianose),作为贮存糖存在干龙胆属植物中。龙胆三糖(gentiotricoae),作为糖基部分存在于糖苷中。松三糖(melezitose),存在于很多种植物中,特别是松科和椴科的分泌物中。

5.2.3 四糖

水苏糖(stachyosc)是棉子糖家族中的一员。它的第二个半乳糖残基是通过 α-1,6 糖苷键连接到棉子糖部分的半乳糖基上的(图 5-19)。

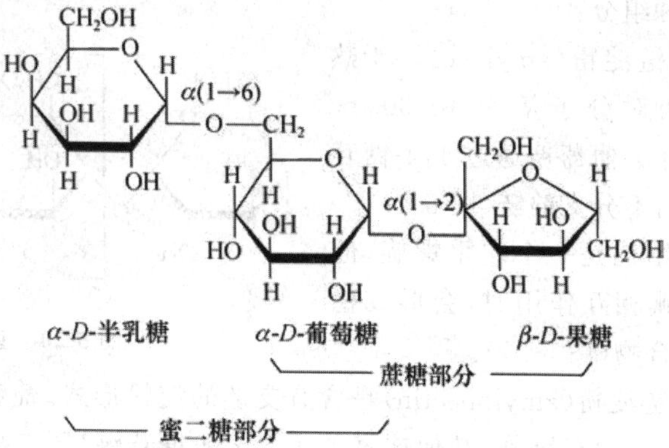

图 5-18 棉子糖

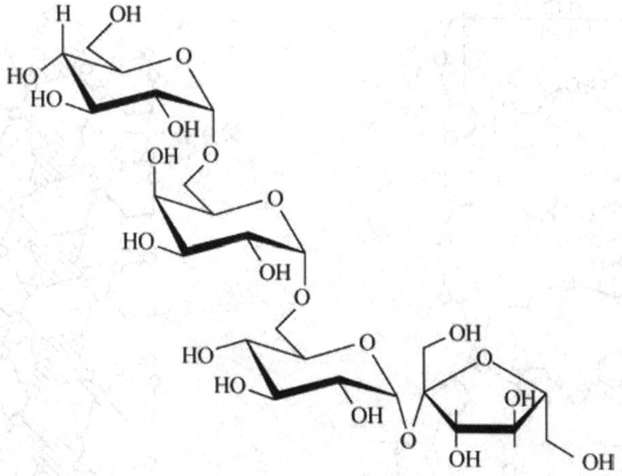

图 5-19 水苏糖

5.3 多 糖

多糖也称聚糖,是由很多单糖分子缩合而成的分子结构很复杂的糖类物质。多糖是高分子化合物,相对分子质量极大,30 000～400 000 000,它们大多不溶于水。

多糖根据功能不同可以分为贮存多糖(storage polysaccharide)和结构多糖(structural polysaccharide);根据组成差异可以分为同多糖(homopolysaccharide)和杂多糖(heteropolysaccharide)。

5.3.1 同多糖

这类多糖水解后产生单一形式的单糖。水解后产生葡萄糖的同多糖有淀粉、糖原和纤维素等,水解后产生果糖的有菊糖。

1. 淀粉

淀粉(starch)几乎存在于所有绿色植物的多数组织中,是植物中最重要的贮藏同多糖。

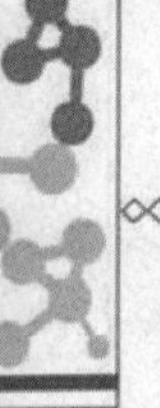

天然淀粉一般含有两种组分：

(1)直链淀粉　直链淀粉(amylose)溶于热水，遇碘呈蓝紫色，相对分子量为 10 000～50 000。直链淀粉是由 α-葡萄糖通过 1,4-糖苷键连接而成的一条长而不分支的链(图 5-20)。

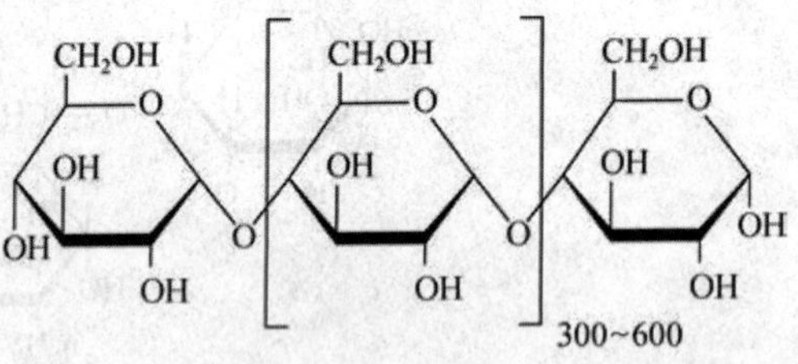

图 5-20　直链淀粉

直链淀粉的二级结构是一个左手螺旋，但并不十分稳定。当与碘相互作用时，会形成稳定的深蓝色淀粉-碘络合物(图 5-21)。

(2)支链淀粉　支链淀粉(amylopectin)是含有支链的淀粉形式，葡萄糖残基 300～6 000。除了支链连接点为 α-1,6 糖苷键外，其他连键均为 α-1,4 糖苷键(图 5-22)。支链淀粉遇到碘形成紫红色络合物。

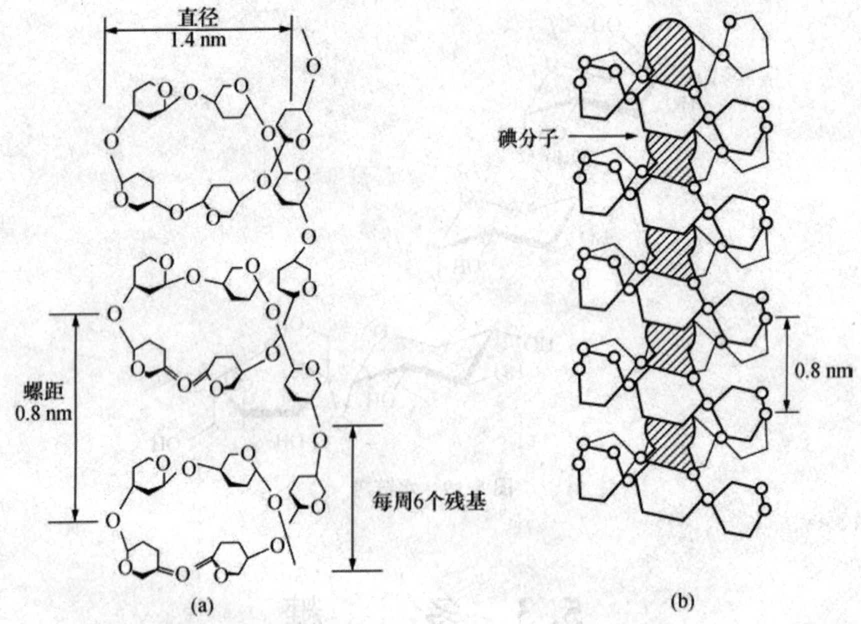

图 5-21　直链淀粉的螺旋结构(a)，直链淀粉-碘络合物(b)

自然界中的淀粉一般都是直链淀粉和支链淀粉的混合物，来源不同的淀粉，其直链淀粉和支链淀粉的比例不同。

2. 糖原

糖原(glycogen)是在动物和细菌中发现的贮存多糖。糖原的结构类似于支链淀粉，但具有的分支更多，而且分支出现的频率更高(图 5-23)。糖原以颗粒形式存在于动物的肝脏和骨骼中。

3. 菊糖

菊糖(inulin)是一种多聚果糖，大量存在于菊科植物中，代替淀粉成为贮存多糖(图 5-24)。菊糖分子约由 30 个 β-呋喃果糖残基和 1～2 个吡喃葡萄糖残基聚合而成，果糖残基之间通过 $\beta(2\rightarrow1)$连接，1 个葡萄糖残基位于多糖链的末端，以蔗糖型的连键($\alpha1\rightarrow\beta2$)与之相连，另一个葡萄糖残基如果有，可能出现在链内。

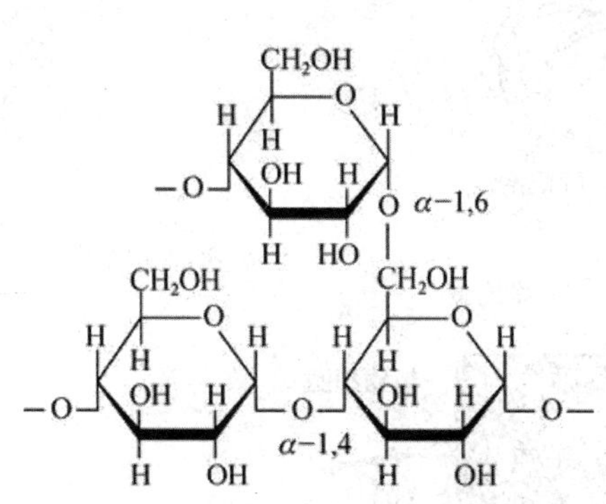

图 5-22 支链淀粉分支点结构

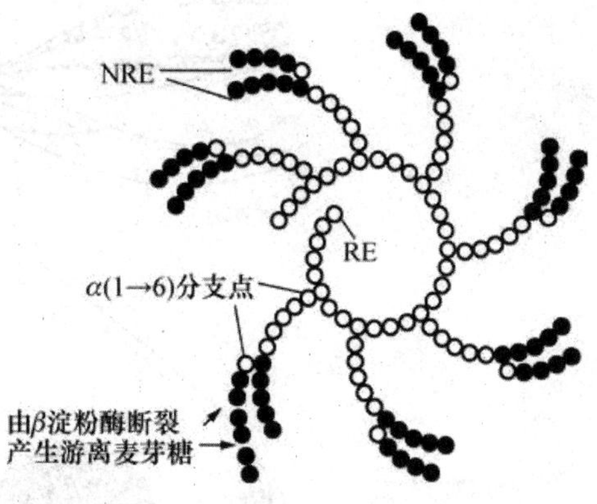

图 5-23 糖原分子示意图

（RE 代表还原端，NRE 代表非还原端）

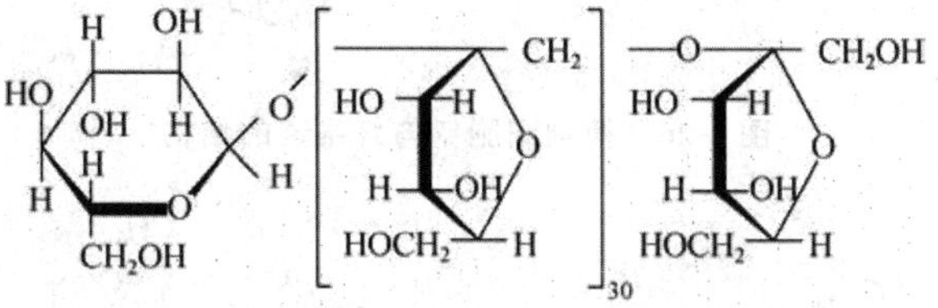

图 5-24 菊糖的结构

4. 纤维素

纤维素(cellulose)是生物圈里最丰富的有机物质，占植物界碳素的 50%以上。纤维素是植物(包括某些真菌和细菌)的结构多糖，是细胞壁的主要成分。

纤维素是线形多聚葡萄糖，许多伸展的纤维素分子之间侧向靠氢键形成片层结构(图 5-25)。

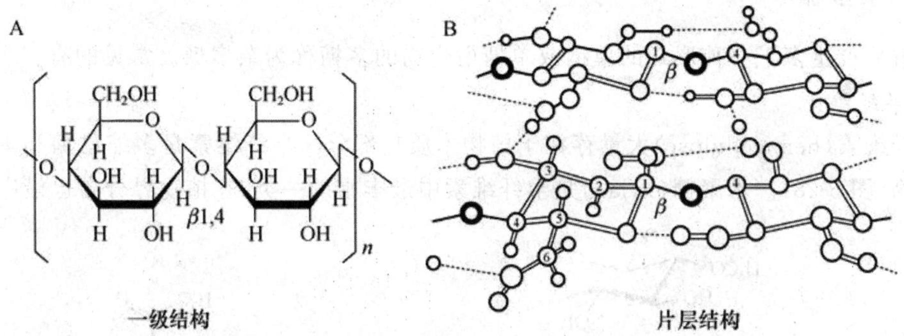

图 5-25 纤维素的结构

许多片层结构纵向紧密垛叠在一起形成胶束，多个胶束再形成微纤维(图 5-26)。在植物细胞壁中，微纤维包埋在果胶物质、半纤维素、木质素、伸展蛋白等组成的基质中。

5. 甲壳素

甲壳素(chitin)也称几丁质或壳多糖，是 N-乙酰-*β*-*D*-葡糖胺的同聚物(图 5-27)。甲壳素广泛地分布于生物界，是自然界中第二大类多糖。

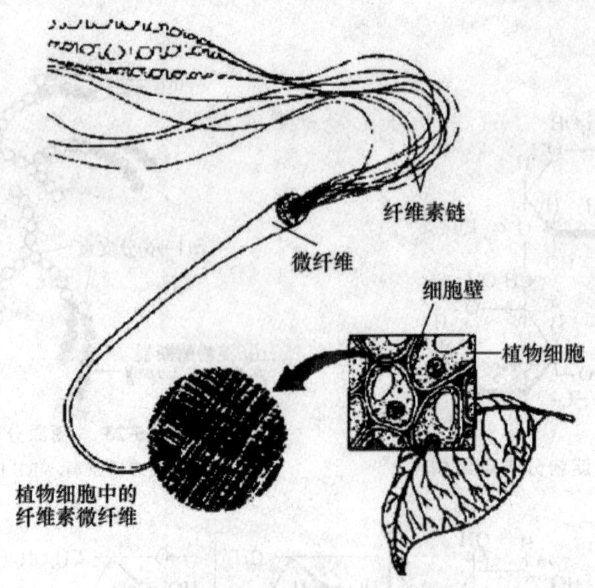

图 5-26　植物细胞壁与纤维素的结构

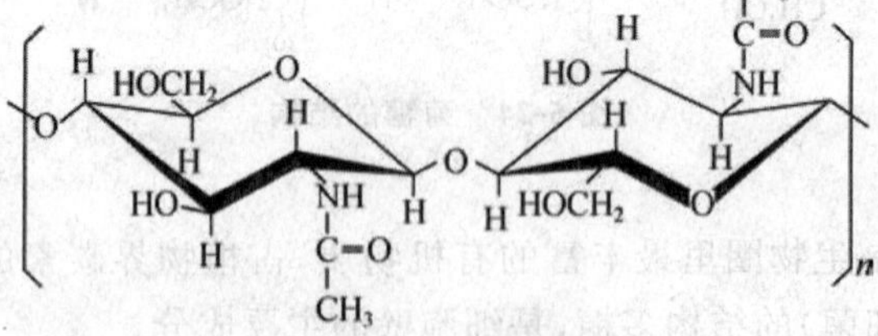

图 5-27　壳多糖结构

5.3.2　杂多糖

水解后产生多于一种形式的单糖或单糖衍生物的多糖称为杂多糖。常见的有：

1. 半纤维素

半纤维素(hemicellulose)大量存在于植物木质化部分。半纤维素是多缩己糖和多缩戊糖的混合物(图 5-28)。木聚糖(xylan)是半纤维素中最丰富的一类，在植物界分布也最广。

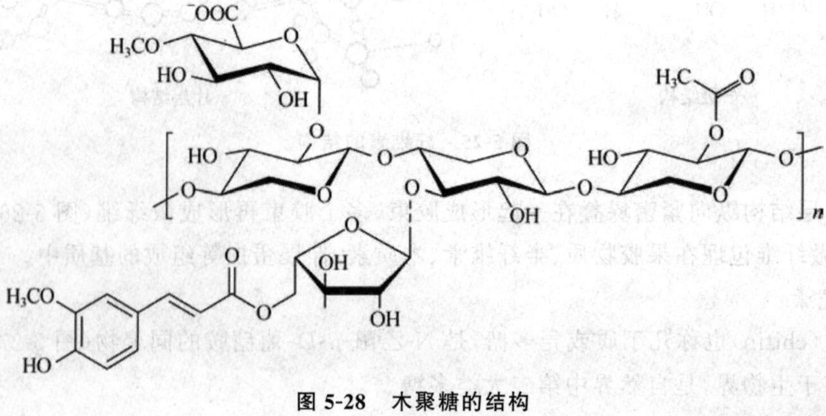

图 5-28　木聚糖的结构

2. 果胶物质

果胶物质(pectic substance)主要含有多聚半乳糖醛酸,广泛存在于植物初生细胞壁中,在水果如苹果、橘皮、柚皮及胡萝卜等中含量较多。果胶物质可以分为3类:

(1)果胶酸 果胶酸(pectic acid)的主要成分为多聚半乳糖醛酸(图5-29)。在植物细胞中胶层,果胶酸常以钙盐和镁盐形式存在,是细胞与细胞之间的黏合物。

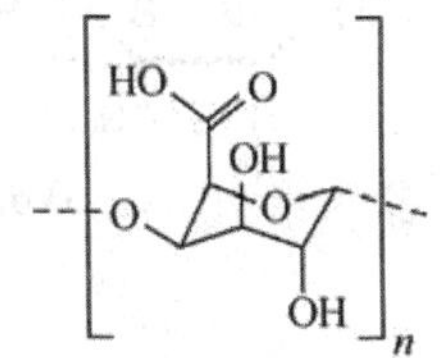

图5-29 果胶酸的结构

(2)果胶酯酸 果胶酸常呈不同程度的甲酯化。一般将甲酯化程度大于5%的称为果胶酯酸(pectinic acid),为水溶性。酯化程度在45%以下的果胶酯酸在饱和糖溶液中级酸性条件下(pH为3.1~3.5)可形成凝胶,称为果胶。

(3)原果胶 果胶酸、果胶酯酸与纤维素和半纤维素结合成水不溶性物质,称为原果胶(protopectin)。

果胶物质除含多聚半乳糖醛酸外,还含有少量糖类,如*L*-阿拉伯糖、*D*-半乳糖、*L*-鼠李糖、*D*-木糖、*D*-葡萄糖等。

3. 琼脂

琼脂(agar)主要由琼脂糖(agarose)和琼脂胶(agaropectin)组成。琼脂糖是琼脂的主要组分,它是由*D*-吡喃半乳糖和3,6-脱水-*L*-吡喃半乳糖两个单位交替连接而成(图5-30)。琼脂胶是琼脂糖的衍生物,单糖残基不同程度地被硫酸基、甲氧基、丙酮酸等取代。

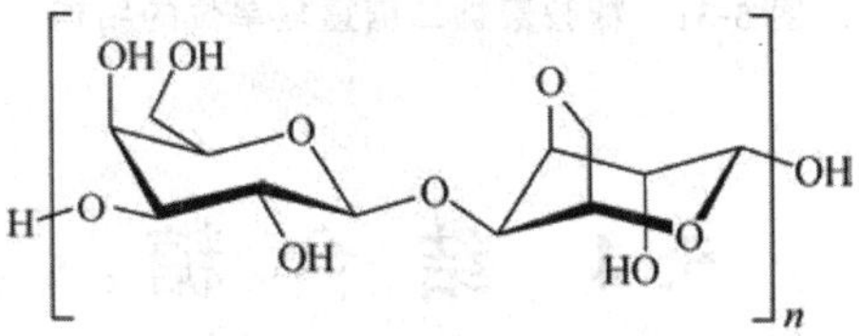

图5-30 琼脂糖的结构

4. 糖胺聚糖

糖胺聚糖(glycosaminoglycan)是含氨基糖或氨基糖衍生物的高分子质量杂多糖(图5-31),相对分子质量可达5×10^{6}。常见的有:

(1)透明质酸 透明质酸(hyaluronan)是糖胺聚糖中结构最简单的。是由*D*-葡萄糖醛酸与N-乙酰-*D*-葡萄糖胺单位交替组成的杂多糖。

(2)硫酸角质素 硫酸角质素(keratan sulfate)的二糖单位由半乳糖和N-乙酰葡糖胺组成,在天然情况下,许多硫酸角质长链与一条多肽链结合,构成蛋白多糖。

(3)硫酸皮肤素 硫酸皮肤素(dermatan sulfate)是由艾杜糖醛酸与N-乙酰氨基半乳糖单位交替组成的杂多糖。

(4)硫酸软骨素 硫酸软骨素(chondroitin sulfate)是软骨素的硫酸酯。

(5)肝素硫酸和乙酸肝素 肝素(heparin)和硫酸乙酸肝素(heparan sulfate)具有相同的主链结构,二糖单位由葡萄糖醛酸或*L*-艾杜糖醛酸和葡萄糖胺组成。

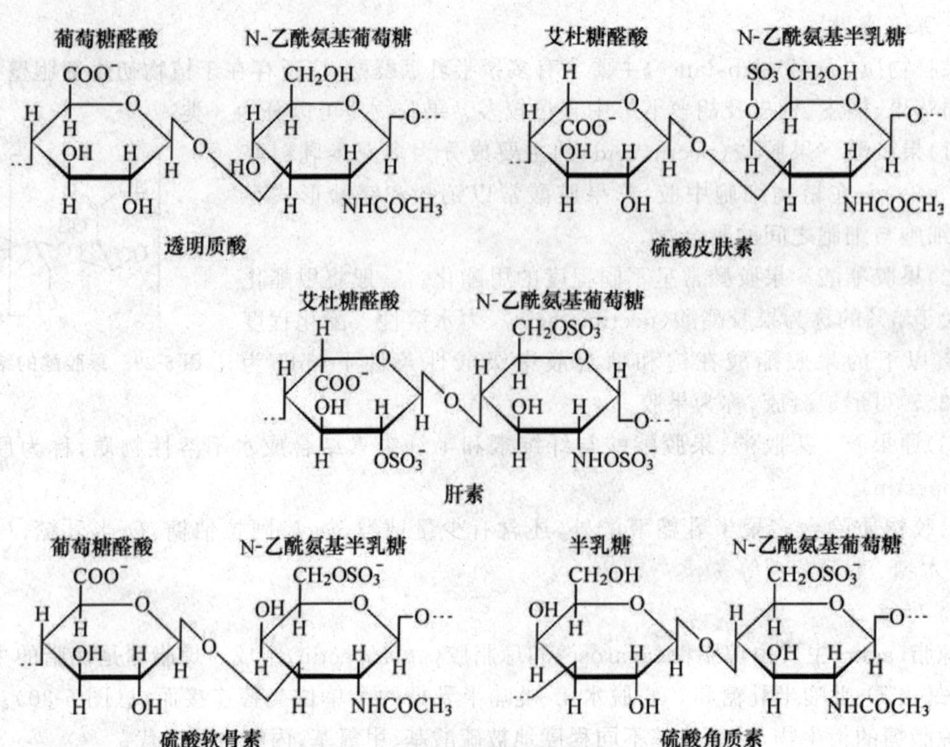

图 5-31 糖胺聚糖二糖重复单位的结构

5.4 结合糖

5.4.1 肽聚糖

肽聚糖(peptidoglycan)是多糖与小肽共价连接形成的结合多糖,可看成是由一种基本结构单位重复排列构成的,这种结构单位被称为胞壁肽(muropeptide),其结构式如图 5-32 所示。

肽聚糖分子为一线性的多糖链,相邻肽聚糖的四肽通过一个五甘氨酸相互桥联,五甘氨酸的连接具有特异性,一端为赖氨酸残基,另一端为丙氨酸。由此形成的巨大刚性生物分子罩在细胞膜外,使细菌呈现一定形状,耐受来自环境的渗透压变化。革兰氏阴性菌有双层膜,一层薄薄的肽聚糖夹在内膜和外膜之间;革兰氏阳性菌没有外膜,厚厚的肽聚糖细胞壁裹在细胞外面。革兰氏染色时前者呈阴性,后者呈阳性,原因在于后者的肽聚糖壁能在短时间内大量吸附紫色染料。

5.4.2 糖蛋白

糖蛋白(glycoprotein)是由 1 个或多个寡糖和蛋白质通过共价键相连的结合蛋白。糖蛋白分子中一般以蛋白质为主,糖链为辅基。糖含量因糖蛋白种类而异,为 1%～60%。

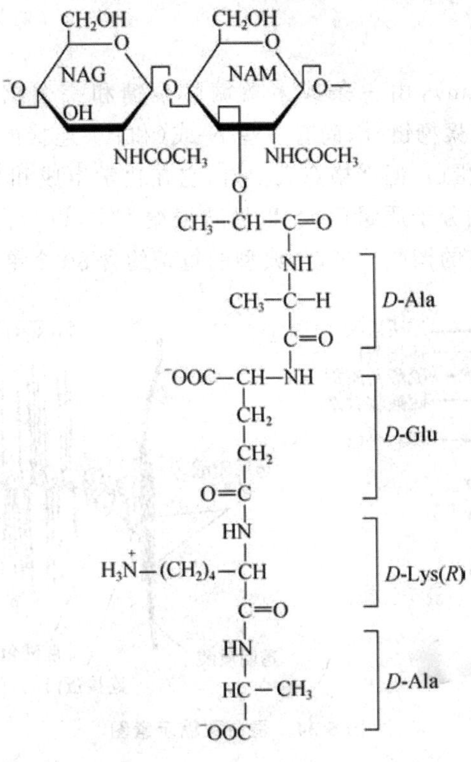

图 5-32　胞壁肽的结构

寡糖链与多肽链中的氨基酸以多种形式共价连接，构成糖蛋白的糖-肽键，糖肽键主要有两种类型：N-糖肽键和 O-糖肽键（图 5-33）。

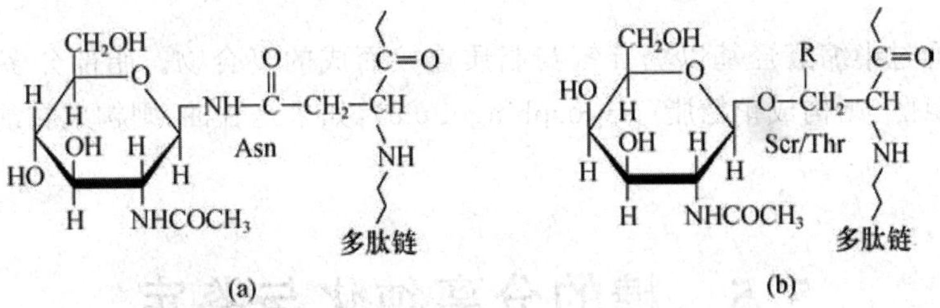

(a)　(b)

图 5-33　糖蛋白的 N-糖肽键(a)和 O-糖肽键(b)

N-糖肽键是指 β-构型的 N-乙酰葡萄糖胺异头碳与天冬酰胺的 γ-酰胺 N 原子共价连接而成的 N-糖苷键。

O-糖肽键是单糖的异头碳与羟基氨基酸 O 原子共价结合而成的 O-糖苷键。

糖蛋白的多样性除了蛋白质多肽链的贡献外，还来自糖链序列的多变。糖链可因单糖的数目、单糖顺序、单糖的种类、单糖之间的连接位置（C_2，C_3，C_4，C_6）以及糖苷键构型（α，β）不同而呈现多样性。糖蛋白中的糖链有重要的功能，已经鉴定有：①影响糖蛋白新生肽链的折叠和蛋白亚基的缔合；②影响糖蛋白的分泌和稳定性；③参与分子识别和细胞识别。

5.4.3 蛋白聚糖

蛋白聚糖(proteoglycan),由一条或多条糖胺聚糖和一个核心蛋白共价连接而成(图5-34)。蛋白聚糖除含糖胺聚糖链外,尚有一些 N-或(和)O-连接的寡糖链。虽然从广义上可以认为蛋白聚糖是一类糖蛋白,但严格意义上讲,它在化学组成和分子结构上很特殊,不同于一般的糖蛋白:糖胺聚糖的分子质量巨大,以糖胺聚糖为主,以蛋白为辅,糖含量可达 95%或更高,糖部分主要是不分支的糖胺聚糖链,典型的每条约含 80 个单糖残基。

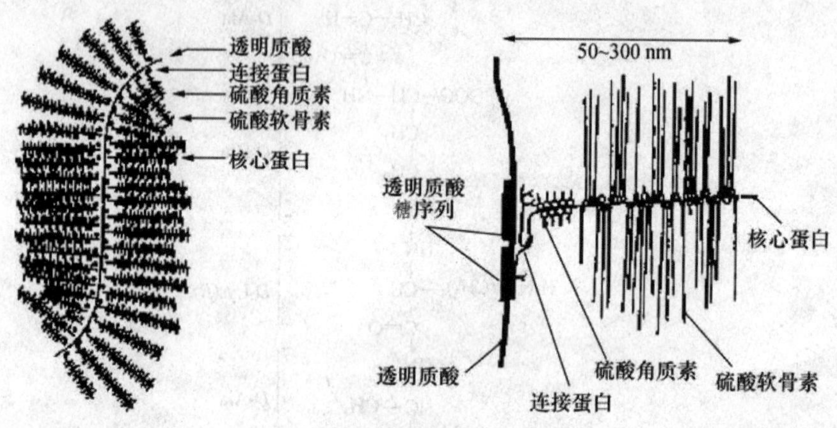

图 5-34 蛋白聚糖示意图

由于核心蛋白分子的大小和结构的不同及糖胺聚糖的成分、数目、链长、硫酸化部位和程度的不同,形成的蛋白聚糖种类极多。

5.4.4 糖脂

糖脂是糖通过半缩醛羟基以糖苷键与脂质连接而成的复合物。脂部分多为鞘氨醇或甘油。如果是鞘氨醇,则构成鞘糖脂(glycosphingolipid),如果是甘油,则构成甘油糖脂(glyceroglycolipid)。

5.5 糖的分离纯化与鉴定

5.5.1 分离纯化

糖类化合物的分离和纯化是糖类研究的难点之一,选择合适的方法对收集到的寡糖混合物进行分离是一项技术性很强的研究。下面以植物多糖为例进行介绍。

1. 用非降解法从组织中提取多糖

(1)溶剂提取法　溶剂提取法的原理是相似相溶原则。而多糖属极性较强物质,溶于热水。因此采用水煎煮法可以直接提取植物多糖。含有糖醛酸的植物多糖或者酸性多糖,适用碱水提取。碱提法的收率一般比纯水提取高。由于酸性条件下糖苷键易断裂,所以通常是在特定的条件下才使用。

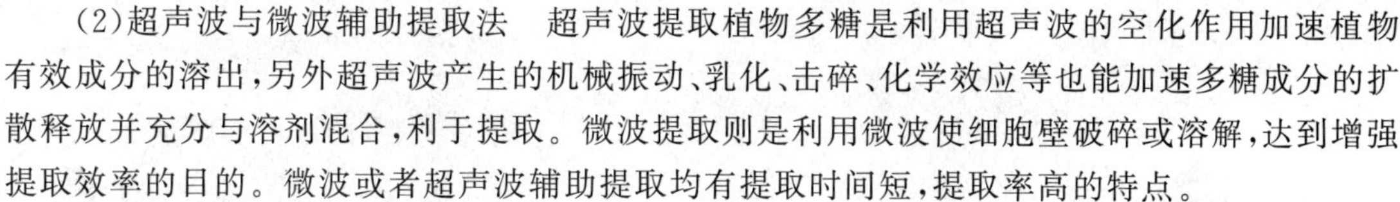

(2)超声波与微波辅助提取法　超声波提取植物多糖是利用超声波的空化作用加速植物有效成分的溶出，另外超声波产生的机械振动、乳化、击碎、化学效应等也能加速多糖成分的扩散释放并充分与溶剂混合，利于提取。微波提取则是利用微波使细胞壁破碎或溶解，达到增强提取效率的目的。微波或者超声波辅助提取均有提取时间短，提取率高的特点。

2. 用降解法从组织中提取多糖

利用酶分解细胞壁，去除无生物活性的纤维素，淀粉等杂质可达到降低能耗，提高提取率的效果。常用的酶有纤维素酶、半纤维素酶、果胶酶和淀粉酶等。

5.5.2 鉴定

1. 单糖组成鉴定

多糖研究中单糖组成鉴定是一项重要内容，随着科学仪器及研究手段的发展，目前已有多种方法应用于多糖的单糖组成分析中，主要以各种色谱分离技术为主。常用的鉴定方法有纸色谱、薄层色谱、气相色谱、离子交换色谱、液相色谱等，这些方法还可用于单糖含量的测定。

2. 单糖含量测定

单糖含量测定的常规方法有3,5-二硝基水杨酸法、菲林法、硫酸蒽酮法、苯酚法等。

本章小结

糖是生物体内重要的有机化合物，在体内起着重要的作用。根据水解后产生的糖残基的多少可将糖分为单糖、寡糖和多糖。单糖根据其碳原子数多少分为丙糖、丁糖、戊糖、己糖、庚糖和辛糖等，依其带有的基团分为酮糖和醛糖。寡糖根据所含单糖残基数分为二、三、四糖等。多糖根据聚合的残基是否相同分为同多糖和杂多糖。

复习思考题

1. 糖类的重要生物学功能有哪些?
2. 怎样对糖进行分离和鉴定?

第6章 脂类和生物膜

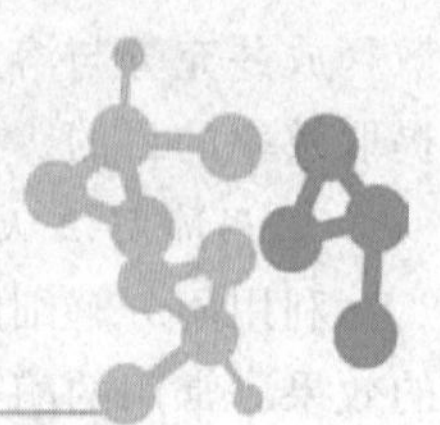

◈内容提示与教学目标

【说明】本章系生物化学静态部分内容。

重点掌握：脂肪、磷脂的结构；生物膜的结构特点和生物学功能。

掌握：膜蛋白的分类与生物学功能、小分子物质跨膜运输的方式、跨膜信号转导。

一般了解：脂类物质的命名、生物膜的编码体系。

本章难点：跨膜信号转导。

6.1 生物体内的脂类

脂类是脂肪(fat)和类脂(lipoid)及其他们的衍生物的总称，又称脂质(lipids)。

脂肪是指甘油和脂肪酸生成的甘油三酯，包括油和脂。通常将熔点低、室温下呈液态的称为油，如植物油(花生油等)，而将熔点高、室温下呈固态的称为脂，如动物油(猪油等)。

类脂是指在结构或理化性质上类似于脂肪的物质，主要有磷脂(phospholipids)、糖脂(glycolipid)、类固醇及蜡等。

脂类的化学组成、结构、理化性质以及生物功能存在着很大的差异，但它们都有一个共同的特性，即结构上，它们都是酯或能生成酯的化合物；性质上，都不溶于水而易溶于脂肪溶剂(如醇、乙醚、氯仿、己烷、苯)等非极性有机溶剂(故可用乙醚和石油醚等提取)，用这类溶剂可将脂类物质从细胞和组织中萃取出来，脂类的这种特性主要由构成它的碳、氢、氧结构成分所决定，有的还含有氮和磷；分布上，都存在于动、植物组织中，能被生物体所利用，是组成细胞的重要成分，维持细胞正常结构与功能。

6.1.1 脂肪酸(fatty acid)

1. 脂肪酸的结构和命名

脂肪酸的结构通式为 $CH_3(CH_2)_nCOOH$。早期，脂肪酸的名称是根据它们的原料来源命名，如棕榈酸、油酸、亚油酸、亚麻酸等。由于新的脂肪酸的不断发现，久而久之就形成了许多杂乱无章难以记忆的名称。后来，脂质化学家建议用一种系统化学名称代替俗称，但由于系统名长而繁琐，许多人还是习惯地沿用俗称，对常见脂肪酸更是如此。

(1)系统命名法　脂肪酸的系统命名法遵循有机酸命名的原则，根据构成它的母体碳氢化合物的(烃类)命名。

①饱和脂肪酸。以含有羧基的最长碳链为主链，按照其相同碳原子数的烃定名为某酸。

比如：$CH_3-(CH_2)_9-CH_2-COOH$

称为“十二(烷)酸”(俗名“月桂酸”)

②不饱和脂肪酸。不饱和脂肪酸的命名用碳的数目、不饱和键的数目及不饱和键的位置来表示。为了表示取代基团(甲基、羧基等)和双键的位置，要给碳原子编号，编号系统有 3 种：

a. Δ 编号系统。是从脂肪酸的羧基端开始计数，羧基碳原子为碳原子 1，依次编号为 2、3、4……，不饱和键的位置用 Δ 表示。

如油酸(18∶1，Δ^9 顺)表示含 18 个碳原子，一个不饱和键，在第 9～10 位碳原子之间有一个顺式双键。亚油酸的系统名为“十八碳-顺-9-顺-12-二烯酸”，缩写为 $18{:}2^{cis\Delta 9,12}$。

b. ω 编号系统。是从脂肪酸的甲基端开始计数(也称 n 编号)，即最远端的甲基碳也叫做 ω-碳原子，按字母编号依次为 ω-1、ω-2、ω-3……，不饱和键的位置用 ω-来表示。

如油酸(18∶1，ω-9)，表示含 18 个碳原子，1 个不饱和键，第一个双键从甲基端数起，在第 9 碳与第 10 碳之间。亚油酸的系统名为“十八碳-顺 ω-6-顺 ω-9-二烯酸”，缩写为 $18{:}2^{cis\omega 6,9}$。

c. 希腊字母编号系统

是从羧基端碳原子算起，第二个碳原子称为 α 碳原子，第三、四、五碳原子分别称为 β、γ、δ 和 ε 碳原子…，在脂肪酸碳链的远羧基端(即甲基端)的甲基碳原子称为 ω 碳原子。

高等动植物的脂肪酸大多数是偶数碳原子数，奇数碳原子数的脂肪酸极少。碳链长度范围为 C_{12}～C_{18}，最常见的是 C_{12} 和 C_{18} 酸。

(2)数字命名

①在碳原子数后加“:”，双键数目写在其后，双键位置以末端甲基碳原子叫“ω”(也有用“n”)来表示。如 $CH_3(CH_2)_4CH_2CH=CH(CH_2)_7COOH$(俗名“棕榈油酸”)记为 16:1ω-7(或 16:1ω7)。

②把所有双键及构型写在以羧基为 1 计算的碳原子数后面。如亚油酸为 18:2 9c12c。

(3)俗名或普通名　表 6-1 为几种常见脂肪酸命名。

表 6-1　常见脂肪酸命名

系统名称	俗名	系统名称	俗名及数字法名
十二碳酸	月桂酸	顺 9-十六碳烯酸	棕榈油酸 16:19c
十四碳酸	肉豆蔻酸	顺 9-十八碳烯酸	油酸 18:19c
十六碳酸	棕榈酸	顺 9，顺 12-十八碳二烯酸	亚油酸 18:29c12 c
十八碳酸	硬脂酸	顺 9，顺 12，顺 15-十八碳三烯酸	α-亚麻酸 18:39c12c15c
二十碳酸	花生酸	顺 9-十六碳烯酸	

2. 脂肪酸的结构特点

体内的脂肪酸多为结合形式存在，所有脂肪酸都有一长的碳氢链，碳原子数目从 4～36 不等，最常见的是 10～26 个，其一端有一个羧基。碳氢链以线性为主，分枝或环状的为数甚少。不同脂肪酸之间的区别主要在于碳氢链的长短、饱和与否(烃基中是否含有双键)。

(1)根据碳链长度的不同，将脂肪酸分为：

①短链脂肪酸(short chain fatty acids，SCFA)，其碳链上的碳原子数小于 6，也称作挥发

性脂肪酸(volatile fatty acids,VFA)。

②中链脂肪酸(midchain fatty acids,MCFA),指碳链上碳原子数为6～12的脂肪酸,主要成分是辛酸(C_8)和癸酸(C_{10})。

③长链脂肪酸(long chain fatty acids,LCFA),其碳链上碳原子数大于12。一般食物所含的脂肪酸大多是长链脂肪酸。

(2)根据碳氢链饱和与不饱和(烃基中是否含有双键)的不同,将脂肪酸分为:

①饱和脂肪酸(saturated fatty acids,SFA),碳氢上没有不饱和键,如棕榈酸(C_{16},软脂酸)。

②不饱和脂肪酸(saturated fatty acids,SFA),根据双键个数的不同,分为:

a. 单不饱和脂肪酸(monounsaturated fatty acids,MUFA),其碳氢链有一个不饱和键,如棕榈油酸(C_{16},顺9)、油酸(C_{18},顺9)。

b. 多不饱和脂肪酸(polyunsaturated fatty acids,PUFA),其碳氢链有两个或两个以上不饱和键,如二烯酸:亚油酸(C_{18},顺9,顺12),三烯酸:α-亚麻酸(C_{18},顺9,顺12,顺15)、γ-亚麻酸(C_{18},顺6,顺9,顺12),多烯酸:花生四烯酸(C_{20},$\Delta^{5,8,11,14}$)、EPA(C_{20},$\Delta^{5,8,11,14,17}$)、DHA(C_{22},$\Delta^{4,7,10,13,16,19}$)。

不饱和脂肪酸有顺式和反式两种异物体,但生物体内大多数是顺式结构,少数为反式结构;不饱和脂肪酸的熔点低。

脂肪酸(主要是豆蔻酸与棕榈酸)可以与蛋白质共价相连,形成脂酰蛋白(acyloted protein),脂酰基团能促进膜蛋白与疏水环境间的相互作用。

3. 脂肪酸的理化性质

饱和脂肪酸在室温下呈蜡状固态,如牛油、羊油、猪油等。不饱和脂肪酸在室温下呈液态,如花生油、玉米油、豆油、坚果油(即阿甘油)、菜子油等。脂肪酸的链愈长,则在水中的溶解度愈低;沸点低,小分子脂类容易挥发而形成特征的风味;易溶于乙醚、石油醚、氯仿、丙酮等有机溶剂;双键多则熔点低;顺式异构体的熔点比反式异构体低;C═C双键容易发生构型转化、位置移动、亲电加成、氧化等反应。

4. 多不饱和脂肪酸和必需脂肪酸

(1)多不饱和脂肪酸　多不饱和脂肪酸(polyunsaturated fatty acids,PUFA)是指含有两个或两个以上双键且碳链长为18～22个碳原子的直链脂肪酸,它们普遍存于生物界。按距羧基最远端的双键所处的位置,依照ω编号系统(也叫n编号系统)将PUFA分为:ω-9组、ω-7组、ω-3组、ω-6组。多不饱和脂肪酸因其结构特点和在动物体内代谢的相互转化方式不同,其中有重要生物学功能的通常是ω-3组(图6-1)和ω-6组(图6-2)。

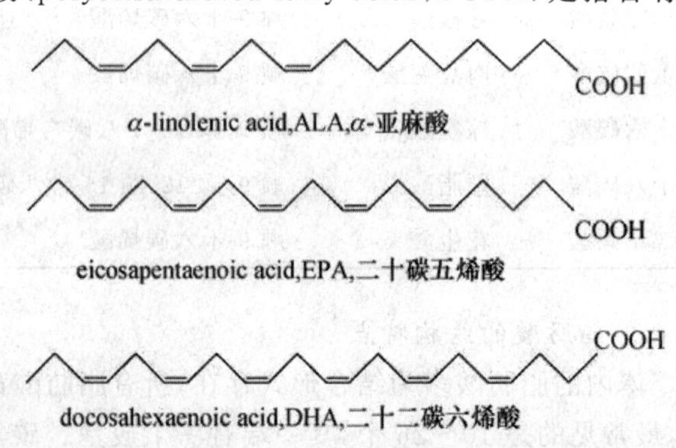

图6-1　各种ω-3多不饱和脂肪酸的结构式

PUFA在各种动物和植物油脂中的分布及含量见表6-2。

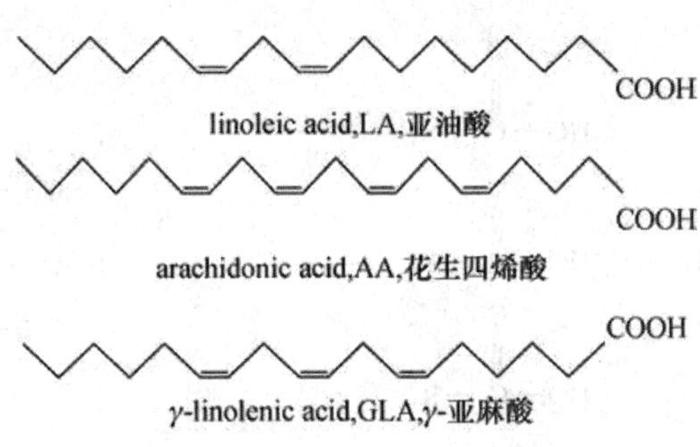

图 6-2 各种 ω-6 多不饱和脂肪酸的结构式

表 6-2 常见油脂的脂肪酸组成 g/100 kg

脂肪酸	玉米油	豆油	动植物混合油	步鱼油	鸡油	牛羊脂
C18:2 *n*-6	53.29	51.64	11.54～50.36	1.19	18.92	3.00
C18:3 *n*-3	0.84	6.01	0.75～2.89	0.96	0.82	0.50
C20:5 *n*-3	ND	ND	ND	15.52	ND	ND
C22:6 *n*-3	ND	ND	ND	9.68	ND	ND
其他	0.68	1.27	0.21～1.17	18.93	1.29	7.51

注:ND 表示未测出。

(2)必需脂肪酸 必需脂肪酸(essential fatty acids,EFA)是指人和动物维持机体正常代谢不可缺少而自身又不能合成或合成速度慢,无法满足机体需要,必须通过食物供给的脂肪酸。

必需脂肪酸具有重要的生物功能,它是磷脂的重要组成部分,维持细胞膜结构和功能;是合成前列腺素(PG)、血栓素(TXA)及白三烯(LT)等类二十烷酸的前体物质; EPA 具有清理血管中的垃圾(胆固醇和甘油三酯)的功能,俗称"血管清道夫";DHA 具有软化血管、健脑益智、改善视力的功效,俗称"脑黄金";与胆固醇的代谢有关;维持正常视觉及大脑皮层等功能。如果必需脂肪酸缺乏,可引起生长迟缓、生殖障碍、皮肤损伤(出现皮疹等)以及肾脏、肝脏、神经和视觉方面的多种疾病。但是摄入过多的必需脂肪酸,会因其结构中的不饱和双键发生过氧化反应,产生过氧化脂质,这是一种自由基,可使体内的氧化物、过氧化物等增加,同样对机体可产生多种慢性危害(如促进衰老和发生癌症)。此外,ω-3 多不饱和脂肪酸抑制免疫功能的作用。

6.1.2 脂酰甘油和蜡

1. 脂酰甘油

脂酰甘油(acyl glycerols),又称为脂酰甘油酯(acyl glycerides),即脂肪酸和甘油所形成的酯。根据参与产生甘油酯的脂肪酸的分子数,脂酰甘油分为单脂酰甘油(monoacylglycerols)、二脂酰甘油(diacylglycerols)和三脂酰甘油 3 类。三脂酰甘油(triacylglycerols)又称为甘油三酯(triglycerides),是脂类中含量最丰富的一大类,其结构如下:

$$\begin{array}{c} CH_2OH \\ | \\ HO-C-H \\ | \\ CH_2OH \end{array} + \begin{array}{c} HO-\overset{O}{\overset{\|}{C}}-R_1 \\ HO-\overset{O}{\overset{\|}{C}}-R_2 \\ HO-\overset{O}{\overset{\|}{C}}-R_3 \end{array} \longrightarrow \begin{array}{c} CH_2-O-\overset{O}{\overset{\|}{C}}-R_1 \\ | \\ R_2-\overset{O}{\overset{\|}{C}}-O-C-H \\ | \\ CH_2-O-\overset{O}{\overset{\|}{C}}-R_3 \end{array}$$

甘油　　　　脂肪酸　　　　甘油三酯

R_1,R_2 和 R_3 可以相同,也可不全相同甚至完全不同

甘油三酯(三脂酰甘油)是植物和动物细胞贮脂(depot lipids)的主要组分。一般在室温下为液态的称为油(oils),在室温下为固态的称为脂肪(fats)。这种区别是由于甘油三酯中饱和脂肪酸及不饱和脂肪酸的比例不同。单脂酰甘油和二脂酰甘油自然界少见。

(1)三脂酰甘油

①三脂酰甘油的类型。三脂酰甘油有许多不同的类型,主要是由它们所含脂肪酸的情况决定的。如果 3 个脂肪酸是相同的(即 R_1,R_2 和 R_3 是相同的),称为简单三酰甘油(simple triacylglycerols),具体命名时称为某某脂酰甘油,如三硬脂酰甘油、三软脂酰甘油、三油脂酰甘油等。如果含有 2 个或 3 个不同脂肪酸(即 R_1,R_2 和 R_3 不同时)的三脂酰甘油称为混合三酰甘油,如一软脂酰二硬脂酰甘油。在混合三酰甘油中各脂酰基由于位置不同,又有不同的异构体。

多数天然油脂都是简单三酰甘油和混合三酰甘油的极其复杂的混合物。到目前为止,还没有发现在天然油脂中脂肪酸分布的规律。

②三脂酰甘油的理化性质。

a. 溶解度。三脂酰甘油不溶于水,也没有形成高度分散的倾向。二酰甘油和单脂酰甘油则不同,由于它们有游离羟基,故有形成高度分散态的倾向,其形成的小微粒称为微团(micelles),它们常用于食品工业,使食物更易均匀,便于加工,且二者都可以被机体利用。

b. 熔点。三脂酰甘油的熔点是由其脂肪酸的组成决定的,一般随饱和脂肪酸的数目、饱和程度和链长的增加而升高。如三软脂酰甘油和三硬脂酰甘油在常温下为固态,三油酰甘油和三亚油酰甘油在常温下为液态。猪的脂肪中油酸占 50%,猪油固化点为 30.5℃。人脂肪中油酸点 70%,人脂固化点为 15℃。植物油中含大量的不饱和脂肪酸,因此呈液态。

c. 皂化和皂化值。当将脂酰甘油与酸或碱共煮或经脂酶(lipase)作用时,都可发生水解。酸水解可逆;碱水解,由于脂肪酸羧基全部处于解离状态,即成为负离子,因而没有和甘油作用的可能性,故碱水解不可逆。当用碱水解三脂酰甘油时,生成物之一为脂肪酸的盐类,这就是日常所用的肥皂,所以脂类的碱水解反应一般称为皂化反应(saponification)。完全皂化 1 g 油或脂所消耗的氢氧化钾毫克数称为皂化值(saponification number),用以评估油脂质量,并计算该油脂相对的分子质量。

d. 酸败和酸值。油脂在空气中暴露过久即产生难闻的臭味,这种现象称为"酸败"(rancidity)。其化学本质是油脂水解放出游离的脂肪酸,后者再氧化成醛或酮,低分子的脂肪酸(如丁酸)的氧化产物都是有臭味。脂肪分解酶或称脂酶(lipase)可加速此反应。油脂暴露在

日光下可加速此反应。中和 1 g 油脂中的游离脂肪酸所消耗的氢氧化钾毫克数称为酸值(acid value)。酸败的程度一般用酸值来表示。不饱和脂肪酸氧化后所形成的醛或酮可聚合成胶状的化合物。桐油等可用作油漆即是根据此原理。

e. 氢化和卤化。油脂中的不饱和键可以在催化剂的作用下发生氢化反应。工业上常用镍粉等催化氢化使液状的植物油适当氢化成固态三酰甘油酯,这称为人造奶油,便于运输。氢化可防止酸败作用。

油脂中的不饱和键可与卤素发生加成作用,生成卤代脂肪酸,这一作用称为卤化作用(halogenation)。

100 g 油脂所能吸收的碘的克数称为碘值(iodine value),在实验碘值测定中,多用溴化碘或氯化碘为卤化试剂。

f. 乙酰化值(acetylation number)。含羟基的脂酰化合物,羟基含量可通过与乙酸酐或其他酰化剂反应生成乙酰化酯或相应酰化酯而测得。乙酰化值指 1 g 乙酰化的油脂所分解出的乙酸用氢氧化钾中和时所需氢氧化钾的毫克数。

(2)其他酰基甘油类

①烷基醚脂酰甘油(alkyl ether acylglycerols)。它含有两个脂肪酸分子和一个长的烷基或烯基链分别与甘油分子以酯键相连。例如,鲛肝醇和鲨肝醇实验上都是甘油醚,在下式中列出。

$CH_2-O-CH_2(CH_2)_{14}CH_3$
HO—CH
CH_2OH

鲛肝醇

$CH_2-O-CH_2(CH_2)_{16}CH_3$
HO—CH
CH_2OH

鲨肝醇

②糖基脂酰甘油(glycosyl acylglyceride)。糖基与甘油分子第三个羟基以糖苷键相连,甘油另两个羟基与脂肪酸以酯键相连。最普通的例子是在高等植物和脊椎动物神经组织中发现的单半乳糖基二脂酰甘油,其结构如下:

$CH_2-O-C(=O)-R_1$
$R_2-C(=O)-O-CH$
CH_2-O-(半乳糖基:CH_2O-X, OH, OH, OH)

2. 蜡

蜡(waxes)是不溶于水的固体,由长链的饱和及不饱和脂肪酸(14～16C)与长链一元醇(16～30C)或是高级脂肪酸甾醇所形成的酯,其反应式如图 6-3 所示。

蜡的熔点为 60～80℃,较甘油酯高。温度较高时,蜡是柔软的固体,温度低时变硬。常见的有真蜡、固醇蜡等。

真蜡是一类长链一元醇的脂肪酸酯。

固醇蜡是固醇与脂肪酸形成的酯，如维生素 A 酯、维生素 D 酯等。

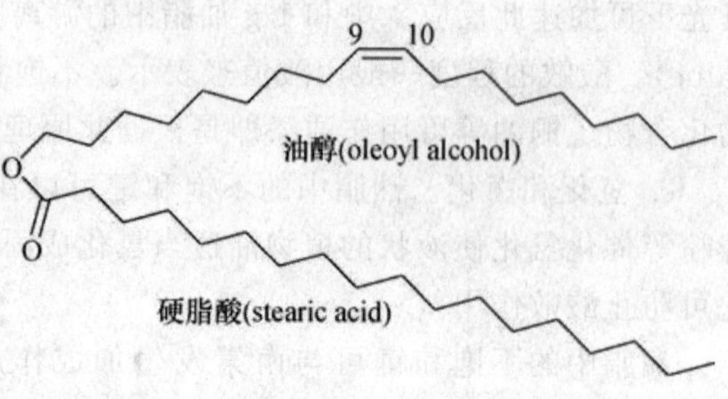

图 6-3 长链醇与脂肪酸形成的酯

6.1.3 磷脂

磷脂（phospholipid）也称磷脂类、磷脂质，是含有磷酸的脂类，属于复合脂。由于所含醇的不同，可分为甘油磷脂类和鞘氨醇磷脂类，它们的醇物质分别是甘油和鞘氨醇（sphingosine）。两类磷脂分子的组成对比如表 6-3 所示。

表 6-3 两类磷脂的分子组成（分子数）

	组成相同		组成不同或不尽相同	
	脂肪酸	磷酸	醇类	其他
甘油磷脂	2	1	甘油	胆碱、乙醇胺、丝氨酸和肌醇等
鞘氨醇磷脂	1	1	鞘氨醇	

磷脂的结构特点是：为两性分子，具有由磷酸相连的取代基团（含氨碱或醇类）构成的水头（hydrophilic head）和由脂肪酸链构成的疏水尾（hydrophobic tail）。在生物膜中磷脂的亲水头位于膜表面，而疏水尾位于膜内侧。

1. 甘油磷脂（glycerophosphatide）

甘油磷脂又称磷酸甘油酯（phosphoglycerides），是生物膜的主要组分。

（1）甘油磷脂的组成　甘油磷脂是由甘油、脂肪酸、磷酸和一分子氨基醇（如胆碱、乙醇胺、丝氨酸或肌醇）组成，即甘油分子中两个碳原子上羟基被脂肪酸基酯化，成为疏水性的非极性尾（nonpolar tail），而第三个碳原子上的羟基被磷酸酯化，磷酸再与含羟基的胆碱或其他含羟基的小分子化合物脱水形成磷酸二酯键，成为亲水性的极性头（polar head），甘油磷脂种类繁多，结构通式如下：

$$
\begin{array}{l}
\qquad\qquad\qquad\qquad\quad\ \ \mathrm{O} \\
\qquad\qquad\qquad\qquad\quad\ \ \| \\
\mathrm{O}\qquad\quad \mathrm{CH_2{-}O{-}C{-}R_1} \\
\| \qquad\qquad\ \ | \\
\mathrm{R_2{-}C{-}O{-}C{-}H}\qquad\ \ \mathrm{O} \\
\qquad\qquad\quad\ \ |\qquad\qquad\ \ \| \\
\qquad\qquad\ \ \mathrm{CH_2{-}O{-}P{-}O{-}X} \\
\qquad\qquad\qquad\qquad\quad\ \ | \\
\qquad\qquad\qquad\qquad\quad\ \ \mathrm{O^-}
\end{array}
$$

式中，R_1、R_2 表示不同脂酰基；X 表示含羟基化合物，可以是胆碱（卵磷脂）、胆胺（脑磷脂）、丝氨酸、肌醇等。

不同类型的甘油磷脂的分子大小、形状、极性头部的电荷等都不相同。甘油磷脂分子中一般含有饱和脂肪酸和不饱和脂肪酸各一分子，不饱和脂肪酸常与甘油的第二个碳原子缩合。

（2）甘油磷脂的命名　如果将甘油 C_1 或 C_3 分别用脂肪酸或磷酸酯化，C_2 则成为一个不对称的 C 原子，于是形成两个互为对映体（antipode）的异构物（*L*-构型和 *D*-构型）。天然存在

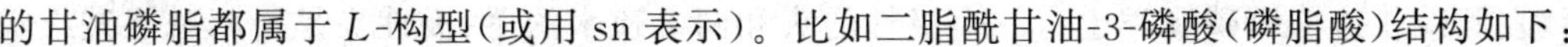

的甘油磷脂都属于 L-构型(或用 sn 表示)。比如二脂酰甘油-3-磷酸(磷脂酸)结构如下:

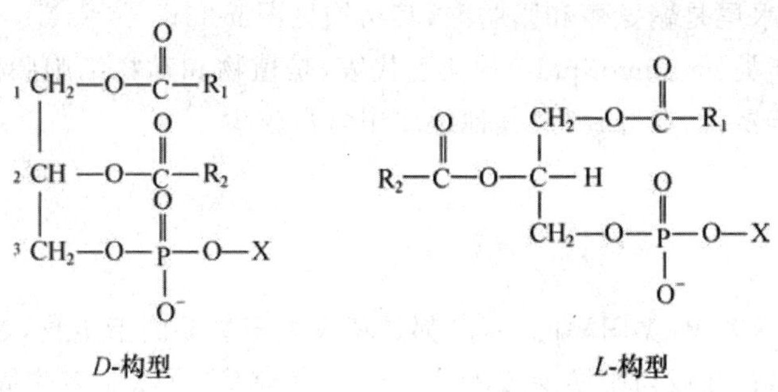

(3)主要的甘油磷脂

①磷脂酰胆碱(phosphatidyl choline,PC)。又称卵磷脂(lecithin),因为胆碱磷酸酰基连在甘油的 $\alpha(C_3)$ 位上,故称为 α-卵磷脂。它是磷脂酸与胆碱的羟基酯化的产物。它是白色蜡状物质,极易吸水,易溶于乙醇,其不饱和脂肪酸能很快被氧化。其结构如下:

$$
\begin{array}{l}
\qquad\qquad\qquad\quad CH_2-O-\overset{O}{\overset{\|}{C}}-R_1 \\
R_2-\overset{O}{\overset{\|}{C}}-O-\overset{|}{C}H \\
\qquad\qquad\qquad\quad \overset{|}{C}H_2-O-\underset{O^-}{\underset{|}{\overset{O}{\overset{\|}{P}}}}-O-CH_2-CH_2-N^+\equiv(CH_3)_3
\end{array}
$$

磷脂酰胆碱(卵磷脂)

卵磷脂中的饱和脂肪酸通常是硬脂酸和软脂酸,不饱和脂肪酸为油酸、亚油酸、亚麻酸和花生四烯酸等。

卵磷脂存在于脑组织、大豆中,尤其在禽卵卵黄中的含量最为丰富。卵磷脂有协助脂肪运输的作用。

②磷脂酰乙醇胺(phosphatidyl ethanolamines,PE)。又称脑磷脂(cephalin),也是 α-脑磷脂,它是由磷脂酸与乙醇胺(胆胺、β-羟基乙胺)的羟基酯化生成的产物。

脑磷脂存在于脑和神经组织、大豆中,通常与卵磷脂共存。

脑磷脂难溶于冷乙醇。故利用这一溶解性质,可将卵磷脂与脑磷脂分离。

脑磷脂与血液凝结有关,血小板中的促血液凝固的凝血激酶就是由脑磷脂与蛋白质组成。

③负电荷的磷脂酰丝氨酸能引起损伤表面凝血酶原的活化。它与磷脂酰胆碱、磷脂酰乙醇胺间可互相转化。其依据是:

$$
-CH_2\underset{N^+H_3}{\underset{|}{C}H}COO^- \xrightarrow{\text{脱羧}} CH_2CH_2\overset{+}{N}H_3 \xrightarrow{\text{甲基化}} -CH_2CH_2\overset{+}{N}(CH_3)_3
$$

2. 鞘氨醇磷脂

鞘氨醇磷脂类简称鞘磷脂类(sphingophospholipids sphingomyelins),由鞘氨醇、脂肪酸、磷酸、胆碱等组成,只是以鞘氨醇代替了甘油。它是长的、不饱和的氨基醇,而非甘油的衍生物。在鞘磷脂中,鞘氨醇(十八碳烯氨基二醇)的氨基以酰胺键连接到一脂肪酸上,其羟基以酯键与磷酸、胆碱相连。鞘磷脂类也有一个极性的头和两个疏水的尾,极性头是磷脂酰胆碱或磷脂酰乙醇胺,两个疏水尾是鞘氨醇和脂肪酸,其结构见图 9-35。

鞘磷脂质是鞘脂类(sphingolipids)的典型代表,是植物和动物细胞膜的重要组分,以神经组织和脑内含量最丰富,而在肝、脾及其他组织中含量较少。

6.1.4 固醇

1. 固醇

固醇(sterol)又称甾醇,类固醇的一种,都是环戊烷多氢菲的衍生物,是 4 个环组成的一元醇,分布很广,可游离存在或与脂肪酸成酯。由于含有醇基,所以命名为固醇。其特点是在甾核的第 3 位上有一个羟基,在第 17 位上有一个分支的碳氢链。自然界中主要的固醇有胆固醇(cholesterol,胆甾醇)、7-脱氢胆固醇和麦角固醇等,其中胆固醇为动物固醇类的重要代表,麦角甾醇则属于菌类固醇。

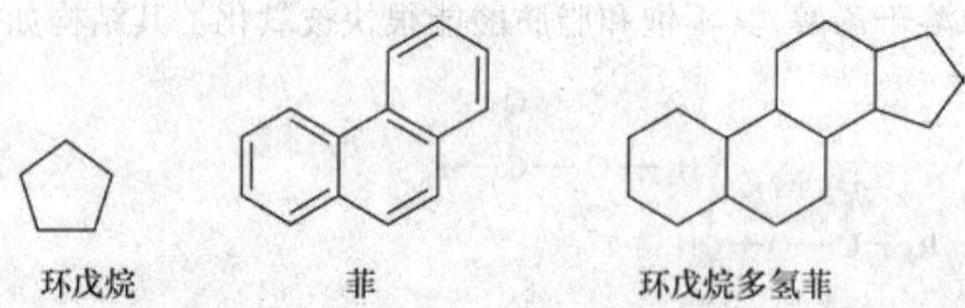

(1)胆固醇　胆固醇(cholesterol)是一种动物甾醇,最初是在胆结石中发现的一种固体醇,所以称为胆固醇。其分子结构特点是:C_3 上有一个 β 羟基,C_5 与 C_6 之间有一个碳碳双键,C_{17} 连着一个 8 碳原子的烷基侧链,结构如图 6-4 所示。

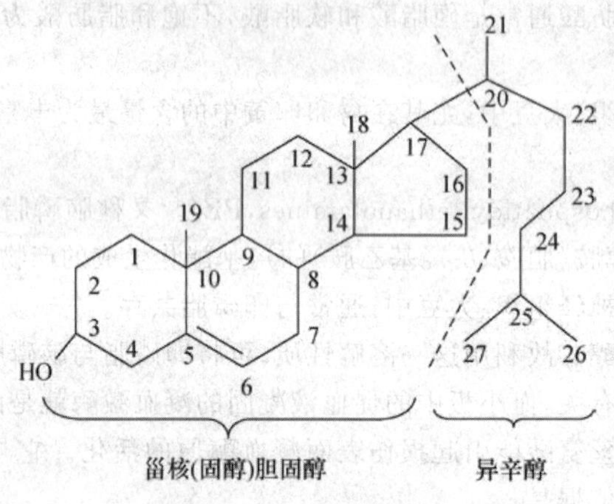

图 6-4　胆固醇结构式

胆固醇易溶于乙醚、氯仿、苯及热乙醇中,不能皂化。胆固醇 C_3 上的羟基易与高级脂肪酸形成胆固醇酯。胆固醇酯是其储存和运输的形式。

胆固醇主要在肝脏合成,是高等动物生物膜脂质的一个重要成分。它对调节生物膜的流动性有一定意义。温度高时,它能阻止双分子层的无序化;温度低时又可干扰其有序化,阻止液晶的形成,保持其流动性。

7-脱氢胆固醇存在于动物皮下,在紫外线作用下形成维生素 D_3(胆钙化醇),后者在体内又可转变成调节钙磷代谢的激素——1,25-二羟胆钙化醇。有助于佝偻病的预防和治疗。

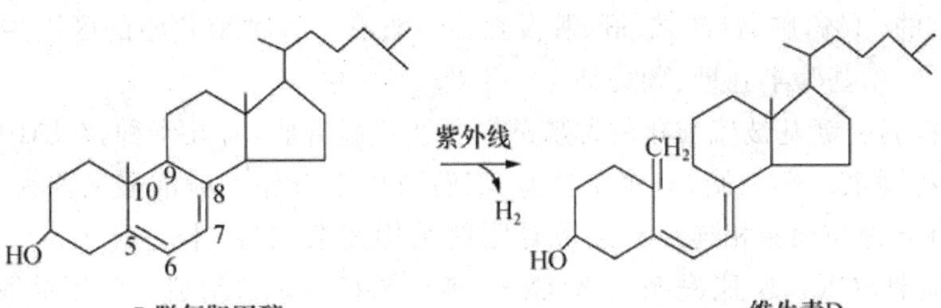

7-脱氢胆固醇　　维生素D_3

(2)植物固醇　植物固醇(phytosterol)广泛存在于植物的根、茎、叶、果实和种子中,是植物细胞膜的组成部分,主要成分为β-谷固醇、豆固醇、菜籽固醇1和菜籽固醇2,总称为植物固醇,其含量以豆固醇和谷固醇最多。植物固醇不溶于水、碱和酸,但可以溶于乙醚、苯、氯仿、乙酸乙酯、石油醚等有机溶剂中。植物固醇不能为动物吸收利用,在肠黏膜,植物固醇(特别是谷固醇)可以竞争性抑制胆固醇的吸收。

(3)麦角固醇　麦角固醇(ergosterol)广泛存在于酵母菌、真菌中,经日光和紫外线照射可转化为维生素D_2。

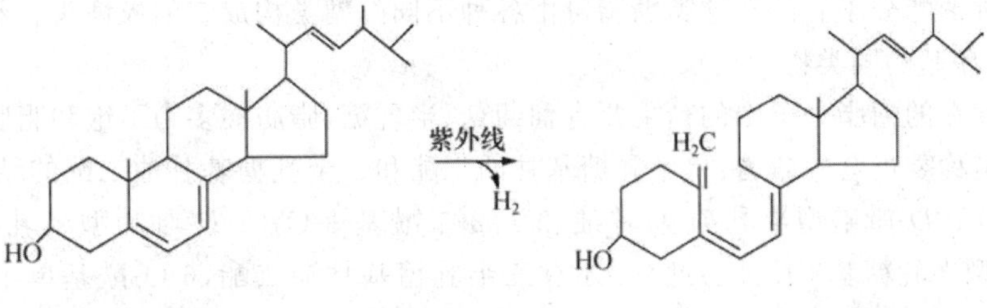

麦角固醇　　维生素D_2

2. 固醇衍生物

动物中的固醇类以胆固醇的含量最丰富,在肝脏中可转化为胆汁酸,能使油脂乳化,以促进吸收;它在体内还可转变成固醇类激素,如雄激素(如睾酮)、雌激素(如孕酮、雌二醇)、糖皮质激素(如皮质醇)、盐皮质激素(如醛固酮)和维生素D等。此外,强心苷,如洋地黄毒素,存在于洋地黄植物的叶中,是一种强心药;蟾毒素,是蟾蜍分泌的毒素,可作药用。肾上腺皮质激素、昆虫的蜕皮激素、性激素(包括雌激素、孕激素和雄激素等)能调节动物和人体的新陈代谢及生殖、发育等生理活动。维生素D有利于机体对钙、磷的吸收。

6.1.5　结合脂类

1. 糖脂

糖与脂类以糖苷键相连形成的化合物称为糖脂。在生物体分布甚广,但含量较少,仅占脂质总量的一小部分。糖脂亦分为两大类,即糖基酰甘油和糖鞘脂。

(1)糖鞘脂(glycosphingolipids)　通常指不包括磷酸的鞘氨醇衍生物,称糖鞘脂类。糖鞘脂是细胞膜的组分,其糖结构突出于质膜表面,与细胞识别和免疫有关。位于神经细胞的还与神经传递有关。

它分为中性和酸性两类,分别以脑苷脂和神经节苷脂为代表。

①中性鞘糖脂。最先从脑中获得,又称脑苷脂。由一个单糖与神经酰胺构成,在脑中含量最多,占脑干重的11%,肺、肾次之,肝、脾及血清也含有。各种脑苷脂的区别主要在于脂肪酸(二十四碳)不同,糖基为半乳糖、葡萄糖等。

②酸性鞘糖脂。糖基被硫酸化的称硫酸鞘糖脂或硫苷脂,有几十种,在脑中含量丰富。糖基含唾液酸的称唾液酸鞘糖脂,有多个糖基,又称神经节苷脂。唾液酸又称为N-乙酰神经氨酸,它通过α-糖苷键与糖脂相连。神经节苷脂的结构复杂,它由半乳糖(Gal)、N-乙酰半乳糖(GalNAc)、葡萄糖(Glc)、N-脂酰鞘氨醇(Cer)、唾液酸(NeuAc)组成。常用缩写表示,以G代表神经节苷脂,M、T、D代表含有唾液酸残基的数目(1、2、3),用阿拉伯数字表示无唾液酸寡糖链的类型。

神经节苷脂广泛分布于全身各组织的细胞膜的外表面,以脑组织(如脑灰质)最丰富,胸腺次之。神经节苷脂与神经冲动的传导有关。红细胞表面的神经节苷脂决定血型专一性。某些神经节苷脂是激素(促甲状腺素、绒毛膜促性腺激素等)、毒素(破伤风、霍乱毒素等)和干扰素等的受体。

(2)糖基酰甘油(glycosylacylglycerids)　糖基酰甘油结构与磷脂相类似,主链是甘油,含有脂肪酸,但不含磷及胆碱等化合物。糖类残基是通过糖苷键连接在1,2-甘油二酯的C-3位上构成糖基甘油酯分子。已知这类糖脂可由各种不同的糖类构成它的极性头。不仅有二酰基油脂,也有1-酰基的同类物。

自然界存在的糖脂分子中的糖主要有葡萄糖、半乳糖,脂肪酸多为不饱和脂肪酸。根据国际生物化学名称委员会的命名:单半乳糖基甘油二酯和二半乳糖基甘油二酯的结构分别为1,2-二酰基-3-O-*β*-*D*-吡喃型半乳糖基-甘油和1,2-二酰基-3-O-(*α*-*D*-吡喃型半乳糖基(1→6)-O-*β*-*D*-吡喃型半乳糖基)-甘油。此外,还有三半乳糖基甘油二酯,6-O-酰基单半乳糖基甘油二酯等。

糖基酰甘油主要存在于植物和微生物,在动物的睾丸、精子和神经系统也含量丰富。

2. 脂蛋白(lipoproteins)

根据蛋白质组成可分为3类:

(1)核蛋白类　其代表是凝血致活酶,含脂达40%～50%(主要是卵磷脂、脑磷脂和神经磷脂),核酸占18%。

(2)磷蛋白类　如卵黄中的脂磷蛋白,含脂18%,溶于盐水,除去脂后就不溶。

(3)单纯蛋白类　主要有水溶性的血浆脂蛋白和脂溶性的脑蛋白脂。

①血浆脂蛋白。有多种类型,通常用超离心法根据其密度由小到大分为5种:

a. 乳糜微粒(CM)。是最大的脂蛋白,由小肠上皮细胞合成,主要来自食物油脂,颗粒大,使光散射,呈乳浊状,这是用餐后血清浑浊的原因。其比重小,在4℃冰箱过夜时,上浮形成乳白色奶油样层,是临床检验的简易方法。主要生理功能是转运外源性甘油三酯,即从小肠转运三酰甘油,胆固醇及其他脂质到血浆和其他组织。电泳时乳糜微粒留在原点。

b. 极低密度脂蛋白(VLDL)。在肝细胞的内质网中合成,主要成分也是油脂。当血液流经油脂组织、肝和肌肉等组织的毛细血管时,乳糜微粒和VLDL被毛细血管壁脂蛋白脂酶水解,所以正常人空腹时不易检出乳糜微粒和VLDL。主要生理功能是运输肝脏中合成的内源性甘油三酯至各组织。无论是血液运输到肝细胞的脂肪酸,或是糖代谢转变而形成的脂肪酸,在肝细胞中均可合成甘油三酯。电泳时称为前*β*脂蛋白。

c. 低密度脂蛋白(LDL)。来自肝脏,富含胆固醇,磷脂。主要生理功能是将胆固醇运送到外周血液。含量过高易患动脉粥样硬化。电泳时称为β脂蛋白。

d. 高密度脂蛋白(HDL)。主要由肝和小肠合成,其颗粒最小,脂类主要是磷脂和胆固醇。主要生理功能是将肝脏以外组织中的胆固醇转运到肝脏进行分解代谢。HDL 被认为是抗动脉粥样硬化因子。电泳时称为α脂蛋白。可激活脂肪酶,清除胆固醇。

e. 极高密度脂蛋白(VHDL)。由清蛋白和游离脂肪酸构成,前者由肝脏合成,在油脂组织中组成 VHDL。主要生理功能是转运游离脂肪酸。

血浆中 LDL 水平高而 HDL 水平低的个体容易患心血管疾病。

②脑蛋白脂。从脑组织中分离得到。不溶于水,分为 A、B、C 三种。

6.2 生物膜的结构

生物膜(biological membrane)是构成细胞所有膜的总称。包括围在细胞质外面的一层膜——质膜(plasmalemma)和处于细胞质中构成各种细胞器的膜——内膜(endomembrane)。质膜可由内膜转化而来(如子细胞的质膜由高尔基体小泡融合而成)。

生物膜是细胞结构的基本形式,它对酶催化反应的有序进行和整个细胞的区域化都提供了一个必要的结构基础。当然,生物膜的功能是多种多样的,如细胞的物质运输、能量转换、蛋白质合成、信息传递、细胞运动等活动都与生物膜的作用有密切的关系。

6.2.1 生物膜的组成

生物膜主要由蛋白质(包括酶)和脂类两大类物质组成。此外还有少量的糖类、核酸、无机盐、金属离子及水(15%~20%)。多数生物膜中蛋白质约占总量的60%,脂类约占40%。生活状态的膜约有30%的水,70%的基质。其组成成分尤其是蛋白质和脂质的比例,因膜的种类不同而有很大的差异。一般说来,功能复杂或多样的生物膜其膜蛋白所占的比例较大;相反,膜功能简单,其膜蛋白的种类和含量越少。构成生物膜的脂类很多,主要是磷脂、胆固醇和糖脂(动物是糖鞘脂,植物和微生物是甘油酯)。生物膜中的糖类主要以糖蛋白和糖脂的形式存在。膜中的糖以寡糖链共价键结合于蛋白、鞘磷脂上,形成糖蛋白和糖脂。膜是不对称的,膜中的脂和蛋白的分布也是不对称的。

1. 膜脂

(1)成分　构成生物膜的脂类有磷脂,还有糖脂、硫脂、固醇等,其中以磷脂含量最高。

①磷脂(phospholipids)。是膜脂中最丰富的一类,占总膜脂的55%~75%。膜磷脂主要是由磷脂酸的磷酸基团与某些含羟基化合物形成。细胞中常见的磷脂有磷脂酰胆碱(PC,卵磷脂)、磷脂酰乙醇胺(PE,脑磷脂)、磷脂酰甘油(PG)、磷脂酰肌醇(PI)、磷脂酰丝氨酸(PS)。其中,以 PC 和 PE 比例最高。

②糖脂(glycolipids)。糖脂是含糖而不含磷酸的脂类,普遍存在于原核和真核细胞的质膜上,其含量约占膜脂总量的5%以下,在神经细胞膜上糖脂含量较高,占5%~10%。目前已发现40余种糖脂。

③硫脂。膜成分中含有硫酸的脂类。通常包括两类:一类是含糖残基的硫脂,主要存在于

植物膜中。如叶绿体片层膜中的6-磺基-6-脱氧-葡萄糖甘油二酯。另一类是棕鞭藻属及其他某些藻类所含的多种烷基硫酸和氯化烷基硫酸。

④甾醇(sterol)。又名固醇,也是一类重要的膜脂。动物膜甾醇主要是胆固醇(cholesterol)。植物膜甾醇含量较动物少,主要是谷甾醇、豆甾醇、油菜甾醇。高等植物质膜甾醇含量较多,而细胞器膜甾醇(谷甾醇、油菜甾醇)较少。许多真菌,特别是酵母菌,膜甾醇含量较丰富,其中以麦角固醇为主。

(2)膜脂分子的运动　膜脂分子的运动主要有以下几种方式:

侧向扩散运动:同一平面上相邻的脂分子交换位置(图6-5)。

旋转运动:膜脂分子围绕与膜平面垂直的轴进行快速旋转(图6-5)。

摆动运动:膜脂分子围绕与膜平面垂直的轴进行左右摆动。

伸缩震荡运动:脂肪酸链沿着与纵轴进行伸缩震荡运动。

翻转运动:膜脂分子从脂双层的一层翻转到另一层。是在翻转酶(flippase)的催化下完成(图6-5)。

旋转异构化运动:脂肪酸链围绕C—C键旋转,导致异构化运动。

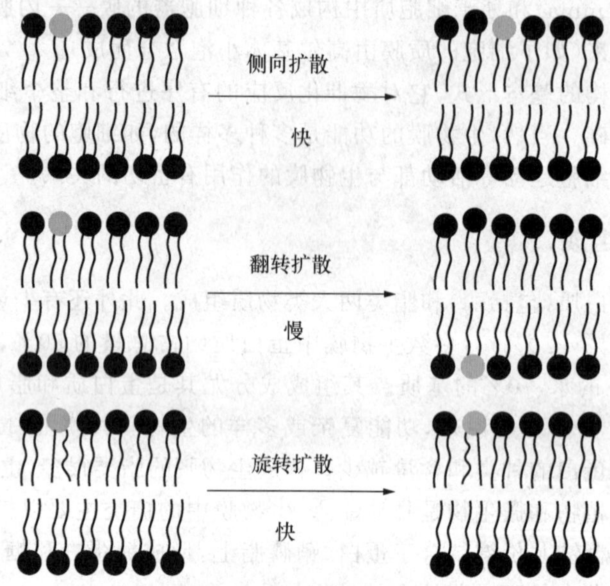

图6-5　膜脂分子的运动

(3)脂质体(liposome)　脂质体是根据磷脂分子可在水相中形成稳定的脂双层膜的趋势而制备的人工膜。在水中磷脂分子亲水头部插入水中,疏水尾部伸向空气,搅动后形成脂分子团或双层脂分子的球形脂质体,直径25～1 000 nm不等。

脂质体可用于研究膜脂与膜蛋白及其生物学性质;脂质体中裹入DNA可用于基因转移;在临床治疗中,脂质体作为药物或酶等载体。利用脂质体可以和细胞膜融合的特点,将药物送入细胞内部,减少对机体的损伤。

脂质体的类型如图6-6所示。

2. 膜蛋白(membrane proteins)

生物膜所含的蛋白叫膜蛋白,是生物膜功能的主要承担者。细胞内20%～25%的蛋白质

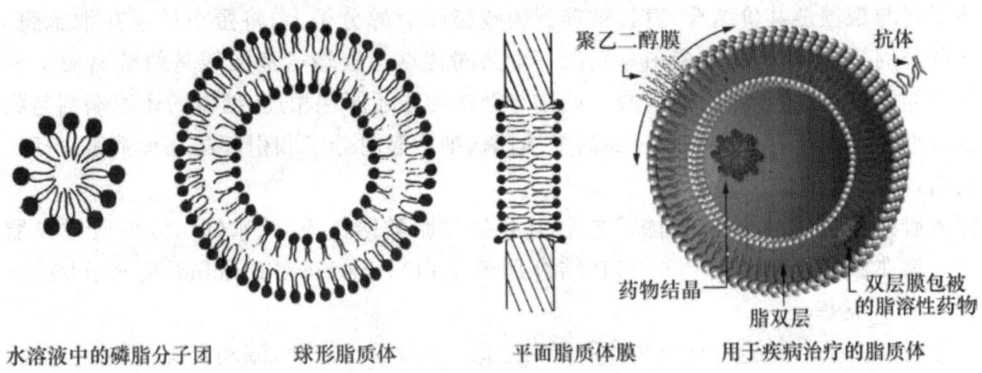

图 6-6 脂质体的类型

都参与了膜结构。不同的生物膜，膜蛋白含量相差很大。功能越复杂多样的膜，膜蛋白含量越高，种类也越多。

膜蛋白的功能是多方面的。有些膜蛋白可作为“载体”而将物质转运进出细胞。有些膜蛋白是激素或其他化学物质的专一受体，如甲状腺细胞上有接受来自脑垂体的促甲状腺素的受体。膜表面还有各种酶，使专一的化学反应能在膜上进行，如内质网膜上能催化磷脂的合成等。

(1)膜蛋白的类型

A. 根据蛋白质与膜脂的相互作用方式及其在膜中的定位，将膜蛋白分为外在蛋白(peripheral protein)、内在蛋白(integral protein)、膜锚蛋白(anchor membrane protein)(图 6-7)。

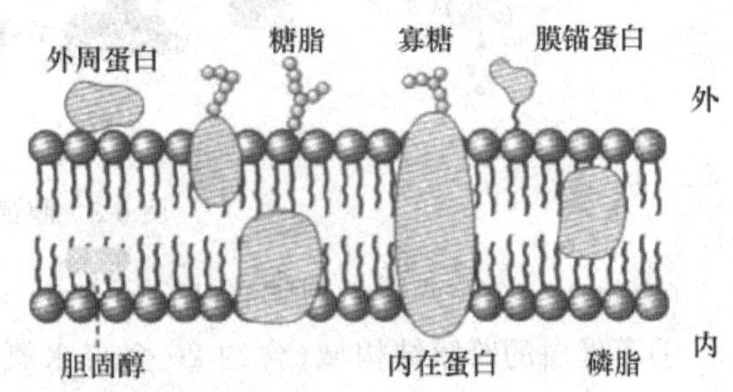

图 6-7 蛋白与膜的结合方式

①外在(外周)蛋白(extrinsic/peripheral proteins)。通常占膜蛋白总量的 20%～30%。多为水溶性的，故分布于膜的内外表面。它们通过极性氨基酸残基以静电引力、离子键、氢键等次级键与膜脂的极性头部，或与某些膜蛋白的亲水部分非共价键地松散地或可逆地结合着。因此，可在不破坏膜结构的情况下，通过温和的处理方法，如改变介质的离子强度或 pH、提高温度、加入金属螯合剂等，将外围蛋白分离提取。但有时很难区分整合膜蛋白和外周蛋白，主要是因为一个蛋白质可以由多个亚基构成，有的亚基为跨膜蛋白，有的则结合在膜的外部。

②内在(整合)蛋白(intrinsic/ integral proteins)。通常占膜蛋白总量的 70%～80%。它们通过非极性氨基酸残基与膜脂分子的疏水尾部相互作用，紧密结合，不同程度地插入或贯穿(又称跨膜蛋白)脂双层分子中，而其极性部分伸出双分子层外的水相中。

由于内在蛋白与膜结合牢固，只有用较剧烈的条件(如去污剂、有机溶剂、超声波等)才能将它们溶解下来，但膜结构也被破坏了。与脂双层疏水区接触的部分，由于水分子的排除，多肽分子形成氢键的趋向大大增加，因此往往以 α-螺旋或 β-折叠形式存在，其中又以 α-螺旋更普遍。

③脂质锚定蛋白(lipid-anchored proteins)/膜锚蛋白(Membrane anchor protein)。某些

蛋白质通过与聚糖链共价结合，直接被连到膜磷脂酰肌醇分子上，将蛋白质锚在细胞膜上，这种形式的外周蛋白，称作膜锚蛋白。它的一个共同特点是碳端氨基酸残基的游离羧基与乙醇胺的氨基缩合，后者的羟基通过磷酸二酯键与糖链的非还原端相连，糖链的还原端则与膜磷脂酰肌醇以糖苷键相连。许多细胞表面的受体、酶、细胞黏附分子和引起羊瘙痒病的 PrPC 都是这类蛋白。

深入研究表明，除了这种"糖锚"之外，还可通过脂酰链作为"疏水锚"，以酰胺键或酯键将外周蛋白锚在膜脂上，如三聚体 GTP 结合调节蛋白（trimeric GTP-binding regulatory protein）的 α 和 γ 亚基。

膜锚蛋白由于有锚链连膜脂和外周蛋白之间，因而活动度大，流动性强，有益于发挥生物功能。

B. 根据功能分，将膜蛋白分为运输蛋白、受体蛋白、酶和连接蛋白（图 6-8），有的膜蛋白兼具两种功能。

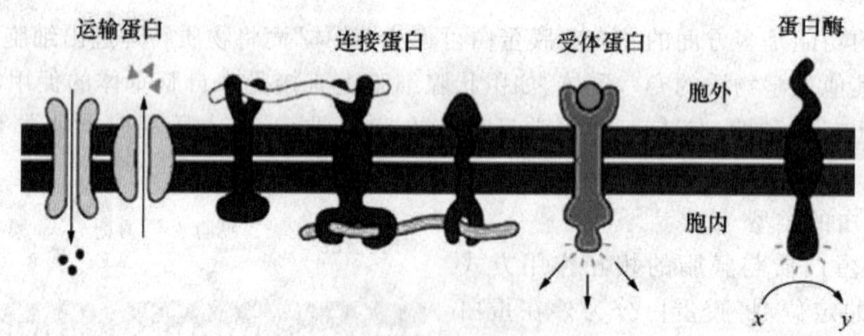

图 6-8　膜蛋白的类型

（2）内在（整合）膜蛋白与膜脂结合的方式　多数是跨膜蛋白。与膜脂结合的方式主要有：

①膜蛋白的跨膜结构域（含约 20 个疏水氨基酸残基）与脂双层分子的疏水核心的相互作用。

②跨膜结构域两端携带正电荷的氨基酸残基与磷脂分子带负电的极性头形成离子键，或带负电的氨基酸残基通过 Ca^{2+}、Mg^{2+} 等阳离子与带负电的磷脂极性头相互作用。

③某些膜蛋白在细胞质基质一侧的半胱氨酸残基上共价结合脂肪酸分子，插入脂双层之间，进一步加强膜蛋白与脂双层的结合力，还有少数蛋白与糖脂共价结合。

（3）膜蛋白的运动　由于膜蛋白的相对分子质量较大，同时受到细胞骨架的影响，它不可能像膜脂那样运动。主要有以下几种运动形式：

①随机移动。有些蛋白质能够在整个膜上随机移动。移动的速率比用人工脂双层测得的要低。

②定向移动。有些蛋白在膜中作定向移动。例如，有些膜蛋白在膜上可以从细胞的头部移向尾部。

③局部扩散。有些蛋白虽然能够在膜上自由扩散，但只能在局部范围内扩散。

（4）去垢剂　去垢剂是一端亲水、另一端疏水的两性小分子，是分离与研究膜蛋白的常用试剂。有两种：离子型去垢剂（SDS）和非离子型去垢剂（Triton X-100）。

SDS（十二烷基磺酸钠），不仅使质膜崩解，还与膜蛋白疏水部分结合使其与膜分离，还破

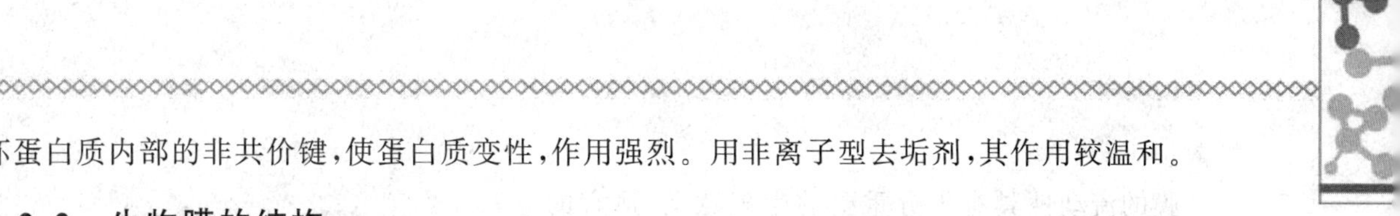

坏蛋白质内部的非共价键，使蛋白质变性，作用强烈。用非离子型去垢剂，其作用较温和。

6.2.2 生物膜的结构

1. 脂双层(lipid bilayer)

1925年E. Gorter和F. Grendel用实验证实了生物膜中磷脂和糖鞘脂形成脂双层结构。典型脂双层的厚度大约为5～6 nm。脂双层内的脂分子的疏水尾部指向双层内部，而它们的亲水头部与每一面的水相接触，磷脂中带正电荷和负电荷的头部基团为脂双层提供了两层离子表面，双层的内部是高度非极性的(图6-9)，疏水作用是形成脂双层的驱动力。脂双层倾向于闭合形成球形结构，且破损后可自我修复，这一特性可以减少脂双层的疏水边界与水相之间的不利的接触。有高度选择性，对许多物质是不通透的。

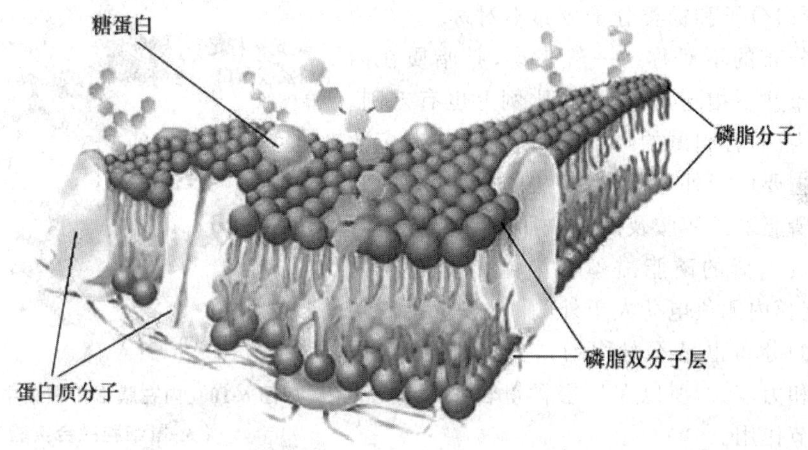

图6-9 脂双层结构

2. 生物膜的流动性和不对称性

(1)生物膜的流动性 膜的流动性包括膜脂的流动性和膜蛋白的流动性。

①膜脂的流动性。膜脂流动的主要方式是侧向运动和旋转运动，其速度快，而不是跨膜的翻转运动，因为其速度慢，需要很大的激活能，现证明有一种沉浮酶(flippase and floppase)可以催化翻转运动。

②相转换温度。脂双层的流动特性也取决于脂酰链的链内旋转和它们的屈伸能力。饱和的脂酰链可以有两种类型的构象，在较低的温度下，碳链内的碳—碳键的旋转运动很少，处于一种绷紧的状态为凝胶态；但在较高的温度下，稳定的分子运动使得链内产生了短暂的扭曲，发生了类似于晶体熔解的相转换，形成液晶态。脂双层会在一个特定温度下发生相转换，该温度称为相转换温度(phase-transition temperature)，或称为该脂的熔点(T_m)。

③膜蛋白的流动性。L. D. Frye和Michael A进行的小鼠细胞和人细胞的融合实验，该实验证明了某些内在膜蛋白可以在脂双层中侧向扩散。他们将小鼠细胞和人的细胞融合形成一个异核体(杂化细胞)。在融合之前，利用可以特异结合在人细胞质膜中某个蛋白的红色荧光标记的抗体标记人细胞，而用可以特异结合在小鼠细胞质膜中某个蛋白的绿色荧光标记的抗体标记小鼠细胞。大约在细胞融合后40 min，通过免疫荧光显微镜可以观察到细胞表面抗原相互混合的情形(图6-10)。这一实验表明，至少某些内在膜蛋白可以在生物膜内侧向自由

扩散。

膜的流动性具有十分重要的生理意义，适宜的流动性是生物膜表现正常功能的必要条件。例如，红细胞膜有相当大的流动性，才能使膜有变形能力，使红细胞能顺利通过管径小于红细胞直径的毛细血管。另外，膜的物质运输、细胞识别、细胞免疫和药物作用等都与膜的流动性密切相关。

(2)生物膜的不对称性(asymmetry)　细胞膜的内外两层在结构和功能上有很大差异，这种差异即为细胞膜的不对称性(图 6-11)。具体来说就是膜脂分子、膜蛋白分子和糖类分子分布不对称。

①膜脂分布的不对称。一般来说，膜脂质在内外两层的分布并不相同，在含量和比例上也有差别。以红细胞膜为例，含胆碱的磷脂，如鞘磷脂和大多数磷脂酰胆碱主要位于外层；含氨基酸的磷脂，如磷脂酰丝氨酸和磷脂酰乙醇胺及磷脂酰肌醇主要分布于内层。因带负电荷的磷脂酰丝氨酸主要分布在内层，所以细胞膜内侧负电荷大于外侧。

胆固醇的分布也是不对称的，它与鞘磷脂和磷脂酰胆碱亲和力较大，所以在外层含量较多，对膜的流动性有调节作用。

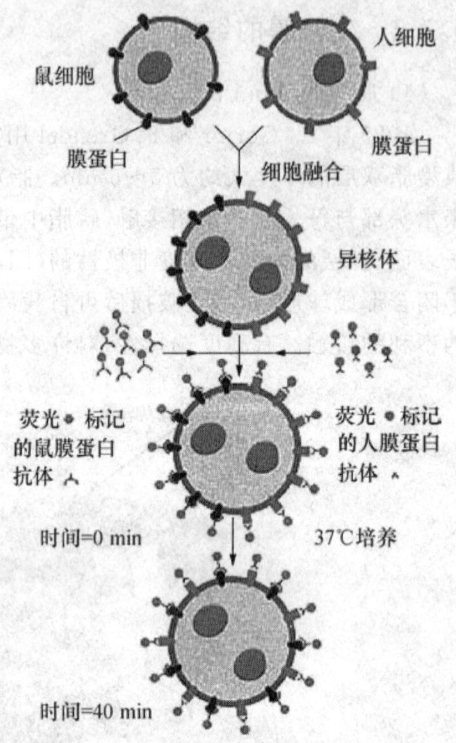

图 6-10　内在膜蛋白在膜中的扩散
(人-鼠细胞融合实验)

糖脂全部分布在非胞质侧的单层脂质分子中。

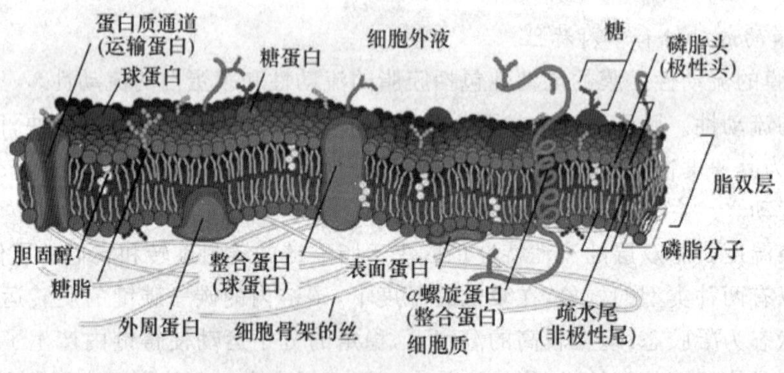

图 6-11　细胞膜的不对称性

②膜蛋白分布的不对称。膜蛋白分布的不对称是绝对的，贯穿膜全层的镶嵌蛋白两个亲水端的长度和氨基酸种类与顺序也不相同。

用冰冻蚀刻法观察到细胞膜内外两层中镶嵌蛋白颗粒的分布是不对称的，内层多于外层；周边蛋白多附在膜内表面等。在细胞膜上有多种酶蛋白和受体，有的只见于膜外表面，如非专一性的 Mg^{2+}-ATP 酶和激素受体；有的只见于膜内表面，如腺苷酸环化酶等。

③糖类分布的不对称。糖类主要分布于细胞膜的外表面，与膜蛋白和膜脂质结合成糖蛋

白和糖脂。

细胞膜结构的不对称性保证了膜功能的方向性，使膜两侧具有不同功能。有的功能只发生在膜的外层，有的则在内层，这是生物膜发挥作用所必不可少的。例如，膜内、外物质转运的方向性；信号的接收与传递的方向性等。

3. 流动镶嵌模型(fluid mosaic model)

1972 年 S. J. Singer 和 G. L. Nicolson 就生物膜的结构提出了流动镶嵌模型(fluid mosaic model)。认为：①生物膜是一个动态结构，即膜中的蛋白质和脂可以快速地在双层中的同一层内侧向扩散。②各种膜组分在脂双层上分布不对称的。③膜蛋白看上去像是圆形的"冰山"飘浮在高度流动的脂双层"海洋"中。内在膜蛋白(integral membrane protein)插入或跨越脂双层，与疏水内部接触。外周膜蛋白 (peripheral membrane protein)与膜表面松散连接。④糖基总是分布在膜外表面。

4. 影响生物膜的流动性的因素

影响生物膜流动性的因素主要有膜本身的组成成分、遗传因子及环境的理化因素(如温度、pH、离子强度、药物等)。

①温度(temperature)。温度是影响生物膜流动性的最主要的因素。当环境温度在相变温度以上时，细胞膜磷脂分子处于流动的液晶态；而在相变温度以下时，则处于不流动的晶态。细胞膜磷脂分子相变温度越低，细胞膜磷脂分子流动性就越大；反之，相变温度越高，细胞膜磷脂分子的流动性也就越小。

②脂肪酸链的长度和不饱和度。这是影响膜流动性的重要因素。脂肪酸链越短，双层脂质分子间的相互作用就越弱，其运动性增强，膜流动性增大；反之，长链脂肪酸则增加分子的有序性，使膜流动性降低。饱和程度高的脂肪酸链因紧密有序地排列，因而流动性小；而不饱和脂肪酸链由于不饱和键的存在，使分子间排列疏松而无序，所以脂双分子层中含不饱和脂肪酸越多，膜的流动性也就越大。

③胆固醇与磷脂的比值。在真核细胞中，膜胆固醇以特殊的排列方式与磷脂分子结合。它们分布于磷脂分子之间，以其分子中强硬的板状结构与相邻磷脂的脂肪酸链相互作用。在相变温度以上，胆固醇能抑制磷脂分子的脂肪酸链的异构化运动，减少扭曲现象。因此，膜中胆固醇含量的增加有利于膜脂分子的有序排列，从而使膜的流动性降低。在生理条件下，胆固醇可调节膜流动性。

④卵磷脂与鞘磷脂的比值。在 37℃时鞘磷脂的微黏度比卵磷脂大 5～6 倍。所以，卵磷脂/鞘磷脂的比值越大，膜流动性越大。反之，则其膜流动性越低。衰老细胞及动脉粥样硬化时的血管细胞都伴随着卵磷脂/鞘磷脂比值的降低。

⑤脂双层中嵌入的蛋白质越多，膜流动性越大。除以上因素外，遗传、pH、理化、药物、离子强度和金属离子等，都会不同程度地影响膜脂的流动性。

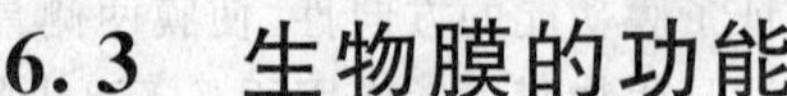

6.3 生物膜的功能

6.3.1 物质运输

1. 大分子穿膜运输(膜融合和膜泡运输)

原核生物在它们的质膜和外膜中含有多成分的输出系统,使得它们能够将某些蛋白质(往往是些毒素或酶)分泌到细胞外介质中。真核细胞中,质膜对大分子化合物(如蛋白质、多糖、多肽等)或颗粒物质是不通透的,它们在细胞内转运时,质膜内陷,形成包围细胞外物质的囊泡,因此又称膜泡运输。它包括内吞作用(endocytosis)和外排作用(exocytosis)。细胞的内吞和外排活动总称为吞排作用(cytosis)。

(1)胞吞作用　细胞表面发生内陷,由细胞膜将胞外大分子或颗粒物质包围成膜泡,脱离细胞膜进入细胞内的运输过程。根据吞入物质的状态、大小及特异程度的不同,分为 3 种:吞噬作用、胞饮作用、受体介导的内吞作用。

①吞噬作用。细胞内吞较大的固体颗粒物质,如细菌、细胞碎片等,称为吞噬作用(phagocytosis)(图 6-12)。吞噬现象是原生动物(如变形虫)获取营养物质的主要方式,哺乳动物和人体血液中的中性粒细胞和巨噬细胞具有极强的吞噬能力,通过吞噬作用消灭侵入的病原体,以保护机体免受异物侵害。此种作用消耗 ATP 提供的能量。

②胞饮作用。细胞吞入的物质为液体或极小的颗粒物质,这种内吞作用称为胞饮作用(pinocytosis)(图 6-13)。胞饮作用存在于白细胞、肾细胞、小肠上皮细胞、肝巨噬细胞和植物细胞,如肾小管上皮细胞对原尿中蛋白质分子的重吸收,此种作用消耗 ATP。

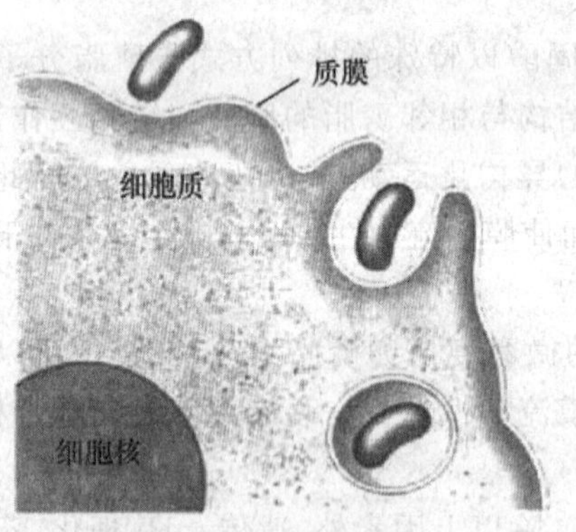

图 6-12　吞噬作用

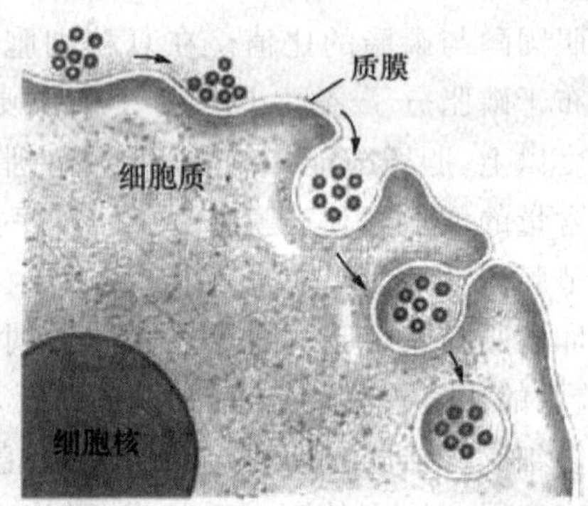

图 6-13　胞饮作用

③受体介导的内吞作用(receptor mediated endocytosis, RME)(有被小泡运输)。受体介导的内吞作用是细胞依靠细胞表面的受体特异性地摄取细胞外蛋白或其他化合物的过程。这是一种选择浓缩机制,既可保证细胞大量地摄入特定的大分子,同时又避免了吸入细胞外大量的液体。例如低密度脂蛋白(LDL)、运铁蛋白、生长因子、胰岛素等蛋白类激素、糖蛋白等,都是通过受体介导的内吞作用进行的。

细胞表面的受体具有高度特异性,与相应配体(ligand,被内吞的分子)结合形成复合物,继而此部分质膜凹陷形成有被小窝，小窝与质膜脱离形成有被小泡，将细胞外物质摄入细胞内。有被小泡进入细胞后，脱去外衣，与胞内体的小囊泡结合形成大的内体，其内容呈酸性，使受体与配体分离。带有受体的部分膜结构芽生、脱落，再与质膜融合，受体又回到质膜，完成受体的再循环。这种转运速度很快。

低密脂蛋白(low-density lipoproteins，LDL)表面的单链糖蛋白质 Apo-B 蛋白(配体)，这个蛋白质分子可以和靶膜上的受体结合，介导 LDL 的摄取和转运。

当细胞进行膜合成需要胆固醇时，细胞即合成 LDL 跨膜受体蛋白，并将其嵌插到质膜中。受体与 LDL 颗粒结合后，形成衣被小泡；进入细胞质的衣被小泡随即脱掉笼形蛋白衣被，成为平滑小泡，同早期内体融合，内体中 pH 低，使受体与 LDL 颗粒分离；再经晚期内体将 LDL 送入溶酶体。在溶酶体中，LDL 颗粒中的胆固醇酯被水解成游离的胆固醇而被利用。细胞对胆固醇的利用具有调节能力，当细胞中的胆固醇积累过多时，细胞即停止合成自身的胆固醇，同时也关闭了 LDL 受体蛋白的合成途径，暂停吸收外来的胆固醇。有的人因为 LDL 受体蛋白编码的基因有遗传缺陷，造成血液中胆固醇含量过高，因而会过早地患动脉粥样硬化症。

(2)外排作用　与内吞作用的顺序相反，某些大分子物质通过形成小囊泡从细胞内部移至细胞表面，小囊泡的膜与质膜融合，将物质排出细胞之外，这个过程称为外排作用(exocytosis)。如细胞内物质的分泌，细胞中的病毒、未消化的残渣等分子释放到细胞外都是通过这种途径排出的(图 6-14)。

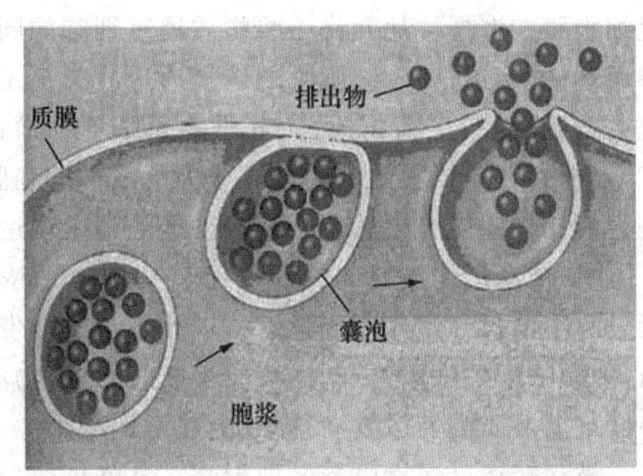

图 6-14　外排作用

①组成型的外排途径(constitutive exocytosis pathway)。所有真核细胞都有从高尔基体 TGN 区分泌囊泡向质膜运输的过程，其作用在于更新膜蛋白和膜脂、形成质膜外周蛋白、细胞外基质或作为营养成分和信号分子。

②调节型外排途径(regulated exocytosis pathway)。分泌细胞产生的分泌物(如激素、黏液或消化酶)储存在分泌泡内，当细胞在受到胞外信号刺激时，分泌泡与质膜融合并将内含物释放出去。调节型的外排途径存在于特化的分泌细胞。其蛋白分选信号存在于蛋白本身，由高尔基体 TGN 上特殊的受体选择性地包装为运输小泡。

(3)穿胞运输　在动物组织中，有的细胞通过内吞和外排相偶联，在细胞的一侧形成胞饮小泡穿越细胞质，另一侧使小泡中的物质释放出去。如肝细胞从血窦中吸收免疫球蛋白 A (IgA)，通过穿胞运输输送到胆微管；大鼠中，母鼠血液中抗体经穿胞运输进入乳汁。

(4)胞内膜泡运输　细胞内部内膜系统各个部分之间的物质传递常常通过膜泡运输方式进行。如从内质网到高尔基体；高尔基体到溶酶体；细胞分泌物的外排，都要通过过渡性小泡进行转运。膜泡运输是一种高度有组织的定向运输，各类运输泡之所以能够被准确地运到靶细胞器，主要是因为细胞器的胞质面具有特殊的膜标志蛋白。许多膜标志蛋白存在于不止一种细胞器，可见不同的膜标志蛋白组合，决定膜的表面识别特征。

大多数运输小泡是在膜的特定区域以出芽的方式产生，其表面具有一个笼子状的由蛋白质构成的衣被(coat)。这种衣被在运输小泡与靶细胞器的膜融合之前解体。衣被具有两个主要作用:①选择性地将特定蛋白聚集在一起,形成运输小泡;②如同模具一样决定运输小泡的外部特征,相同性质的运输小泡之所以具有相同的形状和体积,与衣被蛋白的组成有关。

胞内膜泡运输沿微管或微丝运行,动力来自马达蛋白(motor proteins)。与膜泡运输有关的马达蛋白有 3 类:一类是动力蛋白(dynein),可向微管负端移动;另一类为驱动蛋白(kinesin),可牵引物质向微管的正端移动;第三类是肌球蛋白(myosin),可向微丝的正极运动。在马达蛋白的作用下,可将膜泡转运到特定的区域。

2. 小分子穿膜运输

细胞质膜和各种内膜的脂双层因其内部的疏水性质而构成了一道屏障,不允许大多数极性和水溶性分子透过,可以经膜自由扩散的只有极少数脂溶性、非极性或不带电的小分子。正因为这种屏障作用,细胞内外、各细胞器内外的物质浓度差异才得以维持。但是,每一个活细胞要维持其正常的生命活动,必须通过细胞膜从外界及时地吸取营养物质,同时要不断地排出其代谢产物,要调节细胞内外离子浓度,要造成某些特殊物质在某个细胞内外的浓度差异,因此细胞膜在选择性地允许一些物质通过细胞的同时,阻止另一些物质通过,这就是细胞膜的选择通透性(半透性)。细胞膜的选择通透性决定了脂溶性物质,不带电荷的小分子物质易于通过生物膜,而带电荷物质、大分子物质则不易通过生物膜。小分子物质和离子的穿膜运输方式,根据是否需要膜蛋白的介导分为单纯扩散和膜蛋白介导的跨膜运输两种,根据运输过程中是否消耗代谢能又把后者分为被动运输和主动运输两种方式。

(1)被动运输(passive transport) 物质顺浓度或电化学梯度的跨膜转运的过程,这种转运过程不消耗细胞代谢能量。若被转运溶质不带电荷,膜两侧的浓度梯度决定溶质的转运方向,即顺浓度梯度;若被转运溶质带电荷,跨膜物质浓度梯度及电位梯度的总和构成的电化学梯度决定溶质的转运方向,即顺电化学梯度。

被动转运又包括以下 3 种形式:简单扩散(simple diffusion)、滤过(filtration)和易化扩散(facilitated diffusion)。

①简单扩散(simple diffusion)。也叫自由扩散(free diffusion),是指小分子物质通过膜由高浓度一侧向低浓度一侧扩散的现象。如脂溶性分子,如甾类激素、苯;非极性小分子,如 O_2、N_2;不带电的极性小分子,如 H_2O、CO_2、乙醇、甘油、尿素等,以此种方式通过生物膜。其特点是不消耗细胞代谢能(所需能量来源于高浓度本身所具势能);顺浓度梯度(或电化学梯度),不需要膜蛋白协助;运输速度取决于分子的大小和脂溶性,且与溶质浓度差成正比。一般说,分子质量越小脂溶性越强,通过速率越快。

膜的通透性(P)由该分子的脂溶性和扩散系数、浓度梯度所决定。

$$P=KD/t$$

式中,K 为该溶质的脂水分配系数(partition cofficient),D 为扩散系数,t 为膜厚度。

②滤过(filtration)。在流体静压或渗透压的作用下,许多水溶性的小分子(相对分子质量150~200)、极性的或非极性的物质随体液通过生物膜的水性通道(aqueous channel),由膜的一侧到达另一侧。如肾小球的滤过等。

③易化扩散(facilitated diffusion)。又称被动转运、促进扩散、协助扩散,是指在特异性的膜运输蛋白(所有的通道蛋白和一部分载体蛋白)介导下,各种极性分子、无机离子及细胞代谢

物顺其浓度或电化学梯度的跨膜转动。如氨基酸(如 L-多巴)、葡萄糖进入红细胞、维生素 B_{12} 从肠道吸收等,以此种方式通过生物膜。其特点是不消耗细胞代谢能;具有选择性、特异性(即与特定分子结合)、饱和性;存在最大转动速度,转动速率远高于简单扩散,低于离子通道扩散;可被竞争性抑制剂阻断,也可被非竞争性抑制剂破坏。

a. 通道蛋白(channel proteins)。能形成贯穿膜脂双层的充水通道,将某些物质运输到膜的另一侧。通道蛋白只介导被动运输。通道蛋白运输物质具有快(是载体蛋白运输速率的1 000倍)、高度离子选择性和闸门控制3个特性。

闸门通道类型包括电压门控通道(闸门的开闭受膜电压控制)、配体门控通道(闸门的开闭受配体的调节)和机械门控通道(闸门的打开受力的作用)。

b. 载体蛋白(carrier proteins)。能与特异性分子结合,通过构象改变将物质运输到膜的另一侧。介导被动运输和主动运输。

(2)主动运输(active transport) 由载体蛋白所介导,使被转运物质逆浓度梯度或电化学梯度由低浓度一侧向高浓度一侧,消耗能量进行跨膜运输的方式。其特点是物质逆浓度或电化学梯度的跨膜转动;需要膜特异性载体蛋白介导;需要消耗能量(直接水解ATP或来自离子电化学梯度提供能量);具有选择性和特异性。

主动运输的类型包括由ATP直接提供能量的主动运输如钠钾泵、钙泵(Ca^{2+}-ATP酶)、质子泵和间接消耗ATP的主动运输[如协同运输(cotransport)]。

①由ATP直接提供能量的主动运输。

a. 钠钾泵。由2个大亚基、2个小亚基组成的4聚体,也叫 Na^+-K^+ ATP酶,分布于动物细胞的质膜。其作用是维持细胞的渗透性,保持细胞体积;维持低 Na^+ 高 K^+ 的细胞内环境;维持细胞的静息电位。地高辛、乌本苷等强心剂抑制其活性。工作原理是对离子的转运循环依赖磷酸化过程,所以叫作P-type离子泵。每个循环消耗1个ATP转出3个钠离子,转进2个钾离子。

b. 钙泵(calciumpump)。亦称为 Ca^{2+}-ATP酶,它分布于动、植物细胞质膜,线粒体内膜,内质网样囊膜(SER-like organelle),动物肌肉细胞肌质网膜,植物叶绿体膜上。其作用是维持细胞内较低的钙离子浓度(胞内钙浓度 $10^{-8}\sim10^{-7}$ mol/L,胞外 5×10^{-3} mol/L)。线粒体内腔、肌质网、内质网样囊腔中含高浓度的 Ca^{2+},浓度大于 10^{-5} mol/L,名为"钙库"。在一定的信号作用下 Ca^{2+} 从钙库释放到细胞质,调节细胞运动、肌肉收缩、生长、分化等诸多生理功能。工作原理是在细胞质结合两个 Ca^{2+},Ca^{2+} 结合后使酶激活,并结合上一分子ATP,伴随着ATP的水解酶被磷酸化,Ca^{2+} 泵构型发生改变,结合的 Ca^{2+} 转到细胞外侧被释放,此时酶发生去磷酸化,构型恢复到原始的静息状态。即每水解一个ATP转运两个 Ca^{2+} 到细胞外。由于其活性依赖于ATP与 Mg^{2+} 的结合,所以又称为(Ca^{2+},Mg^{2+})-ATP酶。

c. 质子泵。指能逆浓度梯度转运氢离子通过膜的膜整合糖蛋白。质子泵的驱动依赖于ATP水解释放的能量,质子泵在泵出氢离子时造成膜两侧的pH梯度和电位梯度。

质子泵有3类,即P-type、V-type、F-type。

P-type是指载体蛋白利用ATP使自身磷酸化(phosphorylation),发生构象的改变来转移质子或其他离子,如植物细胞膜上的H+泵,动物细胞的 Na^+-K^+ 泵,Ca^{2+} 离子泵,H^+-K^+ ATP酶(位于胃表皮细胞,分泌胃酸)。

V-type是指水解ATP产生能量,但不发生自磷酸化,存在于各类小泡(vacuole)膜上、溶酶体膜，动物细胞的内吞体，高尔基体的囊泡膜，植物液泡膜上。

F-type 是指不仅可以利用质子动力势将 ADP 转化成 ATP，也可以利用水解 ATP 释放的能量转移质子。存在于细菌质膜、线粒体内膜和叶绿体的类囊体膜上。

d. ABC 超家族(ABC superfamily)。广泛存在于各种生物体内，是一个庞大而多样的蛋白家族。能转运细菌质膜上糖、氨基酸、磷脂的转动蛋白；转运哺乳动物细胞质膜上磷脂、亲脂性药物、胆固醇及其他小分子的转动蛋白；在肝、肾、小肠的细胞膜上分布广泛，将毒物及废物排出体外。ABC 超家族由 4 个“核心”结构域组成的结构模式，包括 2 个跨膜结构域(T)，形成跨膜转运通道并决定每个 ABC 蛋白的底物特异性；2 个胞质侧 ATP 结合域(A)，30%～40%同源。

多药抗性转运蛋白(multidrug resistance protein, MDR)是第一个被发现的真核细胞的 ABC 蛋白器，利用水解 ATP 的能量将各种药物从细胞质内转动到细胞外，降低了化学治疗的疗效。约 40%的患者的癌细胞内该基因过度表达。

②间接消耗 ATP 的主动运输。协同运输(cotransport)，由 Na^+-K^+ 泵(或 H^+ 泵)与载体蛋白协同作用，间接消耗 ATP 的主动运输方式。动物细胞常利用膜两侧 Na^+ 浓度梯度来驱动，植物细胞和细菌常利用 H^+ 浓度梯度来驱动。据溶质运输方向与 Na^+ 顺电化学梯度转移方向的关系，分为同向运输和反向运输。

物质运输方向与离子转移方向相同为同向运输(symport)。如小肠上皮细胞对葡萄糖的吸收伴随 Na^+ 的进入，某些细菌对乳糖的吸收伴随着 H^+ 的进入。

物质运输方向与离子转移方向相反为反向运输(antiport)。如 Na^+ 驱动的 Cl^--HCO^{3-} 交换，即 Na^+ 与 HCO_3 的进入伴随着 Cl^- 和 H^+ 的外流，如存在于红细胞膜上的带Ⅲ蛋白；线粒体 Na^+ 驱动的 Na^+ / H^+ 反向转运 H^+，即 Na^+ 入胞、H^+ 出胞，以调节细胞内的 pH。

6.3.2 跨膜信号转导

不同形式的外界信号作用于细胞膜表面，外界信号通过引起膜结构中某种特殊蛋白质分子的变构作用，以新的信号传到膜内，再引发被作用的细胞相应的功能改变。这个过程就叫跨膜信号转导。包括细胞出现电反应或其他功能改变的过程。通常胞外信号称为第一信使(first messenger)，如激素、光等。

跨膜信号转导的方式主要有：①通过具有特殊感受结构的通道蛋白完成的跨膜信号转导。这些通道蛋白可以分为电压门控通道、化学门控通道、机械门控通道 3 类，另外还有细胞间通道。②由膜的特异性受体蛋白质、G-蛋白膜的效应器酶组成的跨膜信号转导系统。③由酪氨酸激酶受体完成的跨膜信号转导。

1. 腺苷酸环化酶信号途径

在 3′,5′-环磷酸腺苷(cAMP)信号途径中，细胞外的刺激信号与抑制信号分别为不同的 G 蛋白偶联受体(GPCR)所接受，通过刺激性 G 蛋白(Gs)或抑制性 G 蛋白(Gi)的 α 亚基传递给腺苷酸环化酶(adenylate cyclase, AC)，Gαs 激活 AC，Gαi 抑制 AC。当 AC 被激活时，细胞溶质部分快速产生 cAMP，通过 cAMP 水平的变化，形成 cAMP 信号，cAMP 作为第二信使(secondary messenger)，进一步激活蛋白激酶 A(protein kinase A，PKA)，激活的 PKA 进入细胞核，激活 cAMP 反应元件结合蛋白(cAMP response element binding protein，CREB)中的 Ser^{133} 磷酸化和 NF-κB，促进基因转录(图 6-15)。多肽、蛋白质类及儿茶酚胺激素如肾上腺素、胰高血糖素、胰岛素、促肾上腺皮质素、促甲状腺素等都是通过这一信息传递而发挥作用的。

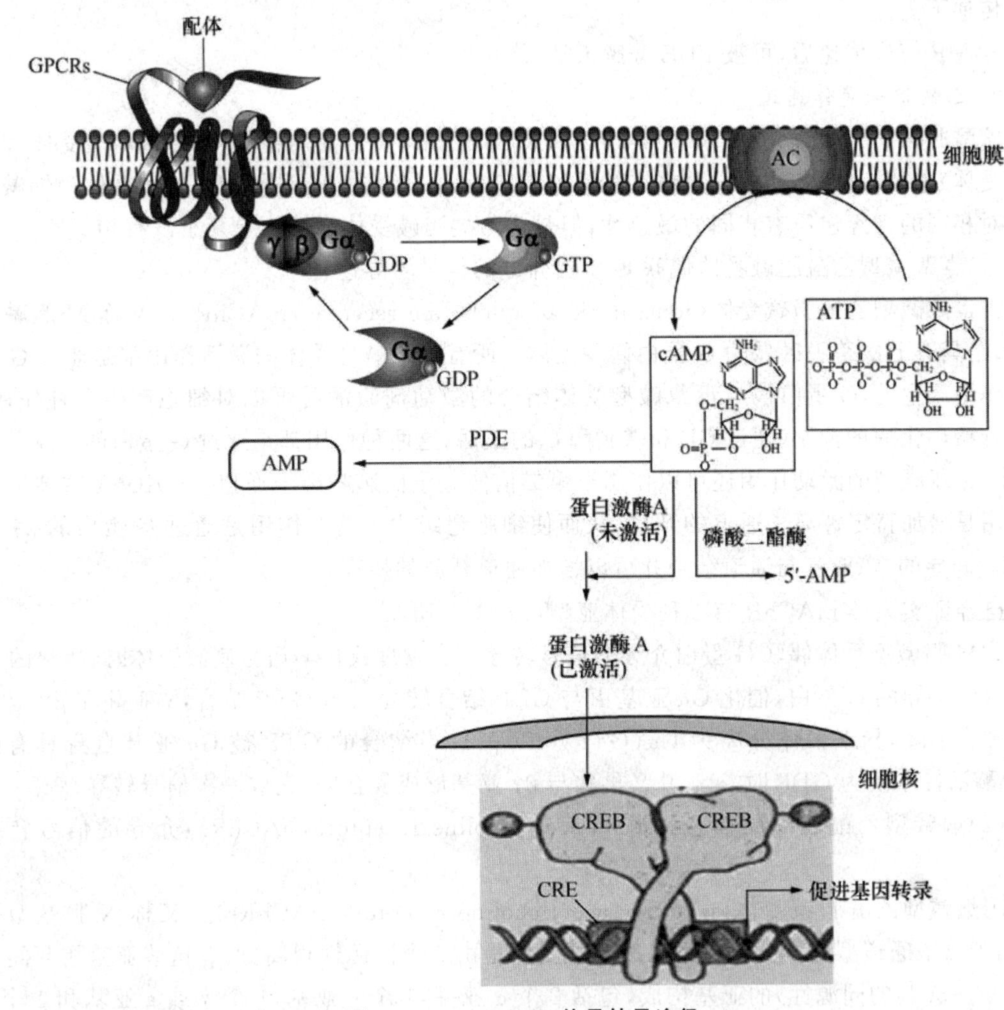

图 6-15 cAMP-PKA 信号转导途径

G 蛋白为 α、β、γ 三种亚基组成的异源三聚体鸟苷酸结合蛋白(heterotrimeric guanine nucleotide-binding proteins,G Protein),它们都有内在的 GTP 酶活性,能水解 GTP 生成 GDP,G 蛋白通过与 GTP、GDP 结合状态的转化,在细胞信号转导通路中起信号转换器或分子开关作用。Gs 未被激活前,Gγ 与 GDP 结合,呈无活性状态,一旦受体与激素结合后,即可诱发 G 蛋白上的 Gα-GDP 与 GTP 交换,成为活性状态的 Gα-GTP 。同时,Gα-GTP 即与 Gβγ 部分分离,并移动到邻近的 βγ 腺苷酸环化酶部位,以激活腺苷酸环化酶,后者催化 ATP 变成 cAMP。但 Gα-GTP 的寿命是短暂的,因为 Gα 本身具有 GTP 酶的活性,可以水解 GTP 为 GDP 与 Pi。又成无活性的 Gα-GDP,并返回与 Gβγ 结合成完整的无活性的 G 蛋白(a-βγ)-GDP。Gi 对腺苷酸环化酶的抑制作用可通过两个途径:①通过 α 亚基与腺苷酸环化酶结合,直接抑制酶的活性;②通过 βγ 亚基复合物与游离 Gs 的 α 亚基结合,阻断 Gs 的 α 亚基对腺苷酸环化酶的活化。

cAMP 信号还可以通过与下游的 cAMP 激活的交换蛋白(exchange protein activated by cAMP,EPAC)、环核苷酸门控离子通道(cyclic nucleotide-gated ion channel,CNGC)结合,将信号传递下去。

cAMP 信号传递后,可被 PDE 分解灭活,终止信号。

2. 乙酰胆碱受体通道

乙酰胆碱(acetylcholine,ACh)释放进入突触间隙后,将会与两种受体(毒蕈碱型受体和烟碱型受体)中的一种结合,通常是在突触后细胞膜表面进行结合。虽然毒蕈碱型受体和烟碱型受体对相同的神经递质有相同的敏感性,但是这两类胆碱受体在结构上几乎没有相似性。

(1)毒蕈碱型乙酰胆碱受体偶联 G 蛋白介导的信号转导途径

①毒蕈碱型乙酰胆碱受体(muscarinic acetylcholine receptas,mAChR)。又称 M 胆碱型受体,是具有七次跨膜区域的 G 蛋白偶联受体。所有毒蕈碱型受体的激活作用都是通过 G 蛋白的作用产生的,G 蛋白被与毒蕈碱型受体结合的激动剂激活后可以对细胞产生多种作用。即腺苷酸环化酶的抑制(通过 Gi)和磷脂酶 C 的激活,这两种作用都是通过 G 蛋白的 α 亚基介导的。毒蕈碱型的激动作用还可以作用于第二信使分子而影响离子通道。mAChR 主要的兴奋作用是增加特定钾离子通道的开放,从而使细胞超级化。这个作用是通过 G 蛋白的 βγ 亚基(G_0)介导的,该亚基与通道结合并可以增加通道开放的概率。

已经证实人类 mAChR 有 5 种受体亚型,即 M_1～M_5。

②M 胆碱型受体偶联 G 蛋白介导的信号转导。当物理或化学信号刺激受体时,活化的 M 受体激活特异的 G 蛋白,催化 Gα 亚基由与 GDP 结合转变为与 GTP 结合,α 亚基和 βγ 亚基的亲和力下降,异三聚体分离为 Gα(GTP)和 Gβγ。当结合的 GTP 被 Gα 亚基自身具有的 GTP 酶活性水解为 GDP 时,α 亚基又再次与 βγ 亚基形成复合体,完成一次信号转导。

(2)烟碱型乙酰胆碱受体(nicotinic acetylcholine receptors,nAChRs)介导的信号转导途径

①烟碱型乙酰胆碱受体(nicotinic acetylcholine receptors,nAChRs)。又称 N 胆碱型受体,属于离子通道型受体。烟碱型乙酰胆碱受体是由 5 个同源性很高(所有这些亚基相互间具有 35%～50%的同源性)的亚基构成,包括 2 个 α 亚基,1 个 β 亚基,1 个 γ 或 ε 亚基和 1 个 δ 亚基。每一个亚基都是一个四次跨膜蛋白,分子质量约 40 ku,约由 500 个氨基酸残基构成。乙酰胆碱的结合部位位于 α 亚基上。

②N 胆碱型受体介导的信号转导。当神经冲动传至神经末梢时,引起细胞膜去极化,导致细胞膜上的 Ca^{2+} 通道瞬时开放,大量的 Ca^{2+} 从开放的通道涌入细胞内,引起神经末梢内突触小泡的 Ach 释放至突触间隙内;释放的 Ach 与突触后肌细胞膜上的乙酰胆碱受体结合,促使其开放,Na^+ 流入肌细胞,引起细胞膜局部去极化;肌细胞膜去极化使电压闸门 Na^+ 通道短暂开放,大量 Na^+ 流入肌细胞,进一步去极化至形成一去极化波;肌细胞膜广泛去极化,使肌浆网上的 Ca^{2+} 通道开放,Ca^{2+} 流入细胞质,Ca^{2+} 增加引起细胞内肌原纤维收缩。

6.3.3 能量传递和转换

在细胞的能量传递和转换中,生物膜起着关键性作用。主要包括氧化磷酸化和光合磷酸化。

1. 氧化磷酸化

通过生物氧化作用，将食物分子中存储的化学能转变成生物能，即将化学能转换成ATP分子的高能磷酸键。然后再通过ATP分子磷酸键的分解释放能量，为生物体提供所需的能量。真核细胞的氧化磷酸化主要在线粒体膜上进行。有些原核细胞的能量转换过程可在细胞质膜上进行，如大肠杆菌的细胞质膜也分布有氧化磷酸化酶系，通过氧化进行能量转换。从细菌质膜和线粒体内膜上的氧化磷酸化和电子传递的偶联来说，是电子传递导致内膜两侧质子产生梯度，利用这种梯度推动合成ATP。也就是将电子传递的能量转化为细胞利用的通用能量ATP。

2. 光合磷酸化

通过光合作用，将光能(主要是太阳能)转换成ATP的高能磷酸键。再利用ATP的能量合成糖类物质。例如植物的叶绿体利用类囊体膜上的结合蛋白进行光能的捕获和转换，把光能转换为光合电子传递链上的电子流动，最后形成同化力(NADPH和ATP)，再经光合碳素途径转换成以糖类形式储存的化学能。

另外，当膜维持着某些特异离子或溶质跨膜的浓度差时，能量就储存于它的跨膜电化学梯度中。这样的膜称为“能势膜”(energized membranes)，其中所储存的能量可用于驱动细胞的许多重要活性。

6.3.4 识别功能

细胞通过其表面的特殊受体与胞外信号物质分子或配体选择性地相互作用，触发细胞内一系列生理生化变化，最终导致细胞的总体生物学效应相应改变，这个过程称为细胞识别。

多细胞生物要求在细胞之间建立和维持特殊的联系，以便协调运作，执行整体功能。例如，质膜上的某些离子通道或感受器蛋白能感知外部电信号；膜受体能识别并结合具有互补结构的特殊配体分子，如激素、细胞因子、神经递质等。不同类型的细胞带有不同的受体，能对环境中不同配体的浓度变化作出相应的响应，包括改变胞内代谢；调控细胞周期或细胞分裂、分化；趋化性运动；释放某些离子或分泌某些物质；以及向细胞下达凋亡指令等。

细胞表面的各种黏附分子介导细胞之间的相互识别、黏附及相互作用。包括同种同类细胞间的相互作用，如具有相同表面特征的细胞之间通过识别、黏合、聚集成器官；同种异类细胞的相互作用，如有性繁殖中配子的相互识别、黏结与融合；异种异类细胞间的相互作用，如病原菌或寄生菌与寄主细胞间的相互识别与黏合。细胞与胞外基质之间的识别与黏合近年来受到特别的关注，事实上胞外基质中许多组分还起着信息分子的作用，可通过细胞表面受体向细胞发出信号，通过信号转导系统传入细胞内，引起包括存活、分化、迁移、凋亡等在内的多种效应。

本章小结

生物体内的脂类包括中性脂肪、类脂，类脂包括磷脂和胆固醇及其酯。其中磷脂主要构成生物膜的骨架。脂肪又称三酰甘油，是由三个脂肪酸和甘油形成三酯，用来贮存能量和供能的。脂肪酸主要区别在于碳链的长短、不饱和程度及双键的位置，只有一个双键的不饱和脂肪酸称为单不饱和脂肪酸，带有2个或2个以上的脂肪酸称为多不饱和脂肪酸。

细胞膜主要由蛋白质和脂类组成，此外还有少量的糖分，与蛋白质和脂类结合在一起。脂类是膜的骨架，蛋白质决定膜的功能特异性。膜脂质主要由磷脂、糖脂和胆固醇。膜蛋白根据其在膜上的定位分为膜整合蛋白、外周蛋白和膜锚定蛋白。生物膜的主要特征是流动性，包括膜脂和膜蛋白的流动性，其对于物质的运输、能量转换、信息传递和识别密切相关。流动嵌合模型可很好地解释膜脂和膜蛋白的存在状态与功能的关系。

小分子物质的跨膜运输根据运输过程中是否需要能量可分为主动转运、被动转运和转运蛋白介导的跨膜转运。主动转运需要消耗能量。大分子物质的跨膜运输是通过和细胞膜一起移动来进出细胞的，并伴随有膜的增加或减少，进入细胞的过程叫胞吞作用，排出细胞的过程叫胞吐作用。

激素对细胞的调控作用是通过跨膜信号转导实现的。激素与细胞膜上特异性的受体识别并结合，将信号传递到膜上的G蛋白，然后激活细胞内的cAMP信号途径或磷脂酰肌醇途径引起细胞内一系列酶活性的改变，从而实现代谢调控。

复习思考题

1. 简述生物脂肪酸的结构特点。
2. 什么是必需脂肪酸？有哪些生物学功能？
3. 简述胆固醇的结构，其衍生物有哪些？
4. 构成生物膜的脂类有哪些？它们的共同性质是什么？
5. 何谓生物膜？在结构上有何特点？它说明了什么样的实质？生物膜有何重要生理功能？
6. 根据磷脂的结构和性质说明其与生物膜的结构和某些功能的关系。
7. 真核细胞质膜有哪些磷脂分子？
8. 论述细胞膜的化学组成与膜功能的关系。
9. 简述膜的不对称性特点。
10. 影响膜流动性的因素有哪些？
11. 生物膜的两侧不对称性表现在哪些方面？
12. 参与物质穿膜运输的运输蛋白包括哪几类？各有何特点？

第7章 新陈代谢概论与生物氧化

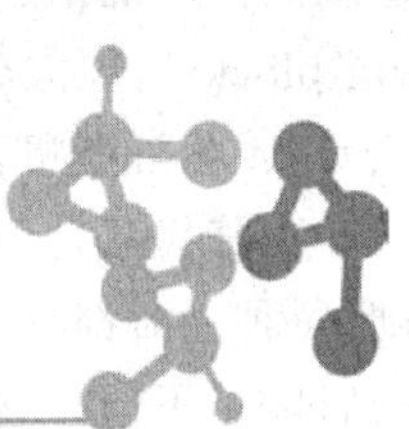

◈内容提示与教学目标

【说明】本章系营养物质分解氧化产生能量的共同途径，也是其他物质代谢的预备知识。

重点掌握：生物氧化的特点、生物氧化的概念；生物氧化中水的生成方式、呼吸链排列顺序、呼吸链的抑制作用；高能化合物及高能键、ATP 的生成方式、底物磷酸化与氧化磷酸化、P/O 比值、偶联部位与解偶联作用、化学渗透学说。

掌握：新陈代谢的概念及类型、呼吸链的组成、线粒体的穿梭机制

一般了解：新陈代谢的研究方法、递氢体和电子传递体的结构、化学偶联学说、生物氧化中 CO_2 的生成。

本章难点：氧化磷酸化偶联机制——化学渗透学说。

7.1 新陈代谢概论

7.1.1 新陈代谢

新陈代谢(metabolism)简称代谢，是生物的最基本特征，是生命存在的前提。一切活的生物体必须不断地从外界摄取营养物质，以维持其生命活动，这些物质进入体内，转变为生物体自身的组成物质(糖类、脂类、蛋白质、核酸、酶和辅酶、维生素、激素等)及生命活动所需的物质和能量；同时组成生物体的物质在体内也不会静止不变和孤立地存在，而是不停地发生着变化，经一系列化学反应，彼此之间互相转化或分解为不能再利用的物质排出体外。这一系列过程就是新陈代谢，即生物体与外界环境之间的物质和能量交换以及生物体内物质和能量的转变过程，是物质在生物体内所经历的一切化学变化的总和，包括物质代谢和能量代谢两个方面。

生物体内的新陈代谢过程是一系列错综复杂的化学反应过程，每一步反应都不是自发进行的，需要酶来催化，酶是推动生物体内全部代谢活动的工具。由于酶作用的专一性，每一种反应都由特定的酶催化，同时由于酶的调控性，使得错综复杂的新陈代谢反应形成协调有序、高度统一的化学反应网络。在此化学反应网络中，前一种酶催化的产物往往是后一种酶的作用底物，反应是连续进行的。这种在酶促反应中连续转变的酶促产物统称为代谢中间产物(metabolic intermediates)，或简称代谢物(metabolites)，连续的反应步骤被称为中间代谢(intermediary metabolism)，有共同规律的代谢途径称为主要代谢途径(central metabolic pathways)。

新陈代谢是生物体的生命基础，没有新陈代谢就没有生命。其基本功能包括5个方面：①从周围环境中获得营养物质；②将外界引入的营养物质转变为自身需要的结构元件（building blocks），即大分子的组成前体；③将结构元件装配成自身的大分子，例如蛋白质、核酸、脂质等；④分解有机营养物质；⑤提供生命活动所需的一切能量。

新陈代谢是一切生命活动发生和发展（细胞功能活动、机体生长发育、繁殖和进化等）的基础，每种生命都具有各自特异的新陈代谢类型，此特异方式决定于遗传，同时也受到环境条件的影响。不同生物新陈代谢过程不同且复杂多样，但都是在生物体内进行，因此有共同的特点：①生物体内的绝大多数代谢反应是在温和的条件下，由酶所催化进行的。②生物体内反应步骤虽然繁多，但相互配合，有条不紊，彼此协调，而且有严格的顺序。③生物体对内外环境条件有高度适应性和灵敏的自动调节机制，包括分子水平、细胞水平和整体水平的调节机制。④新陈代谢的反应途径一般都有严格的细胞定位，即代谢途径被局限于细胞的特定区域。因此，新陈代谢实质上就是错综复杂的化学反应相互配合、彼此协调，对周围环境高度适应而形成的一个有规律的化学反应网络。

7.1.2 新陈代谢的类型

新陈代谢包括合成代谢和分解代谢。合成代谢（anabolism）又称同化作用，是指生物体把从外界环境中获取的营养物质转变成自身的组成物质，并且储存能量的变化过程。分解代谢（catabolism）又称异化作用，是指生物体能够把自身的一部分组成物质加以分解，释放出其中的能量，并且把分解的终产物排出体外的变化过程。

生物在长期的进化过程中，不断地与它所处的环境发生相互作用，逐渐在新陈代谢的方式上形成了不同的类型。按照自然界中生物体合成代谢和分解代谢方式的不同，新陈代谢的基本类型可以分为以下几种。

7.1.2.1 根据生物体在合成代谢过程中能不能利用无机物制造有机物，新陈代谢可以分为自养型、异养型和兼性营养型3种

1. 自养型

生物体在合成代谢的过程中，能够把从外界环境中摄取的无机物转变成自身的组成物质，并且储存能量，这种新陈代谢类型叫作自养型。自养型有两类：一类是绿色植物，可以直接从外界环境摄取无机物，通过光合作用，将无机物制造成复杂的有机物，并且储存能量，来维持自身生命活动的进行；第二类是少数种类的细菌，不能进行光合作用，但能利用体外环境中的某些无机物氧化时所释放出的能量来制造有机物，并且依靠这些有机物氧化分解时所释放出的能量来维持自身的生命活动，这种合成作用叫作化能合成作用，也属于自养型。例如，硝化细菌能够将土壤中的氨（NH_3）转化成亚硝酸（HNO_2）和硝酸（HNO_3），并且利用这个氧化过程所释放出的能量来合成有机物。

2. 异养型

生物体在合成代谢的过程中，把从外界环境中摄取的现成的有机物转变成为自身的组成物质，并且储存能量，这种新陈代谢类型叫做异养型。例如，人和动物既不能像绿色植物那样进行光合作用，也不能像硝化细菌那样进行化能合成作用，它们只能依靠摄取外界环境中现成的有机物来维持自身的生命活动，这样的新陈代谢类型属于异养型。此外，营腐生或寄生生活的真菌、大多数种类的细菌，它们的新陈代谢类型也属于异养型。

3. 兼性营养型

有些生物(如红螺菌)在没有有机物的条件下能够利用光能固定二氧化碳并以此合成有机物,从而满足自己的生长发育需要;在有现成的有机物的时候这些生物就会利用现成的有机物来满足自己生长发育的需要。这种新陈代谢类型叫做兼性营养型。

7.1.2.2 根据生物体在分解代谢过程中对氧的需求情况,新陈代谢的基本类型可以分为需氧型、厌氧型和兼性厌氧型3种

1. 需氧型

绝大多数的动物和植物都需要生活在氧充足的环境中。它们在分解代谢的过程中,必须不断地从外界环境中摄取氧来氧化分解体内的有机物,释放出其中的能量,以便维持自身各项生命活动的进行。这种新陈代谢类型叫做需氧型,也叫做有氧呼吸型。

2. 厌氧型

这一类型的生物有乳酸菌和寄生在动物体内的寄生虫等少数动物,它们在缺氧的条件下,仍能够将体内的有机物氧化,从中获得维持自身生命活动所需要的能量。这种新陈代谢类型叫做厌氧型,也叫做无氧呼吸型。

3. 兼性厌氧型

这一类生物在氧气充足的条件下进行有氧呼吸,把有机物彻底地分解为二氧化碳和水,在缺氧的条件下把有机物不彻底地分解为乳酸或酒精和水。例如酵母菌。酵母菌是兼性厌氧微生物,通常分布在含糖量较高和偏酸性的环境中,如蔬菜、水果的表面和菜园、果园的土壤中,在有氧的条件下,将糖类物质分解成二氧化碳和水;在缺氧的条件下,将糖类物质分解成二氧化碳和酒精。

7.1.3 新陈代谢的研究方法

新陈代谢的过程极其复杂,那么这些物质的代谢过程是如何得知的呢?下面简要介绍几种常用的研究方法。

1. 活体内与活体外实验

活体内实验(in vivo)是直接在活的生物体内进行试验,其结果代表生物体在正常生理条件下,在神经、体液等调节机制下的整体代谢情况,比较接近生物体的实际。活体内实验为研究许多物质的中间代谢过程提供了有力的实验依据。例如1904年,德国化学家Knoop就是根据体内实验提出了脂肪酸的β-氧化学说。他把偶数或奇数碳的脂肪酸分子的末端甲基接上苯基饲喂犬,苯基作为"示踪物",在动物体内不被破坏,而是通过解毒机制,形成无毒性的衍生物从尿中排出,所以可以通过检测尿中含苯基的化合物,来推测脂肪酸在体内的分解途径。

活体外实验(in vitro)是用从生物体分离出来的组织切片、组织匀浆或体外培养的细胞、细胞器及细胞抽提物来研究代谢的过程。可同时进行多个样本,或进行多次重复实验,为代谢过程的研究提供了许多重要的线索和依据。例如,早在1919—1920年,Thunberg T,Battlli F和Stern L S等研究发现,动物组织的捣碎悬浮液能将苹果酸、琥珀酸、柠檬酸等氧化脱氢,使氧化型的甲烯蓝(蓝色)转变为还原型的甲烯蓝(无色)。Krebs H A用鸽子飞翔肌的匀浆悬浮液研究了各种二羧酸和三羧酸在组织氧化中的相互关系,由此提出三羧酸循环。

2. 代谢途径阻断法

在研究物质代谢过程中,还可应用抗代谢物(antimetabolite)或酶的抑制剂(enzyme in-

hibitor)来阻抑中间代谢的某一环节,观察这些反应被抑制后的结果,以推测代谢情况。例如,在酵母的酒精发酵过程中,加入碘乙酸抑制醛缩酶,造成发酵液中果糖-1,6-二磷酸的积累;加入氟化物抑制烯醇化酶的作用,导致甘油酸-3-磷酸和甘油酸-2-磷酸的积累,通过对这些代谢中间产物的分离、纯化和鉴定,为阐明糖酵解途径提供了直接的证据。Krebs 利用丙二酸抑制琥珀酸脱氢酶,造成琥珀酸的积累,为三羧酸循环途径的确认提供了重要依据。

3. 同位素示踪法

同位素示踪法(isotopic tracer method)是利用同位素作为示踪剂对研究对象进行标记的微量分析方法。同位素是指原子序数相同,在元素周期表上的位置相同,而质量不同的元素。通常使用的同位素是组成原生质的主要元素,如 H、N、C、S、P 和 O 等。此外,也使用 I、Na、K、Fe 和 Ca 等同位素。

在同位素示踪技术中,除用^{2}H、^{15}N、^{18}O 等稳定的同位素外,目前最常用的是那些在衰变时放出射线的不稳定同位素即放射性同位素,它们有一定的半衰期(half-life),半衰期较长的放射性同位素被认为是实验中鉴定化合物的理想工具。如氚(tritium,T 或^{3}H)、碳 14(^{14}C)、磷 32(^{32}P)、硫 34(^{34}S)、碘 131(^{131}I)等。常用放射性同位素见表 7-1。

表 7-1 常用放射性同位素

(引自王镜岩,等. 生物化学. 2002)

同位素名称	符号	放射线类型	半衰期
氢 3(氚)	T 或^{3}H	β-	12.26 年
碳 14	^{14}C	β-	5 730 d
磷 32	^{32}P	β-	14.3 d
硫 34	^{34}S	β-	8.070±0.009 d
碘 131	^{131}I	β-	87.1 d

用同位素标记的化合物与非标记物的化学性质、生理功能及在体内的代谢途径完全相同,追踪代谢过程中被标记的中间代谢物、产物及标记位置,可获得代谢途径的丰富资料。因此,同位素示踪技术成为研究代谢过程的最有效方法之一被广泛使用。早在 1935 年,美国科学家桑恩海默(R. Schoenheimer)和雷顿伯格(D. Rittenberg)用^{15}N 作标记来研究氨基酸在动物体内的变化,发现氨基酸在动物体内是相互转变的。他们还用^{2}H 标记水分子来研究大鼠体内的物质转化过程,发现这种氘可以转化到胆固醇分子中。桑恩海默由此被认为是第一个用同位素示踪法研究胆固醇代谢的科学家。1950 年,美国科学家布洛赫(K. E. Bloch)用^{13}C 和^{14}C 作为标记来研究大鼠体内胆固醇的转化过程,揭示了胆固醇的生成途径和步骤,明确提出:凡是能在体内转变为乙酰辅酶 A 的化合物,都可以作为生成胆固醇的原料。从乙酸到胆固醇的全部生物合成过程,至少包括 36 步化学反应,在鲨烯与胆固醇之间,就有 20 个中间产物。胆固醇的生物合成途径可简化为:乙酸—甲基二羟戊酸—胆固醇。为此,布洛赫等获得了 1964 年的诺贝尔生理学或医学奖。

同位素示踪法特异性强、灵敏度高、测定方法简便,已成为生物化学和分子生物学研究中一种重要的必不可少的常规先进技术。但对人体有毒害,而且某些同位素的半衰期长,容易造成环境污染,因此应在专门的同位素实验室操作。

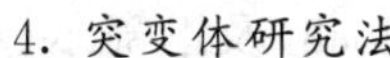

4. 突变体研究法

突变是研究代谢的有效方法。突变可以是先天性的，如由于先天性基因突变产生的人类遗传性代谢病；也可以通过人为干预造成，如 X 射线照射、化学试剂诱变等。由于基因的突变，可以造成某一种酶的缺失，导致相应产物的缺失和酶作用底物的堆积。对这些突变生物体的研究有助于鉴别代谢途径的酶及中间代谢物，为进一步研究认清代谢过程开辟了新的实验途径。例如，在乳糖培养基上生长的大肠杆菌(*E. coli*)基因突变后，因 β-半乳糖苷酶的缺失，造成了乳糖的堆积(不能被分解为半乳糖和葡萄糖)，通过对这种大肠杆菌突变体的研究，最终阐明了乳糖的代谢机制。

5. 气体测量法

气体测量法是利用代谢过程中气体的消耗或产生 CO_2 的变化量来研究新陈代谢情况的方法，可以用于包含有关气体变化的所有生物化学反应。19 世纪 20 年代瓦伯格(Warburg)开始利用这种方法研究代谢变化，并创造了瓦氏呼吸器(图 7-1)。

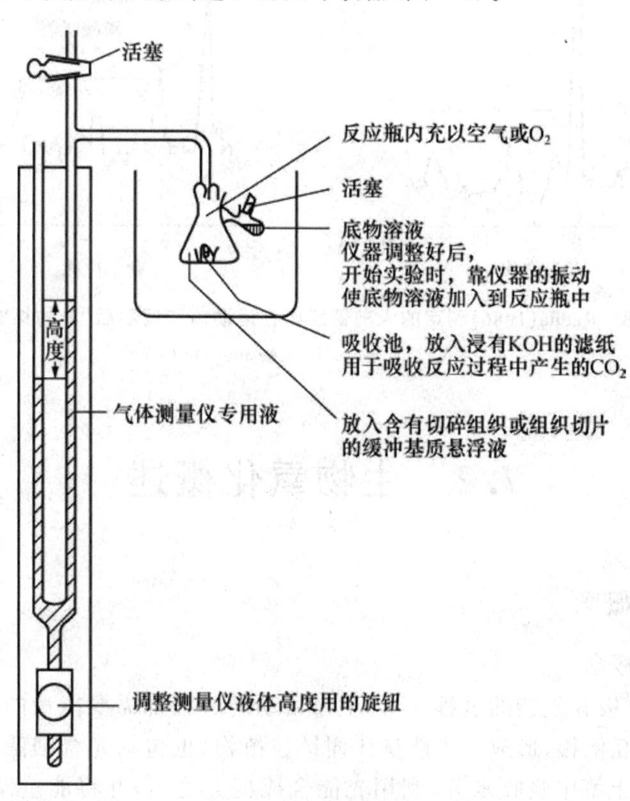

图 7-1 瓦氏呼吸器

(引自王镜岩，等.生物化学.2002)

目前我国的发酵工业大多仍使用气体测量法监测发酵液内物质的含量。如味精发酵过程中，将含有谷氨酸的发酵液加入谷氨酸脱羧酶，通过测定 CO_2 的排出量计算谷氨酸含量。这种方法较其他方法简便，有利于及时掌握发酵罐内的发酵情况。

6. 核磁共振波谱法

核磁共振波谱法(nuclear magnetic resonance spectroscopy，NMR)是利用具有核磁性质的原子核(或称磁性核或自旋核)，在高强磁场的作用下，吸收射频辐射，引起核自旋能级的跃

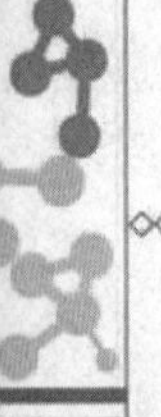

迁所产生的波谱进行分析的方法。该方法最早是由物理学家布洛赫(Bloch)及巴赛尔(Purcell)建立,他们由此获得1952年诺贝尔奖。

NMR由于利用分子内处于不同环境中的原子核的化学移位原理,可对分子提供高的信息量,在不破坏机体的整体结构情况下,可以测到机体某个部位或某种组织中某种分子的变化量。因此广泛地应用在生物化学、生理学及医学研究中。例如1986年,Radda利用此法测定了人前臂肌肉在运动前和运动后^{31}P的核磁共振波谱(图7-2)。结果显示人的前臂肌肉在运动前和经过19 min运动后所显示的磷谱有明显的变化,磷酸肌酸显示出的峰明显降低,无机磷显示出的峰明显升高,ATP的3个磷原子所显示的峰几乎没有变化。

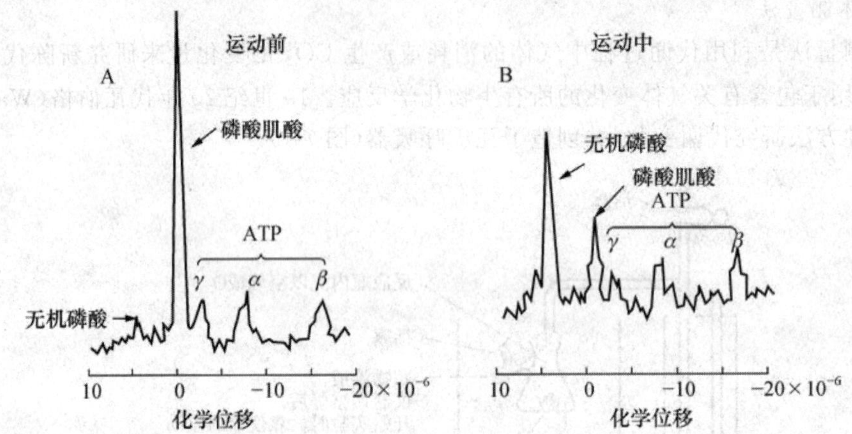

图7-2 G. K. Radda(1986)测定的人前臂肌肉在运动前和运动后^{31}P的核磁共振波谱

A. 运动前;B. 运动19 min后

7.2 生物氧化概述

7.2.1 生物氧化概念

7.2.1.1 生物氧化概念

生命活动是一个极其复杂的过程,一切生命活动的过程都需要能量的参与。生物界能量的代谢相互关联,相互依赖,形成一个能量代谢链。植物(也包括光合细菌)通过光合作用,从空气中吸收CO_2,从土壤中吸收水分,利用光能合成糖类物质,并将能量储备在其中,称为光能营养生物(phototrophs)。动物食入这些糖类物质,经过消化吸收,将其转变成脂肪和蛋白质,同时将能量储藏在其中,称为化能营养生物(chemotrophs)。动物通过排泄物和尸体的腐烂,又将蕴藏有能量的有机物还回大自然,供植物再利用。如此循环过程,就是能量的传递和转变的过程。在此过程中,我们把有机物质在体内氧化分解,生成CO_2和H_2O同时产生能量的过程叫作生物氧化(biological oxidation)。这一过程实际是在需氧细胞呼吸作用中一系列氧化还原反应,故又称为细胞呼吸或组织呼吸(细胞氧化或组织氧化)。

7.2.1.2 生物氧化特点

生物氧化是在生物体内发生的一系列氧化还原反应,因而具有氧化还原反应的共同特征,

本质都是得失电子,并伴随着能量的释放。但生物氧化又是在生物体内,在细胞内进行的氧化反应,因此又有它的特性:

①生物氧化是在温和的条件下进行的,即在常温、常压、接近中性的 pH 和多水的环境下进行的。

②生物氧化是有酶、辅酶和电子传递体参与下的逐步的氧化还原反应。通过单纯得失电子、脱氢或加氧等方式完成氧化过程。

③生物氧化释放的能量是逐步释放的,大部分转变成为 ATP(详见氧化磷酸化),少量以热能的形式释放出去。

④生物氧化有严格的细胞定位,真核细胞内生物氧化是在线粒体内进行的,在不含线粒体的原核生物细胞内(如细菌细胞),生物氧化是在细胞膜上进行的。

⑤生物氧化过程中生成的 CO_2 是由于糖、脂类和蛋白质等物质转变成含羧基的化合物后直接脱羧或氧化脱羧产生的,而不是碳和氧直接生成。

⑥生物氧化中水是通过底物直接脱水和呼吸链两种方式生成的,其中经呼吸链生成水是主要方式。

7.2.2 生物氧化的自由能变化

7.2.2.1 能量守恒和转化

一切生物体的生长、发育和衰亡的过程都与能量有关。生命活动的各个方面均离不开能量的参与。换句话说,一切生命活动,乃至这些生命活动的自始至终,都贯穿着能量的变化,不是消耗能量,就是产生能量。物质的转运,特别是跨膜运输要消耗能量,营养物质的分解代谢要释放能量,物质的合成则需要消耗能量。总之,生物界同自然界一样,都遵循能量法则,包括热力学第一定律和热力学第二定律。

热力学第一定律,即"能量守恒定律"告诉我们,自然界的能量既不能生成,也不能消灭,只能从一种能量形式转变成另一种能量形式,自然界的总能量是保持恒定的。生物界中,一些植物和微生物可以把太阳能转化为化学能,另外一些生物,如动物和人类,是从光能营养生物所合成的有机物中获得能量。因此,生物界的总能量实际上是太阳能的总能量的一部分。

热力学第二定律是指能量总是从具有较高能量的物体向具有较低能量的物体流动,并且这一过程是自发进行的。相反,能量从具有较低能量的物质向具有较高能量的物质的流动需要消耗外部能量,是一个非自发过程。这种自发过程同非自发过程进行偶联,这就是能量的转化。从某一个生物个体的生命活动来看,物质的分解释放能量,而物质的合成及各种生理活动都需要消耗能量,两者之间进行偶联。在这个偶联过程中,能量较高的物体通过某种化学反应释放出化学能对能量较低的物体做功,实现能量的转化。

7.2.2.2 熵与自由能

通常人们可用的能量分为两种。一种是热能,热能做功只能引起温度或压力的变化;另一种是自由能,是指在恒温恒压下,体系可以用来对环境做功的那一部分能量,又称吉布斯自由能(Gibbs free energy,G)。自由能是状态函数,只有状态发生改变,才能体现出自由能的变化。这种变化可以通过体系熵和焓的变化计算出来,即自由能是体现熵和焓变化的状态函数。

熵(entropy,S)是表示一个化学体系组成的混乱度。按照热力学第二定律,任何体系都是

趋于熵增加的过程，生物体也不例外。所以从这个意义上来讲，生物体的死亡分解也就不可避免，一些延缓衰老的方法只不过是在延缓熵增大的过程而已，但熵增大的趋势(死亡)是不会改变的。

焓(enthalpy，H)：指一个化学体系中包括反应物和产物中所有化学键的种类和数目，即化学体系中的总热能。如果一个化学反应发生时向外释放热量，这就是一个放能反应，显然产物的热能低于反应物的热能，焓的变化就是一个负值。

自由能是体现熵和焓变化的状态函数，是深入了解生物化学反应的最重要的热力学函数，通过计算反应前后自由能的变化可以了解一个生化反应能否自发进行，是放能反应还是吸能反应。由此，Gibbs 在热力学第一定律和第二定律的基础上，提出了在恒温恒压下体系自由能变化的公式：

$$\Delta G = \Delta H - T\Delta S$$

式中，ΔG 是自由能变化，单位是 $J \cdot mol^{-1}$ 或 $cal \cdot mol^{-1}$；ΔH 是化学体系总热量的变化，即焓变单位是 $J \cdot mol$ 或 $cal \cdot mol$；ΔS 为熵变，单位是 $J \cdot mol^{-1}/K$ 或 $cal \cdot mol^{-1}/K$；T 为绝对温度。

从上式来看，ΔG 实际上是体系总能量减去体系在恒压恒温条件下的那部分熵变。因此，可以根据 ΔG 的变化来判断一个在恒温恒压下进行的化学反应的方向。当 $\Delta G<0$，体系为放能反应，体系未达平衡，反应能自发进行；当 $\Delta G>0$，体系为吸能反应，体系未达平衡，反应不能自发进行，必须供能反应才能进行；当 $\Delta G=0$，体系处于平衡状态。

7.2.2.3 自由能的变化可反映化学平衡

对于任何化学反应体系，当反应体系还没有处于平衡状态时，总是有一种“驱动力”促使反应处于平衡状态。或者说总是有一种使反应体系趋于平衡的趋势。这种“驱动力”就是自由能的变化。因此，通过计算体系自由能的变化可知化学体系的状态。

标准自由能变化是指在规定的标准条件下，即参加反应的底物和产物的浓度均为 1 mol/L、压力为 1 大气压、温度为 25℃(即 298 K)、pH 为 0 的条件下进行反应，其自由能变化称为标准自由能变化，用 $\Delta G^{\ominus}$ 表示。由于生物体内的生化反应一般是在 pH 为 7.0 下进行的，在 pH 为 7.0 和上述浓度、压力、温度下的标准自由能变化用 $\Delta G^{\ominus\prime}$ 表示。

设有一生物化学反应：

$$A + B \longrightarrow C + D$$

则自由能变化与标准自由能 $\Delta G^{\ominus\prime}$ 变化和平衡常数 K'_{eq} 的关系式为：

$$\Delta G^{\ominus} = \Delta G^{\ominus\prime} + RT\ln\frac{[C][D]}{[A][B]}$$

式中，R 为摩尔气体常数(8.31 J · mol/K)，T 为热力学温度(K)，[A]、[B]、[C]、[D]代表反应物(A、B)和生成物(C、D)的摩尔浓度(均为 1 mol/L)。当反应达到平衡时，$\Delta G^{\ominus}=0$，即无自由能变化，此时，平衡常数 $K'=[C][D]/[A][B]$，由此可以得出：

$$\Delta G^{\ominus\prime} = -RT\ln K'$$

如果已知一个生化反应的平衡常数，就可利用上式计算其标准自由能变化。平衡常数与

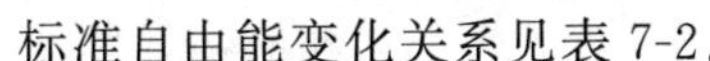

标准自由能变化关系见表 7-2。

表 7-2　平衡常数与标准自由能变化的关系

（引自五镜岩，等. 生物化学. 2007）

K'_{eq}	$\Delta G^{\ominus\prime}$	
	kcal/mol	kJ/mol
10^{-5}	6.80	28.55
10^{-4}	5.46	22.85
10^{-3}	4.05	16.95
10^{-2}	2.73	11.42
10^{-1}	1.36	5.69
1	0	0
10	−1.36	−5.69
10^{2}	−2.73	−11.42
10^{3}	−4.09	−17.11
10^{4}	−5.46	−22.85
10^{5}	−6.28	−28.54

7.2.2.4　自由能的变化与氧化还原电位

自由能是指能用于做功的能量。生物氧化是生物体内在酶催化下的一系列氧化还原反应，本质就是电子的转移，电子转移过程中所提供的能量正是可为生物利用的自由能。在生物体内，氧化总是与还原偶联在一起。还原剂失去电子而被氧化，同时氧化剂得到电子而被还原。在氧化还原反应中，自由能的变化与物质供出或得到电子的趋势成比例，这种趋势称为氧化还原电位（oxidation-reduction potentials），用“E”表示，单位是伏特（V）。

在标准条件（25℃，1 大气压，所有反应物、产物的浓度均为 1 mol/L）下测得的氧化还原电位称为标准氧化还原电位（standard oxidation-reduction potentials），用 $E^{\ominus}$ 表示。$E^{\ominus}$ 值越小，电负性越大，供出电子的倾向越大，即还原能力越强；$E^{\ominus}$ 值越大，电正性越大，得到电子的倾向越大，即氧化能力越强。因而电子总是从较低的氧化还原电位（$E^{\ominus}$ 较小）向较高的氧化还原电位（$E^{\ominus}$ 值较大）流动。这样，利用标准氧化电极电位和标准还原电极电位就可以计算出标准氧化还原电位差。即

$$\Delta E^{\ominus\prime} = E^{\ominus}_{电子受体} - E^{\ominus}_{电子供体}$$

生物系统中部分氧化还原体系的标准-氧化还原电位差见表 7-3。

表 7-3　生物系统中某些氧化还原体系的标准氧化还原电位差

（引自王镜岩，等. 生物化学. 2002）

氧化-还原反应式	标准电势
乙酸 + CO_2 + $2H^+$ + $2e^-$ $\longrightarrow$ 丙酮酸 + H_2O	−0.70
琥珀酸 + CO_2 + $2H^+$ + $2e^-$ $\longrightarrow$ 酮戊二酸 + H_2O	−0.67
乙酸 + $2H^+$ + $2e^-$ $\rightarrow$ 乙醛 + H_2O	−0.58

续表7-3

氧化-还原反应式	标准电势
3-磷酸-甘油酸$+2H^{+}+2e^{-}\longrightarrow$甘油醛-3-磷酸$+H_2O$	-0.55
α-酮戊二酸$+2H^{+}+2e^{-}\longrightarrow$异柠檬酸	-0.38
乙酰-CoA$+CO_2+2H^{+}+2e^{-}\longrightarrow$丙酮酸$+$CoA	-0.48
1,3-二磷酸甘油酸$+2H^{+}+2e^{-}\longrightarrow$甘油醛-3-磷酸$+$Pi	-0.29
硫辛酸$+2H^{+}+2e^{-}\longrightarrow$二氢硫辛酸	-0.29
$S+2H^{+}+2e^{-}\longrightarrow H_2S$	-0.23
乙醛$+2H^{+}+2e^{-}\longrightarrow$乙醇	-0.197
丙酮酸$+2H^{+}+2e^{-}\longrightarrow$乳酸	-0.185
$FAD+2H^{+}+2e^{-}\longrightarrow FADH_2$	-0.18
草酰乙酸$+2H^{+}+2e^{-}\longrightarrow$苹果酸	-0.166
延胡索酸$+2H^{+}+2e^{-}\longrightarrow$琥珀酸	-0.031
$2H^{+}+2e^{-}\longrightarrow H_2$	-0.421
乙酰乙酸$+2H^{+}+2e^{-}\longrightarrow\beta$-羟丁酸	-0.346
胱氨酸$+2H^{+}+2e^{-}\longrightarrow$2半胱氨酸	-0.340
$NAD^{+}+2H^{+}+2e^{-}\longrightarrow NADH$	-0.32
$NADP^{+}+2H^{+}+2e^{-}\longrightarrow NADPH$	-0.32
NADH脱氢酶(FMN型)$+2H^{+}+2e^{-}\longrightarrow$NADH脱氢酶($FMNH_2$型)	-0.30
标准氢电极E^0	0.00
$CoQ+2H^{+}+2e^{-}\longrightarrow CoQH_2$	$+0.045$
细胞色素b(ox)$+e^{-}\longrightarrow$细胞色素b(red)	$+0.07$
细胞色素c_1(ox)$+e^{-}\longrightarrow$细胞色素c_1(red)	$+0.215$
细胞色素c(ox)$+e^{-}\longrightarrow$细胞色素c(red)	$+0.235$
细胞色素a(ox)$+e^{-}\longrightarrow$细胞色素a(red)	$+0.210$
细胞色素a_3(ox)$+e^{-}\longrightarrow$细胞色素a_3(red)	$+0.385$
$1/2O_2+2H^{+}+2e^{-}\longrightarrow H_2O$	$+0.815$
$Fe^{3+}+e^{-}\longrightarrow Fe^{2+}$	$+0.77$

氧化还原电位表明了电子得失的状况，此过程中自由能变化即生物氧化过程中标准自由能变化可以通过标准氧化还原电位计算得出。标准自由能变化与标准氧化还原电位存在如下关系：

$$\Delta G^{\ominus\prime}=-nF\Delta E^{\ominus\prime}$$

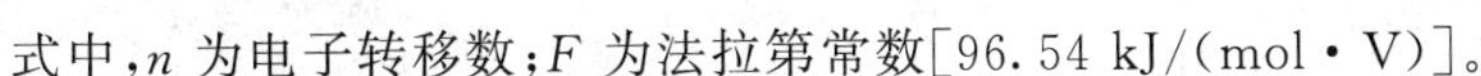

式中，n 为电子转移数；F 为法拉第常数[96.54 kJ/(mol·V)]。

7.2.3 高能化合物

生物体内所包含的化合物上万种，它们都具有各自不同的自由能。有的自由能较高，可以对其他物质、化学反应或生理过程做功。这些物质的分子中含有较高的能量，主要包含在可以水解的化学键中。当这些化学键水解时，释放的自由能高于5 000 cal/mol(20.92 kJ/mol)时，称为高能键(high-energy bond)。为了区别与普通化学键，用"～"来表示高能键。表7-4列出了一些化合物水解时释放的自由能。

表 7-4 一些化合物水解时释放的自由能

	化合物	$\Delta G^{\ominus\prime}$	
		kcal/mol	kJ/mol
高能化合物	磷酸烯醇式丙酮酸(PEP)	−14.8	−61.9
	氨基甲酰磷酸	−12.3	−51.46
	1,3-二磷酸甘油酸	−11.8	−49.3
	磷酸肌酸(PC)	−10.3	−43.1
	S-腺苷甲硫氨酸(SAM)	−10.0	−41.8
	焦磷酸(PPi)	−8.0	−33.5
	ATP(→ANP＋PPi)	−7.7	−32.2
	乙酰 CoA	−7.5	−31.4
	ATP(→ADP＋Pi)	−7.3	−30.5
	ADP(→AMP＋Pi)	−7.3	−30.5
普通化合物	1-磷酸葡萄糖(G-1-P)	−5.0	−20.9
	果糖-6-磷酸(F-6-P)	−3.8	−15.9
	AMP(腺苷＋Pi)	−3.4	−14.2
	6-磷酸葡萄糖(G-6-P)	−3.3	−13.8
	α-磷酸甘油	−2.2	−9.2

高能键都是共价键，包括酰基磷酸键(acyl phosphoric bond)、磷酸酐键(phosphoric anhydride bond)、烯醇式磷酸酯键(enol phosphate bond)、硫酯键(thioester bond)和磷酰胺键(phosphacylamine bond)等若干种。含有高能键的化合物称为高能化合物(high-energy compound)。其中含有高能磷酸酯键的叫作高能磷酸化合物(high-energy phosphoric compound)。

7.2.3.1 高能磷酸化合物

磷酸化合物在生物体的能量代谢中占有重要地位。其中许多磷酸化合物的磷酰基水解时，可以释放出大量的自由能，这类化合物就被称为高能磷酸化合物。高能磷酸化合物根据它们键型的特点分为磷氧型和磷氮型两种。

1. 磷氧型

(1)酰基磷酸化合物

①乙酰磷酸(acetyl phosphate)。

$$CH_3-\overset{\overset{\displaystyle O}{\|}}{C}-O\sim\overset{\overset{\displaystyle O}{\|}}{\underset{\underset{\displaystyle O^-}{|}}{P}}-O^-$$

②1,3-二磷酸甘油酸(1,3-bisphosphoglycerate)。

$$\begin{array}{l}\overset{\overset{\displaystyle O}{\|}}{C}-O\sim\overset{\overset{\displaystyle O}{\|}}{\underset{\underset{\displaystyle O^-}{|}}{P}}-O^-\\ |\\ CH-OH\\ |\\ CH_2-O-\overset{\overset{\displaystyle O}{\|}}{\underset{\underset{\displaystyle O^-}{|}}{P}}-O^-\end{array}$$

(2)焦磷酸化合物　焦磷酸(pyrophosphate)

$$^-O-\overset{\overset{\displaystyle O}{\|}}{\underset{\underset{\displaystyle O^-}{|}}{P}}\sim O-\overset{\overset{\displaystyle O}{\|}}{\underset{\underset{\displaystyle O^-}{|}}{P}}-O^-$$

(3)烯醇式磷酸化合物　磷酸烯醇式丙酮酸(phosphoenolpyruvate)

$$\begin{array}{l}COOH\\ |\\ C-O\sim Ⓟ\\ \|\\ CH_2\end{array}$$

2. 磷氮型

磷酸肌酸(creatine phosphate)和磷酸精氨酸(arginine phosphate)。

$$\begin{array}{l}HN\sim\overset{\overset{\displaystyle O}{\|}}{\underset{\underset{\displaystyle O^-}{|}}{P}}-O^-\\ |\\ C=NH\\ |\\ N-CH_3\\ |\\ CH_2-COO^-\end{array}\qquad\begin{array}{l}HN\sim\overset{\overset{\displaystyle O}{\|}}{\underset{\underset{\displaystyle O^-}{|}}{P}}-O^-\\ |\\ C=NH\\ |\\ NH\\ |\\ (CH_2)_3\\ |\\ HC-{}^+NH_3\\ |\\ COO^-\end{array}$$

磷酸肌酸　　磷酸精氨酸

7.2.3.2　其他高能化合物

高能化合物除高能磷酸化合物外,还有硫酯键高能化合物和甲硫键高能化合物两种。

(1)硫酯键型　脂酰 CoA(fatty acyl-CoA)。

$$R-\overset{\overset{\displaystyle O}{\|}}{C}\sim SCoA$$

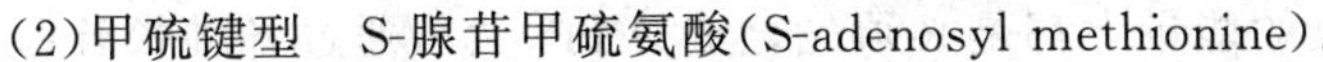

(2)甲硫键型 S-腺苷甲硫氨酸(S-adenosyl methionine)。

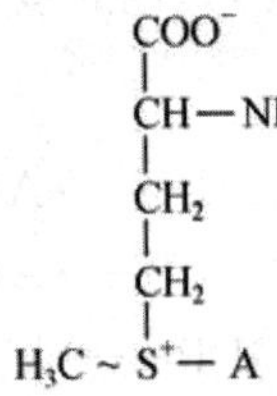

$$\begin{array}{l} COO^- \\ | \\ CH-NH_3^+ \\ | \\ CH_2 \\ | \\ CH_2 \\ | \\ H_3C \sim S^+ - A \end{array}$$

7.2.3.3 高能化合物的作用

1. ATP是生物体内能量的通用“货币”和磷酸基团转移反应的中间载体

(1)ATP是生物体内能量的通用“货币” 生物氧化过程中,能量除少部分直接以热能形式散出外,大部分都转化为ATP,供生物体生命活动及体内其他物质的生物合成。因此,ATP作为能量交换中心,被称为生物体内能量的通用“货币”。具体体现在以下几点:

①ATP水解时释放出大量的能量。ATP(adenosine triphosphate)中文名称为腺苷三磷酸,其结构最大的特点是含有一个由3个磷酸形成的磷酸基,在第一与第二个磷酸基团间和第二与第三个磷酸基团间各有一个高能键,即ATP有两个高能键(图7-3)。高能键易于水解并能释放出大量的能量(表7-4)。

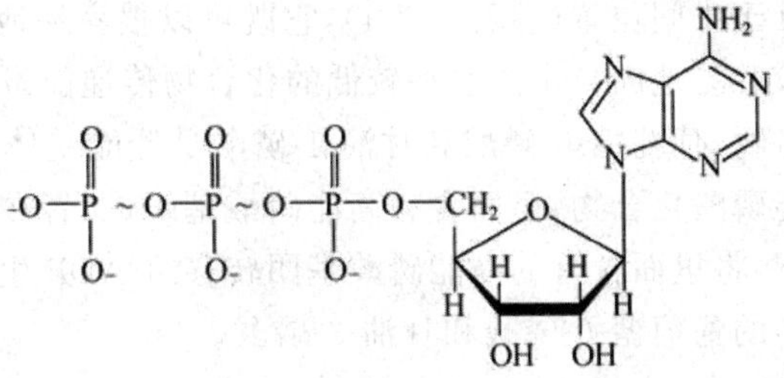

图7-3 ATP结构式

ATP的高能键易于水解的原因有5点:一是负电荷集中。在pH7.0时ATP带有4个负电荷。4个负电荷虽然部分平均化,但仍高度集中,它们之间存在强烈的相互排斥作用。当水解为ADP^{3-}和HPO_4^{2-}后,负电荷排斥力得到缓和,而且ADP^{3-}和HPO_4^{2-}再形成ATP^{4-}的可能性很小。因而促使ATP向水解方向进行。二是共振杂化。ATP及其水解产物都是共振杂化物,经计算ATP^{4-}的共振结构数比ADP^{3-}和HPO_4^{2-}的共振杂化结构数少。共振杂化结构数越少,能量越高,反之亦然。因此ATP处于较高的能位,而ADP^{3-}和HPO_4^{2-}处于较低能位,ATP水解则释放出较大的自由能。三是H^+浓度低,反应彻底。ATP含有3个磷酸基团,在水解为ADP^{3-}和HPO_4^{2-}的同时,解离出一个H^+,在pH7.0时H^+浓度只有10^{-7} mol/L。根据质量作用定律,产物浓度低驱使ATP向分解方向进行。四是ADP离子化作用。水解产物ADP一旦产生,在pH7.0的环境中立即离子化,生成ADP^{3-}。这种离子化作用有利于水解而不利于逆反应。五是水合程度。ADP^{3-}和HPO_4^{2}的水合程度要大于ATP^{4-},所以ATP的产物要比ATP稳定。

②ATP的合成可与放能反应偶联。ATP水解时释放的能量,可以促使ADP和磷酸合成ATP;随后在需要时又水解ATP生成ADP和磷酸,将贮藏的能量释放出来,以推动各种耗能的生命活动,如分子和离子的跨膜主动运输、收缩蛋白的收缩、小的构件分子合成生物大分子等。所以,生物系统中ATP←→ADP循环是能量交换的中枢。

③ATP可以将能量转移给其他核苷酸。体内有些合成反应不一定都直接利用ATP供能,而是由其他核苷三磷酸供能。例如,UTP用于多糖合成、CTP用于磷脂合成、GTP用于蛋

白质合成等。但物质氧化时释放的能量大都是必须先合成 ATP,然后通过各种核苷酸激酶(nucleotide kinase)的催化,将其能量转移给其他的核苷酸,生成各种核苷三磷酸,用于机体内的特定的代谢反应。

$$ATP + AMP \longrightarrow ADP + ADP$$
$$ATP + GMP \longrightarrow ADP + GDP$$
$$ATP + GDP \longrightarrow ADP + GTP$$
$$ATP + CDP \longrightarrow ADP + CTP$$

④ATP 的水解放能过程还能够同许多耗能反应相偶联,推动这些非自发的反应的进行。

$$\underset{\text{乙酰辅酶A}}{CH_3-CO\sim S-CoA} + CO_2 \xrightarrow[\text{ATP} \quad \text{ADP+Pi}]{\text{乙酰辅酶A羧化酶}} \underset{\text{丙二酸单酰辅酶A}}{HOOC-CH_2-CO\sim S-CoA}$$

在上述反应中,由于 ATP 的水解放能反应同乙酰辅酶 A 的羧化耗能反应进行了偶联,使得反应的总自由能的变化为 $\Delta G=-18.59$ kJ/mol,而没有 ATP 水解偶联的反应,其总自由能的变化则为 $\Delta G=+18.84$ kJ/mol。偶联的结果,使得原来的非自发的反应变成自发反应。

(2)ATP 是磷酸基团转移反应的中间传递体　ATP 的自由能水平在所有磷酸化合物中处于中间位置(参看表 7-4),它既可以很容易地从自由能水平较高的化合物获得能量,也可以较容易地向自由能水平较低的化合物传递能量。例如,图 7-4 中,磷酸肌酸是高能磷酸基团储备物,葡萄糖-6-磷酸和甘油-1-磷酸是低能受体,磷酸烯醇式丙酮酸和 1,3-二磷酸甘油酸是高能磷酸化合物,里面含有高能磷酸基团,二者在相应激酶(丙酮酸激酶和磷酸甘油酸激酶)作用下,将里面含有的高能磷酸基团转移给 ADP 生成 ATP。ATP 又倾向于将磷酸基团转移给低能的葡萄糖-6-磷酸和甘油-3-磷酸。

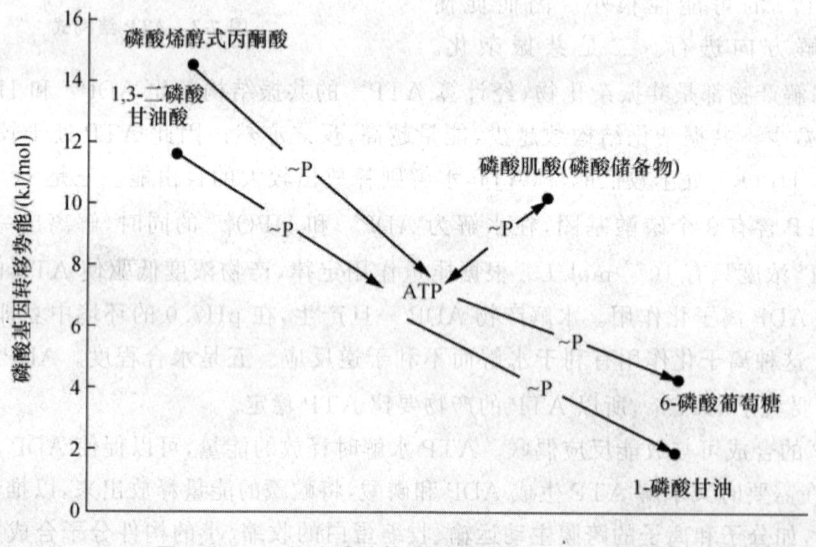

图 7-4　ATP 作为磷酸基团共同中间传递体示意图

(引自王镜岩,等.生物化学.2002)

2. 磷酸肌酸是能量的贮存形式

ATP 是能量的携带者或传递者，但严格地说不是能量的贮存者。在可兴奋组织，如肌肉、神经组织、肌酸磷酸是能量的贮存形式。当 ATP 合成迅速，即 ATP/ADP 比值增高时，在肌酸磷酸激酶催化下，ATP 将能量和磷酰基传给肌酸生成肌酸磷酸。肌酸磷酸含有的能量不能直接为生物体利用，当 ATP 被急剧消耗时，磷酸肌酸把能量传给 ADP 生成 ATP 后再利用（图 7-5）。

在哺乳动物脑和肌肉组织中，ATP 的含量较低，难以满足激烈运动对能量的需求，而磷酸肌酸的含量远远超过 ATP。磷酸肌酸的 P—N 键被水解成肌酸和磷酸，可以释放出 −41.1 kJ/mol 的能量，磷酸肌酸相对 ATP 的高含量和高转移势能，使它成为良好的能量储存者。

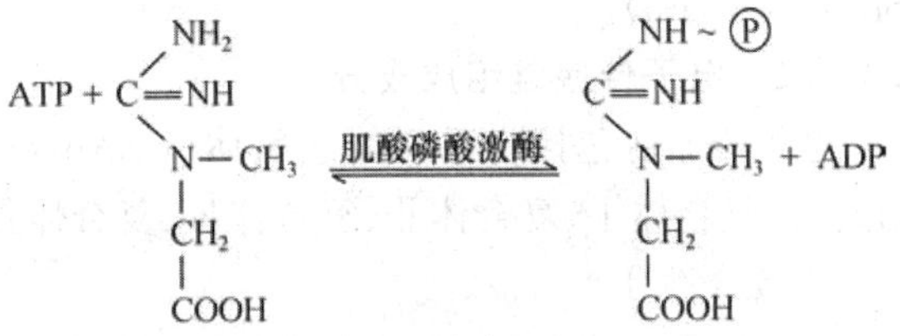

$$ATP + H_2N\text{—}C(=NH)\text{—}N(CH_3)\text{—}CH_2\text{—}COOH \overset{\text{肌酸磷酸激酶}}{\rightleftharpoons} (P)\sim NH\text{—}C(=NH)\text{—}N(CH_3)\text{—}CH_2\text{—}COOH + ADP$$

图 7-5　肌酸和磷酸肌酸之间的转化

（引自王金胜，等. 生物化学. 2007）

在某些无脊椎动物蟹和龙虾等肌肉中，磷酸精氨酸是能量的储存者，其作用机制和肌酸磷酸相似。

7.3　电子传递链

7.3.1　线粒体

线粒体（mitochondrion）是真核细胞的一类重要细胞器（图 7-6），1850 年发现，1898 年命名。其形状为棒状、卵状、球状等多种形状，长约 1～2 μm，直径 0.1～0.5 μm。由两层膜包被，外膜平滑，有孔蛋白，对小分子（小于 0.5 ku）和离子有通透性；内膜向内折叠形成嵴（cristae），具有选择透过性，对大部分极性分子和包括 H^+ 在内的离子不通透，上面分布着呼吸链酶系及 ATP 酶复合体（F_0F_1-ATP 合酶）。两层膜之间有间隙，线粒体中央是基质。基质内含有与三羧酸循环所需的全部酶类，能为细胞的生命活动提供场所，是细胞内氧化磷酸化和形成 ATP 的主要场所，有细胞“动力工厂”（power plant）之称。另外，线粒体有自身的 DNA 和遗传体系，但线粒体基因组的基因数量有限，因此，线粒体只是一种半自主性的细胞器。

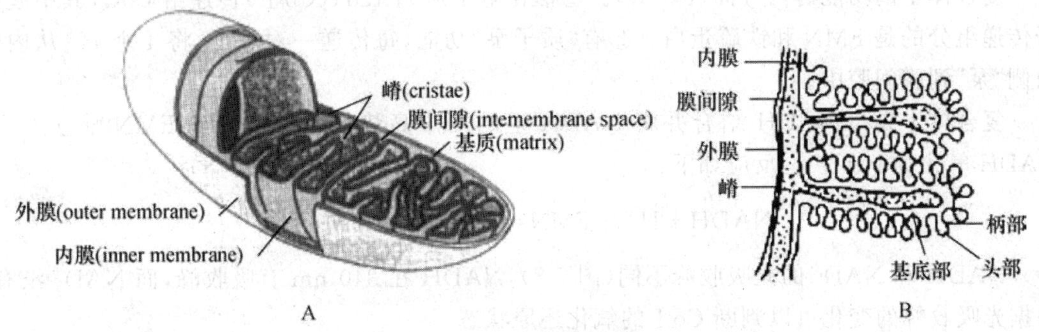

图 7-6　线粒体及内膜结构示意图

（引自王镜岩，等. 生物化学. 2002）

7.3.2 电子传递链

7.3.2.1 电子传递链概念

在各种脱氢酶的催化下，底物脱下的氢经一系列按一定顺序排列的氢传递体和电子传递体的传递，最终传递给分子氧生成水，并释放能量。这种按一定顺序排列的氢传递体和电子传递体就是电子传递链(electron transfer chain)。因为此过程消耗了氧气，故又称作呼吸链(respiratory chain)。

7.3.2.2 电子传递链组成成分

电子传递链包括一系列的递氢体(hydrogen translator)和电子传递体(electron translator)。由复合体Ⅰ、复合体Ⅱ、复合体Ⅲ、复合体Ⅳ、CoQ和细胞色素c组成。

1. 复合体Ⅰ

复合体Ⅰ又称NADH-CoQ还原酶(NADH-Q reductase)。呈L形，其中一个臂镶嵌在线粒体内膜上，另一个臂伸入线粒体基质中(图7-7)。

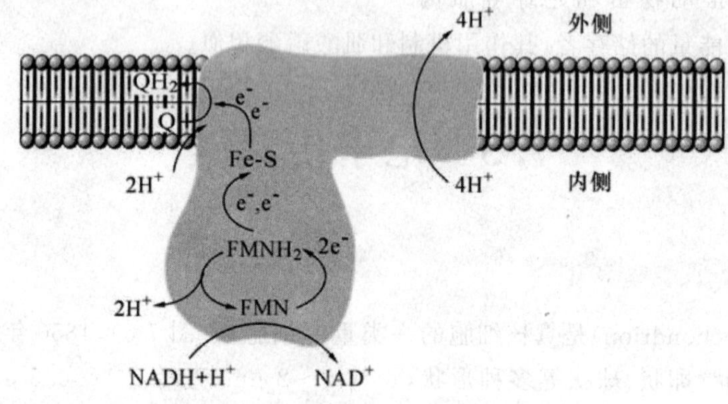

图7-7 复合体Ⅰ的结构和功能

(引自刘国琴，等.生物化学.2011)

复合体Ⅰ由1个以FMN为辅基的黄素蛋白、7个铁硫蛋白(Fe－S)和40多条多肽链组成，相对分子质量700 000～900 000，分别由核和线粒体两个不同的基因组编码。有研究发现，如果复合体Ⅰ发生突变，会引发线粒体疾病，甚至致盲。

复合体Ⅰ的功能有两方面(图7-7)。①催化电子从NADH(CoⅠ)传递给CoQ，其中起电子传递组分的是FMN和铁硫蛋白。②有“质子泵”功能，每传递一对电子，将4个H^+从内膜内侧“泵”到膜间腔中。

复合体Ⅰ先与NADH结合并将NADH上的两个高势能电子转移到FMN辅基上，使NADH氧化为NAD^+。反应如下：

$$NADH + H^+ + FMN \rightleftharpoons NAD^+ + FMNH_2$$

NADH和NAD^+的光吸收峰不同(图7-8)，NADH在340 nm有吸收峰，而NAD^+没有。根据光吸收峰的变化可以判断CoⅠ的氧化还原状态。

黄素辅基FMN起着传递电子和氢原子的作用。氧化型黄素辅基FMN从NADH接受两个电子形成$FMNH_2$，又可接受一个电子，或$FMNH_2$给出一个电子形成一个稳定的半醌中间产物，反应如图 7-9 所示。

铁硫蛋白(Fe—S)又称为铁硫中心(铁硫聚簇)，是含铁硫络合物的蛋白质，又称非血红素蛋白，分子中的铁原子不是以血红素形式存在，而是与无机硫原子或蛋白质中的半胱氨酸残基上的硫原子连接，通常以 2Fe—2S 或 4Fe—4S 的形式存在。作用是接收 $FMNH_2$ 上的电子，通过铁离子自身化合价的变化进行电子的传递，在氧化态时两个铁均为 Fe^{3+}，而在还原态时其中的一个变为 Fe^{2+}，每次只传递一个电子，是单电子传递体(图 7-10)。

NAD⁺
NADH
光吸收
250
300
350
400
光波长/nm

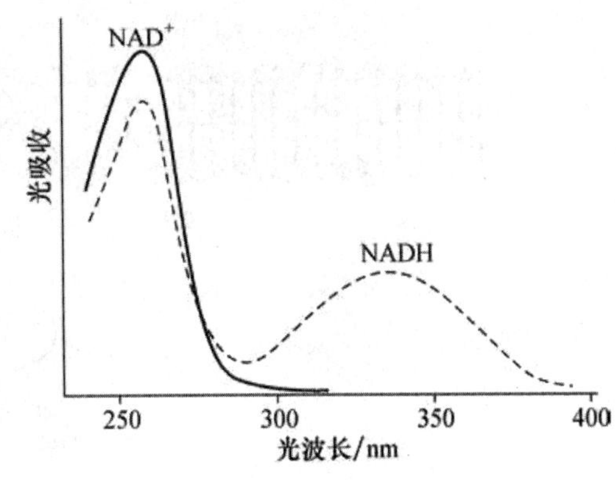

图 7-8　NADH 吸收峰

(引自刘国琴，等. 生物化学. 2011)

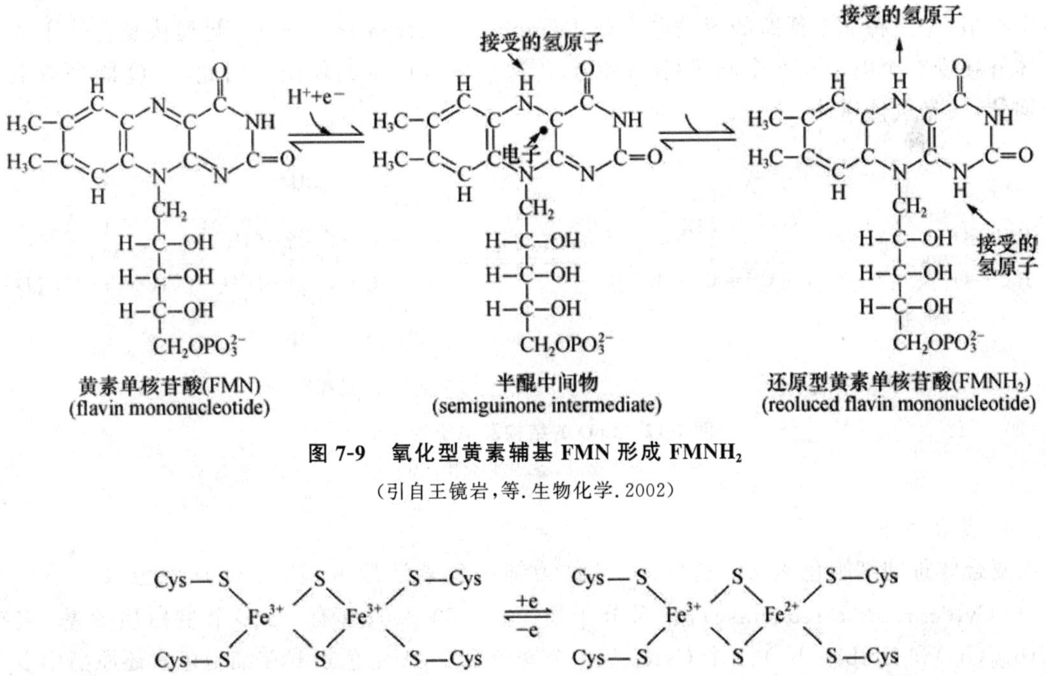

H⁺+e⁻
接受的氢原子
电子
接受的氢原子
接受的氢原子
黄素单核苷酸(FMN)
(flavin mononucleotide)
半醌中间物
(semiguinone intermediate)
还原型黄素单核苷酸(FMNH₂)
(reoluced flavin mononucleotide)

图 7-9　氧化型黄素辅基 FMN 形成 $FMNH_2$

(引自王镜岩，等. 生物化学. 2002)

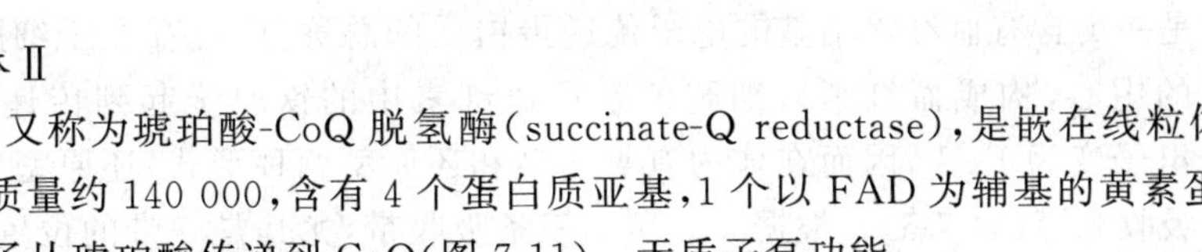

+e
−e
(氧化态)
(还原态)

图 7-10　铁硫蛋白的电子传递形式

(引自王金胜，等. 生物化学. 2007)

2. 复合体Ⅱ

复合体Ⅱ又称为琥珀酸-CoQ 脱氢酶(succinate-Q reductase)，是嵌在线粒体内膜的酶蛋白，相对分子质量约 140 000，含有 4 个蛋白质亚基，1 个以 FAD 为辅基的黄素蛋白、3 个铁硫蛋白，催化电子从琥珀酸传递到 CoQ(图 7-11)。无质子泵功能。

3. CoQ

CoQ(coenzyme Q)属于醌类(quinone)，因其广泛存在于生物系统中，又称为泛醌(ubiquinone，UQ)，是电子传递链中唯一的非蛋白质组分，呈脂溶性，可以在线粒体内膜的脂双层中

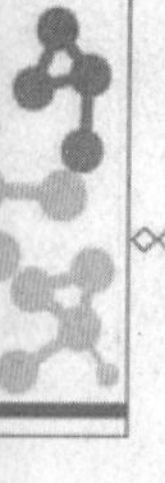

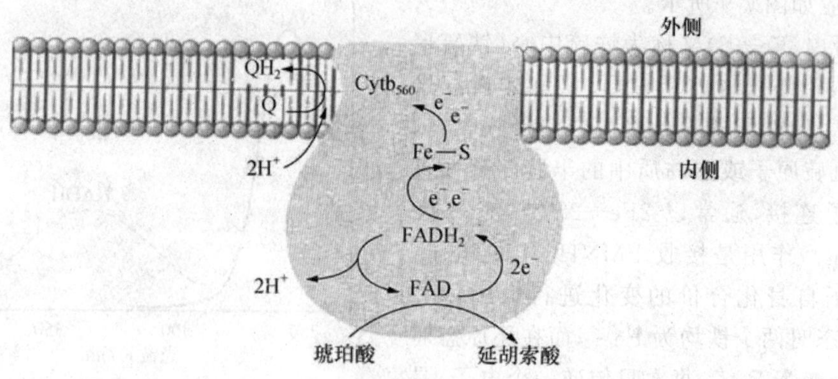

图 7-11　复合体Ⅱ的结构和功能

（引自刘国琴，等. 生物化学. 2011）

自由扩散，是一种非常活跃的流动电子载体（mobile electron carriers）。起到从复合体Ⅰ或复合体Ⅱ接受 2 个电子和 2 个质子（图 7-12），传递给复合体Ⅲ的作用。因此，CoQ 既是双电子传递体，又是氢传递体。

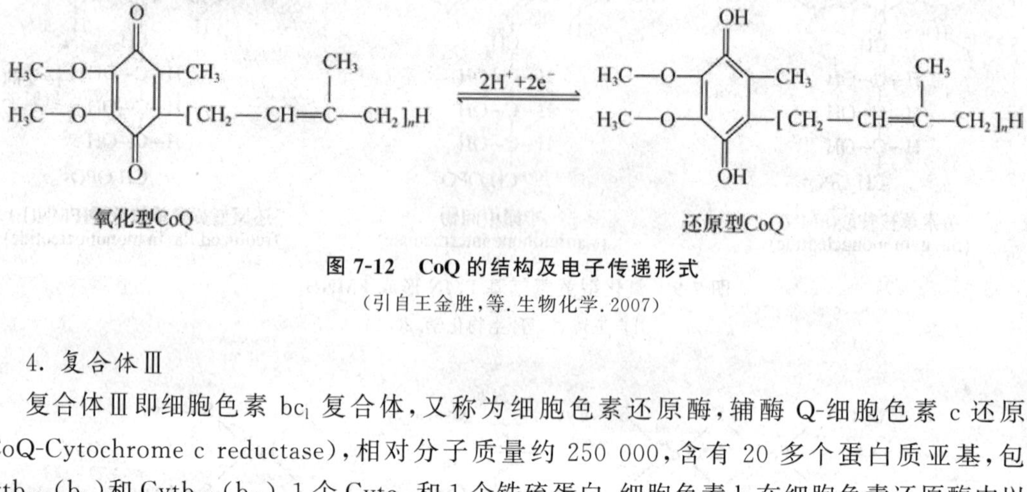

氧化型CoQ　$\underset{}{\overset{2H^++2e^-}{\rightleftharpoons}}$　还原型CoQ

图 7-12　CoQ 的结构及电子传递形式

（引自王金胜，等. 生物化学. 2007）

4. 复合体Ⅲ

复合体Ⅲ即细胞色素 bc_1 复合体，又称为细胞色素还原酶，辅酶 Q-细胞色素 c 还原酶（CoQ-Cytochrome c reductase），相对分子质量约 250 000，含有 20 多个蛋白质亚基，包括 $Cytb_{560}$（b_L）和 $Cytb_{562}$（b_H）、1 个 $Cytc_1$ 和 1 个铁硫蛋白，细胞色素 b 在细胞色素还原酶中以游离形式存在，细胞色素 c_1 以共价键与蛋白质相连。复合体Ⅲ的作用是催化电子从还原型 CoQ 传递到细胞色素 c，并具有质子泵功能，每传递一对电子，可以将 4 个 H^+ 从内膜内侧“泵”到膜间腔中（图 7-13）。

细胞色素是一类含有血红素辅基的电子传递蛋白质的总称，广泛存在于细胞中。铁原子处于卟啉结构的中心，构成血红素。细胞色素靠血红素中的铁原子起到传递电子的作用，Fe^{3+} 接受 1 个电子变为 Fe^{2+}，因而在体内有氧化型和还原型两种形式，还原型细胞色素在可见光区有特征吸收光谱（表 7-5）。根据 α、β 和 γ 三条吸收带，尤其是 α 带的位置，将细胞色素分为细胞色素 a、细胞色素 b、细胞色素 c 三类。细胞色素 a 类的辅基是 A 型血红素，上面有一个聚异戊烯长链和一个甲酰基，与多肽链以非共价键结合。细胞色素 b 的辅基是铁-原卟啉Ⅸ，和血红蛋白和肌红蛋白中的血红素辅基相同，为 B 型血红素，与多肽链以非共价键结合。细胞色素 c 的辅基也是铁-原卟啉Ⅸ，但它与多肽链的 2 个 Cys 残基以硫醚键结合（图 7-14）。

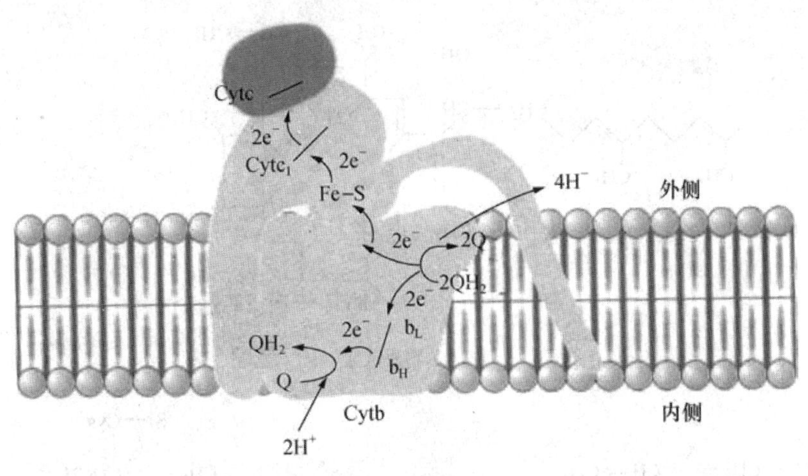

图 7-13　复合体Ⅲ的结构和功能

（引自刘国琴，等. 生物化学. 2011）

表 7-5　不同细胞色素的最大吸收峰

（引自王镜岩，等. 生物化学. 2002）　nm

细胞色素	波长		
	α	β	γ
a	600		439
b	566		
b	562	532	429
c	550	521	415
c_1	554	524	418

线粒体的电子传递链至少含有5种不同的细胞色素，称为细胞色素b、细胞色素c、细胞色素c_1、细胞色素a、细胞色素a_3。细胞色素b、细胞色素c、细胞色素c_1是红色，细胞色素a、细胞色素a_3以复合体的形式存在，目前尚不能把它们分开，所以又称为细胞色素aa_3，含有两个必需的铜离子，呈绿色。除$Cyta_3$外其余的细胞色素中的铁原子均与卟啉环蛋白质形成6个配位键，因此不能再与O_2、CO、CN^-等结合。只有$Cyta_3$的铁原子形成5个配位键，还保留1个配位键，能O_2、CO、CN^-等结合，其正常功能是与氧结合，可以被分子氧直接氧化。

5. Cytc

Cytc是线粒体内膜上的一个外在蛋白，相对分子质量13 000，为单一多肽链，含有104个氨基酸，保守性很强，存在于所有生物体内。是唯一能溶于水的细胞色素，也是唯一处于线粒体膜间隙的细胞色素，与线粒体内膜结合比较弱，能发生移动，从而将电子从复合体Ⅲ传递到复合体Ⅳ，是单电子传递体。氧化型和还原型Cytc的光吸收峰不同(图7-15)，根据光吸收峰的变化可以判断Cytc的氧化还原状态。

6. 复合体Ⅳ

复合体Ⅳ是细胞色素氧化酶，又称细胞色素c氧化酶，是线粒体电子传递链中最后一个传

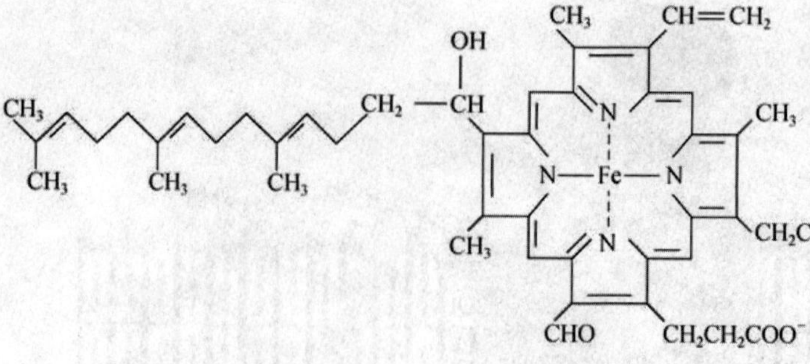

A型血红素

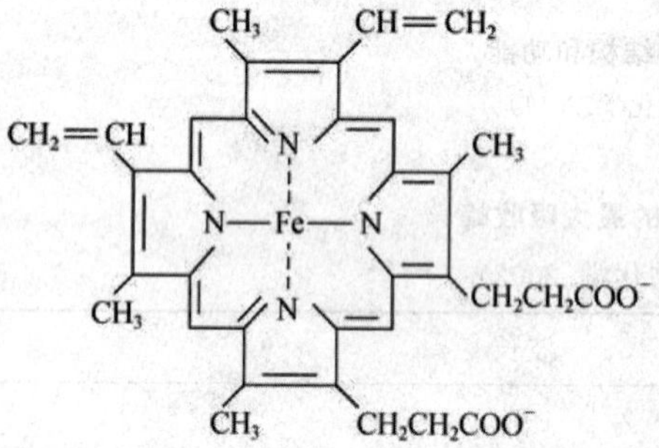

B型血红素

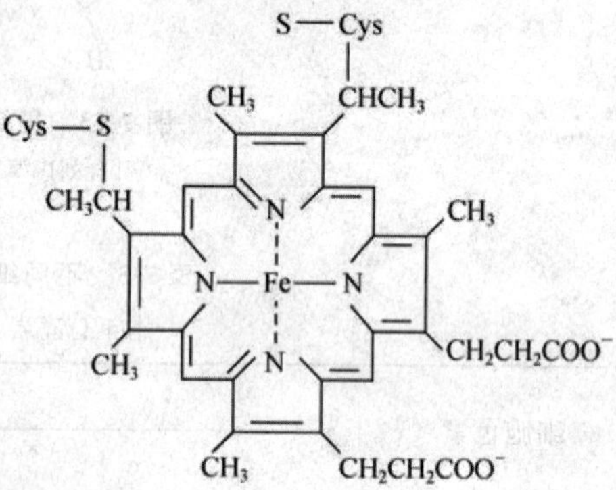

C型血红素

图 7-14　3 种细胞色素血红素辅基结构形式

（引自刘国琴，等. 生物化学. 2011）

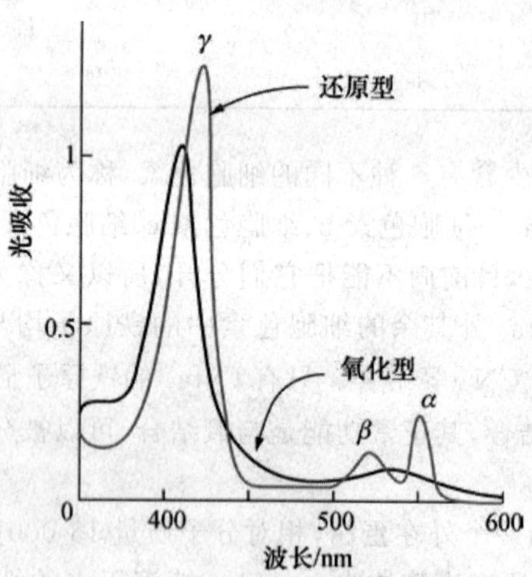

图 7-15　Cytc 不同状态的吸收光谱

（引自刘国琴，等. 生物化学. 2011）

递体，因此又称为末端氧化酶(terminal oxidase)。

细胞色素氧化酶是一个跨膜蛋白，相对分子质量 160 000～170 000，含有 13 个蛋白质亚基，包括 Cyta、$Cyta_3$ 和 1 个铜中心 Cu_A(2Cu)和 1 个铜原子(Cu_B)，通过自身化合价的变化

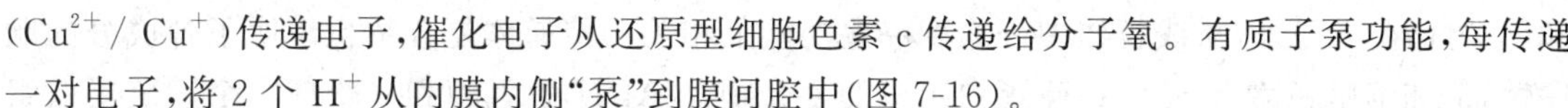

(Cu^{2+}/Cu^{+})传递电子，催化电子从还原型细胞色素 c 传递给分子氧。有质子泵功能，每传递一对电子，将 2 个 H^{+} 从内膜内侧“泵”到膜间腔中(图 7-16)。

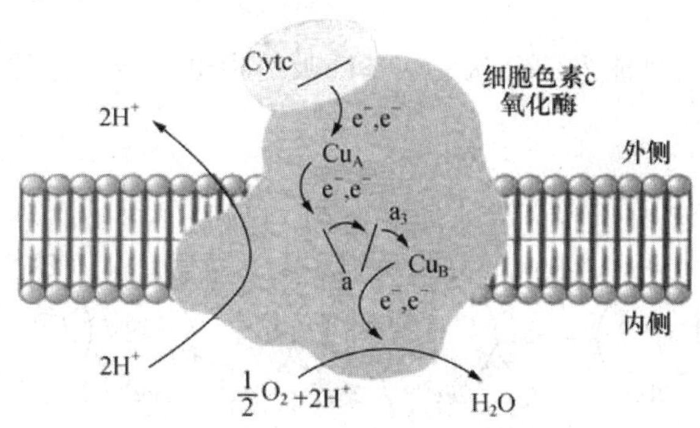

图 7-16　复合体Ⅳ的结构和功能

(引自刘国琴，等. 生物化学. 2011)

7.3.2.3　电子传递链顺序测定

在呼吸链中，氢和电子的传递有着严格的顺序和方向，这些顺序和方向是依据一些实验证据确定的，这些依据包括以下几方面。

①通过测定比较呼吸链的组分中的氧化还原对之间的标准氧化还原电位，以确定组成呼吸链成员的排列顺序。

线粒体电子传递是一个热力学自发过程，电子的流动趋势总是从还原电位低的传递体(电子亲和力弱)向还原电位高的传递体(电子亲和力强)传递，分别测出各电子载体的氧化还原电位(表 7-6)，按从高到低顺序排列，可以推测出呼吸链的排列顺序。

表 7-6　呼吸链各氧化还原对的标准氧化还原电位

(引自刘国琴，等. 生物化学. 2011)

氧化还原对	$E^{\ominus\prime}$	氧化还原对	$E^{\ominus\prime}$
$NAD^{+}/NADH+H^{+}$	−0.32	Cytbc$_1$ Fe^{3+}/Fe^{2+}	0.22
$FMN/FMNH_2$	−0.22	Cytbc Fe^{3+}/Fe^{2+}	0.23
$FAD/FADH_2$	−0.22	Cytba Fe^{3+}/Fe^{2+}	0.29
Cytb Fe^{3+}/Fe^{2+}	−0.08	Cytba$_3$ Cu^{2+}/Cu^{+}	0.55
Q/QH_2	0.04	$1/2O_2/H_2O$	0.82

②利用专一性电子传递抑制剂。一些试剂可以特异性地阻断呼吸链上的电子流，当呼吸链用抑制剂阻断后，测定各组分的氧化还原状态，可以确定电子传递体之间的顺序关系。因为当氧存在时，处于抑制部位以前的电子传递体均为还原态，抑制部位以后的电子传递体均为氧化态。

③通过电子传递体的体外重组实验确认传递体的顺序。用分离出的电子传递体在体外进行重组实验也证明了 NADH 可使 NADH 脱氢酶还原，而不能直接使细胞色素 b、c 或 a、a_3 还原。同样，还原型 NADH 脱氢酶不能直接与细胞色素 c 起作用，而需要辅酶 Q 和细胞色素 b

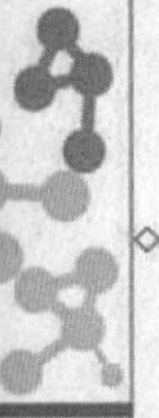

和 c_1 的存在。另外，从线粒体中分离到一些功能上相关的传递体复合物也说明了各成分的顺序性，例如细胞色素 b、c_1 和铁硫蛋白组成的复合物，NADH 脱氢酶和一个或多个铁硫蛋白组成的复合物等。

综合各种实验依据，目前人们公认的两条呼吸链中电子传递体的顺序和方向如图 7-17 所示。

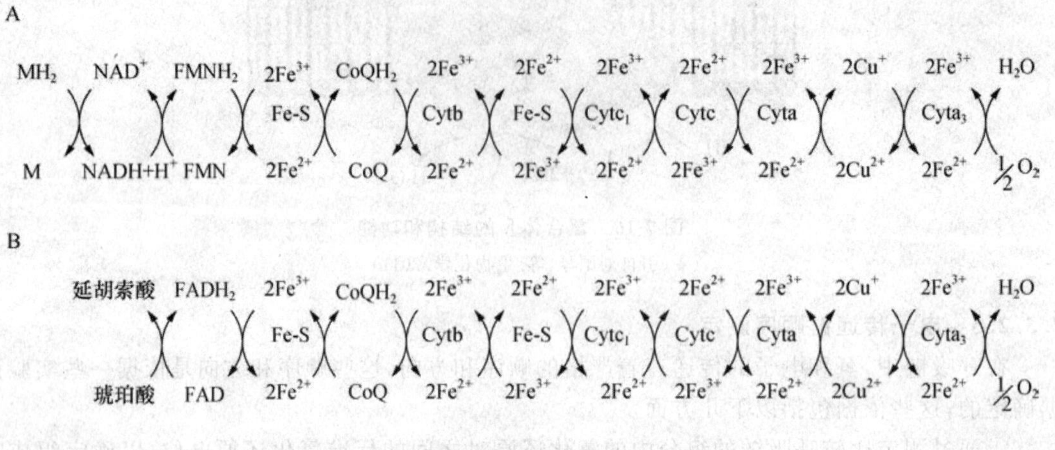

A
MH2 NAD+ FMNH2 2Fe3+ CoQH2 2Fe3+ 2Fe2+ 2Fe3+ 2Fe2+ 2Fe3+ 2Cu+ 2Fe3+ H2O
Fe-S Cytb Fe-S Cytc1 Cytc Cyta Cyta3
M NADH+H+ FMN 2Fe2+ CoQ 2Fe2+ 2Fe3+ 2Fe2+ 2Fe3+ 2Fe2+ 2Cu2+ 2Fe2+ 1/2 O2
B
延胡索酸 FADH2 2Fe3+ CoQH2 2Fe3+ 2Fe2+ 2Fe3+ 2Fe2+ 2Fe3+ 2Cu+ 2Fe3+ H2O
Fe-S Cytb Fe-S Cytc1 Cytc Cyta Cyta3
琥珀酸 FAD 2Fe2+ CoQ 2Fe2+ 2Fe3+ 2Fe2+ 2Fe3+ 2Fe2+ 2Cu2+ 2Fe2+ 1/2 O2

图 7-17　两条呼吸链中电子传递体的顺序和方向

A 为 NADH 呼吸链；B 为 $FADH_2$ 呼吸链

上述两条电子传递链可以简写为图 7-18。

复合体Ⅰ
复合体Ⅲ
复合体Ⅳ
NADH→
FMN→FeS
→CoQ
→Cytb→FeS→Cytc1
→Cytc
→Cytaa3
→O2
FeS
复合体Ⅱ
FADH2
琥珀酸

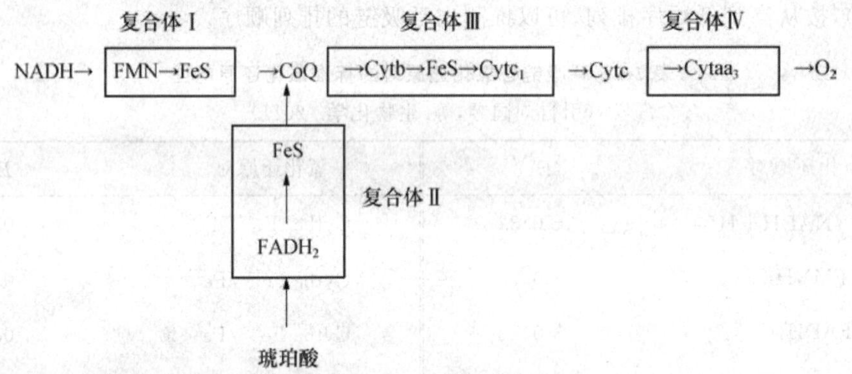

图 7-18　两条呼吸链中电子传递体的顺序和方向

7.3.3　电子传递抑制剂

呼吸链是一个由各种递氢体和电子传递体按一定的顺序所组成的传递链，因此，只要其中某一个传递体受到抑制，将阻断整个传递链，这就是呼吸链的抑制作用。能够阻断呼吸链中某部位的电子传递的物质称为电子传递抑制剂。电子传递抑制剂根据抑制部位分为 3 类：

(1)鱼藤酮(rotenone)、安密妥(amytal)和杀粉蝶菌素(piericidin)　鱼藤酮是一种极毒的植物毒素，常用作杀虫剂，它抑制复合物Ⅰ的电子传递。与鱼藤酮作用位点相同的抑制剂还有安密妥和杀粉蝶菌素。几种抑制剂的结构如下：

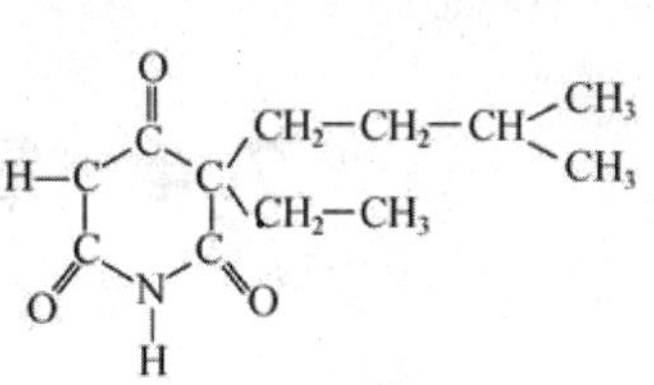

安密妥
(amytal)

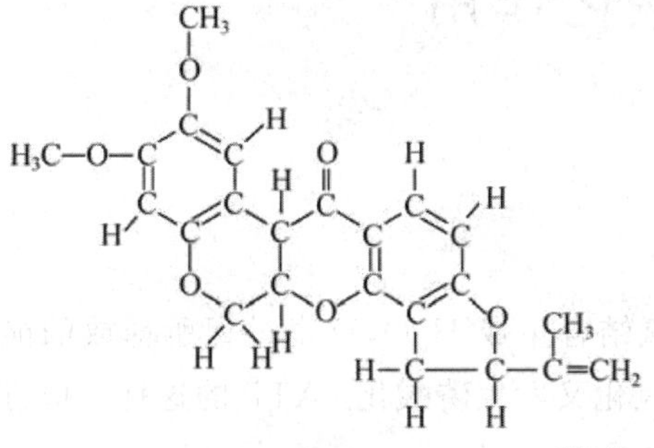

鱼藤酮
(rotenone)

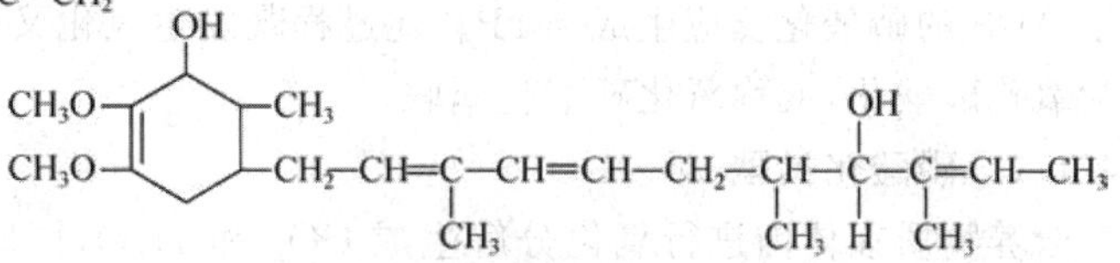

杀粉蝶菌素
(piericidin)

(2)抗霉素 A(antimycin A) 它是由链霉素分离出来的一种抗生素,可干扰细胞色素还原酶中的电子传递,抑制复合物Ⅲ的电子传递。抗霉素 A 的结构如下:

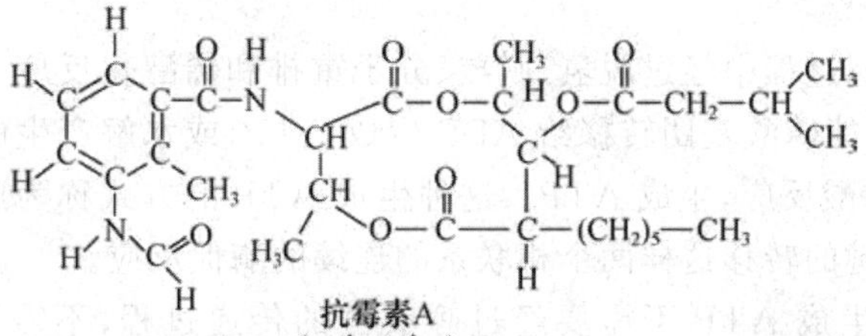

抗霉素A
(antimycina)

(3)氰化物(CN^-)、叠氮化物(azide,N_3^-)、一氧化碳(CO)和硫化氢(H_2S) CN^-和 N_3^-与氧化型 $Cytaa_3$ 有高度亲和力,CO 与还原型 $Cytaa_3$ 形成复合物。这些抑制剂均阻断 $Cytaa_3$ 向分子氧的电子传递。

电子传递抑制剂对呼吸链的抑制部位如图 7-19 所示。

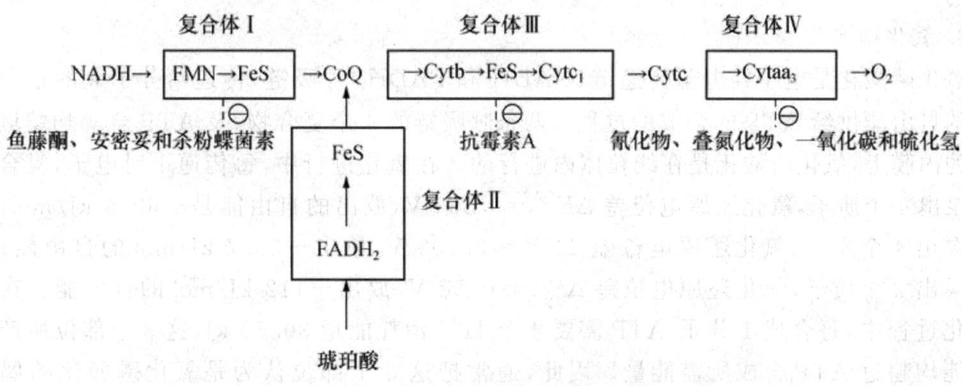

图 7-19 电子传递抑制剂及抑制部位

7.4 氧化磷酸化作用

7.4.1 氧化磷酸化的概念及类型

7.4.1.1 氧化磷酸化的概念

底物脱下的氢经过呼吸链的依次传递，最终与氧结合生成 H_2O，这个过程所释放的能量用于 ADP 的磷酸化反应生成 ATP。此过程既发生氧化又发生磷酸化，ATP 的这种生成方式称为氧化磷酸化，或称氧化磷酸化偶联。

7.4.1.2 磷酸化类型

营养物质在体内进行氧化分解生成 CO_2 和 H_2O，同时释放能量，大部分能量会以 ATP 的形式贮存下来。生物体内生成 ATP 的方式有 3 种，即光合磷酸化(photophosphorylation)、底物水平磷酸化(substrate phosphorylation)和氧化磷酸化(oxidative phosphorylation)。

1. 光合磷酸化

光合磷酸化是植物利用叶绿体在光合电子传递过程中由 ADP 和 Pi 形成 ATP 的过程。

2. 底物水平磷酸化

当营养物质在代谢过程中经过脱氢、脱羧、分子重排和烯醇化反应，产生高能磷酸基团或高能键，随后直接将高能磷酸基团转移给 ADP 生成 ATP，或水解产生的高能键，将释放的能量用于 ADP 与无机磷酸反应，生成 ATP。这种生成 ATP 的方式称为底物水平磷酸化，包括高能键的生成和高能键的转移这样两个相联系的连续的酶促反应。

底物水平磷酸化生成 ATP 不需要经过呼吸链的传递过程，不需要消耗氧气和线粒体 ATP 酶系统。因此，生成 ATP 的速度快，但生成量远不及氧化磷酸化，在机体缺氧或无氧条件下，底物水平磷酸化无疑是一种极其快捷和便利的生成 ATP 的方式。例如，在糖的无氧酵解途径(EMP 途径)中，从 3-磷酸甘油醛到 1,3-二磷酸甘油酸，再到 3-磷酸甘油酸的两步酶促反应所生成的 ATP，就是以底物水平磷酸化的形式生成的。尽管这种方式所生成的 ATP 数量较少，但由于这种方式生成 ATP 快捷，加上大量的细胞同时进行酵解代谢，其结果是相当可观的。

3. 氧化磷酸化

氧化磷酸化是电子经电子传递链(NADH 和 $FADH_2$ 呼吸链)传递给分子氧的过程中释放出的自由能供给 ATP 的合成的过程。两条呼吸链的 4 个复合物，及 ATP 合酶均镶嵌在线粒体的内膜上，氧化磷酸化是在线粒体内进行的。在氧化进行中，每传递 1 对电子，复合体Ⅰ可以泵出 4 个质子，氧化还原电位差 $\Delta E^{\ominus'}=0.360$ V，放出的自由能是 -69.5 kJ/mol；复合体Ⅲ泵出 4 个质子，氧化还原电位差 $\Delta E^{\ominus'}=0.190$ V，放出 -36.7 kJ/mol 的自由能；复合体Ⅳ泵出 2 个质子，氧化还原电位差 $\Delta E^{\ominus'}=0.58$ V，放出 -112 kJ/mol 的自由能。在氧化磷酸化过程中，每合成 1 分子 ATP 需要 4 个 H^+，消耗能量 30.52 kJ，这 3 个部位所产生的自由能均超过 ATP 合成所需能量。因此，通常把这 3 个部位认为是氧化磷酸化的偶联部位，详见图 7-20。

机体内营养物质的氧化分解，多数情况下是在氧气充足的条件下进行的。因此，氧化磷酸

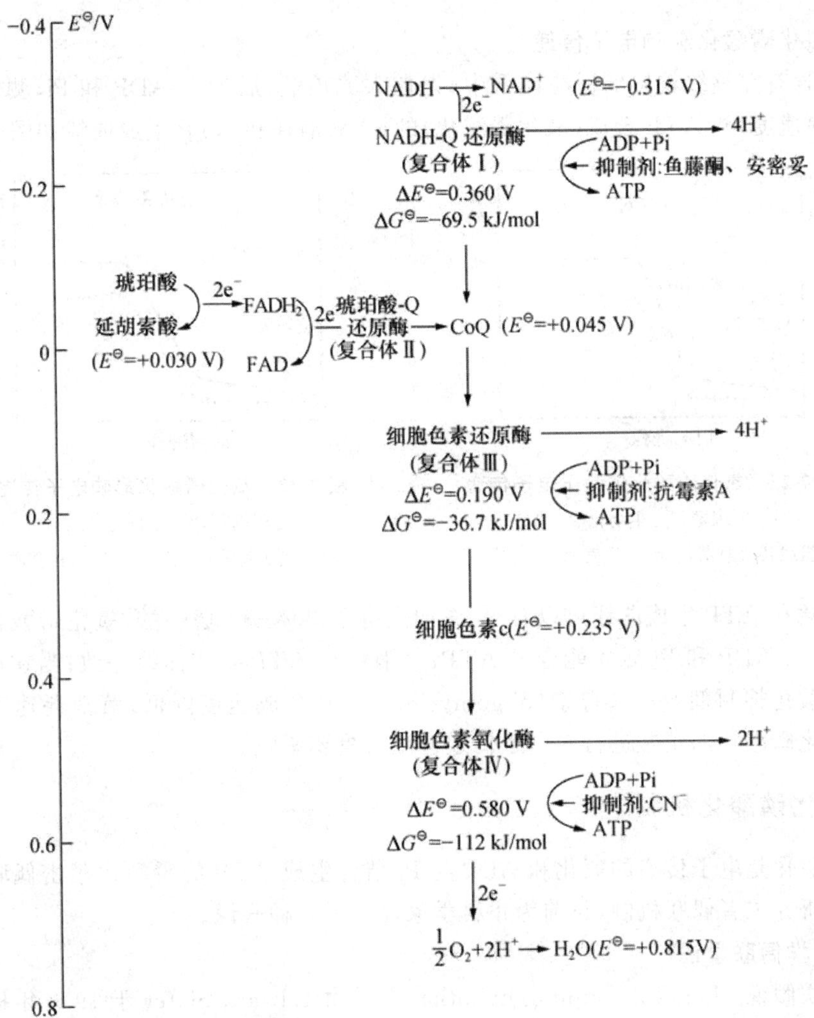

图 7-20 电子传递链中标准氧化还原电位差、自由能和质子的泵出与 ATP 的形成

化便是产生 ATP 的主要方式。

7.4.2 磷酸化与电子传递链的偶联

氧化磷酸化中电子传递与 ATP 的生成存在紧密偶联，ATP 的生成必须以电子传递为前提，而呼吸链只有生成 ATP 才能推动电子的传递。因此，氧化磷酸化依赖于电子传递链的正常进行，反过来又影响电子传递链的电子传递速度。

7.4.2.1 氧化磷酸化依赖于电子传递

在一个含有完整线粒体的反应体系中，先后加入 ADP 和 Pi、琥珀酸，测定氧消耗速度（电子传递速度）和 ATP 合成（氧化磷酸化）的量，氧消耗和 ATP 生成曲线如图 7-21 所示。

氧消耗和 ATP 生成曲线显示，电子传递速度并不随 ADP 和 Pi 的加入发生明显变化，而是随琥珀酸的加入大幅度增加；ATP 生成曲线与氧消耗曲线一致；当在反应系统中加入电子传递抑制剂 CN^- 后，电子传递被完全抑制，ATP 不能合成。说明氧化磷酸化必须以电子传递

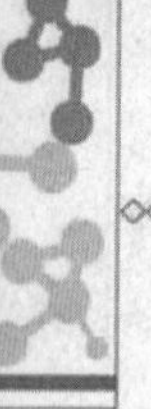

为前提。

7.4.2.2 氧化磷酸化影响电子传递

在一个含有完整线粒体的反应体系中，先加入琥珀酸，后加入 ADP 和 Pi，测定氧消耗速度（电子传递速度）和 ATP 合成（氧化磷酸化）的量，氧消耗和 ATP 生成曲线如图 7-22 所示。

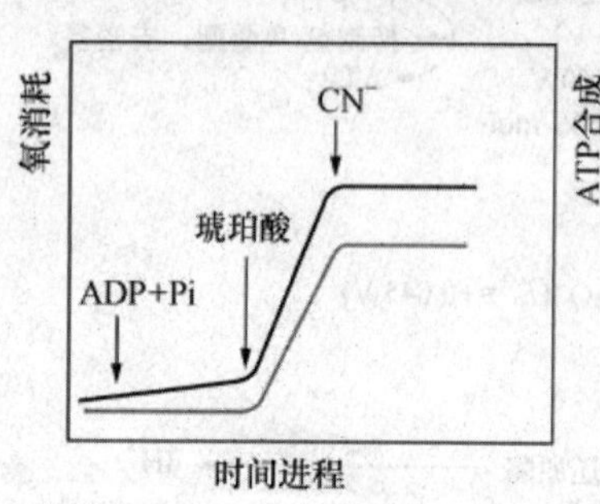

图 7-21　氧化磷酸化依赖于电子传递

（引自刘国琴，等．生物化学．2011）

粗线代表氧消耗，细线代表 ATP 合成

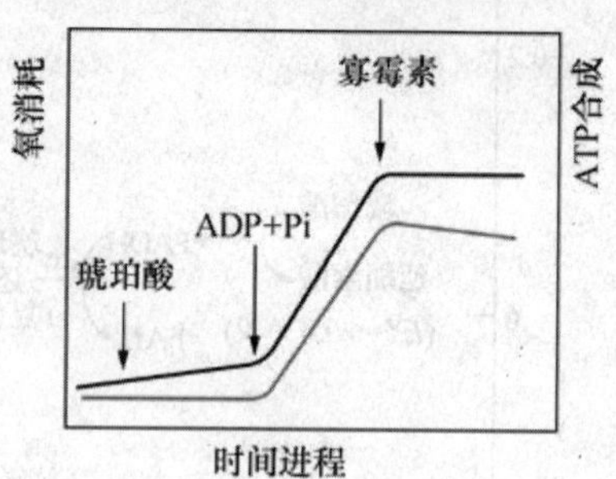

图 7-22　氧化磷酸化影响电子传递

（引自刘国琴，等．生物化学．2011）

粗线代表氧消耗，细线代表 ATP 合成

从氧消耗和 ATP 生成曲线可以看出，先加入电子供体——琥珀酸，氧化磷酸化作用不能进行，只有加入 ADP 和 Pi 后才能合成 ATP；氧消耗与 ATP 生成曲线一致；当在反应系统中加入氧化磷酸化抑制剂——寡霉素（oligomycin），ATP 合成速度降低，氧消耗速度也同时降低。说明氧化磷酸化的正常进行对电子传递速度有重要影响。

7.4.3 氧化磷酸化机制

氧化磷酸化是电子传递的氧化和 ADP 与 Pi 结合生成 ATP 的磷酸化紧密偶联在一起的过程。为了研究二者偶联机制，目前为止科学家提出了 3 种假说。

7.4.3.1 化学偶联学说

化学偶联假说（chemical coupling hypothesis）是由 Edward Slater 于 1953 年提出的。他认为，电子传递过程产生一种活泼的高能共价中间产物，其随后的裂解释放能量驱动 ATP 的合成。虽然这一假说有一定的实验根据，但假说中提到的高能中间产物却始终未能分离出来。

7.4.3.2 构象偶联学说

构象偶联假说（conformational coupling hypothesis）是由 Paul Boyer 于 1964 年提出的。他认为呼吸链上电子载体蛋白质有两种构象状态——低能构象和高能构象；电子沿传递链传递释放能量使载体蛋白质由低能构象转化为高能构象，高能构象中的能量推动 ATP 的合成。由于构象的直接测定非常困难，这一假说同样缺乏实验证据。

7.4.3.3 化学渗透学说

化学渗透学说（chemiosmotic hypothesis）是由英国生物化学家 Peter Mitchell 于 1961 年最先提出来的。其要点如下：

①呼吸链的传递体以复合物的形式，按照一定的顺序排列在线粒体内膜上，催化反应是定向的。②传递体从内膜内侧接受底物脱下来的 H^+ 和电子（2e）进行传递的同时，复合体Ⅰ、复合体Ⅲ、复合体Ⅳ有“质子泵”的功能，将 H^+“泵”到膜间腔中。③“泵”到膜间腔中的 H^+ 不能自由返回基质，这样就形成了跨内膜的［H^+］梯度和电位梯度，这二者合称电化学梯度。这种

电化学梯度是 H^+ 返回膜内的一种动力，称为质子移动力(proton motive force)。④在质子移动力的推动下，H^+ 通过 ATP 合酶上的特殊通道返回基质，释放的自由能使得 ADP 与磷酸结合生成 ATP(图 7-23)。

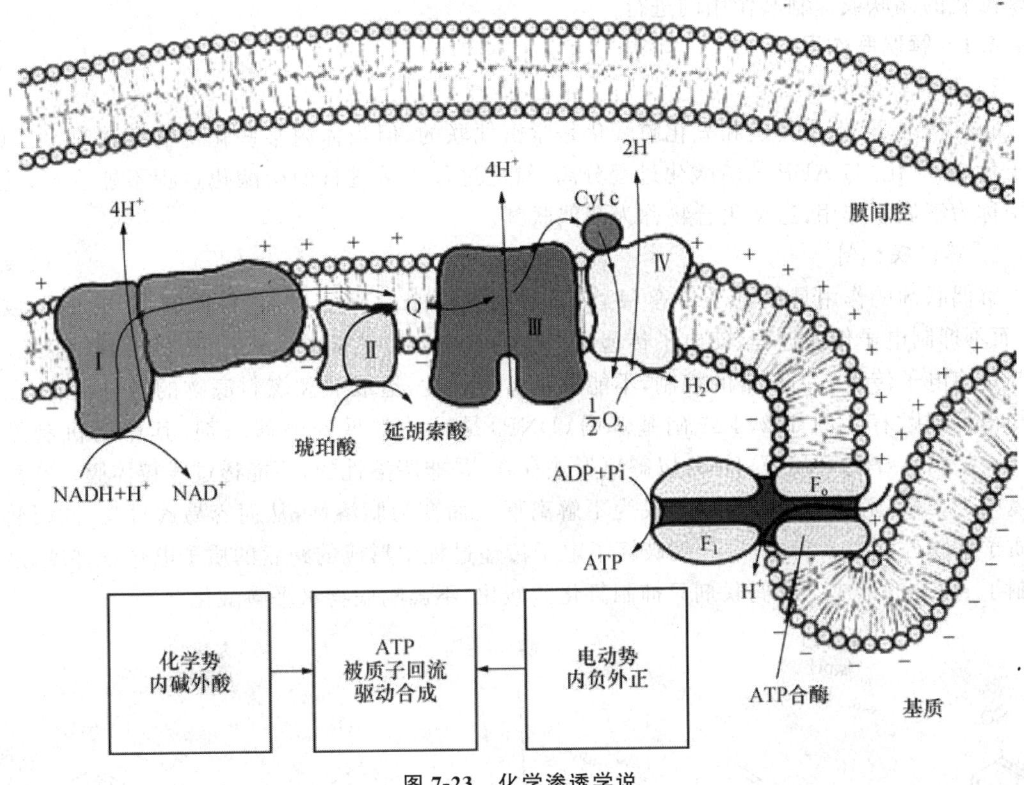

图 7-23 化学渗透学说

化学渗透学说目前得到许多实验证据的支持，被大家普遍接受。Mitchell 因此获得 1978 年诺贝尔化学奖。支持化学渗透学说的实验证据有：①氧化磷酸化作用只有在完整的线粒体中才能进行；②线粒体内膜对 H^+、OH^-、K^+、Cl^- 等离子具有不通透性；③电子传递链能将 H^+"泵"到膜间腔中，而 ATP 的形成又伴随着 H^+ 向膜内的转移运动；④在线粒体内膜两侧确实测出了 pH 和电位的差别；⑤破坏跨膜的 H^+ 梯度，氧化磷酸化不能进行；⑥在封闭的线粒体内膜两侧人为造成 H^+ 梯度，可以合成 ATP 等。

质子梯度的形成是一个吸能过程。在电子传递过程中，每 1 对电子通过电子传递体的传递，复合体Ⅰ、复合体Ⅲ、复合体Ⅳ分别向膜间腔中"泵"出 4、4、2 分子的 H^+。H^+ 跨膜流动的结果造成线粒体内膜内部基质的碱化，即 H^+ 浓度低于膜间腔。线粒体基质形成负电势，而膜间腔形成正电势，这样产生的质子电化学梯度即电动势称为质子动势或质子动力势，其中蕴藏的能量即 ATP 合成的动力。如果有 3 个 H^+ 通过 ATP 合酶的 F_0—F_1 接头处，即导致合成 1 个 ATP 分子。生成的 ATP 需要在腺苷酸移(转)位酶转运至胞质中，把 ATP 从线粒体基质转运至胞质需要消耗 1 个质子，这样每形成 1 个 ATP 就需要 4 个质子的流动。在 NADH 呼吸链中，当 1 对电子通过各传递体传递给分子氧后，有 10 个 H^+ 的流动，可以形成 2.5 分子的 ATP；而 1 对电子通过 $FADH_2$ 呼吸链传递后，有 6 个 H^+ 的流动可以形成 1.5 分子的 ATP。

7.4.4 氧化磷酸化的解偶联作用与抑制作用

在线粒体内膜上，电子传递与磷酸化过程是紧密偶联的。但某些特殊化合物可以阻止氧化磷酸化的偶联或抑制其作用的进行。

7.4.4.1 解偶联作用

1. 解偶联作用的概念

正常情况下，电子传递和氧化磷酸化是紧密偶联的，但当体内某些化合物存在时，可以使电子传递（氧化）与 ADP 的磷酸化过程分离，氧化过程正常进行而磷酸化过程不能进行，这种作用称为解偶联作用，这类化合物称为解偶联剂。

2. 解偶联机制

解偶联剂的作用是使电子传递和 ATP 磷酸化两个过程分离，它只抑制 ATP 的形成过程，而不抑制电子传递过程，使电子传递所产生的自由能以热能的形式耗散。解偶联剂的作用机制是使电子传递失去正常的控制，不能形成离子梯度，造成氧和燃料底物的过分消耗，而能量却得不到贮存。例如 2,4-二硝基苯酚（DNP）是一种常见的解偶联剂，其作用机制见图 7-24。在 pH=7 的环境下，DNP 以解离形式存在，是非脂溶性的，不能透过线粒体膜。在酸性环境中，2,4-二硝基苯酚接受质子成为不解离形式而变为脂溶性，从而容易透过膜，同时将一个质子从膜外侧带入膜内，这样就破坏了电子传递过程中形成的跨膜的质子电化学梯度，从而抑制了 ATP 的形成。解偶联剂只抑制氧化磷酸化，不影响底物水平磷酸化。

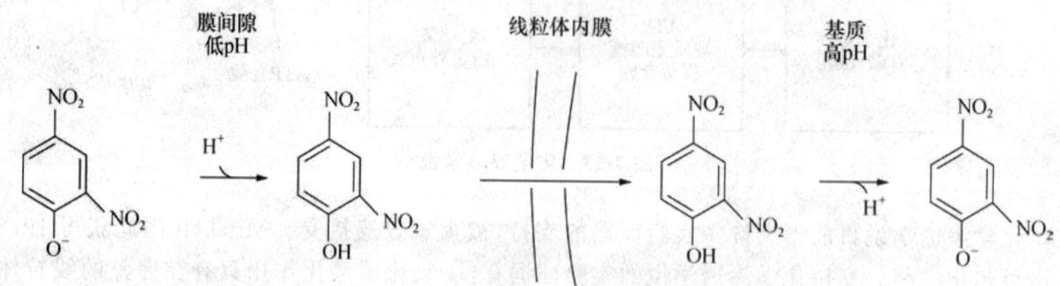

图 7-24 2,4-二硝基苯酚的解偶联机制

3. 生物学意义

解偶联作用具有重要的生物学意义，是冬眠动物和适应寒冷的哺乳动物维持体温的重要方式。婴儿刚出生时颈背部常有大片褐色斑块，实际是褐色脂肪组织，在这类脂肪组织细胞中含有大量线粒体，线粒体内膜上存在一种解偶联蛋白（uncoupling protein）或称产热素（thermogenin），相对分子质量 64 000，是一种含有两个亚基形成的二聚体蛋白质。它是一个通道蛋白质，控制着线粒体内膜对质子的通透性，能允许膜间腔中的质子流回线粒体基质，消除电子传递过程中形成的跨膜的质子电化学梯度，从而抑制了 ATP 的形成。在正常生理条件下，产热素的通道蛋白被 GDP 分子“塞”住而呈关闭状态，当受到冷刺激或感应某种激素信号时，GDP 脱离，通道打开，质子内流，氧化磷酸化解偶联，自由能以热能形式释放。

7.4.4.2 氧化磷酸化的抑制剂

一些化学物质可以抑制氧化磷酸化，根据其作用机制，主要分为 4 类（图 7-25）：

（1）电子传递抑制剂　见第二节呼吸链的电子抑制剂。

(2)解偶联剂　见氧化磷酸化的解偶联作用。

(3)离子载体类抑制剂　这类抑制剂能与某些离子结合并作为它们的载体使这些离子从膜间隙转移到线粒体基质，降低内膜两侧电化学势差。其作用机制是通过增加线粒体内膜对一价阳离子的通透性而破坏质子梯度的形成抑制 ATP 的合成。例如，缬氨霉素可以将 K^+ 离子从膜间隙转移到线粒体基质。短杆菌肽可以将 K^+、Na^+ 离子及其他一价阳离子从膜间隙转移到线粒体基质，因而抑制氧化磷酸化。这类抑制剂与解偶联剂一样，使线粒体的耗氧量增加，而 ATP 生成量则下降。

(4)质子通道阻断剂　这类抑制剂可阻断 ATP 合酶的质子通道，从而抑制 ATP 的合成。寡霉素就是通过这一机制抑制氧化磷酸化的。在这类抑制剂的作用下，质子不能返回线粒体基质，呼吸链将质子转移到内膜外侧会面临更大的电化学势。因此，其作用机制是直接干扰 ATP 的过程，因此，其作用的特点是耗氧量和 ATP 生成量同步下降。

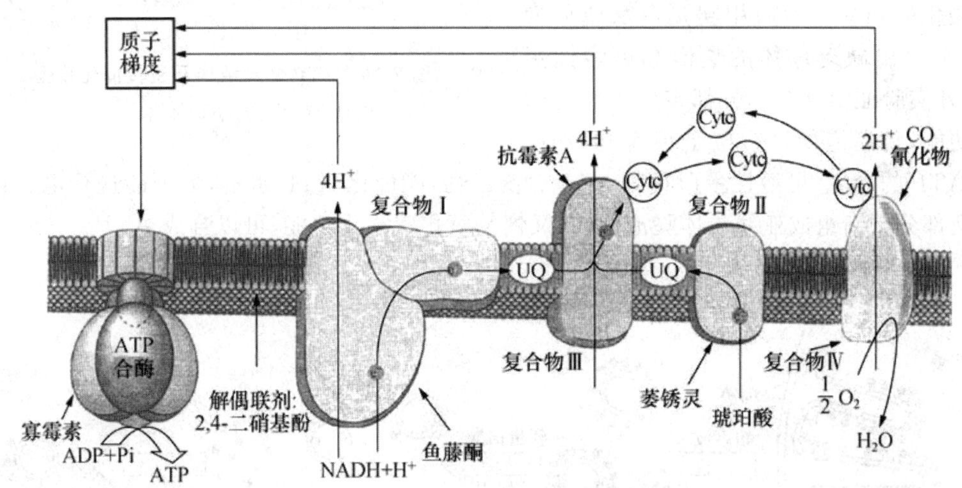

图 7-25　氧化磷酸化的形成及抑制剂

7.4.5　ATP 的合成机制

1. ATP 合酶的结构

ATP 的合成是由一个酶的复合体系完成的，这个复合体系称为 ATP 合酶(ATP synthase)，由 F_1 和 F_0 两部分组成(图 7-26)，称为 F_0F_1-ATP 合酶，又称复合体Ⅴ。F_1 是 ATP 合酶的头部，亲水性，呈球状，面向线粒体基质，是合成 ATP 的催化部位。其直径为 8.5～9.0 nm，相对分子质量为 378 000，由 5 种亚基构成，其中 3 个 α 亚基、3 个 β 亚基、1 个 γ 亚基、1 个 δ 亚基和 1 个 ε 亚基，3 个 α 亚基和 3 个 β 亚基相间排列形成一个六角形结构域，每个 β 亚基上分别有 ATP 合成位点；γ 亚基位于六角形结构中间，δ 亚基和 ε 亚基处于 α/β 和 γ 亚基之间，二者位置可以互变并通过互变来改变酶复合体的结构，使之处于 ATP 合成或水解的状态。

F_0 是 ATP 合酶的基部，跨线粒体内膜。由疏水蛋白质亚基 a、b、c 组合而成，其中包括 1 个 a 亚基、2 个 b 亚基和 12 个 c 亚基。F_0 组成跨膜的质子通道，当质子从膜间腔返回基质时，驱使 F_1 的 β 亚基合成 ATP。

F_0 对寡霉素(oligomycin-sensitive conferring protein)敏感,寡霉素是一种有毒的抗真菌剂,能专一性抑制 F_0F_1-ATP 合酶的活性,是典型的氧化磷酸化抑制剂。

2. ATP 合成机制

(1)氧化磷酸化的偶联机制 为探讨氧化磷酸化的偶联机制,1960 年 Efraim Racker 等进行了著名的重组实验(图 7-27)。他们用超声波处理线粒体,制备成亚线粒体囊泡(submitochondrial vesicle),使原来朝向基质一侧的内膜翻转朝外,但保留了进行氧化磷酸化的功能。然后用胰蛋白酶或尿素处理,分离出缺乏球体的囊泡和可溶性蛋白,体外实验证明这两部分都丧失了氧化磷酸化功能,膜囊泡能进行电子传递,但不能催化 ATP 的合成;可溶性蛋白具有 ATP 合酶活性,能催化 ATP 水解,但不能进行电子传递。当将两部分重新组成亚线粒体囊泡后,则又恢复氧化磷酸化功能,可以合成 ATP。

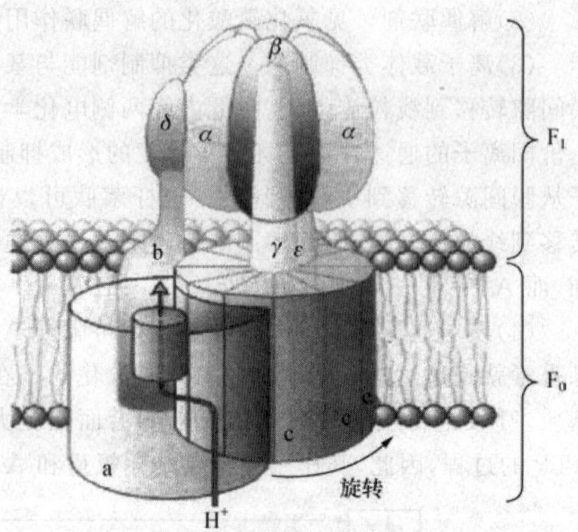

图 7-26 ATP 合酶结构及旋转催化模型

(引自王金胜,等. 生物化学. 2007)

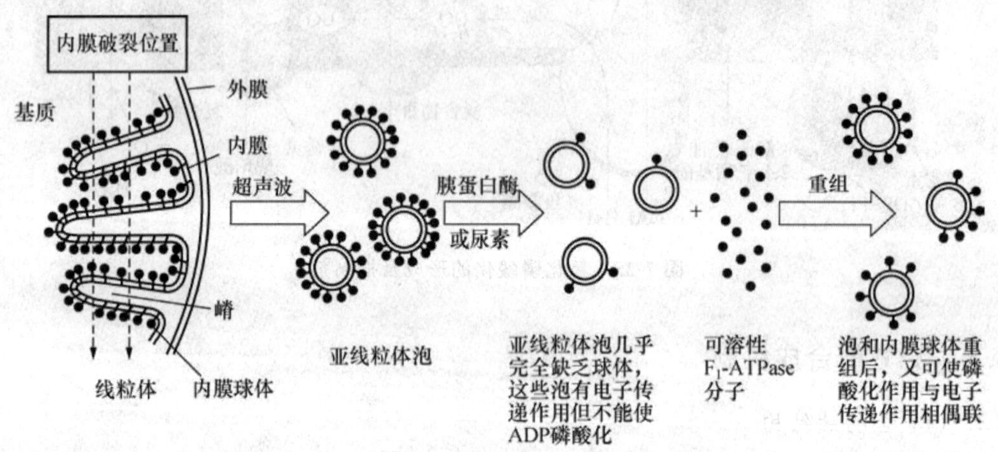

图 7-27 氧化磷酸化的偶联机制

(引自王镜岩,等. 生物化学. 2002)

(2)ATP 酶的旋转催化机制 化学渗透假说阐明了呼吸链电子传递与 ATP 合酶上 ADP 磷酸化是通过跨膜的质子电化学梯度偶联的。但是,并没有解决 ATP 合酶如何利用这种质子推动力催化 ADP 与 Pi 形成 ATP。为揭示 ATP 合成机制,美国人 Boyer 于 1979 年提出了 ATP 酶的"旋转催化"模型(rotational catalytic mechanism),见图 7-26。Walker 研究了 ATP 合酶头部的精细结构,有力地支持了 Boyer 的模型,阐明了 ATP 合酶的催化机制,二人因此获得 1997 年诺贝尔化学奖。

"旋转催化"模型认为,ATP 合酶头部的 3 个 β 亚基本质上相同,每个 β 亚基上分别有 ATP 合成的催化部位,中部的 γε 亚基在质子移动力驱动下相对于 $\alpha_3\beta_3$ 亚基作旋转运动。由于3个β亚基与γε亚基的不对称接触，使3个β亚基上的活性部位分别处于不同的构象状态，开放态(O)时对底物的亲和力极低，松弛态(L)时与底物结合较松弛，对底物没有催化能力，紧张态(T)时与底物结合紧密，有催化能力。当质子移动力驱使 H^+ 经 F_1 质子通道进入时，F_0 组分质子化而发生构象改变，积累足够的扭矩力推动 γε 相对于 $\alpha_3\beta_3$ 旋转。使处于T态的催化部位释放ATP变为O态，同时L态催化部位上生成ATP变为T态，O态结合ADP＋Pi变为L态(图7-28)。

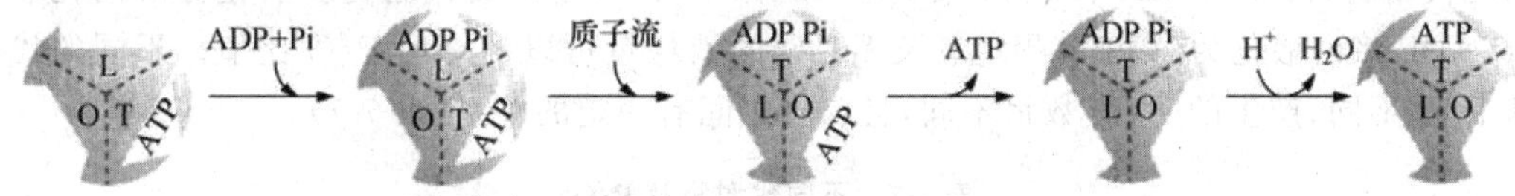

图7-28 ATP合酶的旋转催化机制

(引自王金胜，等.生物化学.2007)

7.4.6 能荷

ATP是各种生物体能量的中心，生命活动过程中不断地合成着ATP，也不断消耗利用着ATP。其含量标志着细胞内的能量水平，它对细胞内许多物质代谢都具有调节作用。呼吸作用是产生ATP的重要过程，在呼吸代谢途径中，有许多关键的酶受ATP、ADP和AMP浓度的调节。因此，将细胞中存在的3种腺苷酸，即ATP、ADP、AMP，统称为腺苷酸库。

在腺苷酸库中把细胞内3种腺苷酸的比例规定为能荷(energy charge)，即细胞中ATP的含量(包括以1/2ADP计算的ATP)与3种腺苷酸AMP、ADP和AMP含量总和的比值：

$$\text{能荷}=\frac{[\text{ATP}]+[\text{ADP}]/2}{[\text{ATP}]+[\text{ADP}]+[\text{AMP}]}$$

能荷的大小决定于ATP和ADP的多少。当细胞内全部腺苷酸均以ATP形式存在时，能荷最大，能荷值为1.0；全以AMP形式存在时，能荷值为0；当全以ADP形式存在时，能荷值为0.5；三者并存时，能荷随三者含量的比例而变化，范围为0～1.0。通常，在大多数代谢活跃的细胞中，能荷值处于0.8～0.95之间，而在厌氧条件下或受毒害的细胞中，能荷值要低得多。

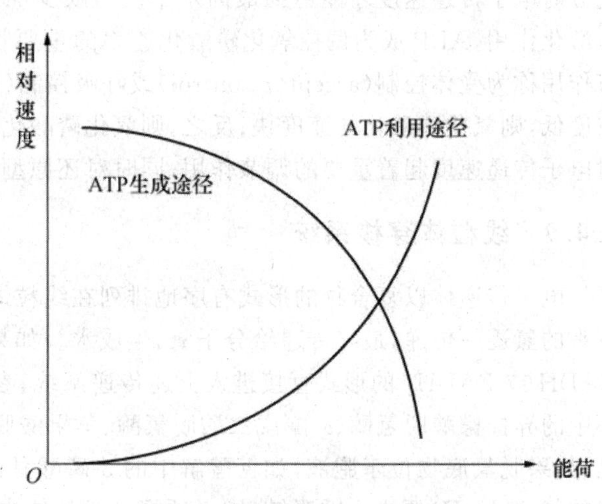

图7-29 ATP合成与利用的关系

(引自王金胜，等.生物化学.2007)

在某些条件下，能荷值可作为细胞产能和需能代谢过程中变构调节的信号。能荷高时，抑制生物体内ATP的合成，但促进ATP的利用(图7-29)，即合成代谢旺盛，分解代谢受到抑制。能荷低时，分解代谢旺盛而合成代谢受到抑制。

7.4.7 P/O

氧化磷酸化是生物体内 ATP 生成的主要方式，那么，当底物脱下来的一对电子经过呼吸链传递给 1 个氧原子结合生成 1 分子 H_2O，此过程生成多少分子 ATP 呢？关于这个问题，可以通过测定 P/O 来确定。所谓 P/O 是指当底物进行氧化时，每还原 1 个氧原子所产生的 ATP 分子数。因此，可以把 P/O 作为氧化磷酸化的重要指标。例如，用离体的完整线粒体与不同的代谢物，再加入 ADP、Pi 和 Mg^{2+} 等一起保温发现，不同的代谢物在氧化分解消耗氧的同时，ADP 将磷酸化为 ATP。测定氧及无机磷的消耗量可以计算出 P/O 比值。不同的代谢物其 P/O 不同，产生的 ATP 数目不同，且二者之间有一定的关系（表 7-7）。

表 7-7　不同代谢物及 P/O

代谢物	P/O	ATP 产生数目
β-羟丁酸	2.4～2.6	2.5
琥珀酸	1.7	1.6

从呼吸链中电子传递的过程可以看出，以 NADH 为首的呼吸链，每传递一对电子给 1 个氧原子生成 1 分子 H_2O 时，可供 2.5 分子无机磷酸参与 ADP 的磷酸化反应，生成 2.5 分子 ATP，因此 P/O 为 2.5；而以琥珀酸脱氢酶为首的呼吸链的 P/O 为 1.5，也就是说，1 对电子经 $FADH_2$ 呼吸链消耗 1 个氧原子时生成 1.5 分子 ATP。

7.4.8 氧化磷酸化的调节

氧化磷酸化过程中电子传递和 ATP 的形成是相辅相成的，ATP 的生成以电子传递为前提，而呼吸链只有生成 ATP 才能推动电子的传递。完整的线粒体只有当无机磷酸和 ADP 都充分时电子传递速度才能达到最高水平。当缺少 ADP 时，因为缺乏磷酸的受体则不能进行磷酸化作用，ADP 成为调控氧化磷酸化速率的重要物质。氧化磷酸化速率受 ADP 水平的调节作用称为受体控制（acceptor control）或呼吸控制（respiratory control）。ADP 浓度高，ATP 浓度低，则氧化磷酸化的速度快；反之，则氧化磷酸化速度慢。因此，[ATP]/[ADP]在细胞内对电子传递速度起着重要的调节作用，同时对还原型辅酶的积累和氧化作用也起着调节作用。

7.4.9 线粒体穿梭系统

电子传递体以复合物的形式有序地排列在线粒体内膜上，组成不同的传递系统，将底物脱下来的氢逐一传递，最终传递给分子氧，生成水。如果脱氢的底物是在线粒体中，脱下的氢以 NADH 或 $FADH_2$ 的形式直接进入上述传递系统，参与不同的呼吸链进行氧化，如三羧酸循环中的异柠檬酸脱氢酶、α-酮戊二酸脱氢酶、苹果酸脱氢酶和琥珀酸脱氢酶催化脱下的氢。但是，如果脱氢底物位于胞液，如糖酵解中的 3-磷酸甘油醛，经 3-磷酸甘油醛脱氢酶催化后脱下来的氢（NADH）要进入呼吸链，则必须穿过线粒体内膜才能参与到传递系统被氧化。NADH 是不能自由地通过线粒体内膜的，必须经过特殊的穿透系统，才能进入线粒体内的呼吸链被氧化。NADH 通过不同的穿透机制进入线粒体的过程就是线粒体的穿梭机制（shuttle）。动物体内有 α-磷酸甘油穿梭（glycerol-3-phosphate shuttle）和苹果酸穿梭（malate shuttle）两种穿梭机制。

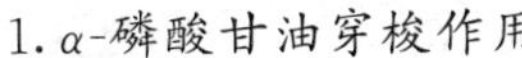

1. α-磷酸甘油穿梭作用

α-磷酸甘油穿梭作用主要存在于脑和骨骼肌中。如图 7-30 所示，线粒体外的 NADH 在胞液中磷酸甘油脱氢酶催化下，使磷酸二羟丙酮还原成 α-磷酸甘油，后者通过线粒体外膜。再经位于线粒体内膜近胞液侧的磷酸甘油脱氢酶催化下氧化生成磷酸二羟丙酮和 $FADH_2$。磷酸二羟丙酮可穿出线粒体外膜上胞液，继续进行穿梭，而 1 分子 $FADH_2$ 则进入琥珀酸氧化呼吸链被氧化，生成 1.5 分子 ATP。

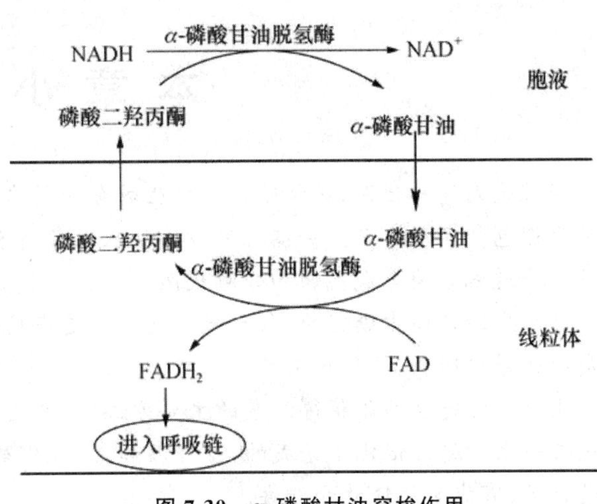

图 7-30 α-磷酸甘油穿梭作用

2. 苹果酸穿梭作用

苹果酸-天冬氨酸穿梭(图 7-31)主要存在于肝和心肌中。胞液中的 NADH 在苹果酸脱氢酶的作用下，使草酰乙酸还原成苹果酸，后者通过线粒体内膜上的苹果酸-α-酮戊二酸载体进入线粒体；在线粒体内苹果酸脱氢酶的作用下重新生成草酰乙酸和 NADH。1 分子 NADH 进入 NADH 呼吸链被氧化，生成 2.5 分子 ATP。线粒体内生成的草酰乙酸经谷草转氨酶的作用生成天冬氨酸，后者经天冬氨酸-谷氨基酸载体转运出线粒体再转变成草酰乙酸，继续进行穿梭作用。

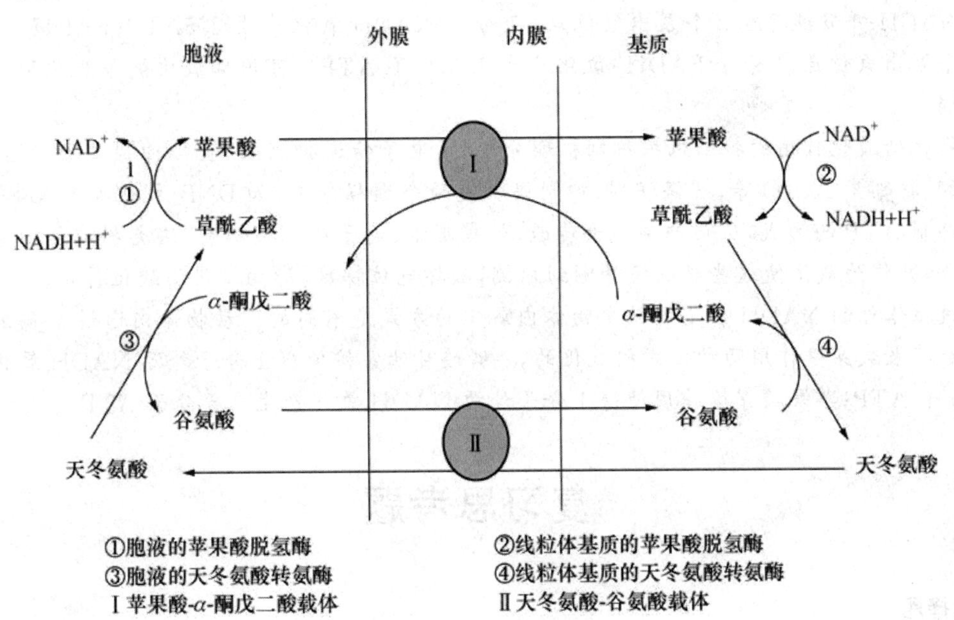

图 7-31 苹果酸-天冬氨酸穿梭作用

本章小结

新陈代谢简称代谢，是细胞内各种生物分子的合成、利用和降解反应的总称。一般来说，新陈代谢包括了所有产生和储存能量的反应以及所有利用这些能量合成其他化合物的反应。新陈代谢过程分为合成代谢和分解代谢。

新陈代谢是逐步进行的，每种代谢是有一连串反应组成的，叫代谢途径。每一个途径中的物质叫代谢中间物，简称代谢物。

生物氧化是生物体获得能量的主要方式，这个过程与体外氧化有着明显的区别。生物氧化是在一系列酶的催化下完成的，条件温和，二氧化碳的释放、水的生成及能量的生成不是同步进行的，有能量的释放和储存。

生物氧化释放的能量储存于高能化合物中，ATP是最重要的高能化合物。

生物体内ATP生成的主要方式有底物水平磷酸化作用和氧化磷酸化作用，其中最重要的方式是氧化磷酸化作用。是通过电子传递链氧化磷酸化产生的。电子传递链存在于线粒体内膜上，由多个组分组成，以四个复合体和两个游离载体的形式存在。线粒体内底物脱下的氢($NADH$和$FADH_2$)和电子经电子传递链传给氧生成水，释放的能量用于将质子从内膜内侧泵到内膜外侧。内膜外侧的质子在质子电位梯度的推动下经ATP合成酶上的质子通道返回到内膜的内侧，推动ATP的合成。

NADH呼吸链存在3个泵出氢位点，1分子NADH氧化产生2.5ATP；$FADH_2$呼吸链有两个泵出氢位点，1分子$FADH_2$氧化产生1.5分子ATP。可用磷氧比衡量氧化磷酸化作用强弱。

氧化磷酸化作用的抑制根据抑制机理分4种：电子传递抑制剂，直接抑制电子传递的，如鱼藤酮、抗霉素A、CO等；解偶联剂，抑制偶联使两个过程分离，如DNP；氧化磷酸化抑制剂，直接抑制ATP的形成，从而抑制电子传递，如寡霉素；离子载体抑制剂，这类物质能与某些离子结合，并作为载体使这些能从膜外侧到内侧，破坏电位梯度，影响氧化磷酸化作用。

线粒体外的NADH在不同的生物体内氧化的方式是不同的。动物体内通过α-磷酸甘油穿梭和苹果酸穿梭作用两种方式被氧化的，α-磷酸甘油穿梭使得1分子外源NADH氧化产生1.5分子ATP；苹果酸穿梭作用使得1分子外源NADH氧化产生2.5分子ATP。

复习思考题

一、选择题

1. 下列哪个物质不是呼吸链的组分(　　)？

A. NADH　　B. FAD　　C. NADPH　　D. FMN

2. 下列哪个物质位于呼吸链的最末端(　　)？

A. $Cytaa_3$　　B. $Cytc_1$　　C. Cytc　　D. Cytb

3. 下列哪个物质不是呼吸链的电子传递抑制剂(　　)？

A. CO_2　　B. CO　　C. 抗霉素 A　　D. N_3^-

4. 下列哪个物质的存在可以使氧化作用进行而阻止 ATP 的生成(　　)?

A. CO_2　　B. CO　　C. DNP　　D. N_3^-

5. 下列哪一个物质不是细胞色素氧化酶的抑制剂(　　)?

A. CO　　B. CN^-　　C. N_3^-　　D. CO_2

二、填空题

1. 生物体中 ATP 生成的主要方式为________和________。

2. 细胞质的 NADH 的电子可经________和________穿梭进入线粒体内。

3. 生物体内两条主要呼吸链是________和________。

4. 氧化磷酸化指的是 NADH 和 FADH 在________中的氧化和由 ADP 生成 ATP 的磷酸化偶联在一起的过程。

5. 在呼吸链中 NADH 的 P/O 比是________,$FADH_2$ 的 P/O 比是________。

三、判断题

1. 底物水平磷酸化是需氧生物获得 ATP 的主要途径。(　　)

2. 物质在空气中燃烧和在体内的生物氧化的化学本质是完全相同的。(　　)

3. 呼吸链中的电子载体的排列顺序是依照氧化还原电极电位由高到低排列的。(　　)

4. 能荷可以表示生物体内的能量状态。(　　)

四、名词解释

能荷;电子传递链(呼吸链);氧化磷酸化;底物水平磷酸化;P/O;解偶联作用

五、简答题

1. 什么是生物氧化?生物氧化中的 CO_2、H_2O 和能量是怎样产生的?

2. 简述生物氧化的特点。

3. 请写出生物体内的两条呼吸链,并指出该呼吸链的电子传递抑制剂及抑制部位。

4. 简述化学渗透假说

5. 写出生物体内的苹果酸穿梭和磷酸甘油穿梭过程,并指出其 P/O。

6. 由于线粒体内膜的选择透性,在线粒体内形成的 ATP 是如何到达细胞质中,供生命活动需要的?

7. 氧化磷酸化的抑制作用有哪几种?

第8章 糖类代谢

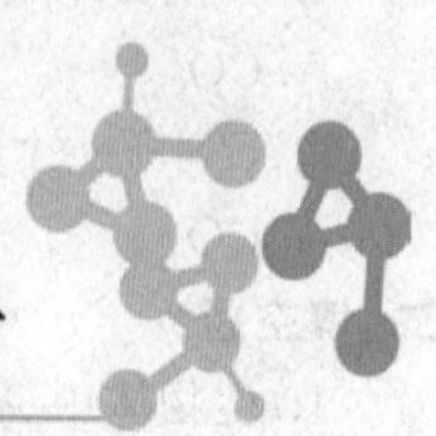

◈内容提示与教学目标

【说明】本章系生物化学动态部分最重要的基础，是各物质代谢相互联系的重要环节，需花费足够多的课时和精力进行教学，力争讲深讲透。

重点掌握：糖的无氧酵解、有氧氧化、糖异生各途径的反应过程、酶系统、能量代谢、生理意义及调节；

掌握：糖原合成与分解、磷酸戊糖途径氧化阶段、糖代谢各途径间的联系。

一般了解：磷酸戊糖途径非氧化阶段的反应、乙醛酸途径及其他单糖的代谢、糖代谢紊乱。

本章难点：丙酮酸脱氢酶系、磷酸戊糖途径非氧化阶段的异构化、差向异构化及基团转移反应。

糖是生物体内重要的能源和碳源。糖代谢不仅能为生物体提供大量能量，且可为其他代谢过程提供原料。生物体内的糖可分为单糖、寡糖和多糖。通过光合作用可合成单糖，由单糖可合成寡糖和多糖。寡糖和多糖又可分解为单糖。在糖的代谢中，形成的ATP和NADPH有重要作用，可在其他代谢中使用。另外，还发现单糖中的葡萄糖在植物中的功能不仅是营养物质，还是影响许多与重要过程有关的各种基因表达的信号化合物。

8.1 双糖和多糖的酶促降解

生物体内的单糖、寡糖和多糖可以互相转化，并可在转化过程中形成各种各样的中间产物，为脂肪、蛋白质、核酸代谢提供原料，同时可放出能量，推动ATP的合成。

8.1.1 双糖的酶促降解

1. 蔗糖的酶促降解

蔗糖是植物体内普遍存在的双糖，是光合产物运输的主要形式，也是部分植物主要的贮存物质。

蔗糖的分解由蔗糖酶(sucrase) 催化。蔗糖酶又称为转化酶(invertase)，广泛存在于植物、微生物和动物组织中，将蔗糖水解为葡萄糖和果糖。

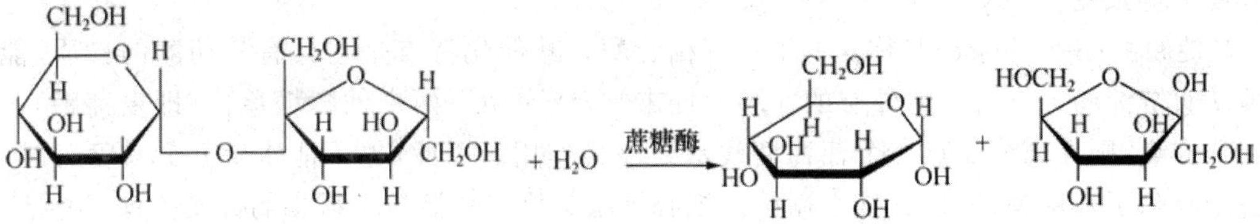

蔗糖 + H_2O $\xrightarrow{\text{蔗糖酶}}$ 葡萄糖 + 果糖

2. 麦芽糖的水解

麦芽糖由两个 D-葡萄糖分子通过 α 构型的 1,4 键连接起来的双糖,具有还原性。经麦芽糖酶催化,则被水解成两个 D-葡萄糖分子。

$$\text{麦芽糖}+H_2O\longrightarrow 2\text{ 葡萄糖}$$

3. 乳糖的水解

乳糖是在哺乳动物乳汁中的双糖,因此而得名。它的分子结构是由一分子葡萄糖和一分子半乳糖缩合形成。在 β-半乳糖苷酶的作用下,把乳糖水解成葡萄糖和半乳糖。

$$\text{乳糖}+H_2O\longrightarrow\text{葡萄糖}+\text{半乳糖}$$

8.1.2 多糖的酶促降解

1. 淀粉的磷酸解

植物细胞内的淀粉可被磷酸化酶作用,进行磷酸解(phosphorolysis)。在植物细胞内,当无机磷酸含量较高时,淀粉进行磷酸解作用,生成 1-磷酸葡萄糖:

$$\text{淀粉}+\text{Pi}\xrightarrow{\text{淀粉磷酸化酶}}\text{淀粉}_{n-1}+1\text{-磷酸葡萄糖}$$

然后 1-磷酸葡萄糖在磷酸葡萄糖变位酶的催化下转变为 6-磷酸葡萄糖:

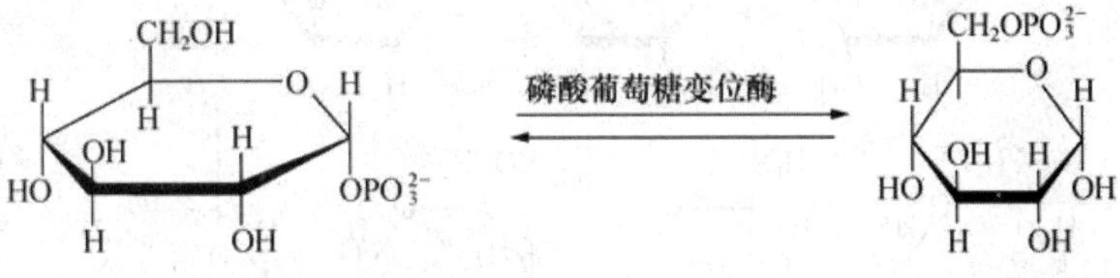

1-磷酸葡萄糖 $\xrightleftharpoons{\text{磷酸葡萄糖变位酶}}$ 6-磷酸葡萄糖

最后,6-磷酸葡萄糖在磷酸葡萄糖酯酶的作用下脱去磷酸基,转变为葡萄糖:

$$6\text{-磷酸葡萄糖}+H_2O\xrightarrow{\text{磷酸葡萄糖酯酶}}\text{葡萄糖}+\text{Pi}$$

从上面可知,淀粉的磷酸解需要 3 个酶共同作用才能把淀粉分解为葡萄糖。

淀粉也可被水解,由多种水解酶共同作用。这些酶包括 α-淀粉酶、β-淀粉酶、R 酶等。

α-淀粉酶(α-amylase),又称 α-1,4-葡聚糖水解酶,它是一种含 Ca^{2+} 的金属酶,其催化特点是它具有内切酶的性质,能以一种无规则的方式水解直链淀粉分子内 α-1,4-糖苷键,生成葡萄糖和麦芽糖的混合物,如果底物是支链淀粉,则水解产物有葡萄糖、麦芽糖、异麦芽糖及 α-1,6-

糖苷键的低聚糖。

β-淀粉酶(β-amylase)又称 α-1,4-麦芽糖苷酶。其催化特点是它具有外切酶的性质,能专一地从直链淀粉或支链淀粉外层的非还原性末端,依次切下两个葡萄糖单位(即麦芽糖)。若遇到分支点,则在离分支点 4 个葡萄糖残基处停止作用。因此,也不能水解 α-1,6-糖苷键,其水解产物除了麦芽糖外,还有核心糊精。核心糊精是比支链淀粉小得多的分支多糖。

R 酶(R-enzyme),又称脱支酶(debranching enzyme)。该酶专一水解 α-1,6-糖苷键,由淀粉酶产生的核心糊精可被 R 酶进一步水解,形成比原来分子质量更小的糊精。

最后,α-葡萄糖苷酶、α-糊精酶分别把麦芽糖、糊精彻底分解(图 8-1)。

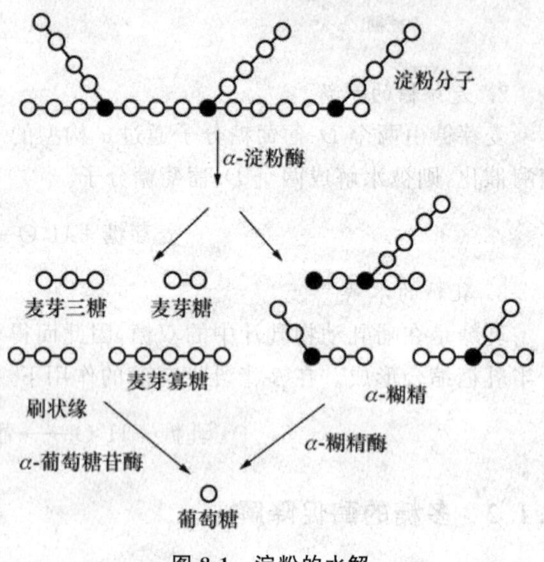

图 8-1　淀粉的水解

2. 糖原的酶促降解

糖原(glycogen)由许多葡萄糖缩合成的支链多糖。是动物体内糖的贮存形式,糖原的分子结构与支链淀粉相似。主要由 D-葡萄糖通过 α-1,4-糖苷键连接组成糖链,并通过 α-1,6-糖苷键连接产生支链。糖原分子中分支比支链淀粉更多,平均每间隔 12 个 α-1,4-糖苷键连接的葡萄糖就是一个分支点(支链淀粉分子中平均间隔约为 20～25 个葡萄糖)。

相对分子质量范围从几百万至几千万。糖原的结构及其连接方式如下:

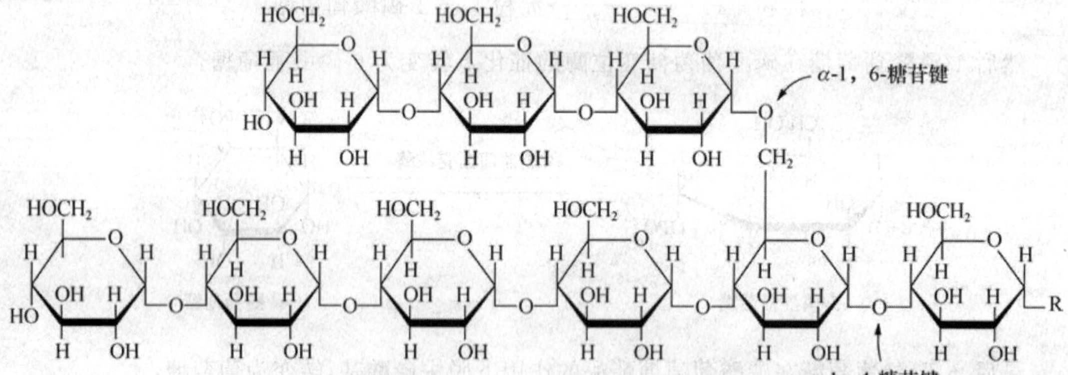

糖原可被磷酸化酶作用,进行磷酸解,每次生成 1-磷酸葡萄糖和少一个葡萄糖的糖原:

$$\text{糖原}+\text{Pi}\xrightarrow{\text{糖原磷酸化酶}}\text{糖原}_{n-1}+1\text{-磷酸葡萄糖}$$

糖原磷酸化酶只能打断某些 α(1→4)糖苷键,并不能作用糖原分子分支部分的 α(1→6)糖苷键。而且,对于与分支点相距三个葡糖残基的 α(1→4)糖苷键,糖原磷酸化酶同样是无能为力,因此糖原的磷酸解需要磷酸葡萄糖转移酶,糖原脱支酶,葡萄糖-6-磷酸酶 3 种酶协同作用才能进行：

(1)糖原脱支酶作用　糖原脱支酶是一种双功能酶，它催化糖原脱支的两个反应，第一种功能是 4-α-葡聚糖基转移酶(4-α-D-glucanotrnsferase)活性，即将糖原上四葡聚糖分支链上的三葡聚糖基转移到酶蛋白上，然后再交给同一糖原分子或相邻糖原分子末端具自由 4 羟基的葡萄糖残基上，生成 $\alpha(1\rightarrow4)$糖苷键，结果直链延长 3 个葡萄糖，而 $\alpha(1\rightarrow6)$分支处只留下 1 个葡萄糖残基，在脱支酶的另一功能，即 1,6-葡萄糖苷酶活性催化下，这个葡萄糖基被水解脱下，为游离的葡萄糖，在磷酸化酶与脱支酶的协同和反复的作用下，糖原可以完全磷酸化和水解。

(2)磷酸葡萄糖变位酶作用　磷酸葡萄糖变位酶作用于 1-磷酸葡萄糖变成 6-磷酸葡萄糖，才能参加糖酵解或形成游离葡萄糖。

(3)葡萄糖-6-磷酸酶作用　葡萄糖-6-磷酸酶是一种水解磷酸化合物的磷酸酶。通过水解葡萄糖-6-磷酸释放葡萄糖来控制葡萄糖释放入血的量。又可通过其磷酸转移酶活性来合成葡萄糖-6-磷酸，由此可见该酶是糖代谢的关键酶。

3. 果胶及纤维素的降解

(1)果胶的降解　果胶物质是植物细胞壁成分之一，存在于相邻细胞壁间的胞间层中，起着将细胞黏在一起的作用。果胶酶(pectinase)是分解果胶的一个多酶复合物，通常包括原果胶酶、果胶甲酯水解酶、果胶酸酶。通过它们的联合作用使果胶质得以完全分解。果胶质在原果胶酶作用下，转化成水可溶性的果胶；果胶被果胶甲酯水解酶催化去掉甲酯基团，生成果胶酸；果胶酸经果胶酸水解酶类和果胶酸裂合酶类降解生成半乳糖醛酸。

(2)纤维素的降解　纤维素的分解由纤维素酶(cellulase)催化。人和大多哺乳动物体内无纤维素酶，因而不能分解纤维素。但一些反刍动物胃中生长一些含有纤维素酶的细菌，可以分解纤维素。一些低等动物如蜗牛体内含有纤维素酶，亦可消化吸收纤维素作为营养物质。某些真菌如木霉等，体内也含有纤维素酶，可分解纤维素。分解过程是：首先，纤维素在纤维素酶的作用下分解为纤维二糖(cellobiose)，然后在纤维二糖酶(cellobiase)的催化下生成 β-葡萄糖。

$$\text{纤维素}+n\,H_2O \xrightarrow{\text{纤维素酶}} n\ \text{纤维二糖}+H_2O \xrightarrow{\text{纤维二糖酶}} 2\beta\text{-葡萄糖}$$

8.2 糖　酵　解

糖酵解过程被认为是生物界最古老、最原始获取能量的方式。在自然发展过程中出现的大多数高等生物，虽然已进化为利用有氧条件进行生物氧化获取大量能量，但仍保留了这种原始的方式。这一过程是最早阐明的酶促反应系统。

糖酵解的阐明，是许多科学家连续工作的结果。1875 年，法国科学家 Pasteur 发现了葡萄糖在无氧条件下可被酵母菌分解生成乙醇的现象。1897 年，德国的 Hans Buchner 和 Edward Buchner 兄弟发现发酵作用可在不含细胞的酵母液中进行。用抽提液替代完整的活细胞，对发酵的研究带来了新纪元，使新陈代谢变成了可以认识的化学过程，从而打开了现代生物化学发展的大门。1905 年，Harden 和 Young 在实验中证明了无机磷酸的作用。阐明了磷酸盐参

与发酵过程中间产物的形成，没有磷酸盐会直接阻碍发酵作用的进行。他们还发现，酵母液透析后无发酵能力。1940 年，德国生物化学家 Embden 和 Meyerhof 等阐明了糖酵解的整个途径，并发现肌肉中也存在着与酵母发酵十分相似的不需要氧的分解葡萄糖并产生能量的整个过程。为了纪念 3 位对糖酵解有贡献的德国科学家 Embden、Meyerhof 和 Parnas，糖酵解途径又称为 EMP 途径。

8.2.1　糖酵解的生物化学过程

1. 概念

糖酵解(glycolysis)是在不需氧情况下，葡萄糖转变为丙酮酸并放出 ATP 的一系列反应。是普遍存在于生物界中最基本的代谢过程。该名词来源于古希腊语 glycos 和 lysis 二词根，派生而来，前者是“甜”的意思，后者为“分解”的意思。

2. 反应过程

糖酵解的底物(substrate)一般是葡萄糖。葡萄糖在己糖激酶(hexokinase)的作用下形成 6-磷酸葡萄糖，经过一系列变化分解成丙酮酸。全过程是在细胞质中进行，参与糖酵解各反应的酶都存在于细胞质中。

糖酵解过程包括 10 步反应，可分为二大阶段。第一部分是酵解准备阶段，包括第 1～5 步反应；第二部分是放能阶段，包括第 6～10 步反应。其过程分述如下：

(1)葡萄糖磷酸化形成 6-磷酸葡萄糖　该反应由己糖激酶(hexokinase)或葡萄糖激酶(glucokinase)催化，是不可逆反应。

葡萄糖 —己糖激酶, Mg^{2+} (ATP → ADP)→ 6-磷酸葡萄糖

从 ATP 转移磷酸基团到受体上的酶称为激酶(kinase)。己糖激酶是从 ATP 转移磷酸基团到各种六碳糖如葡萄糖、果糖等上去的酶。而葡萄糖激酶是一种诱导酶，可以经葡萄糖的诱导作用而合成。激酶都需要 Mg^{2+} 作为活化剂。

(2)6-磷酸葡萄糖异构化成 6-磷酸果糖　该反应由磷酸己糖异构酶(phosphohexose isomerase)催化使 6-磷酸葡萄糖异构化，是可逆反应。

6-磷酸葡萄糖 ⇌(异构化) 6-磷酸果糖

(3)6-磷酸果糖磷酸化生成 1,6-二磷酸果糖　该步反应由磷酸果糖激酶(phosphofructose kinase)催化，是不可逆反应。

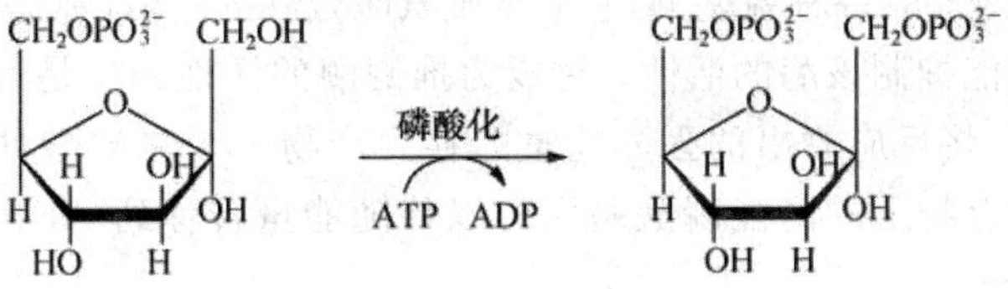

6-磷酸果糖 —磷酸化（ATP→ADP）→ 1,6-二磷酸果糖

磷酸果糖激酶是一个典型的变构酶，是一个四聚体。此步反应是糖酵解途径的限速步骤(committed step)。

(4)1,6-二磷酸果糖裂解为2个三碳化合物　该步反应由醛缩酶(aldolase)催化，将1个六碳化合物裂解为2个三碳化合物。此反应是可逆反应。醛缩酶的命名来源于上述反应的逆反应(醇醛缩合作用)。在动物体内，醛缩酶有3种同工酶，分别称为A、B、C型。A型主要存在于肌肉中，B型主要存在于肝中，而C型主要存在于脑中。

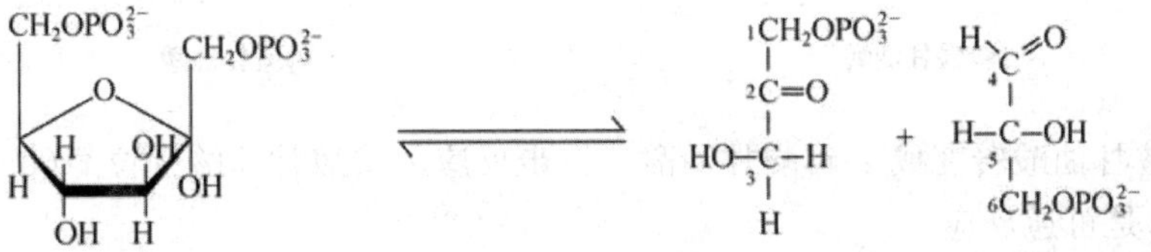

1,6-二磷酸果糖 ⇌ 磷酸二羟丙酮 + 3-磷酸甘油醛

(5)磷酸二羟丙酮与3-磷酸甘油醛的异构化　该步反应由磷酸丙糖异构酶(triose phosphate isomerase)催化，是可逆反应。

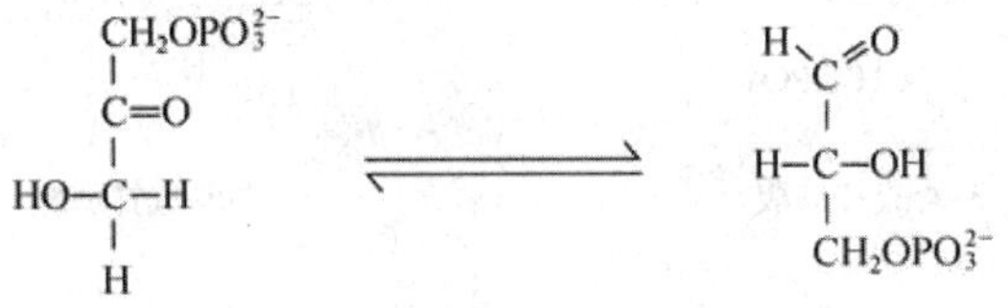

磷酸二羟丙酮 ⇌ 3-磷酸甘油醛

磷酸丙糖异构酶的催化反应很快，任何加速其催化效率的措施都不能再提高反应速度。其结构是由8股平行折叠链环抱构成一个中心核，在β折叠链周围环绕着与每条折叠相对应的α螺旋链，折叠链与α螺旋链之间以无规则的卷曲肽链相连接。

(6)3-磷酸甘油醛氧化成1,3-二磷酸甘油酸　反应由3-磷酸甘油醛脱氢酶(glyceraldehyde 3-phosphate dehydrogenase)催化，是放能的可逆反应。

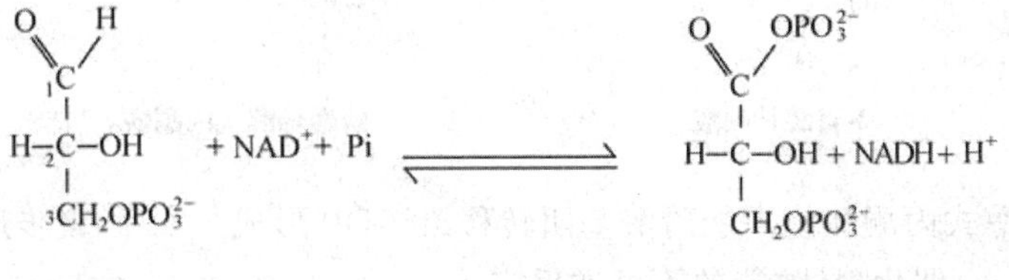

3-磷酸甘油醛 $+ NAD^+ + Pi \rightleftharpoons$ 1,3-二磷酸甘油酸 $+ NADH + H^+$

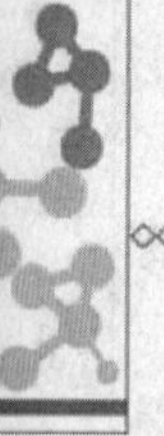

3-磷酸甘油醛脱氢酶是一种巯基酶，它的半胱氨酸残基的—SH 基是活性部位。重金属离子和烷化剂如碘乙酸能抑制该酶的活性。这成为推测酶的活性部位是否有巯基的有力证据。反应有无机磷酸参加，将反应放出的强烈能量贮存到产物 1,3-二磷酸甘油酸分子内，形成一个高能化合物。该化合物上的高能磷酸基团可以伴随能量转移到 ADP 分子上，形成高能化合物。

(7)1,3-二磷酸甘油酸将磷酸基团转移至 ADP 生成 ATP　此步反应由磷酸甘油酸激酶(phosphoglycerate kinase)催化，是放能的可逆反应，是糖酵解途径过程中第一次产生 ATP 的反应，属于底物水平的磷酸化反应。

1,3-二磷酸甘油酸 + ADP ⇌ 3-磷酸甘油酸 + ATP

(8)3-磷酸甘油酸转变成 2-磷酸甘油酸　该步反应由磷酸甘油酸变位酶(phosphoglyceromutase)催化，是可逆反应。

3-磷酸甘油酸 ⇌ 2-磷酸甘油酸

磷酸甘油酸变位酶需要 Mg^{2+} 作为辅助因子，其与磷酸基团结合的残基是酶活性部位中第 8 位的组氨酸。

(9)2-磷酸甘油酸脱水形成磷酸烯醇式丙酮酸　该步反应由烯醇化酶(enolase)催化，是可逆反应。烯醇化酶是一个二聚体，需要 Mg^{2+} 或 Mn^{2+} 作为辅助因子。其活性可被 F^- 抑制。

2-磷酸甘油酸 ⇌(烯醇化酶) 磷酸烯醇式丙酮酸 + H_2O

(10)磷酸烯醇式丙酮酸将高能磷酸基团转移给 ADP 形成 ATP　该步反应先由丙酮酸激酶(pyruvate kinase)催化，是放能的不可逆反应。

$$\underset{\text{磷酸烯醇式丙酮酸}}{CH_2=C(OPO_3^{2-})-COO^-} \xrightarrow{ADP \quad ATP} \underset{\text{烯醇式丙酮酸}}{CH_2=C(OH)-COO^-}$$

丙酮酸激酶是一个变构酶,需要 K^+、Mg^{2+}、Mn^{2+} 作为辅助因子。该反应是糖酵解途径过程中第二次产生 ATP 的反应,也是属于底物水平的磷酸化反应。然后烯醇式丙酮酸迅速发生分子重排,转变成丙酮酸:

$$\text{烯醇式丙酮酸} \rightleftharpoons \text{丙酮酸}$$

糖酵解过程用图解表示如图 8-2 所示。

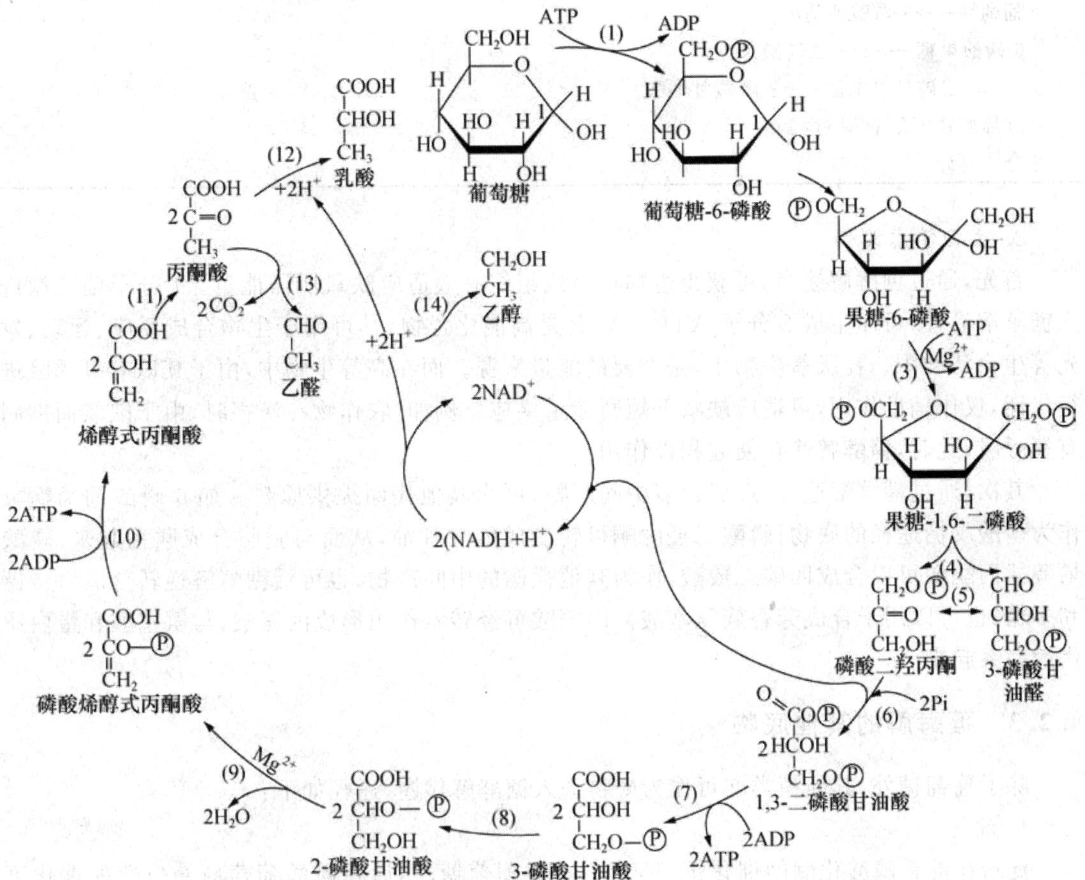

图 8-2 糖酵解生化过程和丙酮酸去向

从葡萄糖到丙酮酸的糖酵解途径总反应式为:

$$\text{葡萄糖} + 2NAD^+ + 2ADP + Pi \longrightarrow 2\,\text{丙酮酸} + 2H_2O + 2NADH + 2H^+ + 2ATP$$

3. 反应特点

糖酵解特点是全部反应过程无氧参与。糖酵解代谢途径可将1分子葡萄糖分解为2分子乳酸净生成2分子ATP。糖酵解代谢途径有3个关键酶:葡萄糖激酶(己糖激酶)、磷酸果糖激酶、丙酮酸激酶。

8.2.2 糖酵解化学计量与生物学意义

1. 糖酵解化学计量

糖酵解过程可放出能量。据测定,1分子葡萄糖经糖酵解产生2分子丙酮酸,并放出197 kJ 的能量,其中生物体以ATP的形式捕获了61 kJ 的能量,相当于2分子的ATP,即净生成2分子ATP,其余的以热的形式散失掉或在生化变化过程中损失掉。在糖酵解过程中,ATP的消耗和产生位置如表8-1所示。

表8-1 糖酵解中ATP的消耗和产生

反　应	ATP的消耗或生成(+号代表产生,-号代表消耗)
葡萄糖⟶6-磷酸葡萄糖	-1
6-磷酸果糖⟶1,6-二磷酸果糖	-1
2(1,3-二磷酸甘油酸⟶3-磷酸甘油酸)	+1×2
2(烯醇式丙酮酸⟶丙酮酸)	+1×2
合　计	+2

2. 生物学意义

首先,通过糖酵解途径,可获得生物机体或组织有效适应缺氧所需能量。1分子葡萄糖进入糖酵解途径,可净生成2分子ATP。ATP是高能化合物,其可用于生物合成反应、运动、发光等生命活动中。在厌氧生物中,是主要的能量来源。而在高等生物中,由于其以有氧呼吸进行代谢,仅作辅助作用,可适应缺氧下短暂能量供应。例如,农作物在涝害时,由于缺氧而抑制有氧呼吸,此时,糖酵解途径便起积极作用。

其次,通过糖酵解途径,形成很多中间产物,可为其他代谢提供原料。如6-磷酸葡萄糖可作为磷酸戊糖途径的底物;磷酸二羟丙酮可转变成磷酸甘油,从而与脂肪合成联系起来;磷酸烯醇式丙酮酸可以合成四碳二羧酸,作为其他代谢的中间产物,也可沿糖酵解逆转合成六碳糖和多糖;也可以用于合成芳香族氨基酸。丙酮酸可经转氨作用形成丙氨酸,与氨基酸和蛋白质代谢联系起来。

8.2.3 糖酵解的其他底物

除了葡萄糖外,其他糖类亦可作为底物进入糖酵解代谢,途径如下:

1. 淀粉

淀粉在淀粉磷酸化酶的催化下,形成1-磷酸葡萄糖,然后在磷酸葡萄糖变位酶的催化下形成6-磷酸葡萄糖,从而进入糖酵解途径。

2. 糖原

糖原(glycogen)在糖原磷酸化酶(glucogen phosphorylase)的催化下,形成1-磷酸葡萄糖,然后由磷酸葡萄糖变位酶催化形成6-磷酸葡萄糖,再进入糖酵解途径。

3. 果糖

果糖有两条途径转变为糖酵解的中间产物后进入糖酵解途径：

①果糖在己糖激酶的催化下，直接生成6-磷酸果糖，进入糖酵解途径。该反应需ATP提供磷酸基团，也需 Mg^{2+} 的参与。反应表示如下：

$$\text{果糖}+\text{ATP}\xrightarrow{\text{己糖激酶}}\text{6-磷酸果糖}+\text{ADP}$$

②果糖在果糖激酶、磷酸果糖醛缩酶和丙糖激酶的催化下，最后形成3-磷酸甘油醛，进入糖酵解途径。首先，果糖在果糖激酶的催化下，生成1-磷酸果糖。该反应需消耗ATP，也需 Mg^{2+} 或 Mn^{2+}：

$$\text{果糖}+\text{ATP}\xrightarrow{\text{果糖激酶}}\text{1-磷酸果糖}+\text{ADP}$$

然后，1-磷酸果糖在磷酸果糖醛缩酶的作用下，生成磷酸二羟丙酮和甘油醛：

$$\text{1-磷酸果糖}\xrightleftharpoons{\text{磷酸果糖醛缩酶}}\text{磷酸二羟丙酮}+\text{甘油醛}$$

最后，磷酸二羟丙酮直接进入糖酵解途径，而甘油醛则在丙糖激酶的催化下，形成3-磷酸甘油酸而进入糖酵解途径。

4. 乳糖和半乳糖

乳糖和半乳糖可转变为糖酵解的中间产物后进入糖酵解途径。该过程经过几个步骤：

①乳糖在乳糖酶(lactase)的作用下生成半乳糖和葡萄糖；

②半乳糖在半乳糖激酶作用下生成1-磷酸半乳糖；

③1-磷酸半乳糖和UDPG在磷酸半乳糖尿苷酰转移酶(galatose-1-phosphate uridylyl transferase)的作用下生成1-磷酸葡萄糖和UDP-半乳糖。

④UDP-半乳糖在尿苷二磷酸半乳糖差向异构酶(UDPG-galatose-4-epimerase)作用下生成尿苷二磷酸葡萄糖，其作为上一反应的底物继续反应。

⑤1-磷酸葡萄糖在磷酸葡萄糖变位酶的催化下生成6-磷酸葡萄糖，然后进入糖酵解途径。

5. 甘露糖

甘露糖需经过二步反应形成6-磷酸果糖后，进入糖酵解途径。首先，甘露糖在己糖激酶的催化下，形成6-磷酸甘露糖，然后，在磷酸甘露糖异构酶(phosphomannose isomerase)的催化下，形成6-磷酸果糖进入糖酵解途径。

8.2.4 丙酮酸的进一步代谢

糖酵解形成的产物丙酮酸，有3条去路，其走向决定于代谢所处的条件和发生在什么样的生物中。最关键的因素是生物体是否获氧气。

1. 生成乙醇(酒精发酵)

酵母和有些微生物及植物细胞，在无氧的条件下，将丙酮酸转变为乙醇和 CO_2。该过程包含两个步骤：

(1)丙酮酸脱羧形成乙醛　该反应由丙酮酸脱羧酶(pyruvate decarboxylase)所催化，为可逆反应。动物细胞中不存在该酶。它以硫胺素焦磷酸(TPP)为辅酶。TPP以非共价键和酶

紧密结合。反应式如下：

$$丙酮酸 \xrightarrow{丙酮酸脱羧酶} 乙醛 + CO_2$$

(2)乙醛还原成乙醇　该反应由乙醇脱氢酶(alcohol dehydrogenase,ADH)催化,为可逆反应。酵母乙醇脱氢酶是含有 4 个亚基的四聚体,每个亚基结合 1 个 NADH 和 1 个 Zn^{2+}。反应式如下：

$$乙醛 + NADH + H^+ \xrightleftharpoons{乙醇脱氢酶} 乙醇 + NAD^+$$

由葡萄糖转变成乙醇的总的反应式可表示为：

$$葡萄糖 + 2Pi + 2ADP + 2H^+ \longrightarrow 2\,乙醇 + 2ATP + 2H_2O + 2CO_2$$

酒精发酵有很大的经济意义。在酿酒、制造乙醇或用鲜酵母发馒头时,都是乙醇发酵的过程。在酿醋工业上,微生物先在不需氧条件下形成乙醛后在有氧条件下氧化为醋。

2. 生成乳酸(乳酸发酵)

厌氧乳酸菌在无氧条件下,或动物包括人的某些组织供氧不足时,丙酮酸继续转化为乳酸。催化该反应的酶为乳酸脱氢酶(lactate dehydrogenase)。

$$丙酮酸 + NADH + H^+ \xrightarrow{乳酸脱氢酶} 乳酸 + NAD^+$$

从葡萄糖到乳酸的总反应式为：

$$葡萄糖 + 2Pi + 2ADP \longrightarrow 2\,乳酸 + 2ATP + 2H_2O$$

L-乳酸是重要的食品酸味剂和化工原料。人或动物在剧烈运动而造成肌肉细胞暂时缺氧状态时,或由于呼吸循环系统机能障碍暂时供氧不足时,通过乳酸发酵提供能量。

3. 生成乙酰 CoA,进入三羧酸循环, 彻底氧化

糖酵解形成的丙酮酸在一系列酶的作用下,形成乙酰 CoA,在有氧条件下进入三羧酸循环彻底分解为 CO_2 和 H_2O,并放出大量能量。

催化丙酮酸形成乙酰 CoA 的酶为丙酮酸脱氢酶系(pyruvate dehydrogenase complex),它是一个多酶系统,由 3 种酶高度组合在一起形成。反应可表示为：

$$丙酮酸 + NAD^+ + CoA\text{-}SH \xrightarrow{丙酮酸脱氢酶系} 乙酰\,CoA + NADH + H^+ + CO_2$$

8.2.5　糖酵解的调控

1. 磷酸果糖激酶

该酶促反应是糖酵解途径的限速步骤。磷酸果糖激酶也是一个变构酶。它的活性受多种变构效应物(allosteric effector)的影响。首先,ATP 是最有效的变构抑制剂。当 ATP 含量高于催化反应的需要时,ATP 即与磷酸果糖激酶的变构部位结合,从而使酶的构象发生变化,降低其对果糖-6-磷酸的亲和力,从而使酶的活性降低,导致糖酵解速度减慢。ATP 的抑制作用可被 AMP 所解除,当细胞内 ATP/AMP 的比值下降时,酶的活性即增高。其次,柠檬酸浓度也对磷酸果糖激酶起调节作用。其实,柠檬酸对磷酸果糖激酶的抑制是通过加强 ATP 的抑制效应进行的。当细胞内柠檬酸含量高时,三羧酸循环途径活跃,ATP 含量高(见 8.3 部分),

抑制了磷酸果糖激酶的活性,使糖酵解减弱。

2. 己糖激酶

己糖激酶是一个变构酶。它的活性受其本身反应产物的抑制。当细胞内葡萄糖-6-磷酸浓度高时,己糖激酶的活性立即受到抑制,因而阻止了葡萄糖的磷酸化反应,直到过剩的葡萄糖-6-磷酸被代谢所消耗,己糖激酶才得以恢复。

3. 丙酮酸激酶

丙酮酸激酶也是一种变构酶,与磷酸果糖激酶相似。高浓度 ATP 对该酶有抑制作用。

8.3 三羧酸循环

三羧酸循环是由众多科学家共同研究下发现的。Thunber,Krebs, Szeut-gyor-gyi, Martins,Knoop 等科学家都做出了很大的贡献。

在早期,有关糖的有氧分解的知识都是来源于以动物肌肉为实验材料获得的。研究人员观察到切碎的鸽子肌肉糜呼吸旺盛,在有氧的条件下不但没有乳酸的积累,也没有丙酮酸的累积,说明丙酮酸可能是有氧分解过程中的一个中间产物。用丙酮酸与肌肉组织一起在有氧条件下保温,丙酮酸可以被彻底氧化,形成 CO_2 和 H_2O。因此认为葡萄糖或糖原的有氧分解也循糖酵解途径进行,有氧呼吸(aerobic respiration)是无氧呼吸(anaerobic respiration)的继续。

1937 年,Krebs 通过总结大量的实验结果,提出了三羧酸循环假说。以后在微生物、植物和动物的其他组织均证明有三羧酸循环的存在。它不仅是糖代谢的重要途径,也是脂肪、蛋白质分解的最终途径。为了纪念 Krebs 在阐明三羧酸循环中所作的重要贡献,这一循环又称为 Krebs 循环。1953 年,该研究成果获得了诺贝尔奖。

8.3.1 丙酮酸形成乙酰 CoA

从丙酮酸转变为乙酰-CoA,包含 5 步反应。催化这些反应的酶是包括丙酮酸脱氢酶(pyruvate dehydrogenase)在内的多酶复合体-丙酮酸脱氢酶系统(pyruvate dehydrogenase complex)。该酶系包括 3 种不同的酶及 6 种辅助因子。这 3 种酶是:丙酮酸脱氢酶、硫辛酸乙酰转移酶和二氢硫辛酸脱氢酶。6 种辅助因子是:焦磷酸硫胺素(TPP)、辅酶 A(CoA~SH)、FAD、NAD^+、硫辛酸和 Mg^{2+}。

①由丙酮酸脱氢酶将丙酮酸脱羧,生成羟乙基 TPP 复合物。

$$\underset{\text{丙酮酸}}{CH_3-\overset{\overset{\displaystyle O}{\|}}{C}-COOH}+TPP \xrightarrow{\text{丙酮酸脱羧酶}} \underset{\text{羟乙基-TPP复合物}}{CH_3-\overset{\overset{\displaystyle OH}{|}}{CH}-TPP} + CO_2$$

②羟乙基被硫辛酸乙酰基转移酶氧化成乙酰基,并转移到氧化型硫辛酸上,形成二氢硫辛酸乙酰复合物。

$$CH_3-\overset{OH}{CH}-TPP + \overset{S\text{———}}{CH_2}-CH_2-\overset{S}{CH}-(CH_2)_4-COOH \xrightarrow{\text{硫辛酸乙酰转移酶}}$$

$$\overset{SH}{CH_2}-CH_2-\overset{S-\overset{O}{\overset{\|}{C}}-CH_3}{CH}-(CH_2)_4-COOH+TPP$$

二氢硫辛酸乙酰复合物

③乙酰基在硫辛酸乙酰基转移酶的催化下，生成乙酰 CoA 和二氢硫辛酸。

$$\overset{SH}{CH_2}-CH_2-\overset{S-\overset{O}{\overset{\|}{C}}-CH_3}{CH}-(CH_2)_4-COOH+CoA-SH \xrightarrow{\text{硫辛酸乙酰转移酶}}$$

$$\overset{SH}{CH_2}-CH_2-\overset{SH}{CH}-(CH_2)_4-COOH+CH_3\overset{O}{\overset{\|}{C}}-S-CoA$$

二氢硫辛酸

④二氢硫辛酸在二氢硫辛酸脱氢酶作用下，生成 $FADH_2$。

$$\overset{SH}{CH_2}-CH_2-\overset{SH}{CH}-(CH_2)_4-COOH+FAD \xrightarrow{\text{二氢硫辛酸脱氢酶}}$$

$$\overset{S\text{———}}{CH_2}-CH_2-\overset{S}{CH}-(CH_2)_4-COOH+FADH_2$$

氧化型二硫辛酸

⑤二氢硫辛酸脱氢酶将 $FADH_2$ 上的氢转移给 NAD^+，生成 NADH。至此，准备阶段反应完成。

$$FADH_2+NAD^+ \xrightarrow{\text{二氢硫辛酸脱氢酶}} FAD+NADH+H^+$$

丙酮酸转变为乙酰 CoA 总反应式表示如下：

$$\underset{\text{丙酮酸}}{CH_3-\overset{O}{\overset{\|}{C}}-COO^-} + \underset{\text{辅酶A}}{CoASH} + NAD^+ \longrightarrow \underset{\text{乙酰辅酶A}}{CH_3-\overset{O}{\overset{\|}{C}}-SCoA} + CO_2 + NADH + H^+$$

8.3.2 三羧酸循环的反应历程

1. 概念及定位

在无氧条件下，葡萄糖经过分解形成丙酮酸，并进一步分解为乙醇和乳酸。但在有氧条件下，葡萄糖的分解并不仅停留在形成丙酮酸，而是继续进行有氧分解，最后形成 CO_2 和 H_2O，并放出大量能量。该过程由于有几个中间产物具有 3 个羧基，因此称为三羧酸循环

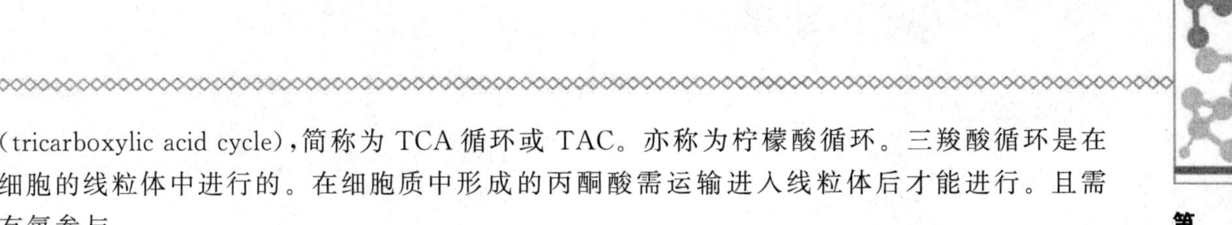

(tricarboxylic acid cycle),简称为 TCA 循环或 TAC。亦称为柠檬酸循环。三羧酸循环是在细胞的线粒体中进行的。在细胞质中形成的丙酮酸需运输进入线粒体后才能进行。且需有氧参与。

2. 反应过程

从乙酰 CoA 开始，三羧酸循环全过程有 8 步反应，见图 8-3。每步反应分述如下：

①乙酰辅酶 A 在柠檬酸合酶(citrate synthase)的催化下，与草酰乙酸缩合成柠檬酸(citric acid)。乙酰辅酶 A 中的高能硫酯键分解以提供能量。该反应为不可逆反应，是三羧酸循环中第一个可调控的限速步骤。

$$\begin{matrix} O{=}C{-}COO^- \\ | \\ H_2C{-}COO^- \end{matrix} + \begin{matrix} O \\ \| \\ C{-}CH_3 \\ | \\ S{-}CoA \end{matrix} + H_2O \longrightarrow \begin{matrix} CH_2{-}COO^- \\ | \\ HO{-}C{-}COO^- \\ | \\ CH_2{-}COO^- \end{matrix} + HS{-}CoA + H^+$$

草酰乙酸　　乙酰辅酶A　　柠檬酸

②在乌头酸酶(aconitase)的催化下，柠檬酸先脱水生成顺乌头酸，再加水生成异柠檬酸(isocitric acid)。在 Fe^{2+} 与还原型谷胱甘肽或半胱氨酸存在时，乌头酸酶的活性最高，它是一种铁硫蛋白。该反应为可逆反应。

$$\begin{matrix} COO^- \\ | \\ H{-}C{-}H \\ | \\ {}^-OOC{-}C{-}OH \\ | \\ CH_2 \\ | \\ COO^- \end{matrix} \underset{}{\overset{H_2O}{\rightleftharpoons}} \begin{matrix} H \\ | \\ {}^-OOC{-}C \\ \| \\ {}^-OOC{-}C \\ | \\ CH_2 \\ | \\ COO^- \end{matrix} \overset{H_2O}{\rightleftharpoons} \begin{matrix} COO^- \\ | \\ H{-}C{-}OH \\ | \\ {}^-OOC{-}C{-}H \\ | \\ CH_2 \\ | \\ COO^- \end{matrix}$$

柠檬酸　　顺乌头酸　　异柠檬酸

③在异柠檬酸脱氢酶(isocitrate dehydrogenase)的催化下，异柠檬酸先进行脱氢，生成草酰琥珀酸。它是不稳定的化合物，易自动脱羧基，形成 α-酮戊二酸(α-ketoglutaric acid)。该反应为不可逆反应，是三羧酸循环中第二个可调控的限速步骤。

$$\begin{matrix} COO^- \\ | \\ CH_2 \\ | \\ H_{\alpha}C{-}COO^- \\ | \\ HO_{\beta}C{-}H \\ | \\ COO^- \end{matrix} \xrightarrow{NAD^+ \;\; NADH+H^+} \left[\begin{matrix} COO^- \\ | \\ CH_2 \\ | \\ H{-}C{-}COO^- \\ | \\ C{=}O \cdots Mg^{2+} \\ | \\ COO^- \end{matrix}\right] \xrightarrow{CO_2} \left[\begin{matrix} COO^- \\ | \\ CH_2 \\ | \\ H{-}C \\ \| \\ C{-}O^- \cdots Mg^{2+} \\ | \\ COO^- \end{matrix}\right] \xrightarrow{H^+} \begin{matrix} COO^- \\ | \\ CH_2 \\ | \\ H{-}C{-}H \\ | \\ C{=}O \\ | \\ COO^- \end{matrix}$$

异柠檬酸　　草酰琥珀酸　　α-酮戊二酸

④在 α-酮戊二酸脱氢酶系统(α-ketoglutarate dehydrogenase system)的催化下，α-酮戊二酸转变为琥珀酰辅酶 A(succinyl coenzyme A)。该反应包含 5 步反应。含 3 种酶和 6 种辅助因子。该反应为不可逆反应，是三羧酸循环中第三个可调控的限速步骤。

$$\underset{\alpha\text{-酮戊二酸}}{{}^{-}OOC-CH_2-CH_2-C(=O)-COO^{-}} + NAD^{+} + CoASH \longrightarrow \underset{\text{琥珀酰辅酶A}}{{}^{-}OOC-CH_2-CH_2-C(=O)-S-CoA} + NADH + H^{+} + CO_2$$

⑤琥珀酰辅酶 A 在 GDP 和 Pi 的参与下，经琥珀酰辅酶 A 合成酶（succinyl CoA synthetase）的催化，生成琥珀酸和 GTP。该反应为可逆反应。

$$\underset{\text{琥珀酰辅酶A}}{{}^{-}OOC-CH_2-CH_2-C(=O)-S-CoA} \xrightleftharpoons[\quad CoASH\quad]{GDP+Pi \quad GTP} \underset{\text{琥珀酸}}{{}^{-}OOC-CH_2-CH_2-COO^{-}}$$

⑥琥珀酸在琥珀酸脱氢酶（succinate dehydrogenase）的催化下，进行脱羧，生成延胡索酸（fumarate）。该酶是一个铁硫蛋白，由两个亚基组成。该反应为可逆反应。

$$\underset{\text{琥珀酸}}{{}^{-}OOC-CH_2-CH_2-COO^{-}} \xrightarrow[\text{琥珀酸脱氢酶}]{FAD \quad FADH_2} \underset{\text{延胡索酸}}{{}^{-}OOC-CH=CH-COO^{-}}$$

⑦延胡索酸在延胡索酸酶（fumarase）的催化下，加水生成苹果酸（malic acid）。该反应为可逆反应。

$${}^{-}OOC(H)C=C(H)COO^{-} \xrightleftharpoons[\text{延胡索酸酶}]{H_2O} {}^{-}OOC-CH_2-CH(OH)-COO^{-}$$

⑧在苹果酸脱氢酶（malate dehydrogenase）的催化下，苹果酸被氧化脱氢转变成草酰乙酸（oxaloacetate）。该反应为可逆反应。

$$\underset{\text{苹果酸}}{{}^{-}OOC-CH_2-CH(OH)-COO^{-}} \xrightleftharpoons[H_2O]{} \underset{\text{草酰乙酸}}{O=C(COO^{-})-H_2C-COO^{-}}$$

至此，完成了三羧酸循环过程。由于草酰乙酸的重新生成，它可继续与另一分子的乙酰辅酶A作用，再次生成柠檬酸，重复以上各步反应。

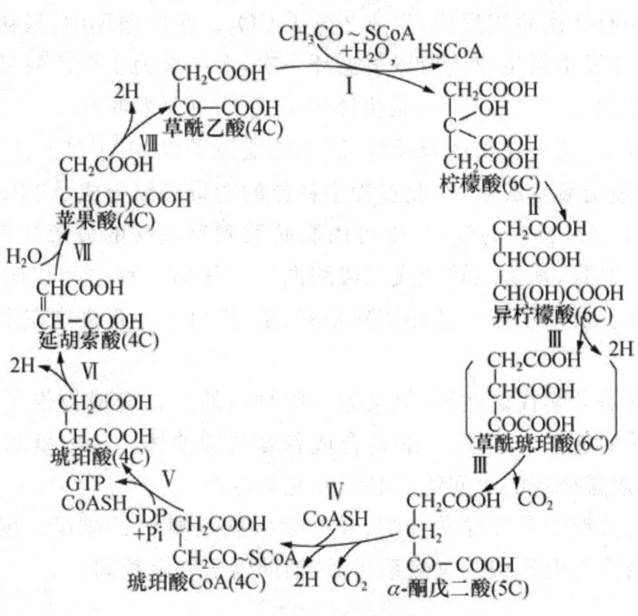

图 8-3 三羧酸循环

三羧酸循环总反应式为：

$$乙酰辅酶A+2H_2O+3NAD^++FAD+GDP+Pi \longrightarrow 2CO_2+3NADH+3H^++FADH_2+CoA-SH+GTP$$

8.3.3 三羧酸循环的化学计量和特点

1. 三羧酸循环产生的 ATP

从三羧酸循环途径可以看出：

每循环一次，1 分子乙酰 CoA 经 2 步脱羧反应，生成 2 分子 CO_2，脱去 2 个碳原子。也就相当于乙酰 CoA 的 2 个碳原子全部被氧化成 CO_2 放出。

每循环一次，发生 4 步脱氢氧化反应。其中 3 步是以 NAD^+ 为电子受体，1 步以 FAD 为电子受体。即形成 3 分子 NADH 和 1 分子 $FADH_2$。

每循环一次，消耗 2 分子 H_2O。其一用于柠檬酸的合成，另一用于苹果酸的合成。

每循环一次，通过琥珀酰辅酶 A 的高能键生成 1 分子 GTP，即相当于形成 1 分子 ATP，这是一个重要的反应步骤。另外，形成的 3 分子 NADH 和 1 分子 $FADH_2$ 也可通过氧化磷酸化释放能量推动 ATP 合成。在以后将讨论到的氧化磷酸化过程中，1 分子 NADH 将电子传递到 O_2，可偶联 2.5 分子 ATP 的生成；1 分子 $FADH_2$ 将电子传递到 O_2，可偶联 1.5 分子 ATP 的生成。因此，1 分子乙酰辅酶 A 每循环一次并氧化磷酸化放出的能量共可合成(2.5×3+1.5×1+1)=10 分子 ATP。但如果以丙酮酸为底物计算，则放出的能量共可合成(2.5×4+1.5×1+1)=12.5 分子 ATP。

2. 特点

①三羧酸循环反应在线粒体中进行，为需氧不可逆反应。

②三羧酸循环中有 2 次脱羧反应，生成 2 分子 CO_2。在此循环中，最初草酰乙酸因参加反应而消耗，但经过循环又重新生成。所以每循环一次，净结果为 1 个乙酰基通过 2 次脱羧而被消耗。循环中有机酸脱羧产生的 CO_2，是机体中 CO_2 的主要来源。

③在三羧酸循环中，共有 4 次脱氢反应，脱下的氢原子以 NADH＋H^+ 和 $FADH_2$ 的形式进入呼吸链，最后传递给氧生成水，在此过程中释放的能量可以合成 ATP。

④乙酰辅酶 A 不仅来自糖的分解，也可由脂肪酸和氨基酸的分解代谢中产生，都进入三羧酸循环彻底氧化。并且，凡是能转变成三羧酸循环中任何一种中间代谢物的物质都能通过三羧酸循环而被氧化。所以三羧酸循环实际是糖、脂、蛋白质等有机物在生物体内末端氧化的共同途径。

⑤三羧酸循环既是分解代谢途径，但又为一些物质的生物合成提供了前体分子。如草酰乙酸是合成天冬氨酸的前体，α-酮戊二酸是合成谷氨酸的前体。一些氨基酸还可通过此途径转化成糖。因此，三羧酸循环的中间物质必须补充与更新。

⑥三羧酸循环的关键酶是柠檬酸合酶、异柠檬酸脱氢酶和 α-酮戊二酸脱氢酶系，且 α-酮戊二酸脱氢酶系的结构与丙酮酸脱氢酶系相似，辅助因子完全相同。

8.3.4 三羧酸循环的调控

(1)柠檬酸合酶的调控　该酶催化草酰乙酸和乙酰 CoA 合成柠檬酸。这步酶促反应是三羧酸循环的限速步骤。这个酶是一个变构酶。当体内 ATP 含量较高时，抑制酶的活性。此外，NADH、脂酰辅酶 A、琥珀酰 CoA、柠檬酸对该酶都有抑制作用。

(2)异柠檬酸脱氢酶的调控　该酶催化异柠檬酸转化为 α-酮戊二酸，是一个变构酶，当 ATP 含量增高时，抑制该酶的活性。原因是 ATP 浓度增加时，降低了异柠檬酸脱氢酶和底物的亲和力。NADH 对该酶也有抑制作用。只有当 NADH 迅速被呼吸链传递至氧时，异柠檬酸脱氢酶的抑制才被解除。

(3)α-酮戊二酸脱氢酶系的控制　该酶系催化 α-酮戊二酸氧化脱羧生成琥珀酰 CoA。当琥珀酰 CoA 和 NADH 浓度较高时，抑制该酶的活性，同时也受细胞内过量 ATP 的抑制。

8.3.5 三羧酸循环的生物学意义

三羧酸循环是高等生物重要的代谢途径，具有重要的生物学意义：

(1)释放能量合成 ATP　糖的有氧代谢是生物机体获得能量的主要途径。每分子葡萄糖经三羧酸循环和氧化磷酸化阶段，完全氧化可获得 32 分子 ATP 或 30 分子 ATP；而葡萄糖在无氧条件下，通过糖酵解途径，只能获得 2 分子 ATP，两者相差 15～16 倍。生物氧化产生的 ATP，被用于代谢的各个方面，如生物合成、物质运输等。在医院临床上向患者提供葡萄糖或氧气，就是提供能量的一个例子。

(2)为其他代谢途径提供原料　三羧酸循环是各种代谢的枢纽。三羧酸循环的中间产物在体内可以转化或合成其他物质，是许多生物合成代谢途径的原料，并通过它们，把细胞内糖类、脂类、蛋白质和核酸等代谢有机地联系起来。在三羧酸循环中，α-酮戊二酸是合成谷氨酸、谷氨酰胺、脯氨酸、羟脯氨酸和精氨酸的前体物质；草酰乙酸是合成天冬氨酸、天冬酰胺、赖氨

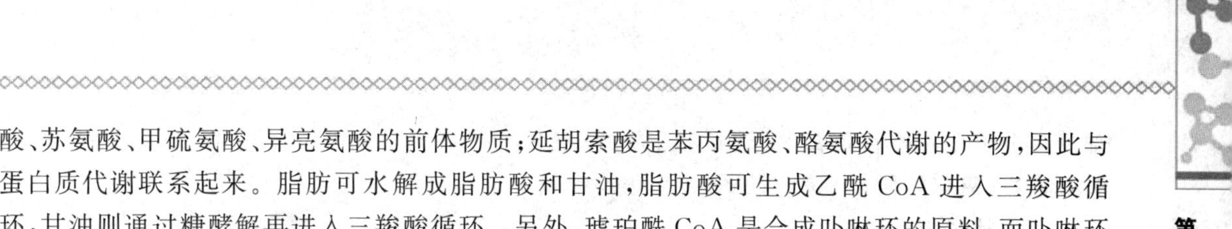

酸、苏氨酸、甲硫氨酸、异亮氨酸的前体物质；延胡索酸是苯丙氨酸、酪氨酸代谢的产物，因此与蛋白质代谢联系起来。脂肪可水解成脂肪酸和甘油，脂肪酸可生成乙酰 CoA 进入三羧酸循环，甘油则通过糖酵解再进入三羧酸循环。另外，琥珀酰 CoA 是合成卟啉环的原料，而卟啉环是血红素、叶绿素、细胞色素等重要物质的前体。

8.3.6 三羧酸循环的回补反应

三羧酸循环为其他代谢提供原料，中间产物被抽走，因而会影响三羧酸循环的运行。生物体可以通过其他途径回补三羧酸循环中间产物解决，这种补充反应称为回补反应(anaplerotic reaction)。

1. 丙酮酸羧化

$$丙酮酸+CO_2+ATP+H_2O \xrightarrow{丙酮酸羧化酶} 草酰乙酸+ADP+Pi$$

2. PEP 羧化

$$磷酸烯醇式丙酮酸+CO_2+H_2O \xrightarrow{PEP羧化酶} 草酰乙酸+H_3PO_4$$

3. 天冬氨酸脱氨等

谷氨酸经转氨作用生成 α-酮戊二酸；奇数脂肪酸的氧化，异亮氨酸、甲硫氨酸、缬氨酸的分解可产生琥珀酰 CoA；天冬氨酸经脱氨作用生成苹果酸。

8.4 磷酸戊糖途径

在生物体内，葡萄糖除了通过糖酵解、三羧酸循环进行分解外，还存在另一条氧化分解途径，即是磷酸戊糖途径(phosphopentose pathway，PPP)又称戊糖支路(pentose shunt)、磷酸己糖支路(hexose monophosphate shunt，HMS)或磷酸葡萄糖氧化途径。该途径在细胞质中进行，将葡萄糖还原为另一种代谢能，即 NADPH。NADPH 是许多生物合成所需的还原剂，不用于生物氧化。

磷酸戊糖途径的发现是从研究糖酵解过程的观察中开始的。向供研究糖酵解用的组织匀浆中加入碘乙酸、氰化物等抑制物，葡萄糖的利用仍在进行。

1931 年，Warburg 及同事，还有 Lipman 发现了葡萄糖-6-磷酸脱氢酶(glucose phosphate dehydrogenase)和 6-磷酸葡糖酸脱氢酶(6-phosphogluconate dehydrogenase)，这些酶促使葡萄糖走向糖酵解外的未知途径。1951 年，Scott 和 Cohen 最早分离得到核糖-5-磷酸。1953 年，Dickens 总结了前人对磷酸戊糖途径研究成果，发表在英国的医学杂志(British Medical Bulletin)上。大大促进了研究的进一步发展。有人将磷酸戊糖途径称为 Warburg-Dickens 磷酸戊糖途径。

8.4.1 磷酸戊糖途径的反应历程

该过程在细胞质中进行，以 6 分子 6-磷酸葡萄糖开始，在 C-1 上脱氢脱羧，以产生 NADPH 和磷酸戊糖，然后磷酸戊糖互变，最后生成三碳、四碳、五碳、六碳、七碳糖的磷酸脂。全部反应分氧化阶段和非氧化阶段。具体过程如下：

8.4.1.1 氧化阶段

共包括 3 步反应：

①6-磷酸葡萄糖在 6-磷酸葡萄糖脱氢酶的作用下，生成 6-磷酸葡萄糖酸-δ-内酯（6-phosphogluconate δ-lactone）。该反应是不可逆反应，是磷酸戊糖途径的调节部位。6-磷酸葡萄糖脱氢酶受产物 NADPH 的抑制。

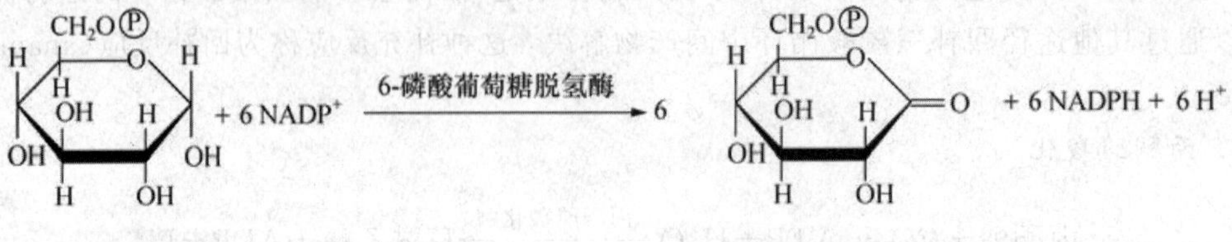

6-磷酸葡萄糖 + 6 $NADP^+$ —6-磷酸葡萄糖脱氢酶→ 6 6-磷酸葡萄糖酸-δ-内酯 + 6 NADPH + 6 H^+

6-磷酸葡萄糖　　　　6-磷酸葡萄糖酸-δ-内酯

②6-磷酸葡萄糖酸-δ-内酯在 6-磷酸葡萄糖酸-δ-内酯酶（6-phosphoglucono lactonase）的催化下，生成 6-磷酸葡萄糖酸：

6-磷酸葡萄糖酸-δ-内酯 + 6 H_2O —6-磷酸葡萄糖酸δ-内酯酶→ 6 6-磷酸葡萄糖酸

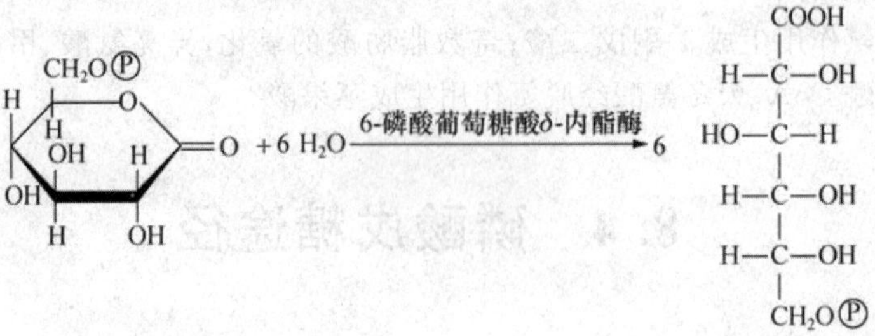

6-磷酸葡萄糖酸-δ-内酯　　　　6-磷酸葡萄糖酸

③6-磷酸葡萄糖酸在 6-磷酸葡萄糖酸脱氢酶（6-phosphogluconate dehydrogenase）的催化下生成 5-磷酸核酮糖：

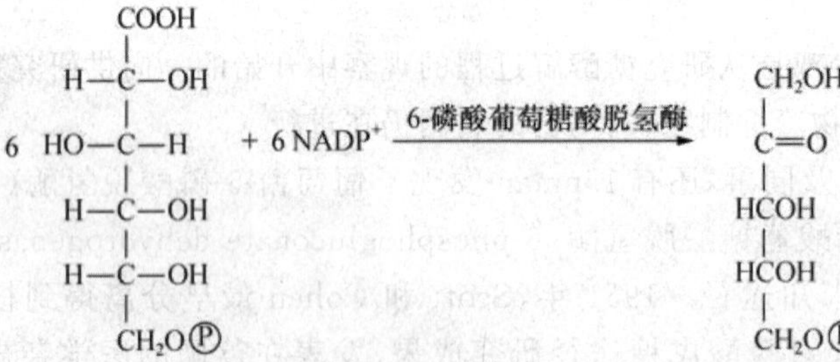

6 6-磷酸葡萄糖酸 + 6 $NADP^+$ —6-磷酸葡萄糖酸脱氢酶→ 5-磷酸核酮糖

6-磷酸葡萄糖酸　　　　5-磷酸核酮糖

8.4.1.2 非氧化反应阶段

①上面反应生成的 6 分子 5-磷酸核酮糖有 2 分子在磷酸核糖异构酶（phosphoriboisomerase）的催化下，生成 5-磷酸核糖：

```
      CH2OH                                   CHO
      |                                       |
      C=O                                  H—C—OH
      |              磷酸核糖异构酶              |
  2 H—C—OH          ⇌                   2 H—C—OH
      |                                       |
    H—C—OH                                 H—C—OH
      |                                       |
      CH2O(P)                                 CH2O(P)
   5-磷酸核酮糖                             5-磷酸核糖
```

②另有 4 分子 5-磷酸核酮糖在磷酸戊酮糖表异构酶(phosphoketopentose epimerase)的催化下异构化成为 5-磷酸木酮糖：

```
      CHOH                                    CH2OH
      |                                       |
      C=O                                     C=O
      |           磷酸戊酮糖表异构酶             |
  4 H—C—OH          ⇌                  4 HO—C—H
      |                                       |
    H—C—OH                                 H—C—OH
      |                                       |
      CH2O(P)                                 CH2O(P)
   5-磷酸核酮糖                             5-磷酸木酮糖
```

③在转酮酶(transketorase)的作用下，①式反应生成的 2 分子 5-磷酸核糖与②式反应生成的 2 分子 5-磷酸木酮糖反应，生成 7-磷酸景天庚酮糖和 3-磷酸甘油醛：

```
                                                 CH2OH
                                                 |
      CHO            CH2OH                       C=O
      |              |                           |              CHO
   H—C—OH            C=O                     HO—C—H             |
      |              |          转酮酶            |      + 2H —C—OH
  2H—C—OH   +  2HO—C—H          ⇌            H—C—OH             |
      |              |                           |              CH2O(P)
   H—C—OH         H—C—OH                     H—C—OH
      |              |                           |
      CH2O(P)        CH2O(P)                 H—C—OH
                                                 |
                                                 CH2O(P)
  5-磷酸核糖      5-磷酸木酮糖              7-磷酸景天庚酮糖    3-磷酸甘油醛
```

④在转醛酶(transaldolase)的催化下，7-磷酸景天庚酮糖和 3-磷酸甘油醛反应，生成 4-磷酸赤藓糖和 6-磷酸果糖：

```
       CH2OH                                    CH2OH
       |                                        |
       C=O          CHO                         C=O           CHO
       |            |         转醛酶             |             |
  2 HO—C—H    + 2 H—C—OH      ⇌        2 HO—C—H     + 2 H—C—OH
       |            |                           |             |
     H—C—OH         CH2O(P)                   H—C—OH        H—C—OH
       |                                        |             |
     H—C—OH                                   H—C—OH          CH2O(P)
       |                                        |
     H—C—OH                                     CH2O(P)
       |
       CH2O(P)
  7-磷酸景天庚酮糖   3-磷酸甘油醛            6-磷酸果糖     4-磷酸赤藓糖
```

⑤在②式反应中剩余的 2 分子 5-磷酸木酮糖在转酮酶作用下，与④式反应生成的 4-磷酸赤藓糖反应，生成 3-磷酸甘油醛和 6-磷酸果糖：

$$2\ \begin{array}{c} CH_2OH \\ | \\ C{=}O \\ | \\ HO{-}C{-}H \\ | \\ H{-}C{-}OH \\ | \\ CH_2O\textcircled{P} \end{array} + 2\ \begin{array}{c} CHO \\ | \\ H{-}C{-}OH \\ | \\ H{-}C{-}OH \\ | \\ CH_2O\textcircled{P} \end{array} \xrightleftharpoons{\text{转酮酶}} 2\ \begin{array}{c} CHO \\ | \\ H{-}C{-}OH \\ | \\ CH_2O\textcircled{P} \end{array} + 2\ \begin{array}{c} CH_2OH \\ | \\ C{=}O \\ | \\ HO{-}C{-}H \\ | \\ H{-}C{-}OH \\ | \\ H{-}C{-}OH \\ | \\ CH_2O\textcircled{P} \end{array}$$

5-磷酸木酮糖　　4-磷酸赤藓糖　　3-磷酸甘油醛　　6-磷酸果糖

⑥1 分子 3-磷酸甘油醛在磷酸丙糖异构酶作用下，生成磷酸二羟丙酮：

$$\begin{array}{c} CHO \\ | \\ H{-}C{-}OH \\ | \\ CH_2O\textcircled{P} \end{array} \xrightleftharpoons{\text{磷酸丙糖异构酶}} \begin{array}{c} CH_2OH \\ | \\ C{=}O \\ | \\ CH_2O\textcircled{P} \end{array}$$

3-磷酸甘油醛　　磷酸二羟丙酮

⑦⑤式剩余的 1 分子 3-磷酸甘油醛与⑥式生成的磷酸二羟基丙酮在醛缩酶的作用下，生成 1,6-二磷酸果糖：

$$\begin{array}{c} CHO \\ | \\ H{-}C{-}OH \\ | \\ CH_2O\textcircled{P} \end{array} + \begin{array}{c} CH_2OH \\ | \\ C{=}O \\ | \\ CH_2O\textcircled{P} \end{array} \xrightleftharpoons{\text{醛缩酶}} \begin{array}{c} CH_2O\textcircled{P} \\ | \\ C{=}O \\ | \\ HO{-}C{-}H \\ | \\ H{-}C{-}OH \\ | \\ H{-}C{-}OH \\ | \\ CH_2O\textcircled{P} \end{array}$$

3-磷酸甘油醛　　磷酸二羟丙酮　　1,6-二磷酸果糖

⑧1,6-二磷酸果糖在二磷酸果糖磷酸酯酶的催化下，生成 6-磷酸果糖：

$$\begin{array}{c} CH_2O\textcircled{P} \\ | \\ C{=}O \\ | \\ HO{-}C{-}H \\ | \\ H{-}C{-}OH \\ | \\ H{-}C{-}OH \\ | \\ CH_2O\textcircled{P} \end{array} + H_2O \xrightleftharpoons{\text{二磷酸果糖磷酸酯酶}} \begin{array}{c} CH_2OH \\ | \\ C{=}O \\ | \\ HO{-}C{-}H \\ | \\ H{-}C{-}OH \\ | \\ H{-}C{-}OH \\ | \\ CH_2O\textcircled{P} \end{array} + Pi$$

1,6-二磷酸果糖　　6-磷酸果糖

⑨全过程共有 5 分子 6-磷酸果糖生成，在磷酸己糖异构酶催化下，生成 5 分子 6-磷酸葡萄糖：

$$\begin{array}{c}\text{CHOH}\\ |\\ \text{C}=\text{O}\\ |\\ \text{HO}-\text{C}-\text{H}\\ |\\ \text{H}-\text{C}-\text{OH}\\ |\\ \text{H}-\text{C}-\text{OH}\\ |\\ \text{CH}_2\text{O}Ⓟ\end{array} \xrightleftharpoons{\text{磷酸己糖异构酶}} \begin{array}{c}\text{CHO}\\ |\\ \text{H}-\text{C}-\text{OH}\\ |\\ \text{HO}-\text{C}-\text{H}\\ |\\ \text{H}-\text{C}-\text{OH}\\ |\\ \text{H}-\text{C}-\text{OH}\\ |\\ \text{CH}_2\text{O}Ⓟ\end{array}$$

5 6-磷酸果糖 ⇌ 5 6-磷酸葡萄糖

6分子葡萄糖在经过氧化阶段和非氧化阶段共12步反应后，重新生成5分子6-磷酸葡萄糖，并产生6分子CO_2和12分子NADPH。这些6-磷酸葡萄糖分子是经过氧化、脱羧、基团转移、异构化、水合、缩合等变化重新组合过的。

磷酸戊糖途径全过程见图8-4。磷酸戊糖途径总反应式可表示为：

$$6\text{ 葡萄糖-6-磷酸}+12NADP^{+}+7H_2O \longrightarrow 5\text{ 葡萄糖-6-磷酸}+6CO_2+12NADPH+12H^{+}+Pi$$

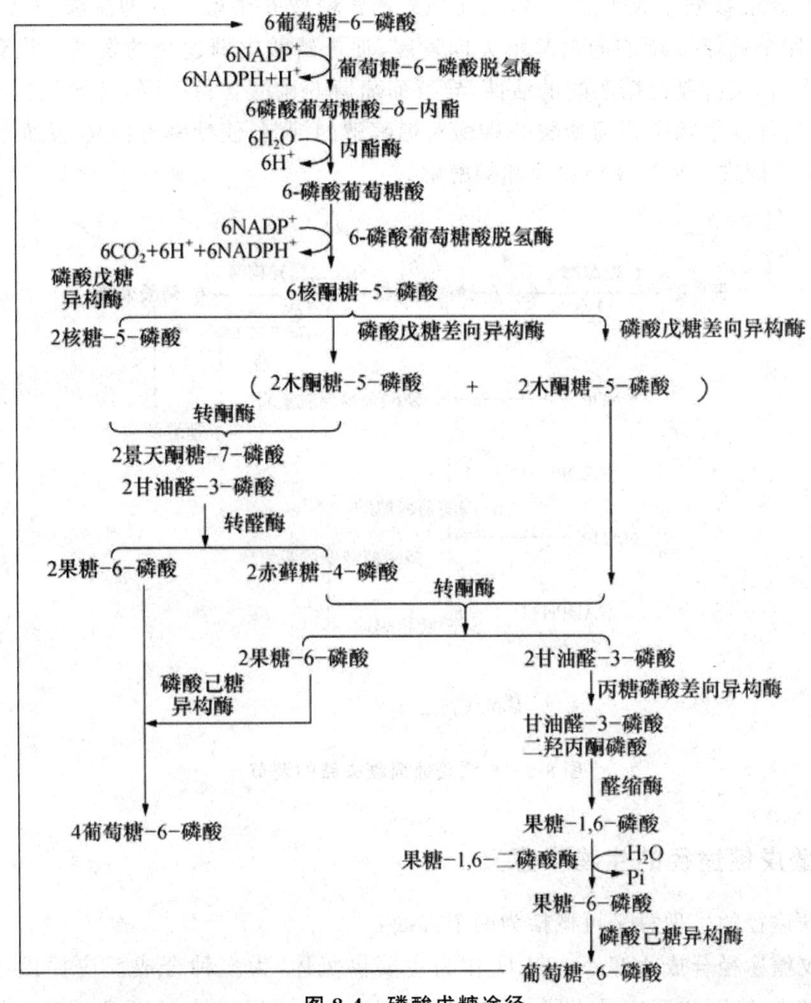

图8-4 磷酸戊糖途径

8.4.2 磷酸戊糖途径的特点

戊糖途径的主要特点是葡萄糖直接氧化脱氢和脱羧，不必经过糖酵解和三羧酸循环，脱氢酶的辅酶不是NAD^+而是$NADP^+$，产生的NADPH作为还原力以供生物合成用，而不是传递给O_2，无ATP的产生和消耗。

8.4.3 磷酸戊糖途径的调控

(1)葡萄糖-6-磷酸脱氢酶的调节　该酶所催化的反应是不可逆反应，因而是磷酸戊糖途径的限速步骤。其活性受到$NADP^+$的促进。当$NADP^+$浓度较大时，加速了葡萄糖-6-磷酸转变为葡萄糖酸-6-磷酸。

(2)葡萄糖酸-6-磷酸脱氢酶的调节　该酶所催化的反应是不可逆反应，因而是磷酸戊糖途径的限速步骤。其活性受到产物5-磷酸核酮糖和NADPH的抑制。

(3)葡萄糖-6-磷酸去路的调节　葡萄糖-6-磷酸可进入磷酸戊糖途径，亦可进入糖酵解(图8-5)。当$NADP^+$浓度较大时，加速葡萄糖-6-磷酸转变为葡萄糖酸-6-磷酸。但因葡萄糖酸-6-磷酸转化为5-磷酸核酮糖的速度较慢，因而积累葡萄糖酸-6-磷酸。其抑制磷酸己糖异构酶的活性，从而抑制葡萄糖-6-磷酸向糖酵解方向发展，促进磷酸戊糖途径的发展。当葡萄糖酸-6-磷酸浓度增大时，又抑制己糖激酶的活性，导致葡萄糖-6-磷酸含量下降，又导致葡萄糖酸-6-磷酸含量下降，这样就解除了葡萄糖酸-6-磷酸对糖酵解的抑制，使糖酵解恢复，从而使葡萄糖酸-6-磷酸按正常比例进入磷酸戊糖途径和糖酵解。

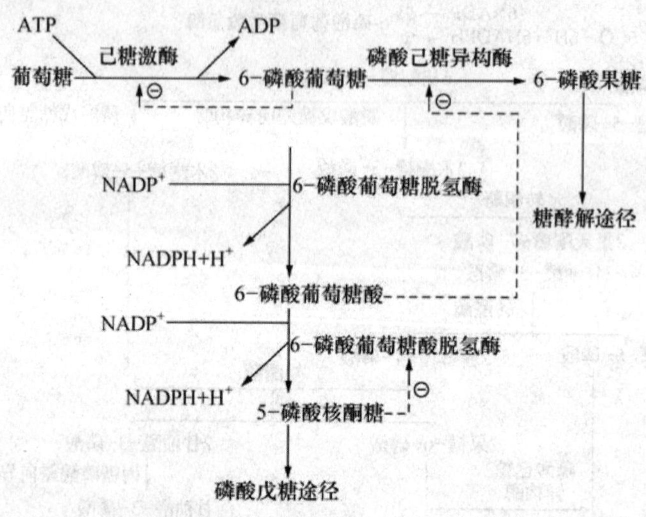

图8-5　6-磷酸葡萄糖去路的调节

8.4.4 磷酸戊糖途径的生物学意义

磷酸戊糖途径的生理意义可概括为两个方面：

①磷酸戊糖途径合成大量NADPH作为主要供氢体，为多种合成反应提供主要的还原力。在此途径中，有两步反应是由脱氢酶催化的，所用的辅酶都是$NADP^+$，该两步反应形成

共 12 分子 NADPH。在脂肪酸和固醇类的生物合成、光合作用中，由核糖核苷酸转变为脱氧核糖核苷酸等过程均需要 NADPH。还原型谷胱甘肽是一种重要的还原物质，它可使很多酶保持还原状态，从而保护了酶的活性。这种物质是由氧化型谷胱甘肽在谷胱甘肽还原酶催化下形成的，其辅酶是 NADPH。人类的很多病症，如贫血症，与缺乏 NADPH 有关。

动物肝脏中含有的一系列加单氧酶体系，与某些解毒酶的作用有关。这些酶的作用需要 NADPH 作为氢及电子的供体。NADPH 不足时，加单氧酶体系的活性受到抑制，降低了肝细胞的解毒能力。在生物体中，叶酸的还原由叶酸还原酶和二氢叶酸还原酶催化，该反应也需 NADPH 作为辅酶。总之，很多酶促反应与 NADPH 有关。

②磷酸戊糖途径形成的中间产物，是其他代谢的原料。5-磷酸核糖是磷酸戊糖途径中重要的中间产物，它是合成核苷酸、ATP、ADP、核酸等的原料。与核酸代谢有关。4-磷酸赤藓糖也是磷酸戊糖途径中重要的中间产物，它是合成苯丙氨酸、酪氨酸、色氨酸的原料。与蛋白质代谢有关。转酮酶和转醛酶是磷酸戊糖途径中重要的催化酶，其催化的反应产物，可与糖酵解途径联系起来。这些中间产物是 6-磷酸果糖和 3-磷酸甘油醛。

8.5 糖的异生作用

8.5.1 糖的异生作用的途径

1. 概念

葡萄糖异生作用(gluconeogenesis)是指生物体利用非糖的前体如丙酮酸或草酰乙酸合成葡萄糖的过程。

2. 器官

主要在肝脏、肾脏细胞的胞浆及线粒体中进行

3. 过程

葡萄糖异生作用基本上是糖酵解的逆转，但需绕过 3 个不可逆反应才能实现，这 3 个反应是：

(1)需绕过由丙酮酸激酶催化的反应　该反应可由下列 2 步反应代替：

①丙酮酸在丙酮酸羧化酶的作用下，形成草酰乙酸：

$$丙酮酸 + CO_2 + ATP + H_2O \xrightarrow{丙酮酸羧化酶} 草酰乙酸 + ADP + H_3PO_4$$

催化该反应需消耗 ATP。丙酮酸羧化酶(pyruvate carboxylase)是一个含生物素的酶，需乙酰 CoA 作为辅助因子。分布于线粒体中，因此，在胞质中由乳酸或磷酸烯醇式丙酮酸形成的丙酮酸均须进入线粒体才能起作用。

②形成的草酰乙酸在磷酸烯醇式丙酮酸羧激酶的作用下，形成磷酸烯醇式丙酮酸，进入糖酵解逆转过程：

$$草酰乙酸 + GTP \xrightarrow{磷酸烯醇式丙酮酸羧激酶} 磷酸烯醇式丙酮酸 + CO_2 + GDP$$

催化该反应需消耗 GTP。磷酸烯醇式丙酮酸羧激酶(PEP carboxykinase)在细胞中的分

布因种的不同而不同。如在猪、兔和豚鼠肝的线粒体中含量丰富，磷酸烯醇式丙酮酸在其中形成后扩散出来，进入糖酵解的逆转。

上述由丙酮酸羧化酶和磷酸烯醇式丙酮酸羧激酶催化丙酮酸形成磷酸烯醇式丙酮酸的代谢途径称为丙酮酸羧化支路(pyruvate carboxylation pathway)。

(2)需绕过由磷酸果糖激酶催化的反应　该反应由果糖-1,6-二磷酸酶(fructose-1,6-diphos-phatase)催化反应代替：

1,6-二磷酸果糖 ⇌ 6-二磷酸果糖（H_2O → Pi；ATP → ADP）

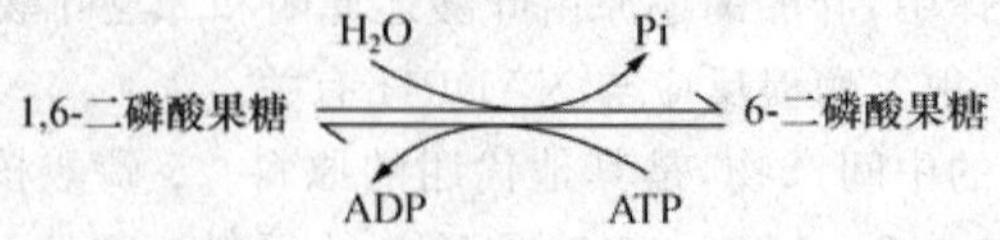

上述由两个催化单向反应的酶催化两个作用物互变的循环，称为作用物循环。

(3)需绕过由己糖激酶催化的反应 该反应由磷酸葡萄糖酶(glucophosphatase)催化反应代替该两反应也是作用物循环的例子。

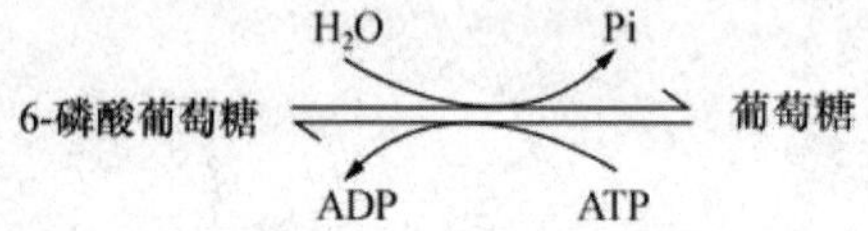

6-磷酸葡萄糖 ⇌ 葡萄糖（H_2O → Pi；ATP → ADP）

上述 3 步迂回措施实际上是由不同的酶绕过了糖酵解中 3 个不可逆的反应，使丙酮酸或草酰乙酸等中间产物能很好地转化为葡萄糖。它们的变化可用图 8-6 表示。除了丙酮酸和草酰乙酸外，其他物质如丙氨酸或天冬氨酸等，可以转化为丙酮酸和草酰乙酸，合成葡萄糖。

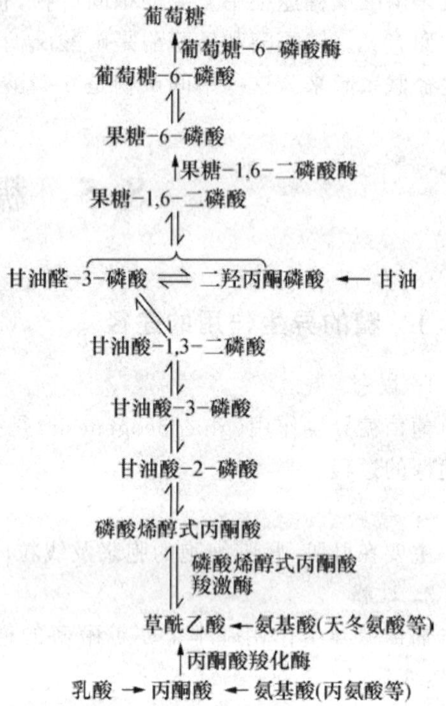

葡萄糖
↑葡萄糖-6-磷酸酶
葡萄糖-6-磷酸
⇅
果糖-6-磷酸
↑果糖-1,6-二磷酸酶
果糖-1,6-二磷酸
⇅
甘油醛-3-磷酸 ⇌ 二羟丙酮磷酸 ← 甘油
⇅
甘油酸-1,3-二磷酸
⇅
甘油酸-3-磷酸
⇅
甘油酸-2-磷酸
⇅
磷酸烯醇式丙酮酸
↑磷酸烯醇式丙酮酸羧激酶
草酰乙酸 ← 氨基酸(天冬氨酸等)
↑丙酮酸羧化酶
乳酸 → 丙酮酸 ← 氨基酸(丙氨酸等)

图 8-6　葡萄糖异生途径的 3 个替代反应位置

8.5.2　糖的异生作用的前体

糖的异生作用的前体物质是丙酮酸、甘油、乳酸和绝大多数氨基酸、三羧酸循环的中间代谢物等。

8.5.3　糖的异生作用的生物学意义

葡萄糖异生作用具有重要生物学意义。人或动物机体处于饥饿状态时，则需由非糖物质转化成葡萄糖提供能量。在植物体内，由脂肪代谢产生的乙酰 CoA 可通过乙醛酸循环转变为草酰乙酸，然后再由葡萄糖异生作用转变为葡萄糖和纤维素等，为新细胞提供必需的细胞壁物质。

8.6 蔗糖和多糖的生物合成

8.6.1 活化的单糖基供体及其相互转化作用

UDPG 的中文名称是尿苷二磷酸葡萄糖(uridine diphosphate glucose),而 ADPG 的中文名称是腺苷二磷酸葡萄糖(adenosine diphosphate glucose),它们是重要的活化单糖。寡糖和多糖的合成原料单糖必须经活化后才能被利用。UDPG 和 ADPG 的结构如图 8-7 所示。UDPG 的生物合成是由 UTP 和 1-磷酸葡萄糖在 UDPG 焦磷酸化酶(UDPG pyrophosphorylase) 的催化下,生成 UDPG。反应如下:

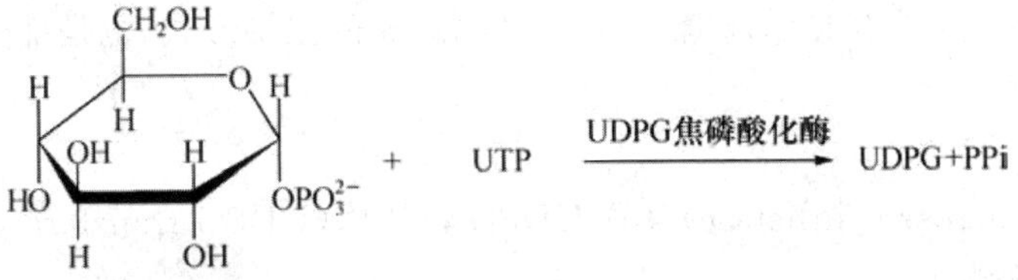

$$\text{1-磷酸葡萄糖} + \text{UTP} \xrightarrow{\text{UDPG焦磷酸化酶}} \text{UDPG} + \text{PPi}$$

1-磷酸葡萄糖

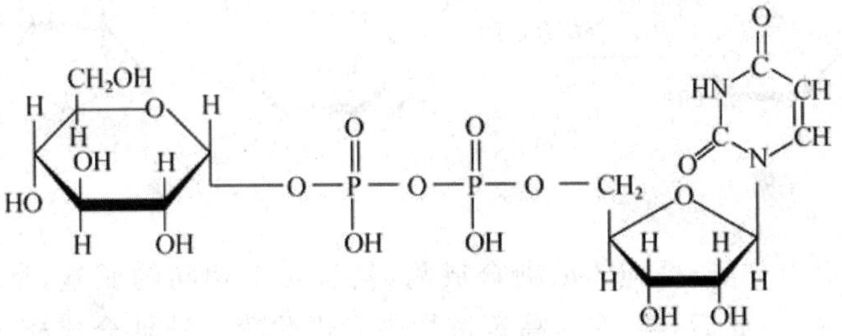

尿苷二磷酸葡萄糖

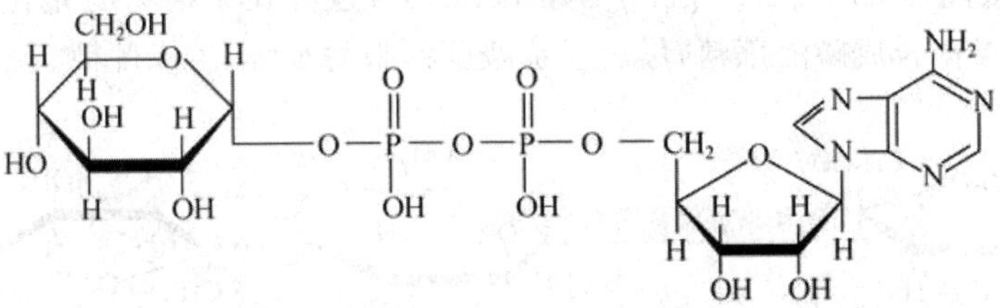

腺苷二磷酸葡萄糖

图 8-7 UDPG 和 ADPG 的结构

ADPG 的生物合成是由 ATP 和 1-磷酸葡萄糖在 ADPG 焦磷酸化酶(ADPG pyrophosphorylase)的催化下,生成 ADPG。反应如下:

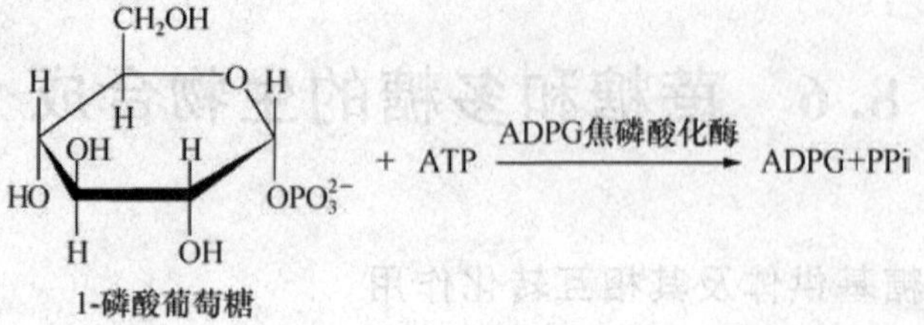

1-磷酸葡萄糖 + ATP $\xrightarrow{\text{ADPG焦磷酸化酶}}$ ADPG+PPi

在生物体内，UDPG 和 ADPG 是最常用的活化单糖。此外，还有其他活化单糖，如尿苷二磷酸半乳糖（UDPGa）、胞苷二磷酸葡萄糖（CDPG）、鸟苷二磷酸葡萄糖（GDPG）和胸苷二磷酸葡萄糖（TDPG），它们则较少参与糖的合成。

8.6.2 蔗糖的生物合成

蔗糖是植物体内普遍存在的双糖，是光合产物运输的主要形式，也是部分植物主要的贮存物质。

1. 蔗糖合酶

蔗糖合成酶（sucrose synthetase）又称 UDPG 转移酶（UDPG transferase），它催化 UDPG 与果糖反应合成蔗糖。

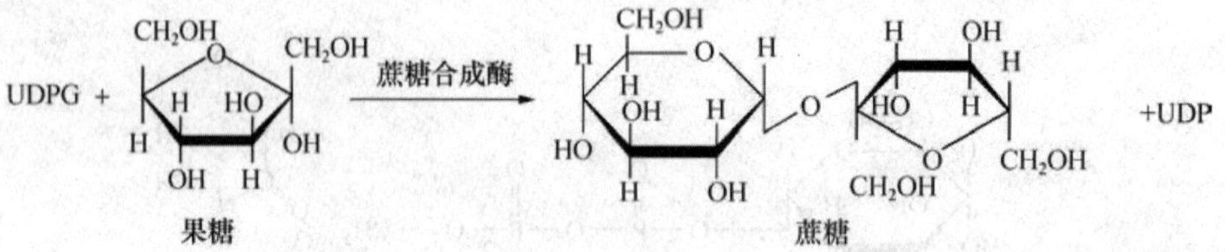

UDPG + 果糖 $\xrightarrow{\text{蔗糖合成酶}}$ 蔗糖 +UDP

从玉米和绿豆中分离、提纯的蔗糖合成酶，具有 4 个相同的亚基，是均一的寡聚酶，相对分子质量为 375 000。此后，在许多高等植物中发现此酶。蔗糖合成酶不但可以 UDPG 为糖基合成蔗糖，也可以 ADPG、TDPG、CDPG、GDPG 作为糖基合成蔗糖。

2. 磷酸蔗糖合酶

磷酸蔗糖合成酶（sucrose phosphate synthetase）普遍存在于植物的光合组织中。其催化 UDPG 与 6-磷酸果糖合成磷酸蔗糖，然后经磷酸蔗糖脂酶水解，生成蔗糖。

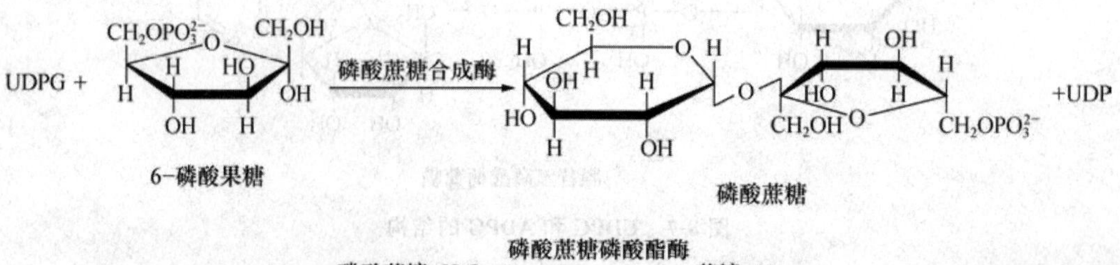

UDPG + 6-磷酸果糖 $\xrightarrow{\text{磷酸蔗糖合成酶}}$ 磷酸蔗糖 +UDP

磷酸蔗糖+H_2O $\xrightarrow{\text{磷酸蔗糖磷酸酯酶}}$ 蔗糖+Pi

该合成途径主要在细胞质中进行，是蔗糖生物合成的主要途径。

8.6.3 淀粉的生物合成

淀粉的合成分为两步，首先合成直链淀粉，然后合成更为复杂的支链淀粉。

1. 直链淀粉的合成

直链淀粉的合成有 3 条途径：

(1)淀粉磷酸化酶(amylophosphorylase) 催化途径　Hanes 在 1940 年从豌豆种子和马铃薯块茎中分离出该酶。该酶以 1-磷酸葡萄糖作为底物，并需 α-1,4-葡聚寡糖作为引子(最小的引子是麦芽三糖)，才能合成淀粉。引子的功能是作为 1-磷酸葡萄糖的受体。

$$\text{1-磷酸葡萄糖} + (\text{葡萄糖})_n \underset{}{\overset{\text{淀粉磷酸化酶}}{\rightleftharpoons}} (\text{葡萄糖})_{n+1} + \text{Pi}$$

1-磷酸葡萄糖　　引子　　淀粉

(2)淀粉合成酶(starch synthetase) 催化途径　此酶在植物、微生物中普遍存在。是淀粉合成的主要途径。该酶以 UDPG 作为底物(ADPG 亦可)，也需要 α-1,4-葡聚寡糖作为引子，才能合成淀粉。

$$\text{UDPG} + (\text{葡萄糖})_n \xrightarrow{\text{淀粉合成酶}} \text{UDP} + (\text{葡萄糖})_{n+1}$$

$$\text{ADPG} + (\text{葡萄糖})_n \xrightarrow{\text{淀粉合成酶}} \text{ADP} + (\text{葡萄糖})_{n+1}$$

(3)D 酶(D-enzyme)催化途径　能将短片段糖链转移到另一个具有 α-1,4-糖苷键的糖链上去形成淀粉的酶，称为 D 酶。在催化时，D 酶将一个短片段糖链脱下一个葡萄糖基，然后将剩下的片段转移给受体，形成 α-1,4-糖苷键。经过多次反应，即可形成直链淀粉。此酶见于马铃薯及大豆中。

●—●—● + ●—●—○ $\xrightarrow{\text{D酶}}$ ●—●—●—●—● + ○

麦芽三糖(受体)　麦芽三糖(给体)　麦芽五糖　葡萄糖

2. 支链淀粉的合成

支链淀粉除含有 α-1,4-糖苷键外，还有 α-1,6-糖苷键。因此，支链淀粉的合成是在淀粉合酶和 1,4-α-葡聚糖分支酶(原称 Q 酶)共同作用下完成的。淀粉合酶催化葡萄糖以 α-1,4-糖苷键结合，1,4-α-葡聚糖分支酶可以从直链淀粉的非还原端拆开一个低聚糖片段(图 8-8A)，并将其转移到毗邻的直链片段(图 8-8B)的某个残基上，以 α-1,6-糖苷键与之相连，即形成一个分支。

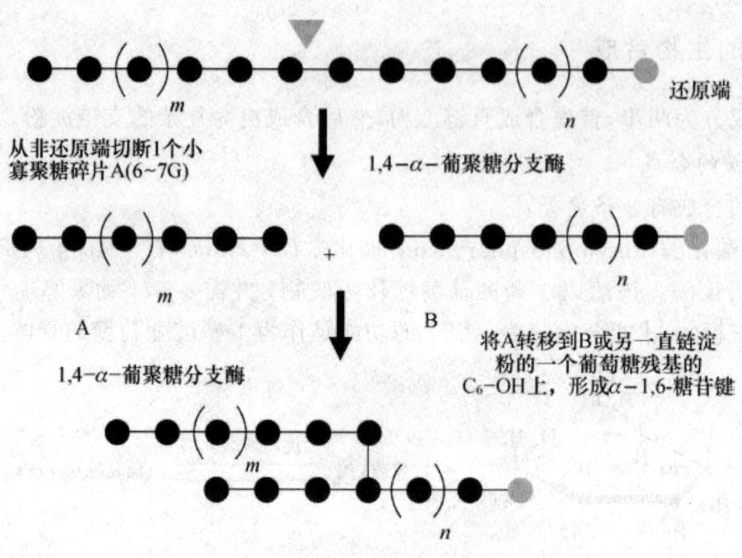

图 8-8　支链淀粉的生物合成

本章小结

糖类代谢是新陈代谢的重要途径,具有重要的生理意义。

单糖的分解代谢以葡萄糖代谢为核心,主要有 3 个途径:糖酵解、有氧氧化及磷酸戊糖途径。

糖酵解是无氧条件下葡萄糖生成丙酮酸并释放能量的过程,有 3 步不可逆反应,催化的酶分别为己糖激酶、6-磷酸果糖激酶和丙酮酸激酶,是糖酵解的 3 个调控的关键酶,其中最主要的是 6-磷酸果糖激酶,它是一变构酶,受柠檬酸和 ATP 的抑制。

有氧氧化包括 3 个阶段:葡萄糖生成丙酮酸,丙酮酸生成乙酰 CoA,乙酰 CoA 彻底氧化分解。实际上有没有氧气,葡萄糖都会生成丙酮酸,只不过没有氧气时氧化成乙醇或乳酸,有氧气时,进入线粒体进一步氧化。乙酰 CoA 彻底氧化分解又称三羧酸循环(TCA 循环),是联系三大物质代谢的枢纽,也是三大物质最终氧化分解的最终途径。该途径有 3 步不可逆反应,催化的酶分别为柠檬酸合成酶、异柠檬酸脱氢酶和 α-酮戊二酸脱氢酶,是 TCA 循环的 3 个调控的关键酶,其中最主要的是 6-磷酸果糖激酶,它是一个变构酶,受柠檬酸和 ATP 的抑制。

非糖物质生成葡萄糖的途径叫糖异生,对动物体非常重要。从丙酮酸异生成葡萄糖并不是糖酵解的简单逆转,必须绕过糖酵解的 3 步不可逆步骤,从丙酮酸到 PEP 需经过两次膜障和两次能障,从胞液进入线粒体,再从线粒体出来胞液,催化的主要耗能的酶为丙酮酸羧化酶、PEP 羧激酶。从 1,6-二磷酸果糖到 6-磷酸果糖由 1,6-二磷酸果糖酶催化完成,6-磷酸葡萄糖到葡萄糖由 6-磷酸葡萄糖酶催化完成,其他物质异生成葡萄糖只要转变成糖代谢过程中间物即可沿糖异生途径生成葡萄糖。这样由不同的酶催化的正逆反应称作用物循环(底物循环)。

淀粉(分支)在己糖激酶、磷酸葡萄变位酶、UDPG 焦磷酸化酶、淀粉合成酶、Q 酶作用下由葡萄糖合成的。分解有水解和磷酸解,水解是在淀粉酶、麦芽糖酶和脱支酶催化下完成;磷酸解在淀粉磷酸化酶、转移酶和脱支酶的作用完成的。

复习思考题

一、名词解释

1. 乙醇发酵　2. 糖酵解　3. 三羧酸循环　4. 糖的有氧氧化　5. 磷酸戊糖途径　6. 乳酸发酵　7. Q 酶　8. 回补反应　9. 糖异生作用

二、问答题

1. 为什么说三羧酸循环是糖、脂和蛋白质三大物质代谢的共同通路？
2. 草酰乙酸的代谢来源与去路有哪些？
3. 糖分解代谢可按 EMP-TCA 途径进行，也可按磷酸戊糖途径，决定因素是什么？
4. 糖酵解的中间物在其他代谢中有何应用？
5. 糖酵解中的调节酶有哪几个？受哪些因素调节？
6. 补充三羧酸循环的草酰乙酸来自何处？
7. 三羧酸循环途径受哪些因素调节？该循环有什么重要的生理意义？

第9章 脂类代谢

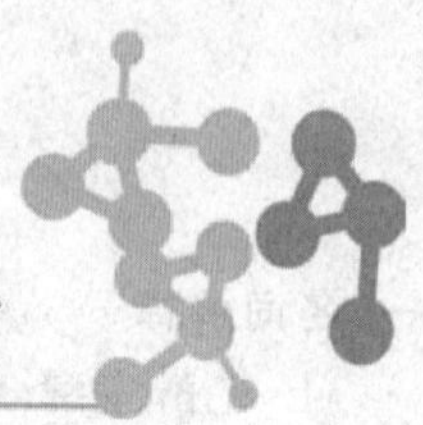

◆内容提示与教学目标

【说明】本章系营养物质代谢的重要内容之一，以甘油三酯的代谢为代表，讲解脂肪代谢。

重点掌握：甘油三酯的分解、脂肪酸的β-氧化、奇数碳原子脂肪酸的代谢、甘油的代谢及脂肪酸的从头合成。

掌握：脂蛋白结构及其概念、甘油三酯的合成、乙醛酸循环、不饱和脂肪酸的氧化。

一般了解：脂类的消化吸收、脂肪酸的α-氧化、ω-氧化、真核生物脂肪酸合成酶系、脂肪酸碳链的延长和去饱和、磷脂的代谢、胆固醇的代谢及脂类代谢的紊乱。

本章难点：脂肪酸合成酶多酶复合体及其催化机理；脂肪酸合成与分解酶系的对照。

脂类(lipids)是指一类在化学组成和结构上有很大差异，但都不溶于水而易溶于乙醚、氯仿等非极性溶剂的物质。每个细胞都含有许多种类的脂类，通常大多数只在一些特殊的结构中存在，另外不同的细胞可能含有不同的脂类。通常脂类可按不同组成分为5类，即单纯脂、复合脂、萜类和类固醇及其衍生物、衍生脂类及结合脂类。

脂类物质具有重要的生物功能，其主要功能如下：

(1)供能　糖和脂肪都是能源物质，氧化1 g葡萄糖释放出17 kJ的能量，而脂肪1 g彻底氧化分解可以释放出38 kJ的能量，是同样重量的糖所能产生能量的2倍多。人空腹时，机体所需能量的50%以上由脂肪氧化供给；若绝食1～3 d，能量的85%来自三脂酰甘油的氧化。

(2)贮藏组分　脂肪是疏水的，贮存脂肪并不伴有水的贮存，1 g脂肪只占1.2 mL的体积，糖是亲水的，贮存糖同时也贮存了水，使质量显著增加，体积也会增大很多。因此，在种子萌发时，采用一种致密性物质脂肪而非淀粉，以利于更高效的提供碳源和能量。

(3)保护　脂肪的另一个作用是为机体提供物理保护。例如，皮下脂肪可以保持体温，内脏周围的脂肪组织有固定内脏器官和缓冲外部冲击的作用；覆盖在植物表面的蜡质和角质可对植物起到防水和保护表面的作用；在植物体内与抗逆有关，提高其抗冻能力及抗病能力等。

(4)构成组织细胞的膜　磷脂、糖脂和胆固醇是构成组织细胞的膜系统的主要成分。类脂分子特殊的理化性质使它们可以形成双分子层的膜结构，成为半透性的屏障。

(5)转变为多种生理活性分子　如性激素、肾上腺皮质激素、维生素D_3和促进脂类消化吸收的胆汁酸，可以由胆固醇衍生而来。磷脂的代谢中间物，如甘油二酯、肌醇磷酸可作为信号分子参与细胞代谢的调节过程，如进行信号转导和蛋白质酰基化等方面。

(6)提供必需脂肪酸　人和动物的机体不能合成对其生理活动十分重要的几种不饱和脂肪酸，主要有亚油酸(18:2,$\Delta^{9,12}$)、亚麻油酸(18:3,$\Delta^{9,12,15}$)和花生四烯酸(20:4,$\Delta^{8,11,14}$)，而必须从食物或饲料中获得(植物和微生物可以合成)，这类多不饱和脂肪酸称为必需脂肪酸(essential fatty acid)。必需脂肪酸是组成细胞膜磷脂、胆固醇酯和血浆脂蛋白的重要成分。

综上所述，脂类对于生物体是必要不可缺少的，因此本章主要讨论脂类在有机体内的降解和合成过程。

9.1 脂肪的降解

在生物体内，脂肪(fat)是高度密集的代谢能的贮存库，在需要供能或者用于其他物质合成时，要通过酶促水解转换生成脂肪酸和甘油，再分别进入到各自的途径进行氧化分解或者转化成其他物质。

9.1.1 脂肪的降解

脂肪也称甘油三酯(riacylglycerol，TG)，是脂肪酸的储存形式。脂肪酸以甘油三酯的形式贮存在动物脂肪组织、植物果实和种子中，作为生物代谢所需的燃料分子。

甘油三酯是种子和花粉萌发时有效的能源和碳源，因为脂类相对于糖类或蛋白质而言有更紧凑的形式，主要是由于脂类的疏水性使其单位质量的体积更小，而糖类或蛋白因亲水性导致体积较大，另因相同质量的脂类供能的能力高于糖类或蛋白质，所以大多数植物更多贮存脂类。当葡萄糖的可获得性较低时，以甘油三酯形式储存的脂肪酸便是各组织中能量的最主要来源。

脂肪的降解也称脂肪动员，是指在脂肪酶(lipase)，包括甘油三酯脂肪酶、甘油二酯脂肪酶、甘油单酯脂肪酶作用下逐步水解酯键，将脂肪水解为甘油和3分子脂肪酸的过程如图9-1所示，经过3步完成。

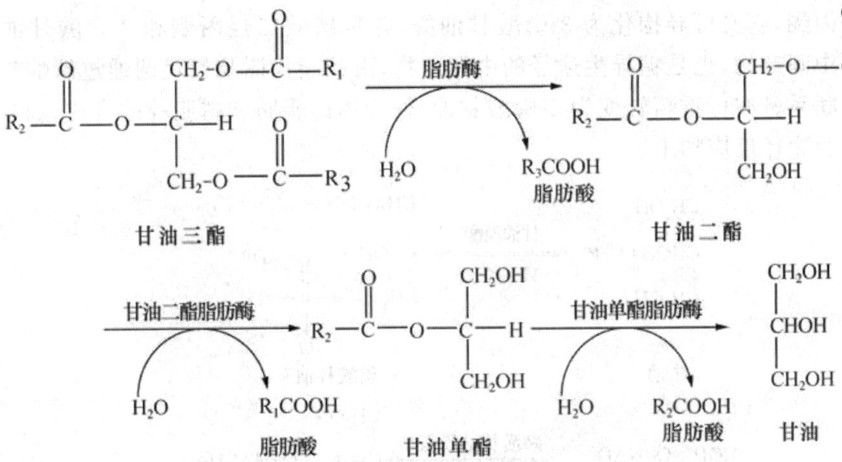

$$\text{甘油三酯} + H_2O \xrightarrow{\text{脂肪酶}} \text{甘油二酯} + R_3COOH\ (\text{脂肪酸})$$

$$\text{甘油二酯} + H_2O \xrightarrow{\text{甘油二酯脂肪酶}} \text{甘油单酯}\ (R_2-CO-O-CH(CH_2OH)_2) + R_1COOH\ (\text{脂肪酸})$$

$$\text{甘油单酯} + H_2O \xrightarrow{\text{甘油单酯脂肪酶}} \text{甘油}\ (CH_2OH-CHOH-CH_2OH) + R_2COOH\ (\text{脂肪酸})$$

图9-1 脂肪的降解过程

脂肪酶简称脂酶，现专指水解甘油三酯的一个或多个酯键的酶，植物中的脂肪酶主要存在于植物体的脂体、油体及乙醛酸循环体中，在不同植物、不同组织脂酶的催化特性等均有差异。油料种子在萌发时，脂酶的活性急剧升高，脂肪被迅速水解，供生长发育所需。动物的脂肪酶主要存在于脂肪组织等，动物脂肪细胞中激素敏感的甘油三酯脂肪酶(hormone sensitive lipase，HSL)的活性为激素所调节(图9-2)，肾上腺素、去甲肾上腺素、胰高血糖素和促肾上腺皮

质激素都能促进脂肪细胞中腺苷酸环化酶活性的提高，然后使环状腺苷酸(cAMP)的水平提高进而激活一种蛋白质激酶，此蛋白质激酶可将甘油三酯脂肪酶磷酸化而使之活化。因此肾上腺素、去甲肾上腺素、胰高血糖素和促肾上腺皮质激素都能促进脂肪降解，也称脂解激素(lipolytic hormones)。胰岛素和前列腺素 E1 与此相反，抑制脂肪降解，称为抗脂解激素(antilipolytic hormones)。

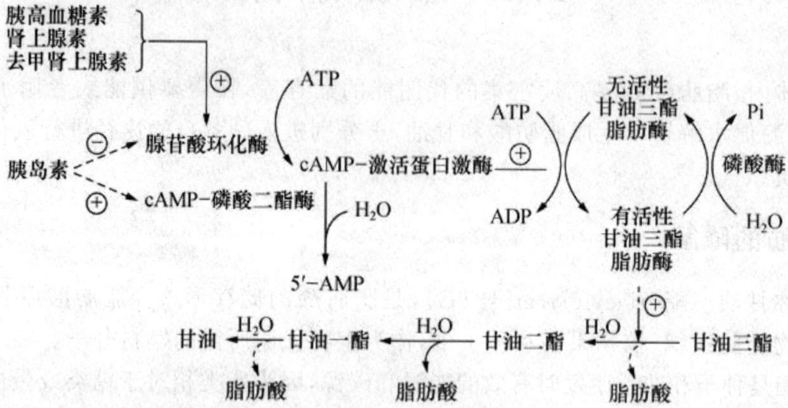

图 9-2　激素对脂肪动员的调节

9.1.2　甘油的降解与转化

由于脂肪和肌肉组织中缺乏甘油激酶而不能利用甘油，所以脂肪水解生成的甘油被运输到肝脏进一步代谢。甘油(glycerol)在甘油激酶催化下，生成 3-磷酸甘油，反应消耗 ATP，为不可逆反应，逆反应需要磷酸酯酶(phosphatase)催化。3-磷酸甘油在磷酸甘油脱氢酶催化下生成磷酸二羟丙酮，它又可异构化为 3-磷酸甘油醛，并且磷酸二羟丙酮和 3-磷酸甘油醛既是糖酵解途径的中间产物，也是糖异生途径的中间产物，由此脂代谢与糖代谢通过磷酸二羟丙酮沟通了两者的联系。亦可重新转变为 3-磷酸甘油，作为体内脂肪和磷脂等的合成原料。

甘油的代谢途径反应如下：

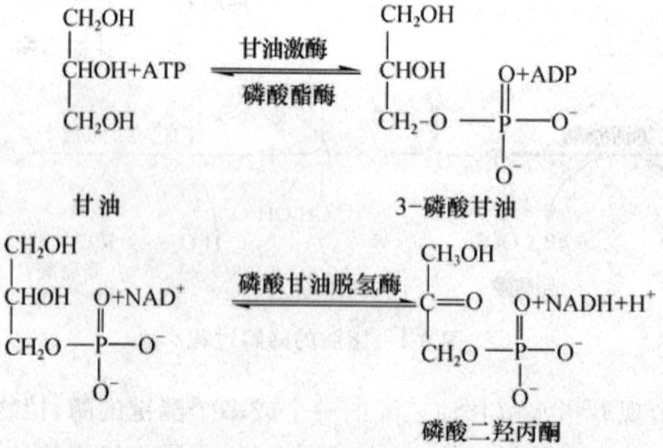

$$\begin{array}{l}CH_2OH\\|\\CHOH\\|\\CH_2OH\end{array}+ATP \underset{\text{磷酸酯酶}}{\overset{\text{甘油激酶}}{\rightleftharpoons}} \begin{array}{l}CH_2OH\\|\\CHOH\\|\\CH_2-O-\overset{\overset{\displaystyle O}{\|}}{\underset{\underset{\displaystyle O^-}{|}}{P}}-O^-\end{array}+ADP$$

甘油　　　　3-磷酸甘油

$$\begin{array}{l}CH_2OH\\|\\CHOH\\|\\CH_2O-\overset{\overset{\displaystyle O}{\|}}{\underset{\underset{\displaystyle O^-}{|}}{P}}-O^-\end{array}+NAD^+ \overset{\text{磷酸甘油脱氢酶}}{\rightleftharpoons} \begin{array}{l}CH_2OH\\|\\C=O\\|\\CH_2O-\overset{\overset{\displaystyle O}{\|}}{\underset{\underset{\displaystyle O^-}{|}}{P}}-O^-\end{array}+NADH+H^+$$

磷酸二羟丙酮

9.1.3　脂肪酸的氧化分解

生物体内的脂肪酸氧化分解存在β-氧化、α-氧化和ω-氧化等几条不同的代谢途径，各途径

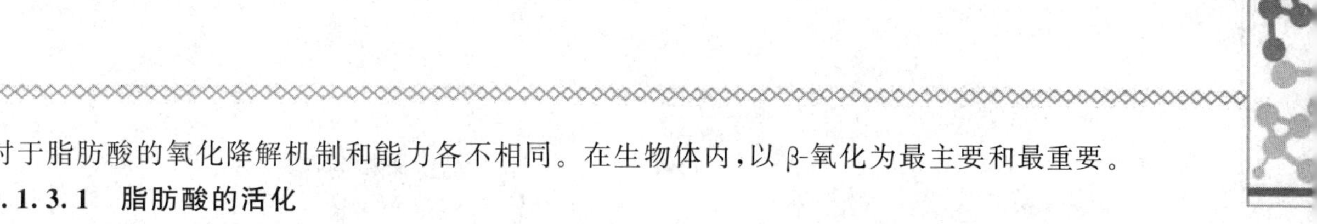

对于脂肪酸的氧化降解机制和能力各不相同。在生物体内，以 β-氧化为最主要和最重要。

9.1.3.1 脂肪酸的活化

与葡萄糖氧化一样，脂肪酸进行 β-氧化前也要进行活化。脂肪酸的活化形式是脂肪酸与 HSCoA 形成硫酯键的产物即脂酰 CoA，活化的酶是脂酰 CoA 合成酶(acyl-CoA synthetase)，该酶在 ATP、HSCoA、Mg^{2+} 参与下，催化脂肪酸活化形成脂酰 CoA，总反应表示如下：

$$\underset{\text{脂肪酸}}{R-\overset{\overset{\displaystyle O}{\|}}{C}-O^-}+ATP+HS-CoA \xrightleftharpoons[Mg^{2+}]{} \underset{\text{脂酰CoA}}{R-\overset{\overset{\displaystyle O}{\|}}{C}-SCoA}+\underset{\text{焦磷酸}}{PPi}+\underset{\text{腺苷酸}}{AMP}$$

该反应实际分两步进行：首先脂肪酸的羧基与腺苷酸的磷酸基连在一起形成脂酰腺苷酸和焦磷酸，然后脂酰腺苷酸再与辅酶 A 化合生成脂酰辅酶 A 和 AMP。

$$\underset{\text{脂肪酸}}{RCOOH}+ATP \rightleftharpoons \underset{\text{脂酰腺苷酸}}{R-\overset{\overset{\displaystyle O}{\|}}{C}-AMP}+PPi$$

$$\underset{\text{脂酰腺苷酸}}{R-\underset{\underset{\displaystyle OH}{|}}{\overset{\overset{\displaystyle O}{\|}}{C}}-AMP}+HS-CoA \rightleftharpoons \underset{\text{脂酰CoA}}{R-\overset{\overset{\displaystyle O}{\|}}{C}\sim SCoA}+AMP$$

反应特点：形成一个高能硫酯键消耗两个高能磷酸键，反应平衡常数几乎等于 1。但是由于机体内有焦磷酸酶可迅速水解反应生成的焦磷酸，成为水和磷酸，保证反应自左向右几乎不可逆地进行。

脂酰 CoA 合成酶又称硫激酶，分布在胞浆中、线粒体外膜和内质网膜上。胞浆中的硫激酶催化中短链脂肪酸(4～10 个碳)活化；内质网膜上的酶活化长链脂肪酸(12 个碳以上)，生成脂酰 CoA，然后进入内质网用于甘油三酯合成；而线粒体外膜上的酶活化的长链脂酰 CoA，进入线粒体进行 β-氧化。因此发生脂肪酸氧化前需要在胞浆和线粒体膜上来进行脂肪酸的“活化”。活化后生成的脂酰 CoA 极性增强，易溶于水；分子中有高能键、性质活泼；是酶的特异底物，与酶的亲和力大，因此更容易参加反应。

9.1.3.2 脂酰 CoA 进入线粒体

催化脂肪酸 β-氧化的酶系在线粒体基质中，中短长度的脂酰 CoA 易渗透通过线粒体内膜(inner mitochondrial membrane)，但长链脂酰 CoA 不能自由通过线粒体内膜，要进入线粒体基质就需要特殊的载体转运，这一载体就是线粒体内膜上的肉毒碱(carnitine)(图 9-3)。肉毒碱即 *L*-*β*-羟基-*γ*-三甲基铵基丁酸，是一个由赖氨酸经甲基化后再进一步修饰而成的衍生物，本身也是极性化合物，可在质膜间来回转运。因分子中含有手性碳原子，可以分为 *L* 和 *D* 两种构型，但只有 *L* 构型具有生理活性。在线粒体膜上有肉毒碱的转运载体，如果转运载体活性改变会影响肉毒碱的含量，在一定程度上会影响脂酰 CoA 的转运而影响脂肪酸的氧化及脂肪的降解。

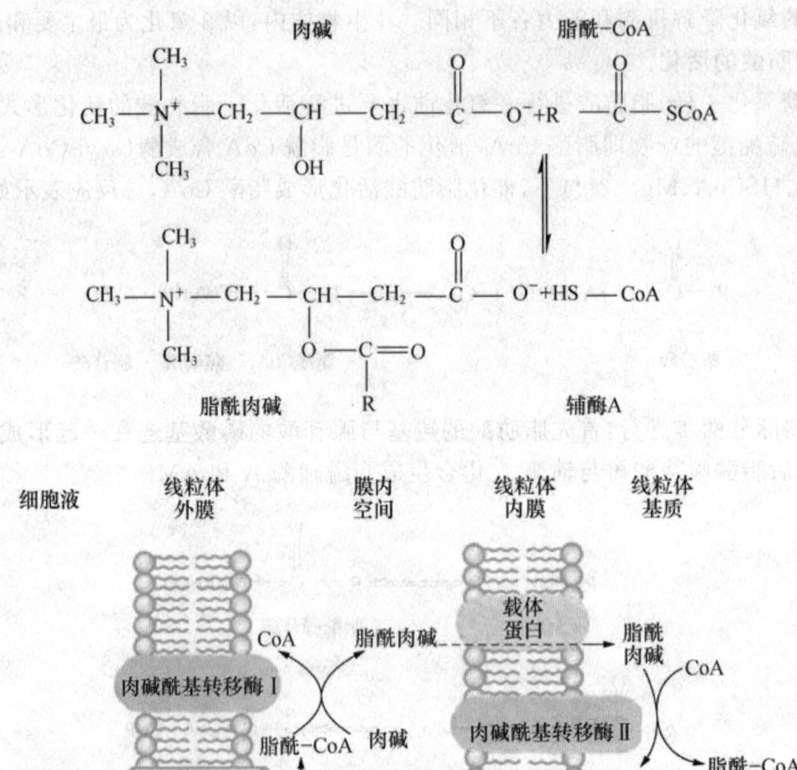

图 9-3 脂酰-CoA 跨线粒体内膜机制

长链脂酰 CoA 和肉毒碱反应，生成辅酶 A 和脂酰肉毒碱，脂酰基与肉毒碱的 3-羟基通过酯键相连接。催化此反应的酶为肉毒碱脂酰基转移酶(carnitine acyl transferase)。线粒体内膜的内外两侧均有此酶，系同工酶，分别称为肉毒碱脂酰基转移酶Ⅰ和肉毒碱脂酰基转移酶Ⅱ。酶Ⅰ使胞浆的脂酰 CoA 转化为辅酶 A 和脂酰肉毒碱，其中脂酰肉毒碱通过线粒体内膜上的“膜运输蛋白”即肉毒碱-脂酰肉毒碱移位酶(carnitine acylcarnitine translocase)将其转运到线粒体内膜内侧。位于线粒体内膜内侧的酶Ⅱ又使脂酰肉毒碱与线粒体基质中的 HSCoA 转化成肉毒碱和脂酰 CoA，肉毒碱再通过“膜运输蛋白”重新发挥其功能，而脂酰 CoA 则进入线粒体基质，进行脂肪酸 β-氧化反应。

动物细胞中脂肪酸的氧化主要发生在线粒体基质中，少量长链脂肪酸可在过氧化物酶体中进行，植物中不仅在线粒体内发生而且还可在过氧化物酶体和乙醛酸体中进行，如油性种子萌发时，脂肪酸 β-氧化完全在乙醛酸体中进行，而且不涉及转运问题，几乎不涉及线粒体。

9.1.3.3 饱和脂肪酸的 β-氧化作用

1. β-氧化作用的提出

β-氧化作用的提出是在 19 世纪初，Franz Knoop 在此方面做出了关键性的贡献。他已知动物体内不能降解苯环，所以用将苯环连在末端甲基上的脂肪酸饲喂犬，然后检测犬尿中的终产物。结果发现，食用含偶数碳的苯基脂肪酸的犬的尿中有苯乙酸的衍生物苯乙尿酸，而食用含奇数碳的苯基脂肪酸的犬的尿中有苯甲酸的衍生物马尿酸。Knoop 由此推测无论脂肪酸链的长短，脂肪酸的降解总是每次水解下两个碳原子。据此，1904 年 Knoop 提出脂肪酸的氧化发生在 β 碳原子上，而后 C_α 与 C_β 之间的键发生断裂，从而产生二碳单位，此二碳单位 Knoop 推测是乙酸，现在确定了是乙酰辅酶 A(图 9-4)。

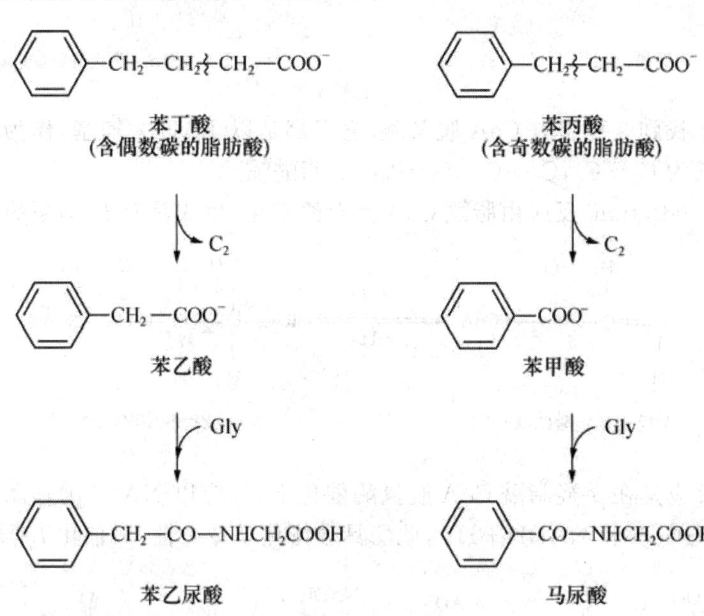

给予的化合物	中间产物	尿中排泄物
COOH 苯甲酸	COOH 苯甲酸	CONHCH₂COOH 马尿酸
CH₂COOH 苯乙酸	CH₂COOH 苯乙酸	CH₂CONHCH₂COOH 苯乙尿酸
CH₂CH₂COOH 苯丙酸	CH₂CH₂COOH 苯丙酸	CONHCH₂COOH 马尿酸
CH₂CH₂CH₂COOH 苯丁酸		CH₂CONHCH₂COOH 苯乙尿酸
CH₂CH₂CH₂CH₂COOH 苯戊酸	→ COOH 苯甲酸	CONHCH₂COOH 马尿酸

图 9-4　苯基脂肪酸氧化实验

2. β-氧化作用的反应过程

脂酰 CoA 在线粒体基质中进入 β-氧化要经过 4 步反应，即脱氢、水化、再脱氢和硫解，生成一分子乙酰 CoA 和一个少两个碳的新的脂酰 CoA。

第一步脱氢(dehydrogenation)反应由脂酰 CoA 脱氢酶催化，辅基为 FAD，脂酰 CoA 在 α 和 β 碳原子上各脱去一个氢原子生成具有反式双键的 α,β-烯脂酰辅酶 A(Δ^2-反式烯脂酰辅酶 A)。

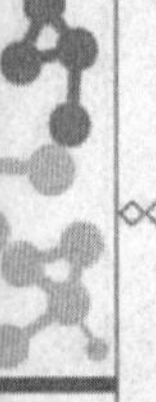

$$R-CH_2-CH_2-CH_2-\overset{O}{\overset{\|}{C}}-SCoA \xrightarrow[\quad]{FAD \rightarrow FADH_2} R-CH_2-\overset{H}{\overset{|}{C}}=\underset{H}{\underset{|}{C}}-\overset{O}{\overset{\|}{C}}-SCoA$$

脂酰CoA　　　　　　α,β-反式烯脂酰CoA

在线粒体中已找到 3 种脂酰 CoA 脱氢酶，它们都是以 FAD 为辅基，作为氢的载体，只是分别特异催化链长为 $C_4 \sim C_6$，$C_6 \sim C_{14}$，$C_6 \sim C_{18}$ 的脂酰辅酶 A。

第二步水化(hydration)反应由脂酰 CoA 水合酶催化，生成具有 *L*-构型的 *β*-羟脂酰 CoA。

$$R-\underset{H}{\underset{|}{C}}=\overset{H}{\overset{|}{C}}-\overset{O}{\overset{\|}{C}}-SCoA \underset{-H_2O}{\overset{+H_2O}{\rightleftharpoons}} R-\underset{H}{\underset{|}{\overset{OH}{\overset{|}{C}}}}-\underset{H}{\underset{|}{\overset{H}{\overset{|}{C}}}}-\overset{O}{\overset{\|}{C}}-SCoA$$

Δ^2反式烯脂酰CoA　　　　　　*L*(+)*β*-羟脂酰CoA

第三步脱氢反应是在 *β*-羟脂酰 CoA 脱氢酶催化下，反应以 NAD^+ 为辅酶，*β*-羟脂酰 CoA 脱氢生成 *β*-酮脂酰 CoA 和 $NADH+H^+$，此酶具立体化学专一性，只催化 *L*-异构体。

$$R-\underset{H}{\underset{|}{\overset{OH}{\overset{|}{C}}}}-\underset{H}{\underset{|}{\overset{H}{\overset{|}{C}}}}-\overset{O}{\overset{\|}{C}}-SCoA \underset{}{\overset{NAD^+ \rightarrow NADH+H^+}{\rightleftharpoons}} R-\overset{O}{\overset{\|}{C}}-CH_2-\overset{O}{\overset{\|}{C}}-SCoA$$

L(+)*β*-羟脂酰-SCoA　　　　　　*β*-酮脂酰-CoA

第四步硫解(thiolysis)反应由 *β*-酮脂酰 CoA 硫解酶催化，*β*-酮脂酰 CoA 在 *α* 和 *β* 碳原子之间断链，在另一个辅酶 A 参与下发生硫解生成乙酰 CoA 和一个少两个碳原子的脂酰 CoA。

$$R-\overset{O}{\overset{\|}{C}}-CH_2-\underset{O}{\underset{\|}{C}}-SCoA+HS-CoA \rightleftharpoons RH_2C-\overset{O}{\overset{\|}{C}}-SCoA+H_3C-\overset{O}{\overset{\|}{C}}-SCoA$$

β-酮脂酰 CoA　　　　　　乙酰 CoA

虽然 β-氧化作用中 4 个步骤都是可逆反应，但由于硫解酶催化的硫解反应是高度放能反应，$\Delta G^0=-28.03$ kJ/mol。整个反应平衡点偏向于裂解方向，难以进行逆向反应。所以脂肪酸氧化得以继续进行。

长链脂酰 CoA 经上面一次循环，碳链减少两个碳原子，生成一分子乙酰 CoA，可多次重复上面的循环反应，如此进行下去可将偶数碳脂肪酸彻底降解成乙酰 CoA(奇数碳脂肪酸最后生成一分子丙酰 CoA)。

脂肪酸 β-氧化作用如图 9-5 所示。

可见脂肪酸需要在一系列酶的作用下，在 *α* 碳原子和 *β* 碳原子之间断裂，*β* 碳原子被氧化成羧基，生成含有两个碳原子的乙酰辅酶 A，和较原来少两个碳原子的脂肪酸，这个过程称为脂肪酸的 β-氧化作用。

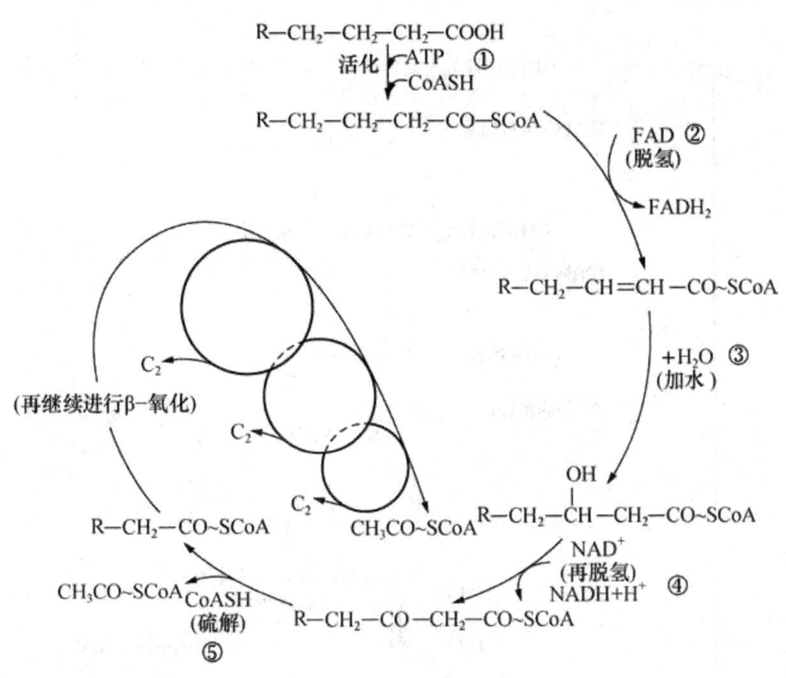

图 9-5 脂肪酸β-氧化作用途径

①脂酰 CoA 合成酶(硫激酶);②脂酰 CoA 脱氢酶;③烯脂酰 CoA 水合酶;
④*β*-羟脂酰 CoA 脱氢酶;⑤*β*-酮脂酰 CoA 硫解酶

脂肪酸β-氧化作用的要点总结:

①脂肪酸仅需一次活化,需要消耗1个ATP分子的2个高能磷酸键,催化此反应的酶-脂酰CoA合成酶在线粒体膜上或膜外。

②脂酰-CoA合成酶在线粒体外活化的长链脂酰-CoA需经肉毒碱携带,在肉毒碱脂酰转移酶催化下进入线粒体氧化。中、短链脂肪酸不需载体可直拉进入线粒体。

③脂肪酸β-氧化的酶均在线粒体基质中。

④β-氧化包括脱氢、水化、再脱氢、硫解4个重复步骤。

动物细胞中发生脂肪酸氧化的主要位点在线粒体基质,相反,植物中的脂肪酸氧化的主要发生在叶片组织的过氧化物酶体和萌发种子的乙醛酸循环体中。植物过氧化物酶体和乙醛酸循环体结构和功能相似,乙醛酸循环体可以视为特化的过氧化物酶体。与动物中的情况不同,β-氧化途径在植物中并不仅仅用于产生代谢的能量。过氧化物酶体和乙醛酸循环体中β-氧化的生物学功能是从贮藏性脂类中提供生物合成的前体。过氧化物酶体与线粒体途径的区别在于第一步。在过氧化物酶体中,引入双键的黄素蛋白脱氢酶直接将电子传递给 O_2,产生 H_2O_2。H_2O_2 这一存在潜在破坏性的强氧化物立即由过氧化氢酶分解为 H_2O 和 O_2。而在线粒体中,氧化反应第一步是脂酰CoA脱氢酶催化的氧化反应,生成1分子 $FADH_2$,其结合的电子通过呼吸链传递给 O_2,生成 H_2O,并通过此过程伴随着ATP的合成。过氧化物酶体脂肪酸分解过程中,第一个氧化步骤释放出的能量以热的形式散发了。过氧化物酶体中β-氧化途径如图9-6所示。

过氧化物酶体中β-氧化途径,每一次循环中脂酰CoA羧基末端都以乙酰辅酶A的形式

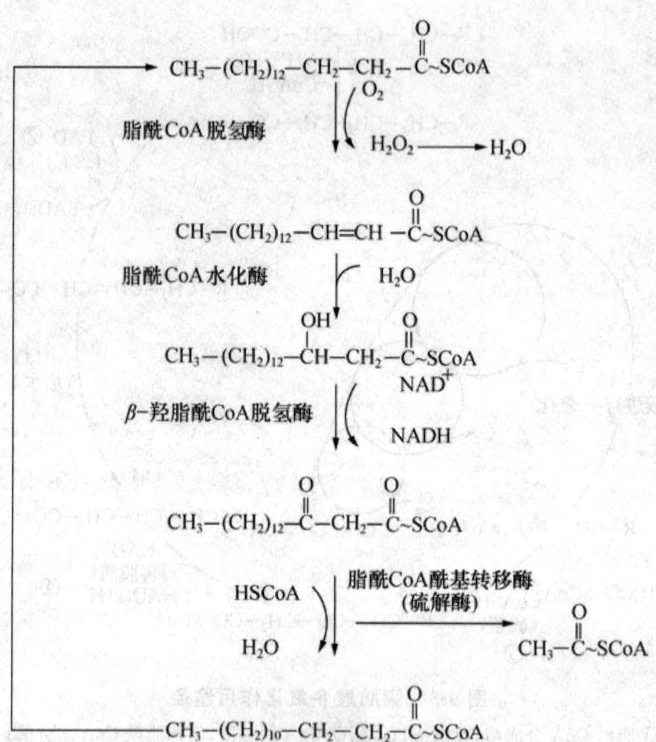

图 9-6　过氧化物酶体中β-氧化途径

去除一个二碳单位，一个软脂酸的氧化需要 7 次循环，共产生 8 分子的乙酰辅酶 A。

若以软脂酸在线粒体中的氧化为例，要经历一次活化反应、软脂酰 CoA 的转运和 7 次循环反应，才能完成其降解，总反应式表示如下：

$$\text{软脂酸}+ATP+7HS-CoA+7FAD+7NAD^{+}+7H_2O \longrightarrow$$
$$8\text{乙酰辅酶A}+AMP+PPi+7FADH_2+7NADH+7H^{+}$$

3. β-氧化及脂肪酸彻底氧化的能量计算

脂肪酸的β-氧化过程在线粒体内进行，每次循环反应完成生成 1 分子乙酰 CoA、1 分子 $FADH_2$ 和 1 分子 $NADH+H^+$。若脂肪酸要彻底氧化，则β-氧化的产物全部都要氧化生成 CO_2 和 H_2O。乙酰 CoA 进入三羧酸循环完全氧化，而 $FADH_2$ 和 $NADH+H^+$ 结合的氢要经呼吸链传递给氧生成 H_2O，以上过程都需要氧参加，因此，β-氧化是绝对需氧的过程。

同样还是以软脂酸为例，1 分子软脂酸完全氧化生成 CO_2 和 H_2O，总体产能情况如下：1 分子乙酰 CoA 进入三羧酸循环完全氧化生成 10 分子 ATP。

1 分子 $FADH_2$ 和 1 分子 $NADH+H^+$ 进入呼吸链氧化分别生成 1.5 分子和 2.5 分子 ATP，还要考虑到活化时消耗 1 分子 ATP 中的 2 个高能磷脂键的能量，根据以上总反应式结果和分析，则 8 乙酰 CoA－(8×10)ATP＝80ATP

$$7FADH_2-(7\times1.5)ATP=10.5ATP$$
$$7NADH-(7\times2.5)ATP=17.5ATP$$

80＋10.5＋17.5-2＝106 ATP，总计以上共产生 106ATP。

106 个 ATP 合成需要的自由能为：106×(−30.54 kJ/mol)＝−3 237 kJ/mol，软脂酸的标准自由能为−9 790 kJ/mol，所以在标准状态下软脂酸氧化的能量转化率约为 33%。脂肪酸氧化时释放出来的能量约有 33%为机体利用合成高能化合物，其余 67%以热的形式释出，热效率为 33%，说明机体能很有效地利用脂肪酸氧化所提供的能量。

4. 脂肪酸 β-氧化的生理意义

首先，脂肪酸 β-氧化是体内脂肪酸分解的主要途径，脂肪酸氧化可以供应机体所需要的大量能量；同时脂肪酸 β-氧化也是脂肪酸的改造过程，机体所需要的脂肪酸链的长短不同，通过 β-氧化可将长链脂肪酸改造成长度适宜的脂肪酸，供机体代谢所需；另外，脂肪酸 β-氧化过程中生成的乙酰 CoA 是一种十分重要的中间化合物，乙酰 CoA 除能进入三羧酸循环氧化供能外，还是许多重要化合物合成的原料，如酮体、胆固醇和类固醇化合物等。

9.1.3.4 脂肪酸的 α-氧化

Stumpf P. K.(1956) 发现植物的线粒体中除了有 β-氧化作用以外，还有一种特殊的氧化途径，称为 α-氧化作用。这种特殊氧化系统，首先发现存在于植物种子和叶组织中，但后来发现也存在于动物脑和肝脏中。α-氧化的机制至今尚不十分清楚，其可能的途径是：

①脂肪酸在单加氧酶作用下进行 α 羟化，需 Fe^{2+} 和抗坏血酸，消耗一个 NADPH。经脱氢生成 α-酮脂肪酸，脱羧生成少一个碳的脂肪酸。

O_2,NADPH+H^+ 单加氧酶 / Fe^{2+}抗坏血酸：RCH_2COOH（脂肪酸）→ R—CH(OH)—COOH（*L*-α-羟脂肪酸）

脱氢酶，NAD^+ → NADH+H^+：→ R—CO—COOH（α-酮脂肪酸）

脱羧酶 / ATP,NAD^+,抗坏血酸：→ RCOOH+CO_2
脂肪酸
（少一个碳原子）

②在过氧化氢存在下，经脂肪酸过氧化物酶催化生成 *D*-α-氢过氧脂肪酸，脱羧生成脂肪醛，再脱氢产生脂肪酸或还原成脂肪醇。

过氧化物酶，H_2O_2：RCH_2COOH（脂肪酸）→ R—CH(OOH)—COOH（*D*-α-氢过氧脂肪酸）

脱羧酶 CO_2：→ R—CHO（醛）

NAD^+ → NADH+H^+：→ RCOOH

脂肪酸的 α-氧化对支链、奇数和过长链(22)脂肪酸的降解有重要作用。现已经证实哺乳动物对叶绿素进行代谢时，经过水解、氧化，生成植烷酸，其 β 位有甲基，需通过 α-氧化脱羧才能继续 β-氧化。其具体过程如图 9-7 所示。

9.1.3.5 脂肪酸的 ω-氧化

研究发现，人和动物体内贮存的大多数是碳原子数在 12 个以上的脂肪酸，这些脂肪酸可进行 β-氧化。但机体内也存在有少量的十二碳以下的脂肪酸，如十碳的癸酸和十一碳酸，这些

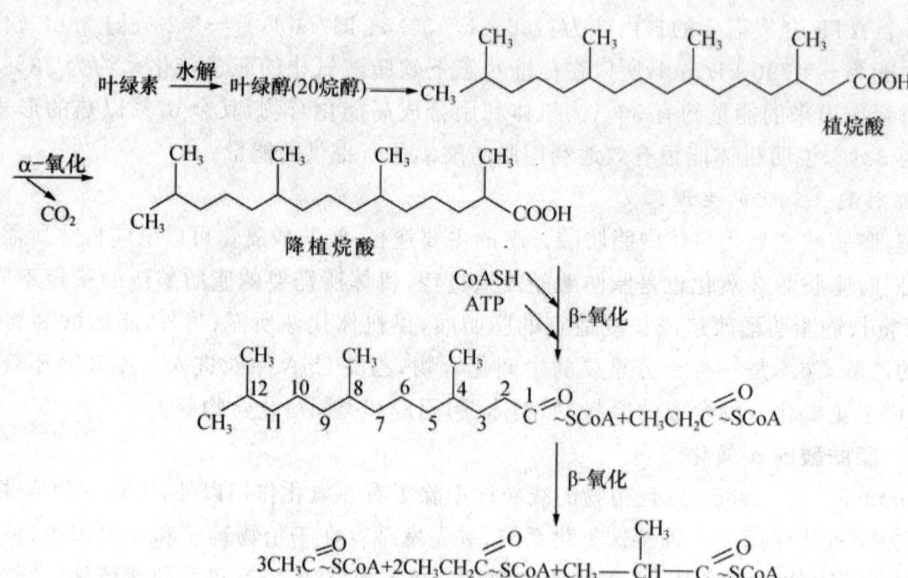

图 9-7　叶绿素在哺乳动物体内的降解途径

脂肪酸通过与 β-氧化不同的途径进行氧化降解，而且会产生二羧酸。通常脂肪酸的 ω-氧化作用是指脂肪酸在混合功能氧化酶等酶的催化下，其 ω 碳（末端甲基碳，离羧基最远的碳原子）原子发生氧化，先生成 ω-羟脂酸，继而氧化成 α，ω-二羧酸，然后在 α-端或 ω-端活化，进入线粒体进入 β-氧化，最终氧化分解。

脂肪酸 ω-氧化的简要过程如图 9-8 所示。

经 ω-氧化进行代谢的脂肪酸不需活化。二羧酸的两个羧基可以通过与 HSCoA 缩合而活化，并进入 β-氧化进行代谢。二羧酸 β-氧化的最终产物有己二酸、丁二酸；丁二酸可以进入柠檬酸循环被代谢掉。脊椎动物中参与 ω-氧化的酶主要位于肝细胞和肾细胞的内质网上。研究发现在植物体中，角质层中的角质和软木质层中的软木脂，均包含有 ω-羟酸与相应二羧酸的聚合物，因此也可进行 ω-氧化。

从土壤中可分离出许多细菌及某些海面浮游生物具有 ω-氧化途径，能将烃类和脂肪酸迅速降解成水溶性产物，有的海面浮游细菌对脂肪酸分解速率达 0.5 g/(d·m^2)。这些微生物对清除海洋中的石油污染具有重大意义，因此 ω-氧化作用的研究日益受到重视。

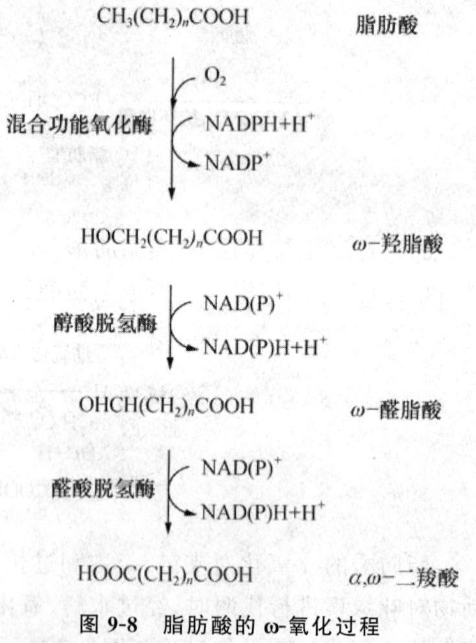

$CH_3(CH_2)_nCOOH$　脂肪酸

O_2

混合功能氧化酶　$NADPH+H^+$ → $NADP^+$

$HOCH_2(CH_2)_nCOOH$　ω-羟脂酸

醇酸脱氢酶　$NAD(P)^+$ → $NAD(P)H+H^+$

$OHCH(CH_2)_nCOOH$　ω-醛脂酸

醛酸脱氢酶　$NAD(P)^+$ → $NAD(P)H+H^+$

$HOOC(CH_2)_nCOOH$　α,ω-二羧酸

图 9-8　脂肪酸的 ω-氧化过程

9.1.3.6　不饱和脂肪酸的氧化

不饱和脂肪酸的氧化途径和上述饱和脂肪酸基本一样，但在某些特殊步骤中需有其他的酶参与。现以油酸、亚油酸为例进行说明。

1. 单不饱和脂肪酸的氧化

例如，油酸（18：1，Δ^9）是 18 个碳的一烯酸，在 C_9 和 C_{10} 之间有一个不饱和键。它按着饱和脂肪酸同样的方式活化和转入线粒体内，并且进行三次 β-氧化循环，在第三轮中形成 Δ^3-顺式烯脂酰-CoA。Δ^3-顺式烯脂酰辅酶 A 不能被烯脂酰-CoA 水化酶作用，因此需要烯脂酰-CoA 异构酶催化其形成 Δ^2-反式烯脂酰-CoA，后者可被烯脂酰-CoA 水化酶作用。因此油酸完全氧化生成 9 个乙酰-CoA，油酸的氧化具体反应见图 9-9。

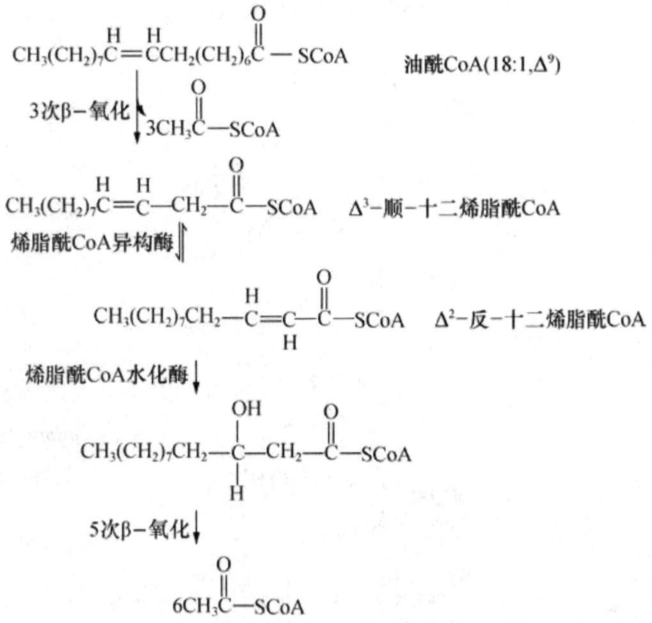

$CH_3(CH_2)_7CH{=}CH\,CH_2(CH_2)_6C({=}O){-}SCoA$ 油酰CoA(18:1,Δ^9)

3次β-氧化 ↓ → $3CH_3C({=}O){-}SCoA$

$CH_3(CH_2)_7CH{=}CH{-}CH_2{-}C({=}O){-}SCoA$ Δ^3-顺-十二烯脂酰CoA

烯脂酰CoA异构酶 ⇅

$CH_3(CH_2)_7CH_2{-}CH{=}CH{-}C({=}O){-}SCoA$ Δ^2-反-十二烯脂酰CoA

烯脂酰CoA水化酶 ↓

$CH_3(CH_2)_7CH_2{-}CH(OH){-}CH_2{-}C({=}O){-}SCoA$

5次β-氧化 ↓

$6CH_3C({=}O){-}SCoA$

图 9-9 油酰-CoA 的氧化作用

单不饱和脂肪酸实际上最终也是通过 β-氧化作用氧化的，差别只是在某些特殊的位点进行了烯键位置的异构化，其他均与饱和脂肪酸的 β-氧化作用相同。

2. 多不饱和脂肪酸的氧化

多不饱和脂肪酸氧化需要差向酶的参与。以亚油酸（18：2，$\Delta^{9,12}$）为例，亚油酸是 18 碳二烯酸，在 C_9 和 C_{10} 及 C_{12} 和 C_{13} 之间有顺式双键。亚油酸先经活化变成亚油酰辅酶 A 经三次 β-氧化产生 3 分子乙酰-CoA 和一个在 C_9 和 C_{10} 之间及 C_{12} 和 C_{13} 之间有顺式双键的脂肪酸。

Δ^3 双键经过异构酶催化成反式 Δ^2 烯脂酰-CoA，继续 β-氧化断裂 2 分子乙酰-CoA 后，产生的 8 碳 Δ^2-顺式烯脂酰-CoA，在经过烯脂酰-CoA 水化酶水化后，生成 *D*(-)*β*-羟脂酰-CoA。这一产物不能被 *β*-羟脂酰-CoA 脱氢酶所催化，因为它要求具有 *L* 型异构体的底物。线粒体中有 *β*-羟脂酰-CoA 差向酶可催化羟脂酰-CoA ，由 *D* 型转变成 *L* 型，因而成为 β-氧化的正常底物，使之继续按 β-氧化途径进行氧化，具体反应见图 9-10。

9.1.3.7　奇数碳链脂肪酸的氧化

首先以丙酸的氧化为例介绍奇数碳链脂肪酸的氧化。丙酸需先经活化形成丙酰 CoA，然后可能通过以下两个途径进行再进一步代谢，首先，丙酰 CoA 经过三步反应，转化为琥珀酰 CoA，进入三羧酸循环。此途径也是丙酸代谢的途径之一，还有丙酸代谢的另一途径是生成乙酰 CoA，下面具体介绍一下两个途径的机制。

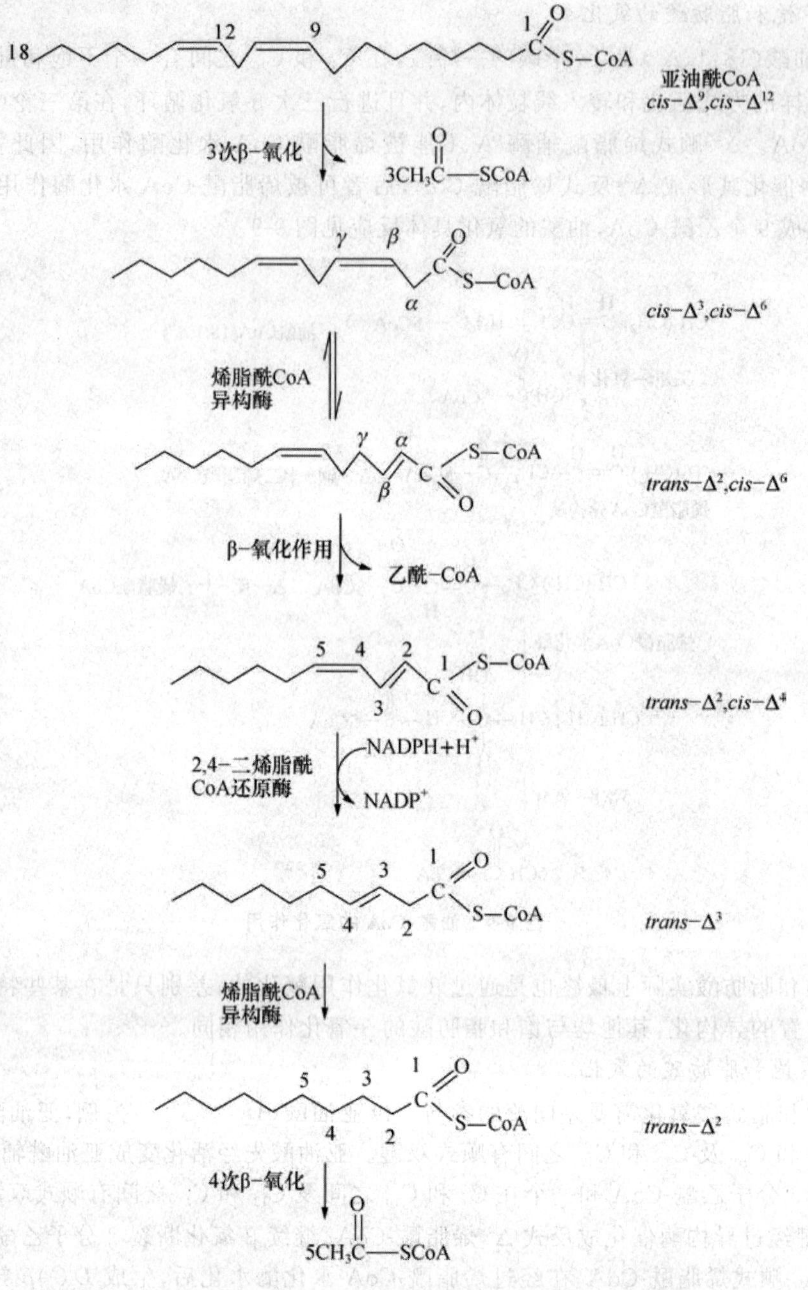

图 9-10　亚油酰-CoA 的氧化作用

①丙酰辅酶 A 在丙酰辅酶 A 羧化酶催化下生成 *D*-甲基丙二酸单酰辅酶 A，并消耗一个 ATP。在甲基丙二酸单酰辅酶 A 差向酶作用下生成 *L*-甲基丙二酸单酰辅酶 A，再由甲基丙二酸单酰辅酶 A 变位酶催化生成琥珀酰辅酶 A，而琥珀酰辅酶 A 是三羧酸循环的中间产物，可以通过三羧酸循环彻底氧化分解，也可进入到糖异生途径来合成葡萄糖。现已经证明辅酶 B_{12} 是维生素 B_{12} 作为辅酶的形式即脱氧腺苷钴胺素(deoxyadenosyl cobalamin)是甲基丙二酸单酰辅酶 A 变位酶的辅酶。维生素 B_{12} 或者其辅酶形式缺乏会影响甲基丙二酸单酰辅酶 A 变位酶的活性，使甲基丙二酸堆积，而维生素 B_{12} 或者其辅酶大量缺乏通常是维生素 B_{11} 缺乏

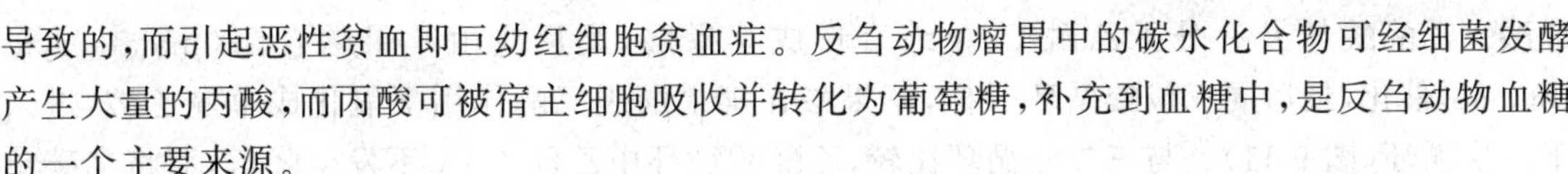

导致的，而引起恶性贫血即巨幼红细胞贫血症。反刍动物瘤胃中的碳水化合物可经细菌发酵产生大量的丙酸，而丙酸可被宿主细胞吸收并转化为葡萄糖，补充到血糖中，是反刍动物血糖的一个主要来源。

$$\underset{\text{丙酰-CoA}}{CH_3CH_2-\overset{\overset{O}{\|}}{C}-CoA} \xrightleftharpoons[\text{丙酰-CoA羧化酶}]{CO_2\ ATP\ H_2O} \underset{D\text{-甲基丙二酰-CoA}}{H-C(COO^-)(CH_3)-\overset{\overset{O}{\|}}{C}-CoA} \xrightleftharpoons[\text{甲基丙二酸单酰CoA差向酶}]{}$$

$$\underset{D\text{-甲基丙二酰-CoA}}{H_3C-C(COO^-)(H)-\overset{\overset{O}{\|}}{C}-CoA} \xrightleftharpoons[\text{甲基丙二酸单酰CoA变位酶}]{\text{辅酶}B_{12}} \underset{\text{琥珀酰-CoA}}{H_2C(-\overset{\overset{O}{\|}}{C}-CoA)-CH_2-COO^-} \longrightarrow \text{三羧酸循环}$$

②在微生物体内发现丙酰辅酶A还可经脱氢、水化生成β-羟基丙酰辅酶A，水化后在β-羟基丙酸CoA脱氢酶催化下生成丙二酸半醛即丙二酸单酰CoA，产生一个NADH。丙二酸半醛脱氢酶催化脱羧，生成乙酰辅酶A进入三羧酸循环，产生一分子NADPH。

$$\underset{\text{丙酰CoA}}{CH_3CH_2-\overset{\overset{O}{\|}}{C}-CoA} \longrightarrow \underset{\text{丙烯酰CoA}}{CH_2{=}CH-\overset{\overset{O}{\|}}{C}-CoA} \longrightarrow \underset{\beta\text{-羟基丙酰CoA}}{\overset{OH}{CH_2}CH_2-\overset{\overset{O}{\|}}{C}-CoA}$$

$$\longrightarrow \underset{\text{丙二酸单酰CoA}}{HO-\overset{\overset{O}{\|}}{C}CH_2-\overset{\overset{O}{\|}}{C}-CoA} \longrightarrow \underset{\text{乙酰CoA}}{CH_3-\overset{\overset{O}{\|}}{C}-CoA} + CO_2$$

此外，有些含支链的氨基酸如缬氨酸、异亮氨酸等在降解过程中也可产生丙酸，因此丙酸的代谢十分重要。

9.1.4 乙醛酸循环

人们在研究中发现，不少细菌、藻类以及在一定生育阶段的一些高等植物均能仅以乙酸为碳源去合成它们生长所必需的其他含碳化合物，同时种子发芽时可以将脂肪转化成糖，如果乙酰-CoA只能经三羧酸循环进行氧化降解，那么就无法解释以上现象。H. L. Kornberg等经研究提出了有关乙酰-CoA代谢的另一个循环途径，即乙醛酸循环(glyoxylate cycle)。该循环途径仅存在植物、微生物中，而不存在于动物体内，并且是一个类似于三羧酸循环的代谢途径，因此也称三羧酸循环支路。

1. 乙醛酸循环反应过程

乙醛酸循环从草酰乙酸和乙酰-CoA开始，形成柠檬酸后，异构化成异柠檬酸。与三羧酸循环不同的是异柠檬酸不经脱羧，而是被异柠檬酸裂解酶(isocitrate lyase)裂解成琥珀酸和乙

醛酸。乙醛酸与另一分子乙酰-CoA 缩合形成苹果酸，此反应由苹果酸合酶（malate synthetase）催化，最后同三羧酸循环一样，苹果酸在苹果酸脱氢酶作用下氧化成草酰乙酸，进入下一次循环（图 9-11）。与三羧酸循环比较，乙醛酸循环中乙酰-CoA 不发生降解，而将二碳单位保留下来与另外一分子乙酰-CoA 反应生成苹果酸。

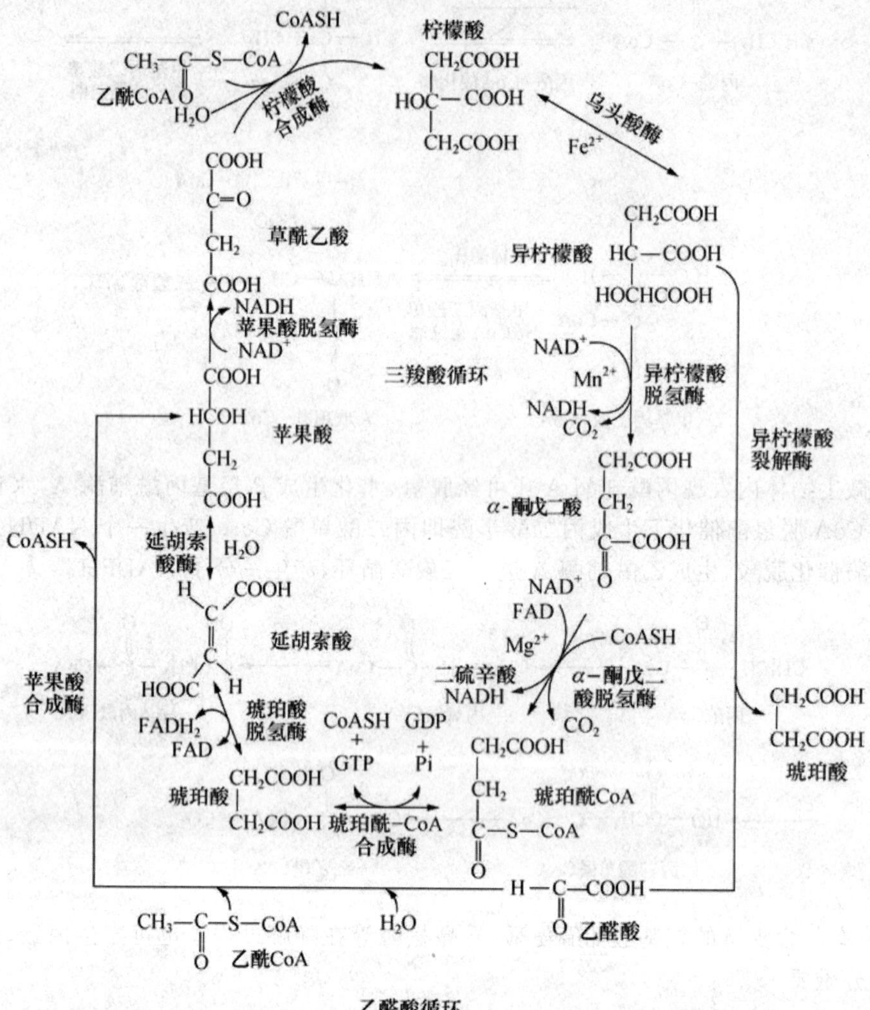

图 9-11　三羧酸循环的支路——乙醛酸循环

①异柠檬酸裂解酶（isocitrate lyase）将异柠檬酸裂解为琥珀酸和乙醛酸：

$$\begin{array}{c}H_2C-COOH\\|\\HC-COOH\\|\\HOCH-COOH\end{array}\longrightarrow\begin{array}{c}CH_2-COOH\\|\\CH_2-COOH\end{array}+\begin{array}{c}O\\\|\\HC-COOH\end{array}$$

异柠檬酸　　　　琥珀酸　　　　乙醛酸

②苹果酸合成酶（malate synthase）将乙醛酸与乙酰 CoA 结合成苹果酸：

$$CH_3-\overset{O}{\overset{\|}{C}}SCoA + H\overset{O}{\overset{\|}{C}}-COOH \xrightleftharpoons{H_2O} \begin{array}{l} CH_2-COOH \\ | \\ HOCH-COOH \end{array} + CoA-SH$$

乙酰CoA　　乙醛酸　　L-苹果酸

琥珀酸由乙醛酸体转移到线粒体，通过三羧酸循环的部分反应转变为延胡索酸、苹果酸，再生成草酰乙酸。然后，草酰乙酸继续进入 TCA 循环或者转移到细胞质，在磷酸烯醇式丙酮酸羧激酶(PEP carboxykinase)催化下脱羧生成磷酸烯醇式丙酮酸(PEP)，PEP 再通过糖酵解的可逆反应逆转而转变为葡萄糖-6-磷酸，形成葡萄糖或者蔗糖。

油料种子在发芽过程中，细胞中出现许多乙醛酸体，贮藏脂肪首先水解为甘油和脂肪酸，然后脂肪酸在乙醛酸体内氧化分解为乙酰 CoA，并通过乙醛酸循环转化为葡萄糖或者蔗糖，并运输到种苗中再进一步合成种苗所需的糖类、脂类和蛋白质等物质。直到幼苗贮脂消耗殆尽时或独立进行光合作用时为止，乙醛酸循环活性便随之消失。淀粉种子萌发时不发生乙醛酸循环。由此可见乙醛酸循环是富含脂肪的油料种子所特有的一种代谢途径。

乙醛酸循环与糖异生及 TCA 循环之间的联系如图 9-12 所示。

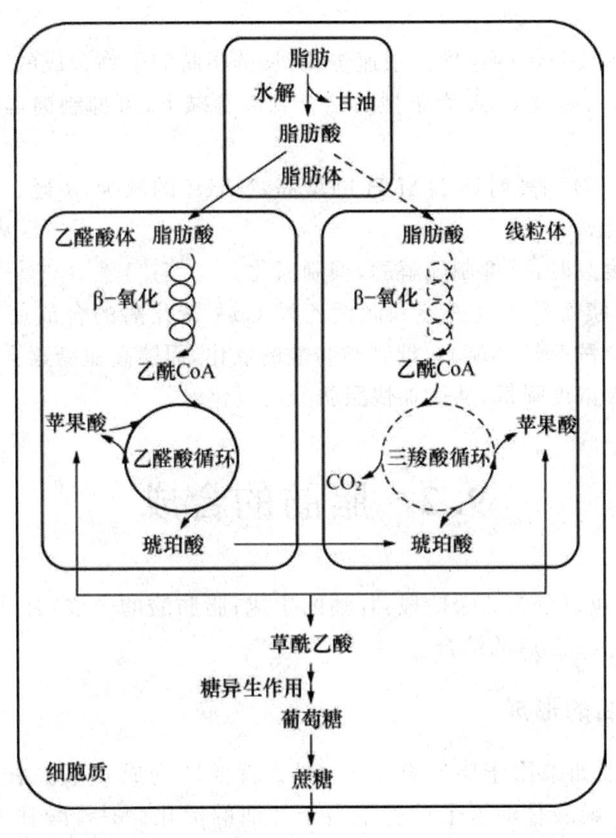

图 9-12　乙醛酸循环与糖异生及 TCA 循环之间的联系

2. 乙醛酸循环进行的部位

乙醛酸循环不存在于动物以及高等植物的营养器官中，它存在于一些细菌、藻类以及高等

植物种子，尤其油性种子(如大豆、花生等)的乙醛酸体中。

3. 乙醛酸循环的主要生物学意义

①乙醛酸循环实现了脂肪到糖的转变，对植物的生长发育起着重要的作用。这个过程依赖于线粒体、乙醛酸体及细胞质的协同作用。有了乙醛酸循环，就可以提高三羧酸循环中间物的浓度，为合成糖和其他物质提供前体物(如草酰乙酸沿糖异生途径合成糖，草酰乙酸和 α-酮戊二酸经转氨作用生成氨基酸。)

②乙醛酸循环提高了生物体利用乙酰-CoA 的能力。只要极少量的草酰乙酸做引物，乙醛酸循环就可以持续运行，不断产生琥珀酸，可以弥补三羧酸循环中四碳化合物的不足，即当四碳化合物缺乏时，二碳化合物就不能充分氧化。

9.1.5 脂肪酸氧化的调节

脂肪酸氧化的速度决定于多种因素如糖的可利用量、能荷比、激素和代谢物调节等。现就具体的影响因素进行介绍：

①糖的可利用量。通常葡萄糖可利用量减少，就会动员脂肪将脂肪酸释放用于氧化产能，此时氧化速度加快；而葡萄糖的可利用量高时，脂肪酸氧化速度会下降，这时葡萄糖作为主要的供能物质。

②脂酰 CoA 进入线粒体的速度是限速步骤，长链脂肪酸生物合成的第一个前体丙二酸单酰 CoA 的浓度增加，与脂酰 CoA 竞争性的结合到肉毒碱上，可抑制肉毒碱脂酰基转移酶Ⅰ，限制脂肪酸氧化。

③[NADH]/[NAD^+]高时即 NADH 的增高，NAD^+ 的减少，β-羟脂酰 CoA 脱氢酶便受抑制，限制脂肪酸氧化。

④乙酰 CoA 浓度高时，可抑制硫解酶，抑制氧化。

⑤激素的调节。胰岛素通过诱导和激活乙酰 CoA 羧化酶的合成使丙二酰 CoA 浓度增加，进而抑制肉毒碱脂酰基转移酶Ⅰ，抑制脂肪酸的氧化，而胰高血糖素会抑制乙酰 CoA 羧化酶活性使丙二酰 CoA 浓度降低，从而加快脂肪酸的氧化。

9.2 脂肪的合成

脂肪的生物合成可以分为 3 个阶段：甘油的生成；脂肪酸的合成；甘油和脂肪酸分别转变为 α-磷酸甘油和脂酰-CoA 后的缩合。

9.2.1 α-磷酸甘油的形成

在生物体内，甘油如果用于脂肪合成时，那么就要转变成 α-磷酸甘油才能用于脂肪合成。由甘油转变成 α-磷酸甘油这个过程相当于甘油的活化。α-磷酸甘油有两个来源，一是由葡萄糖的糖酵解途径的中间产物磷酸二羟丙酮转化而来，胞液中的磷酸二羟丙酮在 α-磷酸甘油脱氢酶(glycerol phosphate dehydrogenase)作用下，以 NADH 为辅酶，还原为 α-磷酸甘油；

$$\begin{array}{c} CH_2OH \\ | \\ C{=}O \\ | \\ CH_2OPO_3 \end{array} \xrightleftharpoons[\alpha\text{-磷酸甘油脱氢酶}]{NADH+H^+ \quad NAD^+} \begin{array}{c} CH_2OH \\ | \\ CHOH \\ | \\ CH_2OPO_3 \end{array}$$

磷酸二羟丙酮　　　　　　　　　　α-磷酸甘油

另一个来源是脂肪降解产生的甘油在甘油激酶(glycerol kinase)作用下生成α-磷酸甘油。

$$\begin{array}{l} CH_2OH \\ | \\ CHOH+ATP \\ | \\ CH_2OH \end{array} \xrightleftharpoons[\text{甘油激酶}]{Mg^{2+}} \begin{array}{l} CH_2OH \\ | \\ CHOH+ADP \\ | \\ CH_2OPO_3 \end{array}$$

甘油　　　　　　　　　　α-磷酸甘油

由于脂肪组织中甘油激酶的活性低下,所以脂肪组织中α-磷酸甘油主要来自糖代谢中磷酸二羟丙酮的转化。

9.2.2　脂肪酸的生物合成

脂肪酸的生物合成过程比较复杂,与氧化降解反应完全不同,它可分为饱和脂肪酸的从头合成、脂肪酸碳链的延长和不饱和脂肪酸的生成几种不同情况。

9.2.2.1　饱和脂肪酸的从头合成

当机体需要把获得的能量用于贮存时,脂肪酸合成就会发生。饱和脂肪酸的从头合成,在动物体中是在细胞胞液(cytosol)内进行的;在植物体的叶细胞和种子细胞中分别是叶绿体(chloroplast)和前质体(proplastid)内进行的,包括脂肪酸链自乙酰-CoA获得两个碳原子单位,从而增长链长的步骤,随后在需要时,脂肪酸与甘油分子结合形成贮存形式的脂肪。

1. 乙酰-CoA来源及转运

大部分脂肪酸合成定位于细胞质中,而脂肪酸β-氧化作用仅在线粒体中发生。脂肪酸从头合成的主要原料是乙酰-CoA,它主要来自于线粒体内的丙酮酸氧化脱羧及氨基酸氧化等途径。但代谢产生的乙酰-CoA不能穿过线粒体的内膜到胞液中去,所以要借助"柠檬酸-丙酮酸循环"(citrate pyruvate cycle)来达到进入胞液的目的。"柠檬酸穿梭"途径是指在线粒体内的乙酰-CoA与草酰乙酸结合形成柠檬酸,然后通过线粒体内膜上的三羧酸载体转运至胞液中,再通过胞液中的柠檬酸裂解酶裂解成草酰乙酸和乙酰-CoA。草酰乙酸也不能直接透过线粒体内膜,必须经苹果酸脱氢酶作用将其还原成苹果酸,然后通过苹果酸的穿梭载体回到线粒体基质中,再脱氢转变成草酰乙酸,或者苹果酸经苹果酸酶催化下进行氧化脱羧作用并且消耗$NADP^+$产生CO_2、NADPH和丙酮酸,丙酮酸再进入线粒体后,在丙酮酸羧化酶催化下形成草酰乙酸,从而完成了乙酰-CoA的转运,草酰乙酸又可参与乙酰-CoA的新一轮转运。具体过程见图9-13。

为什么草酰乙酸的转运也可以通过转变成丙酮酸再转运回线粒体?要经过这么复杂的途径转运是与细胞内部的脂肪酸合成所需的条件有直接联系的,脂肪酸合成除了必要的碳架的来源及足够的ATP外,还需要充足的还原力NADPH,而NADPH的产生途径非常有限,其主要来源就是通过磷酸戊糖途径(pentose phosphate pathway)的氧化分支产生的NADPH,

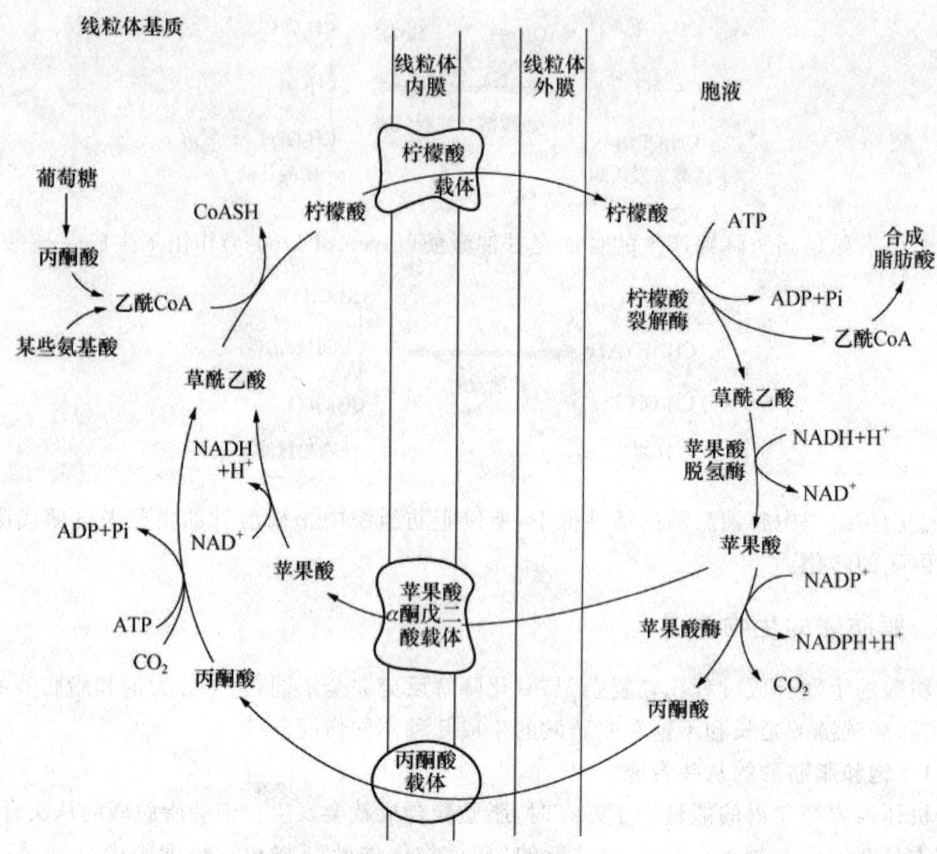

图 9-13 "柠檬酸-丙酮酸循环"反应途径

可为生物体提供还原力，例如植物在黑暗的条件下或者缺少叶绿体的组织中，主要通过此途径满足 NADPH 的需要；但是若此途径不能提供足够的 NADPH，那么脂肪酸的合成就会受限制，而正好由苹果酸经苹果酸酶催化下生成丙酮酸时产生 1 分子 NADPH，可补充 NADPH 的不足，提供充足的还原力，促进脂肪酸的合成。而植物体还可通过光系统Ⅰ提供 NADPH。光系统Ⅰ是一个跨膜复合物，含有 13 条多肽链（相对分子质量＞800 000），由 70 个叶绿素 a 和叶绿素 b 分子组装而成，光反应中具有 130 个叶绿素 a 分子。光合系统Ⅰ在光波长 700 nm 附近被激活，不产生氧，而是与一系列电子载体连接，最终产生 NADPH。在植物体内，线粒体内产生的乙酰-CoA 先脱去 HS-CoA 并以乙酸的形式转运出线粒体而进入叶绿体内，由脂酰 CoA 合成酶催化重新形成乙酰-CoA。因此在植物体内可能不存在"柠檬酸穿梭"机制。

2. 丙二酸单酰-CoA（malony CoA）的形成

脂肪酸的合成起始于乙酰-CoA 转化成丙二酸单酰-CoA。人们在用细胞提取液进行脂肪酸从头合成的研究时发现，脂肪酸的从头合成需要 HCO_3^- 参与。研究发现，在合成过程中，乙酰-CoA 是引物，真正的加合物则是丙二酸单酰-CoA。以合成 1 分子软脂酸（16:0）为例，合成中所需的 8 个二碳单位中，只有 1 个是以乙酰-CoA 形式，而其他 7 个均以丙二酸单酰-CoA 形式参与合成反应。

丙二酸单酰-CoA 是由乙酰-CoA 在乙酰-CoA 羧化酶（acetyl-CoA carboxylase）的催化下形成的，该酶的辅基为生物素，反应中消耗 ATP，其反应过程为：

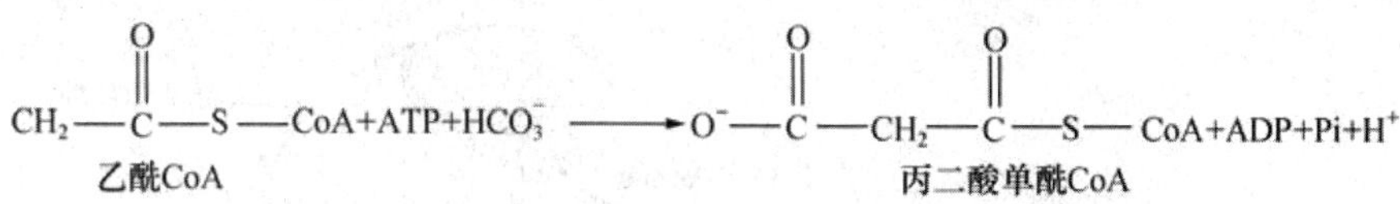

乙酰-CoA 羧化酶为别构酶，在原核生物中，例如大肠杆菌中的乙酰-CoA 羧化酶是 3 个酶或蛋白的复合体，其组成见表 9-1。其中的蛋白质叫生物素羧基载体蛋白（biotin carboxyl-carrier protein，BCCP），它的作用是作为生物素的载体，而生物素共价连接到这个蛋白的一个赖氨酸残基的 ε-氨基上，组成了生物胞素（biocytin），其中生物素的主要作用是将羧基（即由 HCO_3^- 固定转换下来形成的）结合过来。乙酰-CoA 羧化酶的另外 2 个蛋白都是酶，即生物素羧化酶（biotin carboxylase）和羧基转移酶（transcarboxylase），催化的反应如图 9-14 所示。

表 9-1　乙酰-CoA 羧化酶的组成

细菌	真核生物
三蛋白复合体	三蛋白一条多肽链，两亚基
生物素羧基载体（BCCP）	生物素羧基载体（BCCP）
生物素羧化酶（BC）	生物素羧化酶（BC）
羧基转移酶（CT）	羧基转移酶（CT）

$$BCCP+HCO_3^-+ATP \xrightleftharpoons{BC亚基} BCCP-CO_2^-+ADP+Pi$$

生物素(biotin)

生物胞素(biocytin)

赖氨酸残基

图 9-14　生物素和生物胞素

羧基转移酶催化 BCCP-羧化生物素上有活性的羧基转移到乙酰-CoA 上（图 9-15），产生丙二酸单酰-CoA 和 BCCP-生物素。

$$BBCP-CO_2^- + CH_3\overset{O}{\overset{\|}{C}}-SCoA \xrightleftharpoons{CT亚基} {}^-OOC-CH_2-\overset{O}{\overset{\|}{C}}-SCoA+BBCP$$

从反应机制来看，乙酰辅酶 A 羧化酶代表了一种乒乓反应机理，在此反应中所有底物被结合之前有一种或者多种产物释放出来。

乙酰辅酶 A 羧化酶是脂肪酸合成的限速调节酶。在真核生物中它有无活性的单体和有

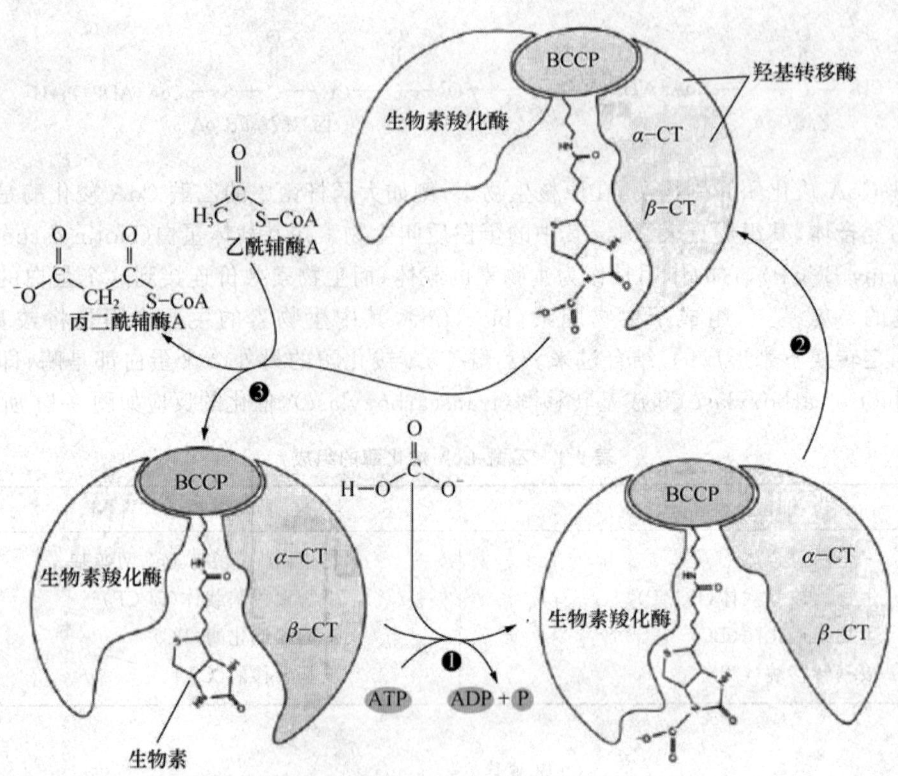

图 9-15　丙二酸单酰-CoA 的合成过程

活性的丝状聚合体两种形式，两者之间的相互转变是受变构调节的(图 9-16)，无活性的单体相对分子质量为 410 000，有一个 HCO_3^- 结合部位(即含有一个生物素羧基)，有一个乙酰辅酶A 结合部位，还有一个柠檬酸结合部位。柠檬酸(或异柠檬酸)在无活性单体和有活性丝状聚合体之间起调节作用。柠檬酸有利于酶向有活性的形式转变，使生物素与其底物所形成的取向是最适的。反之软脂酰辅酶 A 使酶向无活性的形式转变。因此，柠檬酸把平衡向聚合一侧进行，促进脂肪酸合成，是其激活剂；软脂酰辅酶 A 把平衡向单体一侧进行，抑制脂肪酸合成，是变构抑制剂。在细菌中，脂肪酸主要是用于磷脂类合成而不是贮藏燃料，所以控制不同于真核生物。柠檬酸对细菌的生物合成没有调控作用。

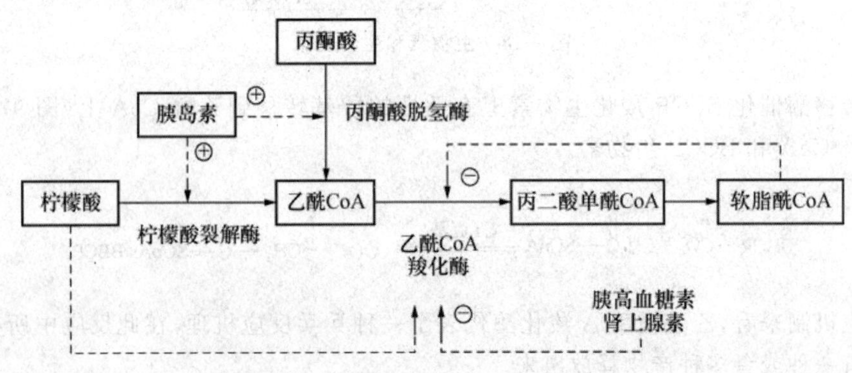

图 9-16　乙酰-CoA 羧化酶的变构调节

3. 脂肪酸合成酶系

从乙酰-CoA 和丙二酸单酰辅酶 A 开始的脂肪酸合成反应由脂肪酸合成酶系统(fatty acid synthase system,FAS)催化。脂肪酸合成酶系包括 6 种酶和 1 个脂酰基载体蛋白(acyl carrier protein, ACP),即 ACP-酰基转移酶(ACP-acyl transferase)、ACP-丙二酸单酰转移酶(ACP-malonyl transferase)、β-酮脂酰-ACP 合酶(β-ketoacyl-synthase)、β-酮脂酰-ACP 还原酶(β-ketoacyl reductase)、β-羟脂酰-ACP 脱水酶(β-hydroxyacyl-ACP dehydrase)、烯脂酰-ACP 还原酶(enoyl-ACP reductase)。

不同生物体内的脂酰基载体蛋白在组成上相似,一个相对分子质量较低的蛋白,大肠杆菌(*E. coli*)的 ACP 是一个由 77 个氨基酸残基组成的热稳定蛋白,该蛋白的 36 位丝氨酸上的羟基又与 4′-磷酸泛酰巯基乙胺的磷酸基以酯键共价连接,其中巯基(—SH)是 ACP 的活性基团,其在脂肪酸合成中的作用如同辅酶 A 在脂肪酸降解中的作用一样重要,可看作是一个巨大的辅酶“大辅酶 A”(图 9-17)。在 β-氧化中,脂肪酸衍生物连接到磷酸泛酰巯基乙胺基团的—SH 上,组成了 CoA-SH 的部分结构。这个长的磷酸泛酰巯基乙胺基团起到一个“摆臂”的作用,它能将底物从酶复合物上一个催化中心转移到另一个催化中心。

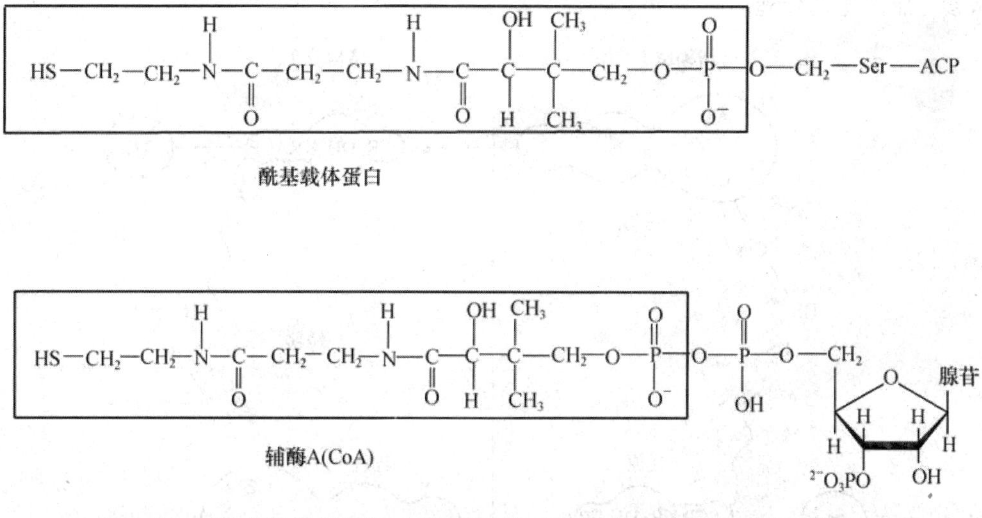

$HS-CH_2-CH_2-NH-CO-CH_2-CH_2-NH-CO-CH(OH)-C(CH_3)_2-CH_2-O-PO(O^-)-O-CH_2-Ser-ACP$

酰基载体蛋白

$HS-CH_2-CH_2-NH-CO-CH_2-CH_2-NH-CO-CH(OH)-C(CH_3)_2-CH_2-O-PO(O^-)-O-PO(OH)-O-CH_2$-腺苷($3'-{}^{2-}O_3PO$)

辅酶A(CoA)

图 9-17 磷酸泛酰巯基乙胺(方框部分)是 CoA 与酰基载体蛋白中的活性基团

脂肪酸合成酶是一个具有多种功能的酶系统,在低等生物中,脂肪酸合成酶系是一种由 1 分子脂酰基载体蛋白(ACP)和 7 种酶单体所构成的多酶复合体;但在高等动物中,则是由一条多肽链构成的多功能酶,通常以二聚体形式存在,每个亚基都含有一个 ACP 结构域。在脂肪酸合成酶中,底物和中间产物分子在各个功能结构域(可以位于同一酶分子,也可以位于不同酶分子)中传递直到完成脂肪酸的整个合成过程。不同生物体内中脂肪酸合酶系统模式如图 9-18 所示。

(1)在大肠杆菌中 催化上述脂肪酸合成的 7 个酶和 ACP 构成一个多酶复合体系。

(2)在高等动物中 是由一个基因编码的具有 7 种酶活性的多功能酶,即一条多肽链上表现出 7 种酶的活性。哺乳动物中这个酶的相对分子质量为 250 000,并且分为 3 个结构域。

①结构域Ⅰ。乙酰转移酶(AT)、丙二酸单酰转移酶(MT)和缩合酶(CE)。

②结构域Ⅱ。烯脂酰还原酶(ER)、脱水酶(DH)、β-酮脂酰还原酶(KR)和 ACP。

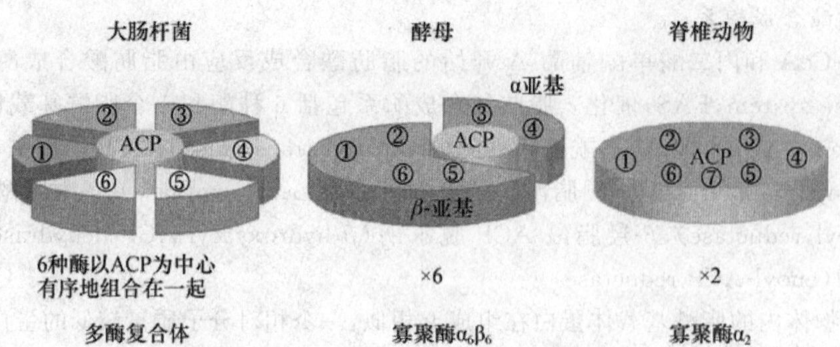

图 9-18 不同生物中脂肪酸合酶系统模式图

③结构域Ⅲ。具有硫酯酶(TE)的活性。

结构域之间由较为伸展的肽链相连。具有活性的酶是两条这样的多肽链头、尾相对组成的二聚体(图 9-19)。两条肽链上的不同结构域组合成对称的两个功能区,合成反应在二聚体的不同肽链头、尾相靠近的界面上进行,缩合酶的半胱氨酸巯基和 ACP 的巯基正处在这个界面上,参与脂酰基的传递。

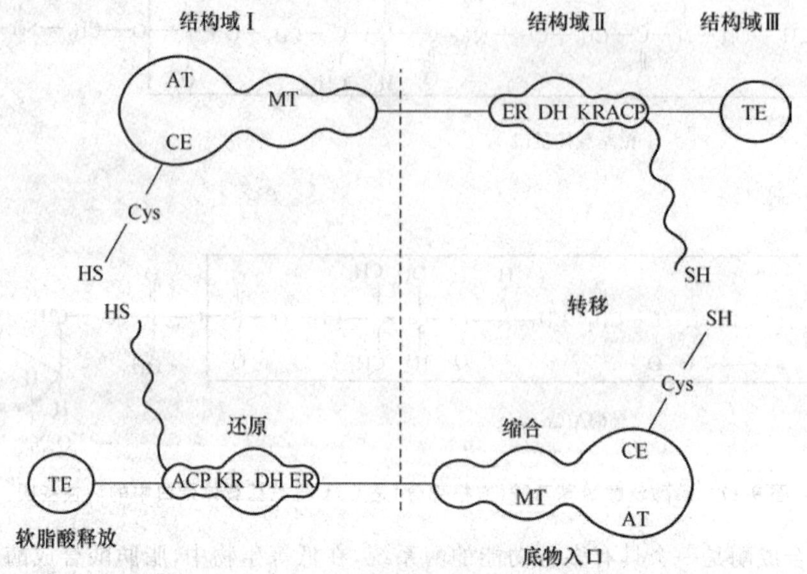

图 9-19 动物脂肪酸合成酶模式图

AT=ACP-酰基转移酶,MT=ACP-丙二酸单酰转移酶,CE=β-酮脂酰-ACP 合酶(缩合酶),
KR=β-酮脂酰-ACP 还原酶,DH=β-羟脂酰-ACP 脱水酶,
ER=烯脂酰-ACP 还原酶,TE=硫酯酶

缩合酶的半胱氨酸巯基和 ACP 的巯基正处在这个界面上,参与脂酰基的传递。

4. 合成过程

现以大肠杆菌中的脂肪酸从头合成途径为例介绍一下脂肪酸是如何合成的。

(1)原初反应(priming) 由多酶复合体中的一个酶单体 ACP-酰基转移酶(ACP-acyltransferase)催化乙酰辅酶 A 与 ACP 的—SH 作用,反应如下:

$$CH_3\overset{\overset{O}{\|}}{C}-S-CoA+ACP-SH \rightleftharpoons CH_3\overset{\overset{O}{\|}}{C}-S-ACP+CoA-SH$$

乙酰-CoA　　　　乙酰-ACP

乙酰基并不留在 ACP 上，而是转移到 β-酮脂酰-ACP 合成酶（β-ketoacl-ACP synthase，以合成酶—SH 或缩合酶表示）单体的半胱氨酸的—SH 上，反应如下：

$$CH_3-\overset{\overset{O}{\|}}{C}-S-ACP+\text{合成酶}-SH \rightleftharpoons CH_3-\overset{\overset{O}{\|}}{C}-S-\text{合成酶}+ACP-SH$$

（2）装载（loading）丙二酸单酰基的转移反应　在 ACP-丙二酸单酰转移酶（ACP-malonyl transferase）催下，丙二酸单酰辅酶 A 与 ACP—SH 作用，脱掉辅酶 A 形成丙二酸单酰-ACP：

$$^-OOC-CH_2-\overset{\overset{O}{\|}}{C}-SCoA+ACP-SH \rightleftharpoons {}^-OOC-CH_2-\overset{\overset{O}{\|}}{C}-SACP+CoASH$$

丙二酸单酰-CoA　　　　丙二酸单酰-ACP

ACP-丙二酸单酰转移酶的专一性很强，只催化丙二酸单酰基的转移。经过原初反应和装载，这时 ACP 以及缩合酶上的巯基上分别结合了相应的脂酰基，为接下来的缩合反应做好准备。

（3）缩合反应（condensation）　这一步由 β-酮脂酰-ACP 合成酶催化。与酶分子中半胱氨酸—SH 结合的乙酰基又转移到丙二酸单酰-ACP 的丙二酸单酰基的第二个碳原子上，形成乙酰乙酰-ACP，同时使丙二酸单酰基上的自由羧基脱羧产生 CO_2，其中 CO_2 的释放对于反应有利，而且为不可逆进行，反应如下：

$$\text{合成酶}-S-\overset{\overset{CH_3}{|}}{C}=O + HOOC\ CH_2\overset{\overset{O}{\|}}{C}-SACP \xrightarrow{\nearrow CO_2\ \nearrow SH-\text{合成酶}} CH_3\overset{\overset{O}{\|}}{C}CH_2\overset{\overset{O}{\|}}{C}-SACP$$

乙酰乙酰-ACP

同位素实验证明，释放的 CO_2 的碳原子来自形成丙二酸单酰辅酶 A 时所羧化的 HCO_3^-，说明羧化的碳原子并未掺入到脂肪酸中。

（4）第一次还原反应（reduction）　乙酰乙酰-ACP 由 $NADPH+H^+$ 还原，形成 β-羟丁酰-ACP。催化该反应的酶为 β-酮脂酰-ACP 还原酶（β-ketoacyl ACP reductase），反应如下：

$$CH_3\overset{\overset{O}{\|}}{C}CH_2\overset{\overset{O}{\|}}{C}-SACP+NADPH+H^+ \longrightarrow CH_3\overset{\overset{OH}{|}}{C}HCH_2\overset{\overset{O}{\|}}{C}-SACP+NADP^+$$

乙酰乙酰-ACP　　　　*D*-β-羟丁酰-ACP

此反应加氢后的产物为 *D* 型异构体，而脂肪酸氧化分解时形成的是 *L*-型异构体。

（5）脱水反应（dehydration）　*D*-β-羟丁酰-ACP 脱水，形成相应的 α，β 或 Δ^2-反式丁烯酰-ACP，即巴豆酰-ACP（crotonoyl-ACP），催化该反应的酶是羟脂酰-ACP 脱水酶（β-hydroxyacyl-ACP dehydrase），该酶对底物的空间构型有严格要求，反应如下：

$$CH_3CHCH_2\overset{\overset{O}{\|}}{C}—SACP \longrightarrow \overset{H}{\underset{CH_3}{C}}=\underset{H}{C}—\overset{\overset{O}{\|}}{C}—SACP + H_2O$$

（OH 连于 CH_3CHCH_2 的 β 位碳上）

D-β-羟丁酰-ACP　　巴豆酰-ACP

(6)第二次还原反应(reduction)　Δ^2-反式丁烯酰-ACP 被还原为丁酰-ACP，催化该反应的酶为烯脂酰-ACP 还原酶(enoyl-ACP reductase)，电子供体是 $NADPH+H^+$。在大肠杆菌和动物组织中反应如下：

$$\overset{H}{\underset{CH_3}{C}}=\underset{H}{C}—\overset{\overset{O}{\|}}{C}—SACP+NADPH+H^+ \rightleftharpoons CH_3CH_2CH_2\overset{\overset{O}{\|}}{C}—SACP+NADP^+$$

丁酰-ACP

经过以上反应完成了一次脂肪酸链的加合，增加了二碳长度。若要合成软脂酸要进行 7 次这样的循环反应，每次循环的差别在于原初反应转移的脂酰基不同，如乙酰基、丁酰基、己酰基等。第二次循环是丁酰基由 ACP 转移到 β-酮脂酰-ACP 合成酶分子的—SH 上，ACP 又可再接受丙二酸单酰基，第二次循环即可进行。经过 7 次循环后，合成的最终产物软脂酰基-ACP 经硫酯酶(thioesterase)催化，形成游离的软脂酸，或者由硫解酶催化把棕榈酰基从 ACP 上转移到 CoA 上形成软脂酰 CoA，有些生物缺乏软脂酰基-ACP 经硫酯酶，因此需要通过硫解酶将脂酰基解离下来。

多数生物脂肪酸从头合成只能形成软脂酸，而不能形成比它多两个碳原子的硬脂酸。原因是 β-酮脂酰-ACP 合成酶对链长有专一性，它接受 14 碳酰基的能力很强，但不能接受 16 碳酰基。可能酶与饱和脂酰基的结合位点只适合于一定的链长范围。

由乙酰-CoA 合成软脂酸的总反应如下式：

$$8\ 乙酰\text{-}CoA + 14NADPH + 14H^+ + 7ATP \longrightarrow$$
$$软脂酸 + 8HSCoA + 14NADP^+ + 7ADP + 7Pi + 6H_2O$$

脂肪酸生物合成的反应程序如图 9-20 所示。

实验证明，反应中所需的 $NADPH+H^+$ 约有 60％来自于磷酸戊糖途径，其余的可由柠檬酸-丙酮酸循环这个途径获得。当然在植物的叶绿体内合成脂肪酸所需的 $NADPH+H^+$ 来自于光合电子传递反应。

5. 脂肪酸氧化与合成途径的比较

由于大多数天然脂肪酸为偶数碳原子，合成的原料主要为乙酰 CoA，而脂肪酸 β-氧化产生乙酰 CoA，所以起初人们推测脂肪酸的合成是否为 β-氧化的逆转呢，事实证明，两者绝不是简单的逆转关系，这两个途径的主要区别有以下 10 点：①细胞内反应部位不同；②脂酰基载体不同；③二碳单位加合或脱去的方式不同；④电子供体和电子受体不同；⑤β-羟脂酰基中间产物的构型不同；⑥HCO_3^- 及柠檬酸的要求不同；⑦底物的转运机制不同；⑧反应方向不同；⑨能量变化不同；⑩催化反应的酶系不同等(表 9-2)。这两个途径的不同点使软脂酸的合成和氧化分解途径可同时在细胞内独立进行，但在不同条件下，受细胞内各种因素的影响导致不同路径的活性高低不同，进行的程度不同。

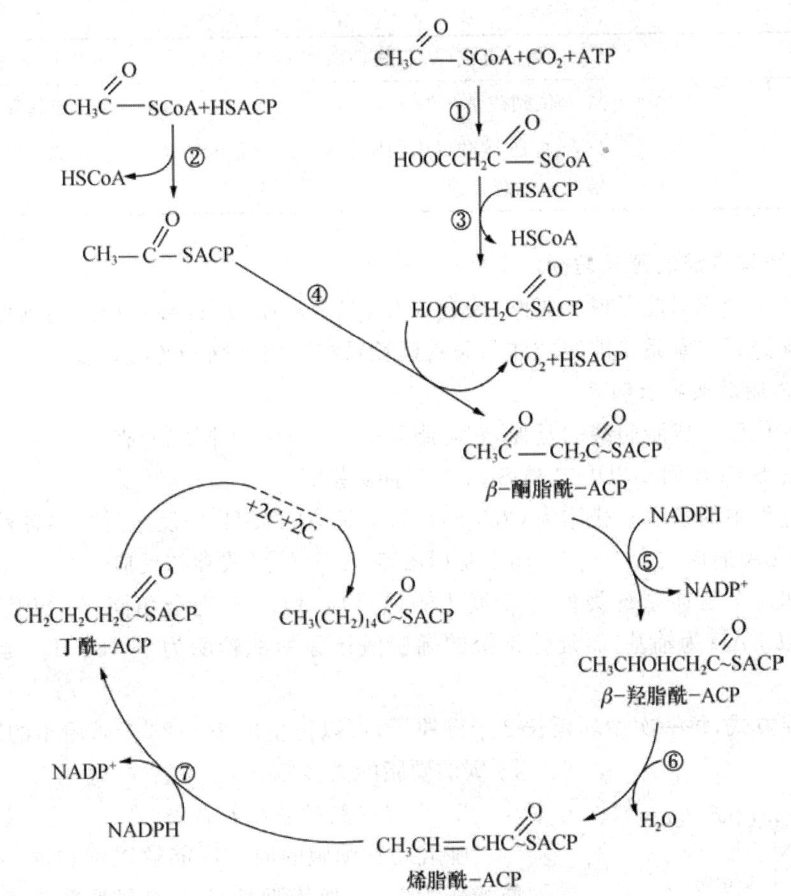

图 9-20 脂肪酸的生物合成过程

①乙酰 CoA 羧化酶;②乙酰 CoA-ACP 转酰酶;③丙二酸单酰 CoA-ACP 转移酶;④β-酮脂酰-ACP 合成酶;⑤β-酮脂酰-ACP 还原酶;⑥β-羟脂酰-ACP 脱水酶;⑦烯脂酰-ACP 还原酶

表 9-2 软脂酸分解与合成代谢的比较

	合成(从乙酰 CoA 开始)	β-氧化(生成乙酰 CoA)
细胞中部位	细胞质	线粒体
酶系	7 种酶,多酶复合体或多酶融合体	4 种酶分散存在
酰基载体	ACP	CoA
二碳片段	丙二酸单酰 CoA	乙酰 CoA
电子供体(受体)	NADPH	FAD、NAD
β-羟脂酰基构型	*D* 型	*L* 型
对 HCO_3^- 及柠檬酸的要求	要求	不要求
能量变化	消耗 7 个 ATP 及 14 个 NADPH	产生 106 个 ATP
底物的转运	柠檬酸穿梭	肉毒碱转运

续表9-2

	合成（从乙酰 CoA 开始）	β-氧化（生成乙酰 CoA）
反应方向	从 ω 位到羧基	从羧基端开始降解
产物	只合成 16 碳酸以内的脂肪酸，延长需由碳链延伸酶系统完成	18 碳酸可彻底降解

9.2.2.2 脂肪酸碳链的延长途径

脂肪酸从头合成只能形成软脂酸，要合成 C_{16} 以上的脂肪酸，必须把碳链延伸。生物体有两个脂肪酸碳链延伸酶系统即线粒体脂肪酸延长系统和内质网脂肪酸延长系统。

1. 线粒体脂肪酸延长酶系

该酶系催化已合成脂肪酸的延伸，它与脂肪酸合成酶的不同之处有：

①以乙酰-S-CoA 而不以丙二酰-S-CoA 延伸碳链；

②反应过程中的各酰基载体为 CoA-SH，而不是 ACP-SH，即反应过程中各种形式的酰基都是以酰基-CoA 的形式参与反应，而不是以酰基-ACP 的形式参与反应。

综上可知这个延伸系统类似于 β-氧化的逆反应，但又不完全相同。β-氧化过程中脂酰 CoA 脱氢酶以 FAD 为辅基，而延伸系统的烯脂酰还原酶的辅酶为 NADPH。延长反应如图 9-21 所示。

通过这种方式，每一次循环延长 2 个碳原子，可以衍生出 24～26 个碳原子的脂肪酸，但以 18 碳的硬脂酸为多。

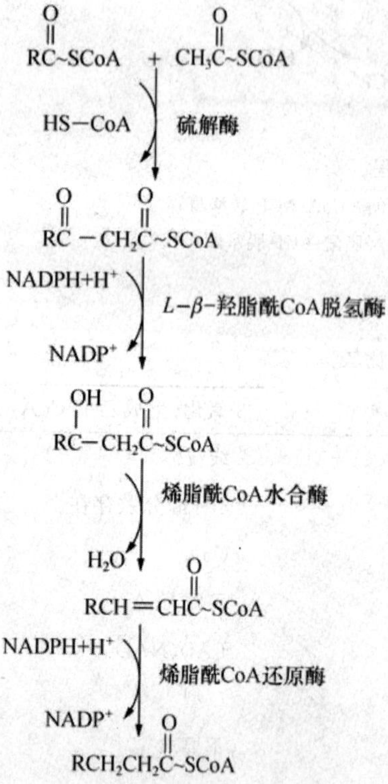

$$RCO{\sim}SCoA + CH_3CO{\sim}SCoA \xrightarrow[\text{硫解酶}]{} RCO-CH_2CO{\sim}SCoA + HS-CoA$$

$$RCO-CH_2CO{\sim}SCoA \xrightarrow[L\text{-}\beta\text{-羟脂酰CoA脱氢酶}]{NADPH+H^+ \rightarrow NADP^+} RCH(OH)-CH_2CO{\sim}SCoA$$

$$RCH(OH)-CH_2CO{\sim}SCoA \xrightarrow[\text{烯脂酰CoA水合酶}]{-H_2O} RCH=CHCO{\sim}SCoA$$

$$RCH=CHCO{\sim}SCoA \xrightarrow[\text{烯脂酰CoA还原酶}]{NADPH+H^+ \rightarrow NADP^+} RCH_2CH_2CO{\sim}SCoA$$

图 9-21 线粒体脂肪酸延长途径

2. 内质网脂肪酸延长系统

哺乳动物细胞的内质网能够以饱和或不饱和长链脂肪酸作为引物，如软脂酰 CoA 和硬脂酰辅酶 A、油酸、亚油酸以丙二酸单酰辅酶 A 作为 C_2 的供体，$NADPH+H^+$ 为氢的供体，缩合时都以酰基-CoA 形式缩合，即由辅酶 A 代替 ACP 为酰基载体，从羧基末端延长，其中间过程与脂肪酸合成酶系相同。在小鼠脑细胞中至少存在有 3 种微粒体内质网碎片脂肪酸延长酶系，即 C_{16}、C_{18}、C_{20} 脂肪酰辅酶 A，相应地形成 C_{18}、C_{20}、C_{22}、C_{24} 脂肪酰辅酶 A，因此哺乳动物的神经组织、髓鞘组织中含有大量 C_{22} 和 C_{24} 脂肪酸。延长物以十八碳的硬脂酸为主，最多可至 24 碳。其延长反应如图 9-22 所示。

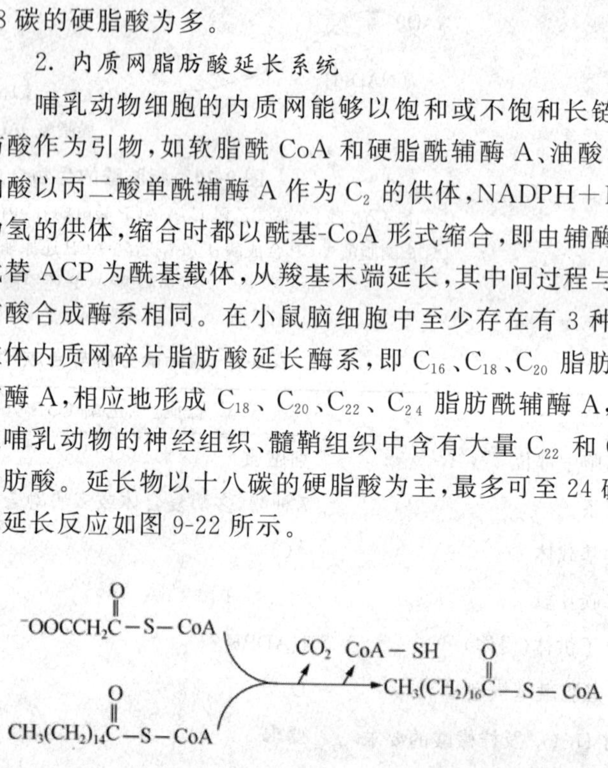

$$^{-}OOCCH_2CO-S-CoA + CH_3(CH_2)_{14}CO-S-CoA \longrightarrow CH_3(CH_2)_{16}CO-S-CoA + CO_2 + CoA-SH$$

图 9-22 内质网脂肪酸延长反应

植物组织中的延伸系统与脂肪酸合成酶系完全相同。

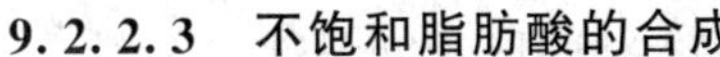

9.2.2.3 不饱和脂肪酸的合成

在人类及多数动物体内，只能合成一个双键的不饱和脂肪酸(Δ^9)，如硬脂酸脱氢生成油酸，软脂酸脱氢生成棕榈油酸。植物和某些微生物可以合成(Δ^{12})二烯酸、三烯酸，甚至四烯酸。

1. 单烯脂肪酸(monoenoic acid)的合成

单烯脂肪酸的双键绝大多数在 C_9 和 C_{10} 之间，即是 Δ^9-单烯脂肪酸。Δ^9-单烯脂酸由一个复杂的去饱和酶复合物催化而合成。

(1)需氧途径　动物的肝脏和脂肪组织中有一个复杂的去饱和酶系，由 3 个内质网膜上的酶组成。它们是 NADH-细胞色素 b_5 还原酶(NADH-Cytochrome b_5 reductase)、细胞色素 b_5，去饱和酶(desaturase)又称为末端氰化物敏感因子(cyanide sensitive factor，CSF)。首先电子从 NADH 转至 NADH-细胞色素 b_5 还原酶的 FAD 辅基上，然后又使细胞色素 b_5 铁卟啉蛋白中的 Fe^{3+} 还原成 Fe^{2+}，再使去饱和酶中的非血色素铁离子还原成 Fe^{2+}，最后分子氧与其作用，分别接受来自 NADH 及饱和脂肪酸的 2 对电子形成 2 分子水及 1 分子不饱和脂肪酸。其电子传递途径如图 9-23 所示。

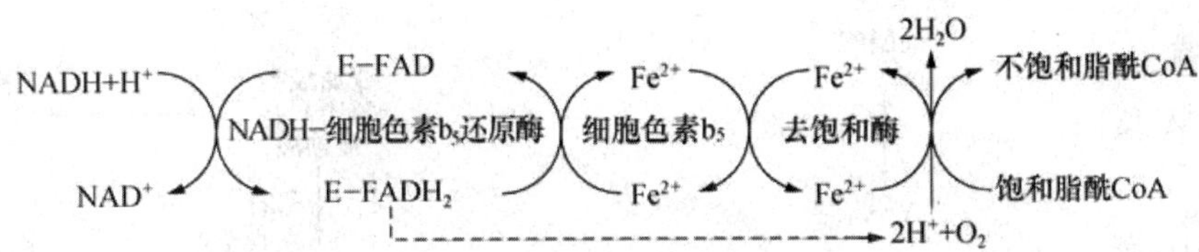

图 9-23　动物组织脂肪酸去饱和电子传递途径

某些植物和某些低等需氧生物由一种铁-硫蛋白代替细胞色素 b_5 起作用，其电子传递途径如图 9-24 所示。

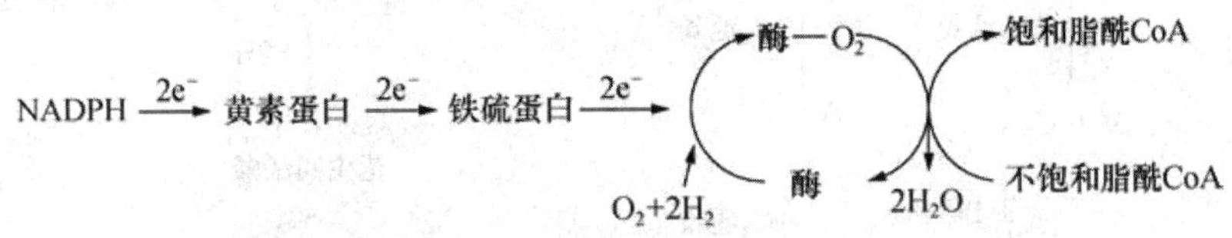

图 9-24　植物和好氧微生物的脂肪酸去饱和电子传递途径

高等微生物(如酵母、放线菌、真菌、藻类、原生动物)利用脱氢机制形成单烯脂肪酸，不饱和键的位置都在 C_9 和 C_{10} 之间，即形成含 Δ^9 双键的单烯脂肪酸。因为反应中利用氧分子，所以是氧化过程。

(2)厌氧途径　许多细菌则通过另外不需氧的途径形成烯脂肪酸，即通过一个中等长度的 β-羟脂酰-ACP 的脱水作用，而不是羟脂酰 CoA 的氧化去饱和作用。在大肠杆菌中，棕榈油酸的合成是由 β-羟癸脂酰-ACP(10 个碳)开始，β-羟癸脂酰-ACP 脱水酶催化 β-羟癸脂酰-ACP 脱水形成 β、γ 或 Δ^3-癸烯脂酰-ACP，然后又以 3 分子丙二酸单酰-ACP 在不饱和 10 碳脂酰-ACP 的羧基端相继参加 3 次，形成棕榈油酰-ACP。反应如图 9-25 所示。

2. 多烯脂肪酸的形成

除厌氧细菌外，所有生物都含有多烯脂肪酸，高等动植物含量更丰富。多烯脂肪酸是按照双键的数目及其前体的来源来命名的。以软脂酸为底物可以通过延长和去饱和作用形成多种不饱和脂肪酸如图 9-26 所示。

植物的亚油酸和亚麻酸由油酸经需氧去饱和作用形成，起催化作用的酶为专一的加氧酶(oxygenase)系统，$NADPH + H^+$ 为辅酶。植物由亚油酸和亚麻酸衍生的多烯脂酸的相互关系如图 9-27 所示。

花生四烯酸是含量最丰富的多烯脂肪酸。幼鼠膳食缺乏必需脂肪酸时，生长缓慢，患鳞屑状皮炎，同时皮肤加厚，除添加亚油酸和亚麻酸外，必须添加花生四烯酸才能解除。

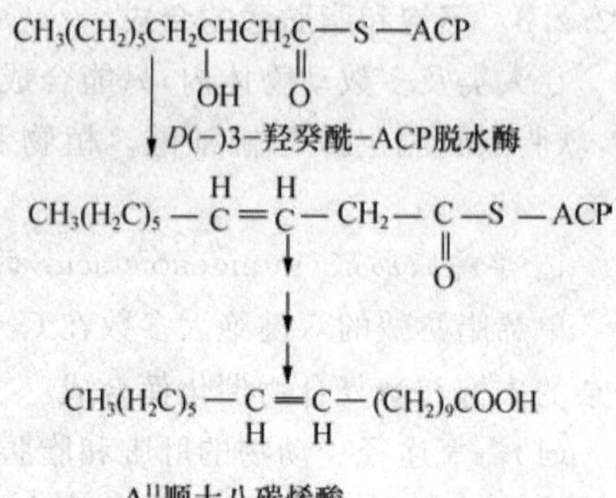

图 9-25 厌氧微生物的脂肪酸去饱和途径

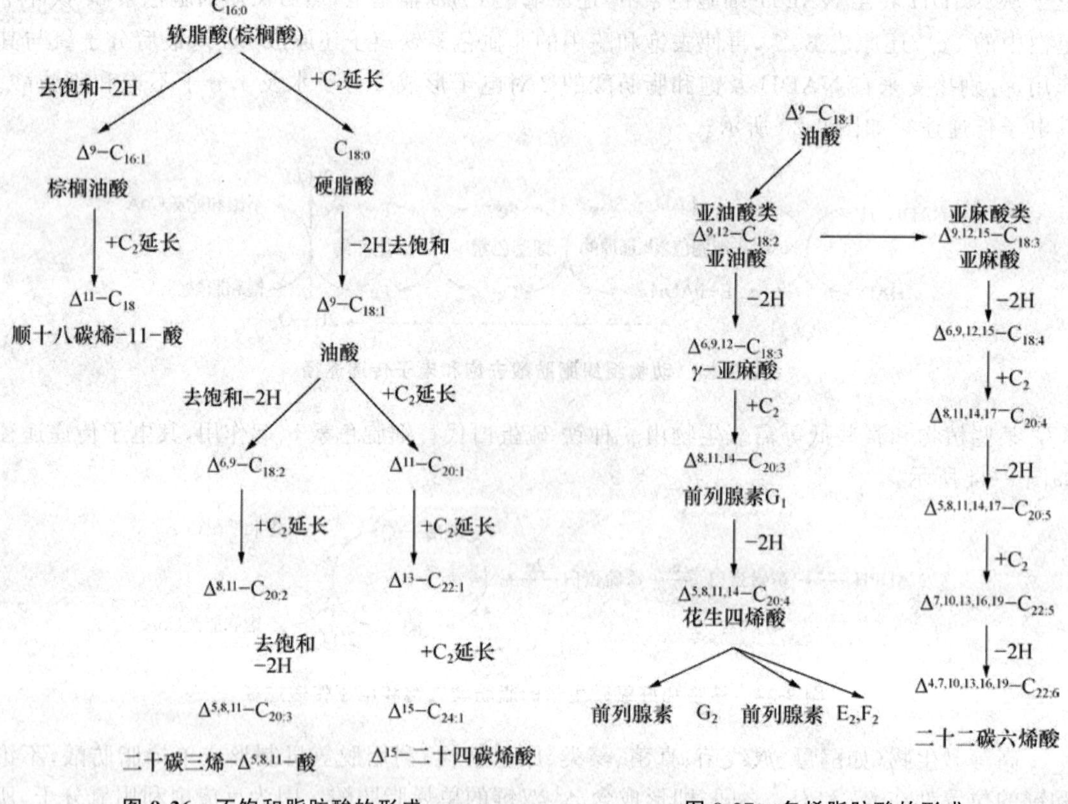

图 9-26 不饱和脂肪酸的形成

图 9-27 多烯脂肪酸的形成

机体摄取的天然不饱和脂肪酸，一般不再被加氢形成饱和脂肪酸。只有少数生物能使机体摄取的不饱和脂肪酸转变为饱和脂肪酸。但不饱和脂肪酸可被脂肪酸氧化系统全部氧化分解。

在低温环境下，大部分生物体内可促进饱和脂肪酸转变为不饱和脂肪酸。不饱和脂肪酸的熔点低于饱和脂肪酸，所以增加不饱和脂肪酸浓度有利于细胞膜的流动性，这是生物对低度温环境的一种适应。

但是，由于缺乏在脂肪酸的第四位碳原子以上位置引入不饱和双键的去饱和酶，人和哺乳动物不能合成足够的十八碳二烯酸(亚油酸)、十八碳三烯酸(亚麻酸)。必须由食物供给，主要来自于植物,称必需脂肪酸(essential fatty acid)。

9.2.3 甘油三酯的生物合成

高等动物、植物合成甘油三酯需要两种主要的前体:α-磷酸甘油和脂酰辅酶 A。当具备这两种物质时,两者可进入内质网进行脂肪的合成,主要在动物的肝脏和脂肪组织中进行。植物体也能合成甘油三酯。而微生物含甘油三酯较少。

由脂酰辅酶 A 和 α-磷酸甘油合成三酰甘油分以下几个步骤:

(1)单脂酰甘油磷酸的合成　在甘油磷酸脂酰转移酶(glycerol phosphateacyl transferase)催化下,脂酰辅酶 A 与 α-磷酸甘油反应生成单脂酰甘油磷酸,又称为溶血磷脂酸(lysophosphatidic acid)。

$$\alpha\text{-磷酸甘油}\ (CH_2OH-HOCH-CH_2O-PO_3^{2-}) + R_1-CO-S-CoA \xrightarrow{\text{甘油磷酸脂酰转移酶}} \text{溶血磷脂酸}\ (CH_2-O-CO-R_1,\ HOCH,\ CH_2-O-PO_3^{2-}) + CoASH$$

(2)形成磷脂酸(phosphatidic acid)　溶血磷脂酸在甘油磷酸脂酰转移酶的催化下,再与第二个脂酰 CoA 反应形成磷脂酸。它是合成三酰甘油和一些磷脂的重要前体。

$$\text{溶血磷脂酸} + R_2-CO-S-CoA \xrightarrow{\text{甘油磷酸脂酰转移酶}} \text{磷脂酸}\ (CH_2-O-CO-R_1,\ R_2-CO-O-CH,\ CH_2-O-PO_3^{2-}) + CoASH$$

(3)磷脂酸的水解　磷脂酸被水解形成甘油二酯:

$$\text{磷脂酸} + H_2O \xrightarrow{\text{磷酸酶}} \text{甘油二酯}\ (CH_2-O-CO-R_1,\ R_2-CO-O-CH,\ CH_2OH) + PPi$$

(4)甘油三酯的形成　甘油二酯在催化下与第三个脂酰 CoA 反应形成甘油三酯:

$$\underset{\text{甘油二酯}}{\begin{array}{l}\qquad\qquad\ CH_2-O-\overset{O}{\overset{\|}{C}}-R_1\\ R_2-\overset{O}{\overset{\|}{C}}-O-CH\\ \qquad\qquad\ CH_2OH\end{array}} \xrightarrow[\text{甘油二酯转酰基酶}]{R_3\overset{O}{\overset{\|}{C}}-SCoA\ \ \ CoASH} \underset{\text{甘油三酯}}{\begin{array}{l}\qquad\qquad\ CH_2-O-\overset{O}{\overset{\|}{C}}-R_1\\ R_2-\overset{O}{\overset{\|}{C}}-O-CH\\ \qquad\qquad\ CH_2-O-\overset{O}{\overset{\|}{C}}-R_3\end{array}}$$

9.2.4 脂肪酸合成的调节

脂肪酸合成的速度取决于多种因素，主要取决于乙酰 CoA 羧化酶和脂肪酸合成酶等活性的高低。

1. 酶浓度调节(酶量的调节或适应性控制)

脂肪酸合成相关联的关键酶主要有：乙酰 CoA 羧化酶(产生丙二酸单酰 CoA)、脂肪酸合成酶系、苹果酸酶(产生还原当量)，这些酶的浓度高低决定了脂肪酸合成原料的充足与否，只有当具备相关的原料如充足的乙酰 CoA(或丙二酸单酰 CoA)、足够多的还原力(NADPH)和脂肪酸合成酶系等才可快速合成脂肪酸。

研究表明，人和动物饥饿时(低糖状态)即糖的可利用量较低时，这几种酶浓度降低 3～5 倍，进食后(高糖状态)即糖的可利用量较高时，酶浓度升高。

喂食高糖低脂膳食，这几种酶浓度升高，脂肪合成加快。可见糖对于脂肪酸的合成是非常重要的关键性物质，可促进以上几种酶的浓度提高。

2. 酶活性的调节

另外在不改变酶的浓度时，还可以通过改变酶的结构来调节其活性，其中乙酰 CoA 羧化酶是限速酶。可以通过别构调节和共价修饰两种方式来调节其活性。

(1)别构调节　柠檬酸激活、软脂酰 CoA 抑制。

当乙酰 CoA 和 ATP 丰富时柠檬酸水平就高，柠檬酸水平高表示有二碳单位和 ATP 供脂肪酸合成之用。柠檬酸对乙酰 CoA 羧化酶的影响为软脂酰 CoA 所抵消，当脂肪酸过量时软脂酰 CoA 就多。软脂酰 CoA 也抑制把柠檬酸从线粒体运出细胞质的载体。此外，软脂酰 CoA 还抑制葡萄酸-6-磷酸脱氢酶产生 NADPH 的作用，导致 NADPH 不足，脂肪酸合成受抑制。还有，软脂酰 CoA 抑制柠檬酸合酶，从而抑制柠檬酸合成及乙酰 CoA 转运。所以软脂酰 CoA 对于脂肪酸合成调节能力很强。

(2)共价调节　磷酸化会失活、脱磷酸化会复活。

激素参与脂肪合成中乙酰-CoA 羧化酶的共价调节(图 9-28)。

胰高血糖素可使此酶磷酸化失活，胰岛素可使此酶脱磷酸化而恢复活性。

胰高血糖素等可通过增加 cAMP，致使乙酰 CoA 羧化酶磷酸化而降低活性，因此抑制脂肪酸的合成。乙酰 CoA 羧化酶受磷酸化作用而失活。磷酸化作用是由 cAMP 活化的蛋白激酶的催化下发生的。因此当细胞的能荷较低时。乙酰 CoA 羧化酶就成为无活性的。但在蛋白磷酸酶作用下发生去磷酸化作用，它的活性又得到恢复。胰高血糖素和肾上腺素抑制蛋白磷酸酶，从而抑制脂肪酸合成。胰岛素活化磷酸酶，从而促进脂肪酸合成。胰岛素能诱导乙酰 CoA 羧化酶、脂肪酸合成酶及柠檬酸裂解酶的合成，从而促进脂肪酸的合成。胰高血糖素也

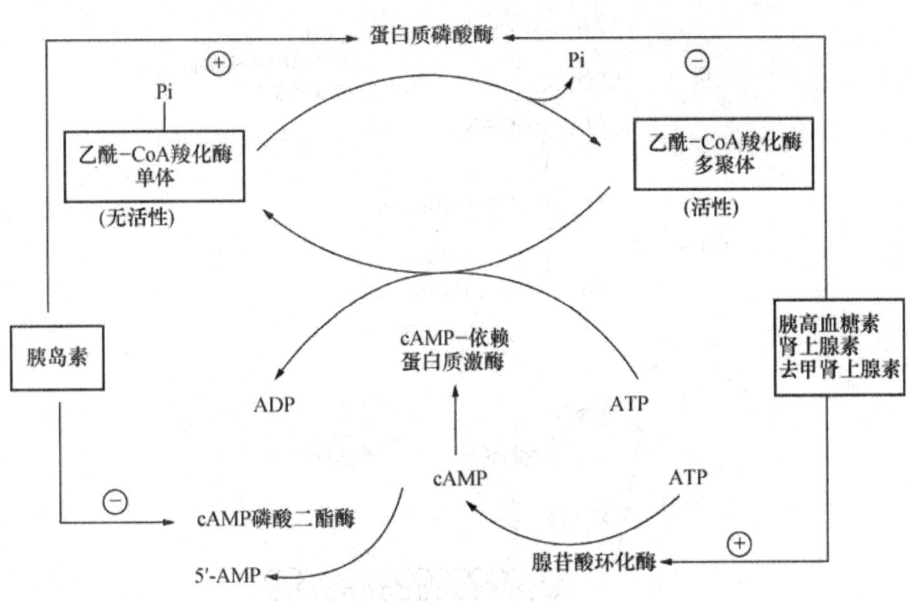

图 9-28 激素对于脂肪酸合成的调节

抑制甘油三酯合成，从而增加长链脂酰-CoA 对乙酰-CoA 羧化酶的反馈抑制，亦使脂肪酸合成被抑制。

9.3 类脂的代谢

类脂主要是指在结构或性质上与油脂相似的天然化合物。它们在动、植物界中分布较广，种类也较多，主要包括蜡、磷脂、萜类和甾族化合物等。类脂的主要生理功能是作为细胞膜结构的基本原料，约占细胞膜重量的 50%，同时类脂的代谢是生物体内物质代谢密不可分的一个重要环节。

磷脂是一类含有磷酸的脂类，机体中主要含有两大类磷脂，由甘油构成的磷脂称为甘油磷脂(phosphoglyceride)；由神经鞘氨醇构成的磷脂，称为鞘磷脂(sphingolipid)。甘油磷脂其结构特点是：具有由磷酸相连的取代基团(含氨碱或醇类)构成的亲水头(hydrophilic head)和由脂肪酸链构成的疏水尾(hydrophobic tail)。在生物膜中磷脂的亲水头位于膜表面，而疏水尾位于膜内侧。甘油磷脂基本结构是磷脂酸和与磷酸相连的取代基团(X)(图 9-29)。

甘油磷脂由于取代基团不同又可分为很多类，其中重要的有：

①胆碱(choline)作为取代基团与磷脂酸形成磷脂酰胆碱(phosphatidylcholine)又称卵磷脂(lecithin)；

②乙醇胺(ethanolamine)作为取代基团与磷脂酸形成磷脂酰乙醇胺(phosphatidylethanolamine)又称脑磷脂(cephalin)；

③丝氨酸(serine)作为取代基团与磷脂酸形成磷脂酰丝氨酸(phosphatidylserine)；

④甘油(glycerol)作为取代基团与磷脂酸形成磷脂酰甘油(phosphatidylglycerol)；

⑤肌醇(inositol)作为取代基团与磷脂酸形成磷脂酰肌醇(phosphatidylinositol)。

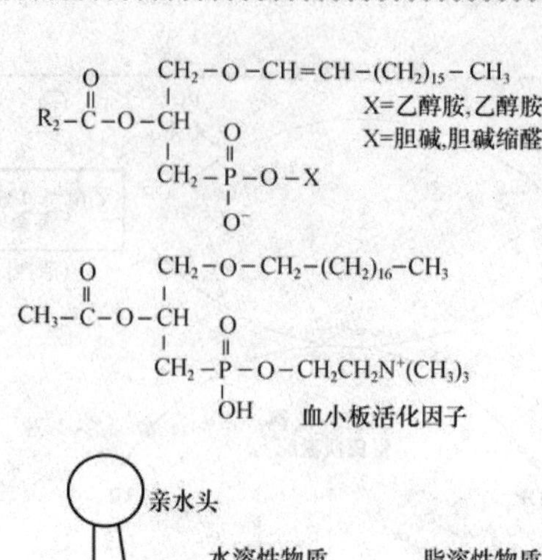

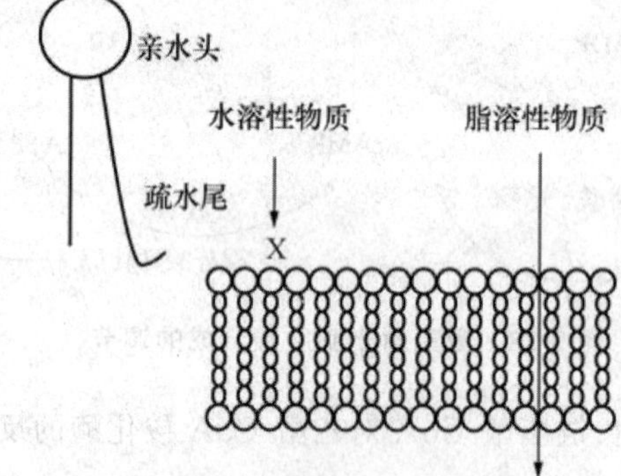

图 9-29 甘油磷脂的基本结构

此外,还有心磷脂(cardiolipin)是由甘油的 C_1 和 C_3 与两分子磷脂酸结合而成。心磷脂是线粒体内膜和细菌膜的重要成分,而且是唯一具有抗原性的磷脂分子。

除以上 6 种以外,在甘油磷脂分子中甘油第 1 位的脂酰基被长链醇取代形成醚,如缩醛磷脂(plasmalogen)及血小板活化因子(platelet activating factor,PAF),它们都属于甘油磷脂。

9.3.1 甘油磷脂的生物合成与降解

甘油磷脂(phosphoglycerides,简称磷脂)广布于生物界,是细胞膜、细胞器膜的主要组成成分,是最主要的一类磷脂。甘油磷脂种类繁多,体内周转更新快,它们的共同特点是都具有亲水性和疏水性的兼性分子,水解后都产生磷酸和脂肪酸。磷脂组成的变化对细胞膜流动性、膜蛋白的活性等细胞生理功能有重要的调节作用。

9.3.1.1 磷脂的生物合成

合成全过程可分为三个阶段,即原料来源、活化和甘油磷脂生成。甘油磷脂的合成在细胞质滑面内质网上进行,通过高尔基体加工,最后可被组织生物膜利用或成为脂蛋白分泌出细胞,机体各种组织即可以进行磷脂合成。合成甘油磷脂需甘油、脂肪酸、磷酸盐、胆碱、丝氨酸、肌醇等为原料。甘油、脂肪酸主要由糖经代谢转变而来,但分子中与甘油第二位羟基成酯的一般是多不饱和脂肪酸,主要是必需脂肪酸,需靠食物供给。胆碱、乙醇胺可由丝氨酸在体内转变生成,也可从食物摄取。磷脂酸和取代基团在合成之前,两者之一必须首先被 CTP 活化而被 CDP 携带,胆碱与乙醇胺可生成 CDP 胆碱和 CDP 乙醇胺,磷脂酸可生成 CDP 甘油二酯。磷脂酸是甘油磷脂合成的关键物质。由磷脂酸合成磷脂有两条途径:其一在高等动、植物组织中占优势。其二主要存在于某些细菌中。而在两条途径中起载体作用的都是胞嘧啶核苷酸,

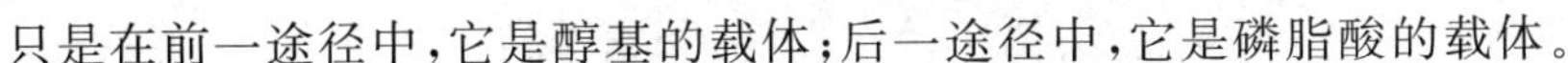

只是在前一途径中，它是醇基的载体；后一途径中，它是磷脂酸的载体。

1. 磷脂酰乙醇胺(phosphatidyl ethanolamine)的合成

①首先乙醇胺被乙醇胺激酶催化磷酸化，形成磷酸乙醇胺。

$$\underset{\text{乙醇胺}}{HO-CH_2-CH_2-\overset{+}{N}H_3}+ATP \longrightarrow \underset{\text{磷酸乙醇胺}}{H_3\overset{+}{N}-CH_2-CH_2-O-\overset{O}{\overset{\|}{\underset{O^-}{\underset{|}{P}}}}-O^-}+ADP$$

②磷酸乙醇胺在磷酸乙醇胺胞嘧啶核苷酸转移酶(phosphoethanolamine cytidyl transferase)催化下与 CTP 反应，形成胞嘧啶核苷二磷酸乙醇胺(cytidine diphosphoethanolamine)，即 CDP-乙醇胺。

$$\underset{\text{磷酸乙醇胺}}{\overset{+}{N}H_3-CH_2-CH_2-O-\overset{O^-}{\overset{|}{\underset{O^-}{P}}}=O} \xrightarrow[]{CTP\ \ \ PPi} \underset{\text{CDP-乙醇胺}}{H_3\overset{+}{N}-CH_2-CH_2-O-\overset{O}{\overset{\|}{\underset{O^-}{\underset{|}{P}}}}-O-\overset{O}{\overset{\|}{\underset{O^-}{\underset{|}{P}}}}-O-CH_2}\text{-核糖(OH, OH)-胞嘧啶}$$

③形成磷脂酰乙醇胺。在磷酸乙醇胺转移酶的催化下，CDP-乙醇胺上的 CMP 脱下，磷酸乙醇胺转移到甘油二酯上，形成磷脂酰乙醇胺。反应如下：

$$\underset{\text{甘油二酯}}{R_2-\overset{O}{\overset{\|}{C}}-O-CH(CH_2-O-\overset{O}{\overset{\|}{C}}-R_1)(CH_2OH)} + \underset{\text{CDP-乙醇胺}}{H_3\overset{+}{N}-CH_2-CH_2-O-CDP} \longrightarrow$$

$$\underset{\text{磷脂酰乙醇胺}}{R_2-\overset{O}{\overset{\|}{C}}-O-CH(CH_2-O-\overset{O}{\overset{\|}{C}}-R_1)(CH_2-O-\overset{O}{\overset{\|}{\underset{O^-}{\underset{|}{P}}}}-O-CH_2CH_2\overset{+}{N}H_3)} + CMP$$

这一步是合成甘油磷脂的关键性步骤。催化该反应的磷酸乙醇胺转移酶牢固地结合在内质网膜上。结合在线粒体和内质网上的磷脂酸磷酸酶能催化水相分散的磷脂酸水解，形成的甘油二酯可用作磷脂的合成。但是肝或肠黏膜细胞中的可溶性磷脂酸磷酸酶只能水解膜上的磷脂酸，形成的甘油二酯参加甘油三酯的合成。

2. 缩醛磷脂酰胆碱(卵磷脂)的合成

缩醛磷脂酰胆碱(phosphatidyl choline)可经两个不同的途径合成：一是从头合成途径(denovo pathway) 即磷脂酰乙醇胺的氨基直接甲基化。甲基的供体是 S-腺苷甲硫氨酸(S-adenosylmethionine)。全过程共分 3 个步骤，合成途径如图 9-30 所示。

二是节约利用途径(salvage pathway)，也称补救途径，这是动物细胞中合成卵磷脂的主要途径(图 9-31)。①由胆碱开始，胆碱或直接来源于食物，或由磷脂酰胆碱酶酶促降解产生，首

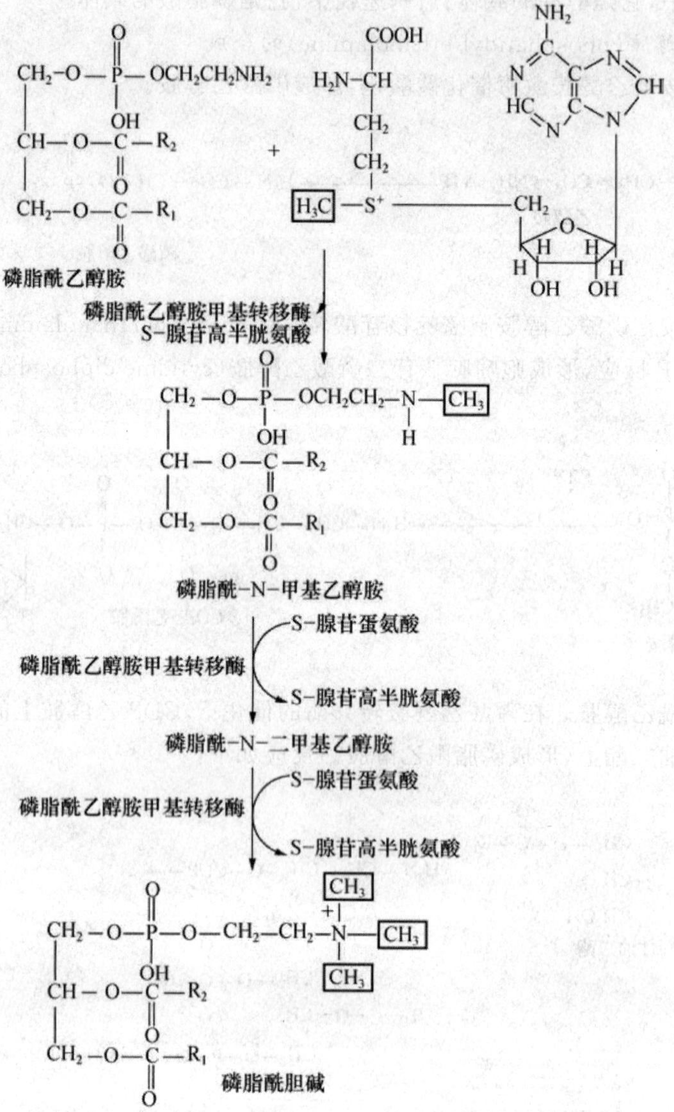

磷脂酰乙醇胺 + S-腺苷甲硫氨酸（H_3C-S^+）

磷脂酰乙醇胺甲基转移酶

S-腺苷高半胱氨酸

↓

磷脂酰-N-甲基乙醇胺

磷脂酰乙醇胺甲基转移酶（S-腺苷蛋氨酸 → S-腺苷高半胱氨酸）

↓

磷脂酰-N-二甲基乙醇胺

磷脂酰乙醇胺甲基转移酶（S-腺苷蛋氨酸 → S-腺苷高半胱氨酸）

↓

磷脂酰胆碱

图 9-30　磷脂酰胆碱的从头合成

先在胆碱激酶作用下消耗 ATP 转化为磷酸胆碱；②然后由磷酸胆碱胞嘧啶核苷酸转移酶消耗 CTP，形成 CDP-胆碱和焦磷酸；③接下来 CDP-胆碱在磷酸胆碱转移酶催化下与甘油二酯形成磷脂酰胆碱。

$$\text{胆碱} + \text{ATP} \xrightarrow{\text{胆碱激酶}} \text{磷酸胆碱} + \text{ADP}$$

$$\text{磷酸胆碱} + \text{CTP} \xrightarrow{\text{磷酸胆碱胞嘧啶核苷酸转移酶}} \text{CDP-胆碱} + \text{PPi}$$

$$\text{CDP-胆碱} + \text{甘油二酯} \xrightarrow{\text{磷酸胆碱转移酶}} \text{磷脂酰胆碱（卵磷脂）} + \text{CMP}$$

图 9-31　磷脂酰胆碱的节约利用途径

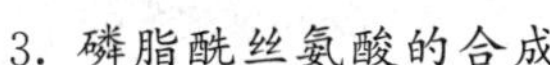
3. 磷脂酰丝氨酸的合成

①磷脂酰丝氨酸(丝氨酸磷脂,phosphatidylserine)是由丝氨酸与磷脂酰乙醇胺的醇基酶促交换而成:

$$磷脂酰乙醇胺+丝氨酸 \rightleftharpoons 磷脂酰丝氨酸+乙醇胺$$

在动物组织和大肠杆菌中磷脂酰丝氨酸可脱酸形成磷脂酰乙醇胺,催化该反应的酶为磷酸吡哆醛酶(pyridoxal phosphate enzyme)。反应如图 9-32 所示。

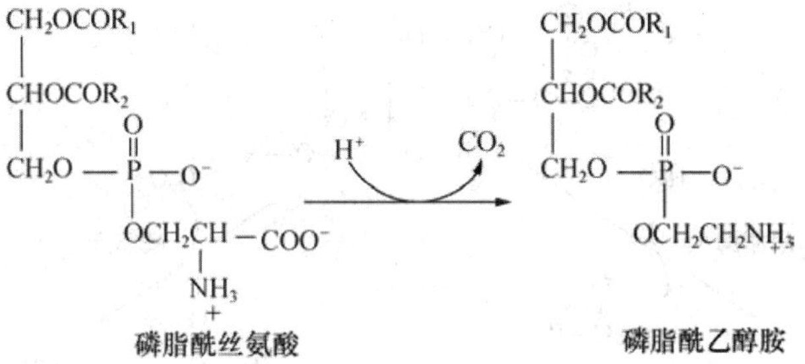

CH_2OCOR_1—$CHOCOR_2$—CH_2O—$P(=O)(O^-)$—$OCH_2CH(NH_3^+)$—COO^- (磷脂酰丝氨酸) $\xrightarrow{H^+ \quad CO_2}$ CH_2OCOR_1—$CHOCOR_2$—CH_2O—$P(=O)(O^-)$—$OCH_2CH_2NH_3^+$ (磷脂酰乙醇胺)

磷脂酰丝氨酸　　磷脂酰乙醇胺

图 9-32　动物组织中磷脂酰丝氨酸的合成途径

②有些细菌(如大肠杆菌)的磷脂酰丝氨酸由不同的途径形成。磷脂酸的磷酸基团与 CTP 反应而活化,形成胞嘧啶核苷二磷酸二脂酰基甘油,即 CDP- 二脂酰基甘油(cytidine diphosphatdiacylglycerol),然后再与 *L*-丝氨酸作用形成磷脂酰丝氨酸。反应如图 9-33 所示。

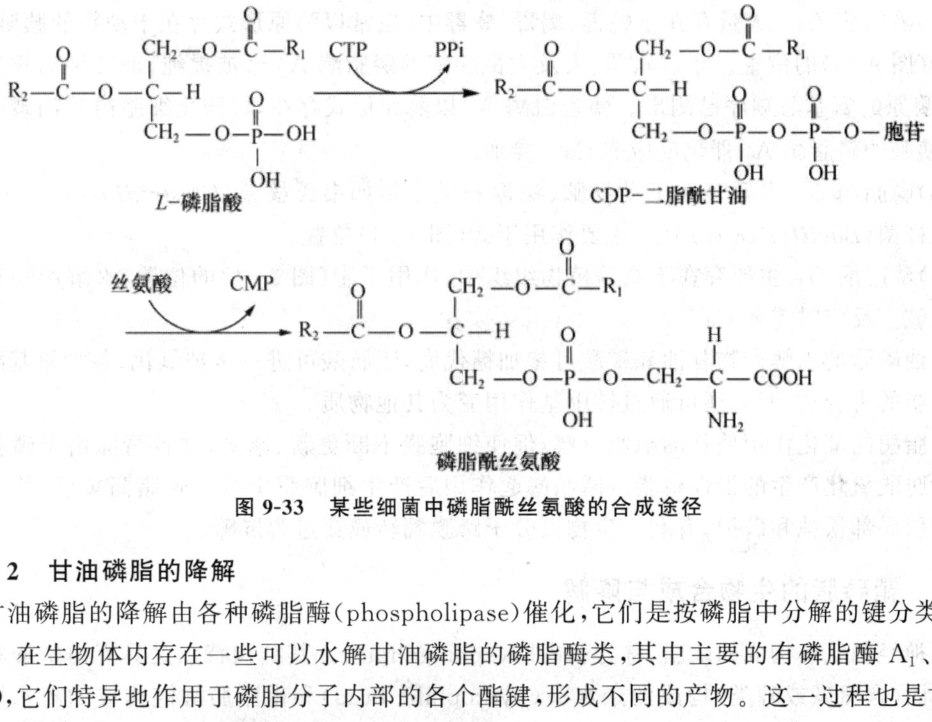

R_2—C(=O)—O—CH(CH_2—O—C(=O)—R_1)(CH_2—O—P(=O)(OH)—OH) (L-磷脂酸) $\xrightarrow{CTP \quad PPi}$ R_2—C(=O)—O—CH(CH_2—O—C(=O)—R_1)(CH_2—O—P(=O)(OH)—O—P(=O)(OH)—O—胞苷) (CDP-二脂酰甘油)

$\xrightarrow{丝氨酸 \quad CMP}$ R_2—C(=O)—O—CH(CH_2—O—C(=O)—R_1)(CH_2—O—P(=O)(OH)—O—CH_2—CH(NH_2)—COOH) (磷脂酰丝氨酸)

L-磷脂酸　　CDP-二脂酰甘油　　磷脂酰丝氨酸

图 9-33　某些细菌中磷脂酰丝氨酸的合成途径

9.3.1.2　甘油磷脂的降解

甘油磷脂的降解由各种磷脂酶(phospholipase)催化,它们是按磷脂中分解的键分类的(图 9-34)。在生物体内存在一些可以水解甘油磷脂的磷脂酶类,其中主要的有磷脂酶 A_1、A_2、B、C 和 D,它们特异地作用于磷脂分子内部的各个酯键,形成不同的产物。这一过程也是甘油磷脂的改造加工过程。

(1)磷脂酶 A_1　广泛分布于动物细胞的细胞器、微粒体中,可专一地水解磷脂分子内①(图 9-34)的位置,水解产物是溶血磷脂酸(或称溶血甘油磷脂)。

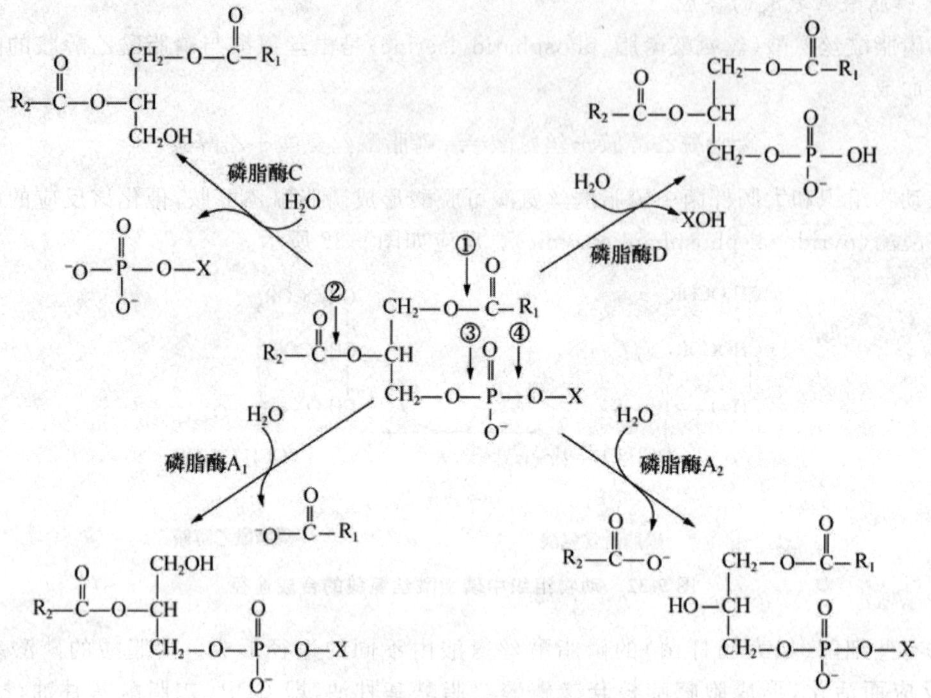

磷脂酶C H_2O

H_2O 磷脂酶D XOH

① ② ③ ④

H_2O 磷脂酶A_1

H_2O 磷脂酶A_2

图 9-34　磷脂酶催化的反应

(2)磷脂酶 A_2　大量存在于蛇毒、蝎毒、蜂毒中，也常以酶原形式存在于动物的胰脏内，作用于②(图 9-34)的位置。猪、马、羊、人及大鼠胰脏的磷脂酶 A_2 已被提纯，前三种动物的磷脂酶 A_2 酶原的氨基酸顺序已测出。胰蛋白酶 A_2 以酶原形式存在，可防止细胞内甘油磷脂遭受降解，胰脏的磷脂酶 A_2 催化反应需 Ca^{2+} 参加。

(3)磷脂酶 C　主要存在于动物脑、蛇毒和微生物如韦氏梭菌(*Clostridium welchii*)、蜡状芽孢杆菌(*Bacillus cereus*)中，主要作用于③(图 9-34)位置。

(4)磷脂酶 D　主要存在于高等植物组织中，作用于④(图 9-34)的位置，水解产物是磷脂酸和胆碱。反应时需要 Ca^{2+}。

甘油磷脂的水解产物甘油和磷酸可参加糖代谢，脂肪酸可进一步被氧化，各种氨基醇可以参加磷脂的再合成，胆碱还可通过转甲基作用变为其他物质。

磷脂酶的催化作用使甘油磷脂分解，促使细胞膜不断更新、修复，并且清除由于磷脂中不饱和脂肪酸氧化产生的毒性磷脂。磷脂酶起作用后产生细胞膜中溶血磷脂高集区，使细胞膜磷脂双层局部松弛和破损，有利于生物大分子跨膜翻转或穿过膜屏障。

9.3.2　鞘磷脂的生物合成与降解

由神经鞘氨醇构成的磷脂，称为鞘磷脂(sphingolipid)。其结构特点是具有由磷酸相连的取代基团(含氨碱或醇类)构成的亲水头(hydrophilic head)和由脂肪酸链构成的疏水尾(hydrophobic tail)。按照取代基团 X 的不同可分为两种：X 为磷酸胆碱称为鞘磷脂(sphingomyelin)，X 为糖基称为鞘糖脂(glycosphingolipid)。鞘脂类(sphingolipid)，组成特点是不含甘油而含鞘氨醇(sphingosine)，其基本结构如图 9-35 所示。

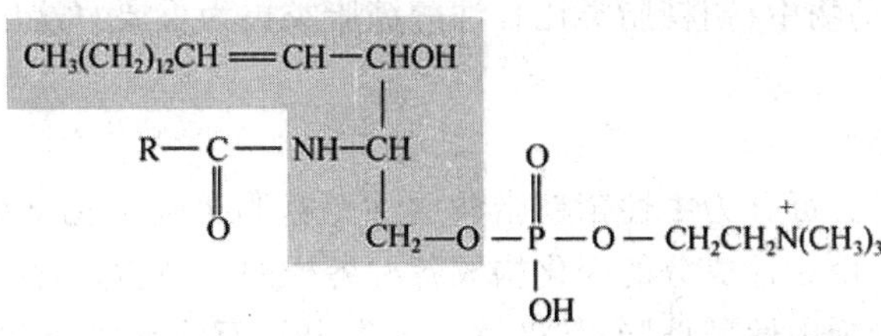

图 9-35 鞘磷脂的结构

9.3.2.1 鞘磷脂的合成

体内的组织均可合成鞘磷脂，以脑组织最为活跃，是构成神经组织膜的主要成分，合成在细胞内质网上进行。起初以软脂酰 CoA 和丝氨酸为原料，缩合形成 3-酮鞘氨醇(3-ketosphingosine)，催化的酶是 3-酮鞘氨醇合酶。随后 3-酮鞘氨醇在 3-酮鞘氨醇还原酶催化下，消耗 NADPH 生成二氢鞘氨醇(sphinganine)。二氢鞘氨醇的氨基部分与一分子脂酰 CoA 经脂肪酰转移酶作用，再经脱氢，辅酶为 FAD，形成神经酰胺(图 9-36)。

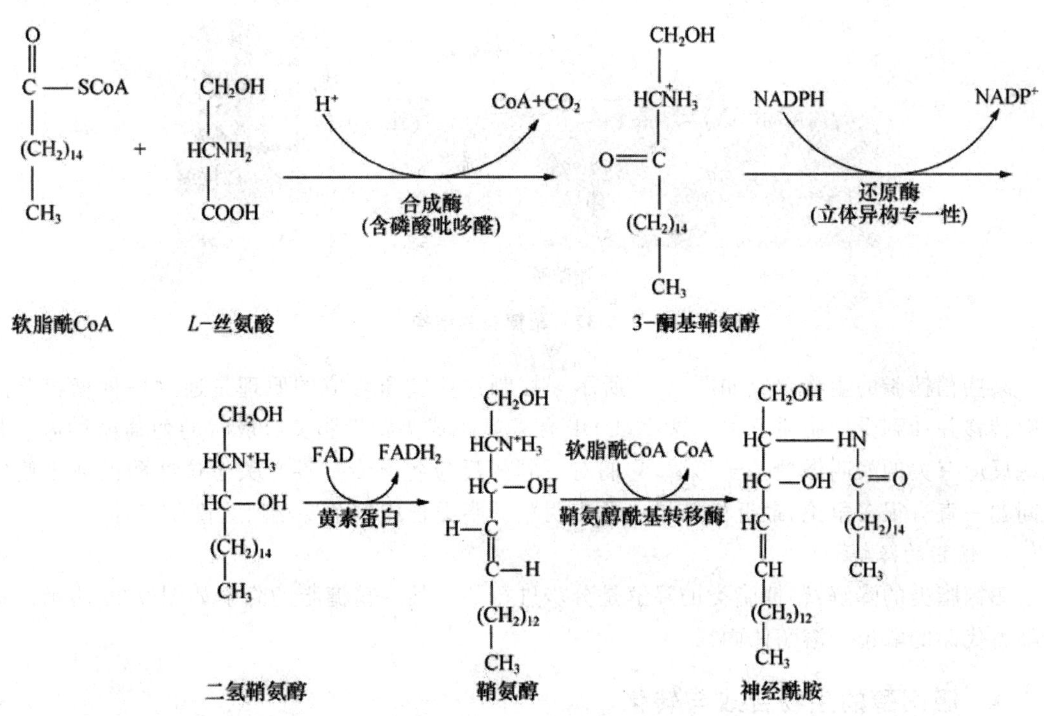

图 9-36 神经酰胺的生物合成

9.3.2.2 鞘磷脂的分解

鞘磷脂经磷脂酶(sphingomyelinase)作用，水解产生磷酸胆碱和神经酰胺。如缺乏此酶可引起肝、脾肿大及神经障碍如痴呆等鞘磷脂沉积症。

9.3.3 糖脂的降解与生物合成

糖脂类和脂多糖不同，它不溶于水，而溶于脂肪溶剂。按糖所结合的脂类不同分为甘油醇糖脂类和鞘糖脂类。前者多存在于高等植物的叶绿体和细胞代谢活跃的部位，广泛存在于微生物中，却很少存在于动物中，鞘糖脂类比甘油醇糖脂类更为重要。这里讨论鞘糖脂类的生物合成与降解。

1. 糖脂的生物合成

生物体中的鞘糖脂类可分为中性鞘糖脂和酸性鞘糖脂。基本化学结构是由鞘氨醇、脂肪酸和糖组成(图 9-37)。由 3 种成分的变化构成各种各样的鞘糖脂。含有一个或多个中性糖残基作为极性头的鞘糖脂为中性鞘糖脂，其极性头不带电。而脑苷脂类和红细胞糖苷脂都是酸性鞘糖脂，其极性头带电。还有脑硫脂及神经节苷脂，后者是含有唾液酸的鞘糖脂，它在动物的脑组织、神经组织的细胞膜中含量很高，特别存在于神经末梢与神经递质接触的受体部位，因此这一类鞘糖脂可能参与神经的传导过程。鞘糖脂所含的寡糖链位于细胞的外侧，可能与细胞的识别和组织间的免疫性有关。

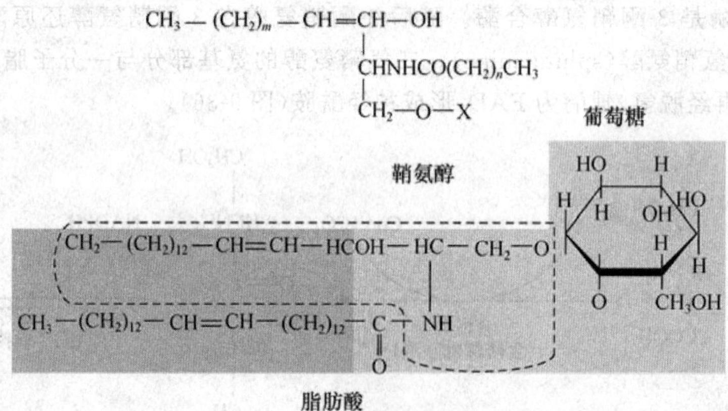

图 9-37 鞘糖脂的结构

某些鞘糖脂的生物合成如图 9-38 所示。控制这些脂质合成的原理是通过一种糖核苷酸将糖转移并加到受体脂质上去。这样，UDP 葡萄糖也成为鞘糖脂类合成时的葡萄糖供体。与这些反应有关的酶叫做糖基转移酶，它们对不同的反应各有专一性。关于这些酶的亚细胞定位问题一直有很多争论，最近的结果一致表明鞘糖脂类合成的主要场所为高尔基体。

2. 糖脂的降解

鞘糖脂类的降解：鞘糖脂类的降解是分步进行的。某些鞘糖脂的降解如图 9-39 所示。这些降解代谢的酶位于溶酶体内。

9.3.4 胆固醇的生物合成与转化

固醇类物质存在于所有的动物及一些植物组织和微生物中，又可分为动物固醇(zoosterols)、植物固醇(phytosterols)、酵母固醇(zymosterols)等几类。

1. 胆固醇的生物合成

同位素示踪实验证明：内源胆固醇的所有碳原子都来自乙酰辅酶 A。胆固醇合成酶系有些与内质网结合，有些则存在于胞液中，并且需要胞液中的辅助因素如 NADPH、ATP 等参加，细胞内所有胆固醇的合成过程概括为五大步骤，现简要介绍如下：

(1)形成甲基羟戊酸(mevalonic acid，MVA)(6C) 一分子乙酰乙酰 CoA 与另一分子乙酰 CoA 缩合成 β-羟-β-甲基戊二酰 CoA，后者经 β-羟-β-甲基戊二酰 CoA 还原酶催化，利用

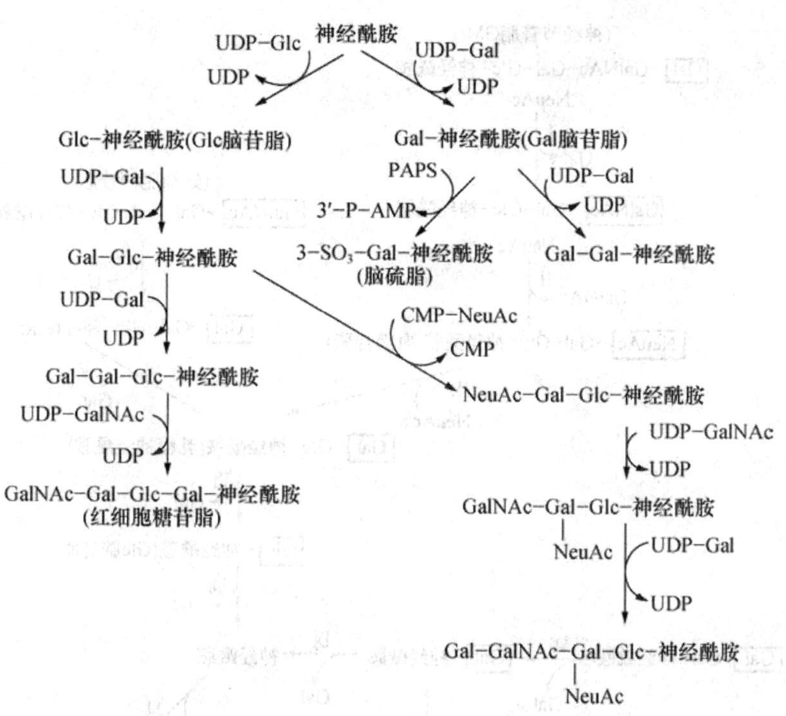

图 9-38 某些鞘糖脂的生物合成

2 分子 NADPH＋H^+，被转变成甲基羟戊酸(MVA)(图 9-40)，β-羟甲基戊二酰 CoA 还原酶是合成胆固醇的限速酶。

(2)由 MVA 形成异戊烯醇焦磷酸酯(IPP，isopentenyl pyrophosphate)(5C) 甲基羟戊酸在有关激酶催化下，消耗 3 分子 ATP，生成 3-磷酸-5-焦磷酸 MVA，后者不稳定，在脱羧酶催化下迅速脱羧脱磷酸，形成异戊烯醇焦磷酸酯(IPP)。

IPP 是合成很多物质的活泼前体，它可以互相缩合，延长碳链合成胆固醇、胆酸、固醇类激素、维生素 D、维生素 E、维生素 K、类胡萝卜素、麝香，在植物中是萜类的前体，可以合成橡胶、植醇、松节油、桉树油、质体醌和昆虫中保幼激素、蜕皮激素等。

(3)鲨烯(squalene)的合成(30C) 异戊烯醇焦磷酸酯异构成 3，3-二甲基丙烯焦磷酸酯，后者与另一分子异戊烯醇焦磷酸酯进行头尾缩合，生成牻牛儿焦磷酸酯，产物再与另一分子异戊烯醇焦磷酸酯头尾缩合，形成法呢焦磷酸酯。然后 2 分子法呢焦磷酸酯缩合成前鲨烯焦磷酸，后者被 NADPH＋H^+ 还原并脱去焦磷酸而生成鲨烯。胆固醇生物合成的前三步总结如图 9-41 所示。

(4)鲨烯转变成羊毛脂胆固醇(lanosterol) 鲨烯在单加氧酶催化下，需 O_2 和 NADPH＋H^+ 参与，被氧化成鲨烯 2，3-环氧化物，后者在环氧鲨烯羊毛脂固醇环化酶作用下，环化而生成羊毛脂固醇。

(5)胆固醇的形成 羊毛脂固醇转变成胆固醇的过程包括切除 3 个甲基，B 环上的双键由 7、8 位移至 5、6 位，侧链双键被还原等反应过程。催化反应的是结合在膜上的多酶体系。胆固醇合成的前体、中间产物和产物都结合在内质网上，胆固醇的最终形成如图 9-42 所示。

2. 转化

胆固醇在体内不被彻底氧化分解为 CO_2 和 H_2O，而经氧化和还原转变为其他含环戊烷

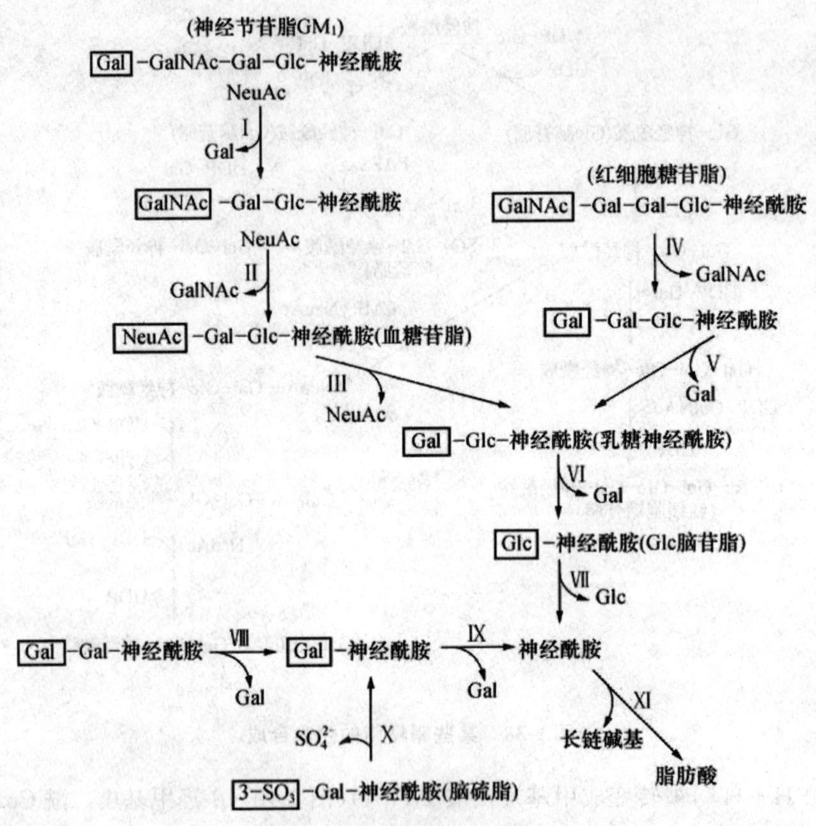

图 9-39 某些鞘糖脂的分解代谢

Ⅰ. β-半乳糖苷酶;Ⅱ. N-乙酰氨基己糖苷酶 A;Ⅲ. 唾液酸苷酶;Ⅳ. β- N-乙酰氨基己糖苷酶;Ⅴ. α-半乳糖苷酶;Ⅵ. β-半乳糖苷酶;Ⅶ. β-葡萄糖苷酶;Ⅷ. α-半乳糖苷酶;Ⅸ. β-半乳糖苷酶;Ⅹ. 芳香基硫酸酯酶;Ⅺ. 鞘氨醇酶(Gal 为半乳糖;Glc 为葡萄糖;GalNAc 为 N-乙酰半乳糖胺;NeuAc 为 N-乙酰神经酰胺)

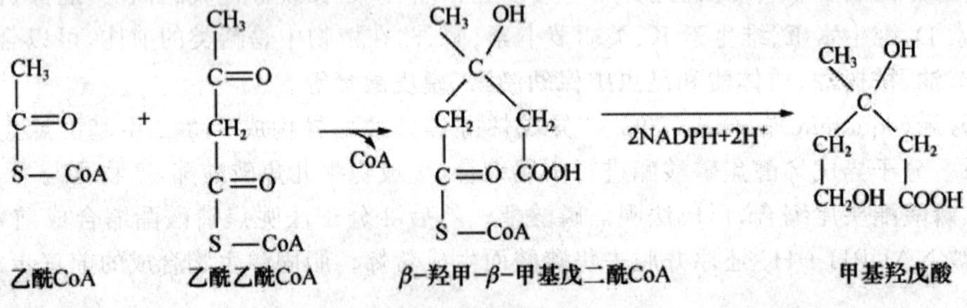

乙酰CoA + 乙酰乙酰CoA →(CoA) β-羟甲-β-甲基戊二酰CoA →(2NADPH+2H⁺) 甲基羟戊酸

图 9-40 二羟甲基戊酸的合成

多氢菲母核的化合物。其中大部分进一步参与体内代谢,或排出体外。

胆固醇在体内可作为细胞膜的重要成分。此外,它还可以转变为多种具有重要生理作用的物质,在肾上腺皮质可以转变成肾上腺皮质激素;在性腺可以转变为性激素,如雄激素、雌激素和孕激素(progestogen);在皮肤,胆固醇可被氧化为 7-脱氢胆固醇,后者经常紫外线照射转变为维生素 D_3;在肝脏,胆固醇可氧化成胆汁酸,促进脂类的消化吸收。

胆固醇在肝脏氧化生成的胆汁酸,随胆汁排出,每日排出量约占胆固醇合成量的 40%。

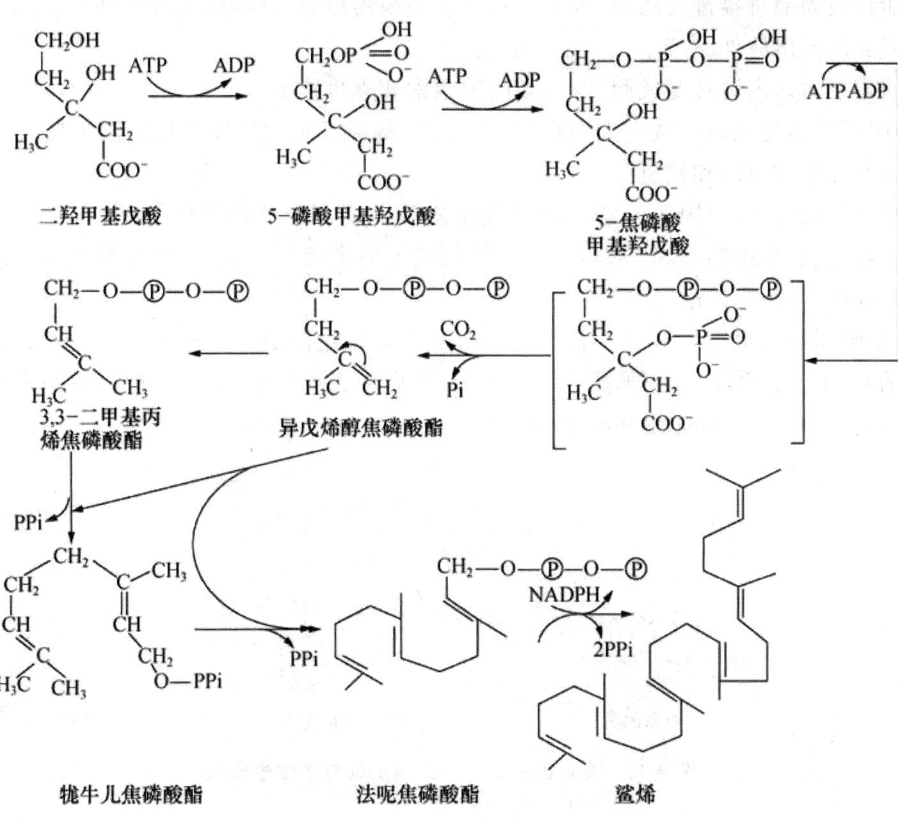

图 9-41 胆固醇的生物合成Ⅰ:鲨烯的形成

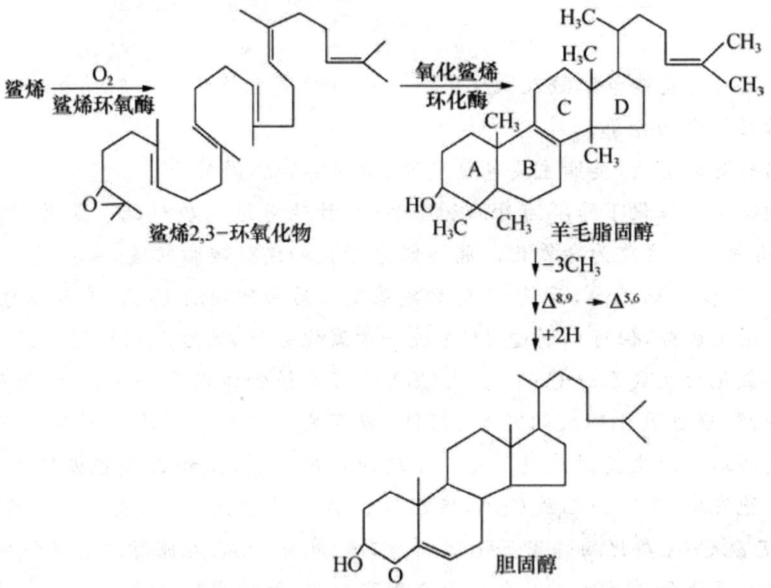

鲨烯 $\xrightarrow[\text{鲨烯环氧酶}]{O_2}$ 鲨烯2,3−环氧化物 $\xrightarrow[\text{环化酶}]{\text{氧化鲨烯}}$ 羊毛脂固醇

↓ $-3CH_3$

↓ $\Delta^{8,9} \rightarrow \Delta^{5,6}$

↓ $+2H$

胆固醇

图 9-42 胆固醇的生物合成Ⅱ:胆固醇的形成

肝脏也能将胆固醇直接排入肠内，或者通过肠黏膜脱落而排入肠腔；胆固醇还可被肠道细菌还原为粪固醇后排出体外。

胆固醇在活体内可转变成胆汁酸、类固醇激素和维生素 D 等。

(1)胆固醇转变成胆汁酸　大约有 80％的胆固醇在肝脏中转变为胆汁酸。转变过程包括类固醇环的羟化(7,12)和侧链的降解等。

(2)胆固醇转变成类固醇激素　胆固醇是皮质类固醇和性激素的前体，在肾上腺皮质细胞、睾丸、卵巢、胎盘中约有 80％胆固醇，并转化成各种类固醇激素，如糖皮质激素、盐皮质激素、孕酮、雄性激素、雌性激素等。

(3)从胆固醇衍生维生素 D　维生素 D 由类固醇转化而成。7-脱氢胆固醇经紫外光照射在 B 环的 C_9 和 C_{10} 之间，开环形成前维生素 D，然后生成维生素 D_3。麦角固醇经紫外光照射则形成维生素 D_2，其反应如图 9-43 所示。

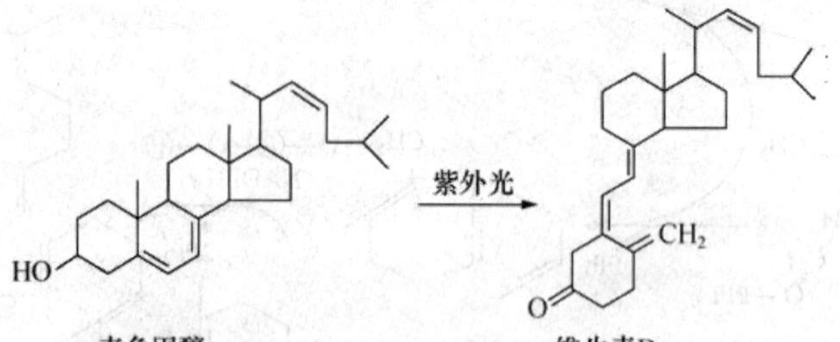

图 9-43　麦角固醇经紫外光照射则形成维生素 D_2

本章小结

脂质的主要功能是能量贮藏及氧化供能。参与组成生物膜等细胞结构，形成其他具有各种生理供能活性的生物分子。

脂质包括脂肪和类脂，类脂主要包括磷脂、胆固醇和胆固醇酯。

脂肪在脂肪酶的催化下降解为甘油和脂肪酸；甘油可进入糖代谢。脂肪酸的氧化方式有 3 种：α-、β-和 ω-氧化。主要为 β-氧化。脂肪酸分奇数和偶数碳脂肪酸，奇数碳脂肪酸经 β-氧化后生成丙酰 CoA 和乙酰 CoA，丙酰 CoA 加羧基变位后为琥珀酰 CoA，进入糖代谢，乙酰 CoA 在动物体内无法生成糖，但可以通过 TCA 进一步氧化分解，通过氧化磷酸化产生 ATP。偶数碳脂肪酸经 β-氧化后生成乙酰 CoA，乙酰 CoA 在多数植物体内无法生成糖，但可以通过 TCA 进一步氧化分解，通过氧化磷酸化产生 ATP。在萌发的油料种子有乙醛酸循环途径，通过乙醛酸循环生成琥珀酸后生成葡萄糖。反应涉及细胞质、线粒体和乙醛酸循环体。饱和脂肪酸的合成发生在胞液中，原料为乙酰 CoA，但乙酰 CoA 产生于线粒体，通过柠檬酸穿梭从线粒体到达胞液，在乙酰 CoA 羧化酶作用下活化成丙二酸单酰 CoA，在脂肪酸合成酶的催化下，经缩合、还原、脱水和再还原并反复循环合成十六碳脂肪酸，然后在延长系统中合成更长的脂肪酸。不饱和脂肪酸由相应碳原子数的饱和脂肪酸去饱和形成。三酰甘油的合成是以 α-磷酸甘油和脂酰 CoA 为原料在脂酰基转移酶的作用下逐步合成的。

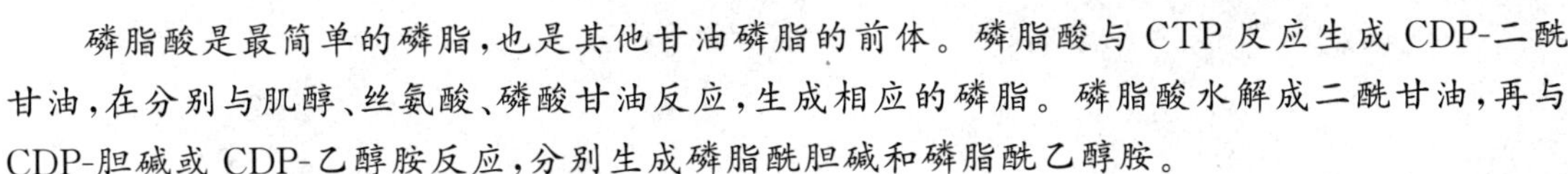

磷脂酸是最简单的磷脂，也是其他甘油磷脂的前体。磷脂酸与 CTP 反应生成 CDP-二酰甘油，在分别与肌醇、丝氨酸、磷酸甘油反应，生成相应的磷脂。磷脂酸水解成二酰甘油，再与 CDP-胆碱或 CDP-乙醇胺反应，分别生成磷脂酰胆碱和磷脂酰乙醇胺。

复习思考题

1. 写出 1 mol 软脂酸在体内氧化分解成 CO_2 和 H_2O 的反应历程，并计算产生的 ATP 摩尔数。
2. 试述油料作物种子萌发时脂肪转化成糖的机理。
3. 饱和脂肪酸的 β-氧化与从头合成的主要区别是什么？
4. 试述乙酰辅酶 A 在脂质代谢中的作用。
5. 为什么人长期摄入过多的糖容易长胖？
6. 什么是乙醛酸循环？它有何特点和生物学意义？
7. 说明肉碱酰基转移酶在脂肪酸氧化过程中的作用。
8. 试解释“柠檬酸运送系统”的作用机制和功能。
9. 脂类分哪几类？试述三脂酰甘油、胆固醇及磷脂的主要生理功能。

第10章 蛋白质的酶促降解和氨基酸代谢

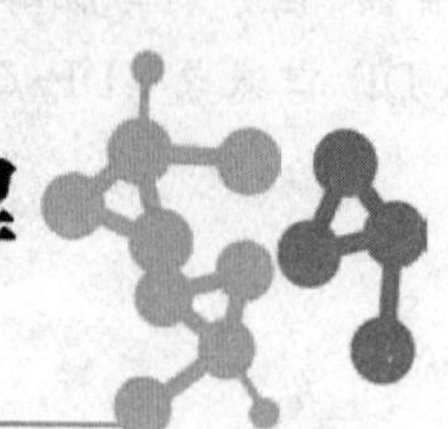

◉内容提示与教学目标

【说明】本章系营养物质代谢的重要内容之一，以氨基酸的分解代谢为主，介绍蛋白质的降解过程。

重点掌握：蛋白质的降解、氨基酸脱氨基以及氨的代谢、α-酮酸的代谢。

掌握：氨基酸脱羧基作用、氨基酸在营养学及代谢方向上的分类。

一般了解：一碳单位的代谢；氨基酸的合成。

本章难点：尿素循环。

氨基酸是蛋白质的基本结构单位。在生物体内，他们的来源主要有：①体蛋白降解；②食物蛋白消化吸收；③ 体内自身合成。代谢去向主要有：①合成体蛋白；②脱氨基后的碳架部分转化为糖、脂、酮体或氧化分解供能；③脱氨基后的氨可以转变为尿素或尿酸，也可转化成其他含氮化合物如嘌呤、嘧啶等；④脱羧基后转变为胺类物质。体内的蛋白质总是处在不断的合成和降解的动态变化中，进行着蛋白质的周转(protein turnover)。

10.1 蛋白质的酶促降解

无论是食物蛋白还是体蛋白都要经过酶促降解才能被机体进一步利用。动物体摄入的蛋白质在消化道内由胃、小肠、胰脏分泌的蛋白水解酶作用分解为小肽和氨基酸，然后被吸收利用。植物体内蛋白质也常被降解，比如当种子萌发时，胚乳或子叶中的贮藏蛋白强烈降解成氨基酸后，用来重新合成幼苗组织中的蛋白质。

10.1.1 蛋白质在消化道的降解

蛋白质的降解是在蛋白酶(proteinase)和肽酶(peptidase)的催化下水解形成氨基酸或小肽后，进一步吸收和利用的。

1. 蛋白酶

蛋白酶又称为肽链内切酶，广泛存在于生物体内。根据蛋白酶活性部位的结构特征可将之分为4类(表10-1)。有些蛋白酶无专一性，可随机地水解多肽链内的肽键，将肽降解为小肽。有些蛋白酶具有一定的专一性，对肽键的C端或N端的氨基酸残基有一定的要求(表10-2)。

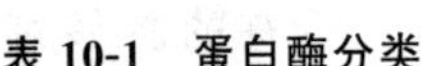

表 10-1 蛋白酶分类

种类	EC 编码	特征描述	举例
丝氨酸蛋白酶	EC3.4.21	活性部位含有 Ser/Thr 残基	胰蛋白酶、胰凝乳蛋白酶
苏氨酸蛋白酶	EC3.4.25		
半胱氨酸蛋白酶	EC3.4.22	活性部位含有 Cys 残基	木瓜蛋白酶
天冬氨酸蛋白酶	EC3.4.23	活性部位含有 2 个 Asp 残基,呈酸性	胃蛋白酶、胰凝乳蛋白酶
金属蛋白酶	EC3.4.24	活性中心含有 Zn^{2+}、Mg^{2+} 等金属离子	嗜热菌蛋白酶、胶原酶

表 10-2 几种蛋白酶的专一性

酶	专一性(氨基酸的 C 端)	专一性(氨基酸的 N 端)
胃蛋白酶	Trp、Phe 残基	除 Pro 外的所有氨基酸残基
胰蛋白酶	Arg、Lys 残基	除 Pro 外的所有氨基酸残基
胰凝乳蛋白酶	Phe、Trp、Tyr 残基	除 Pro 外的所有氨基酸残基
弹性蛋白酶	脂肪族氨基酸残基	除 Pro 外的所有氨基酸残基

2. 肽酶

在生物体内,蛋白质通常在蛋白酶作用下先分解为许多小肽,暴露出许多末端,然后在肽酶的作用下进一步分解为氨基酸。肽酶作用于肽链的羧基末端(羧肽酶)或氨基末端(氨肽酶),每次释放出一个氨基酸或二肽。

10.1.2 蛋白在细胞中的降解

各种蛋白质由于功能不同,在细胞内存活的时间长短各异。不论任何情况下,总在不断地转换和更新,即进行着蛋白质周转(protein turnover)——蛋白质合成与降解以及同一蛋白质在不同空间分布的转换。其作用一是排除异常蛋白,以避免对细胞造成更大的损伤;二是降解累积太多的关键酶和调节蛋白,使细胞代谢有条不紊。

细胞降解蛋白主要有溶酶体(lysosome)和蛋白酶体(proteasome)两个途径。

1. 溶酶体中蛋白的降解

溶酶体(lysosome)是一种由膜包裹的细胞器,是蛋白质降解的重要场所。可降解包括膜蛋白、细胞外蛋白以及一些长半衰期的蛋白等,主要对膜蛋白、细胞外蛋白起降解作用。溶酶体通过胞吞作用将细胞外蛋白引入胞内降解。细胞内蛋白可通过选择性(具有如 KFERQ 特殊氨基酸序列的蛋白质)和非选择性(细胞质中过剩的蛋白质)的方式进入溶酶体被降解。

2. 细胞质中蛋白的降解

泛素途径(ubiquitin pathway)是真核细胞质内蛋白降解的主要途径,主要负责清除不再需要的、寿命短的和异常蛋白质,也参与一些长寿命蛋白质的缓慢周转。

蛋白质的周转受到细胞高度调控。目前认为泛素(ubiquitin)负责完成被降解蛋白质的识别,是被降解的蛋白质的靶向标记,是一个蛋白质死亡的标记。多聚泛素连接到降解蛋白质上为蛋白酶体的降解提供识别的信号,也是调控蛋白质降解的环节之一。

(1)泛素靶向标记被降解的蛋白　所有的真核细胞都含有泛素。泛素的分子质量为8.5 ku,由76个氨基酸残基组成,高度保守,比如人和酵母的泛素氨基酸残基只有3和76位存在差异。

参与泛素途径的酶和蛋白质包括泛素(ubiquitin)、蛋白酶体(proteasome)以及3个酶(E_1、E_2 和 E_3)。

被降解蛋白的靶向标记是泛素C-末端羧基和被降解蛋白Lys残基的ε-氨基形成异肽键的过程,由3个酶催化经3步反应完成的,依赖于ATP的水解。其过程如图10-1所示:

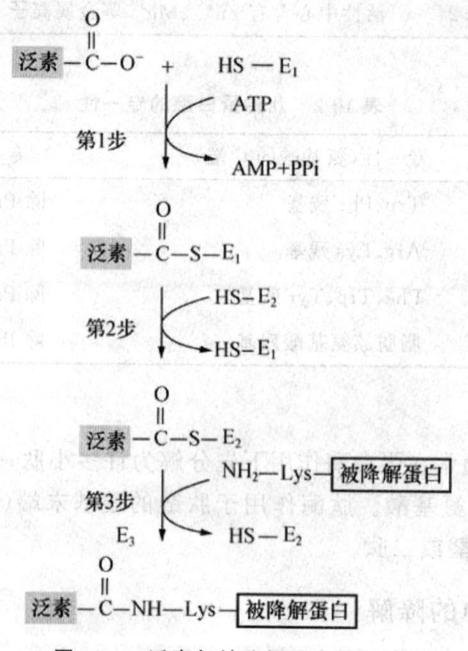

图 10-1　泛素与被降解蛋白的相接

①泛素的羧基末端与泛素活化酶(ubiquitin-activating-enzyme,E_1)的巯基作用形成硫酯键,此过程需要ATP水解供能。

②泛素转到某一小蛋白的巯基上形成"泛素-携带蛋白"(ubiquitin-carrier-protein, E_2)。

③在泛素-蛋白连接酶(ubiquitin-protein-ligase,E_3)的作用下,泛素从 E_2 转到被降解蛋白的Lys残基的ε-氨基上形成一个异肽键(isopeptide bond)。该步反应在3步反应中最重要。

泛素-降解蛋白上的泛素的48位Lys残基的ε-氨基与下一个游离泛素的C-端羧基缩水形成酰胺键连接,其他游离泛素分子以相同的方式依次连接,最终形成多聚泛素分子的蛋白质靶向标记。

(2)蛋白水解酶体降解泛素靶向标记降解蛋白质　泛素靶向标记的降解蛋白质是通过蛋白水解酶体降解。蛋白水解酶体是一个26S的复合体,由2个20S催化单位和2个19S的调控单位组成的。一个20S催化单位由7个部分同源的亚单位组成。19S的调控单位结合在多聚泛素上由催化亚单位催化蛋白的降解(图10-2)。

蛋白先被降解成小肽,然后再降解成氨基酸,氨基酸进一步代谢。

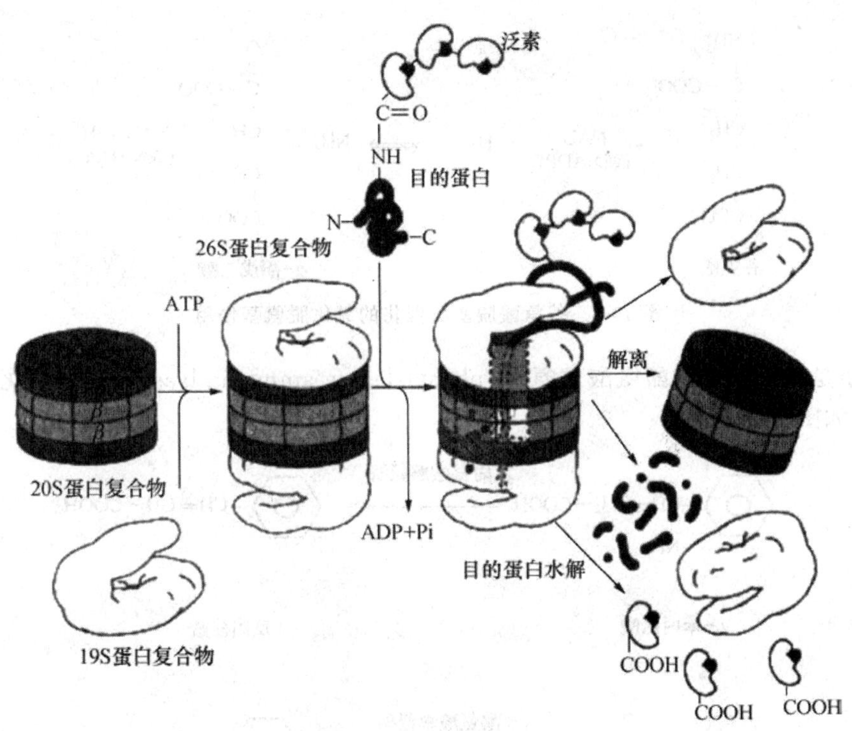

图 10-2 蛋白酶体降解泛素标记的被降解蛋白

(引自 Buchanan, *et al*. Biochemistry & Molecular Biology of Plants. 2000)

10.2 氨基酸的降解与转化

生物体内氨基酸的降解途径各有所异。共同的降解途径有脱氨作用、脱羧作用。这里介绍它们的共同途径。

10.2.1 脱氨基作用(deamination)

脱氨基作用主要有氧化脱氨基作用、非氧化脱氨基作用、转氨基作用和联合脱氨基作用,其中联合脱氨基作用是最重要的途径。

1. 氧化脱氨基作用(oxidative deamination)

氧化脱氨基作用是指氨基酸在脱氨时伴有氧化过程,生成氨和 α-酮酸。

已知参与氧化脱氨基反应的催化酶有:①*L*-氨基酸氧化酶:要求最适 pH 为 10 左右,体内活性不强且分布不广。其催化的反应如图 10-3 所示。其辅酶分别是 FMN 和 FAD,为黄素酶类。②*D*-氨基酸氧化酶:分布广活性强,但底物少。③*L*-谷氨酸脱氢酶:分布广,活性强,专一性强,NAD^+ 或 $NADP^+$ 为辅酶。广泛分布在高等植物的根、种子、胚轴、叶片等组织,动物体中除肌肉组织外均有分布。该酶催化得反应是可逆反应。

2. 非氧化脱氨基作用(nonoxidative deamination)

非氧化脱氨基作用是指在解氨酶的作用下直接将氨基脱掉,不需要经历氧化的过程。最

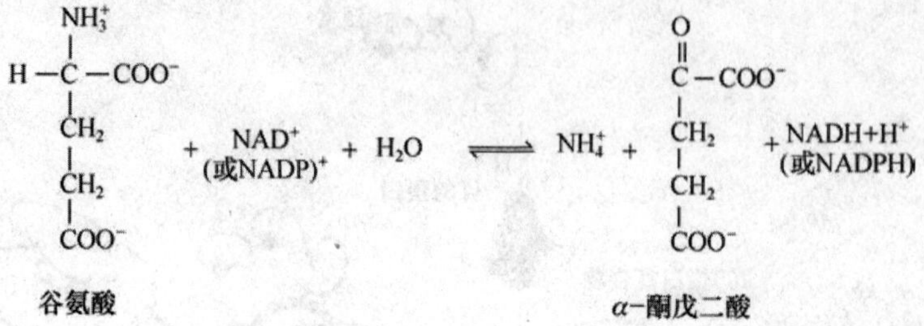

$$\mathrm{H-\underset{\underset{\underset{\underset{COO^-}{|}}{CH_2}}{\underset{|}{CH_2}}}{\overset{\overset{NH_3^+}{|}}{C}}-COO^-} + \mathrm{NAD^+}\ (\text{或}\mathrm{NADP^+}) + \mathrm{H_2O} \rightleftharpoons \mathrm{NH_4^+} + \mathrm{\underset{\underset{\underset{COO^-}{|}}{CH_2}}{\underset{|}{CH_2}}\ \overset{\overset{O}{\|}}{C}-COO^-} + \mathrm{NADH+H^+}\ (\text{或}\mathrm{NADPH})$$

谷氨酸　　　　α-酮戊二酸

图 10-3　谷氨酸脱氢酶催化的氧化脱氨基作用

典型的例子是苯丙氨酸和酪氨酸解氨酶(phenylalanine ammonia lyase，PAL)催化的解氨反应，其反应如图 10-4 所示。

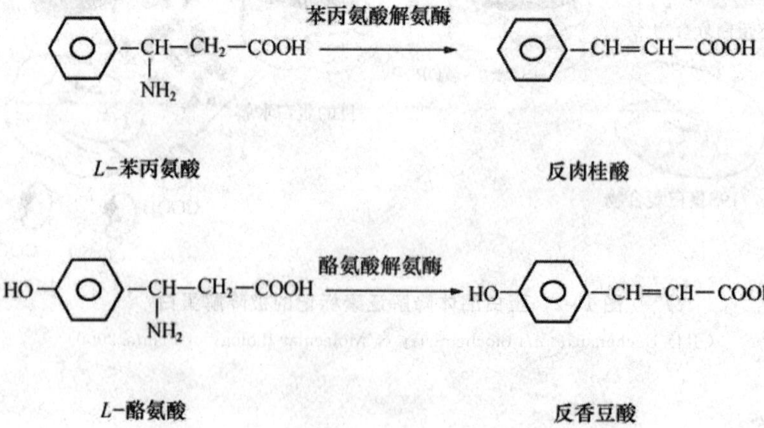

$$\mathrm{C_6H_5-\underset{\underset{NH_2}{|}}{CH}-CH_2-COOH} \xrightarrow{\text{苯丙氨酸解氨酶}} \mathrm{C_6H_5-CH{=}CH-COOH}$$

L-苯丙氨酸　　　　反肉桂酸

$$\mathrm{HO-C_6H_4-\underset{\underset{NH_2}{|}}{CH}-CH_2-COOH} \xrightarrow{\text{酪氨酸解氨酶}} \mathrm{HO-C_6H_4-CH{=}CH-COOH}$$

L-酪氨酸　　　　反香豆酸

图 10-4　苯丙氨酸和酪氨酸解氨酶催化的脱氨基作用

在植物体这两种反应很重要，生成的产物反肉桂酸可进一步生成香豆素、木质素和单宁等次生物质；反香豆酸可转化为羟基苯甲酸参与辅酶 Q 的合成。

3. 转氨基作用(transamination)

转氨基作用是指在转氨酶(aminotransferase or transaminase)的催化下，将一种 α-氨基酸的 α-氨基转到一个 α-酮酸的酮基位置上，原来的 α-氨基酸生成相应的 α-酮酸，原来的 α-酮酸生成相应的 α-氨基酸。

转氨基作用在各种组织普遍存在。多种转氨酶大多数都以 α-酮戊二酸为氨基受体(图 10-5)，而对供体要求不严格，除甘氨酸、脯氨酸、苏氨酸和赖氨酸外，都可催化。该酶的辅因子为磷酸吡哆醛(pyridoxal phosphate，PLP)和磷酸吡哆胺(pyridoxamine phosphate，PMP)，催化的反应是可逆的，其逆反应可以生成一些氨基酸。

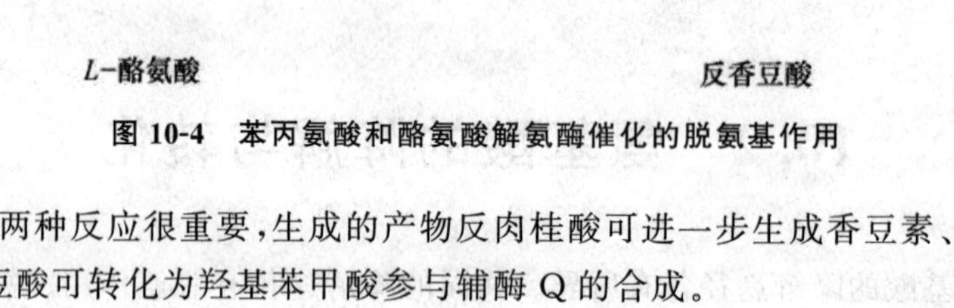

$$\mathrm{H_2N-\underset{\underset{R}{|}}{\overset{\overset{COOH}{|}}{C}}-H} + \mathrm{\overset{\overset{COOH}{|}}{C}{=}O\ (CH_2)_2\ COOH} \xrightleftharpoons{\text{转氨酶}} \mathrm{\underset{\underset{R}{|}}{\overset{\overset{COOH}{|}}{C}}{=}O} + \mathrm{H_2N-\overset{\overset{COOH}{|}}{CH}\ (CH_2)_2\ COOH}$$

α-氨基酸　　α-酮戊二酸　　α-酮酸　　*L*-谷氨酸

图 10-5　转氨酶催化的转氨基作用

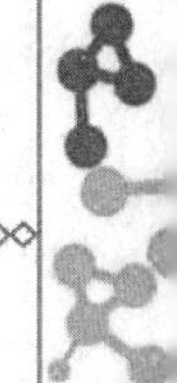

4. 联合脱氨基作用(united deamination)

转氨基作用虽然普遍存在于体内,但只是氨基的转移,而未彻底脱去氨基。氧化脱氨基虽可将氨基真正脱去,但只有 L-谷氨酸脱氢酶活跃。因此,认为体内大多数的氨基酸脱去氨基是通过联合脱氨基作用进行的,即转氨基作用和氧化脱氨基作用联合起来进行的(图 10-6)。

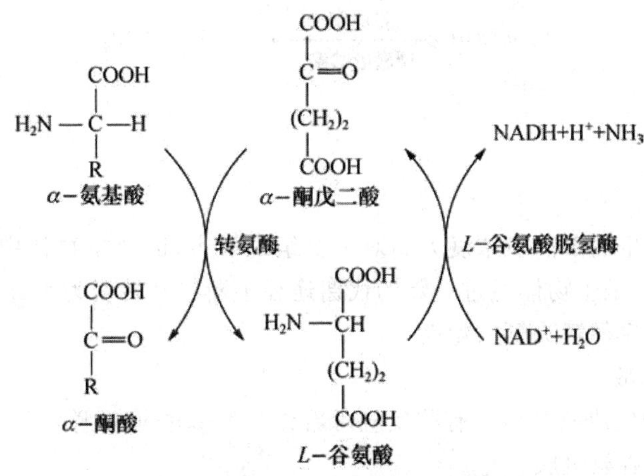

图 10-6 谷氨酸为核心的联合脱氨基作用

(引自刘国琴,等. 生物化学. 2011)

生物体内有两种形式的联合脱氨基作用:一种是以谷氨酸脱氢酶为核心的脱氨作用,在生物体内普遍存在;另一种是以嘌呤核苷酸循环为核心的脱氨作用(图 10-7),在动物体内,骨骼肌和心肌 L-谷氨酸脱氢酶活性较弱,联合脱氨作用以嘌呤核苷酸循环为主。

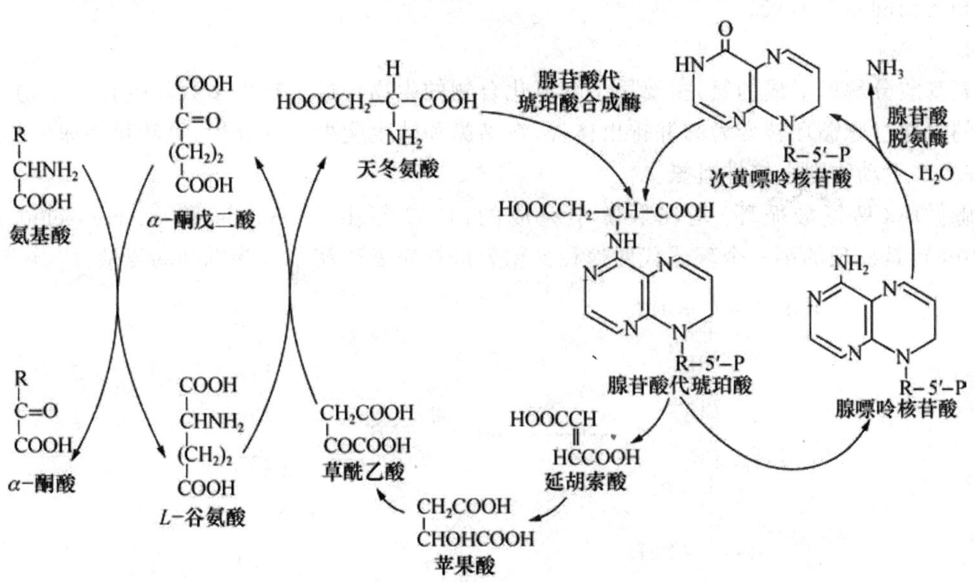

图 10-7 嘌呤核苷酸循环

(引自王镜岩,等. 生物化学. 2002)

10.2.2 脱羧基作用(decarboxylation)

在脱羧酶的作用下,氨基酸脱去羧基形成一级胺的过程,称为脱羧基作用。该酶的辅酶为磷酸吡哆醛。反应如下:

$$\underset{\displaystyle NH_2}{\underset{|}{RCHCOOH}} \xrightarrow[\text{磷酸吡哆醛}]{\text{脱羧酶}} R-CH_2NH_2+CO_2$$

10.2.3 氨的去路

氨基酸脱氨后产生的游离氨浓度太高对生物组织有害,因此生物体中游离氨的浓度必须维持在较低的水平,于是生物体通过一定的代谢途径不断将其转变为无毒或毒性小的化合物。机体主要有以下几个途径解除氨的毒性。

1. 重新合成氨基酸

游离氨与 α-酮酸生成氨基酸。有些反应可看作是氨基酸氧化脱氨基作用的逆反应,但氨基的供体是谷氨酸或谷氨酰胺。

2. 形成铵盐

游离氨与柠檬酸、苹果酸、延胡索酸等有机酸结合形成铵盐。这样,既可以用来中和氨,又可以调节 pH。

3. 形成酰胺

游离氨与天冬氨酸或谷氨酸结合形成天冬酰胺和谷氨酰胺,而此路径正是植物体中氨的贮藏和运输的主要形式。

4. 合成脲

氨基酸分解所形成的氨,主要用于含氮化合物的生物合成。在大多数陆生脊椎动物体内,多余的氨通过脲循环转变为脲并排出体外;在鸟类和陆生爬虫类动物中,氨转化为尿酸排泄出去;许多水生动物则直接排泄氨。

脲循环(鸟氨酸循环)是在肝脏中完成的,1932 年由 H. Krebs 和 K. Henseleit 提出(图 10-8),是发现的第一个环式代谢途径。精氨酸被精氨酸酶水解为脲和鸟氨酸。

$$\begin{array}{c} H_2N-C=NH \\ | \\ NH_2^+ \\ | \\ CH_2 \\ | \\ CH_2 \\ | \\ CH_2 \\ | \\ H-C-NH_3^+ \\ | \\ COO^- \\ \text{精氨酸} \end{array} \xrightarrow{H_2O} \begin{array}{c} O \\ \| \\ H_2N-C-NH_2 \\ \text{脲} \end{array} + \begin{array}{c} NH_2^+ \\ | \\ CH_2 \\ | \\ CH_2 \\ | \\ CH_2 \\ | \\ H-C-NH_3^+ \\ | \\ COO^- \\ \text{鸟氨酸} \end{array}$$

脲循环中其他反应的结果是鸟氨酸合成为精氨酸。首先由转氨甲酰酶催化氨甲酰基转移到鸟氨酸上形成瓜氨酸。

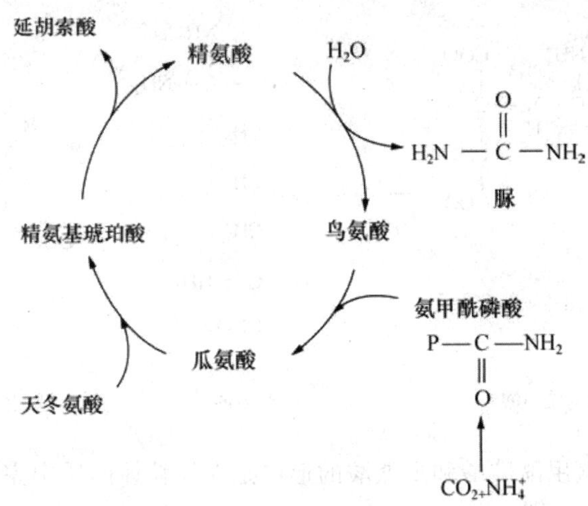

图 10-8 脲循环

（引自张曼夫. 生物化学. 2011）

$$\underset{\text{鸟氨酸}}{H_3N^+-CH_2-CH_2-CH_2-CH(NH_3^+)-COO^-} + \underset{\text{氨甲酰磷酸}}{H_2N-C(=O)-O-PO_3^{2-}} \longrightarrow \underset{\text{瓜氨酸}}{H_2N-C(=O)-NH-CH_2-CH_2-CH_2-CH(NH_3^+)-COO^-} + Pi$$

然后，精氨基琥珀酸合成酶催化瓜氨酸和天冬氨酸缩合为精氨基琥珀酸。这步反应有ATP参与。

$$\underset{\text{瓜氨酸}}{H_2N-C(=O)-NH-(CH_2)_3-CH(NH_3^+)-COO^-} + \underset{\text{天冬氨酸}}{{}^+H_3N-CH(COO^-)-CH_2-COO^-} \xrightarrow{ATP \quad AMP+PPi} \underset{\text{精氨基琥珀酸}}{H-N(-(CH_2)_3-CH(NH_3^+)-COO^-)-C(={}^+NH_2)-NH-CH(COO^-)-CH_2-COO^-}$$

最后，精氨基琥珀酸在精氨基琥珀酸酶催化下裂解为精氨酸和延胡索酸。

精氨基琥珀酸 ⟶ 精氨酸 + 延胡索酸

在脲循环反应中，氨甲酰磷酸和瓜氨酸的形成是在线粒体间质中完成的，其余的反应在细胞质中进行的。

脲循环对动物体特别重要，其任何一个步骤出问题，就有可能产生疾病。

10.2.4 碳架的去路

20 种氨基酸脱氨后余下的 α-酮酸称为氨基酸的碳架，有些可以重新合成氨基酸，也可以转变成糖、酮体、脂肪酸，还可以彻底氧化分解供能。

根据氨基酸的碳架能够转化的物质不同，可将氨基酸分为生酮氨基酸、生酮兼生糖氨基酸和生糖氨基酸。

①生酮氨基酸：在动物体内降解为乙酰 CoA 或乙酰乙酰 CoA，可生成酮体，包括亮氨酸、赖氨酸。

②生酮兼生糖氨基酸：降解物既能生酮又能生糖，包括异亮氨酸、苯丙氨酸、色氨酸和酪氨酸。

③生糖氨基酸：降解物是三羧酸循环的中间产物和丙酮酸，它们能转变成葡萄糖，包括其他的 14 种构成蛋白的氨基酸。

图 10-9 为 20 种氨基酸碳架的去向示意图。

下面具体介绍几种碳架的转化方式：

1. 降解产生丙酮酸

主要有丙氨酸、丝氨酸、甘氨酸、半胱氨酸和苏氨酸。

丙氨酸通过转氨作用直接产生丙酮酸。

丝氨酸在丝氨酸脱水酶的催化下发生脱氨。

$$\text{丝氨酸} \longrightarrow \text{丙酮酸} + NH_4^+$$

半胱氨酸通过几种途径转变为丙酮酸，其硫原子则出现在 H_2S、SO_3^{2-} 或 SCN^- 中。

甘氨酸和苏氨酸的碳原子也能转变为丙酮酸进一步代谢。甘氨酸能通过一个羟甲基酶催化转变为丝氨酸，苏氨酸能通过氨基丙酮产生丙酮酸(图 10-10)。

2. 降解产生草酰乙酸

天冬酰胺被天冬酰胺酶水解为 NH_4^+ 和天冬氨酸。

天冬氨酸通过转氨基作用转变为草酰乙酸。

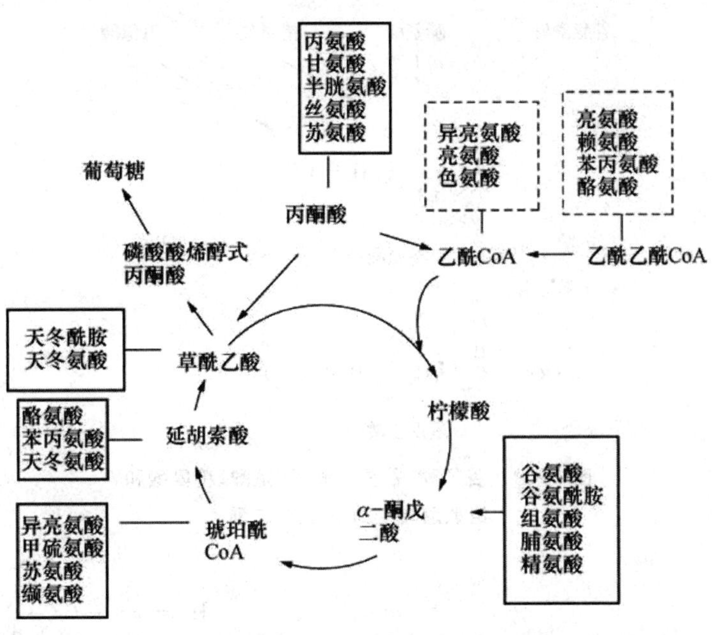

图 10-9 氨基酸碳架的去向

(引自张曼夫. 生物化学. 2011)

虚线框示生酮氨基酸，其他为生糖氨基酸

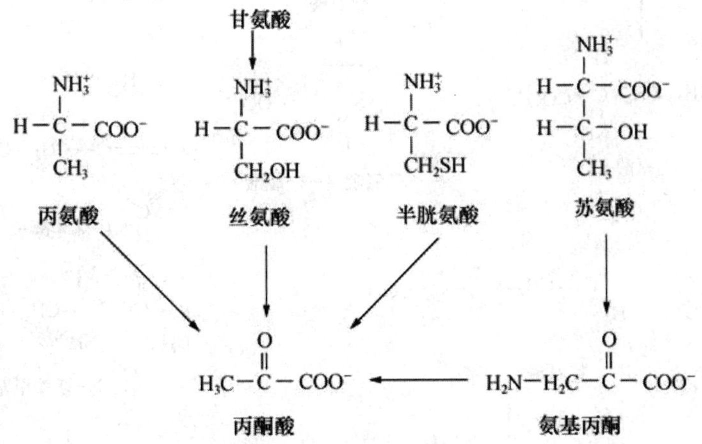

图 10-10 丙氨酸、丝氨酸、半胱氨酸、甘氨酸和苏氨酸转变为丙酮酸进入三羧循环

天冬氨酸＋α-酮戊二酸⟶草酰乙酸＋谷氨酸

3. 降解产生α-酮戊二酸

谷氨酰胺、脯氨酸、精氨酸和组氨酸转变为谷氨酸后，再氧化脱氨为α-酮戊二酸进入柠檬酸循环(图 10-11 和图 10-12)。

4. 降解产生琥珀酰 CoA

甲硫氨酸、异亮氨酸、苏氨酸和缬氨酸降解时，首先形成中间产物甲基丙二酰 CoA，然后形成琥珀酰 CoA(图 10-13)。琥珀酰 CoA 是某些氨基酸碳原子进入柠檬酸循环的切入点。

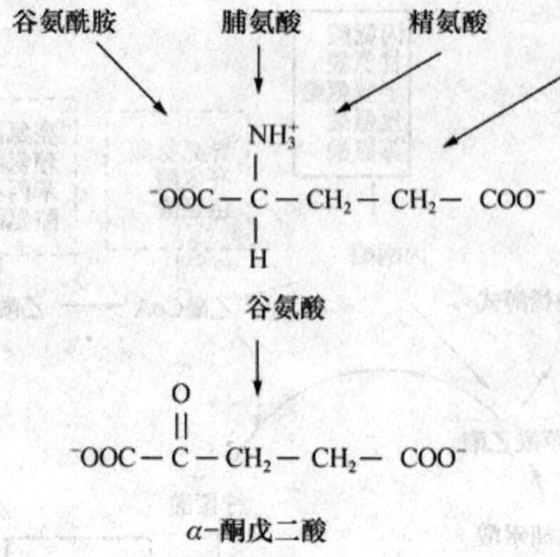

谷氨酰胺　　脯氨酸　　精氨酸　　组氨酸

$$^{-}OOC-\underset{H}{\overset{NH_3^+}{C}}-CH_2-CH_2-COO^-$$

谷氨酸

↓

$$^{-}OOC-\overset{O}{\overset{\|}{C}}-CH_2-CH_2-COO^-$$

α-酮戊二酸

图 10-11　谷氨酸、谷氨酰胺、脯氨酸、精氨酸和组氨酸转变为 α-酮戊二酸

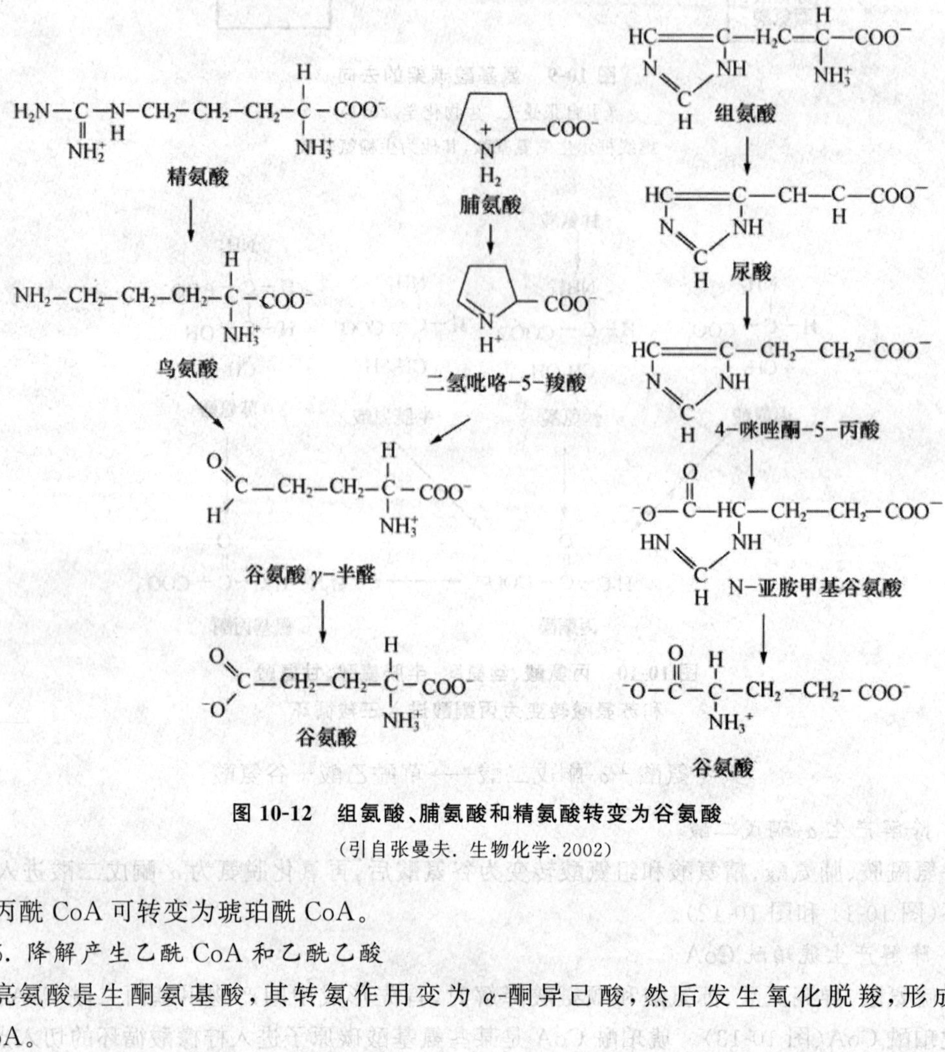

精氨酸 → 鸟氨酸 → 谷氨酸 γ-半醛 → 谷氨酸

脯氨酸 → 二氢吡咯-5-羧酸 → 谷氨酸 γ-半醛

组氨酸 → 尿酸 → 4-咪唑酮-5-丙酸 → N-亚胺甲基谷氨酸 → 谷氨酸

图 10-12　组氨酸、脯氨酸和精氨酸转变为谷氨酸

（引自张曼夫．生物化学．2002）

丙酰 CoA 可转变为琥珀酰 CoA。

5．降解产生乙酰 CoA 和乙酰乙酸

亮氨酸是生酮氨基酸，其转氨作用变为 α-酮异己酸，然后发生氧化脱羧，形成异戊酰 CoA。

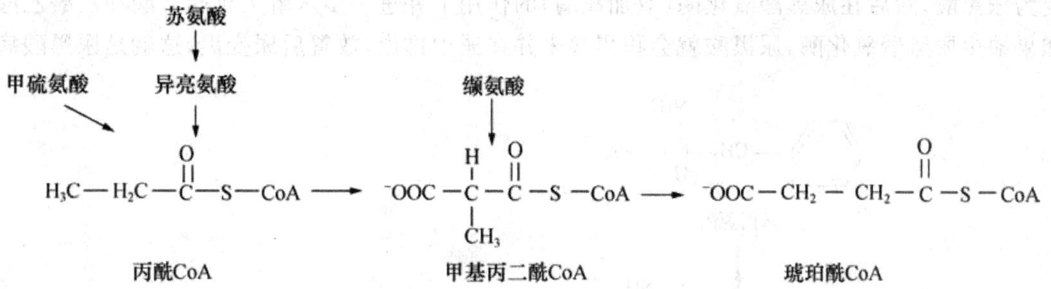

苏氨酸 → 异亮氨酸 → 丙酰CoA；甲硫氨酸 → 丙酰CoA；缬氨酸 → 甲基丙二酰CoA

$H_3C-H_2C-C(=O)-S-CoA \longrightarrow {}^{-}OOC-CH(CH_3)-C(=O)-S-CoA \longrightarrow {}^{-}OOC-CH_2-CH_2-C(=O)-S-CoA$

丙酰CoA　　甲基丙二酰CoA　　琥珀酰CoA

图 10-13　甲硫氨酸、异亮氨酸、苏氨酸和缬氨酸转变为琥珀酰 CoA

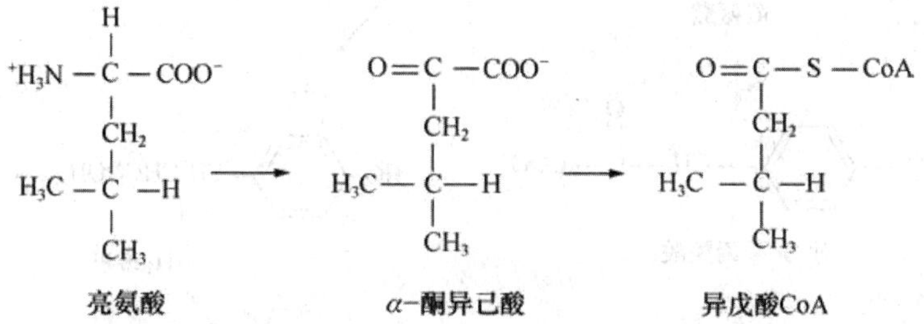

$^{+}H_3N-CH(COO^{-})-CH_2-CH(CH_3)-CH_3 \longrightarrow O=C(COO^{-})-CH_2-CH(CH_3)-CH_3 \longrightarrow O=C(S-CoA)-CH_2-CH(CH_3)-CH_3$

亮氨酸　　α-酮异己酸　　异戊酰CoA

异戊酰 CoA 脱氢生成 β-甲基巴豆酰 CoA，羧化成 β-甲基戊烯二酰 CoA，然后水化为 β-羟基-β-甲基戊二酰 CoA 后裂解为乙酰 CoA 和乙酰乙酸。

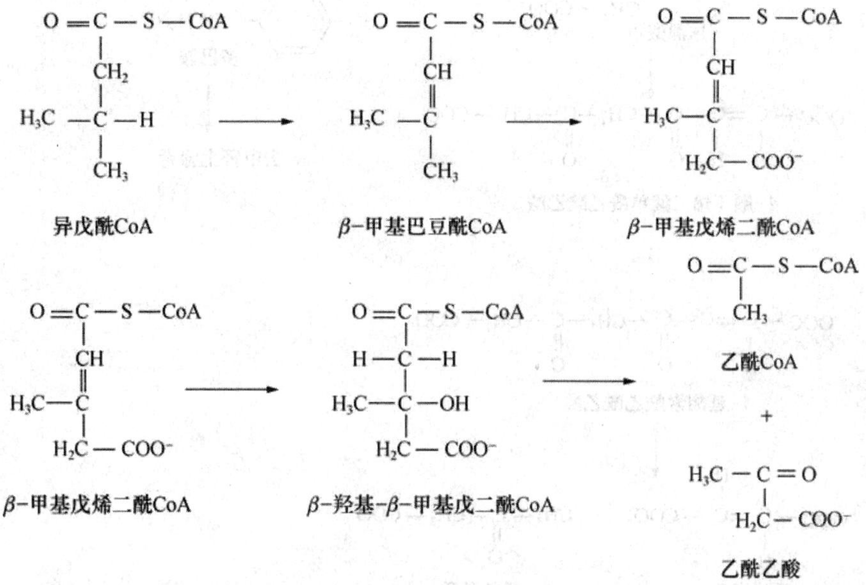

$O=C(S-CoA)-CH_2-CH(CH_3)-CH_3 \longrightarrow O=C(S-CoA)-CH=C(CH_3)-CH_3 \longrightarrow O=C(S-CoA)-CH=C(CH_3)-CH_2-COO^{-}$

异戊酰CoA　　β-甲基巴豆酰CoA　　β-甲基戊烯二酰CoA

$O=C(S-CoA)-CH=C(CH_3)-CH_2-COO^{-} \longrightarrow O=C(S-CoA)-CH_2-C(OH)(CH_3)-CH_2-COO^{-} \longrightarrow O=C(S-CoA)-CH_3 + H_3C-C(=O)-CH_2-COO^{-}$

β-甲基戊烯二酰CoA　　β-羟基-β-甲基戊二酰CoA　　乙酰CoA　　乙酰乙酸

缬氨酸和异亮氨酸的降解途径与亮氨酸的类似，都是先脱氨形成相应的 α-酮酸再脱羧，产生 CoA 的衍生物。随后的反应和脂肪酸氧化反应一样。异亮氨酸产生乙酰 CoA 和丙酰 CoA，而缬氨酸产生甲基丙二酸单酰 CoA。

6. 降解产生乙酰乙酸和延胡索酸

苯丙氨酸和酪氨酸的代谢如图 10-14 所示。苯丙氨酸羟化变为酪氨酸，经转氨、羟化作用

变为尿黑酸，然后在尿黑酸氧化酶（双加氧酶）的作用下并进一步水解为延胡索酸和乙酰乙酸。如果缺少尿黑酸氧化酶，尿黑酸就会积累起来并在尿中排出，放置后尿变黑，这就是尿黑酸病。

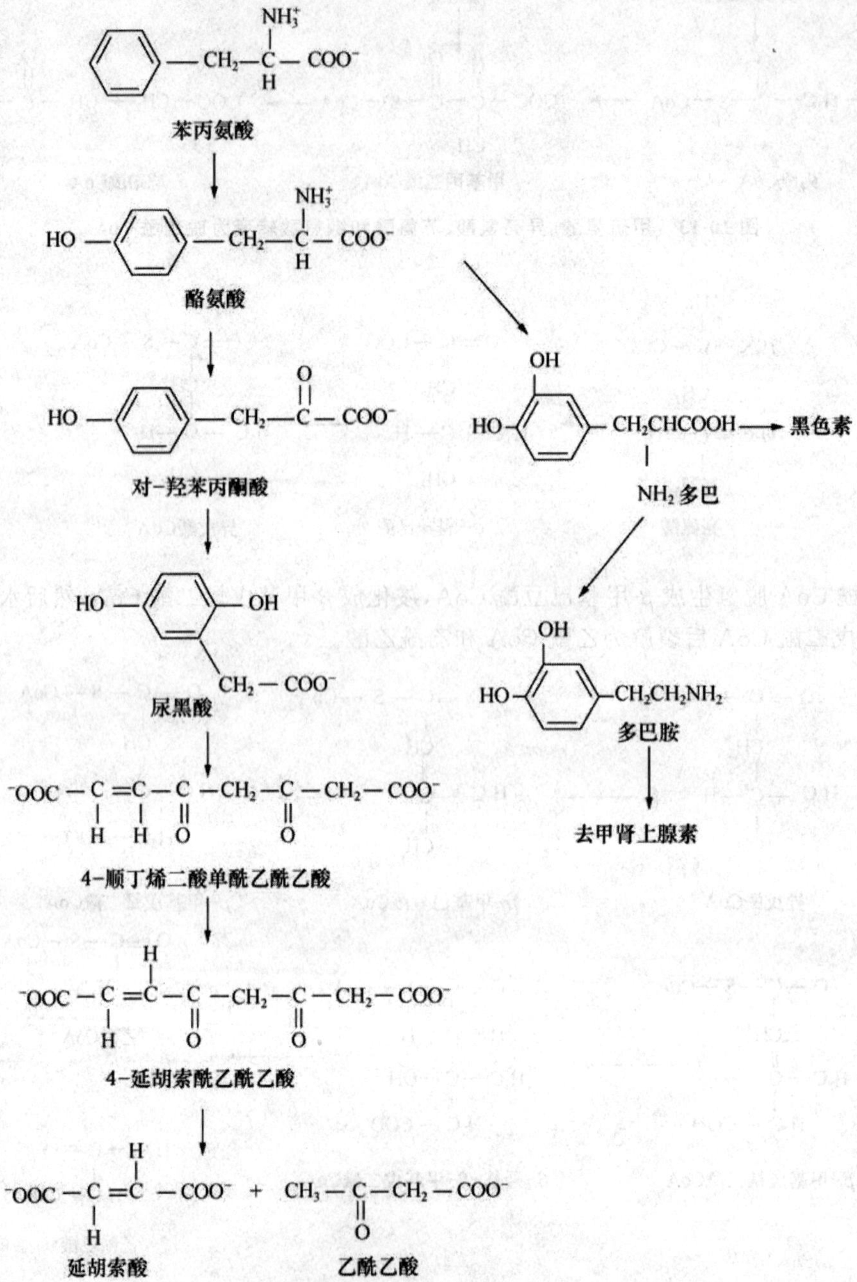

苯丙氨酸

↓

酪氨酸

↓

对-羟苯丙酮酸

↓

尿黑酸

↓

4-顺丁烯二酸单酰乙酰乙酸

↓

4-延胡索酰乙酰乙酸

↓

延胡索酸 + 乙酰乙酸

酪氨酸 → 多巴 → 黑色素

多巴 → 多巴胺 → 去甲肾上腺素

图 10-14　苯丙氨酸和酪氨酸降解途径

（引自刘国琴，张曼夫．生物化学．2011）

苯丙氨酸羟化酶缺失或缺少，苯丙氨酸不能转化为酪氨酸，大量积累会发生转氨作用形成苯丙酮酸，从而引起苯丙酮尿症。患苯丙酮尿症的人在智力发育上严重迟滞。精神病院中的病人约有 1% 有苯丙酮尿症。酪氨酸在酪氨酸酶（tyrosinase）的催化下转变为 3，4-二羟苯丙氨酸(3,4-dihydroxyphenylalanine),即多巴(dopa)。多巴在人类黑色素细胞中进一步氧化、脱羧,生成吲哚醌。人皮肤的黑色素就是吲哚醌的聚合物。因此,当先天性缺乏酪氨酸酶时,就会引起“白化病”(albinism)。多巴进一步代谢可生成多巴胺(dopamine)、去甲肾上腺素(noradrenaline)和肾上腺素(adrenaline),三者统称为儿茶酚胺(catecholamine)类物质,都是神经递质或激素,它们参与运动、情绪、注意力及内脏功能的调节。当儿茶酚胺类物质代谢异常时,会造成神经系统功能障碍,如帕金森氏病(Parkinson's disease)。

7. 提供一碳基团

甘氨酸、丝氨酸、甲硫氨酸、组氨酸、色氨酸等可以分解产生含有一个碳原子的基团,称为“一碳基团”或“一碳单位”。一碳基团释放出来需要由四氢叶酸(FH_4)或S-腺苷甲硫氨酸作为载体再转移给其他化合物。

丝氨酸既可直接与 FH_4 作用形成一碳基团,又可通过甘氨酸途径形成 N^5,N^{10}-CH_2—FH_4。

$$\underset{\text{丝氨酸}}{\underset{\substack{|\\OH}}{H_2C}-\underset{\substack{|\\NH_2}}{CH}-COOH}\xrightarrow[\text{丝氨酸转羟甲基酶}]{FH_4\ \curvearrowright\ N^{10}-CH_2OHFH_4}\underset{\text{甘氨酸}}{H_2N-CH_2-COOH}$$

$$N^{10}-CH_2OHFH_4 \underset{+H_2O}{\overset{-H_2O}{\rightleftharpoons}} N^5,N^{10}-CH_2-FH_4$$

10.2.5 氨基酸可衍生的其他化合物

在生物体内,氨基酸还能合成其他的含氮化合物,包括核苷酸、激素、多胺、生氰糖苷、生物碱等。表10-3列出由氨基酸衍生的一些含氮化合物。这些含氮化合物在生物体内都起着重要作用。比如NO是一类新发现的信号分子,能与鸟苷酸环化酶结合,刺激生成cGMP,参与许多生理过程,如巨噬细胞吞噬细菌、细胞凋亡等。

表10-3 一些由氨基酸衍生的含氮化合物

含氮化合物种类	氨基酸前体	含氮衍生物
卟啉类色素	天冬氨酸、甘氨酸、谷氨酸	叶绿素、血红素
类脂	甲硫氨酸	胆碱
	丝氨酸	鞘氨醇
激素	酪氨酸	肾上腺素
	色氨酸	吲哚乙酸
	甲硫氨酸	乙烯
	精氨酸	腐胺、精胺等
生氰糖苷	异亮氨酸、缬氨酸、苯丙氨酸	亚麻苦苷、百脉根苷等
生物碱	赖氨酸	鹰爪豆碱
	天冬氨酸	烟草生物碱
	苯丙氨酸、酪氨酸	石蒜科生物碱、秋水碱

续表10-3

含氮化合物种类	氨基酸前体	含氮衍生物
	色氨酸	吲哚生物碱、奎宁
	酪氨酸	吗啡、可待因
核苷酸	谷氨酰胺、甘氨酸、天冬氨酸	嘧啶、嘌呤
抗生素	缬氨酸、半胱氨酸	青霉素
神经递质	色氨酸	5-羟色胺
	谷氨酸	γ-氨基丁酸
	丝氨酸	乙酰胆碱
黑色素	酪氨酸	黑色素
辅酶类	色氨酸、甘氨酸、谷氨酸、天冬氨酸	NAD^+、$NADP^+$
	缬氨酸、天冬氨酸、半胱氨酸	泛酸
	谷氨酸参与	THFA
木质素	苯丙氨酸、酪氨酸	芥子醇
胆汁成分	半胱氨酸	牛磺酸
肌肉的贮能物质	甘氨酸、蛋氨酸、精氨酸	肌酸
还原保护	甘氨酸、谷氨酸、半胱氨酸	谷胱甘肽
信号分子	精氨酸	氧化氮

10.3 氮素循环

自然界中的不同含氮化物经常发生相互转化，即氮素循环(nitrogen cycle)。自然界中的氮素以氮气、硝酸盐、亚硝酸盐、铵离子等状态存在，其中氮气主要存在于空气中，大约占空气的79%；硝酸盐、亚硝酸盐、铵离子等主要存在于土壤和水中。

10.3.1 氮素循环

氮素循环实际上也是氮原子在大气与生物圈之间的流动。包括4个过程：固氮作用、硝化作用、硝酸还原作用、氨的同化和再利用。

在氮素循环中，第一步固氮作用，是将 N_2 还原为氨，主要由工业固氮和生物固氮完成。第二步是土壤中的硝化细菌将氨形为氧化 NO_3^-，这个过程称为硝化作用。第三步是植物和微生物可吸收土壤中的 NO_3^-，然后还原形成氨，第四步是氨再经同化作用把无机氮转化为有机氮，这些有机氮化合物又可随食物或饲料进入动物体内，转变为动物体的含氮化合物。各种动、植物遗体及排泄物中的有机氮经微生物分解作用，形成无机氮。这样，在生物界，有机氮和总无机氮形成了一个平衡图(图10-15)。

10.3.2 氨的来源

1. 生物固氮

生物固氮(biological nitrogen fixation)是微生物、藻类和与微生物共生的高等植物通过自

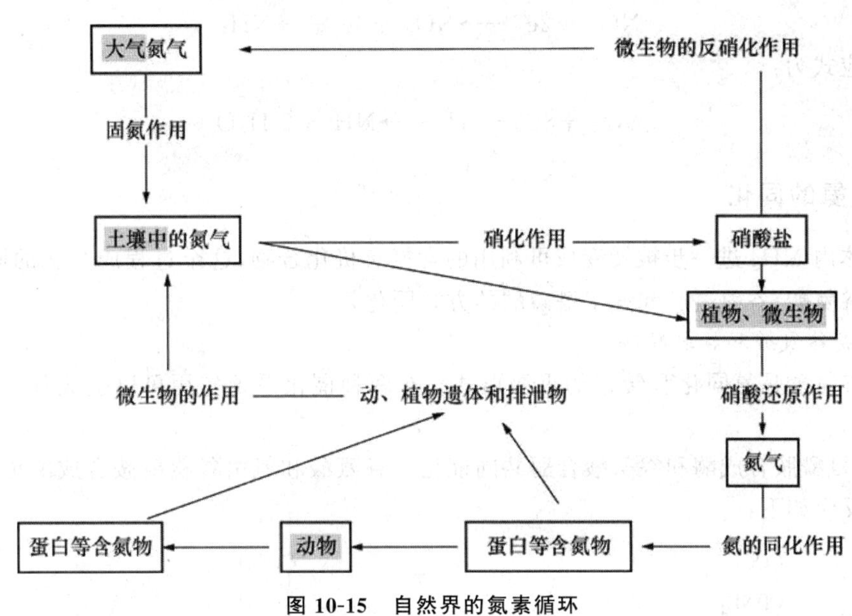

图 10-15 自然界的氮素循环

身的固氮酶复合物(nitrogenase complex)把氮气变成氨的过程。生物固氮比工业固氮大大节省能量,减少对环境的污染,对维持自然界的氮循环和植物生长所需的氮素起着重要的作用。因此,固氮生物的开发和利用,对于开辟农业肥源、维持和提高土壤肥力具有重大意义。

固氮酶复合物由两种蛋白质构成:一种是还原酶,也称铁蛋白,是由两个相同亚基组成,它提供具有高还原势的电子;另一种是固氮酶,也称钼铁蛋白,由 2 个 α 亚基和 2 个 β 亚基组成,它利用还原酶提供的高能电子还原氮气成 NH_4^+。固氮酶对氧十分敏感,只有在严格的厌氧条件下才能固氮。

固氮过程消耗的能量非常多,共有 16 个 ATP 被水解(图 10-16)。

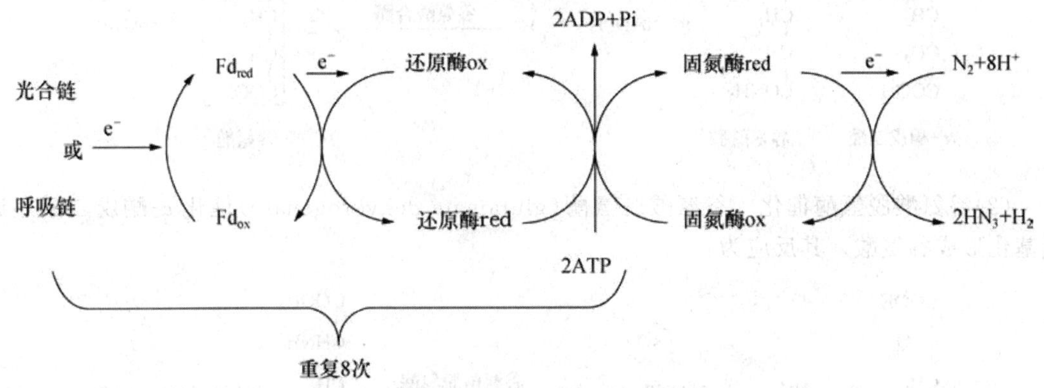

图 10-16 在固氮酶系统中 N_2 还原过程的电子传递

2. 植物靠硝酸还原作用将土壤硝态氮转变为氨

植物体绝大部分氮素来源于土壤中的硝酸盐(NO_3^-),亚硝酸盐(NO_2^-)以及铵盐(NH_4^+)。它们通过根系进入植物细胞,经硝酸还原酶和亚硝酸还原酶催化转变成为氨态氮后才能被植物体利用来合成各种氨基酸和其他有机化合物。硝酸还原反应如下:

$$NO_3^- + 2e^- \longrightarrow NO_2^- + 6e^- \longrightarrow NH_3$$

总反应式为：

$$NO_3^- + 8e^- + 9H^+ \longrightarrow NH_3 + 2\ H_2O$$

10.3.3　氨的同化

生物体内 NH_3 进一步被转变成可利用的含氮有机化合物，这个过程成为氨的同化作用。通过生成谷氨酸、谷氨酰胺和氨甲酰磷酸的方式同化氨。

1. 形成谷氨酸和谷氨酰胺

生成谷氨酸是氨同化和转移的重要形式。有两种催化系统作用可以生成谷氨酸。分别如下：

(1)谷氨酰胺合成酶和谷氨酸合酶共同催化　谷氨酸和氨由谷氨酰胺合成酶催化形成谷氨酰胺。反应如下：

$$\underset{\text{谷氨酸}}{\begin{array}{l}COOH\\ |\\ CHNH_2\\ |\\ CH_2\\ |\\ CH_2\\ |\\ COOH\end{array}} + NH_3 + ATP \xrightarrow{\text{谷氨酰胺合成酶}} \underset{\text{谷氨酰胺}}{\begin{array}{l}COOH\\ |\\ CHNH_2\\ |\\ CH_2\\ |\\ CH_2\\ |\\ CONH_2\end{array}} + ADP + Pi$$

形成谷氨酰胺既是氨同化的一种方式，又可消除氨浓度过高带来的毒害，还可作为氨的供体，由谷氨酸合酶(glutamate synthase)催化合成谷氨酸。反应如下：

$$\underset{\alpha\text{-酮戊二酸}}{\begin{array}{l}COOH\\ |\\ C{=}O\\ |\\ CH_2\\ |\\ CH_2\\ |\\ COOH\end{array}} + \underset{\text{谷氨酰胺}}{\begin{array}{l}COOH\\ |\\ CHNH_2\\ |\\ CH_2\\ |\\ CH_2\\ |\\ CONH_2\end{array}} + NADPH + H^+ \xrightarrow{\text{谷氨酸合酶}} 2\underset{\text{谷氨酸}}{\left[\begin{array}{l}COOH\\ |\\ CHNH_2\\ |\\ CH_2\\ |\\ CH_2\\ |\\ COOH\end{array}\right]} + NADP^+$$

(2)谷氨酸脱氢酶催化　谷氨酸脱氢酶(glutamate dehydrogenase)催化 α-酮戊二酸还原氨基化形成谷氨酸。其反应为：

$$\underset{\alpha\text{-酮戊二酸}}{\begin{array}{l}COOH\\ |\\ C{=}O\\ |\\ CH_2\\ |\\ CH_2\\ |\\ COOH\end{array}} + NH_3 + NADPH + H^+ \xrightleftharpoons{\text{谷氨酸脱氢酶}} \underset{\text{谷氨酸}}{\begin{array}{l}COOH\\ |\\ CHNH_2\\ |\\ CH_2\\ |\\ CH_2\\ |\\ COOH\end{array}} + NADP^+ + H_2O$$

2. 形成氨甲酰磷酸

同化氨的另一途径是形成氨甲酰磷酸。有 2 种酶能够催化此反应。

(1)氨甲酰激酶催化的反应

$$NH_3 + CO_2 + ATP \xrightleftharpoons{Mg^{2+}} H_2N-\overset{\overset{\displaystyle O}{\|}}{C}-PO_3H_2 + ADP$$

(2)氨甲酰磷酸合成酶催化的反应

$$NH_3 + CO_2 + 2ATP \xrightleftharpoons{Mg^{2+}} H_2N-\overset{\overset{\displaystyle O}{\|}}{C}-PO_3H_2 + 2ADP + Pi$$

在植物体内,氨甲酰磷酸中的氨基来自谷氨酰胺而不是氨。

10.3.4 氨基酸的生物合成

生物体内氨基酸的合成需要氨基和碳架,氨基可通过转氨作用由已有的其他氨基酸(主要是谷氨酸和谷氨酰胺)提供,而碳架可由糖代谢的中间代谢物或衍生物提供。在转氨酶的催化下即可生成氨基酸。转氨酶广泛存在于动植物体内。

植物和微生物能合成所有氨基酸,而动物只能合成非必需氨基酸。根据氨基酸合成的碳架来源不同,可将氨基酸合成分为若干族。下面简要介绍这些氨基酸的碳架来源和合成过程的相互关系。

1. 丙氨酸族

包括丙氨酸、缬氨酸和亮氨酸。它们的共同碳架是丙酮酸,合成过程的相互关系如图10-17所示。

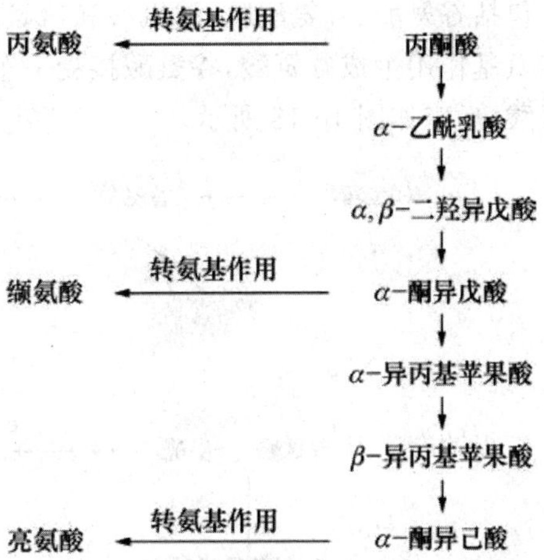

图 10-17 丙氨酸、缬氨酸和亮氨酸的合成

2. 丝氨酸族

包括丝氨酸、甘氨酸和半胱氨酸。它们的碳架是乙醛酸或3-磷酸甘油酸。由乙醛酸经转氨作用可生成甘氨酸,甘氨酸还可缩合为丝氨酸。过程如下:

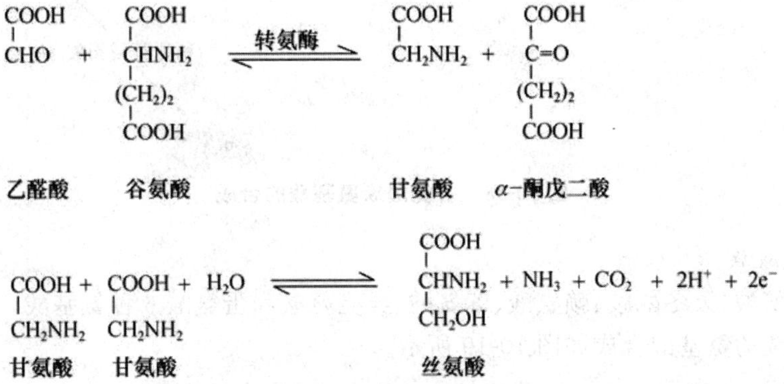

$$\underset{\text{乙醛酸}}{\begin{matrix}COOH\\|\\CHO\end{matrix}} + \underset{\text{谷氨酸}}{\begin{matrix}COOH\\|\\CHNH_2\\|\\(CH_2)_2\\|\\COOH\end{matrix}} \xrightleftharpoons{\text{转氨酶}} \underset{\text{甘氨酸}}{\begin{matrix}COOH\\|\\CH_2NH_2\end{matrix}} + \underset{\alpha\text{-酮戊二酸}}{\begin{matrix}COOH\\|\\C=O\\|\\(CH_2)_2\\|\\COOH\end{matrix}}$$

$$\underset{\text{甘氨酸}}{\begin{matrix}COOH\\|\\CH_2NH_2\end{matrix}} + \underset{\text{甘氨酸}}{\begin{matrix}COOH\\|\\CH_2NH_2\end{matrix}} + H_2O \rightleftharpoons \underset{\text{丝氨酸}}{\begin{matrix}COOH\\|\\CHNH_2\\|\\CH_2OH\end{matrix}} + NH_3 + CO_2 + 2H^+ + 2e^-$$

3-磷酸甘油酸(PGA)生成丝氨酸的过程如下：

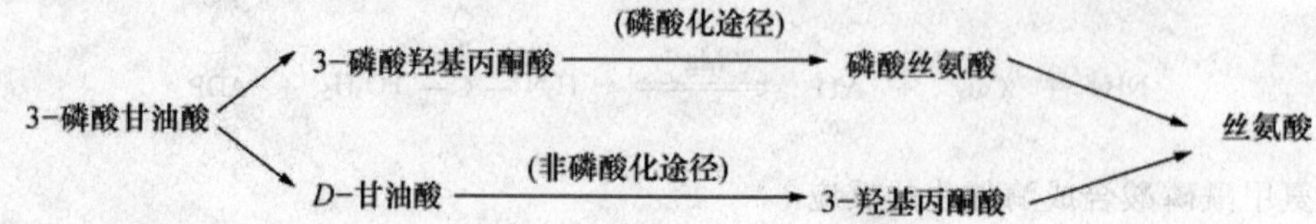

由丝氨酸转变成半胱氨酸，包括下列反应：

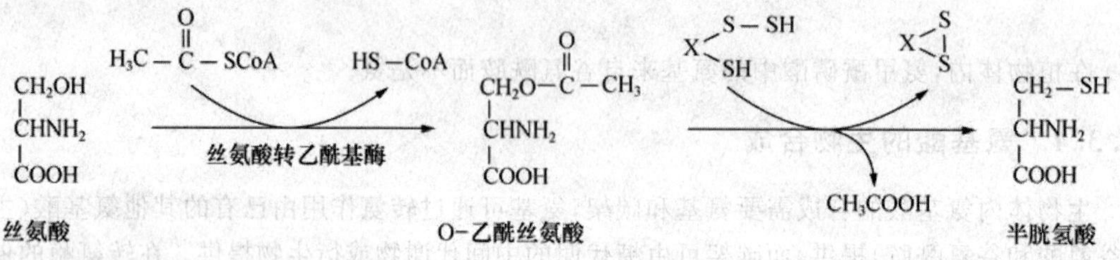

3. 谷氨酸族

包括谷氨酸、谷氨酰胺、脯氨酸和精氨酸。它们的共同碳架是α-酮戊二酸。α-酮戊二酸发生转氨基作用生成谷氨酸，谷氨酸接受一个氨基生成谷氨酰胺。谷氨酸可以转变为脯氨酸和精氨酸，反应如图 10-18 所示。

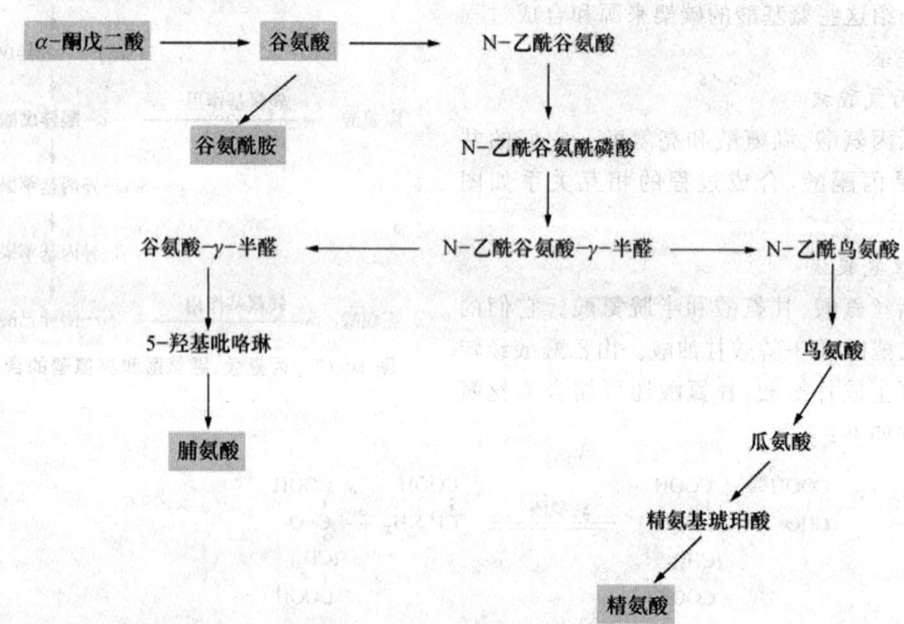

图 10-18　谷氨酸族氨基酸的合成

4. 天冬氨酸族

包括天冬氨酸、天冬酰胺、赖氨酸、苏氨酸、异亮氨酸和蛋氨酸 6 种氨基酸。它们的碳架为草酰乙酸。该族的氨基酸合成如图 10-19 所示。

5. 组氨酸

组氨酸的碳架主要来自磷酸戊糖途径的中间产物 5-磷酸-核糖。另外还有 ATP、谷氨酸

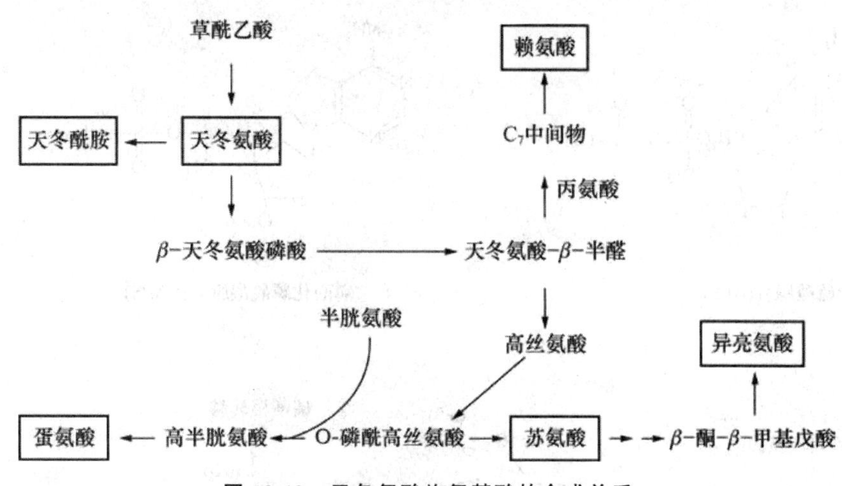

图 10-19 天冬氨酸族氨基酸的合成关系

和谷氨酰胺的参与，其合成过程如图 10-20 所示。

6. 芳香氨基酸族

芳香氨基酸的共同碳架为 4-磷酸赤藓糖和磷酸烯醇式丙酮酸(PEP)。4-磷酸赤藓糖来自 PPP，磷酸烯醇式丙酮酸来自于 EMP。这两者化合后转变成莽草酸(shikimic acid)，再生成芳香氨基酸，称为莽草酸途径(图 10-21)。

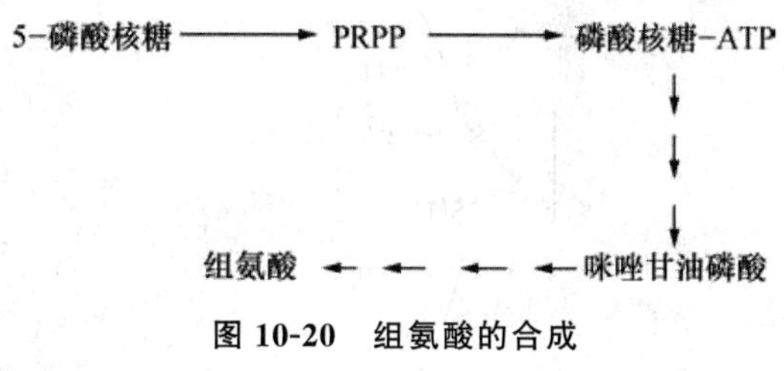

图 10-20 组氨酸的合成

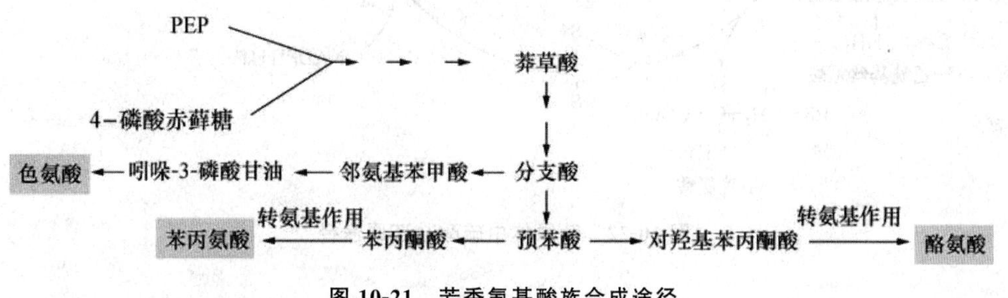

图 10-21 芳香氨基酸族合成途径

7. 硫酸的还原

半胱氨酸中的硫由硫酸还原而成的，与硝酸的还原相类似。在生物体内均存在着硫酸盐的还原过程。硫酸盐(SO_4^{2-})先经活化，然后被还原。活化分两步进行：第一步，硫酸离子在 ATP 硫酸化酶催化下与 ATP 反应，生成腺苷酰硫酸(APS)；第二步，APS 在相应的激酶催化下，在 3′位形成磷酸酯，即磷酸腺苷酰硫酸(PAPS)。

$$SO_4^{2-} + ATP \xrightarrow{\text{ATP 硫酸化酶}} APS + PPi$$

$$APS + ATP \xrightleftharpoons{\text{APS 激酶}} PASP + ADP$$

APS 的还原可以有不同途径，在小球藻和高等植物内，APS 将其硫酰基转移给一个含硫的载体，再被铁氧还蛋白还原成载体—S—SH，即可用于半胱氨酸的合成(图 10-22)。

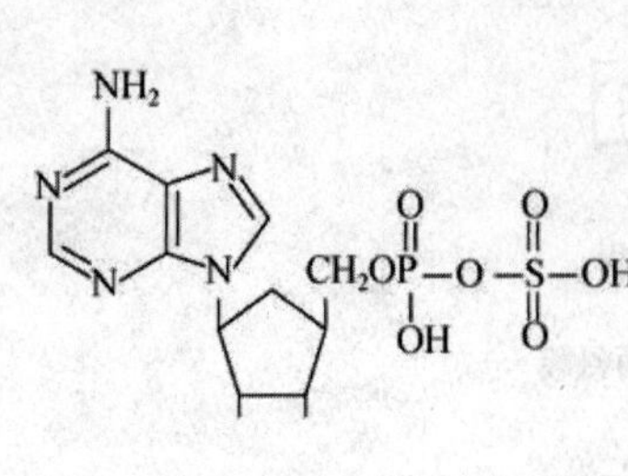

磷硫酸腺苷(APS)　　　　磷酸化磷硫酸腺苷(PAPS)

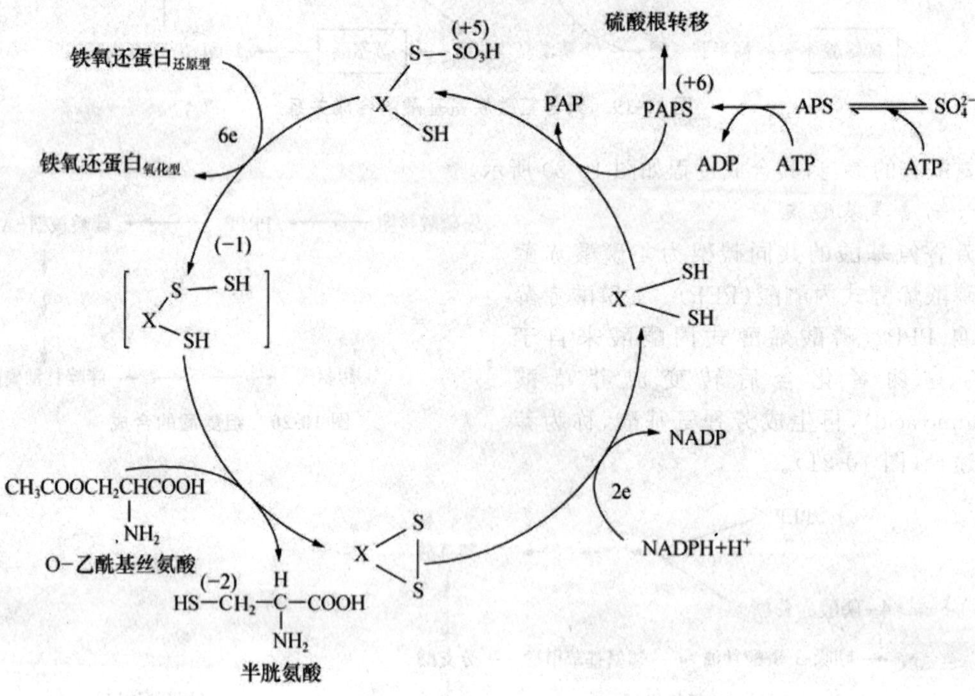

图 10-22　叶绿体中硫酸盐还原途径

本章小结

蛋白质的降解主要由许多蛋白酶和肽酶的催化下生成氨基酸。

氨基酸的分解方式主要是脱氨基作用，脱氨基主要有转氨基作用、氧化脱氨基作用和联合脱氨基作用，生成氨和相应的α-酮酸。氨是有毒物质，可通过尿素、尿酸或铵盐等途径排出体外；α-酮酸可转化为糖、脂、酮体并氧化分解供能，也可重新合成氨基酸。

氨基酸的合成可通过生物固氮和氨的同化、碳架转化等方式合成。根据氨基酸合成时所需碳架不同可将氨基酸分成 6 个族。他们的碳架都是来自糖代谢的中间物。

复习思考题

1. 生物体可以合成构成蛋白质的20种氨基酸吗？为什么？
2. 生物体内构成蛋白质的20种氨基酸都可以转变成糖吗？为什么？
3. 生物体内构成蛋白质的20种氨基酸都可以转变成脂肪吗？为什么？
4. 生物体内氨基酸脱去氨基的主要方式有哪些？其中哪一种最重要？为什么？
5. 谷氨酸在生物体内脱去氨基的主要方式是哪一种？为什么？
6. 谷氨酰胺在生物体内的作用有哪些？
7. 生物体氨排出体外的方式有哪些？
8. 简述丙氨酸、谷氨酸和天冬氨酸在体内的代谢去向。

第11章 核酸的酶促降解与核苷酸代谢

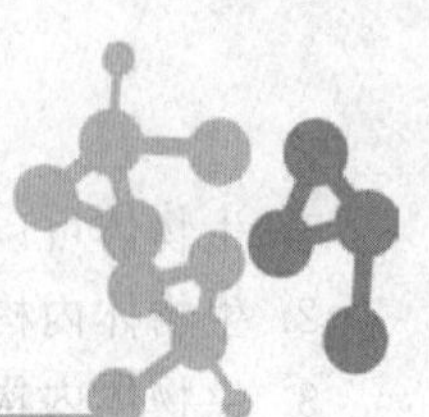

◈内容提示与教学目标

【说明】本章以核苷酸的合成与分解为主要内容，是核酸生物合成的预备和基础。

目的：掌握核苷酸代谢的基本情况。

重点掌握：嘌呤与嘧啶环上各原子的来源、由 IMP 生成 AMP、GMP 的特点、脱氧核苷酸的合成、TMP 的生成。

掌握：核酸的降解、核苷酸的分解

一般了解：IMP 的从头合成反应的详细步骤、核苷酸合成的补救途径；核酸降解酶系及其特异性。

本章难点：IMP 从头合成的反应过程。

核酸的基本结构单位是核苷酸。所有生物体的细胞都含有与核酸代谢有关的酶类，能够分解细胞内各种核酸，促使核酸分解更新，细胞中核苷酸的适时合成和降解是细胞正常活动所必需的。核酸降解产生核苷酸，核苷酸可以进一步分解。在生物体内核酸水解产物戊糖可参加戊糖代谢，嘌呤和嘧啶还可进一步分解，生成 NH_3 和 CO_2。核苷酸可由其他化合物合成，核苷酸的合成有两条基本途径：从头合成途径（de novo pathway）和补救途径（salvage pathway）。核苷酸的抗代谢物可以抑制核苷酸的合成，从而控制细胞的快速繁殖，可作为抗肿瘤和抗病毒的药物使用。本章分核酸的酶促降解、核苷酸的降解、核苷酸的生物合成 3 节。

11.1 核酸的酶促降解

核酸在核酸酶的作用下水解成核苷酸，根据作用底物，核酸酶分为脱氧核糖核酸酶（deoxyribonucleases，DNases）和核糖核酸酶（ribonucleases，RNases）；根据水解部位，分为核酸内切酶（endonuclease）和核酸外切酶（exonuclease）。核酸内切酶依据切割位点的特异性，又可以分从多核苷酸链任一位点切割的非特异性核酸内切酶和从特定位点切割的限制性核酸内切酶（restriction endonuclease）。核酸酶是在实验室中切割和操作核酸的工具。

核酸 $\xrightarrow{\text{核酸酶}}$ 核苷酸 $\xrightarrow{\text{核苷酸酶}}$ {磷酸；核苷 $\xrightarrow{\text{核苷酶}}$ {碱基 {嘌呤、嘧啶}；戊糖 {核糖、脱氧核糖}}}

11.1.1 脱氧核糖核酸酶与核糖核酸酶

1. 脱氧核糖核酸酶

脱氧核糖核酸酶是一类特异水解 DNA 的酶类。常见的内切酶有 DNaseⅠ、DNaseⅡ和限制性内切酶。DNaseⅠ特异性不强，可作用于任意 3′-羟基和 5′-磷酸形成的磷酸二酯键，产物为 5′-磷酸寡聚脱氧核苷酸片段；DNaseⅡ作用于 3′-磷酸和 5′-羟基形成的酯键，产物为 3′-磷酸寡聚脱氧核苷酸片段。

2. 核糖核酸酶

能对核糖核酸中磷酸二酯键水解作用的酶叫核糖核酸酶(RNase)，包括外切酶和内切酶。实验室常用的 RNase 有 3 种，RNaseⅠ、RNaseT_1 及 RNaseT_2，详见以下内切酶介绍。

11.1.2 核酸内切酶与核酸外切酶

1. 核酸内切酶

核酸内切酶在核酸链的内部切割核酸链，产生核酸链片段。核糖核酸内切酶的主要种类有 RNaseⅠ、RNaseT_1 及 RNaseT_2 等，这些酶特异性较强。其中 RNaseⅠ作用于嘧啶核苷酸的 C-3′位的磷酸与相邻核苷酸 C-5′羟基形成的磷酸二酯键，水解产物为 3′-嘧啶核苷酸和以 3′-嘧啶核苷酸结尾的寡核苷酸；RNaseT_1 专一性作用于鸟嘌呤核苷酸 G-3′位的磷酸与相邻核苷酸 C-5′羟基形成的磷酸二酯键，水解产物为 3′-鸟嘌呤核苷酸和以 3′-鸟嘌呤核苷酸结尾的寡核苷酸；RNaseT_2 主要作用于 Ap 残基，将 tRNA 降解为以 3′-腺嘌呤核苷酸结尾的寡核苷酸(图 11-1)。

2. 核酸外切酶

核酸外切酶只从核酸链的一端逐个切断磷酸二酯键释放单核苷酸，可按其水解作用的方向分为 3′→5′核酸外切酶和 5′→3′核酸外切酶。常见的核酸外切酶有蛇毒磷酸二酯酶和牛脾磷酸二酯酶。蛇毒磷酸二酯酶是从核酸 3′端开始，逐个水解下 5′-核苷酸；牛脾磷酸二酯酶则从核酸 5′端开始，逐个水解下 3′-核苷酸，这两种酶专一性不强，对 DNA 和 RNA 都能水解(图 11-2)。

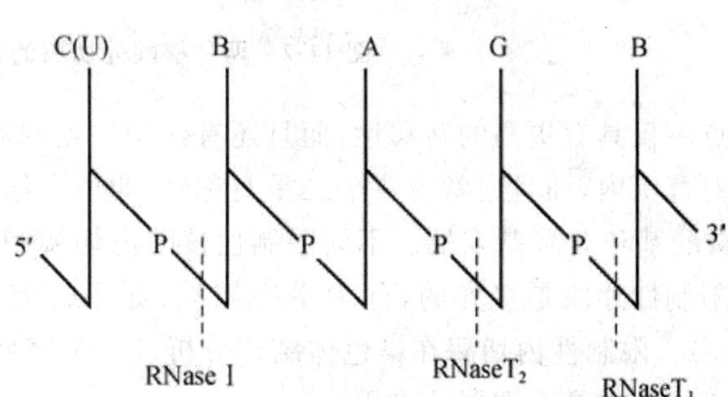

图 11-1 三种核糖核酸内切酶的切割位点

11.1.3 限制性内切核酸酶

1962 年发现细菌中含有特异的核酸内切酶，能识别特定的核酸序列而将核酸切断。这类酶自身 DNA 酶切位点往往经甲基化修饰受到保护，其主要功能在于水解外源双链 DNA，故称限制性核酸内切酶(restriction endonnclease)。

已发现的限制性内切核酸酶有几百种，按酶来源的属、种名而定，书写时，规定取属名的第一个字母为大写斜体，取种名的头两个字母小写斜体作略语表示；如有株名，再加上一个大写字母正体，其后再按发现的先后写上罗马数字。例如在大肠杆菌中，第一个被人们发现的限制性内切酶，定义为 *Eco*RⅠ，它对 DNA 的识别顺序以及酶作用产物的末端表明，该酶类作用的

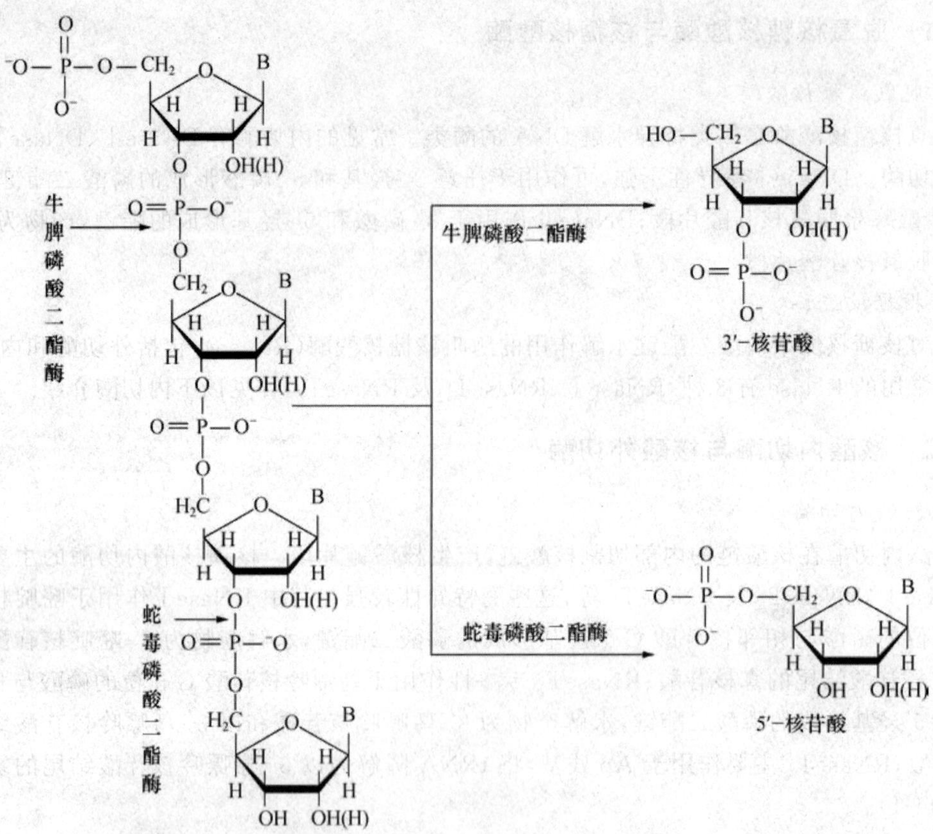

图 11-2　两种核酸外切酶的切割位点及其产物

特点不仅具有更高的转移性，而且还有作用位点的对称性。这些位点的长度一般在 4～8 个碱基对范围内，而且通常有一个二重对称轴，叫回文结构(palindrome)，切断的双链 DNA 都产生 5′磷酸基和 3′羟基末端。不同限制性核酸内切酶识别和切割的特异性不同，如果切割后产生的限制性片段是整齐的，称为平齐末端；如果带有单链寡核苷酸“尾巴”，称为黏性末端(图 11-3)。限制性内切酶在染色体结构分析、DNA 序列测定、DNA 酶谱制作、基因分离及体外重组等操作中具有重要的作用。

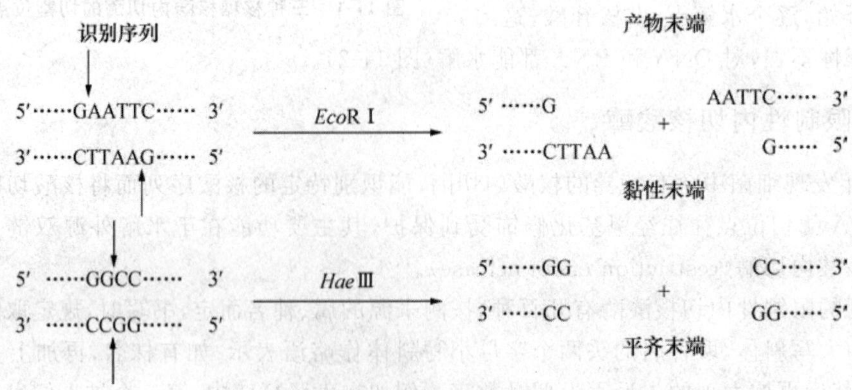

图 11-3　两种限制性核酸内切酶的切割方式及位点

11.2 核苷酸的降解

11.2.1 核苷酸和核苷的降解

生物体内,核苷酸经核苷酸酶(nucleotidase)或磷酸单酯酶(phosphomonoesterase)催化并水解为核苷和无机磷酸。核苷酸酶在生物体内广泛分布,不同核苷酸酶专一性不同。某些核苷酸酶具有绝对专一性,如脑、网膜、蛇毒中的5′-核苷酸酶只水解5′-核苷酸,而存在于植物中的3′-核苷酸酶,只水解3′-核苷酸。非特异性核苷酸酶可作用一切核苷酸的磷酸单酯键。

$$\text{核苷酸} \xrightarrow[H_2O]{\text{核苷酸酶}} \text{核苷+磷酸}$$

核苷经核苷酶(nucleosidase)作用分解为戊糖(核糖)和嘌呤碱或嘧啶碱。核苷酶有两类:一类为核苷磷酸化酶,能使核苷磷酸分解成含氮碱和戊糖磷酸,广泛存在于生物体内,催化可逆反应,另一类为核苷水解酶,能使核苷分解成含氮碱和戊糖,只存在于植物和微生物体内,催化不可逆反应。

$$\text{核苷+磷酸} \xrightleftharpoons{\text{核苷磷酸化酶}} \text{碱基+戊糖-1-磷酸}$$

$$\text{核苷}+H_2O \xrightarrow{\text{核苷水解酶}} \text{碱基+戊糖}$$

核苷降解得到的产物戊糖可进入磷酸戊糖途径进一步分解代谢,嘌呤碱通常降解为有毒化合物分泌到体外,嘧啶碱可被彻底分解代谢。

11.2.2 嘌呤碱的降解

不同生物分解嘌呤的酶系不一样,因而代谢终产物各不相同,但所有生物均可通过氧化和脱氨基,将嘌呤转化为尿酸。

嘌呤碱的降解首先在各种脱氨酶的作用下脱去氨基。腺嘌呤在腺嘌呤脱氨酶(adenine deaminase)作用下水解脱氨基生成次黄嘌呤(hypoxanthine),次黄嘌呤经次黄嘌呤氧化酶(hypoxanthine oxidase)氧化成黄嘌呤(xanthine)。黄嘌呤在黄嘌呤氧化酶(xanthine oxidase)作用下氧化生成尿酸(uricase)(图11-4)。在动物组织中,腺嘌呤脱氨酶的含量极少,而腺苷脱氨酶(adenosine deaminase)和腺苷酸脱氨酶(adenylate deaminase)的活性均较高,故腺嘌呤的脱氨基主要在其核苷和核苷酸水平上发生,次黄嘌呤核苷、黄嘌呤核苷和腺嘌呤核苷均可在嘌呤核苷磷酸酶作用下,分别生成次黄嘌呤、黄嘌呤和腺嘌呤。所以,嘌呤类化合物的分解代谢可以在核苷酸、核苷和碱基3个水平上进行(图11-5)。鸟嘌呤经鸟嘌呤脱氨酶(guanine deaminase)催化脱氨基生成黄嘌呤,鸟嘌呤脱氨酶分布较广,故鸟嘌呤的脱氨基主要在碱基水平。鸟类等排尿酸的动物不仅可以将嘌呤分解为尿酸,还可以把大量的其他含氮代谢物转变为尿酸而排出体外。

尿酸的进一步分解代谢随不同的生物种而异。人类、灵长类、鸟类、某些爬行类和昆虫体

腺嘌呤
腺嘌呤脱氨酶
H2O
NH3
次黄嘌呤
次黄嘌呤氧化酶
H2O+O2
H2O2
鸟嘌呤
鸟嘌呤脱氨酶
H2O
NH3
黄嘌呤
黄嘌呤氧化酶
H2O+O2
H2O2
尿酸

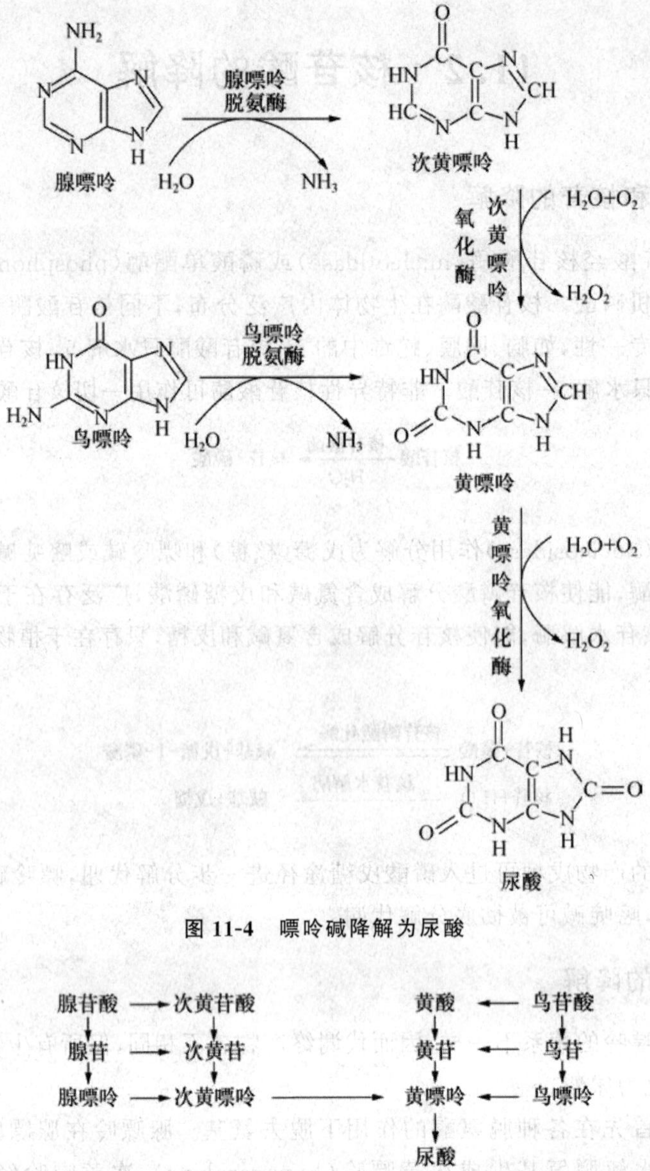

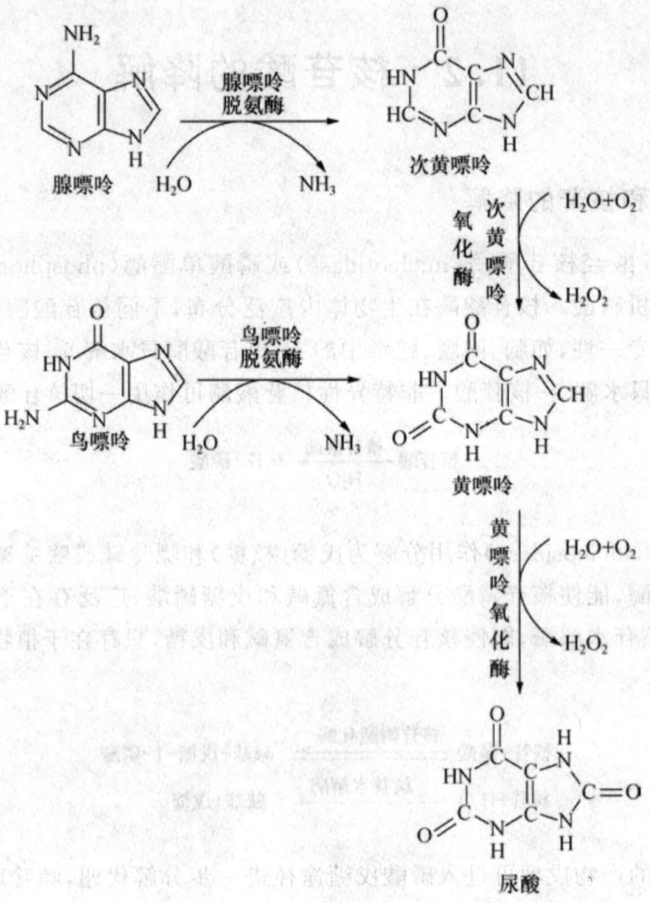

图 11-4 嘌呤碱降解为尿酸

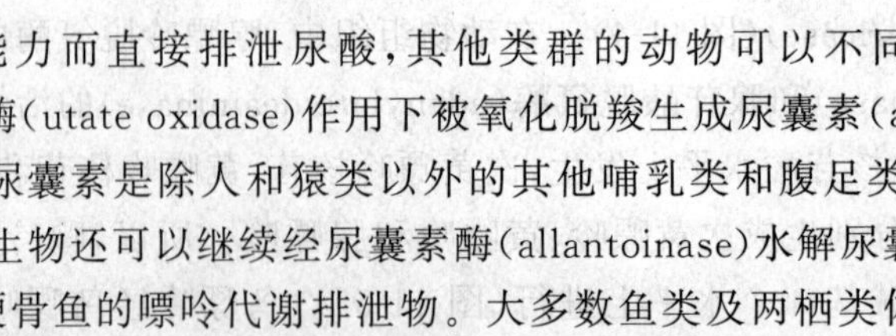

腺苷酸
次黄苷酸
黄酸
鸟苷酸
腺苷
次黄苷
黄苷
鸟苷
腺嘌呤
次黄嘌呤
黄嘌呤
鸟嘌呤
尿酸

图 11-5 嘌呤类化合物在核苷酸、核苷和碱基 3 个水平上的降解

内缺乏分解尿酸的能力而直接排泄尿酸，其他类群的动物可以不同程度地分解尿酸（图 11-6），即在尿酸氧化酶（utate oxidase）作用下被氧化脱羧生成尿囊素（allantoin），同时生成二氧化碳和过氧化氢。尿囊素是除人和猿类以外的其他哺乳类和腹足类动物嘌呤代谢的排泄物。其他多数种类的生物还可以继续经尿囊素酶（allantoinase）水解尿囊素生成尿囊酸（allantoic acid），这是一些硬骨鱼的嘌呤代谢排泄物。大多数鱼类及两栖类体内存在尿囊酸酶（allantoicase），该类酶可以将尿囊酸水解生成尿素（urea）和乙醛酸，后者可通过有氧代谢生成 CO_2 和 H_2O，即这些动物体内嘌呤最终代谢产物是尿素。还有某些低等动物如甲壳类、海洋无脊椎动物，体内存在脲酶能将尿素分解为氨和二氧化碳，再排出体外。

植物和微生物体内嘌呤的代谢途径大致与动物相似，体内广泛存在着尿囊素酶、尿囊酸酶

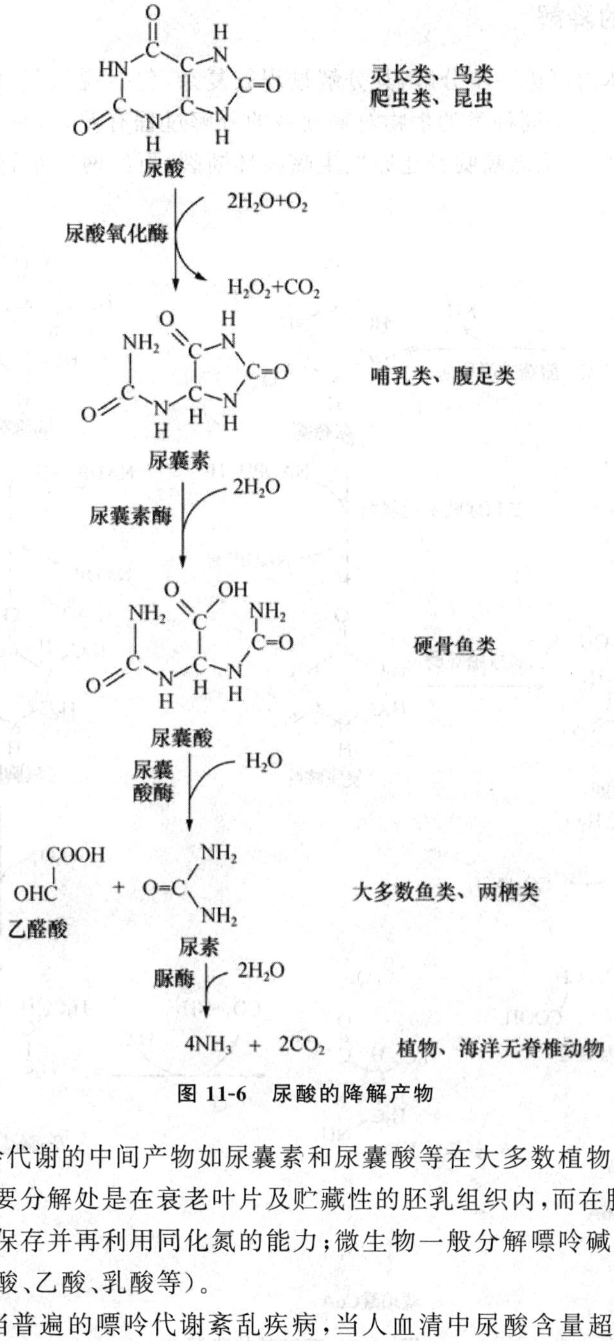

尿酸 —— 灵长类、鸟类、爬虫类、昆虫

尿酸氧化酶（$2H_2O+O_2$ → $H_2O_2+CO_2$）

尿囊素 —— 哺乳类、腹足类

尿囊素酶（$2H_2O$）

尿囊酸 —— 硬骨鱼类

尿囊酸酶（H_2O）

乙醛酸 + 尿素 —— 大多数鱼类、两栖类

脲酶（$2H_2O$）

$4NH_3$ + $2CO_2$ —— 植物、海洋无脊椎动物

图 11-6　尿酸的降解产物

和脲酶等。所以嘌呤代谢的中间产物如尿囊素和尿囊酸等在大多数植物细胞内也广泛存在。植物体内，嘌呤的主要分解处是在衰老叶片及贮藏性的胚乳组织内，而在胚和幼苗内不发生嘌呤的分解，植物具有保存并再利用同化氮的能力；微生物一般分解嘌呤碱生成氨、二氧化碳以及一些有机酸（如甲酸、乙酸、乳酸等）。

痛风是一种相当普遍的嘌呤代谢紊乱疾病，当人血清中尿酸含量超过 0.47 mmol/L 时（正常人血清中尿酸含量为 0.12～0.36 mmol/L），就会导致痛风症的发生。嘌呤代谢产生过多的尿酸，后者溶解性差，易在关节、软组织、软骨、肾等处形成尿酸钠晶体并沉积引起灼痛。长期摄入富含核酸的食物，如肝、酵母、沙丁鱼等均可使血尿酸水平升高。治疗痛风症药物别嘌呤醇是次黄嘌呤类似物，可以抑制黄嘌呤氧化酶活性，使次黄嘌呤转变为尿酸的量减少。

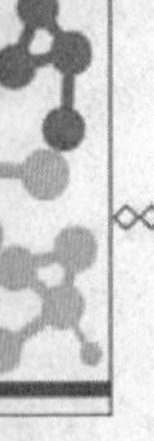

11.2.3 嘧啶碱的降解

嘧啶碱在生物体内可进一步分解，其分解过程较复杂，包括脱氨基、氧化、还原、水解和脱羧基作用等(图 11-7)。不同种类的生物对嘧啶碱的分解过程有差异，对有氨基的胞嘧啶则首先水解脱氨基，尿嘧啶和胸腺嘧啶经还原发生嘧啶环断裂，再经两次水解，分别生成β-丙氨酸和β-氨基异丁酸。

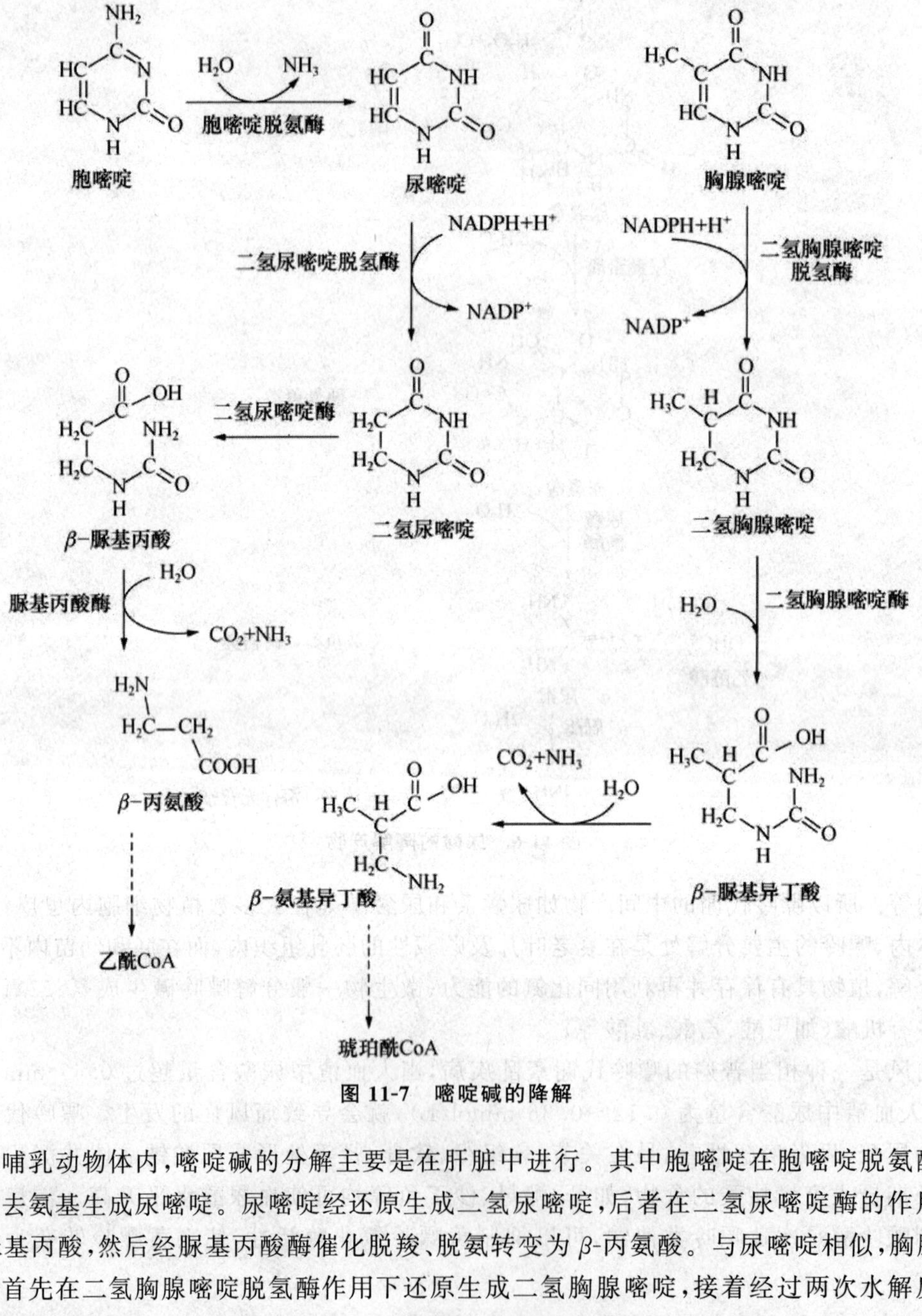

图 11-7 嘧啶碱的降解

在哺乳动物体内，嘧啶碱的分解主要是在肝脏中进行。其中胞嘧啶在胞嘧啶脱氨酶的作用下脱去氨基生成尿嘧啶。尿嘧啶经还原生成二氢尿嘧啶，后者在二氢尿嘧啶酶的作用下生成β-脲基丙酸，然后经脲基丙酸酶催化脱羧、脱氨转变为β-丙氨酸。与尿嘧啶相似，胸腺嘧啶的分解首先在二氢胸腺嘧啶脱氢酶作用下还原生成二氢胸腺嘧啶，接着经过两次水解反应转变为β-氨基异丁酸。β-氨基异丁酸和β-丙氨酸经转氨基作用去氨基后还可以进一步参加有机酸代谢。β-丙氨酸先转变成乙酸，进入乙酸代谢，生成乙酰 CoA；β-氨基异丁酸经转氨等多步反应转变成琥珀酰 CoA。β-氨基异丁酸也可以随尿排出，若摄入含 DNA 丰富的食物则随尿排出的 β-氨基异丁酸会增多。对于人和某些动物，嘧啶碱脱氨基也可以在核苷或核苷酸水平上进行。

11.3 核苷酸的生物合成

生物体内核苷酸合成代谢有两条基本途径：一条是以核糖磷酸、氨基酸、CO_2 等某些小分子物质为原料，经一系列酶促反应逐渐掺入原子合成核苷酸，这是从无到有的合成过程，称“从头合成”途径(de novo pathway)。另一条是以细胞内游离的碱基或核苷为原料，经过简单反应合成核苷酸的过程，称“补救途径”或重新利用途经(salvage pathway)。从头合成途径是体内核苷酸合成的主要途径，补救途径所需的碱基和核苷主要来源于细胞内核酸的分解。在不同的组织中，两条途径的重要性不同，例如肝组织主要进行从头合成，脑、骨髓只进行补救合成。

11.3.1 嘌呤核苷酸的生物合成

1. 从头合成途径

嘌呤核苷酸生物合成途径的机制由 John Buchanan 和 Robert Greenberg 等在 20 世纪 50 年代阐明的。由于鸟类体内含氮化合物的最终代谢物尿酸，保留了嘌呤的环状结构，给鸽子喂各种同位素标记的化合物，即可找出标记原子在鸽子排泄的尿酸分子环中的位置，从而获得了嘌呤从头合成的线索。该法证明：嘌呤环中的 N_1 来自天冬氨酸的 α- 氨基氮，C_2 和 C_8 来自甲酸盐，N_3 和 N_9 来自谷氨酰胺的酰胺基，C_4、C_5 及 N_7 来自甘氨酸，C_6 来自 CO_2 (图 11-8)。

(1)IMP 的合成　目前，嘌呤核苷酸的从头合成途径已经研究得比较清楚。生物体内不是游离的碱基与核糖和磷酸结合生成核苷酸，而是以 5′-磷酸核糖-1′-焦磷酸(PRPP)为起始物，经过一系列酶促反应，逐步增加原子生成嘌呤环，先生成的是次黄嘌呤核苷酸(IMP)，然后再转变成其他嘌呤核苷酸(AMP 和 GMP)。

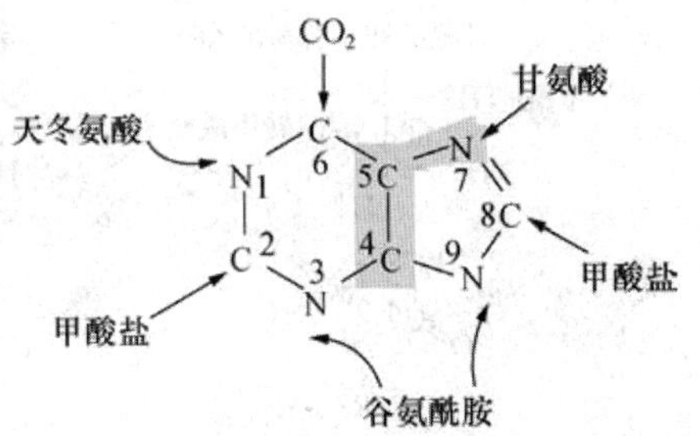

图 11-8　嘌呤环各原子的来源

PRPP 的合成是由核糖-5′-磷酸(该底物由磷酸戊糖途径产生)和 ATP 在磷酸核糖焦磷酸激酶，又称 PRPP 合成酶催化合成的(图 11-9)。在反应中，核糖-5′-磷酸分子第一位碳的羟基亲核攻击 ATP 的 β 位磷酸集团，ATP 的焦磷酸基直接作为一个单位转移到核糖-5′-磷酸分子 $C_1{}'$上，形成 PRPP。PRPP 是一个关键性物质，它是嘌呤核苷酸和嘧啶核苷酸从头合成途径、嘌呤核苷酸补救合成途径中磷酸核糖的重要供体。

嘌呤核苷酸从头合成的初级产物是次黄嘌呤核苷酸(IMP)，从 PRPP 开始到第一个完整的次黄嘌呤核苷酸合成，共有 10 步酶促反应步骤，可分为两个阶段，即嘌呤环的五元和六元环

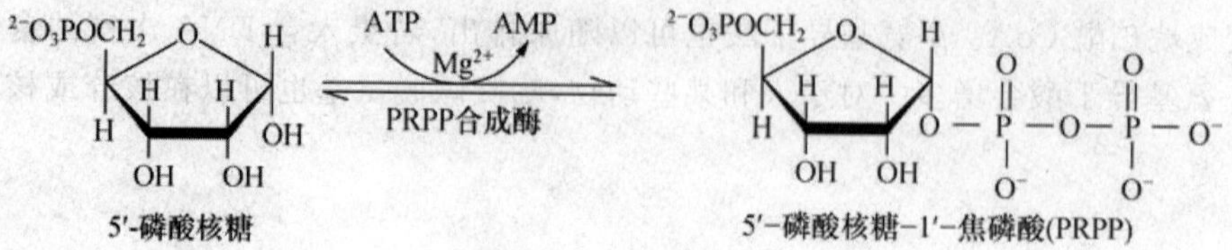

5′-磷酸核糖 $\xrightleftharpoons[\text{PRPP合成酶}]{\text{ATP} \quad \text{AMP},\ Mg^{2+}}$ 5′-磷酸核糖-1′-焦磷酸(PRPP)

图 11-9 PRPP 的合成

的合成(图 11-10),催化反应的酶存在于细胞液中。

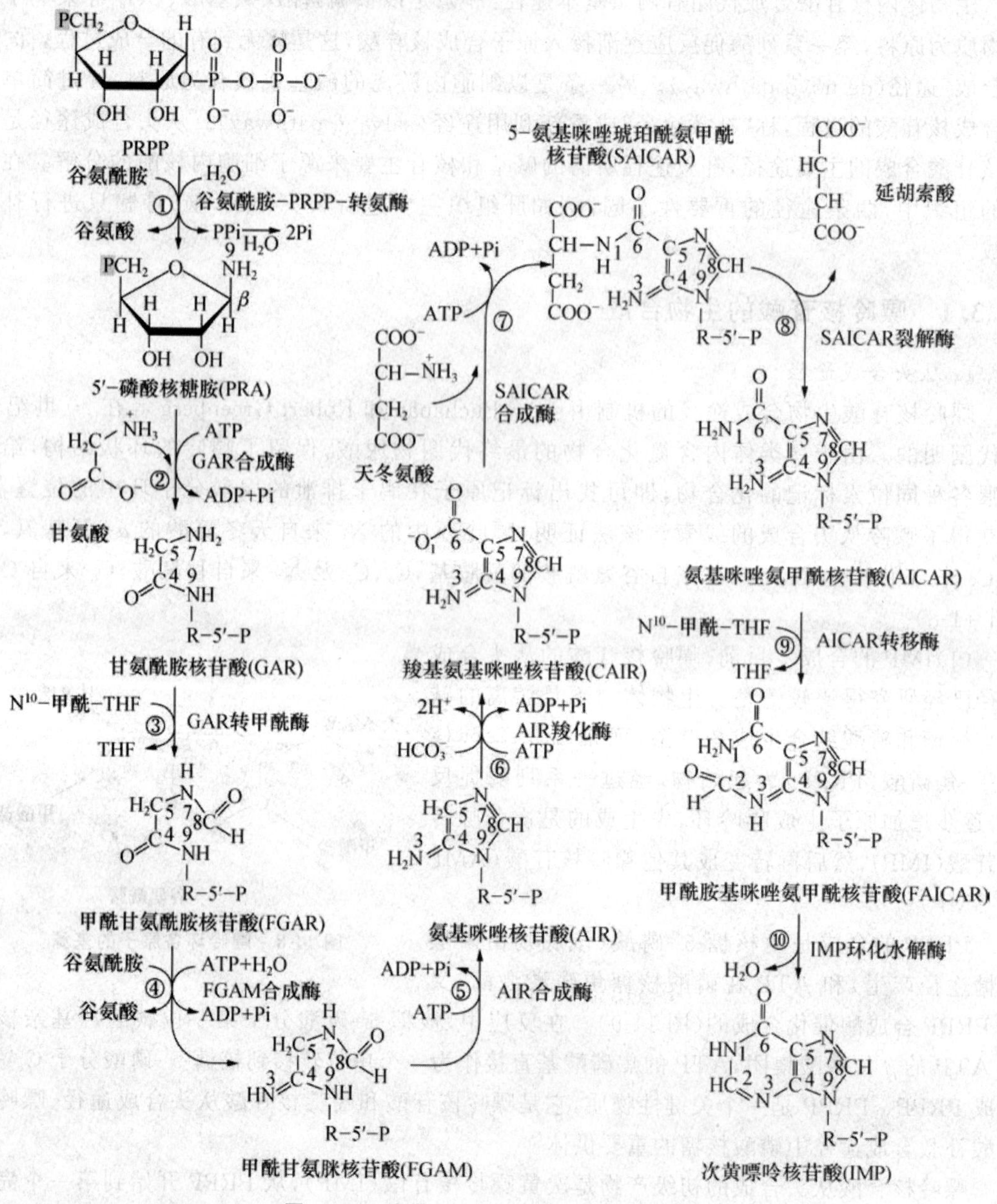

图 11-10 次黄嘌呤核苷酸的从头合成途径

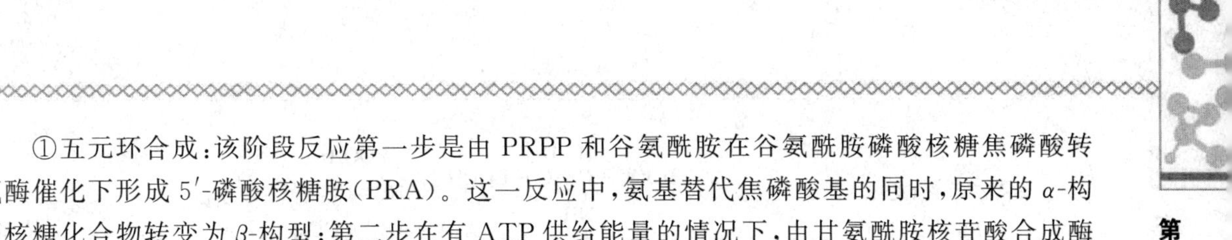

①五元环合成：该阶段反应第一步是由 PRPP 和谷氨酰胺在谷氨酰胺磷酸核糖焦磷酸转氨酶催化下形成 5′-磷酸核糖胺(PRA)。这一反应中，氨基替代焦磷酸基的同时，原来的 α-构型核糖化合物转变为 β-构型；第二步在有 ATP 供给能量的情况下，由甘氨酰胺核苷酸合成酶催化，甘氨酸连接在 5′-磷酸核糖胺的氨基上，生成甘氨酰胺核苷酸(GAR)；第三步由甘氨酰胺核苷酸转甲酰基酶催化，将甘氨酸残基的 α-氨基末端甲酰化，由 N^{10}-甲酰四氢叶酸提供甲酰基，生成 α-N-甲酰甘氨酰胺核苷酸(FGAR)；第四步在甲酰甘氨脒核苷酸合成酶催化下，α-N-甲酰甘氨酰胺核苷酸的酰胺基接受谷氨酰胺的氨基后转变为脒基，生成甲酰甘氨脒核苷酸(FGAM)，反应需 Mg^{2+} 和 K^+ 参与，ATP 提供能量；第五步在 5-氨基咪唑核苷酸合成酶催化下，甲酰甘氨脒核苷酸脱水闭环形成 5-氨基咪唑核苷酸(AIR)，反应需 Mg^{2+} 和 K^+ 参与，ATP 提供能量，至此嘌呤骨架的完整五元环形成。

②六元环合成：次黄嘌呤核苷酸合成的第六步在氨基咪唑核苷酸羧化酶催化下，由 CO_2 提供嘌呤环 C_6，5-氨基咪唑核苷酸羧化成为 5-氨基咪唑-4-羧酸核苷酸(CAIR)；第七步反应由氨基咪唑琥珀酰氨甲酰核苷酸合成酶催化，5-氨基咪唑-4-羧酸核苷酸与天冬氨酸缩合，形成 5-氨基咪唑-4-N-琥珀酰氨甲酰核苷酸(SAICAR)，反应需 Mg^{2+} 参与，ATP 提供能量；第八步在 SAICAR 裂解酶催化下，氨基咪唑琥珀酸氨甲酰核苷酸脱去延胡索酸，形成 5-氨基咪唑-4-氨甲酰核苷酸(AICAR)；第九步在转甲酰基酶作用下，5-氨基咪唑-4-氨甲酰核苷酸接受 N^{10}-甲酰四氢叶酸提供的甲酰基，使咪唑环第 3 位的氨基甲酰化，生成 5-甲酰胺基咪唑-4-氨甲酰核苷酸(FAICAR)；第十步在次黄嘌呤核苷酸环化水解酶催化下，经过脱水环化形成次黄嘌呤核苷酸(IMP)。

总之，嘌呤核苷酸的从头合成途径是：先由 PRPP 提供磷酸核糖为“基座”，并在其基础上依次掺入嘌呤环上各原子，环化成次黄嘌呤核苷酸，再进一步形成腺嘌呤核苷酸和鸟嘌呤核苷酸。嘌呤核苷酸的从头合成是耗能的过程。

(2)AMP 和 GMP 的合成

①腺苷酸的合成：由次黄嘌呤核苷酸生成腺嘌呤核苷酸经两步反应。第一步，次黄嘌呤核苷酸由 GTP 供给能量，在腺苷酸琥珀酸合成酶催化下，以天冬氨酸的氨基取代 C_6 上的氧而合成腺苷酸琥珀酸。接着在腺苷酸琥珀酸裂解酶催化下分解为腺嘌呤核苷酸(AMP)和延胡索酸(图 11-11)。

②鸟苷酸的合成：由次黄嘌呤核苷酸进一步合成鸟嘌呤核苷酸也需两步酶促反应。首先次黄嘌呤核苷酸氧化生成黄嘌呤核苷酸。反应由次黄嘌呤核苷酸脱氢酶催化，并需 NAD^+ 作为辅酶和 K^+ 激活。黄嘌呤核苷酸经鸟苷酸合成酶催化进行氨基化反应，生成鸟嘌呤核苷酸。细菌直接以氨作为氨基供体，动物细胞则以谷氨酰胺作为氨基的供体，取代 XMP C_2 上的氧而合成鸟嘌呤核苷酸(GMP)，同时需要 ATP 提供能量，并消耗 H_2O。

2. 补救途径

生物体内核苷酸的合成，除了上述从头合成途径外，还可以利用体内游离的碱基和核苷合成核苷酸，这是核苷酸代谢的“补救”途径，有利于细胞节省能量，能更经济地利用已有的成分。对于一些组织如脑、骨髓，不能通过“从头合成”途径合成核苷酸，只能通过“补救”途径合成核苷酸。

嘌呤核苷酸合成的补救途径主要有两条：第一条途径是首先由嘌呤碱基和 1-磷酸核糖(R-1-P)在核苷磷酸化酶催化下合成核苷，然后由核苷磷酸激酶催化形成嘌呤核苷酸。但核苷

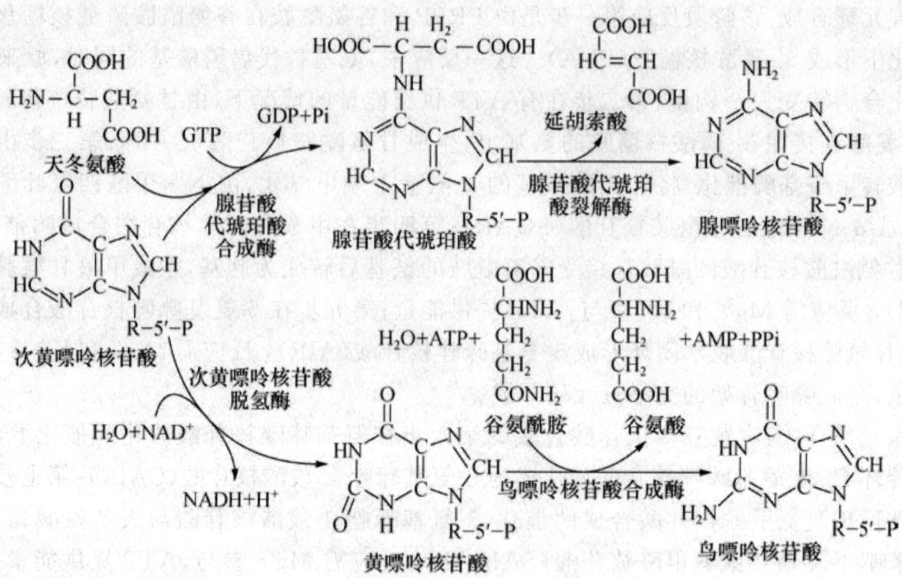

图 11-11 IMP 转化为 AMP 和 GMP 的途径

激酶途径并不是嘌呤物质再利用的主要途径。

$$\text{嘌呤碱基} + \text{R-1-P} \xrightleftharpoons{\text{核苷磷酸化酶}} \text{嘌呤碱苷} + \text{Pi}$$

$$\text{核苷} + \text{ATP} \xrightleftharpoons{\text{核苷磷酸激酶}} \text{核苷酸} + \text{ADP}$$

另一条补救途径是由 PRPP 提供磷酸核糖，直接与嘌呤碱共价连接成嘌呤核苷酸。催化该反应的酶为磷酸核糖转移酶，该酶具有底物的专一性。

$$\text{腺嘌呤+PRPP} \xrightleftharpoons[\text{核糖转移酶}]{\text{腺嘌呤磷酸}} \text{AMP+PPi}$$

$$\underset{\text{(或鸟嘌呤)}}{\text{次黄嘌呤+PRPP}} \xrightleftharpoons[\text{核糖转移酶}]{\text{次黄嘌呤(鸟嘌呤)磷酸}} \text{IMP(GMP)+PPi}$$

补救合成过程较简单，消耗能量亦较少，对某些缺乏从头合成途径的组织，如人的白细胞和血小板、脑、骨髓、脾等，具有重要的生理意义。嘌呤磷酸核糖转移酶在人体嘌呤核苷酸补救合成途径中发挥重要作用。由于次黄嘌呤(鸟嘌呤)磷酸核糖转移酶(HGPRT)的基因缺陷而导致 HGPRT 的缺失，患儿表现为自毁容貌症，或称 Lesch-Nyhan 综合征。患者由于 HGPRT 缺乏，使得分解产生的 PRPP 不能被利用而堆积，PRPP 促进嘌呤的从头合成，从而使嘌呤分解产物——尿酸增高，常出现一系列的神经系统损伤表现。

3. 嘌呤核苷酸生物合成的调节

嘌呤核苷酸生物合成的速度受合成途径的产物 IMP、AMP 和 GMP 的反馈抑制调节。主要的控制点有 3 个(图 11-12)。第一个控制点是 PRPP 合成酶。该酶可被高浓度的 IMP、AMP 和 GMP 抑制其活性，而 ATP 可提高该酶活性。第二个控制点是谷氨酰胺-PRPP 转氨酶。该酶催化嘌呤核苷酸合成的第一步反应,即5′-磷酸核糖胺的形成,是一个关键酶。当细胞内IMP、AMP和GMP水平高时,会抑制该酶活性,且会受到累积的反馈抑制。第三个控制点是位于次黄嘌呤核苷酸形成后的两个分支途径中,过量GMP反馈抑制IMP脱氢酶,但不影响AMP的合成。此外,AMP反馈抑制从IMP转变为腺苷酸代琥珀酸的反应。两个分支途径的单独调节不影响另一个产物的合成。图11-12为大肠杆菌中嘌呤核苷酸生物合成的反馈机制。

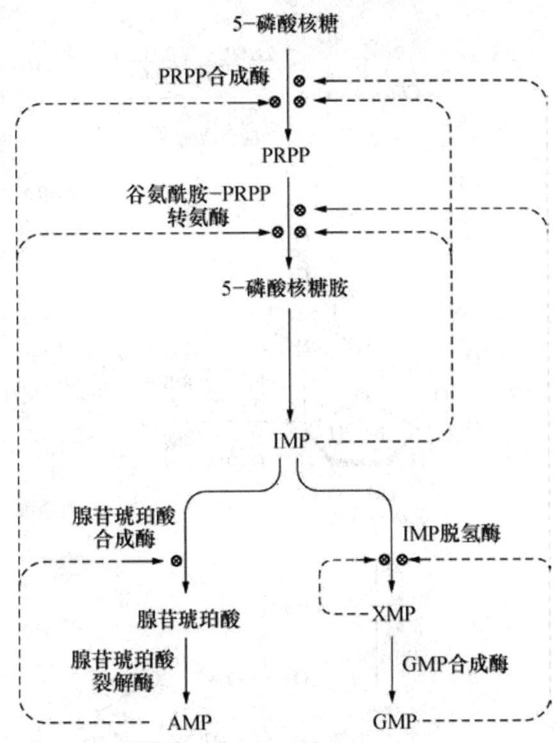

图11-12 嘌呤核苷酸生物合成的反馈调节

⊗表示抑制作用

11.3.2 嘧啶核苷酸的生物合成

1. 从头合成途径

同位素标记试验证明,嘧啶环C_2原子来自碳酸,N_3原子来自谷氨酰胺,其他部分4个原子均来自天冬氨酸(图11-13)。与嘌呤核苷酸合成类似,嘧啶核苷酸合成也有从头合成和补救合成两条途径。

与嘌呤核苷酸从头合成途径不同的是:嘧啶核苷酸先形成嘧啶环,然后再与磷酸核糖结合。先形成尿嘧啶核苷酸(UMP),然后由尿嘧啶核苷酸转变为其他嘧啶核苷酸。嘧啶核苷酸的从头合成途径主要在细胞液中进行。

尿嘧啶核苷酸的合成从形成氨甲酰磷酸开始,经过6步反应(图11-14)。首先,谷氨酰胺与CO_2在氨甲酰磷酸合成酶的催化下合成氨甲酰磷酸,消耗2分子ATP。真核细胞氨甲酰磷酸合成酶有两个异型体,尿素合成中的氨甲酰磷酸是由位于真核细胞线粒体中的氨甲酰磷酸合成酶Ⅰ催化的,氮的供体是NH_3;而嘧啶合成所用的氨甲酰磷酸是由细胞液中的氨甲酰磷酸合成酶Ⅱ催化生成的,氮的供体是谷氨酰胺。

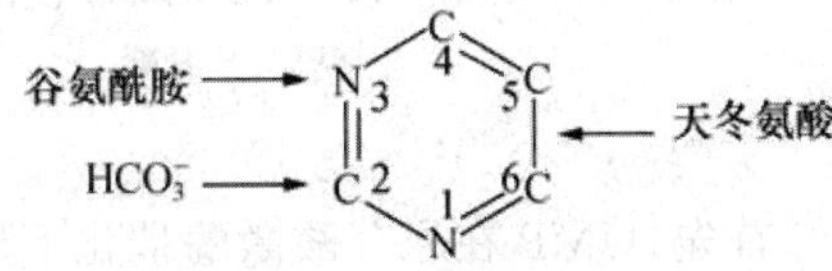

图11-13 嘧啶环各原子的来源

在天冬氨酸转氨甲酰酶(ATCase)催化下,氨甲酰磷酸与天冬氨酸结合形成氨甲酰天冬氨酸,再由二氢乳清酸酶催化,经过脱水环化成二氢乳清酸,最后经二氢乳清酸脱氢酶催化,脱氢氧化成乳清酸,至此已经形成嘧啶环。而后,乳清酸在磷酸核糖转移酶催化作用下与PRPP的磷酸核糖结合形成乳清核苷酸,再脱羧形成尿嘧啶核苷酸。

通常细胞内存在一系列激酶,能将核苷单磷酸转化为相应的核苷二磷酸和核苷三磷酸,而胞嘧啶核苷酸是由尿嘧啶核苷酸转变来的。

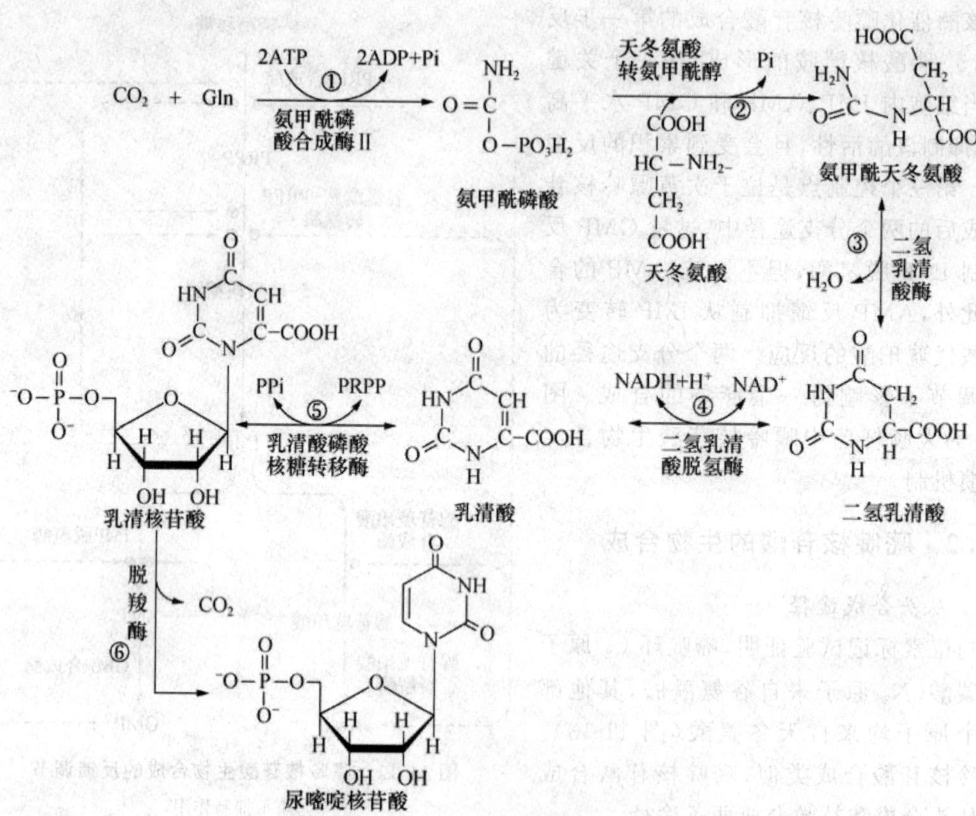

图 11-14 尿嘧啶核苷酸的从头合成

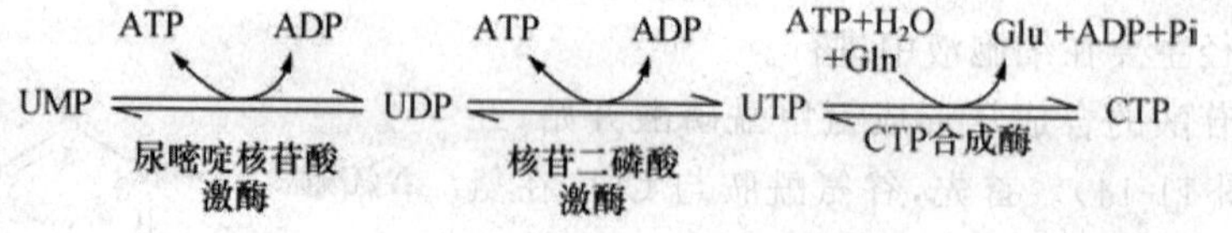

首先，UMP 在尿苷酸激酶催化下形成尿苷二磷酸，尿嘧啶核苷二磷酸在特异性较广的核苷二磷酸激酶催化下形成尿嘧啶核苷三磷酸。只有尿嘧啶核苷三磷酸才能在胞嘧啶核苷酸合成酶催化下，氨基化形成胞嘧啶核苷三磷酸（图 11-15）。对于动物组织氨基供体为 Gln，在细菌中由氨直接提供。

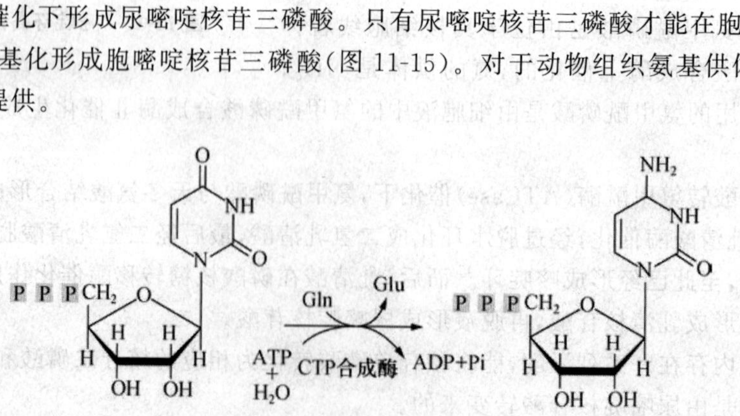

图 11-15 UTP 转化为 CTP

2. 补救途径

嘧啶核苷酸的补救途径可以由游离的嘧啶碱与 PRPP 在嘧啶磷酸核糖转移酶催化下形成，也可先转化嘧啶核苷，然后通过尿苷激酶催化生成 UMP，而胞嘧啶不能直接与 PRPP 反应生成 CMP，只能被尿苷激酶催化生成 CMP。

$$\text{嘧啶(U、T、乳清酸)+PRPP} \xrightarrow{\text{嘧啶磷酸核糖转移酶}} \text{嘧啶核苷酸+PPi}$$

$$\text{尿嘧啶+1-磷酸核糖} \xrightarrow[\text{Pi}]{\text{尿苷磷酸化酶}} \text{尿苷} \xrightarrow[\text{ATP} \to \text{ADP}]{\text{尿苷激酶}} \text{尿嘧啶核苷酸}$$

$$\text{胞嘧啶核苷+ATP} \xrightarrow[\text{Mg}^{++}]{\text{尿苷激酶}} \text{胞嘧啶核苷酸+ADP}$$

3. 嘧啶核苷酸生物合成的调节

大肠杆菌嘧啶核苷酸的合成有 3 个调节位点(图 11-16)：第一个调控点是合成氨甲酰磷酸位点，UMP 可反馈抑制催化该步骤的；第二个调控点是天冬氨酸转氨甲酰酶(ATCase)，ATCase 属于别构酶，受 CTP 和 UTP 抑制，被 ATP 激活；第三个调控点是 CTP 合成酶位点，受到终产物 CTP 的反馈抑制，被 GTP 激活。前两个调节位点的调控会影响到尿苷酸和胞苷酸的合成，而 CTP 合成酶位点的调控只影响到胞苷酸的合成。

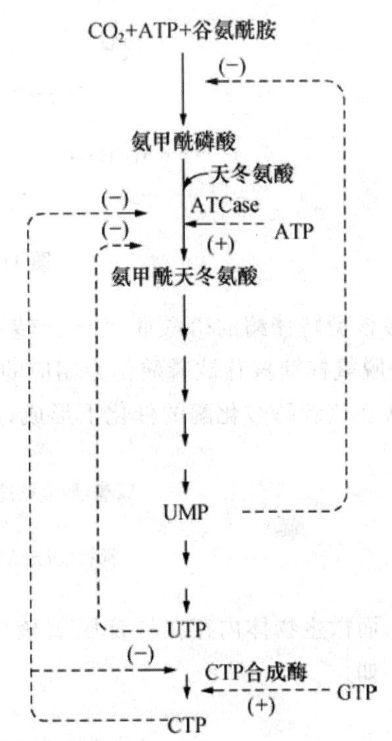

图 11-16 嘧啶核苷酸生物合成的调节位点

(+)表示激活；(−)表示抑制

11.3.3 脱氧核糖核苷酸的生物合成

1. 核糖核苷酸的还原

生物体内 4 种核糖核苷酸均可被还原成相应的脱氧核糖核苷酸，这种还原反应多发生在核苷二磷酸水平，此还原系统主要由 3 种蛋白组成：硫氧还蛋白(thioredoxin)、硫氧还蛋白还原酶和核苷酸还原酶。

核糖核苷二磷酸在核苷酸还原酶作用下被还原成脱氧核糖核苷二磷酸，酶失去两个氢原子需氢供体使其恢复。还原力的最初供体是 NADPH，经携带蛋白传递给还原酶。它们的传递关系见图 11-17。

除硫氧还蛋白以外，生物体还存在另一种氢携带蛋白谷氧还蛋白(glutaredoxin)，此传递氢的还原系统由谷氧还蛋白、谷氧还蛋白还原酶和谷胱甘肽还原酶组成，谷胱甘肽还原酶也是一种黄素酶，从 NADPH 获得氢，并还原谷胱甘肽。核苷酸还原酶有多种类型，为别构酶，含有酶活性调节位点和底物特异性调节位点，4 种 NDP 即 ADP、GDP、UDP 和 CDP 是还原反应的底物，ATP、dATP、dGTP 和 dTTP 是还原酶的变构效应物。

2. 脱氧核糖核苷酸的生成

脱氧核糖核苷酸的生成可以利用已有的碱基和核苷进行补救合成。因体内不存在相应于

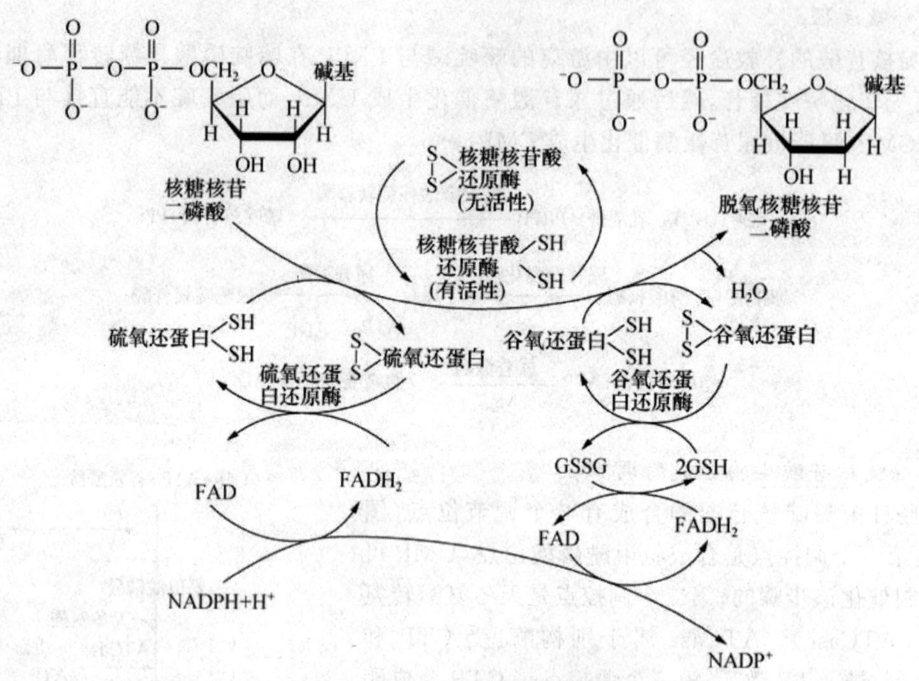

图 11-17　核糖核苷二磷酸的还原

磷酸核糖转移酶的磷酸脱氧核糖转移酶途径，在特异的脱氧核糖核苷激酶和 ATP 作用下，4 种脱氧核糖核苷被磷酸化为相应的脱氧核糖核苷酸。脱氧核糖核苷则有碱基和脱氧核糖-1-磷酸在核苷磷酸化酶的催化下形成，反应通式如下：

$$\text{碱基+脱氧核糖-1-磷酸} \xrightleftharpoons{\text{核苷磷酸化酶}} \text{脱氧核苷+Pi}$$

$$\text{脱氧核苷+ATP} \xrightleftharpoons{\text{脱氧核糖核苷激酶}} \text{脱氧核苷酸+ADP}$$

而微生物体内存在核苷脱氧核糖基转移酶，还可以使碱基与脱氧核糖核苷之间相互转变。如：

$$\text{胸腺嘧啶+脱氧腺苷} \xrightleftharpoons{\text{脱氧核糖基转移酶}} \text{脱氧胸苷+腺嘌呤}$$

3. 胸腺嘧啶核苷酸的生成

胸腺嘧啶核苷酸的生物合成除上述补救途径外，还可以 dUMP 为原料，通过甲基化生成 dTMP。原料 dUMP 有两个来源：一条途径由尿嘧啶核苷二磷酸还原成尿嘧啶脱氧核苷二磷酸，经磷酸化成为尿嘧啶脱氧核苷三磷酸，再经脱氧核苷三磷酸酶转变为 dUMP；另一条途径由胞嘧啶脱氧核苷三磷酸脱氨，转变为尿嘧啶脱氧核苷三磷酸，再转变为 dUMP。如：

$$\text{UDP} \longrightarrow \text{dUDP} \longrightarrow \text{dUTP} \xrightarrow{\text{dUTPase}} \text{dUMP} \xrightarrow{\text{胸苷酸合酶}} \text{dTMP}$$

$$\text{CDP} \xrightarrow[\text{还原酶}]{\text{核糖核苷酸}} \text{dCDP} \xrightarrow[\text{激酶}]{\text{核苷二磷酸}} \text{dCTP} \xrightarrow{\text{脱氨酶}} \text{dUTP}$$

dUMP 被甲叉四氢叶酸甲基化，生成 dTMP，由胸腺嘧啶核苷酸合酶催化，N^5，N^{10}- 亚甲基四氢叶酸为一碳基团的供体。转甲基后生成二氢叶酸，由 NADPH 供氢，在二氢叶酸还原酶作用下再生。随后由丝氨酸羟甲基转移酶催化，丝氨酸为四氢叶酸提供甲基，生成 N^5，N^{10}- 亚甲基四氢叶酸(图 11-18)。

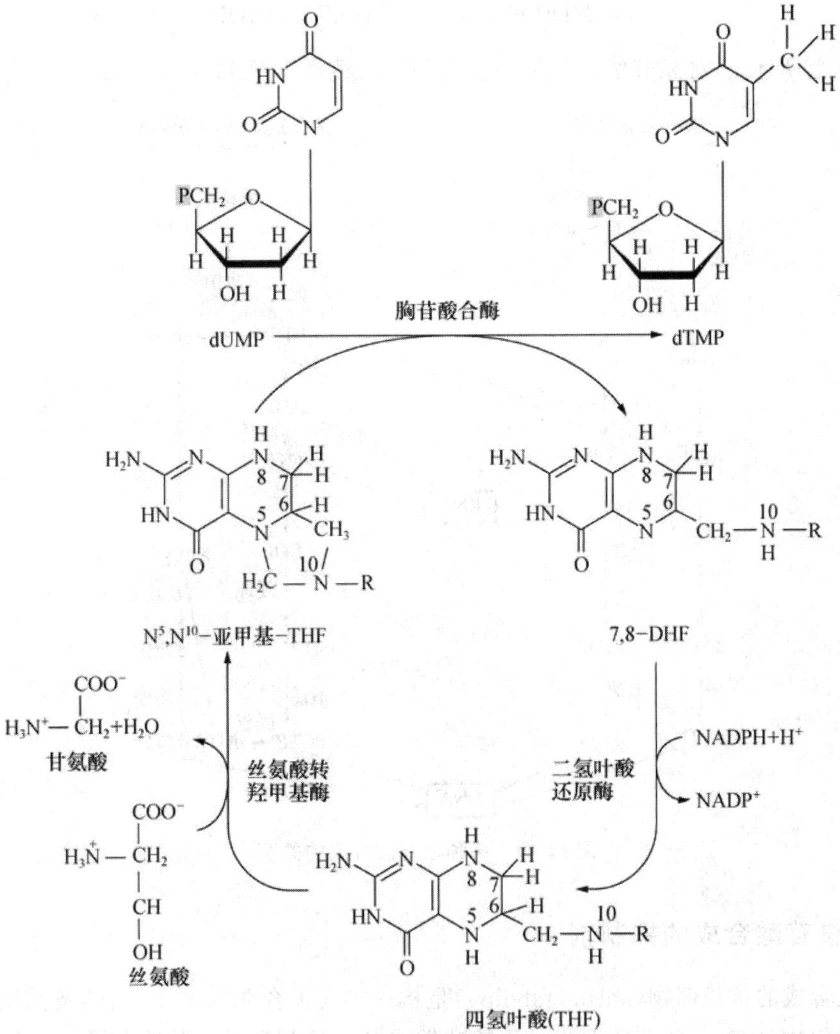

胸苷酸合酶

dUMP → dTMP

N^5,N^{10}-亚甲基-THF

7,8-DHF

$NADPH+H^+$

$NADP^+$

二氢叶酸还原酶

丝氨酸转羟甲基酶

$H_3N^+-CH_2(COO^-)+H_2O$

甘氨酸

丝氨酸

四氢叶酸(THF)

图 11-18　胸腺嘧啶核苷酸的合成

11.3.4　核苷三磷酸与脱氧核苷三磷酸的合成

生物体内由相应的核苷三磷酸或脱氧核苷三磷酸直接参与核酸 RNA 或 DNA 的合成。通常从单核苷酸转化为核苷二磷酸的反应由激酶所催化。此激酶对底物的碱基专一，对核糖或脱氧核糖没有专一性，由 ATP 提供磷酸基。如：

$$(d)AMP+ATP \xrightarrow{(脱氧)腺苷激酶} (d)ADP+ADP$$

因此，在相应的激酶催化下，从单核苷酸转化为核苷二磷酸的反应通式可表示为：

$$(d)NMP + ATP \xrightarrow{激酶} (d)NDP + ADP$$

从核苷二磷酸转化为核苷三磷酸的反应由核苷二磷酸激酶所催化，该酶对底物的碱基和戊糖都没有专一性。

$$(d)NDP + ATP \xrightarrow{激酶} (d)NTP + ADP$$

根据以上所述，各种核苷酸及核酸合成的关系可概略为图 11-19 所示。

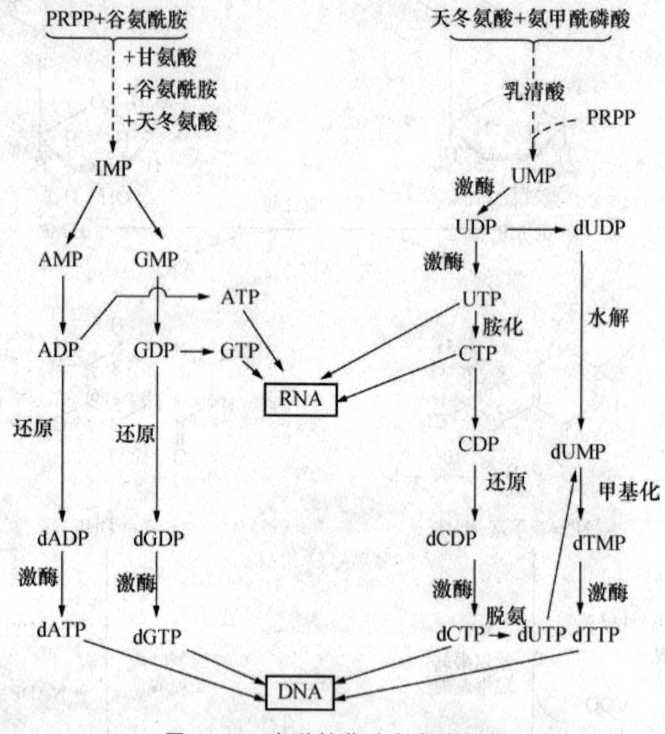

图 11-19　各种核苷酸合成的关系

11.3.5　核苷酸合成的抑制剂

核苷酸合成的抗代谢物(antimetabolite)是指一些人工合成的嘌呤、嘧啶及其核苷或核苷酸的结构类似物，或参与核苷酸合成过程的叶酸或某些氨基酸的结构类似物。它们通过竞争与核苷酸合成代谢的某些酶结合，从而抑制核苷酸的生物合成。因此，临床上可应用这些核苷酸的代谢物作为抗肿瘤、抗病毒药物。由于核苷酸分子中磷酸根的电负性，核苷酸分子很难进入细胞，因此，临床上利用嘌呤、嘧啶或其他核苷酸衍生物进入体内可转变为相应的核苷酸而发挥作用。

例如，常见嘌呤类似物 6-巯基嘌呤(6-mercaptopurine，6MP)、6-巯基鸟嘌呤、8-氮杂鸟嘌呤等；氨基酸类似物主要有谷氨酰胺和天冬氨酸类似物；叶酸类似物如氨基蝶呤(aminppterin)及氨甲基蝶呤(methotrexate，MTX)等；嘧啶类似物 5-氟尿嘧啶(5-fluorouracil，5-Fura)、5-氟胞嘧啶和 5-氟乳清酸等。

本章小结

核酸在核酸酶的作用下水解成核苷酸，核酸酶根据作用特点可分为内切酶和外切酶。限制性核酸内切酶，水解位点是核酸内部特点的序列，它们是基因工程必不可少的工具。

核苷酸可进一步分解为戊糖、磷酸和碱基。碱基的分解因生物种类的不同而异。

核糖核苷酸的合成有从头合成途径和补救途径。从头合成途径是生物利用其他分子合成核苷酸的过程。磷酸核糖的活化形式为 PRPP，嘌呤核苷酸的合成首先是在 PRPP 基础上逐步将碱基的各原子加上去环化形成 IMP，然后再合成 AMP 和 GMP。嘧啶核苷酸的合成是先合成嘧啶环，再与 PRPP 结合形成嘧啶核苷酸。补救途径是利用核苷酸的分解产物核苷或碱基重新合成核苷酸的过程。

脱氧核糖核苷酸主要是在核苷二磷酸基础上经还原反应合成的，这个途径是脱氧核糖核苷酸的还原途径，另外还有补救途径和相互转换途径。

复习思考题

一、写出下列符号的化学名称和生物功能

1. PRPP　2. IMP　3. XMP　4. CPSⅡ

二、是非题

1. 核苷酸的补救合成途径是从头合成途径的补充，因此是不重要的。
2. 与嘌呤核苷酸分解不同，嘧啶核苷酸在分解时首先开环，再脱氨基。
3. 黄嘌呤是嘌呤核苷酸合成中的重要中间产物，由它可以继续合成腺嘌呤和鸟嘌呤。
4. 乳清酸是嘧啶核苷酸合成中的重要中间产物。
5. 生物体中的脱氧核苷酸是由核糖核苷酸氧化生成的。
6. 脱氧胸腺嘧啶核苷酸是由胸腺嘧啶核苷酸还原生成的。

三、问答题

1. 比较嘌呤核苷酸与嘧啶核苷酸从头合成的差异。
2. 简述核苷酸从头合成与补救途径的关系。

第12章 DNA的生物合成

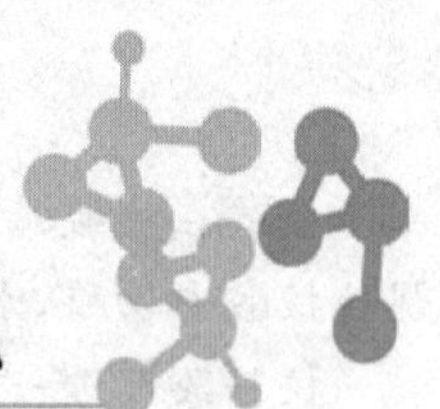

◆内容提示与教学目标

【说明】本章系在核苷酸代谢基础上讲授 DNA 的生物合成过程，是后期课程分子生物学的基础。

重点掌握：DNA 复制的特点、复制酶系、复制的大致过程。

掌握：DNA 的损伤与修复、合成步骤。

一般了解：DNA 生物合成中各种蛋白因子的作用、合成调节。

本章难点：DNA 合成中半不连续合成。

现代生物学已充分证明，DNA 是生物遗传主要的物质基础。除少数病毒外，绝大部分生物均以 DNA 为遗传信息的载体。生物有机体的遗传信息是以密码的形式编码在 DNA 分子上，表现为特定的核苷酸排列顺序。通常，亲代的 DNA 分子通过复制(replication)过程将遗传信息传递给子代。在子代细胞的生长发育过程中，这些遗传信息通过转录(transcription)过程传递给 RNA，然后再由每 3 个核苷酸决定 1 个氨基酸的翻译(translation)过程将 RNA 所获得的遗传信息转变成具有特定氨基酸顺序的蛋白质，通过蛋白质行使多种多样的生物学功能，使后代表现出与亲代相似的遗传特征。除此之外，在某些特殊情况下 RNA 也可以是遗传信息的携带者，例如，逆转录病毒(retrovirus)能以自身核酸链为模板进行自我复制，通过逆转录(reverse transcription)方式将遗传信息传递给 DNA。

12.1 DNA 的复制概貌

由于 DNA 是遗传信息的主要载体，为了保证遗传信息传递的忠实性及准确性，故在合成 DNA 时需要以亲代 DNA 分子的双链为模板，按照碱基互补配对原则合成出与亲代 DNA 分子完全相同的两个子代 DNA 分子的过程，即 DNA 的自我复制(self-replication)。DNA 本身的双链结构对于维持遗传物质复制的准确性显得至关重要。因此，本节将重点介绍 DNA 复制的特点——半保留复制(semiconservative replication)及复制的半不连续性(semidiscontinuity)、复制所需的酶系及复制的过程等。

12.1.1 DNA 复制的半保留性

DNA 是由两条互补螺旋的脱氧核糖核苷酸链组成。其中，两条脱氧核糖核苷酸链内侧的碱基通过氢键进行连接，并遵循腺嘌呤(A)—胸腺嘧啶(T)、鸟嘌呤(G)—胞嘧啶(C)的互补配对原则连接在一起。1953 年，当 Watson 和 Crick 提出 DNA 双螺旋结构模型时，对 DNA 复制的分子机制做出了科学的预测。即 DNA 在复制过程中，亲代 DNA 链碱基间的氢键首先断裂使双链 DNA 解旋分开，然后分别以每条单链为模板，按照碱基互补配对原则合成其互补链，结果一条亲代 DNA 双链合成了碱基序列顺序完全相同的两条子代 DNA 双链。其中，在每一条新合成的 DNA 双链中有一条链来自亲代 DNA，有一条链来自子代新合成的 DNA，这种复制方式即称为 DNA 的半保留复制(semiconservative replication)(图 12-1)。

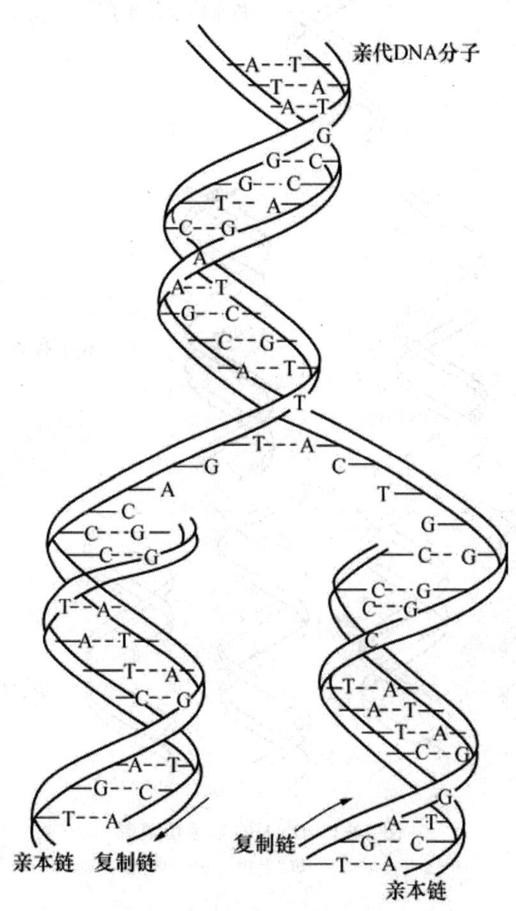

图 12-1 DNA 双螺旋复制模型图

(引自王镜岩，等. 生物化学. 3 版. 2008)

为了验证 DNA 半保留复制方式的真实性，1958 年，M. Meselon 和 F. W. Stahl 利用同位素 N^{15} 标记大肠杆菌的 DNA，首次证明了 DNA 半保留复制的科学性。他们利用同位素 N^{15} 比 N^{14} 密度大且经氯化铯密度梯度离心(CsCl density gradient centrifugation)后上下分层的特点去验证 DNA 复制的方式。首先，M. Meselon 和 F. W. Stahl 让大肠杆菌在 $^{15}NH_4Cl$ 为氮源的培养基中生长，连续培养 12 代后使所有的大肠杆菌 DNA 分子均标记带有 N^{15}。随后，将 N^{15} 标记的大肠杆菌转移到以 $^{14}NH_4Cl$ 为氮源的培养基中再培养一代。经过一代培养之后，大肠杆菌 DNA 分子的密度介于 N^{15}-DNA 和 N^{14}-DNA 之间，即形成了一条链含 N^{15}，另一条链含 N^{14} 的杂合 DNA 分子。经过两代之后，N^{14} 分子和 N^{14}-N^{15} 的杂合分子等量出现。再进一步继代，可以看到大肠杆菌 N^{14} 标记的 DNA 分子逐渐增多，而这些结果均与预想的半保留复制模型完全相符(图 12-2),在这以后,用许多原核生物和真核生物复制中的 DNA 都做了类似的实验,均充分地证明了 DNA 复制的半保留特性。

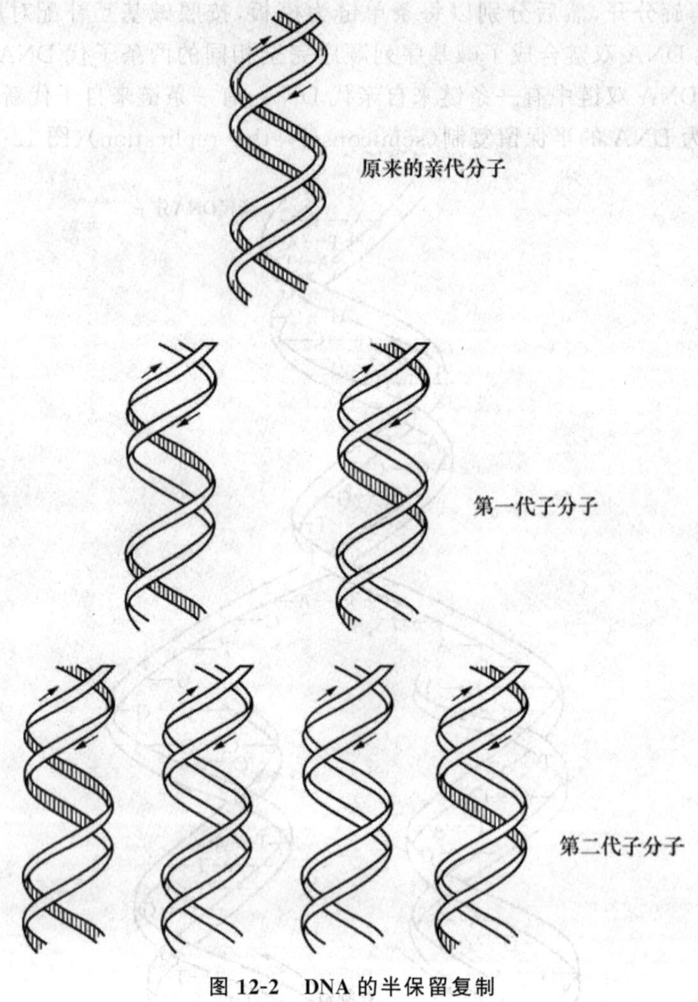

图 12-2 DNA 的半保留复制

(引自王镜岩,等.生物化学.3 版.2008)

12.1.2 DNA 复制的半不连续性

双螺旋 DNA 分子的两条链都是极性相反并且反向平行的。因此,在 DNA 复制过程中新合成的两条子链也应与每条亲链极性相反且反向平行。但在复制过程中,DNA 聚合酶仅有 5′→3′聚合酶活性,即只能沿亲代 DNA 每一条链的 5′→3′方向合成延伸,不能沿 3′→5′方向延伸合成。因此,人们推测由于 DNA 双螺旋是逐步解旋的,故新合成的一条链是连续的,而另一条链上的合成则是不连续的。随后,Okazaki(冈崎)证明情况的确如此,他采用[^{3}H]胸腺嘧啶脱氧核苷标记大肠杆菌的培养基,并通过即时检测新合成的含[^{3}H]的核苷酸片段。经过沉降分析实验证明新合成的大多是一些约含 1 000 bp [^{3}H]的核苷酸短片段,如此时再将培养物放在非放射性培养基中保温,沉降分析显示新合成的标记[^{3}H]的核苷酸短片段就进入了高分子质量的 DNA 链中,这些实验证明了 DNA 的合成是半不连续的(semidiscontinuous),即一条亲代模板链上的DNA合成是连续的；而另一条亲代模板链上的DNA合成是半不连续的。同时，DNA复制过程中的复制叉上新合成的一条DNA链总是比另一条新合成的DNA链复制要快一步。因此，我们称与复制叉移动的方向一致，通过5′→3′DNA聚合酶新合成的连续的DNA链为前导链，亦称先导链（leading strand）；与复制叉移动的方向相反，通过5′→3′DNA聚合酶新合成的不连续DNA链称之为后随链，又称滞后链（lagging strand）。而在后随链不连续合成中所形成短的（大约1 000核苷酸残基）DNA片段称为冈崎片段（Okazaki fragment）（图12-3）。

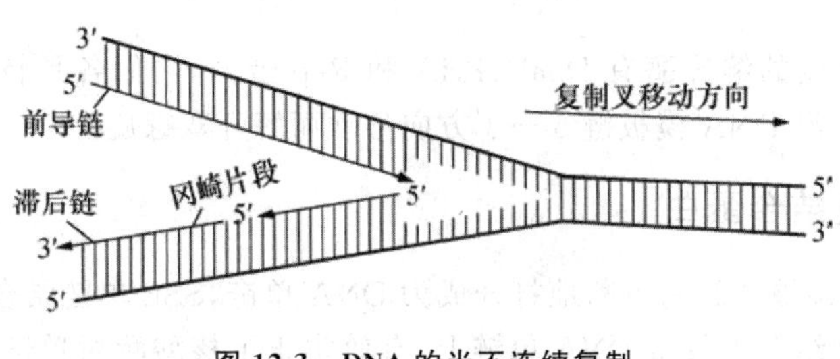

图12-3　DNA的半不连续复制

（引自王镜岩，等.生物化学.3版.2008）

12.2　DNA复制所需的酶及相关蛋白

DNA复制是一个中间过程涉及许多与复制相关的酶和蛋白的反应系统。尤其是真核生物DNA的复制机制更为复杂。鉴于原核生物DNA复制的相关酶和蛋白研究得较为深入，本节将着重讨论和学习原核生物中以大肠杆菌为例的DNA复制所需的酶、相关蛋白及复制的具体过程。在真核生物DNA复制过程中，除了需要DNA的模板、4种作为底物的dNTP和Mg^{2+}外，还需要多种酶和蛋白质因子的参与。下面，将复制有关的酶和蛋白分别按照在其复制过程中出现的先后顺序进行介绍。

12.2.1　拓扑异构酶和解旋酶

片段大小和一级结构完全相同的DNA分子由于空间超螺旋结构的不同可以形成一系列拓扑异构体，能够引起拓扑异构体改变的酶称为拓扑异构酶（topoisomerase）。按拓扑异构酶作用机制可分为Ⅰ型和Ⅱ型。Ⅰ型拓扑异构酶每次通过断裂和连接双链DNA中的一条链而改变DNA的拓扑异构（超螺旋）；Ⅱ型拓扑异构酶每次通过断裂和连接两条DNA链来改变DNA的拓扑异构（图12-4）。细胞内的DNA均以超螺旋状态存在，天然DNA的负超螺旋虽然有利于DNA复制前期的解旋，但随着复制的进行，复制叉前方的亲代DNA中仍然会累积巨大张力。因此，为了保障DNA复制起始前期阶段顺利地进行，Ⅱ型拓扑异构酶会主要对DNA复制时模板DNA超螺旋的松弛和复制后超螺旋的再恢复起作用，在DNA复制起始前期阶段解除DNA解旋所产生的拓扑学障碍。

当DNA超螺旋结构松弛后，DNA的双螺旋结构仍需被进一步解开，以便亲代DNA双链提供单链DNA模板。DNA解旋酶（helicase，亦称解螺旋酶）可以催化DNA双螺旋解链成单

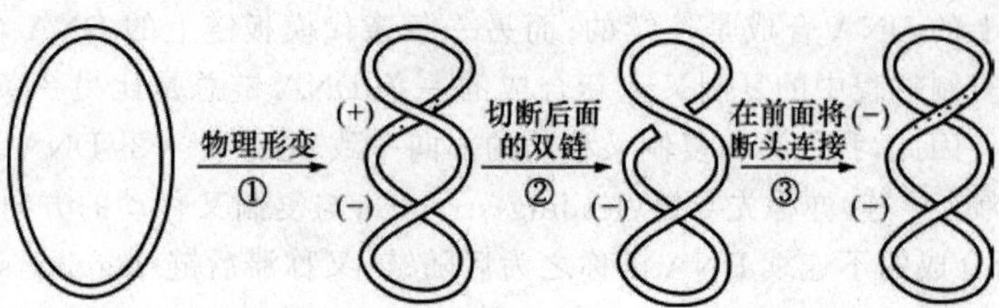

图 12-4 拓扑异构酶Ⅱ引入负超螺旋

（引自郭蔼光.基础生物化学.2 版.2009）

链。参与大肠杆菌复制的解旋酶有 DnaB、PriA 和 Rep 蛋白，它们各具特点移动极性也有差异。通常，DnaB 蛋白沿 DNA 模板链 5′→3′方向移动而解开双螺旋。

12.2.2 SSB 单链结合蛋白

随着 DNA 双螺旋被解旋酶不断地打开成为 DNA 单链，SSB 单链结合蛋白（single-strand binding protein）随之结合于每条 DNA 单链上，有效防止了核酸酶对单链 DNA 的降解，使解开的单链保持一种空间的伸展现象，也使解开的单链不会重新结合形成双螺旋，以便作为合成新链的模板（图 12-5）。SSB 单链结合蛋白与 DNA 单链的结合具有高度协同性。在 DNA 复制过程中，SSB 单链蛋白可以重复使用，即新合成 DNA 链从模板上置换下的 SSB 可重新结合到新的单链区。

12.2.3 引物酶及引物的合成

迄今为止，已知的任何一种酶都不能从 DNA 模板的 3′端从头合成出一条新的 DNA 链，那么 DNA 复制是如何开始的？噬菌体 M13 为此提供了一个线索，即它的 DNA 复制显示出对转录抑制剂的敏感性，从而表明 RNA 可能为 DNA 复制提供了 3′-羟基端。因此，人们发现在 DNA 复制起始阶段必须首先合成一段引物，为后续 DNA 复制的延伸阶段提供 3′-羟基端（图 12-6）。目前，所发现的引物大多为一段 RNA，多数情况下为 6～10 个寡核苷酸，而催化 RNA 引物合成的酶即为引物酶（primerase），它与 RNA 聚合酶有所不同，对利福平表现不敏感。大肠杆菌的引物酶是由 *dnaG* 基因所编码的，其与相关蛋白如 DnaB、DnaC、DnaT、PriA、PriB 等蛋白因子相结合才具有生物学活性，这种组合的复合体即称为引发体（primosome）。

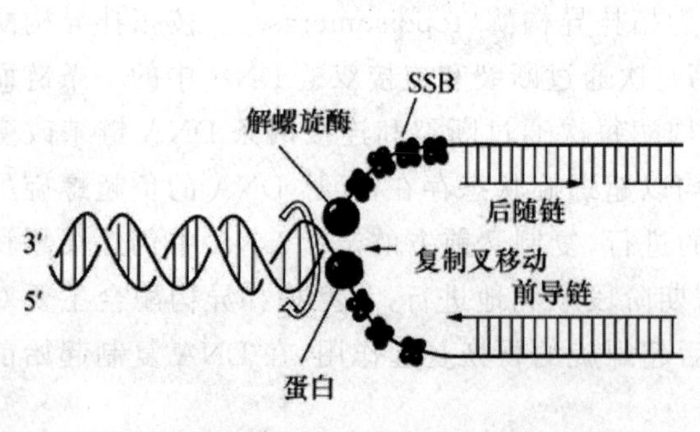

图 12-5 SSB 单链结合蛋白结合部位示意图

（引自阎隆飞，等.分子生物学.版.2004）

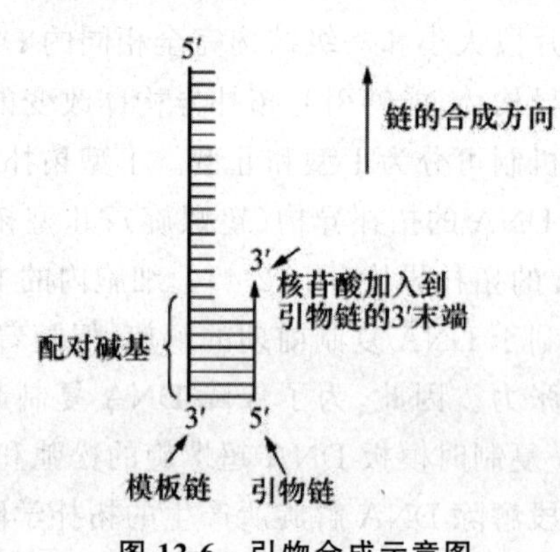

图 12-6 引物合成示意图

（引自王镜岩，等.生物化学.3 版.2008）

因此,DNA 复制起始阶段首先需要引发体引发 DNA 复制的起始。

12.2.4 DNA 聚合酶及聚合反应

DNA 是由脱氧核糖核苷酸聚合而成。与 DNA 聚合反应相关的酶包括多种 DNA 聚合酶和 DNA 连接酶。

1. DNA 聚合酶及聚合特点

当 DNA 复制起始引物合成提供 3′-OH 端后,DNA 聚合酶即开始催化 DNA 链的延伸反应。首先,新合成的 RNA 引物的游离 3′-OH 对进入延伸的脱氧核苷三磷酸的 α 磷原子发生亲核攻击,从而形成 3′,5′-磷酸二酯键并脱下焦磷酸(图 12-7)。新合成的 DNA 链由 5′向 3′方向延伸。

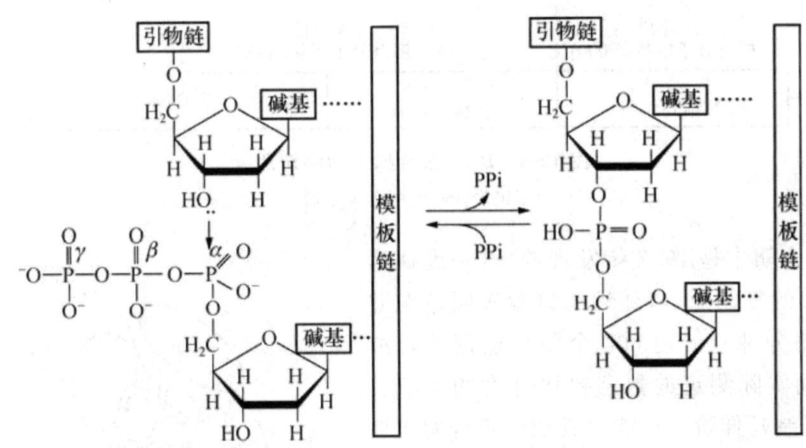

图 12-7 DNA 聚合酶的催化链延长反应示意图

(引自王镜岩,等. 生物化学. 3 版. 2008)

DNA 聚合酶可利用双链 DNA 作为模板和引物,也可以利用单链 DNA 作为模板和引物。DNA 聚合酶的催化反应是依照模板的指令进行的,只有当游离的脱氧核糖核苷酸能与模板链上的碱基形成碱基互补配对时,DNA 聚合酶才催化使之形成 3′,5′-磷酸二酯键。综上所述,DNA 聚合酶催化的反应特点为:①反应需要模板作为指导;②反应需要有引物提供 3′-OH 端;③反应以 4 种脱氧核糖核苷三磷酸(dNTPs)作为底物;④反应合成的 DNA 链的延伸方向为 5′→3′。

2. 大肠杆菌 DNA 聚合酶及特点

大肠杆菌中共有 5 种不同的 DNA 聚合酶参与反应,它们分别是 DNA 聚合酶Ⅰ、DNA 聚合酶Ⅱ、DNA 聚合酶Ⅲ、DNA 聚合酶Ⅳ和 DNA 聚合酶Ⅴ。

(1)DNA 聚合酶Ⅰ　DNA 聚合酶Ⅰ(Pol Ⅰ)是一个单体蛋白,仅由一条多肽链组成,分子质量为 109 ku,共含有 928 个氨基酸残基。每个大肠杆菌细胞脱氧核糖核苷酸含有 400 个分子的 DNA 聚合酶Ⅰ。DNA 聚合酶Ⅰ是一个多功能酶,具有以下活性:①5′→3′聚合酶活性:可使 DNA 复制起始阶段的脱氧核糖核苷三磷酸(dNTPs)逐个加到具有 3′-OH 末端的多核苷酸链上,形成 3′,5′-磷酸二酯键,使新合成的 DNA 链沿 5′→3′方向延伸;②3′→ 5′核酸外切酶活性:可被游离的未配对的具有 3′-OH 的核苷酸所激活。即如果一个不能形成碱基互补

配对的错配脱氧核糖核苷酸加入延伸的DNA链末端，DNA聚合酶活性就被抑制，而3′→5′核酸外切酶活性被激活，切除错配的脱氧核糖核苷酸，因此对DNA的合成具有校对作用。③5′→3′核酸外切酶活性：作用于具有切口的双螺旋DNA，并在切口以外的配对区切割，使具有5′端的DNA链降解为单脱氧核糖核苷酸或寡聚核苷酸。

DNA聚合酶Ⅰ的5′→3′聚合酶活性、3′→5′核酸外切酶活性及5′→3′核酸外切酶活性是同时存在于同一多肽链中(图12-8)。当该酶用枯草杆菌蛋白酶或胰蛋白酶处理时，DNA聚合酶Ⅰ就裂解为大小不同的两个活性片段。分子质量较大的C端片段(324～928个氨基酸残基)具有5′→3′聚合酶活性和3′→5′核酸外切酶活性，也称为Klenow片段(图12-9)；分子质量较小的N端片段(1～323个氨基酸残基)具有5′→3′核酸外切酶活性。

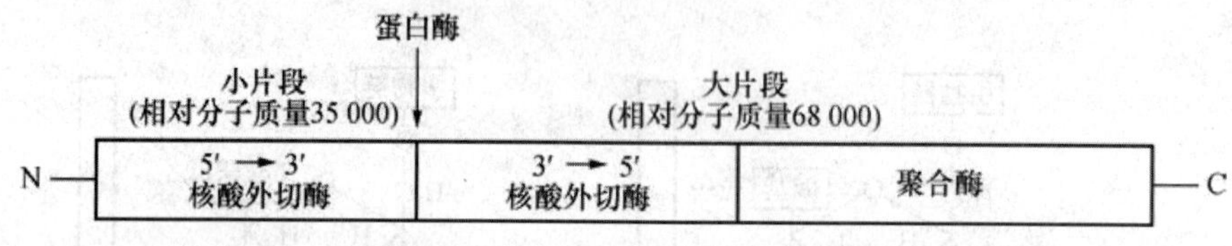

图12-8 DNA聚合酶Ⅰ的酶切片段

(引自王镜岩，等.生物化学.3版.2008)

DNA聚合酶Ⅰ是1957年发现的，曾一度认为它即是DNA的复制酶，可随后的试验表明情况并不如此。它每分钟只能使600个脱氧核糖核苷酸掺入DNA，而实际测定的数字要比这大约20倍。说明DNA复制延伸阶段可能由其他的聚合酶主要负责。DNA聚合酶Ⅰ的主要生理功能与DNA的修复有关，其5′→3′聚合酶活性在生理条件下也会切除新合成DNA 5′端的RNA引物并填补所形成的缺口。这说明DNA聚合酶Ⅰ在大肠杆菌的复制中也有作用的。

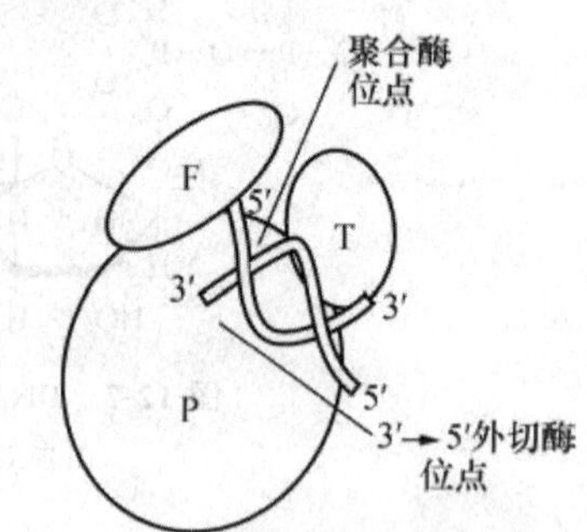

图12-9 DNA聚合酶Ⅰ-Klenow片段结构

P.掌形结构区 F.指形结构区 T.拇指结构区

(引自王镜岩，等.生物化学.3版.2008)

(2)DNA聚合酶Ⅱ DNA聚合酶Ⅱ(Pol Ⅱ)为多亚基酶，其聚合酶亚基由一条分子质量为88 ku的多肽链组成，每分钟能促进约2 400个核苷酸掺入新合成的DNA链。DNA聚合酶Ⅱ也从5′→3′方向合成DNA，并且需要带有缺口的DNA双链作为模板(相当于引物)，但缺口不能过大，否则活性将会降低。DNA聚合酶Ⅱ具有3′→5′核酸外切酶活性，但无5′→3′核酸外切酶活性。实验表明，DNA聚合酶Ⅱ也不是复制酶，而是一种损伤修复酶。

(3)DNA聚合酶Ⅲ DNA聚合酶Ⅲ(Pol Ⅲ)是由多个亚基组成的蛋白质，现在认为它是原核生物大肠杆菌细胞内真正负责DNA链延伸的酶。它在细胞中是以多亚基复合物的形态存在和发挥功能，这种复合物称为DNA聚合酶Ⅲ全酶(DNA polymerase Ⅲ holoenzyme)，由α、β、γ、δ、δ′、ε、θ、τ、χ和Ψ10种亚基所组成，含有锌原子(图12-10和表12-1)。而仅由α、ε和θ三种亚基所组成部分称为DNA聚合酶的核心酶(code enzyme)，一个DNA聚合酶全酶上包含2个核心酶。核心酶中α基的分子质量为132 ku，具有5′→3′聚合酶活性。ε亚基具有3′→5′核酸外切酶活性，起校对作用，可提高DNA聚合酶Ⅲ复制DNA的保真性。而θ可能起到组建的作用。DNA聚合酶Ⅲ全酶的结构是一种非对称的二聚体结构，亦称异二聚体(heterologous dimer)，作用于解开的DNA双链并使两条单链同时进行复制。异二聚体中的亚基种类并不完全相同，其中，相同的亚基部分如：τ亚基主要起着促使核心酶二聚化的作用。β亚基的功能犹如夹子，夹住DNA分子并沿着向前滑动，使DNA聚合酶Ⅲ在完成复制前不脱离DNA链，从而提高了酶的持续合成能力。γ亚基是一种依赖DNA的ATP酶，2个γ亚基与另外4个亚基($\gamma^2\delta\delta'\chi\Psi$)构成γ复合物，其主要功能是帮助β亚基夹住DNA链，故称为夹子装置器(clamp loader)。DNA聚合酶Ⅲ的复杂结构使其具有更高的忠实性、协同性和持续性。各亚基功能相互协调，支持完成整个染色体DNA的合成(DNA聚合酶Ⅲ的亚基列表组成如表12-1所示)。

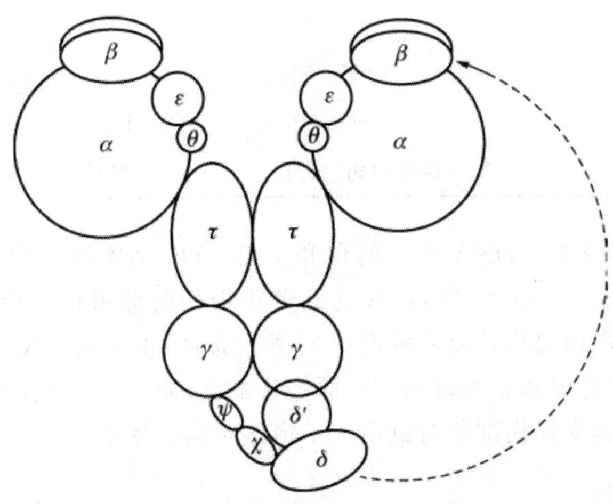

图12-10 DNA聚合酶Ⅲ全酶亚基结构示意图

(引自王镜岩，等. 生物化学. 3版. 2008)

表12-1 大肠杆菌DNA聚合酶Ⅲ全酶的亚基组成

亚基	分子质量/ku	亚基数目	基因	亚基功能		
α	132	2	*pol C*(*dna E*)	5′→3′聚合活性	核心酶	全酶
ε	27	2	*dnaQ*(*mut D*)	3′→5′核酸外切酶校对功能		
θ	10	2	*hol E*	组建核心酶		
τ	71	2	*dna X*	核心酶二聚化		
γ	52	2	*dna X**	依赖DNA的ATP酶，形成γ复合物	夹子装置器	
δ	35	1	*hol A*	可与β亚基结合，形成γ复合物		
δ′	33	1	*hol B*	形成γ复合物		
χ	15	1	*hol C*	形成γ复合物		
ψ	12	1	*hol D*	形成γ复合物		
β	37	1	*dna N*	两个β亚基形成滑动架子，提高酶的持续合成能力		

大肠杆菌的3种DNA聚合酶虽都具备催化dNTP聚合的功能，但其三者特性并不相同(表12-2)，即表现在它们在复制中所承担的作用有所不同。

表 12-2 大肠杆菌 DNA 聚合酶Ⅰ,Ⅱ,Ⅲ性质比较

比较项目	DNA 聚合酶Ⅰ	DNA 聚合酶Ⅱ	DNA 聚合酶Ⅲ
结构基因	*pol A*	*pol B*	*pol C*(*dna E*)
不同种类亚基数目	1	≥7	≥10
分子质量/ku	109	88	830
细胞内酶分子数	～400	～200	10～20
5′→3′聚合酶活性	+	+	+
3′→5′核酸外切酶活性	+	+	+
5′→3′核酸外切酶活性	+	−	−
聚合速度/(核苷酸/min)	1 000～1 200	2 400	15 000～60 000
持续合成能力	3～200	1 500	≥500 000
主要功能	切除引物,修复	修复	复制

(4)DNA 聚合酶Ⅳ和Ⅴ　DNA 聚合酶Ⅳ和Ⅴ是 1999 年才被发现,它们涉及 DNA 的错误倾向修复(error-prone repair)。当 DNA 受到严重损伤时即可诱导产生这两种酶,但这两种酶修复缺乏准确性,因而出现修复后的高突变率。通常,正常的 DNA 聚合酶遇到 DNA 损伤部位时均因此部位不能形成正确碱基配对而停止复制,而 DNA 聚合酶Ⅴ能在 DNA 受损伤部位继续复制,但在跨越受损伤部位时就造成了错误倾向的复制。

12.2.5　DNA 连接酶

DNA 聚合酶只能催化多核苷酸链的延长反应,不能使链之间进行连接。但 DNA 在复制过程中,后随链上的复制是不连续的,会产生冈崎片段。那冈崎片段是如何连接成完整的 DNA 链呢?实验证明,当产生冈崎片段后,其 5′端的 RNA 引物通过 DNA 聚合酶Ⅰ催化的切口位移而降解,并为脱氧核苷酸片段所置换,新形成的切口由 DNA 连接酶(DNA ligase)将切口处的 5′-磷酸基和 3′-羟基予以连接封闭,形成 3′,5′-磷酸二酯键(图 12-11)。

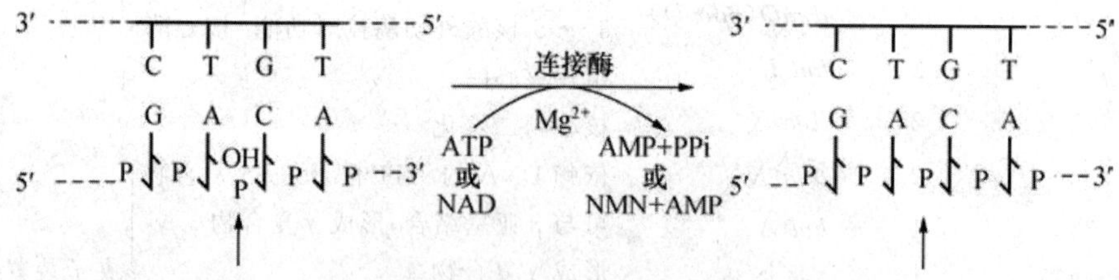

图 12-11　DNA 连接酶催化反应示意图

(引自王镜岩,等.生物化学.3 版.2008)

连接反应需要供给能量。大肠杆菌的 DNA 连接酶以烟酰胺腺嘌呤二核苷酸(NAD)作为能量来源,动物细胞和噬菌体连接酶则以腺苷三磷酸(ATP)作为能量来源。该连接反应分 3 步进行。首先连接酶与 NAD 或 ATP 反应,形成酶～AMP 复合物。其中,AMP 的磷酸基与连接酶的赖氨酸的 ε- 氨基以磷酰胺键结合,然后连接酶将 AMP 转移给 DNA 切口处的 5′-磷酸，以焦磷酸键的形式活化，形成 AMP-DNA。然后通过相邻链的 3′-OH 对活化的磷原子发生亲核攻击，生成 3′,5′-磷酸二酯键，同时释放出 AMP。大肠杆菌 DNA 连接酶是一条分子质量为 74 ku 的多肽，每个细胞约含 300 个连接酶分子。DNA 连接酶在 DNA 的复制、修复和重组等过程中均起到重要的作用。

12.3 原核生物 DNA 的复制

DNA 复制的过程可总体分为复制的起始、延伸和终止 3 个阶段。

12.3.1 DNA 复制的起始

基因组能独立进行复制的单位称为复制子(replicon)。每个复制子都含有控制复制起始的起点(origin)，可能还有终止复制的终点(terminus)。复制是在起始阶段进行控制的，一旦复制开始，它即继续下去直到整个复制子的完成。通常，原核生物 DNA 由于较小，每一个 DNA 分子仅含有一个复制起始点，因而只含有一个复制子。

在复制起始阶段，参与 DNA 复制起始的蛋白质可识别并结合于复制起点，使 DNA 双螺旋解旋，形成复制泡(replication bubble)。在复制泡两侧的 DNA 两股链形成类似分叉状结构，称之为复制叉(replication fork)。两个复制叉同时向相反的方向反向进行复制，称为双向复制。且大多数 DNA 的复制都是双向的。但有些病毒、噬菌体的复制是单向进行(图 12-12)。在复制叉即 DNA 合成的生长点上，分布着各种各样与复制相关的酶和蛋白质因子，它们构成的复合物称为复制体(replisome)。DNA 复制阶段的表现体现在其复制体结构的变化。

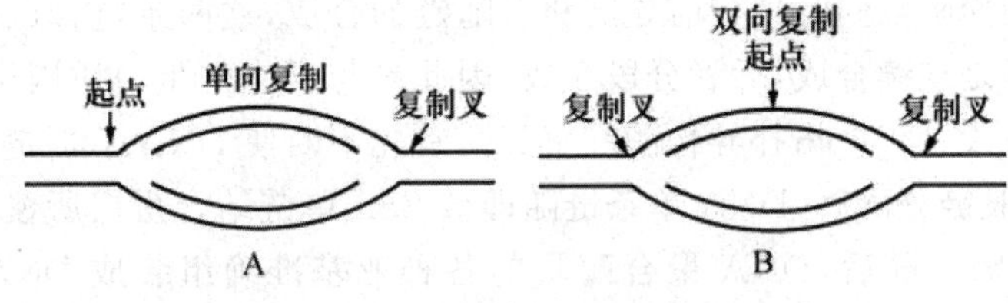

图 12-12 单向和双向复制示意图

A. 单向复制 B. 双向复制

(引自王镜岩，等. 生物化学. 3 版. 2008)

大肠杆菌染色体是一个含 4.6×10^6 bp 的共价闭合环状 DNA 分子，其 DNA 复制的起点称为 *ori C*，由 245 个 bp 构成，其序列和控制元件在细菌复制起点中十分保守。关键序列在于两组短的重复：3 个 13 bp 重复序列和 4 个 9 bp 重复序列(图 12-13)。

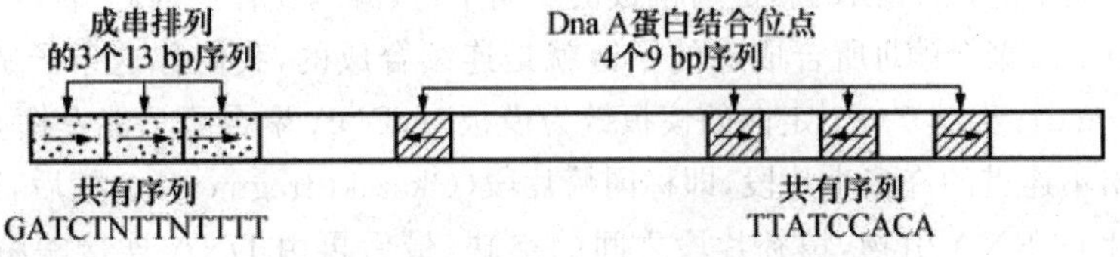

图 12-13 大肠杆菌复制起点的串联重复序列

大肠杆菌DNA复制起始阶段包含一系列复杂步骤，主要为引发体的形成。首先，大肠杆菌编码的Dna A蛋白与*ori C*的9 bp的重复序列识别并形成复合物而引发复制的起始，其中，所形成的复合物中20～40个Dna A蛋白形成核心，负超螺旋DNA *ori C*包裹于外。HU蛋白(细胞的类组蛋白)参与并促进这一过程(图12-14)。随后，受Dna A蛋白影响，邻近3个成串富含AT的13 bp序列被变性熔解而形成开链复合物(open complex)，所需能量由ATP提供。然后，Dna B(解旋酶)在Dna C的帮助下结合于解链区，Dna B借助水解ATP产生的能量沿链5′→3′方向移动，解开DNA双链，此时由HU、Dna B蛋白、Dna C蛋白、Dna G蛋白(引物酶)等所组成的复合物称为前引发复合物(prepriming complex)，亦称引发体(primosome)(图12-14)。与此同时，消除拓扑张力的DNA旋转酶(拓扑异构酶Ⅱ)和保护单链并防止恢复成双链的单链结合蛋白(SSB)也参与了这一过程，共同完成了复制起始的引发步骤。

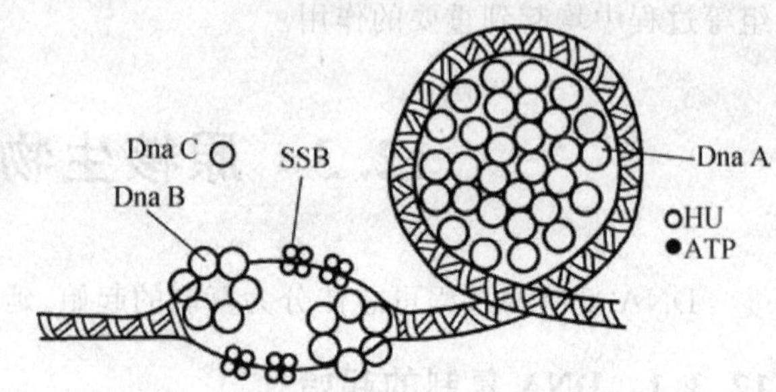

图12-14 大肠杆菌复制起始阶段的引发体

(引自王镜岩，等.生物化学.3版.2008)

复制起点解开后大肠杆菌DNA即形成两个复制叉便可进行双向复制。在DNA的复制延伸前还需引发体中的引物酶(Dna G蛋白)在起点处合成一段6～10个寡核苷酸的RNA引物，为DNA复制提供了活化的3′-羟基端，随后DNA聚合酶Ⅲ在引物上逐个加入脱氧核糖核苷酸，进入DNA链延伸阶段。

12.3.2 DNA链的合成与延伸

DNA复制的延伸阶段同时进行前导链和后随链的合成，这两条链合成的基本反应相同，但也略有差别，前者是连续合成，后者分段合成，因此参与反应的蛋白质因子也有所不同。在DNA复制的延伸阶段，DNA拓扑异构酶和解旋酶首先不断使DNA双股链分离，保证复制叉的顺利前进。当双股链分离后，DNA单条链随即被SSB单链结合蛋白所覆盖，形成作为模板链所需要的伸展构象。随后，DNA聚合酶Ⅲ的各种亚基准确组装成DNA聚合酶Ⅳ全酶。DNA聚合酶全酶Ⅲ中的两个β亚基(β夹子)在γ复合物的帮助下将引物与模板的双链夹住，结合在DNA复制叉的模板链上。最后，DNA聚合酶Ⅲ全酶根据DNA模板链的遗传信息，依照碱基互补配对原则在RNA引物的3′-OH端依次添加新的脱氧核糖核苷三磷酸(dNTP)，并在逐个加入新的脱氧核糖核苷三磷酸之间形成3′,5′-磷酸二酯键。新生的DNA链按5′→3′方向不断延伸。

当复制叉沿着DNA链向前移动时，DNA的两条模板链是反向平行的。DNA聚合酶Ⅲ只能以5′→3′方向合成新链，合成出的新链与模板链反向平行，碱基互补。因此，若以3′→5′走向的模板链为模板时，DNA聚合酶Ⅲ所合成出的子链就是连续合成的，我们称这条子链为前导链或领头链(leading strand)；若以5′→3′走向的模板链为模板时，DNA聚合酶只能发挥5′→3′方向的聚合酶活性合成出不连贯的许多小片段，即称冈崎片段(Okazaki fragment)。随后，DNA聚合酶Ⅰ会切除小片段上的RNA引物，填补片段之间的空缺，最后再由DNA连接酶将修补好的小片段连接成一条完整的子链，这条子链称为后随链或滞后链(lagging strand)。

通常，原核细胞和真核细胞的 DNA 复制中广泛存在冈崎片段，原核细胞冈崎片段较长，真核生物冈崎片段较短。这样一来，我们发现，在复制叉上新合成的一条 DNA 链与复制叉移动方向相同，是按 5′→3′方向连续合成的；而另外一条新合成的 DNA 链与复制叉移动方向相反，是按 5′→3′方向不连续合成。因此，我们将这种复制方式称为 DNA 复制为半不连续复制(semidiscontinuous replication)(图 12-15)。

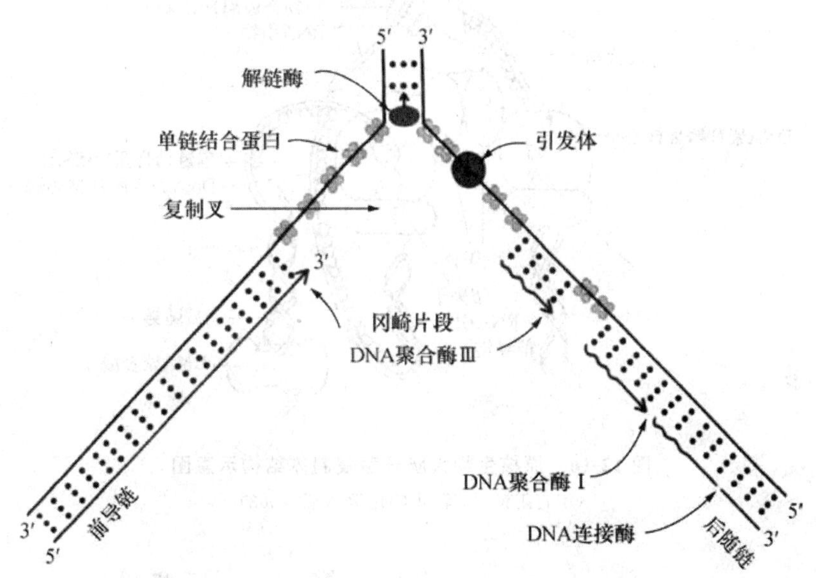

图 12-15 原核生物 DNA 半不连续复制示意图

后随链的合成是分段进行的，因此导致后随链的合成具有一定的复杂性。但 DNA 复制时期每一复制叉上仅结合一个 DNA 聚合酶Ⅲ全酶，这就凸显了后随链如何保持它与前导链合成协调的一致。由于 DNA 的两条链为互补反向平行，为使后随链能与前导链被同一个 DNA 聚合酶Ⅲ不对称的二聚体所合成，后随链必须绕成一个突环(loop)(图 12-16)。合成的冈崎片段需要 DNA 聚合酶Ⅲ不断与模板脱开，然后在新的位置又与模板结合，这样 DNA 的两条链就能通过 DNA 聚合酶Ⅲ全酶共同被合成。由于在复制叉上，一套酶可以同时在两条链上进行复制，所以前导链和后随链的合成速度不会相差很多。

两个复制叉在大肠杆菌的环状染色体上进行双向复制，最后相遇在终止区(terminus region)相遇并停止复制。该区域含有多个约 22 bp 的终止子(terminator，Ter，图 12-17a)位点。与终止子位点(ter 位点)结合的蛋白质称为 Tus(terminus utilization substance)。通常，Tus-ter 复合物只能阻止一个方向复制叉的前进，协调两侧复制叉在终止区域相遇。当两个复制叉在终止区域相遇停止复制时，DNA 复制体开始解体，导致其间大约仍有 50～100 bp 未被复制。其后，两条亲链解开，通过 DNA 聚合酶Ⅰ的修复方式填补空缺，连接酶连接断点，重新形成两个锁在一起的环状双链 DNA 分子(图 12-17b)。DNA 复制是一个高度精确的过程。据计算，每复制 10^8～10^{10} bp 中仅有一个错配。复制的这种高度准确性是十分必要的，因为只有这样才能保证遗传信息在传代中的完整性。复制的忠实性是通过多种因素共同作用而实现的。

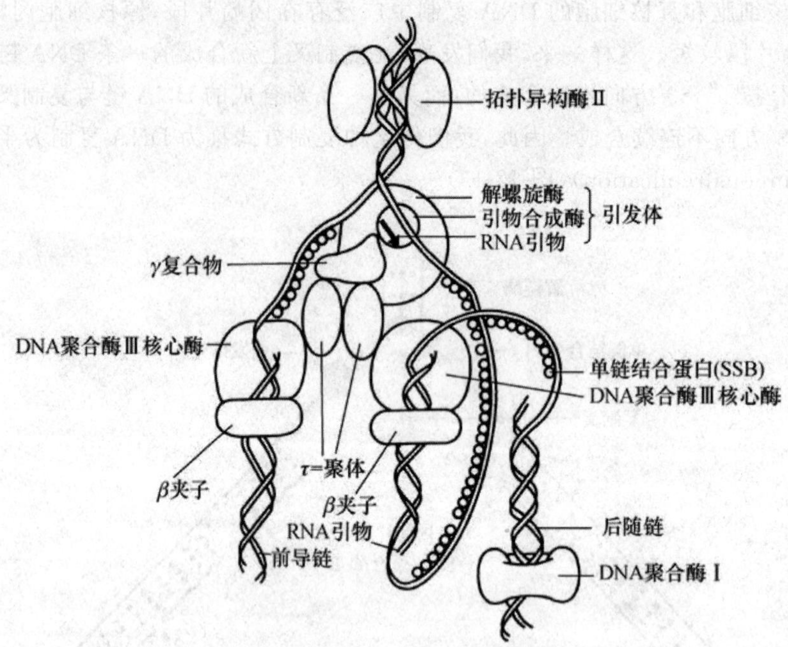

图 12-16 原核生物大肠杆菌复制体结构示意图

(引自王镜岩,等.生物化学.3 版.2008)

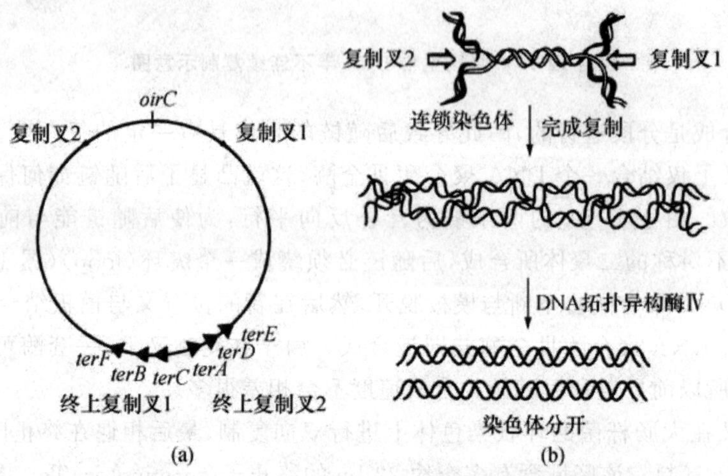

图 12-17 原核生物大肠杆菌染色体复制的终止

a. Ter 位点在染色体上的位置;b. DNA 拓扑异构酶Ⅳ将连锁环状染色体解开

(引自王镜岩,等.生物化学.3 版.2008)

12.3.3 DNA 复制的忠实性

1. DNA 聚合酶构象的变化

DNA 复制的高保真主要依靠 DNA 聚合酶来实现的。首先,DNA 聚合酶Ⅲ中的 τ 亚基起着推进核心酶二聚化的作用,从而使 DNA 解开的双链同时被 DNA 聚合酶Ⅲ的异二聚体复合物结合并进行复制。其次,DNA 聚合酶Ⅲ中的 β 亚基犹如 2 个夹子使 DNA 聚合酶Ⅲ全酶

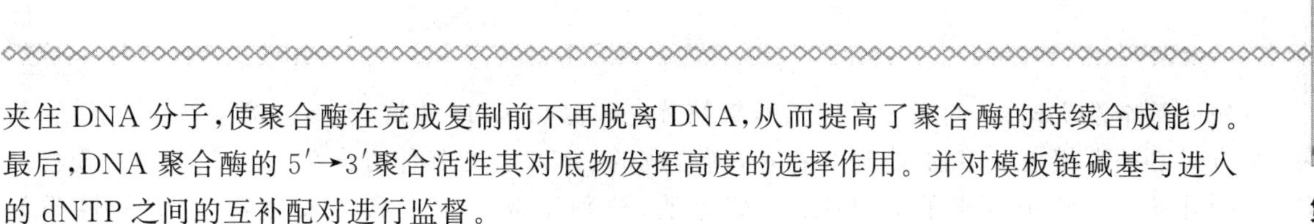

夹住 DNA 分子，使聚合酶在完成复制前不再脱离 DNA，从而提高了聚合酶的持续合成能力。最后，DNA 聚合酶的 5′→3′聚合活性其对底物发挥高度的选择作用。并对模板链碱基与进入的 dNTP 之间的互补配对进行监督。

2. DNA 聚合酶Ⅰ和 DNA 聚合酶Ⅲ的外切活性

DNA 聚合酶Ⅰ结构现已确定，其 Klenow 片段具有两个结构域。大结构域包含一个带正电的、直径约 2 nm 的裂缝，DNA 即结合于此。DNA 一旦结合，裂缝即被关闭；这时 DNA 链只能在裂缝前后滑动，而小结构域含有核苷酸结合位点。当新合成的 DNA 中含错误配对的核苷酸时，DNA 双螺旋就会发生变形，因而不能在裂缝中继续向前滑动，只能后移，这时其 3′→5′核酸外切酶被激活发挥校对功能，切除错配的核苷酸。错配核苷酸切除后，聚合反应继续进行，从而提高了 DNA 复制的准确性。而 DNA 聚合酶Ⅲ全酶由 10 种亚基组合而成，其中 ε 亚基也具有 3′→5′核酸外切酶活性，起校对作用，可提高 DNA 聚合酶Ⅲ复制 DNA 的保真性。

3. RNA 引物的掺入

DNA 复制开始，最初掺入的核苷酸越容易出错。因此，在 DNA 合成起始时及冈崎片段合成起始时均要以一段短片段的 RNA 作为引物。第一，为 DNA 复制的起始提供了 3′-羟基端，为后续脱氧核苷三磷酸的依次加入提供前提；第二，RNA 引物在复制结束时降解，即使在 RNA 引物形成阶段所错配的核苷酸也会被 DNA 聚合酶Ⅰ所合成的正确 DNA 片段所代替，从而降低了核苷酸的错配率，保证了 DNA 序列的准确性。

综上所述，大肠杆菌 DNA 复制包括 DNA 聚合酶在内的十几种酶和蛋白质因子的共同精确配合，表现出半保留、半不连续复制的特点，形成了一系列保证 DNA 高保真复制的机制，确保了遗传信息的稳定传递。

12.4 真核生物 DNA 的复制

真核生物和原核生物的 DNA 复制基本特征是相同的，复制方式也是半保留、半不连续复制。但由于真核生物 DNA 远大于原核生物，故两者间尤其在复制的调节上显示出许多明显的不同之处。

12.4.1 真核生物的染色体复制

真核生物染色体含有多个复制起点，构成多个复制子，可以分段同时进行复制，但每一细胞周期中各复制子只能发动一次复制。因此，真核生物和原核生物染色体 DNA 的复制具有如下几点明显的区别：①真核生物基因组大，染色体具备多个复制起点，构成多个复制子；原核生物的染色体基因组小，染色体仅有一个复制起点，构成一个复制子。②真核生物的复制速度比原核生物慢，例如，细菌复制叉的复制移动速度为 50 000 bp/min，而哺乳动物复制叉的复制移动速度为 1 000～3 000 bp/min。③真核生物染色体在全部复制完成之前每一个复制起点不再重新开始复制；而快速生长的原核生物中，复制起点可以连续发动复制。真核生物在快速生长时，往往采用更多的复制起点加速复制的进行。

真核生物细胞 DNA 的复制系统也包含多种不同的 DNA 聚合酶、拓扑异构酶、解旋酶、连接酶、单链结合蛋白和许多蛋白质因子。真核生物的 DNA 聚合酶和原核生物 DNA 聚合

酶的基本性质相同，均以 4 种脱氧核糖核苷三磷酸(dNTP)为底物，反应需要 Mg^{2+} 激活，聚合时必须有模板和引物 3′-羟基存在，新合成的 DNA 链的延伸方向为 5′→3′方向。现已从哺乳动物细胞中分出的 5 种 DNA 聚合酶，分别以 α、β、γ、δ 和 ε 来命名，它们的性质如表 12-3 所示。

表 12-3 真核生物哺乳动物细胞的 DNA 聚合酶

DNA 聚合酶	DNA 聚合酶 α(Ⅰ)	DNA 聚合酶 β(Ⅳ)	DNA 聚合酶 γ(M)	DNA 聚合酶 δ(Ⅲ)	DNA 聚合酶 ε(Ⅱ)
亚细胞定位	细胞核	细胞核	线粒体	细胞核	细胞核
亚基数目	4	1	2	2	>1
5′→3′外切酶活性	－	－	＋	＋	＋
5′→3′聚合酶活性	＋	＋	＋	＋	＋
引物酶活性	＋	－	－	－	－
持续合成能力	中等	低	高	有 PCNA 时高	高
功能	引物合成	修复	线粒体 DNA 合成	细胞核 DNA 合成	修复

PCNA：增殖细胞核抗原。

真核生物哺乳动物细胞中 DNA 聚合酶 α 在体内参与真核生物染色体 DNA 的复制，不同真核细胞的 DNA 聚合酶 α 的结构和性质都相似，其核心亚基具有较高的 5′→3′聚合酶活性及引物酶活性，但不具备 3′→5′核酸外切酶活性。DNA 聚合酶 δ 与 α 一样，都参与了真核生物 DNA 的复制，但不同的是 DNA 聚合酶 δ 缺乏引物酶活力，但有 3′→5′核酸外切酶活性，同时，DNA 聚合酶 δ 比 α 表现出更高的复制持续性。因此这些特点表明，DNA 聚合酶 α 的功能只是合成 RNA 引物，而 DNA 聚合酶 δ 分别结合在前导链和后随链上持续合成新的 DNA 链。DNA 聚合酶 ε 相当于原核生物中 DNA 聚合酶Ⅰ，它是一种修复酶，参与真核生物细胞 DNA 的修补合成，并在冈崎片段 5′端的引物水解后填补缺口。真核生物 DNA 聚合酶 β 亦为修复酶，DNA 聚合酶 γ 是线粒体的 DNA 合成酶。

12.4.2 端粒的复制

真核生物染色体 DNA 分子为线性分子，在染色体线性分子的两个末端均具有由许多成串短的重复序列构成的特殊结构，称之为端粒(telomere)。该重复序列通常一条链富含 G(G-rich)，其互补链上富含 C(C-rich)。端粒可以起到稳定染色体末端结构的作用。我们已知，原核生物的 DNA 是环状的，其 5′最末端冈崎片段的 RNA 引物被切除后可借助另半圈 DNA 链向前延伸来填补。而真核生物的染色体是线性的，其在复制后不能像原核生物那样去填补，因此会造成 5′末端序列不断地变短，最终导致遗传信息的丢失。所以，真核生物通过形成端粒的结构来解决这个问题。多数生物可以通过一种称为端粒酶(telomerase)的蛋白质不断催化连接重复单位到后随链 5′末端，从而补偿在消除引物后造成的空缺，维持真核生物 DNA 复制中端粒的长度，保证真核生物染色体的完整性。

端粒酶是一种含有 RNA 链的逆转录酶，其蛋白质部分具有逆转录酶活性。端粒酶可结合到端粒的 3′末端上，RNA 模板的 5′末端识别 DNA 3′末端碱基并碱基互补配对，以 RNA 链为模板使 DNA 链延伸，合成一个重复单位后端粒酶再向前移动一个单位(图 12-18)。端粒的 3′单链末端又可折回作为引物，合成其互补链。

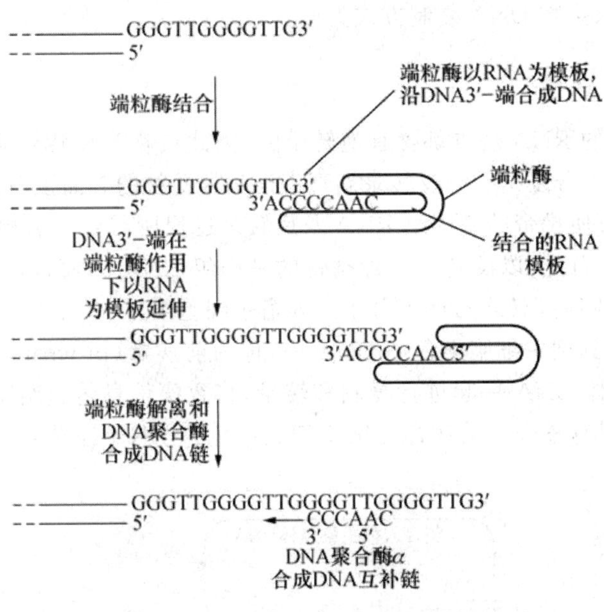

图 12-18　真核生物端粒 DNA 的复制示意图

(引自郭蔼光. 基础生物化学. 2 版. 2009)

在动物生殖细胞中，由于端粒酶的存在，生殖细胞染色体上的端粒一直保持着一定的长度。但动物的体细胞却随着分化而逐渐失去端粒酶活性。当缺乏端粒酶活性时，细胞连续分裂使端粒不断缩短，短到一定程度将引起细胞生长停止或凋亡。因此，组织细胞培养证明，端粒在决定细胞的寿命中起着重要的作用。

12.5　反转录作用

以 RNA 链为模板合成 DNA 的过程称为反转录(reverse transcription)。这与转录过程中遗传信息流从 DNA 到 RNA 的方向相反，故又称逆转录，催化这一反应的酶称为反转录酶或逆转录酶，其实质是依赖于 RNA 的 DNA 聚合酶。

12.5.1　反转录酶的性质

1970 年，Temin 和 Mizufani 以及 Baltimore 分别从致癌病毒中发现逆反录酶(reverse transcriptase)。反转录酶是一种多功能酶，它兼有 3 种酶的活性。①具有 RNA 指导的 DNA 聚合酶活性，即以 RNA 链为模板，合成出与其互补配对的一条 DNA 链，形成 RNA-DNA 杂合分子。②具有 DNA 指导的 DNA 聚合酶活性，以新合成的 DNA 链为模板，合成出与其互补配对的另一条 DNA 链，形成双链 DNA 分子。③具有核糖核酸酶 H 的活力，专门水解 RNA-DNA 杂合分子中的 RNA 链。

反转录酶催化的 DNA 合成反应也需要有模板和引物，同时也以 4 种脱氧核糖核苷三磷酸（dNTP）作为底物，此外还需要适当的 Mg^{2+}、Mn^{2+}。合成的 DNA 链延伸方向为 $5'\rightarrow3'$ 方向，这些性质都与原核生物 DNA 复制方式类似。

12.5.2 反转录的过程

所有已知的致癌的 RNA 病毒都含有逆转录酶，因此被称为反转录病毒（retrovirus）。反转录病毒的生活周期十分复杂。当反转录病毒借助病毒颗粒的表面蛋白和跨膜蛋白进入到宿主细胞后，反转录病毒所携带的基因组 RNA 及反转录过程所需要的引物、酶（反转录酶、整合酶）即开始发挥作用。首先，以反转录病毒携带的基因组 RNA 为模板，经过反转录合成双链 DNA 分子（cDNA）。随后，双链 cDNA 分子进入宿主细胞细胞核，在整合酶的帮助下，病毒的双链 cDNA 分子整合到宿主细胞染色体 DNA 内，称为前病毒（provirus）。最后，前病毒可继续随着宿主细胞染色体 DNA 一起进行复制和转录，将致癌信息传递给子代细胞（图 12-19）。但要值得注意的是，只有整合上前病毒的宿主细胞染色体 DNA 经转录翻译才能产生病毒性蛋白质。

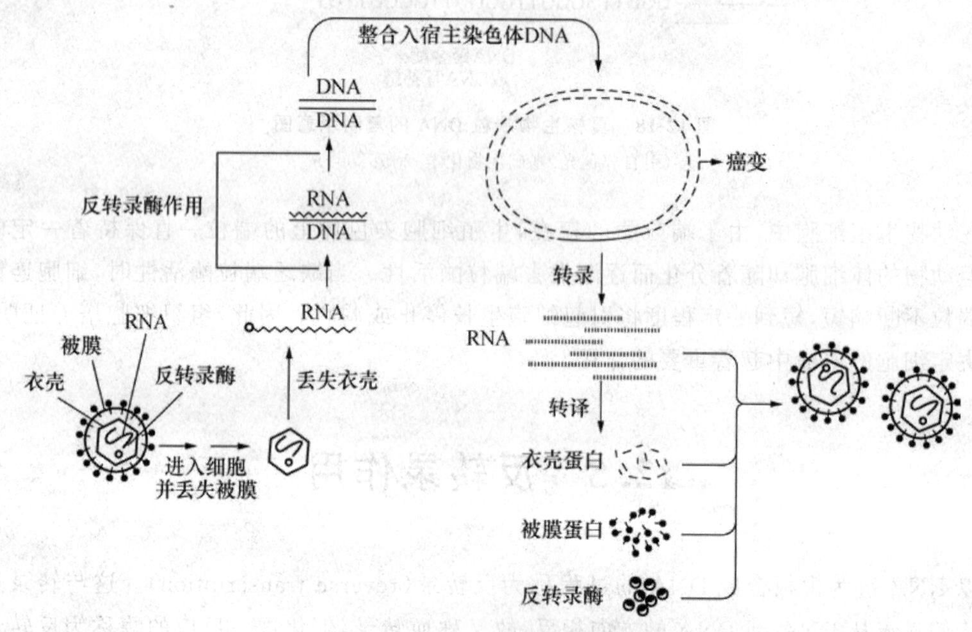

图 12-19 反转录病毒的生活周期

（引自郭蔼光．基础生物化学．2 版．2009）

12.5.3 反转录的生物学意义

反转录作用的发现不仅是对中心法则内容的进一步补充，它将有助于人们对 RNA 病毒致癌的机制进行深入了解和探究。艾滋病是由反转录病毒 HⅣ 引起的免疫缺陷性疾病，借助于反转录作用机制，能更好地找到防治艾滋病的方法和途径，为肿瘤防治及癌症治疗提供坚实的理论支持。

12.6 DNA的损伤修复

生物体内外的许多因素都能造成DNA结构的损伤和破坏，如体内生物合成过程中的DNA复制时产生的错配、DNA的重组、嘌呤和嘧啶的脱落、病毒基因的整合、碱基修饰；以及外界环境因素如电离辐射、紫外线和化学诱变剂等，这些都能作用于DNA，造成DNA结构及功能的破坏，进而引起生物突变，甚至导致死亡。但生物有机体能使损伤的DNA得到修复，这种修复是生物在长期进化过程中获得的一种自我保护功能。目前，已知道的细胞对DNA损伤修复的系统有5种，它们分别是：直接修复(direct repair)、切除修复(excision repair)、错配修复(mismatch repair)、重组修复(recombination repair)和应急反应(SOS response)。

12.6.1 直接修复

紫外线照射可使DNA分子中同一条链相邻的两个胸腺嘧啶碱基(T)之间形成嘧啶二聚体。这种嘧啶二聚体的形成影响了DNA的双螺旋结构，使其复制和转录功能受到阻碍。因此，需要直接修复系统中常见的光复活修复(photoreactivation repair)、暗修复(dark repair)发挥作用。

光复活修复作用是一种高度专一的直接修复方式，作用该修复的酶为光复活酶，亦称光裂合酶(photolyase)，其酶在生物界分布很广，通常存在于低等单细胞生物一直到鸟类，但哺乳动物没有。光复活酶能有效识别并结合紫外线照射所形成的嘧啶二聚体，当光激活光复活酶后即可催化嘧啶二聚体的分解，恢复成原来两个独立的嘧啶碱基(图12-20)。而高等动物主要是暗修复，即切除含嘧啶二聚体的核酸链，然后再修复合成。

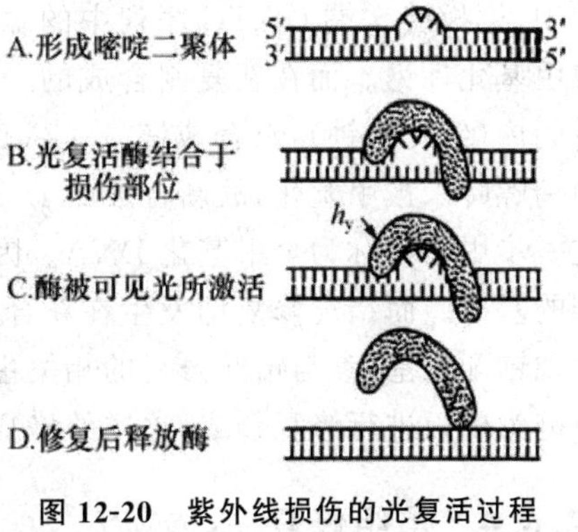

图12-20 紫外线损伤的光复活过程

(引自王镜岩，等.生物化学.3版.2008)

除了光复活修复及暗修复以外，另一种直接修复的例子是O^6-甲基鸟嘌呤的修复。当鸟嘌呤在烷化剂的作用下甲基化成O^6-甲基鸟嘌呤时，O^6-甲基鸟嘌呤-DNA甲基转移酶随即发挥作用，将O^6-甲基鸟嘌呤的甲基基团转移到自身的半胱氨酸残基上。甲基转移酶因此而失活。

12.6.2 切除修复

切除修复(excision repair)是在一系列酶的作用下，将DNA受损伤的部分切掉，并以完整的那条链为模板，依照碱基互补配对原则合成出切去的部分，然后使DNA链恢复正常结构的过程。切除修复对多种损伤均能起到作用，是一种较为普遍的修复机制。

切除修复的大致过程分为两个阶段：第一，是由细胞内特异的酶找到DNA损伤部位，切除含有损伤结构的核酸链；第二，是修复合成并连接(图12-21)。在大肠杆菌中，担当切除功能的酶为多亚基的UvrA、UvrB和UvrC核酸内切酶，它们分别是*uvr A*、*uvrB*及*uvr C*基因的产物。该套酶作用时需要ATP供能，它们切割于损伤部位核苷酸的5′端的第八个磷

酸二酯键和3′端的第四个磷酸二酯键，随后所形成的缺口由DNA聚合酶Ⅰ依照碱基互补配对原则合成出缺口缺失的核苷酸片段，最后由DNA连接酶进行填补和封闭。真核生物的切除修复机制与原核生物大肠杆菌有许多相似之处，只是修复酶系统更为复杂。

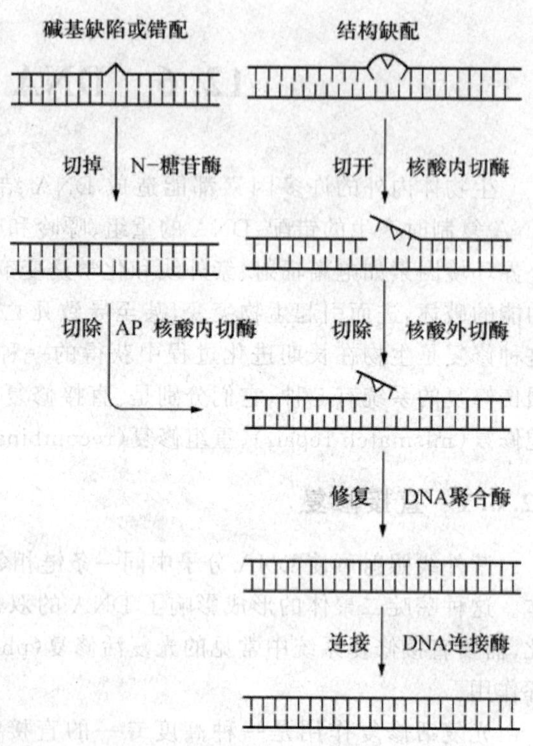

图 12-21 DNA 损伤的切除修复过程
(引自王镜岩，等. 生物化学. 3版. 2008)

12.6.3 错配修复

DNA的错配修复机制是在对大肠杆菌的研究中被阐明的，是按DNA模板链的遗传信息来修复错配碱基的。因此，修复时首先要区别模板链和新合成的DNA链，这是通过碱基的甲基化来实现。

大肠杆菌细胞内的Dam甲基化酶可使大肠杆菌的DNA链5′-GATC序列中的腺嘌呤N^6位甲基化。因此，在DNA的复制过程中，模板链5′端GATC序列中的腺嘌呤均被甲基化标记。而在新复制合成的一个短暂时间内(约几分钟)，新合成链5′-GATC序列中鸟嘌呤未被甲基化，故新合成的DNA链暂时是未甲基化。几分钟后，新合成的DNA链才进一步甲基化称为全甲基化DNA。因此，未甲基化的DNA成为识别和区分模板链及新合成链的基础。而错配修复即发生在新合成链的5′端GATC邻近处，当新合成的DNA链一旦被发现错配碱基，参与错配修复的相关蛋白质及酶就将未甲基化的链切除，并重新以甲基化的模板链为模板进行修复合成，这样的修复机制称为错配修复(mismatch repair)。

12.6.4 重组修复

前面所讲切除修复过程发生在DNA复制之前，因此又称之为复制前修复。然而，当发动DNA复制时尚未修复损伤部位时也可先复制再进行修复，但DNA复制酶系在DNA受损伤部位无法通过碱基互补配对合成子代DNA链，它们就跳过受损伤部位，在前导链的相应位置或下一个冈崎片段起始位置上重新合成新的引物和DNA链。结果，新合成的子代DNA链在模板链受损伤相对应处留下一个缺口。但这种遗传信息有缺损的子代DNA分子可以通过遗传重组而加以弥补，即从同源DNA母链上将相应核苷酸序列片段转移至子链DNA缺口处，然后用再合成的序列补上同源母链的空缺(图12-22)，这样的过程称为重组修复(recombination repair)。因为该过程发生在复制之后，故又称复制后修复(postreplication repair)。

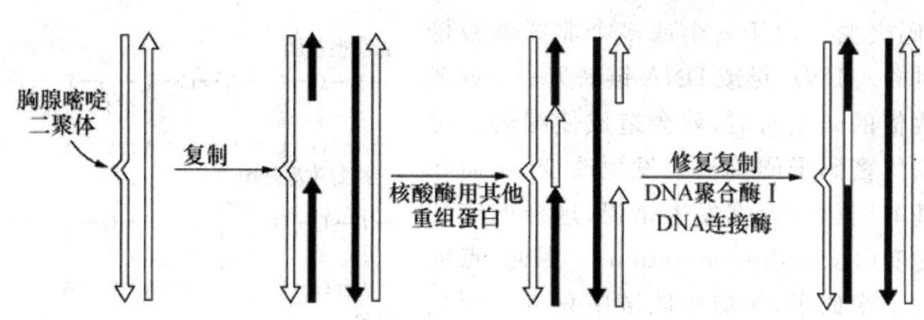

图 12-22 DNA 损伤的重组修复过程

(引自郭蔼光.基础生物化学.2版.2009)

在重组修复过程中,受损伤的部位可能被其他修复机制切除,也可能不被切除。当进行第二轮复制时,如果损伤还留在母链,仍然会给复制带来困难,仍需要重组修复机制来弥补,直至损伤被切除修复所消除。但是随着复制的不断进行,若干代后,即使损伤还未从母链中除去,但在后代细胞中其已被稀释,实际上消除了损伤的影响。

12.6.5 应急反应

通常,直接修复、切除修复、错配修复和重组修复所行使的功能都是不经诱导而产生的。但许多能造成 DNA 损伤或抑制复制的处理均能引起一系列复杂的诱导效应,称为应急反应(SOS response)。SOS 反应是细胞 DNA 受到损伤的紧急情况下,为求得生存而出现的应急效应。其诱导的修复系统包括:避免差错的修复(error free repair)和易产生差错的修复(error prone repair)两类。错配修复、直接修复、切除修复和重组修复均能识别 DNA 受损伤部位加以消除,在它们的修复过程中较低几率引入错配碱基,因此属于避免差错的修复。但 SOS 反应还能诱导出产生缺乏校对功能的 DAN 聚合酶,常易出现错配和突变,因此带来了较高的变异率。SOS 反应广泛存在于原核生物和真核生物中,它是生物在不利环境中求得生存的一种基本功能。因此,在生物体受到紧急情况及生物进化中都起着重要的作用。

12.7 DNA 的突变

DNA 作为遗传物质除了能将遗传信息由亲代传递给子代,DNA 还可以通过变异在自然选择过程中获得新的遗传信息。由于生物基因组中 DNA 分子中发生碱基对的增添、缺失或替换,而引起基因结构改变并可遗传的现象,我们称之为 DNA 突变,亦称基因突变。

12.7.1 DNA 突变类型

DNA 的编码序列发生改变就会引起突变或死亡,死亡是致死突变的结果。现今,我们可知 DNA 突变类型有碱基对的置换(substitution)以及移码突变(frameshift mutation)。

(1)碱基对的置换 DNA 序列中一个或几个碱基的置换称为点突变。碱基对置换通常包含两种类型:①转换(transition),这种方式最为常见,即嘧啶与嘧啶之间互换,嘌呤与嘌呤之间互换。②颠换(transversion),即嘌呤与嘧啶之间或嘧啶与嘌呤之间的互换(图 12-23)。亚硝酸盐及碱基类似物都可以诱发这类突变。

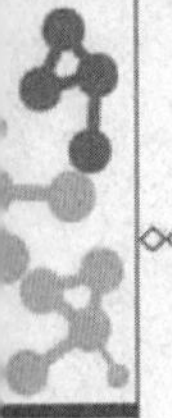

(2)移码突变　由于一个或多个非 3 整数倍的核苷酸对插入 DNA 链或 DNA 链缺失一个或多个非 3 整数倍的碱基对时，就会造成使编码该位点后的三联体密码子阅读框架发生改变，从而导致后向氨基酸阅读翻译都发生错误，这样的突变称为移码突变(frameshift mutation)。因此，点突变只涉及几个密码子，相应多肽链中只有个别氨基酸发生改变，但移码突变将导致该基因产物完全失活。

野生型基团

```
—T—C—G—A—C—T—G—T—A—C—G—
 ⋮  ⋮  ⋮  ⋮  ⋮  ⋮  ⋮  ⋮  ⋮  ⋮  ⋮
—A—G—C—T—G—A—C—A—T—G—C—
```

转换野生型基团

```
—T—C—G—[G]—C—T—G—T—A—C—G—
 ⋮  ⋮  ⋮   ⋮   ⋮  ⋮  ⋮  ⋮  ⋮  ⋮  ⋮
—A—G—C—[C]—G—A—C—A—T—G—C—
```

颠换

```
—T—C—G—[T]—C—T—G—T—A—C—G—
 ⋮  ⋮  ⋮   ⋮   ⋮  ⋮  ⋮  ⋮  ⋮  ⋮  ⋮
—A—G—C—[A]—G—A—C—A—T—G—C—
```

插入

```
—T—C—G—A—G—C—T—G—T—A—C—G—
 ⋮  ⋮  ⋮  ⋮  ⋮  ⋮  ⋮  ⋮  ⋮  ⋮  ⋮  ⋮
—A—G—C—T—C—G—A—C—A—T—G—C—
```

缺失

```
        A
        ↑
—T—C—G—C—T—G—T—A—C—G—
 ⋮  ⋮  ⋮  ⋮  ⋮  ⋮  ⋮  ⋮  ⋮  ⋮
—A—G—C—G—A—C—A—T—G—C—
        ↓
        T
```

图 12-23　DNA 突变类型

(引自郭蔼光. 基础生物化学. 2 版. 2009)

12.7.2　诱变剂的作用

DNA 的突变类型按突变影响因素分为自发突变和诱发突变。通常，在自然条件下发生的突变称为自发突变(spontaneous)。自发突变率是非常低的，只有 10^{-10}～10^{-9} 突变率。而诱发突变是由外界因素引起的，能提高突变率的物理或化学因子称为诱变剂(mutagen)，现今许多诱变剂的作用机制已经清楚，最常见的诱变剂有以下几类：

1. 碱基类似物

碱基类似物即与碱基结构类似的化合物，能在 DNA 复制时取代正常碱基位置而掺入新合成的 DNA 链中。但是这些类似物易发生互变异构，因此所有碱基类似物引起的置换都是转换。5-溴尿嘧啶(BU)是胸腺嘧啶(T)的类似物，当它以烯醇式结构存在时，能与鸟嘌呤进行配对，而当它以酮式结构存在时，能与腺嘌呤进行配对。

2. 碱基修饰剂

某些化学诱变剂能通过对 DNA 碱基的修饰作用而改变其配对的性质。烷化剂是极强的化学诱变剂，常见的有氮芥、乙基甲烷磺酸、亚硝基胍等。烷化剂能使 DNA 碱基上的 N 原子烷基化。最常见的是鸟嘌呤上第 7 位的 N 原子的烷基化，引起分子电荷分布变化而改变碱基配对性质。

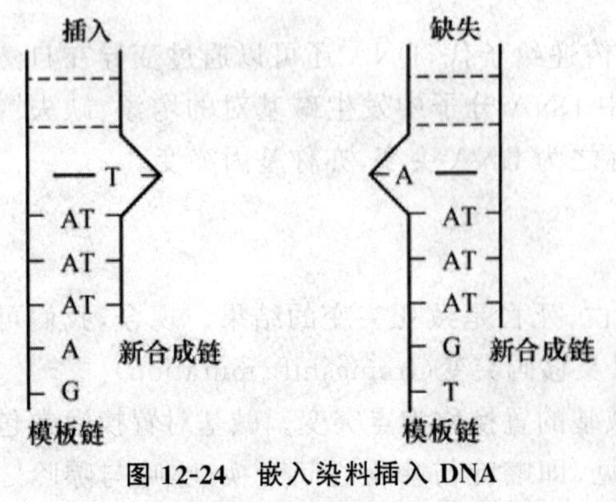

图 12-24　嵌入染料插入 DNA 引起移码突变的可能机制

(引自王镜岩，等. 生物化学. 3 版. 2008)

3. 嵌入染料

一些扁平的稠环分子，例如溴化乙锭、原黄素等染料可以插入到 DNA 的碱基对之间，故称为嵌入染料。这些扁平分子插入 DNA 链后将碱基对间的距离撑大约一倍，正好占据一个碱基对的位置。因此，嵌入染料可造成两条链碱基的错位(图 12-24)，引起阅读翻译时的移码突变。

4. 紫外线和电离辐射

紫外线照射的高能量可以使相邻嘧啶之间双

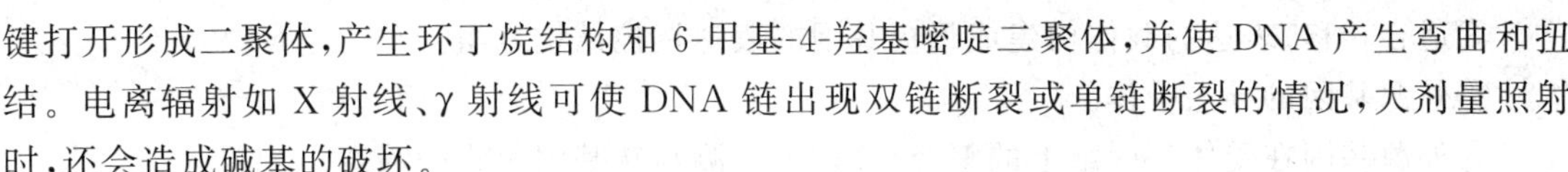

键打开形成二聚体,产生环丁烷结构和6-甲基-4-羟基嘧啶二聚体,并使DNA产生弯曲和扭结。电离辐射如X射线、γ射线可使DNA链出现双链断裂或单链断裂的情况,大剂量照射时,还会造成碱基的破坏。

12.8 基因工程简介

基因工程的诞生是生命科学发展的必然结果,随着对DNA、RNA、蛋白质等生物大分子认识的不断深入和分子生物学技术的发展,使得在体外对DNA进行遗传操作成为可能。基因工程可以绕过物种的界限,使基因在植物、动物、微生物之间进行交流,定向获得人类需要的新的生物类型(工程菌、植物、动物)。为大规模生产生物分子(药物、抗体、疫苗等),设计构建新的物种(转基因动、植物),搜集、分离、鉴定生物基因资源提供了极大的便利。

12.8.1 基因工程的概念

基因工程(genetic engineering)也叫遗传工程,又称遗传修饰(genetic modification,GM)是指通过DNA重组技术,在体外通过人工方法,将生物体的遗传物质从一个物种传递给另一个物种,达到创造新的性状或新物种的目的。

1944年,微生物学家Avery等通过细菌转化研究,证明DNA是遗传物质。1953年Watson和Crick提出了DNA分子的双螺旋模型。1958—1971年在大批科学家们的共同努力下,成功地揭示了遗传信息在分子水平上的流向和基因表达问题(即DNA到RNA到蛋白质的信息流)。这些研究成果为基因工程问世提供了理论上的准备。

20世纪60年代末70年代初,限制性核酸内切酶和DNA连接酶、逆转录酶等工具酶的发现,使对DNA分子进行体外切割和连接成为可能。后来,又发现在细菌中存在一种独立于染色体的、能在细菌体内复制的遗传因子,如抗药性因子,现在称为质粒分子(DNA),是承载外源DNA片段的理想载体。接着又研究了重组的DNA分子是如何进入宿主细胞,并在其中进行复制和有效表达等问题。至此,为基因工程问世在技术上做好了准备。

理论上和技术上有了充分准备后,在1973年,Cohen等将携带四环素抗性(Tc^r)的大肠杆菌质粒PSC101,通过*EcoR* Ⅰ酶切下四环素抗性DNA片段,并在连接酶的作用下,将此DNA片段重新组合入带新霉素抗性(Ne^r)的质粒R6-3中,转化大肠杆菌,获得了能同时抗四环素和新霉素(Tc^r Ne^r)的菌落。这首次完成了重组质粒DNA对大肠杆菌的转化,表明基因工程已正式问世。

12.8.2 基因工程的操作技术

一个完整的基因工程技术包括上游技术和下游技术,其中,上游技术就是DNA重组技术,是下面步骤①~③基因克隆的核心与基础。下游技术则是上游基因克隆的应用,是下面步骤④~⑨克隆基因产业化的关键。

一个完整的、用于生产应用目的的基因工程技术程序包括的基本步骤有以下几步(图12-25):

①外源目的基因的分离。

②基因克隆以及目标基因的结构与功能研究。

③适合转移、表达的载体构建或目标基因的表达调控结构重组。

④外源基因的导入受体。

⑤外源基因在受体基因组上的整合、表达及检测与转基因生物的筛选。

⑥外源基因表达产物生理功能的验证。

⑦转基因动、植物新品系(工程菌株)的选育和构建,以及转基因新品系(工程菌株)的效益分析。

⑧生态与安全保障机制的建立。

⑨安全评价。

狭义的基因工程技术就是DNA重组技术,因此,基因工程的要素包括目的基因、载体分子、工具酶和受体等。下面简单介绍DNA重组技术的要点(图12-25)。

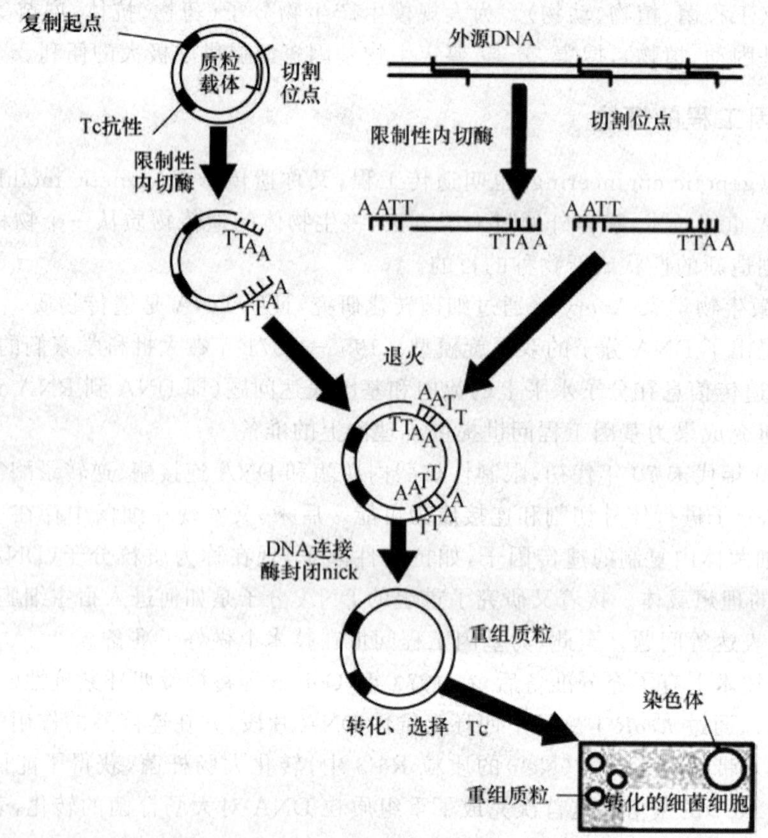

图12-25 基因工程技术简图

(引自 Old et al. principles Of Gene Manipulation. 1980)

1. 目的基因的制备

基因工程实施的前提是获得目的基因,也称目的基因的克隆。现在,获得目的基因的方法很多,有从文库中筛选的方法、PCR法、人工合成法,还有差别显示法、DNA诱变法等,其中主要有以下3种,实际工作中可以根据目的基因的信息来选择合适的方法。

(1)从基因文库中获取　基因文库指在一定的概率水平上包含特定DNA片段的重组子集合,每一个重组子携带一个DNA片段。根据DNA片段的来源可分为基因组文库和cDNA

文库，即将含有某种生物不同基因的许多 DNA 片段，和载体相连后导入受体菌的群体储存，各个受体菌分别含有生物的不同的基因。根据所选克隆载体的不同可分为质粒文库、噬菌体文库、酵母人工染色体文库等。研究者可以从已建好的文库中筛选克隆任何一种目的基因，而不必再重复地进行整个无性繁殖的操作。

(2)PCR 扩增法获得目的基因　聚合酶链式反应(polymerase chain reaction，PCR)是指在引物存在的条件下，以 DNA 为模板、由 DNA 聚合酶催化的对特定基因或 DNA 序列进行体外快速扩增的反应，故又称为基因的体外扩增法。一次 PCR 反应可以将极微量的目的基因或某一特定的 DNA 片段扩增数十万倍，乃至千百万倍。该方法是由美国 cetus 公司人类遗传研究室的科学家 R. B. Mullis 在 1983 年发明的。这种技术操作简单，容易掌握，结果也较为可靠。具体过程见本节第四部分。

(3)DNA 人工合成　DNA 合成的方法有液相磷酸二酯法、磷酸三酯法、亚磷酸三酯法，以及在后两者基础上发展起来的固相的磷酸三酯法和亚磷酸三酯法及自动合成法。现在常用的固相亚磷酸三酯法可成功合成长达 150 个核苷酸以上的寡核苷酸片段。理论上说，任何基因或 DNA 片段都可用人工的方法合成，但人工合成比较费事，如果基因的分子质量较大，直接从生物体克隆则比较适宜。

2. 载体

基因工程操作需要将目的基因克隆、转移，并在受体表达，这都要借助一个特殊的工具，这种携带外源目的基因或 DNA 片段进入宿主细胞进行复制和表达的工具称之为载体，其本质是 DNA(少数为 RNA)。基因工程载体一般具有以下特性：①在寄主细胞中能自我复制，即本身是复制子；②容易从受体细胞中分离纯化；③载体 DNA 分子中有一段不影响它们扩增的非必需区域，连接的目的基因可以像载体的正常组分一样进行复制和扩增；④便于重组的限制性内切核酸酶的酶切位点；⑤便于对重组 DNA 进行鉴定和检测的特殊遗传标记；⑥用于表达目的基因的载体还应具有启动子(强启动子)、增强子、SD 序列、终止子等。

按功能分载体又分为克隆载体和表达载体。克隆载体是最简单的载体，主要用于克隆 DNA 片段，主要有质粒载体、噬菌体载体和人工染色体等。表达载体除具有克隆载体的基本单元外，还具有转录、翻译所必需的 DNA 元件，使外源基因在宿主细胞中有效地表达。

3. 工具酶

基因工程技术操作中涉及一系列相互关联的酶促反应。许多重要的核酸酶，如限制性内切核酸酶、外切核酸酶、DNA 连接酶、DNA 聚合酶、反转录酶、DNA 及 RNA 的修饰酶等都已经成功获得并开发成产品，这些酶在基因工程的操作中具有至关重要的作用。限制性内切核酸酶把目的基因从只有 4 种碱基 A、T、G、C 组成的 DNA 长链中准确地剪切下来。每一种限制性内切核酸酶的识别位点是固定的，一般是 4～8 bp，如 *EcoR* Ⅰ 的识别位点 GAATTC 及其互补序列 CTTAAG；DNA 连接酶能够催化具有 3′-OH 基团和 5′-P 基团的 DNA 片段之间形成磷酸二酯键，在基因克隆中用来连接本酶切后的目的基因与载体。

4. DNA 的重组

体外通过人工 DNA 重组将目的基因和载体连接可获得重组体 DNA，是基因工程中的关键步骤。这涉及两个过程，DNA 分子的切割和重新连接，依赖两类酶的作用，即限制性核酸内切酶和 DNA 连接酶。此外，为实现有效的酶切、连接等重组操作，对 DNA 分子还需进行各种必要的修饰如磷酸化、去磷酸化修饰 DNA 分子末端，以利于重组连接反应的进行。

12.8.3 基因工程的应用与前景

1. 医药领域

医药领域是在基因工程研究中获得最大收益的产业，除了外伤，许多人类的疾病都可以归结为体内某种蛋白质不能正常合成或是合成量发生变化，或者其功能减弱或丢失以及免疫功能的丧失，而基因工程在这方面大有作为。

（1）基因治疗　基因治疗（gene therapy）是指将正常的外源基因通过基因转移技术插入患者特定的靶细胞中，取代患者细胞中的缺陷基因，最终达到纠正或补偿因基因缺陷或异常引起的疾病。基因治疗包括靶细胞的选择和基因转移两个步骤。靶细胞主要是生殖细胞和体细胞。目前适合于基因治疗的疾病有遗传性疾病（如镰刀状细胞病、血友病、地中海贫血等）、免疫缺陷病、肿瘤、恶性血液病和糖尿病、心血管疾病等。

（2）生物技术制药　基因工程药物实际上就是通过基因工程技术，在原核或真核细胞及其机体中获得具有治疗功效的具有生物学活性的蛋白质药物。自 1977 年 Rutter 和 Goodman 首次克隆了胰岛素的基因并应用重组技术大规模生产重组胰岛素以来，基因工程药物发展迅速。首先是细胞因子类药物，如用于抗病毒感染、干扰病毒复制的干扰素系列产品；用于调节和维持红细胞生理循环的细胞生成素；用于干扰肿瘤细胞生长的肿瘤坏死因子 TNF；用于刺激干细胞和白细胞生长的 CSF；具有免疫激活功能的白细胞介素类 IF-2 至 IF-12，以及促进红细胞成熟的红细胞生长素 EPO 等。其次是细胞因子受体类药物。细胞因子受体（主要是细胞因子可涉性受体）、细胞因子受体激动剂和阻断剂也是基因工程研究的领域。如用于治疗变态反应（如哮喘、类风湿性关节炎、糖尿病等）。防止器官移植排斥反应的 SIL-2IR 等。

（3）基因诊断　基因诊断（gene diagnosis），主要是从分子水平确定病变基因及其定位。它是以 DNA 和 RNA 为诊断材料，通过检验基因的存在、缺陷和异常表达，从而对人体健康状况和疾病作出诊断的方法。目前已建立起多种病变基因的诊断和定位方法，如 PCR、限制性片段长度多态性分析法、单链多态性分析法、DNA 芯片杂交法等。其临床意义在于对疾病作出早期确切的诊断，确定患者对疾病的易患性以及疾病的分期分型、疗效监测、预后判断等。

2. 农业领域

自 1983 年利用基因工程技术在世界上成功地获得第一株转基因烟草以来，植物基因工程技术在作物抗除草剂、抗虫、抗病、品种改良等方面得到了广泛的应用。1986 年，抗虫和抗除草剂的转基因棉花进行田间试验，成为首次批准进入田间试验的转基因植物。1994 年，基因工程西红柿在美国上市。现在，利用植物基因工程技术在 200 多种植物中已经实现基因转移。很多药物蛋白也开始通过转基因技术转入植物中表达。转基因动物虽不如转基因植物发展快，但已获得了转基因鼠、转基因鱼、转基因猪等转基因动物。转基因乳腺生物反应器研究发展也取得很大进展，可以在动物的乳汁中表达药物蛋白，极大地改进了生产药物的过程和方法。

12.8.4 聚合酶链式反应

PCR 技术的基本原理类似于 DNA 的天然复制过程，其特异性依赖于与靶序列两端互补的寡核苷酸引物。PCR 由变性—退火—延伸 3 个基本反应步骤构成：①模板 DNA 的变性：模板 DNA 经加热至 93℃左右一定时间后，使模板 DNA 双链或经 PCR 扩增形成的双链 DNA

解离,使之成为单链,以便它与引物结合,为下轮反应作准备;②模板 DNA 与引物的退火(复性):模板 DNA 经加热变性成单链后,温度降至 55℃左右,引物与模板 DNA 单链的互补序列配对结合;③引物的延伸:DNA 模板—引物结合物在 TaqDNA 聚合酶的作用下,以 dNTP 为反应原料,靶序列为模板,按碱基互补配对与半保留复制原理,合成一条新的与模板 DNA 链互补的半保留复制链,重复循环变性—退火—延伸 3 过程就可获得更多的“半保留复制链”,而且这种新链又可成为下次循环的模板。每完成一个循环需 2～4 min,2～3 h 就能将待扩目的基因扩增放大几百万倍,如图 12-26 所示。

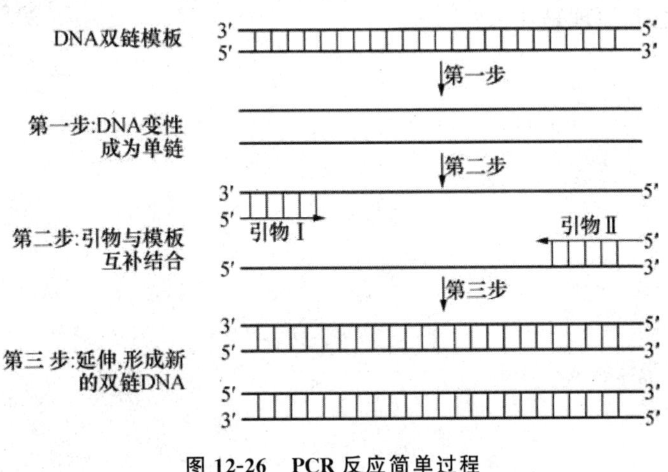

图 12-26 PCR 反应简单过程

一个标准的 PCR 体系包括 5 个要素,即引物、酶、dNTP、模板和缓冲液(其中需要 Mg^{2+})。发现耐热 DNA 聚合酶——Taq 酶对于 PCR 的应用有里程碑的意义,该酶可以耐受 90℃以上的高温而不失活,不需要每个循环加酶,使 PCR 技术变得非常简捷,同时也大大降低了成本,PCR 技术得以大量应用,并逐步应用于临床。

本 章 小 结

DNA 合成的机理是半保留半不连续复制。参与大肠杆菌 DNA 聚合酶的多种酶和辅助因子有 DNA 引物酶、DNA 连接酶、DNA 解旋酶、单链结合蛋白、DNA 拓扑异构酶等;DNA 的复制过程大致分复制的起始、引物的合成、DNA 的合成、DNA 的延长和复制的终止。DNA 的一级结构在理化因素的影响下,会受到破坏,这种现象叫 DNA 的损伤。损伤的 DNA 是可以修复的。

以 RNA 为模板合成 DNA 的过程称为反转录。

DNA 的合成过程在基因工程中广为应用。

复习思考题

1. DNA 是以什么为底物聚合而成的？所有已知的 DNA 聚合酶有哪些共同特性？

2. DNA 聚合酶的各种核酸外切酶活性在 DNA 复制中的作用是什么？

3. DNA 复制时，有哪些酶参加？各起什么作用？

4. 紫外线照射造成 DNA 损伤时，机体如何进行修复？

5. 逆转录的过程是怎样的？

6. 造成 DNA 损伤的因素是什么？损伤的修复方法主要有哪几种？

7. 真核生物线性染色体末端是如何复制的？

8. 简述基因工程技术(DNA 复组技术)的基本过程。

9. PCR 的概念和原理是什么？

第13章

RNA的生物合成

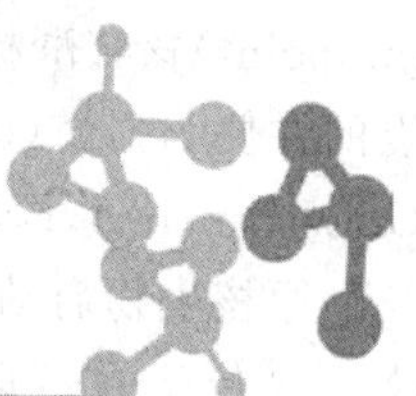

◈内容提示与教学目标

【说明】本章系在核苷酸代谢基础上介绍 RNA 的生物合成过程，是分子生物学课程的基础。

重点掌握：RNA 合成的特点、转录酶系、转录的过程及转录后的加工概况。

一般了解：RNA 生物合成的各种因子及其作用、合成步骤与调节。

本章难点：RNA 合成的过程。

RNA 的生物合成主要包括以 DNA 作为模板合成 RNA（转录，transcription）和以 RNA 为模板合成 RNA（即复制）两个方面。根据中心法则，贮存于 DNA 中的遗传信息需要通过转录和翻译而得到表达。转录时，DNA 双链中的一条链作为模板，以碱基配对的方式合成 RNA 分子，所产生的 RNA 链与 DNA 模板链互补。此外，除反转录病毒外，其他 RNA 病毒均以 RNA 为模板进行复制。

基因进行转录是不对称转录，即 DNA 双链中仅有一条链可用于转录；或者某些区域以这条链转录，另一些区域以另一条链转录。用于转录的链称为模板链，或负链（－链）；对应的链为编码链，即正链（＋链）。编码链与转录出来的 RNA 链碱基序列一样，只是以尿嘧啶取代胸腺嘧啶。同一条 DNA 分子上的基因，在某一特定时间，可能只有一个基因在转录，也可能有一组基因在转录。

RNA 链的转录起始于 DNA 模板的一个特定起点，并在另一终点处终止。此转录区域称为转录单位。一个转录单位可以是一个基因，也可以是多个基因。基因的转录是一种有选择性的过程，细胞在不同生长发育阶段及内、外条件改变时将转录不同的基因。转录的起始是由 DNA 的启动子（promoter）控制的，而控制终止的部位则称为终止子（terminator）。转录是通过 DNA 指导的 RNA 聚合酶来实现的，已从原核生物和真核生物中分离到了这种聚合酶。目前对转录的机制已有较详细的了解。

本章重点讨论原核生物的 RNA 合成，同时对真核生物的 RNA 合成进行简要介绍。

13.1　原核生物 RNA 转录

13.1.1　原核生物启动子

启动子是 DNA 链上一段能与 RNA 聚合酶结合并能起始 mRNA 合成的序列，它是基因

表达不可缺少的重要调控序列。没有启动子，基因就不能转录。习惯上DNA的序列按其转录的RNA同样序列的一条链来书写，由左到右相当于5′向3′方向。转录单位的起点（starting point）核苷酸标注为+1（不设0），从转录的近端（proximal）向远端（distal）计数。转录起点的左侧为上游（upstream），碱基位置用负数标注，起点前一个核苷酸为-1。起点后为下游（downstream），即转录区，碱基位置用正数标示，起始第1个核苷酸标记为+1。

原核生物启动子含有共有序列（consensus sequence）：TTGACA和TATAAT，其中TTGACA位于-35区；TATAAT位于-10区，称为Pribnow盒（Pribnow box）。不同基因的启动子序列变化较少，一般只有1～2核苷酸差异，而共有序列的实际位置在不同启动子中略有变动。图13-1为4种真核生物的启动子比较。

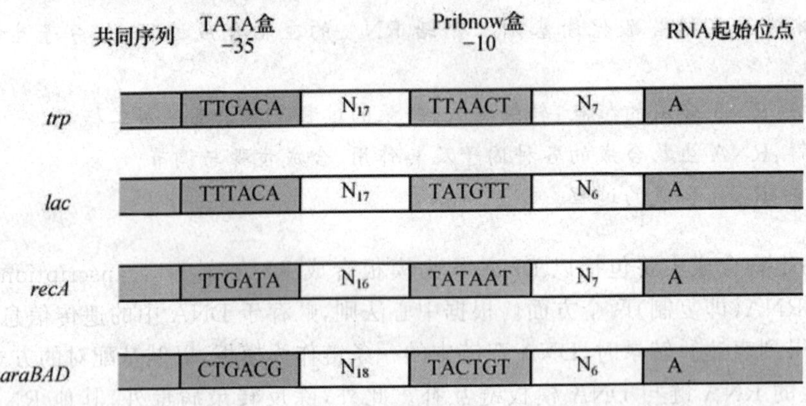

图13-1　4种原核生物启动子序列比较

13.1.2　原核生物RNA聚合酶

大肠杆菌RNA聚合酶含有5种亚基，各亚基以非共价键聚合在一起（$\alpha_2\beta\beta'\omega\sigma$），其中σ因子具有识别启动子序列、引发RNA转录起始的作用，不同菌种σ因子的大小差别很大，不同的σ因子可以识别不同的启动子；$\alpha_2\beta\beta'\omega$构成核心酶（core enzyme），以DNA为模板，按照5′→3′方向催化合成RNA。核心酶中α亚基与启动子上游元件和活化因子结合，促进酶的装配；β亚基与底物结合；β′亚基是碱性蛋白，借助静电作用与DNA模板结合；ββ′构成RNA聚合酶的催化中心，ω亚基的功能尚不清楚。

RNA聚合酶对模板的利用与DNA聚合酶有所不同。DNA在复制时，首先需要将两条链解开，DNA聚合酶才能将它们作为模板，合成出各自的互补链，从而以半保留的方式形成两个子代分子。RNA转录时无需将DNA双链完全解开，RNA聚合酶能够局部解开DNA的两条链，并以其中一条链为有效的模板，在其上合成出互补的RNA链。DNA经转录后仍以全保留的方式（conservative mode）保持双螺旋结构，已合成的RNA链则离开DNA（图13-2）。

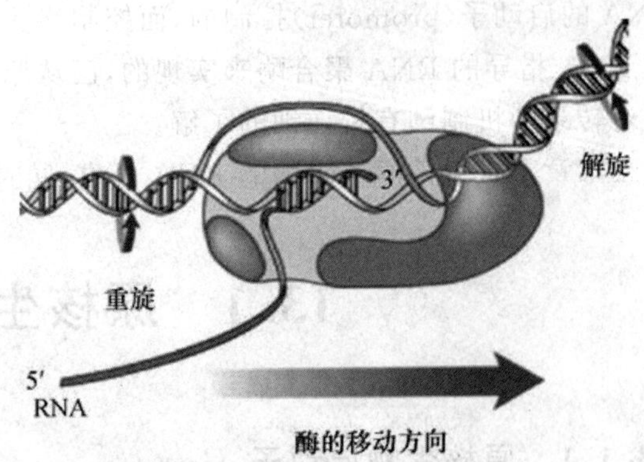

图13-2　大肠杆菌RNA聚合酶进行转录

13.1.3 原核生物的转录过程

1. 起始

转录的起始是 RNA 聚合酶与启动子相互识别并形成转录起始复合物的过程(图 13-3),可分为两步:

第一步,RNA 聚合酶全酶与 DNA 分子非特异结合,并沿 DNA 分子滑动搜索启动子序列;当 σ 因子识别出启动子后,引导 RNA 聚合酶与 DNA 分子特异结合成转录起始复合物。刚结合时 DNA 分子尚未解链,所形成的转录起始复合物称为闭合复合物(closed complex);随着 RNA 聚合酶构象发生变化,启动子在−10 区解链,在 DNA 链上形成转录泡(transcription bubble),闭合复合物随即转化为开放复合物(open complex)。

第二步,转录起始位点暴露,RNA 聚合酶开始沿模板转录,引入第一个 NTP(通常是 ATP 或 GTP),启动 RNA 合成。当转录长度大约为 10 个核苷酸时,σ 因子从复合物上脱落下来,核心酶继续沿模板前行,启动子清空(promoter clearance)。

2. 延伸

转录起始完成后,RNA 聚合酶核心酶沿 DNA 模板链 3′→5′方向滑行,一面使双股 DNA 解链,一面以 NTP 为底物,按照 5′→3′方向合成 RNA,使 RNA 链不断延伸。新合成的 RNA 片段暂时与模板以 RNA-DNA 杂交链形式存在,当长度超过 12 个核苷酸后,RNA 和 DNA 链之间的结合力因不足以维持杂交链的存在,RNA 链便游离下来;已完成任务并清空的 DNA 模板链随后与编码链互补,恢复双螺旋结构(图 13-4)。

RNA 转录延伸不仅速度快,每秒添加 20～50 个核苷酸,而且准确性高,每掺入 10^7 个核苷酸才可能出现一次错误。

3. 终止

RNA 聚合酶核心酶在 DNA 模板上遇到终止序列后便停止前进,转录产物从转录复合物上释放下来,即为转录终止。终止序列称为终止子(terminator)。依据 RNA 聚合酶在终止转录时是否需要其他蛋白协助,原核生物转录终止分为以下两种方式:

(1)内部转录终止(不依赖于 *rho* 因子的转录终止) 也称为简单终止子,RNA 聚合酶依据自身结构终止转录,不需要其他蛋白质的参与,其过程如图 13-5 所示。简单终止子除能形成发夹结构外,在终点前还有一系列 U 核苷酸(约有 6 个);回文对称区通常有一段富含 G—C 的序列。寡聚 U 序列可能提供信号使 RNA 聚合酶脱离模板。由 rU—dA 组成的 RNA-DNA 杂交分子具有特别弱的碱基配对结构。当聚合酶暂停时,RNA-DNA 杂交分子即在 rU—dA 弱键结合的末端区解开,释放出 RNA,导致转录终止。

(2)依赖于 *rho* 因子的转录终止 依赖于 *rho*(ρ)的终止子必须在 *rho*(ρ)因子存在时才发生终止作用。依赖于 *rho*(ρ)的终止子其回文结构不含 G—C 富集区,回文结构之后也无寡聚 U。依赖于 *rho*(ρ)的终止子在细菌染色体中少见,而在噬菌体中广泛存在。

rho(ρ)因子是一种相对分子质量约为 46 000 的蛋白质,通常以 6 聚体形式存在,在有 RNA 存在时它能水解核苷三磷酸,即具有依赖于 RNA 的 NTPase 活力。在 RNA 转录过程中,当 *rho*(ρ)因子的识别序列被转录出现以后,*rho*(ρ)因子便与之结合,利用水解 ATP 的能量

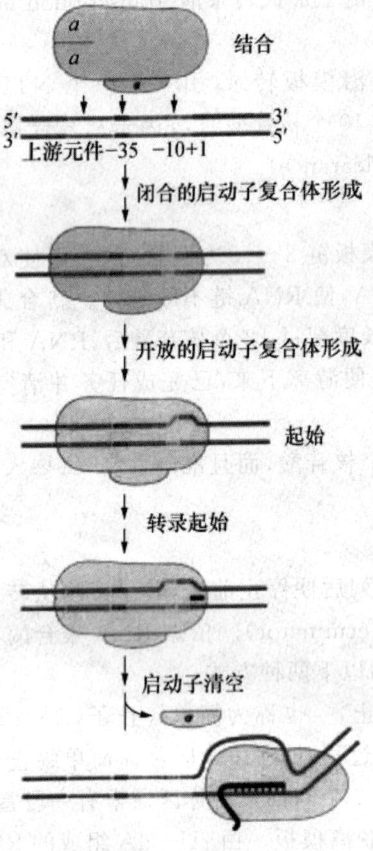

图 13-3　大肠杆菌 RNA 的转录起始过程

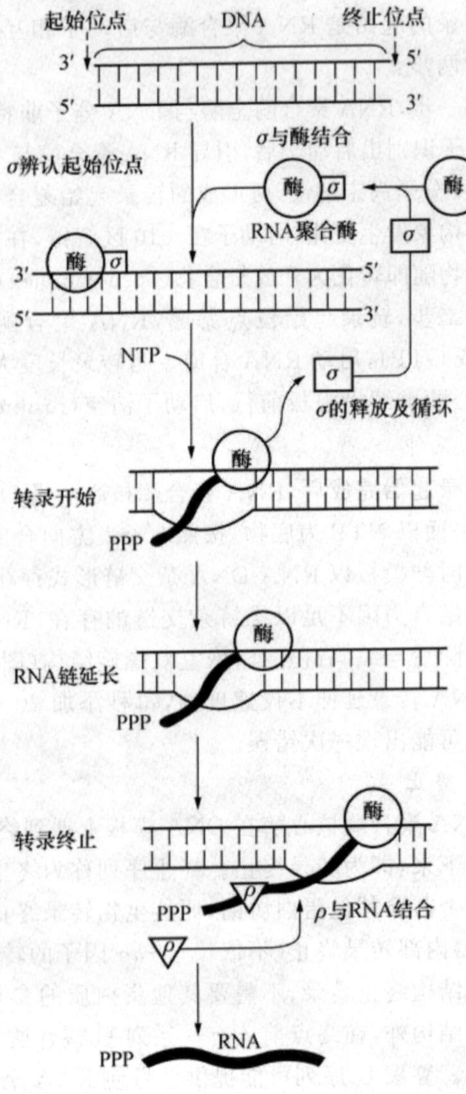

图 13-4　大肠杆菌 RNA 的转录过程

沿新生 RNA 链 5′→3′方向移动，到达 DNA-RNA 杂交链区域后，*rho*(ρ)因子发挥解旋酶的作用打开杂交链的氢键。当 RNA 聚合酶移动到转录终止位点时暂停。*rho*(ρ)因子在移动过程中，不断打开 DNA-RNA 杂交链，追上 RNA 聚合酶并与之相互作用，释放出 RNA 链。最后，在 NusA 等其他蛋白的参与下，RNA 聚合酶核心酶构象发生变化，从模板上脱落下来，结束转录(图 13-6)。

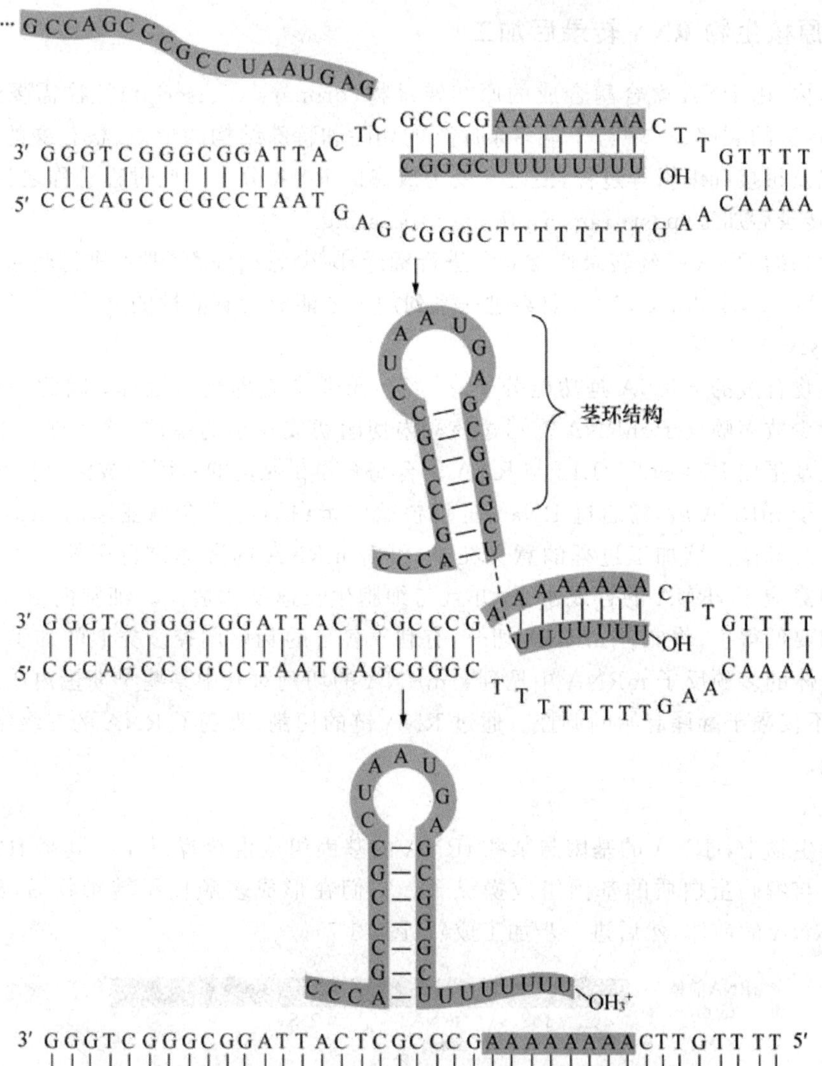

图 13-5 不依赖 *rho*(ρ)因子的转录终止过程

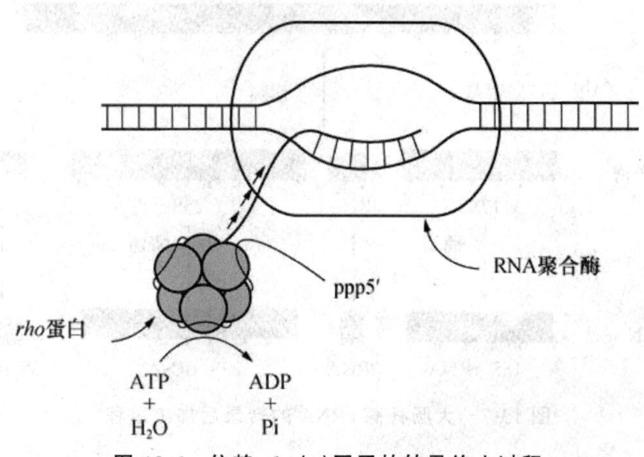

图 13-6 依赖 *rho*(ρ)因子的转录终止过程

13.1.4 原核生物 RNA 转录后加工

在细胞内，由 RNA 聚合酶合成的原初转录物(primary transcript)往往需要经过一系列的变化，包括链的裂解、5′端与 3′端多余序列的切除和特殊结构的形成、核苷酸的修饰和糖苷键的改变以及拼接和编辑等过程，使之转变为成熟的 RNA 分子。此过程总称之为 RNA 的成熟，或称为转录后加工(post-transcriptional processing)。

原核生物的 RNA 一经转录通常立即进行翻译，除少数例外，一般不进行转录后加工。但稳定的 RNA(tRNA 和 rRNA)都要经过一系列加工才能成为有活性的分子。

1. mRNA

原核生物合成的 mRNA 是功能分子，一经转录通常立即进行翻译，因此一般不需要加工。但也有少数多顺反子 mRNA 需通过核酸内切酶切成较小的单位，然后进行翻译。例如，核糖体大亚基蛋白 L10 和 L7/L12 与 RNA 聚合酶 β 和 β′ 亚基的基因组成混合操纵子，它在转录出多顺反子 mRNA 后，需通过 RNaseⅢ将核糖体蛋白质与聚合酶亚基的 mRNA 切开，然后再各自进行翻译。该加工过程的意义在于，可对 mRNA 的翻译进行调控。核糖体蛋白质的合成必须对应于 rRNA 的合成水平，并且与细胞生长速度相适应。细胞内 RNA 聚合酶的合成水平则要低得多，将二者 mRNA 切开，有利于各自的翻译调控。类似的加工过程也可以在某些噬菌体的多顺反子 mRNA 中见到。mRNA 的切割对其中某些早期蛋白质的合成是必要的，它并不仅限于翻译起始的调控。通过 RNA 链的切割，改变了 RNA 的二级结构，从而影响它的功能。

2. rRNA

在原核生物中，rRNA 的基因与某些 tRNA 的基因组成混合操纵子。其余 tRNA 基因也成簇存在并与编码蛋白质的基因组成操纵子。它们在形成多顺反子转录物后，经断链成为 rRNA 和 tRNA 的前体，然后进一步加工成熟(图 13-7)。

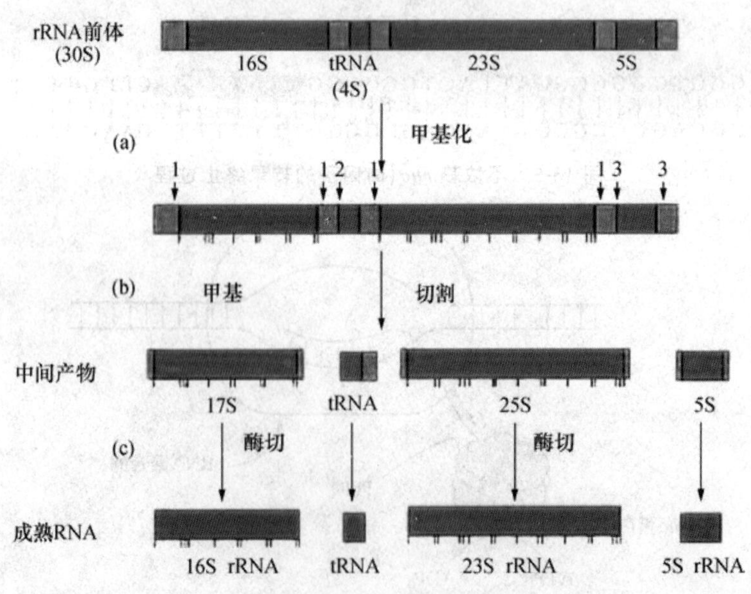

图 13-7 大肠杆菌 rRNA 的转录后加工过程

大肠杆菌共有 7 个 rRNA 的转录单位，它们分散在基因组的各处。每个转录单位由 16S rRNA、23S rRNA、5S RNA 以及 1 个或几个 tRNA 的基因所组成。16S rRNA 与 23S rRNA 的基因之间常插入 1 个或 2 个 tRNA 的基因，有时在 3′端 5S rRNA 的基因之后还有 1 个或 2 个 tRNA 的基因。rRNA 的基因原初转录物的沉降常数为 30S，5′末端为$_{ppp}$A。rRNA 前体需先经甲基化修饰，再被核酸内切酶和核酸外切酶切割。RNaseⅢ是一种负责 RNA 加工的核酸内切酶，它的识别部位为特定的 RNA 双螺旋区。16S rRNA 和 23S rRNA 的两侧序列互补，形成茎环结构，RNaseⅢ在茎部有两切割位点相差 2 bp。切割产生中间产物 17S、25S、5S rRNA 以及 tRNA。中间产物分别在 M16、M23、M5 等核酸内切酶的作用下进行末端修剪，最终形成 3 种成熟的 rRNA 和 1 分子 tRNA。不同细菌 rRNA 前体的加工过程并不完全相同，但基本过程类似。

3. tRNA

大肠杆菌染色体基因组共有 tRNA 的基因约 60 个。这个数字远大于按变偶假说所要求的反密码子数，也就是说，某些反密码子可以有不止一个 tRNA 分子，或某些 tRNA 基因不止一个拷贝。tRNA 的基因大多成簇存在，或与 rRNA 的基因，或与编码蛋白质的基因组成混合转录单位。tRNA 前体的加工包括(图 13-8)：①由核酸内切酶在 tRNA 两端切断；②由核酸外切酶从 3′端逐个切去附加的顺序，进行修剪(trimming)；③在 tRNA 3′端加上胞苷酸—胞苷酸—胞苷酸(—CCA_{OH})；④核苷酸的修饰和异构化。另外，tRNA 共价修饰比其他 RNA 要丰富得多，在一个约 80 个核苷酸的 tRNA 分子中，被共价修饰的核苷酸有 26～30 个。

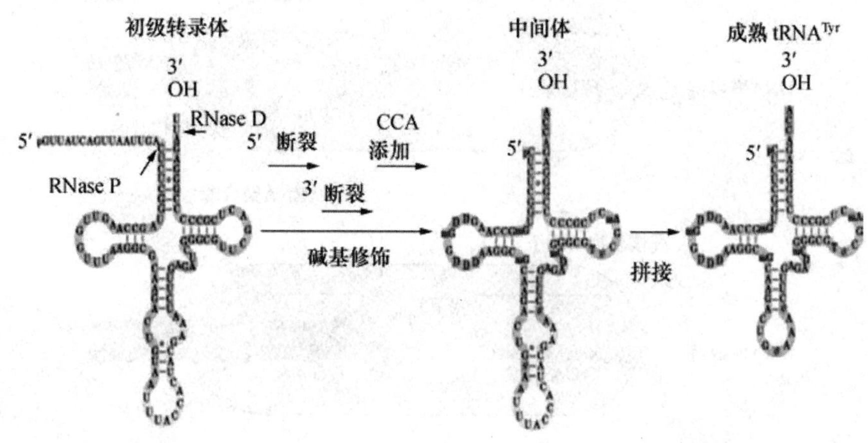

图 13-8　大肠杆菌 tRNA 的转录后加工过程

13.2　真核生物 RNA 转录

真核生物 RNA 转录过程远比原核生物复杂，本节将就真核生物 RNA 转录的基本特点做一介绍。

13.2.1 真核生物 RNA 聚合酶

真核生物的基因组比原核生物更大，它们的 RNA 聚合酶也更为复杂。真核生物 RNA 聚合酶主要有 3 类，分子质量大致在 500～700 ku，真核生物 RNA 聚合酶Ⅰ分布于核仁，用于合成大多数 rRNA 的前体；RNA 聚合酶Ⅱ存在于核质中，用于合成 mRNA 的前体；RNA 聚合酶Ⅲ也存在于核质，用于合成 5S rRNA、tRNA 和其他的核和胞质小 RNA 的前体。

除了上述细胞核 RNA 聚合酶外，还分离到线粒体和叶绿体 RNA 聚合酶，它们分别转录线粒体和叶绿体的基因组 DNA。线粒体和叶绿体的 RNA 聚合酶不同于细胞核的 RNA 聚合酶，它们的结构比较简单，类似于细菌的 RNA 聚合酶，能催化所有种类 RNA 的生物合成，并被原核生物 RNA 聚合酶的抑制物利福平所抑制。

13.2.2 真核生物启动子

真核生物启动子比原核生物启动子更复杂和多样性。真核生物启动子一般更长，含有更多长度为 6～8 bp 的保守小片段，这些小片段称为“元件”(element)。不同基因启动子中的元件数量、排序和方向不同，各元件在基因表达中的作用也不同。图 13-9 比较了原核生物与真核生物启动子的不同。

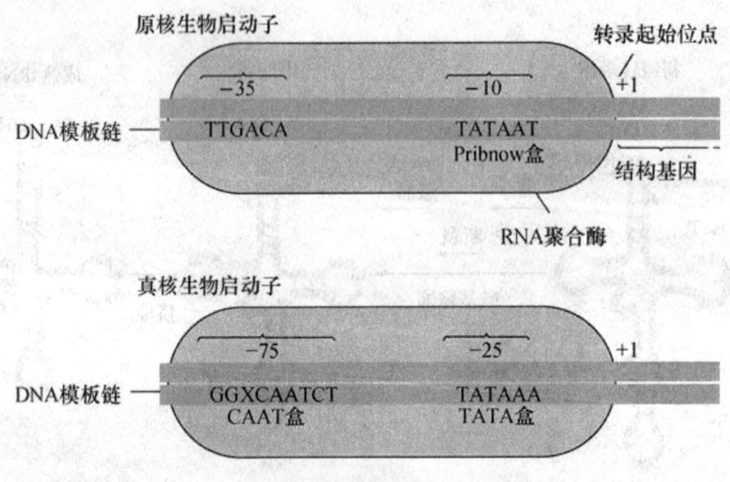

图 13-9 原核生物与真核生物启动子比较

真核生物的 3 种 RNA 聚合酶，每一种都有自己特定的启动子类型。真核生物的启动子由转录因子而不是 RNA 聚合酶所识别，多种转录因子和 RNA 聚合酶在起点上形成前起始复合物(preinitiation complex)而促进转录。启动子通常由一些短的保守序列所组成，它们被适当种类的辅助因子(auxiliary factor)识别。RNA 聚合酶Ⅰ和Ⅲ的启动子种类有限。与 RNA 聚合酶Ⅱ和Ⅲ的启动子不同，RNA 聚合酶Ⅰ的启动子是种属特异的，即 RNA 聚合酶Ⅰ只识别它自己的启动子和与之极亲近种属的启动子。RNA 聚合酶Ⅰ所识别的启动子与 RNA 聚合酶Ⅱ所识别的启动子相比，有较大的差异。但是位于－30 区都有高度保守的 TTA 元件。

RNA 聚合酶Ⅱ识别的启动子包含 5 类控制元件：TATA 盒（TATA box）、起始子（initiator）、上游元件、下游元件及应答元件（response element）。TATA 盒即保守序列“TATAA”，又称为 Hogness 盒或者 Goldberg-Hogness 盒，位于－25 bp 区，序列中全为 A—T 对，仅少数启动子含有 C—G 对。TATA 盒与原核生物启动子的 Pribnow 盒相似，是 RNA 聚合酶Ⅱ与 DNA 分子的结合部位。起始子位于－3 bp 和＋5 bp 之间，是转录的起始点。应答元件是一类随外界信号（如高温、冷害、创伤等）进行转录调控的特殊序列。各种元件的不同组合，再加上其他序列的变化，构成了种类庞大的启动子家族。聚合酶Ⅱ启动子中还有另一个保守序列 CAAT，在多数启动子中位于－70 bp 附近，称为 CAAT 盒，可能与转录起始频率有关。RNA 聚合酶Ⅲ识别的启动子不位于编码基因的上游，而在编码基因的转录区内。

真核生物启动子不仅变化较大，整个序列也可以很长，通常能够准确进行转录的最小序列称为核心启动子，包括 TATA 盒和起始子。有些启动子无起始子，核心启动子由起始子和下游元件组成；有些 TATA 盒和起始子均无，上游元件将发挥关键作用。

真核生物 RNA 聚合酶单独存在时与启动子的亲和力极低或者无亲和力，必须在一些转录调节因子存在下才能与启动子结合，这使得真核生物的转录过程及其调控机制远比原核生物复杂。

13.2.3 真核生物的转录过程

真核生物的转录过程与原核生物相似，但更为复杂，其主要特征有：

1. 真核生物在转录起始前有一个装配过程

与细菌转录起始不同，真核生物 RNA 聚合酶必须借助其他因子的装配才能选择性地结合到启动子上，因此转录反应分为 4 个阶段：装配、起始、延伸和终止。

2. 真核生物由转录因子识别启动子

转录因子（transcription factors，TF）是指除 RNA 聚合酶外的一系列参与转录及转录调控的蛋白质。不同基因表达或同一基因在不同条件下的表达，所需要的转录因子不同。RNA 聚合酶Ⅰ和Ⅲ的启动子种类有限，相应转录因子也较少。RNA 聚合酶Ⅱ所需要的转录因子有 TATA 结合蛋白（TATA-binding protein，TBP）、TFⅡB、TFⅡH 等，其中 TFⅡH 含有 9 个亚基，是最大、最复杂的转录因子，具有多种酶活性，包括 ATP 酶、解旋酶和激酶活性。

3. RNA 聚合酶在转录过程中发生磷酸化修饰

如上述 TFⅡH 不仅借助水解 ATP 获得能量参与启动子解链，而且能催化 RNA 聚合酶Ⅱ多个位点发生磷酸化，使起始复合物改变构象而进入活性转录状态。当转录终止时，RNA 聚合酶Ⅱ会发生去磷酸化反应而失活，转录活性丧失。

动物、植物、昆虫等不同来源的细胞，RNA 聚合酶Ⅱ的活性都可被低浓度的 α-鹅膏蕈碱抑制，而 RNA 聚合酶Ⅰ不受抑制。动物 RNA 聚合酶Ⅲ受高浓度的 α-鹅膏蕈碱抑制，而酵母、昆虫的 RNA 聚合酶Ⅲ不受抑制。α-鹅膏蕈碱是一种毒蕈（鬼笔鹅膏 *Amanita phalloides*）产生的八肽化合物，对真核生物 RNA 聚合酶有较大毒性，但对原核生物 RNA 聚合酶只有微弱抑制作用。

13.2.4 真核生物 RNA 转录后加工

真核生物由于存在细胞核结构，转录与翻译在时间上和空间上都被分隔开来，其 mRNA 前体的加工极为复杂。而且真核生物的大多数基因都被居间序列(intervening sequence)，即内含子(intron)所分隔而成为断裂基因(interrupted gene)，在转录后需通过拼接使编码区成为连续序列。真核生物中几乎所有转录的前体都要经过一系列酶的作用，进行加工修饰，才能成为具有生物功能的 RNA。在真核生物中还能通过不同的加工方式，表达出不同的信息(alternative gene)。因此，对于真核生物来讲，RNA 的加工尤为重要。

1. mRNA 加工

真核细胞的 mRNA 的原始转录物是相对分子质量较大的前体，在核内加工过程中形成分子大小不等的中间物，称为核内不均一 RNA(heterogeneous nuclear RNA，hnRNA)。hnRNA 大小极不均一，有的几个 S，有的达 100S；hnRNA 中 1/4 的序列经过加工成为成熟 mRNA；hnRNA 周转率极高，它们在核内迅速合成，也迅速降解，比细胞质 mRNA 更不稳定。

hnRNA 转变成 mRNA 加工过程包括 5′端和 3′端的首尾修饰及剪接。

(1)5′端加帽 mRNA 的 5′-端帽子结构是在 hnRNA 转录后加工过程中形成的。转录产物第一个核苷酸常是 5′-三磷酸鸟苷(5′-pppG)，在细胞核内的磷酸酶作用下水解释放出无机焦磷酸，然后，5′端与另一 GTP 反应生成三磷酸双鸟苷，在甲基化酶作用下，第一或第二个鸟嘌呤碱基发生甲基化反应，形成帽子结构(5′-m7GpppGp，或 5′-Gppp^{m}G)。该结构的功能可能是翻译过程中起识别作用，并能稳定 mRNA，延长半衰期。

(2)3′端加多聚腺苷酸(polyA)尾巴 mRNA 分子的 3′末端的多聚腺苷酸尾巴(poly A tail)也是在加工过程中形成的。在细胞核内，mRNA 在靠近 3′端有一段保守序列 AAUAAA 作为发生多聚腺苷酸化的信号，当该序列被转录出现以后，一种专一性因子 CPSF(cleavage and polyadenylation specificity factor)与之特异性结合，并与核酸内切酶、polyA 聚合酶相互作用，由核酸内切酶将 mRNA 链从保守序列处切断，由 polyA 聚合酶以 ATP 为底物沿 mRNA 链的 3′端连续加入腺苷酸，释放出焦磷酸。polyA 尾巴具有保护 mRNA 的 3′末端不会被核酸酶降解，并且有助于 mRNA 从细胞核向细胞质中转移的功能。

(3)外显子剪接 hnRNA 在加工成为成熟 mRNA 的过程中，有 50%～70%的核苷酸片段被剪切。真核细胞的基因通常是一种断裂基因，即由几个编码区被非编码区序列相间隔并连续镶嵌组成。在结构基因中，具有表达活性的编码序列称为外显子(exon)；无表达活性、不能编码相应氨基酸的序列称为内含子(intron)。在转录过程中，外显子和内含子均被转录到 hnRNA 中。在细胞核中，hnRNA 进行剪接，即切掉内含子部分，然后将各个外显子部分再拼接起来(图 13-10)。内含子多种多样，剪接机制也不同，有时需要在剪接体(spliceosome)作用下才能完成。参与 hnRNA 剪接的是一些核内小分子 RNA(snRNA)和多种蛋白组成的核蛋白，它们可与 hnRNA 组成剪接体。

(4)mRNA 的内部甲基化修饰 真核生物 mRNA 除了 5′端帽子结构中有 1～3 个甲基化核苷酸外，分子内部尚含有 1～2 个 m^{6}A，它们都是在 mRNA 前体的剪接之前，由特异的甲基化酶催化产生的。

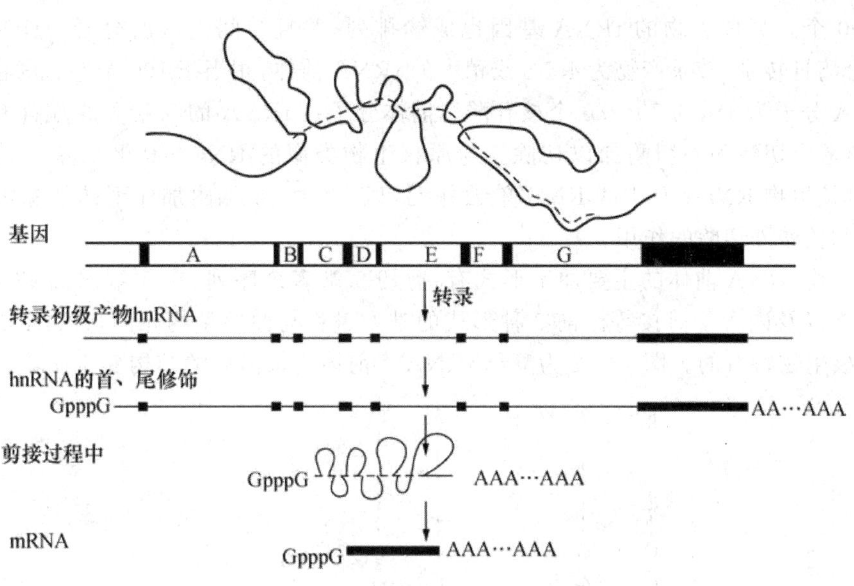

图 13-10 真核生物 mRNA 前体的剪接

2. rRNA 的加工

真核生物大多数 rRNA 基因在 DNA 分子上成簇排列，它们作为一个多顺反子由 RNA 聚合酶Ⅰ催化转录。以脊椎动物为例，其 rRNA 转录过程中首先生成的是 45S 大分子 rRNA 前体，加工时，首先在特定位置进行大量甲基化，甲基化主要发生在核糖的 2′-OH；然后切除不需要片段，产生 28S、5.8S 及 18S 等不同的成熟 rRNA（图 13-11）。这些 rRNA 与多种蛋白质结合形成核糖体，后者再参与蛋白质的生物合成等功能。

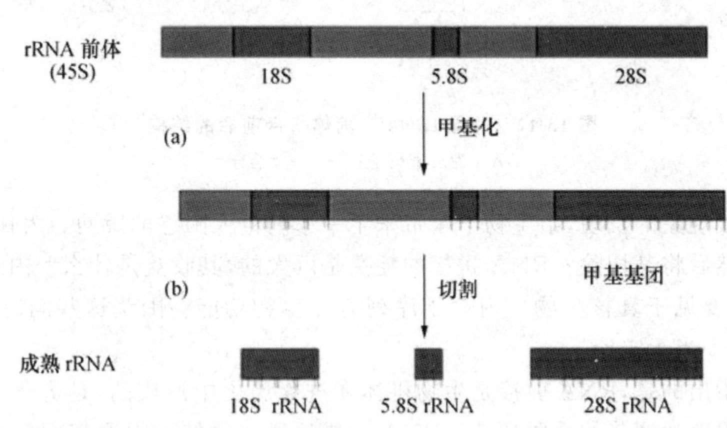

图 13-11 真核生物 rRNA 的转录后加工

真核生物的另一种 5S rRNA 情况则不同，它单独作为一个顺反子由 DNA 聚合酶Ⅲ催化转录，基本不需要加工。还有些 rRNA 前体，如四膜虫有一种长度 6 400 nt 的核苷酸前体，能进行自我剪接。

3. tRNA 的加工

真核生物 tRNA 基因的数目比原核生物 tRNA 基因的数目要大得多。例如，大肠杆菌基因组约有 60 个 tRNA 基因，啤酒酵母有 320～400 个，果蝇 850 个，爪蟾 1 150 个，而人体细胞

则有 1 300 个。真核生物的 tRNA 基因也成簇排列，并且被间隔区所分开。tRNA 基因由 RNA 聚合酶Ⅲ转录，转录产物为 4.5S 或稍大的 tRNA 前体，相当于 100 个左右的核苷酸。成熟的 tRNA 分子为 4S，约 70～80 个核苷酸。前体分子在 tRNA 的 5′端和 3′端都有附加的序列，需由核酸内切酶和外切酶加以切除。与原核生物类似的 RNase P 可切除 5′端的附加序列，但是真核生物 RNase P 中的 RNA 单独并无切割活性。3′端附加序列的切除需要多种核酸内切酶和核酸外切酶的作用。

真核生物 tRNA 前体的主要加工形式有：剪切 5′端多余序列、在 3′端添加 CCA 序列、碱基化学修饰以及内含子剪接等。前 3 种形式的基本过程与原核生物相似，tRNA 前体内含子剪接是真核生物特有的。图 13-12 为酵母 $tRNA^{phe}$ 前体拼接前后的结构变化比较。

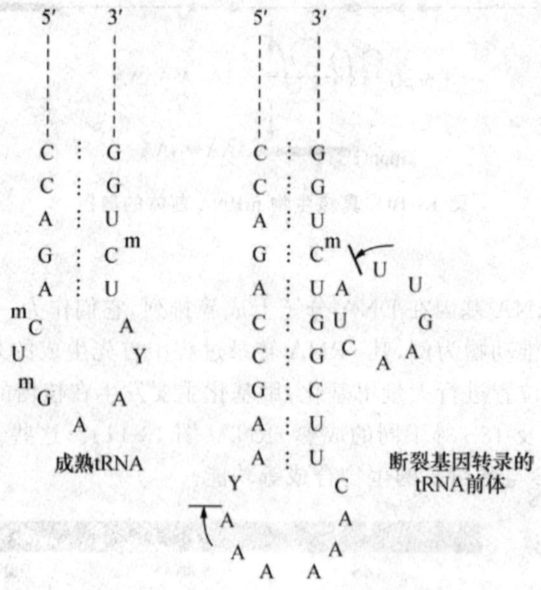

图 13-12　酵母 $tRNA^{phe}$ 前体拼接前后的结构

GAA 为反密码子；|←→| 含子

RNA 的剪接现象的发现，给生物学家带来了一系列令人困惑的疑问。为什么生物机体要先转录内含子，然后将其切除？RNA 拼接的耗费是巨大的，其收益是什么？内含子由何而来？为什么内含子主要见于真核生物？内含子序列有无生物功能？围绕这些问题曾提出不少设想，争论很大，迄今尚无定论。

首先，需要指出的是，RNA 剪接是生物机体在进化历史中形成的，是进化的结果。其次，RNA 剪接是基因表达调节的重要环节。RNA 转录后通过拼接而提取有用信息，形成连续的编码序列，并可通过选择性剪接而控制生物机体生长发育。因此，这是真核生物遗传信息精确调节和控制的方式之一。第三，内含子和外显子也是生物机体进化的结果。第四，RNA 剪接主要存在于真核生物，原核生物极为少见，但并非没有。第五，外显子和内含子是相对的，有些内含子具有编码序列，能够产生蛋白质或功能 RNA。

RNA 的加工还包括 RNA 的编辑和 RNA 的再编码。1986 年 Benne R 等在研究锥虫线粒体 DNA 时发现，其细胞色素氧化酶亚基Ⅱ(*co* Ⅱ)基因与酵母或人的相应基因对比存在一个－1 的移码突变，然而酶的功能又是正常的。进一步比较 *co* Ⅱ基因与其转录物的序列，发现转录物在移码突变位点附近有 4 个不被基因 DNA 编码的额外尿苷酸,正好纠正了基因的移码突变。这些尿苷酸是在转录中或转录后插进去的。将这种改变 RNA 编码序列的方式称为 RNA 编辑。继 Benne 等工作之后,又有一些实验室陆续在多种生物中发现 RNA 的编辑。

编码在 mRNA 上的遗传信息是以固定的方式进行译码的,但在某些情况下可以用不同的方式译码,也就是说改变了原来编码的含义,称为再编码(recoiling)。在正常情况下,mRNA 的三联体密码子可以被 tRNA 的反密码子所识别,mRNA 携带的遗传信息得以正确翻译。但是基因的错义、无义和移码突变,改变了编码信息,使基因活性降低或失活。校正 tRNA 通常是一些变异的 tRNA,它们或是反密码子环碱基发生改变,或是决定 tRNA 特异性的碱基发生改变,从而改变了译码规则,故而使错误的编码信息受到校正。这是 RNA 再编码的一种重要方式。

13.3 RNA 的复制

RNA 在遗传信息表达和调节中的重要作用如前所述。在有些生物中,RNA 也可以是遗传信息的基本携带者,并能通过复制而合成出与其自身相同的分子。例如,某些 RNA 病毒,当它侵入寄主细胞后可借助于复制酶(replicase)(RNA 指导的 RNA 聚合酶)而进行病毒 RNA 的复制。

从感染 RNA 病毒的细胞中可以分离出 RNA 复制酶,这种酶以病毒 RNA 作模板,在有 4 种核苷三磷酸和镁离子存在时合成出与模板性质相同的 RNA。用复制产物去感染细胞,能产生正常的 RNA 病毒。可见,病毒的全部遗传信息,包括合成病毒外壳蛋白质(coat protein)和各种有关酶的信息均贮存在被复制的 RNA 之中。RNA 复制酶的模板特异性很高,它只识别病毒自身的 RNA,而对宿主细胞和其他与病毒无关的 RNA 均无反应。下面以噬菌体 Qβ 为例,简单介绍一下 RNA 的复制过程(图 13-13)。

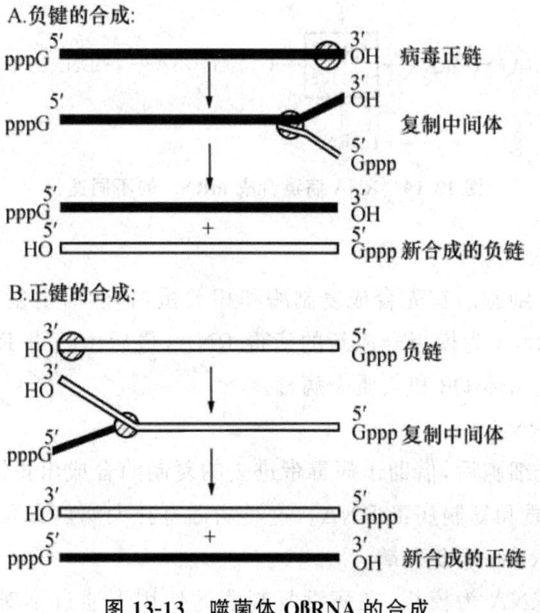

图 13-13 噬菌体 QβRNA 的合成

噬菌体 Qβ 的复制酶只能以噬菌体 Qβ RNA 作为模板。而代用与其类似的噬菌体 MS2、R17 和 f2 RNA 或其他 RNA 都不行。

Qβ 复制酶有 4 个亚基，噬菌体 RNA 只编码其中的 β 亚基，另外 3 个亚基（α、γ 和 δ）则来自宿主细胞。现已证明，α 是核糖体的蛋白质 S1，功能是与噬菌体 Qβ RNA 结合；β 在噬菌体感染后合成，是聚合反应中磷酸二酯键形成的活性中心；γ 和 δ 是宿主细胞蛋白质合成系统中的肽链延长因子 EF-Tu 和 EF-Ts，γ 亚基的功能是与底物结合，识别模板并选择底物，δ 亚基功能是稳定 α、γ 亚基结构。

当噬菌体 Qβ 的 RNA 侵入大肠杆菌细胞后，其 RNA 本身即为 mRNA，可以直接进行与病毒繁殖有关的蛋白质的合成。通常将具有 mRNA 功能的链称为正链，而它的互补链称为负链；噬菌体 Qβ RNA 为正链。在噬菌体特异的复制酶装配好后不久，酶就吸附到正链 RNA 的 3′末端，以正链为模板合成出负链 RNA，直至合成进程结束，负链从模板上释放。同样的酶又吸附到负链 RNA 的 3′末端，并以负链为模板合成正链（图 13-13）。所以两条链都是由 5′→3′方向延长。在最适宜条件下，无论正链或负链的合成速度均为每秒 35 个核苷酸。

RNA 复制酶亚基的合成起始区与外壳蛋白基因部分序列碱基配对，核糖体能直接起动外壳蛋白合成，但不能直接起动 RNA 复制酶亚基的合成。只有当外壳蛋白合成过程中核糖体使双链结构打开，RNA 复制酶亚基的起始区才能接受核糖体，并开始复制酶亚基的合成。

当以正链为模板合成负链时，除需要复制酶外，还需要两个来自宿主细胞的蛋白质因子，称为 HFⅠ和 HFⅡ。但是，由负链为模板合成正链时并不需要这两个因子。在感染后期，噬菌体 RNA 大量合成，这时正链 RNA 的合成远超过负链 RNA 的合成，其原因就是宿主的蛋白质因子起了调节作用。

RNA 病毒的种类很多，其复制方式也是多种多样的。由病毒 mRNA 合成各种病毒蛋白质，再进行病毒基因组的复制和病毒装配。因此病毒 mRNA 的合成在病毒复制过程中处于核心地位。不同类型的 RNA 病毒产生 mRNA 的机制大致可分为以下 4 类（图 13-14）：

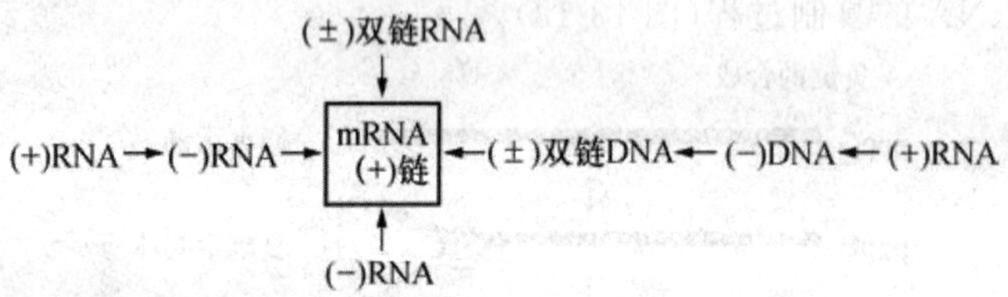

图 13-14　RNA 病毒合成 mRNA 的不同途径

1. 病毒含有正链 RNA

这类病毒进入宿主细胞后首先合成复制酶和相关蛋白，然后由复制酶以正链为模板合成负链 RNA，再以负链 RNA 为模板合成新的病毒 RNA，最后由病毒 RNA 和蛋白质装配成病毒颗粒。这类病毒有噬菌体 Qβ 和灰质炎病毒。

2. 病毒含有负链 RNA

这类病毒侵入宿主细胞后，借助于病毒带进去的复制酶合成出正链 RNA，再以正链 RNA 为模板，合成病毒蛋白质和复制病毒 RNA。这类病毒有狂犬病病毒和马水疱性口炎病毒。

3. 病毒含有双链 RNA 和复制酶

这类病毒以双链 RNA 为模板，在病毒复制酶的作用下通过不对称的转录，合成出正链

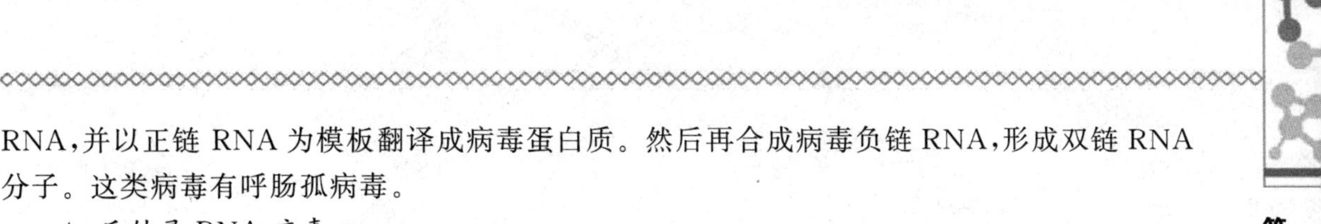

RNA,并以正链 RNA 为模板翻译成病毒蛋白质。然后再合成病毒负链 RNA,形成双链 RNA 分子。这类病毒有呼肠孤病毒。

4. 反转录 RNA 病毒

这类病毒由反转录酶催化合成负链 DNA,进一步形成双链 DNA(前病毒),然后以负链 DNA 为模板合成病毒的正链 RNA,同时翻译出病毒蛋白和反转录酶,组成新的病毒颗粒。这类病毒主要包括白血病病毒和肉瘤病毒等致癌病毒。

本章小结

以 DNA 为模板合成 RNA 的过程称为转录。转录单位是从启动子到终止子的区域。转录是由 RNA 聚合酶催化完成的。真核生物转录和原核生物的转录有所不同,即转录的启动子、转录的酶、转录后的加工和场所不同。RNA 也可以成为遗传信息的基本携带分子,有些病毒的基因组为 RNA 分子。RNA 可借助复制将遗传信息由亲代传递给子代。

复习思考题

1. 比较下列 4 类聚合酶的结构、底物、作用机制、错误率和模板特异性的异同(4 类聚合酶是:DNA 指导的 DNA 聚合酶,DNA 指导的 RNA 聚合酶,RNA 指导的 RNA 聚合酶,RNA 指导的 DNA 聚合酶)。

2. 原核生物 RNA 聚合酶是如何找到启动子的?真核生物 RNA 聚合酶与之相比有何异同?

第14章 蛋白质的生物合成

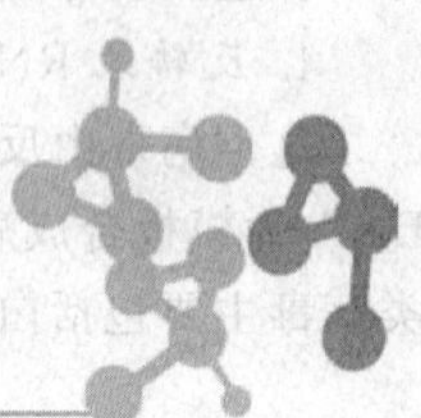

◆内容提示与教学目标

【说明】了解什么是密码子,三种 RNA,蛋白质生物合成过程及合成后的加工。

重点掌握:1. 密码子的概念及特点;

2. 三种 RNA 在蛋白质生物合成中的作用;

3. 蛋白质合成过程。

一般了解:真核生物蛋白质合成、蛋白合成后的加工和定位

本章难点:1. 密码子的特点,2. 核糖体的结构;3. 蛋白质合成过程

蛋白质是生命活动的重要物质基础,要不断进行代谢和更新。每一个蛋白质都是由一条或一条以上的多肽链组成,多肽链中的氨基酸残基序列则是由 mRNA 分子中的核苷酸序列决定的。mRNA 含有来自 DNA 的遗传信息,是合成蛋白质的直接模板。蛋白质的生物合成过程,就是将 DNA 传递给 mRNA 的遗传信息,再转译为蛋白质中氨基酸排列顺序的过程,这一过程被称为翻译。所以蛋白质生物合成的过程,贯穿了从 DNA 分子到蛋白质分子之间遗传信息的传递和表达的过程,包括:合成的起始;将氨基酸按一定的顺序连接;肽链的终止;完整肽链的释放;肽链的折叠以及新合成肽链的修饰等等。蛋白质的生物合成体系包括氨基酸、mRNA、tRNA、核蛋白体、相关酶、众多蛋白质因子,还需要 ATP、GTP 等供能物质及必要的无机离子。

蛋白质合成的场所是核糖体,蛋白质合成的原料是细胞中的 20 种基本氨基酸。早期研究蛋白质生物合成都是用大肠杆菌的无细胞体系进行的,对大肠杆菌的蛋白质合成机理了解最多。真核生物的蛋白质合成机理与大肠杆菌有许多相似之处:在真核细胞中,蛋白质的合成需要 70 多种核糖体蛋白的参与;20 多种酶来激活氨基酸前体,10 多种辅酶和其他专一性的蛋白质因子来进行肽链合成的起始、延伸和终止;另有 100 多种酶参与各类蛋白的最后修饰;40 个以上 tRNA 和 rRNA。总计有约 300 种生物大分子协同参与蛋白质的生物合成过程。

14.1 遗传密码

14.1.1 遗传密码的解读

1. 遗传密码的概念

遗传密码是指 mRNA 上的核苷酸序列与蛋白质中氨基酸序列的对应关系。1954 年,物

理学家 Gamov G 首先对遗传密码进行探讨。核酸分子中只有四种碱基，显然碱基与氨基酸的关系不是一对一的关系。若两个碱基决定一个氨基酸只能编码 16 种氨基酸，是不够的；而三个碱基决定一个氨基酸，四个碱基可产生 64 个密码，足以编码 20 种氨基酸。

遗传密码是三联体的，即 mRNA 上每三个连续核苷酸对应一个氨基酸，这三个核苷酸就称为一个密码子（codon），或三联体密码（triplet coden）。1961 年，Crick F H C 及其同事提供了确切的证据，说明三联密码子的学说是正确的。他用 T 噬菌体为实验材料，研究基因的碱基增加或减少对其编码的蛋白质会有什么影响。Crick 发现，在编码区增加或删除一个碱基，便无法产生正常功能的蛋白质；增加或删除两个碱基，也无法产生正常功能的蛋白质。但是当增加或删除三个碱基时，却合成了具有正常功能的蛋白质。必须假设密码子是三联体才能完满地解释以上这些实验结果。这样 Crick 通过实验证明了遗传密码中三个碱基编码一个氨基酸，阅读密码的方式是从一个固定的起点开始，以非重叠的方式进行，编码之间没有分隔符。关于三联密码子的学说的生物化学证据是烟草坏死卫星病毒中有一分子 RNA 可编码外壳蛋白的一个亚基，此 RNA 由 1200 个核苷酸组成，而此亚基由 400 个氨基酸组成，由此证明三个核苷酸决定一个氨基酸。

2. 遗传密码的解读

解读 64 个密码子与 20 种氨基酸的对应关系是在众多科学家的共同努力下完成的。

1961 年，Nirenberg 等利用多核苷酸磷酸化酶合成一条由相同核苷酸组成的多核苷酸链，用它作模板，利用 *E. coli* 无细胞体系和 GTP 在体外合成蛋白质。发现 poly(U)编码多聚 Phe，poly(A)编码多聚 Lys，poly(C)编码多聚 Pro（图 14-1A）。

1964 年，Nirenberg 等首先合成一个已知序列的核苷酸三聚体，然后与大肠杆菌核糖体和氨酰 tRNA 一起温育。由此确定与已知核苷酸三聚体结合的 tRNA 上连接的是哪一种氨基酸。所有 64 种可能的三联体都已合成，其中 50 种以上都得到确切的结果：密码子 CUU 对应的氨基酸是 Leu，密码子 GAU 对应的氨基酸是 Asp（图 14-1B）。该实验对于几种密码编码同一个氨基酸提供了最直接的证据。但是在此系统中仍有一些三联体编码的氨基酸不能肯定，需要用其他方法来破译。

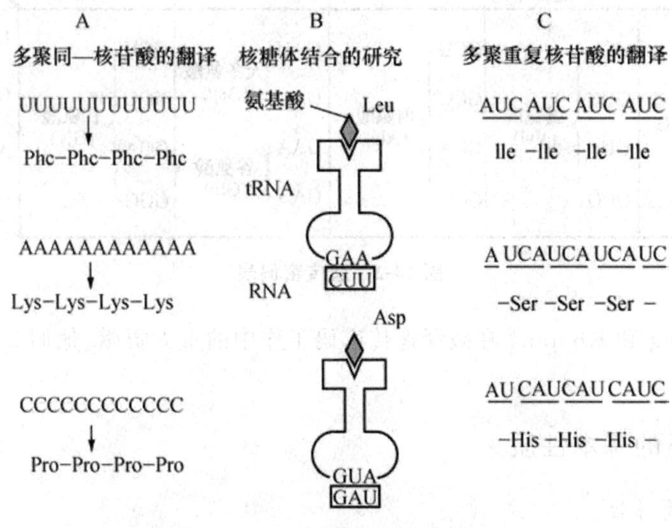

图 14-1 证明三联体密码的实验示意图

Khorana 等利用有机化学和酶法制备了已知的核苷酸重复序列，以此多聚核苷酸作模板，在体外进行蛋白质合成，发现可以生成三种重复的多肽链(图 14-1 C)。若从 A 翻译，则合成出多聚 Ile，即 AUC 对应 Ile；若从 U 翻译，则合成出多聚 Ser，即 UCA 对应 Ser；若从 C 翻译，则合成出多聚 His，即 CAU 对应 His。这是因为体外合成是无调控的合成，可以随机地从 A、或 U、或 C 翻译，所以有三种重复的多肽链生成。

利用这些方法，所有氨基酸的三联体密码的碱基顺序在 1966 年全部确定。氨基酸的全部密码子"字典"如图 14-2 所示。遗传密码的全部破译被看成是 20 世纪最重要的科学发现之一。

第一位核苷酸(5'端)	第二位核苷酸 U	第二位核苷酸 C	第二位核苷酸 A	第二位核苷酸 G	第三位核苷酸(3'端)
U	UUU 苯丙氨酸(Phe)	UCU 丝氨酸(Ser)	UAU 酪氨酸(Tyr)	UGU 半胱氨酸(Cys)	U
	UUC 苯丙氨酸(Phe)	UCC 丝氨酸(Ser)	UAC 酪氨酸(Tyr)	UGC 半胱氨酸(Cys)	C
	UUA 亮氨酸(Leu)	UCA 丝氨酸(Ser)	UAA 终止密码	UGA 终止密码	A
	UUG 亮氨酸(Leu)	UCG 丝氨酸(Ser)	UAG 终止密码	UGG 色氨酸(Trp)	G
C	CUU 亮氨酸(Leu)	CCU 脯氨酸(Pro)	CAU 组氨酸(His)	CGU 精氨酸(Arg)	U
	CUC 亮氨酸(Leu)	CCC 脯氨酸(Pro)	CAC 组氨酸(His)	CGC 精氨酸(Arg)	C
	CUA 亮氨酸(Leu)	CCA 脯氨酸(Pro)	CAA 谷氨酰胺(Gln)	CGA 精氨酸(Arg)	A
	CUG 亮氨酸(Leu)	CCG 脯氨酸(Pro)	CAG 谷氨酰胺(Gln)	CGG 精氨酸(Arg)	G
A	AUU 异亮氨酸(Ile)	ACU 苏氨酸(Thr)	AAU 天冬酰胺(Asn)	AGU 丝氨酸(Ser)	U
	AUC 异亮氨酸(Ile)	ACC 苏氨酸(Thr)	AAC 天冬酰胺(Asn)	AGC 丝氨酸(Ser)	C
	AUA 异亮氨酸(Ile)	ACA 苏氨酸(Thr)	AAA 赖氨酸(Lys)	AGA 精氨酸(Arg)	A
	AUG 蛋氨酸(Met)或起始密码	ACG 苏氨酸(Thr)	AAG 赖氨酸(Lys)	AGG 精氨酸(Arg)	G
G	GUU 缬氨酸(Val)	GCU 丙氨酸(Ala)	GAU 天冬氨酸(Asp)	GGU 甘氨酸(Gly)	U
	GUC 缬氨酸(Val)	GCC 丙氨酸(Ala)	GAC 天冬氨酸(Asp)	GGC 甘氨酸(Gly)	C
	GUA 缬氨酸(Val)	GCA 丙氨酸(Ala)	GAA 谷氨酸(Glu)	GGA 甘氨酸(Gly)	A
	GUG 缬氨酸(Val)	GCG 丙氨酸(Ala)	GAG 谷氨酸(Glu)	GGG 甘氨酸(Gly)	G

图 14-2 遗传密码表

由于 Nirenberg 和 Khorana 在破译遗传密码工作中的重大贡献，他们 2 人共同获得 1968 年的诺贝尔奖。

14.1.2 密码子的基本性质

1. 密码子的简并性

几种密码子编码一种氨基酸的现象称为密码子的简并性。编码同一种氨基酸的一组密码

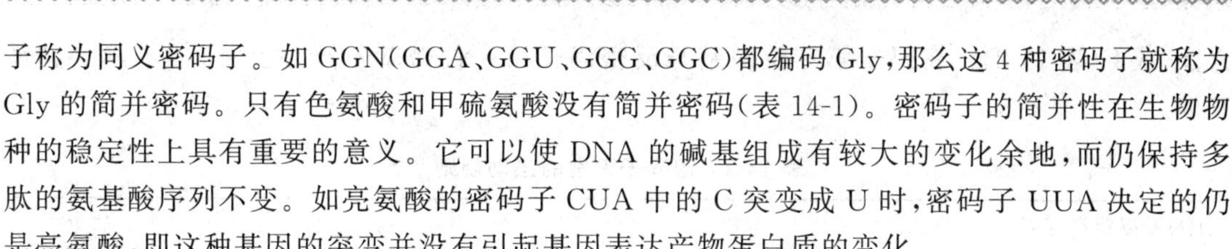

子称为同义密码子。如 GGN(GGA、GGU、GGG、GGC)都编码 Gly，那么这 4 种密码子就称为 Gly 的简并密码。只有色氨酸和甲硫氨酸没有简并密码(表 14-1)。密码子的简并性在生物物种的稳定性上具有重要的意义。它可以使 DNA 的碱基组成有较大的变化余地，而仍保持多肽的氨基酸序列不变。如亮氨酸的密码子 CUA 中的 C 突变成 U 时，密码子 UUA 决定的仍是亮氨酸，即这种基因的突变并没有引起基因表达产物蛋白质的变化。

表 14-1　20 种氨基酸的密码子数

氨基酸	密码子数目	氨基酸	密码子数目
Ala	4	Leu	6
Arg	6	Lys	2
Asn	2	Met	1
Asp	2	Phe	2
Cys	2	Pro	4
Gln	2	Ser	6
Glu	2	Thr	4
Gly	4	Trp	1
His	2	Tyr	2
Ile	3	Val	4

2. 密码的无标点性、无重叠性

从正确起点开始至终止信号，密码子的排列是连续的。既不存在间隔(无标点)，也无重叠。从 mRNA 5′端起始密码子 AUG 到 3′端终止密码子之间的核苷酸序列，每个三联体密码连续排列编码一条多肽链，称为开放阅读框架(open reading frame，ORF)。

在开放阅读框架中插入或删去一个碱基，会使该点以后的读码发生错误，称为移码，由这种情况引起的突变称为移码突变(图 14-3)。

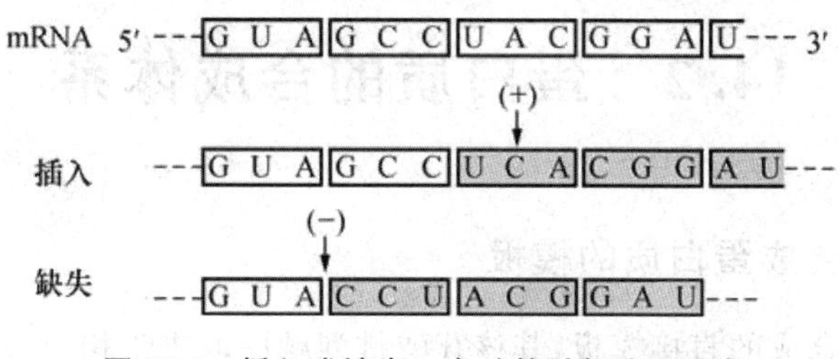

图 14-3　插入或缺失一个碱基引起移码突变

3. 密码子的摆动性(变偶性)

密码子的专一性主要由前两位碱基决定的，而第三位碱基有较大的灵活性，如丙氨酸的密码子是 GCU、GCC、GCA 和 GCG。它们的前两位碱基都相同，只是第三位碱基不同。科学家注意到了这点，并发现 tRNA 上的反密码子与 mRNA 上的密码子配对时，密码子的第一位、第二位碱基配对是严格的，第三位碱基可以有一定变动，Crick 称这种现象为变偶性(wobble)。如当反密码子的第一位碱基是次黄嘌呤(I)时，和它配对的密码子的第三位碱基可以是

A、U 或 C(表 14-2)。密码子第三位碱基与反密码子第一位碱基不严格互补,但不影响翻译正确。

表 14-2　密码子识别的摆动规则

tRNA 反密码子第一位碱基(3′←5′)	U	C	A	G	I	Ψ
mRNA 密码子第三位碱基(5′→3′)	A,G	G	U	C,U	U,C,A	AG(U)

4. 密码子的相对通用性

人们长期认为上述遗传密码是通用的。即无论是病毒、原核生物还是真核生物,也无论在体内还是体外都共同使用同一套密码字典,这叫作密码的通用性。但是在 1979 年发现线粒体的遗传密码与通用密码表有区别(表 14-3),1980 年又发现不同生物的线粒体密码也不尽相同。已经查明,在支原体中,终止密码子 UGA 被用来编码色氨酸;在嗜热四膜虫中,另一个终止密码子 UAA 被用来编码谷氨酰胺。因此只能称遗传密码是近乎通用的,并非绝对通用。

表 14-3　人线粒体遗传密码的特点

密码	"通用"密码	人线粒体密码
UGA	终止密码	Trp
AGA	Arg	终止密码
AGG	Arg	终止密码
AUA	Ile	起始密码(Met 或 Ile)
AUU	Ile	起始密码(Ile)
AUG	起始密码(Met 或 fMet)	起始密码(Met)

14.2　蛋白质的合成体系

14.2.1　mRNA 是合成蛋白质的模板

mRNA 是蛋白质合成的直接模板,其核苷酸排列顺序取决于相应 DNA 的碱基排列顺序,它又决定了所形成的蛋白质多肽链中的氨基酸的排列顺序。mRNA 不同,所合成的蛋白质也不同。

遗传学将编码一个多肽的遗传单位称为顺反子(cistron)。原核细胞中数个结构基因常串联为一个转录单位,转录生成的 mRNA 可编码几种功能相关的蛋白质,为多顺反子(polycistron);真核 mRNA 只编码一种蛋白质,为单顺反子(single cistron)(图 14-4)。真核 mRNA 在核质内合成时是一种大分子质量的 mRNA 前体,叫核内不均一 RNA(hnRNA)。hnRNA 经过细胞内加工为成熟的 mRNA,转移到细胞质行使其功能。

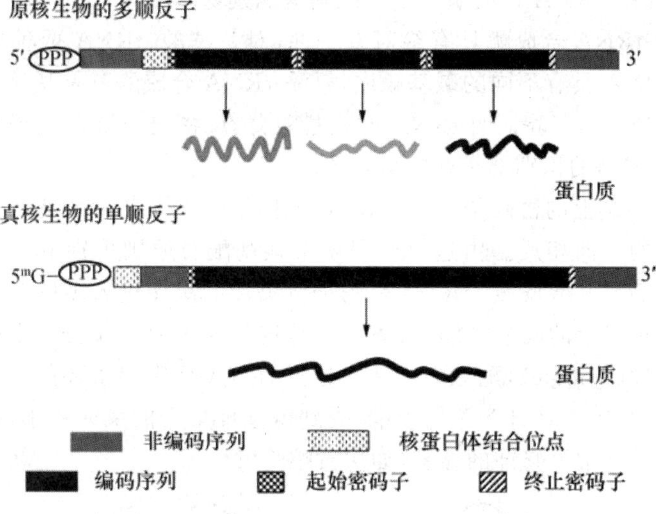

图 14-4 原核生物和真核生物 mRNA 结构示意图

原核生物多为单细胞生物,其生长速度快,细胞分裂旺盛,因而其 DNA 可以在很短的时间内转录出相应的 mRNA 来。真核生物生长速度较慢,相应地,真核生物的 mRNA 半衰期就比原核生物长得多。但与其他种类的 RNA 相比,mRNA 的寿命是最短的。

原核生物 mRNA 的起始密码 AUG 上游 4～7 个核苷酸以外有一段 5′-UAAGGAGG- 3′ 的保守序列称为 SD 序列(Shine-Dalgarno Sequence),该序列可以与核糖体小亚基 16S rRNA 3′-末端的序列互补,使 mRNA 与小亚基结合。真核生物起始密码子常处于—CCACCAUGG—序列中,这段保守序列的存在能增加翻译起始的效率,这段序列称为 Kozark 序列。

14.2.2 tRNA 是转运氨基酸的工具

在蛋白质合成中,tRNA 起着运载氨基酸的作用,将氨基酸按照 mRNA 链上的密码子所决定的氨基酸顺序搬运到蛋白质合成的场所。

1. tRNA 的分类

(1)起始 tRNA 和延伸 tRNA　一类能特异识别 mRNA 模板上起始密码子的 tRNA 叫起始 tRNA;其他 tRNA 称为延伸 tRNA。

(2)同功受体 tRNA　携带相同氨基酸而反密码子不同的一组 tRNA。

(3)校正 tRNA　通过 tRNA 中反密码子改变来校正密码子突变,使其在突变位点引入正确氨基酸。

2. tRNA 的功能

(1)3′端接受氨基酸　tRNA 分子的 3′端的碱基顺序是—CCA,“活化”的氨基酸的羧基连接到 3′末端腺苷的核糖 3′-OH 上,形成氨酰-tRNA。

上述反应是在氨酰-tRNA 合成酶催化下完成的。这个反应需要 3 种底物,即氨基酸、tRNA 和 ATP。ATP 提供活化氨基酸所需要的能量。一种氨酰-tRNA 合成酶可以识别一组同功受体 tRNA(最多达 6 个)。

人工合成的小螺旋结构可携带氨基酸,由此说明 tRNA 携带氨基酸并不一定需要完整的分子结构。

(2)被特定的氨酰-tRNA 合成酶识别　准确地识别氨基酸和 tRNA 是氨酰-tRNA 合成酶的重要任务。氨酰-tRNA 合成酶具有绝对专一性，对氨基酸、tRNA 两种底物都能高度特异地识别。不同的 tRNA 具有不同的碱基顺序，氨酰-tRNA 合成酶就是从这些特异的碱基顺序正确识别特异的 tRNA。实验证明 tRNA 的氨基酸臂、反密码子臂以至于整个 tRNA 空间构象对氨酰-tRNA 合成酶的识别都是非常重要的。

(3)识别 mRNA 链上的密码子　在 tRNA 链上有三个特定的碱基，组成一个反密码子，反密码子与密码子的方向相反。由这反密码子按碱基配对原则识别 mRNA 链上的密码子。这样可以保证不同的氨基酸按照 mRNA 密码子所决定的次序进入多肽链中。一种 tRNA 分子常常能够识别一种以上的同义密码子(图 14-5)，这是因为 tRNA 分子上的反密码子与密码子的配对具有摆动性(wobble)，配对的摆动性是由 tRNA 反密码子环的空间结构决定的。反密码子 5′端的碱基处于 L 形 tRNA 的顶端，受到碱基堆集力的束缚较小，因此有较大的自由度。而且该位置的碱基常为修饰的碱基，如次黄嘌呤(I)。

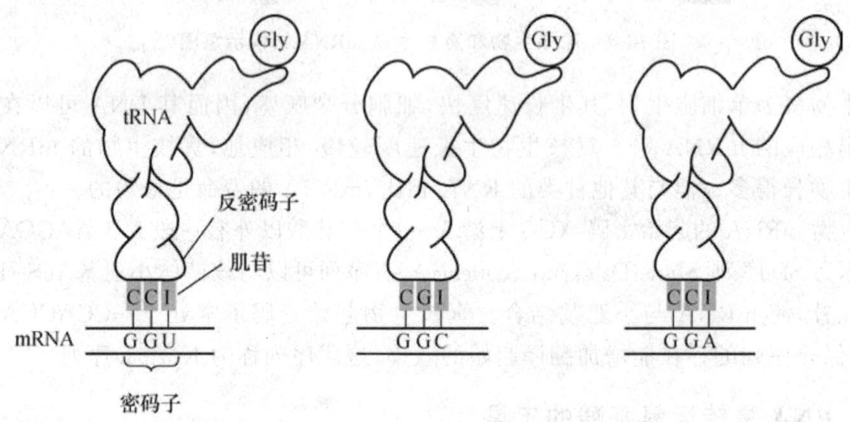

图 14-5　一种 tRNA 识别一种以上的同义密码子

分析表明同义密码子的使用频率是不相同的，它与细胞内 tRNA 含量(即 tRNA 的丰度)呈正相关，含量高的同功受体 tRNA 所对应的密码子的使用频率总是最高。

(4)连接多肽链和核糖体　tRNA 分子上的 TΨC 环含有 TΨCG 顺序，即为 tRNA 与核糖体结合的识别位点。在多肽链合成过程中，多肽链通过 tRNA 暂时结合在核糖体的正确位置，直到多肽合成终止才从核糖体上脱落下来。

14.2.3　核糖体是合成蛋白质的场所

核糖体或称核糖核蛋白体，是蛋白质合成的场所，在细胞内数量相当多，如一个迅速生长的大肠杆菌细胞内约有 15 000 个核糖体。核糖体是由几十种蛋白质和几种 rRNA 组成的亚细胞颗粒，其中蛋白质与 rRNA 的重量比约为 1∶2。不同生物体内核糖体的结构成分有所不同(图 14-6)。

1. rRNA

原核生物核糖体含 5S rRNA、16S rRNA 和 23S rRNA。许多有机体中 rRNA 的核苷酸顺序已被测定。大肠杆菌中三种单链 rRNA 都有一个特定的由链内碱基配对导致的三维构象。图 14-7 是 16S 和 5S rRNA 基于链内碱基配对最大化原则所形成的构象。rRNA 好像是作为一个核糖体蛋白结合的骨架而存在的。核糖体大亚基 5S rRNA 具有两个保守序列，其中一个是与 tRNA 的 TΨCG 互补识别序列，另一个是与 23S rRNA 互补识别序列，稳定核糖体结构。

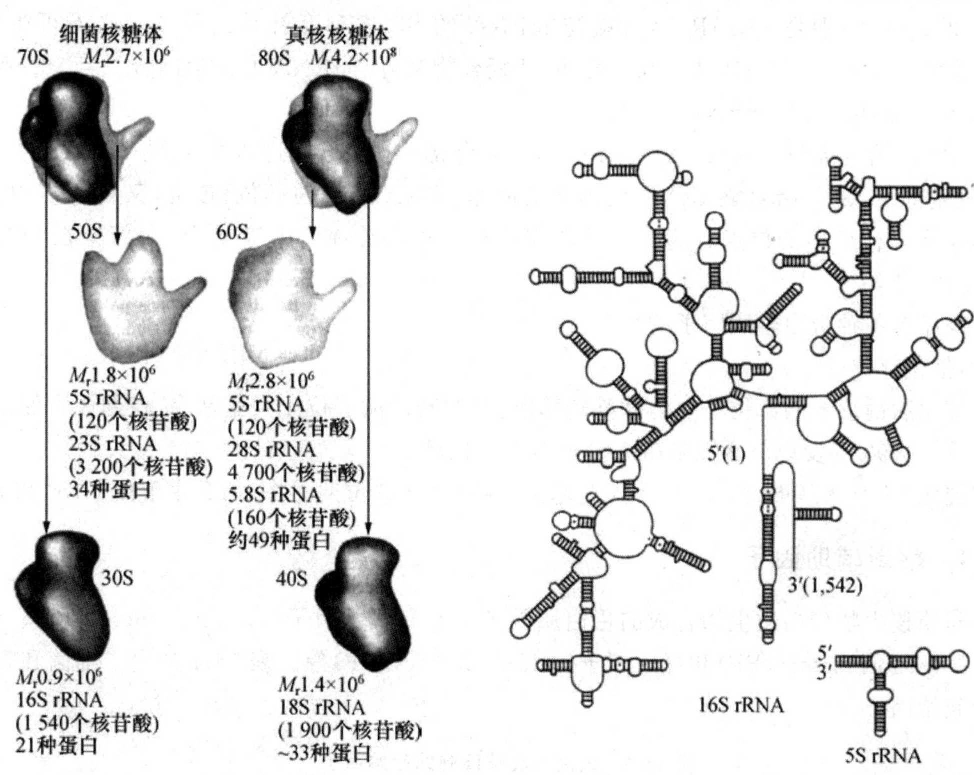

图 14-6　细菌和真核生物核糖体的结构成分

图 14-7　大肠杆菌 16S 和 5S rRNA 的二级结构平面图(基于链内碱基配对最大化原则)

2. 核糖体的活性中心

不同类型生物中核糖体的结构高度保守，尽管其 rRNA 和核糖体蛋白的一级结构有所不同，但其三级结构却惊人地相似。

核糖体由大小亚基组成，完整原核生物核糖体为 70S，其中小亚基为 30S，含有 1 分子 16S rRNA 和 21 种蛋白质(S_1—S_{21})，大亚基为 50S，含有 1 分子的 5S rRNA、1 分子的 23S rRNA 和 34 种蛋白质(L_1—L_{34})，大肠杆菌中的所有核糖体蛋白分别都已分离出来，而且许多已被测序。它们的差别很大，相对分子质量从 6 000～75 000 不等。核糖体蛋白作用包括：维系核糖体稳定结构的骨架；保护 rRNA 防止被核酸酶降解；与 rRNA 构成功能活性区域。

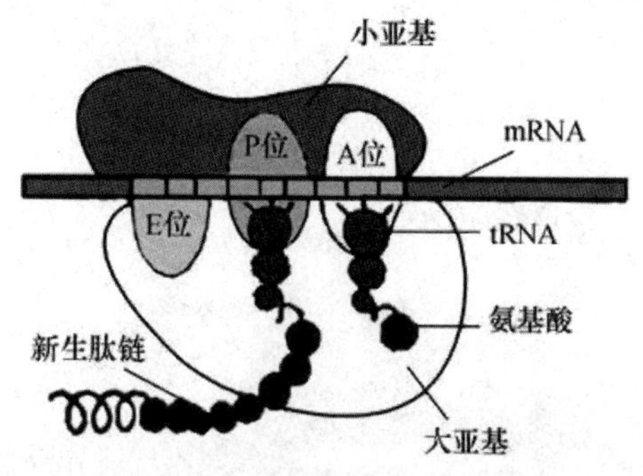

图 14-8　原核生物翻译过程中核蛋白体结构模式

在细胞内主要存在两类核糖体，一类附着于内质网，参与分泌蛋白质的合成；另一类游离于胞质中。

原核生物翻译过程中核蛋白体结构模式如图 14-8 所示。

核糖体的活性位点：

(1)结合部位

①mRNA 结合部位。位于 30S 小亚基头部,此处有几种蛋白质构成一个结构域,负责与 mRNA 的结合,特别是 16S rRNA 3′端与 mRNA 的 SD 序列互补是这种结合必不可少的。30S 亚基可与 mRNA 专一地结合成复合物,此复合物又可与 tRNA 专一地结合。若 30S 亚基不在场,50S 亚基不能与 mRNA 结合。

②tRNA 结合部位。A 位,氨酰-tRNA 的结合部位,可与新进入的氨酰-tRNA 结合;P 位,肽酰基部位,是起始氨酰-tRNA 或延伸的肽基-tRNA 结合的部位;E 位,又称排出位,空载 tRNA 离开核糖体的位点。这三个结合部位有一小部分在 30S 亚基内,大部分在 50S 亚基内。

此外还有各种蛋白合成因子的结合位点。

(2)催化部位

①催化肽键形成的部位　称为肽基转移酶,又叫转肽酶。位于大亚基上,在翻译时催化肽键的形成。1993 年发现该活性是由 23S rRNA 提供的。

②催化 GTP 水解的部位　位于大亚基上,在核糖体移位期间将 GTP 水解成 GDP 和 Pi。

14.2.4　翻译辅助因子

参与原核生物蛋白质生物合成的蛋白质因子主要有起始因子(initiation factor,IF)、延长因子(elongation factors,EF)和释放因子(release factors,RF)等。表 14-4 列出了细菌和真核细胞的起始因子。

表 14-4　细菌和真核细胞的起始因子

细菌		真核细胞	
因子	功能	因子	功能
IF-1	激活 IF2 和 IF3 活性	eIF1	参与多个步骤
IF-2	促进 fMet-tRNA^{fMet} 与 30S 亚基结合	eIF2	促进 Met-tRNA^{Met} 与 40S 亚基结合
IF-3	与 30S 亚基结合	eIF2A	参与起始 tRNA 与核糖体结合
	阻止 30S 亚基与 50S 亚基过早结合	eIF3	第一个结合 40S 亚基的因子
		eIF4C	亚基间结合及小亚基与 mRNA 结合
		CB-PI	结合 mRNA 的 5′帽子结构
		eIF4A	促进结合 mRNA
		eIF4B	mRNA 扫描和第一个 AUG 定位
		eIF4D	功能不详
		eIF4F	识别帽子结构
		eIF5	促进几个其他起始因子解离和 60 S 80 S 起始物的前奏
		eIF6	促进 80S 解离成 40S 和 60S 亚基

1. 起始因子(IF)

IF 分为 IF-1、IF-2、IF-3 三类,三者共同参与完成翻译的起始。IF-1 主要是协助 IF-3 发挥作用,协调 IF-2、IF-3 离开小亚基。IF-2 协助起始氨酰-tRNA 与 mRNA 分子及 30S 小亚基结合,并有 GTP 活性。IF-3 与 30S 小亚基结合,阻止 30S 亚基与 50S 亚基结合,促使 mRNA 及起始氨酰-tRNA 与 30S 小亚基结合。真核生物的起始因子(eIF)比原核生物的起始因子要复杂得多。

2. 延伸因子(EF)

EF 分为 EF-Tu、EF-Ts 和 EF-G,三者在延长阶段起作用:EF-Tu、EF-Ts 共同促使氨酰-tRNA 进入核糖体的 A 位,EF-Tu 对热不稳定,EF-Ts 对热稳定;EF-G,又叫转位酶,促使 P 位上空载的 tRNA 从核糖体上脱落。促使 mRNA 与核糖体相对移位一个密码的距离,使氨酰-tRNA 或肽酰-tRNA 由 A 位移入 P 位,具有 GTP 酶活性。

3. 释放因子(RF)

RF 在终止阶段起作用:RF 能辨认终止密码,激活酯酶,促使已合成的肽链释放,促使 mRNA 从核糖体上释放。RF 分为 RF-1、RF-2 和 RF-3,RF-1 识别 UAA、UAG 终止密码子,RF-2 识别 UAA、UGA 终止密码子,RF-3 加强 RF-1 和 RF-2 的作用。

14.3 蛋白质的合成过程

14.3.1 氨基酸的活化与转移

1. 氨基酸的活化

现已知氨基酸是不能直接与模板 mRNA 结合,氨基酸在被转运到模板之前必须与 tRNA 连接,原因有两个:第一,蛋白质的合成依赖于 tRNA 的接头作用,以保证正确的氨基酸得到整合,每个氨基酸为了参与蛋白质合成必须共价连接到 tRNA 分子上。第二,氨基酸与 tRNA 之间形成的共价键是一个高能键,它使氨基酸和正在延伸的多肽链末端反应形成新的肽键。氨基酸与 tRNA 连接形成氨酰-tRNA 即是氨基酸的活化。每一种氨基酸以共价键连接于一种专一的 tRNA,这个过程由 ATP 提供能量形成高能键。

氨基酸的活化在细胞质中进行。反应由氨酰-tRNA 合成酶催化,反应分两步进行。第一步是酶的活性中心与氨基酸、ATP 结合,形成酶-氨基酸-AMP 中间产物,在这一步反应中,氨基酸的羧基和 AMP 中的 5′-磷酸形成酸酐,第二步反应是 AA-AMP 中的氨基酰转移到 tRNA 上。第二步反应依照酶的类型不同而略有差异。氨酰-tRNA 生成的反应过程如图 14-9 和图 14-10 所示。

总反应式:AA+tRNA+ATP $\longrightarrow$ AA-tRNA-E+PPi

总反应的平衡常数接近 1,自由能降低极少。说明 tRNA 与氨基酸之间的键是高能酯键,能量来自 ATP 的水解。由于反应中形成的 PPi 水解成正磷酸,对每个氨基酸的活化来说,净消耗 2 个高能磷酸键。因此,此反应是不可逆的。

图 14-9　氨酰-AMP 的形成

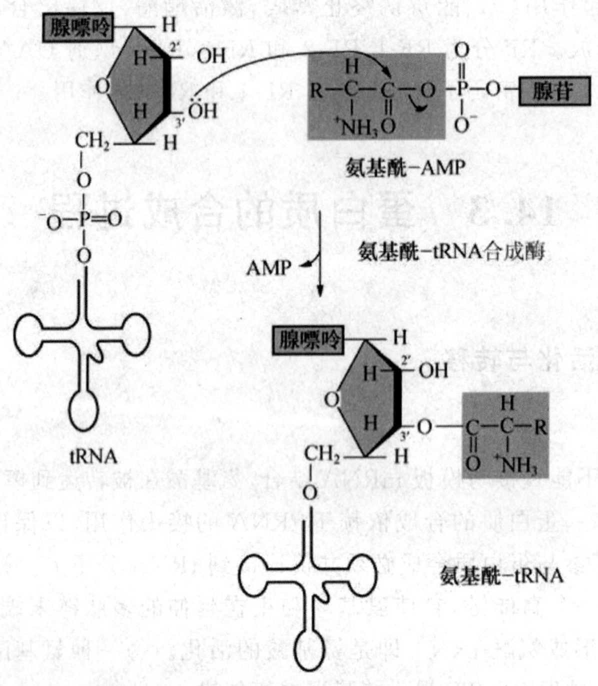

图 14-10　氨酰-tRNA 的形成

合成酶对 tRNA 和氨基酸两者具有专一性，它对氨基酸的识别特异性很高，而对 tRNA 识别的特异性较低。氨基酰 tRNA 合成酶是如何选择正确的氨基酸和 tRNA 呢？按照一般原理，酶和底物的正确结合是由二者相嵌的几何形状所决定的，只有适合的氨基酸和适合的 tRNA 进入合成酶的相应位点，才能合成正确的氨酰-tRNA。现在已经知道合成酶与 L 形 tRNA 的内侧面结合，结合点包括氨基酸接受臂、DHU 臂和反密码子臂。乍看起来，反密码子似乎应该与氨基酸的正确负载有关，对于某些 tRNA 也确实如此。然而对于大多数 tRNA 来说，情况并非如此。人们早就知道，当某些 tRNA 上的反密码子突变后，它们所携带的氨基酸却没有改变。1988 年，侯稚明和 Schimmel 的实验证明丙氨酸 tRNA 分子的氨基酸臂上 G3：

U70这两个碱基发生突变时则影响到丙氨酰-tRNA合成酶的正确识别，说明G3：U70是丙氨酸tRNA分子决定其本质的主要因素（图14-11）。tRNA分子上决定其携带氨基酸的区域称为副密码子。一种氨酰-tRNA合成酶可以识别一组同功受体tRNA，这说明它们具有共同特征。例如三种丙氨酸tRNA（tRNAAlm/CUA，tRNAAim/GGC，tRNAAin/UGC）都具有G3：U70副密码子。但没有充分的证据说明其他氨酰-tRNA合成酶也识别同功受体tRNA组中相同的副密码子。另外副密码子也没有固定的位置，也可能并不止一个碱基对。

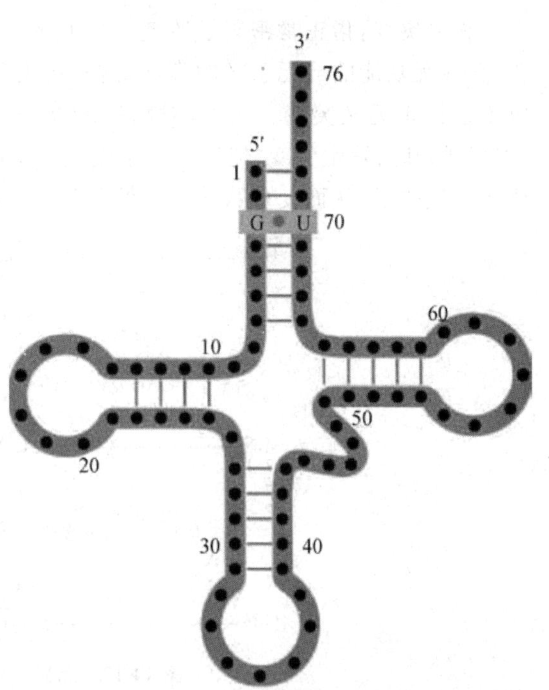

图14-11 Ala-tRNA合成酶对$tRNA^{Ala}$的识别基本上取决于$tRNA^{Ala}$氨基酸臂上的G=U

为了确保氨基酸与tRNA的正确连接，在氨酰-tRNA合成酶催化反应中，可发生3次连续的“筛选”（filter）：第一次是氨基酸与ATP结合成氨基酰腺苷酸时对氨基酸形状的识别；第二次是tRNA进入时引起酶构象的改变，使氨基酰-腺苷酸选择性地与tRNA的连接；第三次是对已形成的氨基酰-tRNA的识别，氨酰-tRNA合成酶有校对活性，当tRNA携带了错误的氨基酸时，具有水解错误氨基酸酯键的功能，换上与密码子相对应的氨基酸。氨基酰-tRNA合成酶这种多级校读功能保证了tRNA对氨基酸的正确荷载。这三种校读作用有人分别称为动力学校读（kinetic proofreading）、构象校读（conformational proofreading）和化学校读（chemical proofreading）。

在氨基酸生成氨酰-tRNA中，氨酰-tRNA合成酶不仅对氨基酸和tRNA有选择性。反过来，tRNA的序列组成与构象也对这种选择性起着重要作用。氨酰-tRNA合成酶与tRNA间的相互作用被称为第二套遗传密码（second genetic codon）。

2. 活化氨基酸的转移

氨基酸一旦与tRNA形成氨酰-tRNA后，进一步的去向就由tRNA来决定了。tRNA凭借自身的反密码子与mRNA分子上的密码子相识别，而把所带的氨基酸送到肽链的一定位置上。tRNA特异性只取决于反密码子，与携带的氨基酸无关，下面的实验证明模板mRNA只能识别特异的tRNA而不是氨基酸：将放射性同位素标记的半胱氨酸在半胱氨酰-tRNA合成酶催化下与$tRNA^{Cys}$形成半胱氨酰-$tRNA^{Cys}$。然后，用活性镍催化剂，使半胱氨酸转变成丙氨酸，形成丙氨酰-$tRNA^{Cys}$。然后将它放到兔网织红细胞无细胞体系中进行蛋白质合成，结果发现丙氨酰-$tRNA^{Cys}$插入到血红蛋白分子通常由半胱氨酸占据的位置上，这表明在这里起识别作用的是tRNA而不是氨基酸。

遗传学家早就发现了回复突变现象。回复突变原因很多，其中有一种回复突变是由于其在基因上发生的一个突变引起。这称为基因间校正突变。大多数校正突变是发生在tRNA基因的突变上，从而使tRNA的反密码子在阅读mRNA的信息时发生了变化。

无义突变：指正常密码子改变为终止密码子（UAG、UGA、UAA），使蛋白质合成提前终止，合成无功能的或无意义的多肽，这种突变就称为无义突变。而校正 tRNA 通过改变反密码子区校正无义突变。例如，对酪氨酸专一的 tRNA 的反密码子应为 3′-AUG-5′，但如果此 tRNA 的基因发生突变，使反密码子变成 3′-AUC-5′，它就可以将 mRNA 上的终止信号 UAG 读成酪氨酸了，从而使多肽的合成得以继续（图 14-12）。

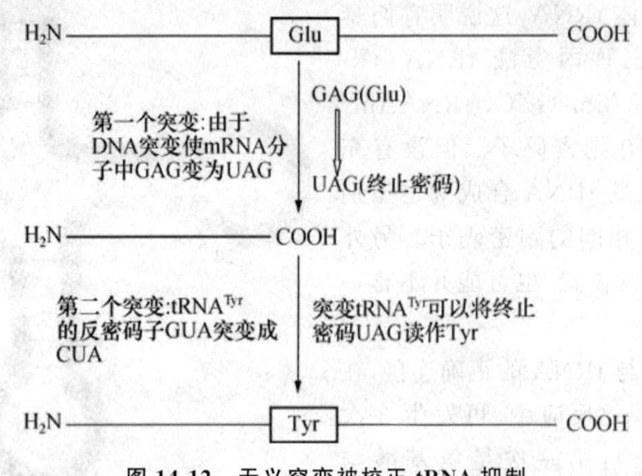

图 14-12　无义突变被校正 tRNA 抑制

错义突变：正常密码子变为另一种氨基酸的密码子。这种新的氨基酸取代了蛋白质中某位点上原来的残基可能使蛋白质失去功能。错义突变的校正 tRNA 通过反密码子区的改变把正确的氨基酸加到肽链上，合成正常的蛋白质。

无义突变的校正基因 tRNA 不仅能校正无义突变，也会抑制该基因 3′末端正常的终止密码子，导致翻译过程的通读，合成更长的蛋白质，这种蛋白质过多就会对细胞造成伤害。

14.3.2　肽链合成的起始

1. 识别起始密码子

蛋白质合成始于肽链的 N 末端，由 N 端向 C 端延伸。原核生物和真核生物都是以甲硫氨酸作为 N 末端的氨基酸。它由 mRNA 的 AUG 编码，所以 AUG 称为起始密码子，同时，AUG 也编码肽链中的甲硫氨酸。区分 AUG 是起始密码还是肽链内部甲硫氨酸密码子，取决于携带甲硫氨酸的 tRNA。在所有生物中都存在两类携带甲硫氨酸的 tRNA，一种识别内部密码子 AUG，简写为 $tRNA^{Met}$，另一种识别起始密码子 AUG，在原核生物中简写为 $tRNA_i^{fMet}$，在真核生物中简写为 $tRNA_i^{Met}$。在大肠杆菌等原核生物中，起始的氨基酸残基为甲酰甲硫氨酸（N-formylmethionine，fMet），它以 fMet-$tRNA_i^{fMet}$ 的形式进入核糖体。fMet-$tRNA_i^{fMet}$ 是通过下述两步连续反应生成：

$$Met + tRNA_i^{fMet} + ATP \rightarrow Met\text{-}tRNA_i^{fMet} + AMP + PPi \qquad (1)$$

然后，由甲酰基转移酶转移一个甲酰基到 Met 的氨基上。

$$N^{10}\text{-甲酰-}THF + Met\text{-}tRNA_i^{fMet} \rightarrow THF + fMet\text{-}tRNA_i^{fMet} \qquad (2)$$

由于甲酰化而封闭 Met 的氨基，一方面阻止它掺入肽链，另一方面使其进入核糖体的特定起始位点。真核生物的 Met-tRNA$_i^{Met}$ 不被甲酰化。

2. 形成起始复合物

起始复合体的形成分三步反应：

第一步，30S 亚基首先与翻译起始因子 IF-1、IF-3 结合，IF-3 能阻止 30S 亚基与 50S 亚基的结合，并促进 70S 核糖体亚基的解离（图 14-13）。

第二步，在 IF-2 和 GTP 的帮助下，fMet-tRNA$_i^{fMet}$ 进入 30S 亚基的 P 位组成复合体，tRNA 上的反密码子与 mRNA 上的起始密码子配对（图 14-13）。复合体通过亚基的 16S rRNA 和 mRNA 的 SD 序列之间配对起作用（图 14-14）。

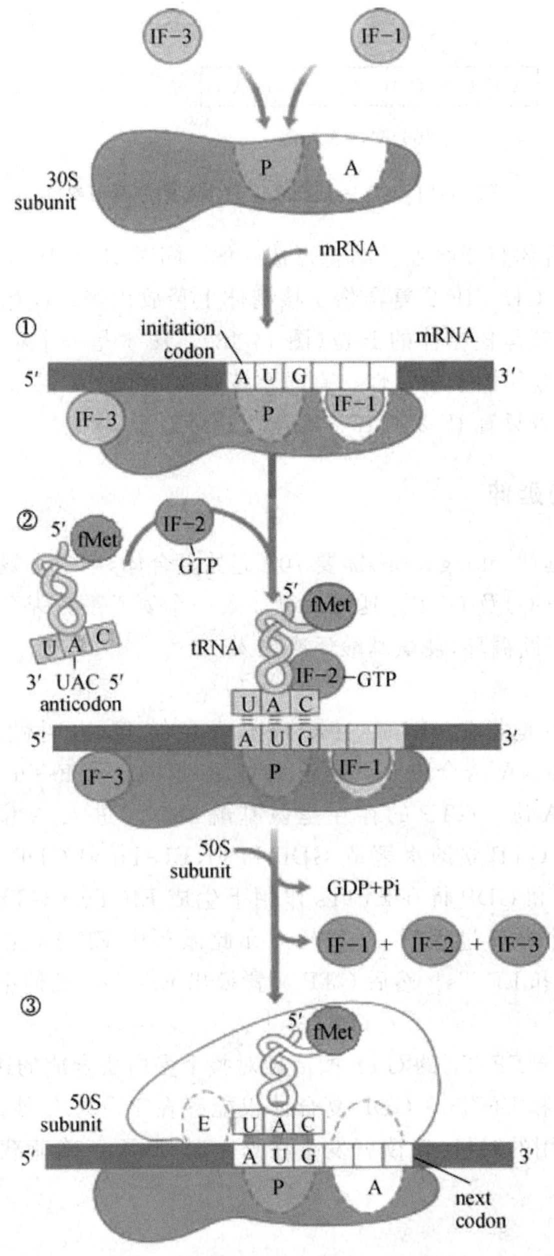

图 14-13　细菌中起始复合物的形成

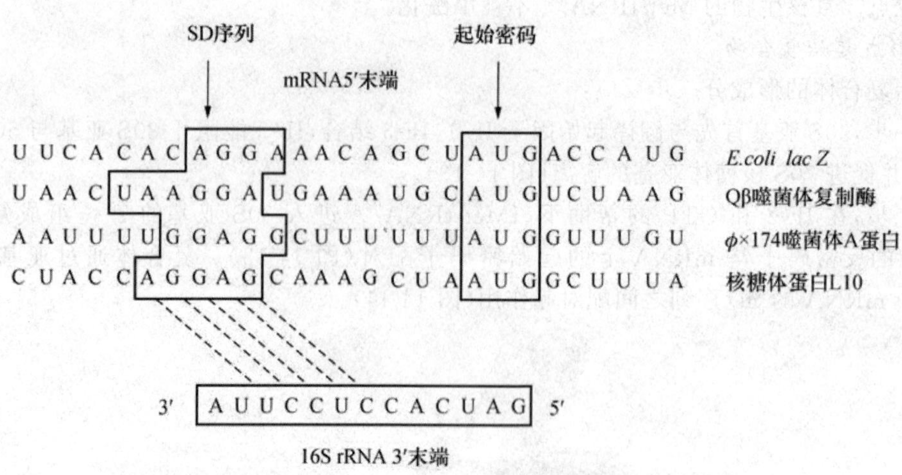

图 14-14 SD 序列与 16S rRNA 的序列互补

第三步，形成的复合体与 50S 亚基结合形成 70S。同时 IF-1、IF-3 解离。GTP 与 IF-2 结合并水解成 GDP 和 Pi，GDP/IF-2 复合物从核糖体上释放出来。起始密码和 fMet-$tRNA_i^{fMet}$ 的反密码子配对的位置就是核糖体的 P 位(图 14-13)。IF-1 是一个小的碱性蛋白质，它的主要功能是增加其他两个起始因子的活性。有的原核生物并不存在相当于 IF-1 的起始因子，它们的蛋白质合成起始可以只有 IF-2 和 IF-3 参与下进行。

14.3.3 肽链合成的延伸

在细菌中，肽链的延伸(elongation)需要 70S 起始复合体，第二个氨酰-tRNA，三种延伸因子(EF-Tu、EF-Ts 和 EF-G)及 GTP。延伸中每加入一个氨基酸残基需要三步(进位、转肽和移位)反应。三步反应不断循环，使氨基酸逐次加入。

1. 进位

延伸循环的第一步是氨酰-tRNA 与核糖体 A 位结合，也叫做进位。EF-Tu 首先与 GTP 结合，再与氨酰-tRNA 结合成三元复合物氨酰-tRNA · EF-Tu · GTP，这个三元复合体进入 70S 核糖体的 A 位。GTP 的存在是氨基酰-tRNA 进入 A 位的先决条件，一旦氨基酰-tRNA 进入 A 位，GTP 立即水解成 GDP 和 Pi，EF-Tu 和 GDP 复合物从核糖体上释放出来，释放的 EF-Tu 和 GDP 将在 EF-Ts 作用下生成 EF-Tu · GTP，再与另一个氨基酰-tRNA 结合，这样的一个循环过程叫 Ts 循环。在此循环中 EF-Ts 先从 EF-Tu · GDP 中置换出 GDP，生成 EF-Tu 和 EF-Ts。然后 GTP 又置换出 EF-Ts。延伸第一步的反应过程如图 14-15 所示。

参与延伸的延伸因子 EF-Tu 的 GTP 酶活性对整个蛋白质合成的速率和忠实性也起着重要作用。EF-Tu · GTP 和 EF-Tu · GDP 复合体仅能存在千分之几秒，这段时间内提供了密码子—反密码子相互作用的时机，校读就发生在这一时刻，不正确荷载的氨基酰-tRNA 将被解离。

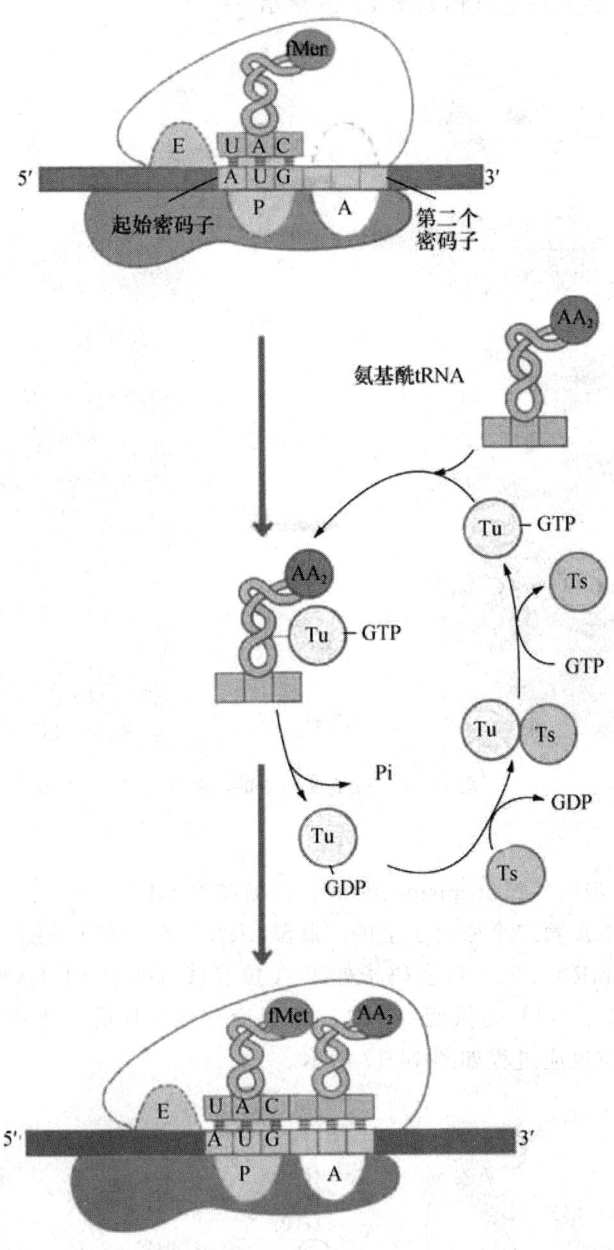

图 14-15 肽链延伸中的进位

2. 转肽

延伸阶段的第二步叫转肽或肽键形成，是核糖体上 A 位和 P 位上的氨基酸间形成肽键。第一个肽键的形成是甲酰甲硫氨酰基从其 tRNA 上转移到第二个氨基酸氨基上形成的。这里，A 位上的氨基酸的氨基作为亲核试剂，取代 P 位上的 tRNA，在 A 位上形成二肽酰-tRNA，P 位上仍然结合着空载的 tRNA。催化肽键形成的酶曾称为肽酰转移酶（peptidyltransferase），并认为它是大亚基的蛋白质。然而，1993 年发现这种活性不是蛋白质提供的，而是由 23S rRNA 催化的。这一发现补充了核酶（ribozyme）的另一生物功能，也对了解生命的进化有着重要意义。转肽反应过程如图 14-16 所示。

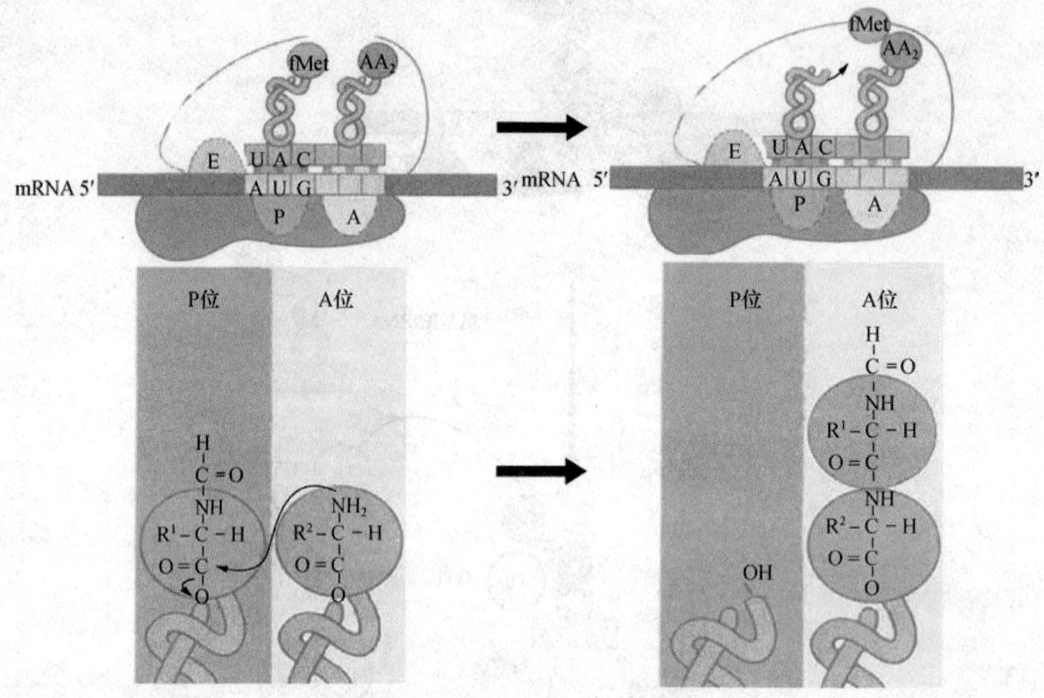

图 14-16　肽链延伸中的转肽反应

3. 移位

延伸循环的第三步叫移位(translocation)。核糖体沿 mRNA 的 5′→3′方向移动一个密码子。这样结合在 mRNA 第二个密码子上的二肽酰-tRNA 的 A 位移到了 P 位,原 P 位空载的 tRNA 释放回胞液。mRNA 第 3 位密码子处于 A 位。移位要求 EF-G(也叫移位酶,translocase)参与和水解一分子 GTP 提供能量。这一步反应中核糖体的三维构象发生改变,使其能沿 mRNA 滑动。移位反应过程如图 14-17 所示。

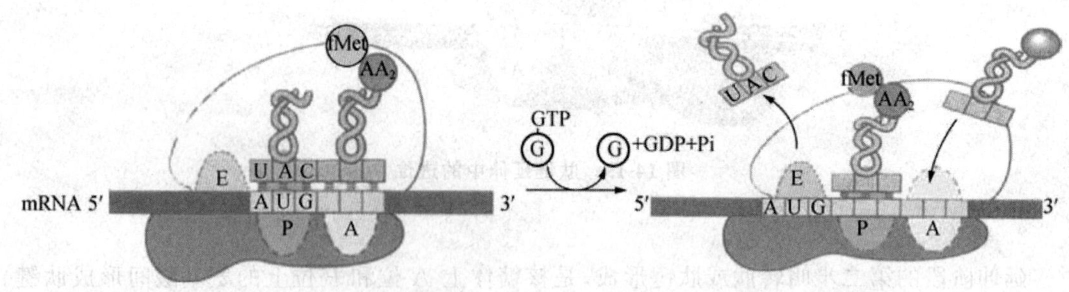

图 14-17　肽链延伸中的移位

肽链延伸阶段中,不断重复进位、转肽、移位三步反应,每循环一次增加 1 个氨基酸残基,每掺入 1 个氨基酸残基需 2 个 GTP 水解成 2 个 GDP 和 2 个 Pi。

14.3.4 肽链合成的终止与释放

肽链的延伸过程中，当终止密码子 UAA、UAG 或 UGA 出现在核糖体的 A 位时，没有相应的氨酰-tRNA 能与之结合，由释放因子 RF 辨认并结合到 A 位，并激活酯酶，水解 P 位上多肽链与 tRNA 之间的二酯键，新生的肽链从核糖体上释放。RF 具有 GTP 酶活性，它催化 GTP 水解，使肽链与核糖体解离。在 RF 的作用下，空载的 tRNA、mRNA 及 RF 与核蛋白体解离，核糖体大、小亚基解体，蛋白质合成结束。解离出的大小亚基，进入下轮翻译。RF-1 识别终止信号 UAA 或 UAG，RF-2 识别 UAA 或 UGA，RF-3 可与 GTP 结合，水解 GTP 为 GDP 与磷酸，协助 RF-1 与 RF-2(图 14-18)。

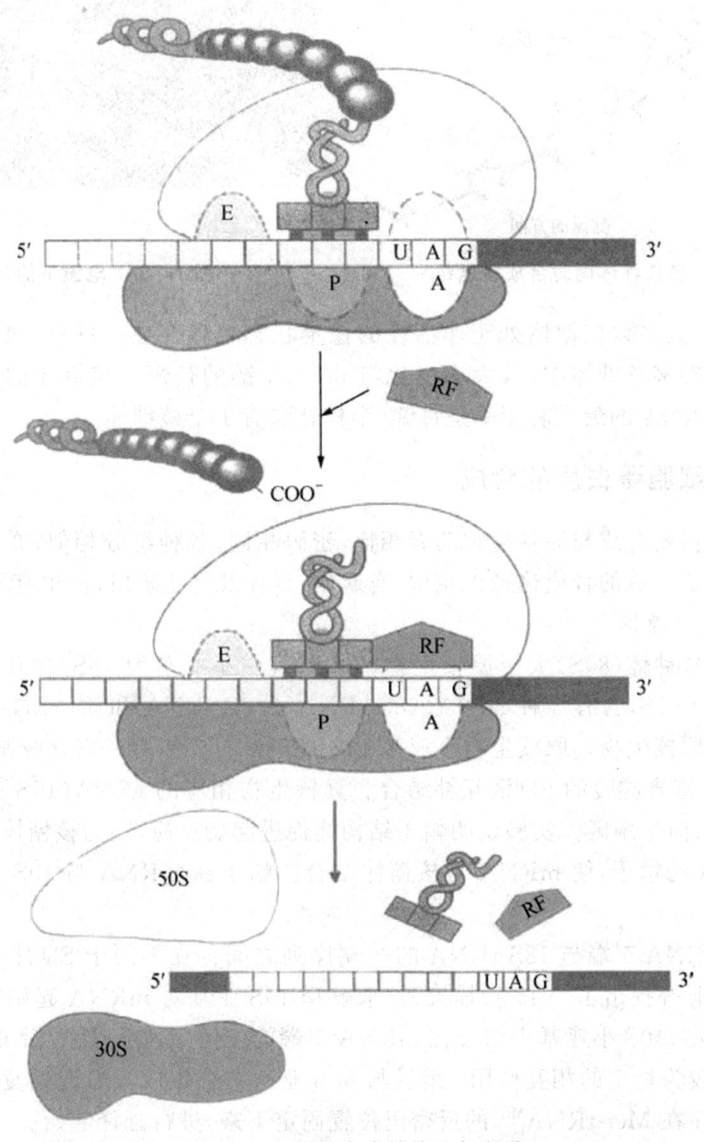

图 14-18 肽链合成的终止与释放

14.3.5 多核糖体

一个 mRNA 分子上可同时附着多个核糖体，合成多条同样的多肽链，这种 mRNA 和多个核蛋白体的聚合物称为多聚核糖体(polysome)(图 14-19 和图 14-20)。而脱落下来的亚基又可重新投入核糖体循环。多核糖体合成肽链的效率甚高，其每一个核糖体每秒钟可翻译约 40 个密码子，即每秒钟可以合成相当于一个由 40 个左右氨基酸残基组成的，相对分子质量约为 4 000 的多肽链。

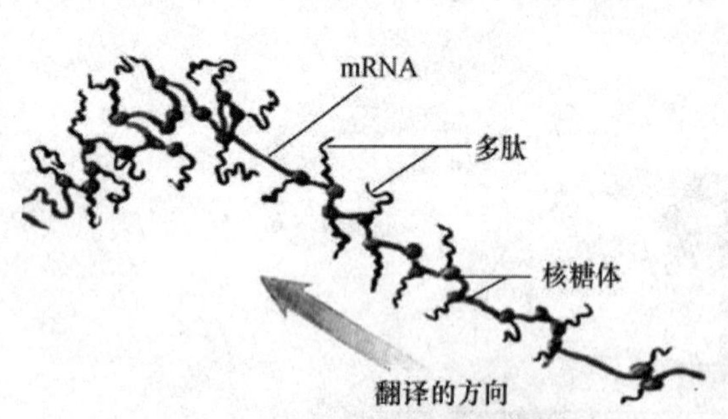

图 14-19 多核糖体同时合成多肽链

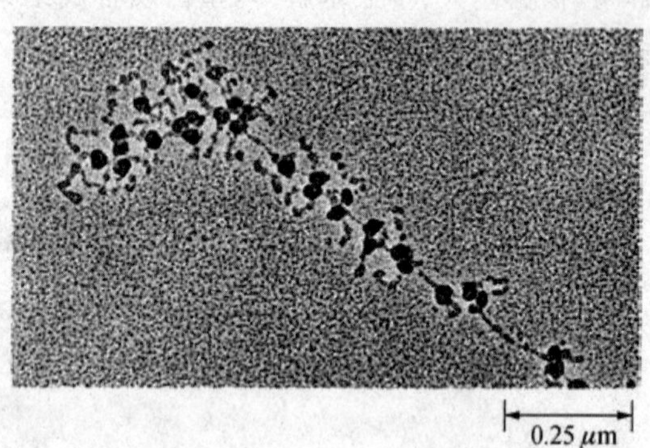

图 14-20 电镜下的多核糖体

在细胞质中，大多数核糖体处于非活性的稳定状态单独存在。只有少数与 mRNA 一起形成多核糖体。在多核糖体中，其大小变化与 mRNA 链的长短及核糖体的组装紧密程度有关。一般一条 mRNA 的最大利用率是每 80 个核苷酸有 1 个核糖体。

14.3.6 真核细胞蛋白质的合成

真核生物蛋白质合成与原核生物两者相比，密码相同，各种组分相似，亦有核糖体、tRNA 及各种蛋白质因子。总的合成途径也相似，有起始、延伸及终止阶段，但也有不同之处。

1. 真核生物核糖体

真核生物的核糖体(80S)大于原核生物(70S)，其中小亚基为 40S，含有一种 rRNA(18S rRNA)，大亚基为 60S，含有 3 种 rRNA(28S rRNA、5.8S rRNA 和 5S rRNA)。所含的核糖体蛋白质亦多于原核生物。原核生物小亚基 16S rRNA 的 3′端有一富含嘧啶的区段，可与其 mRNA 起始部位富含嘌呤的 SD 区互补结合。真核生物相应的 rRNA(18S rRNA)无此互补区，但有与帽子结构作用区。实验说明帽子结构能促进起始反应，因为核糖体上有专一位点或因子识别 mRNA 的帽子，使 mRNA 与核糖体结合。帽子在 mRNA 与 40S 亚基结合过程中还起稳定作用。

带帽子的 mRNA 5′端与 18S rRNA 的 3′端序列之间存在不同于 SD 序列的碱基配对型相互作用。Kozak 等提出了一个“扫描模型”来解释 40S 亚基对 mRNA 起始密码子的识别作用。按照这个模型，40S 小亚基先结合在 mRNA 5′端的任何序列上，然后沿 mRNA 移动直至遇到 AUG 发生较为稳定的相互作用，最后与 60S 亚基结合生成 80S 起始复合物，mRNA 上的起始密码 AUG 在 Met-tRNA$_i^{Met}$ 的反密码位置固定下来，进行翻译起始。

2. 真核起始氨基酸

真核生物中肽链合成的起始氨基酸是甲硫氨酸，而不是甲酰甲硫氨酸。在氨酰-tRNA 合

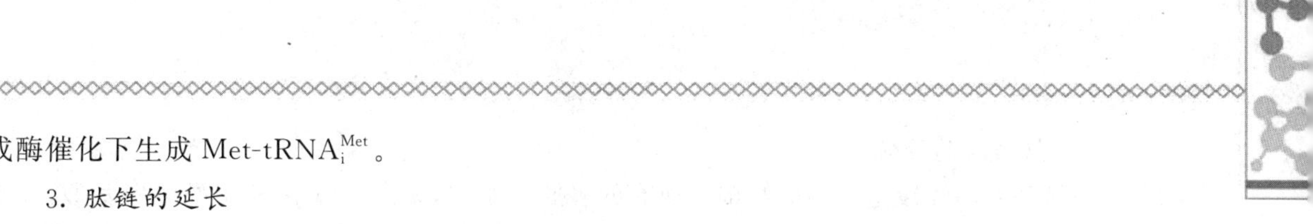

成酶催化下生成 Met-$tRNA_i^{Met}$。

3. 肽链的延长

真核生物的肽链延长与原核生物相似，只是延伸因子 EF-Tu 和 EF-Ts 被 eEF-1 取代，而 EF-G 则被 eEF-2 取代。

延伸因子 eEF-1 是个多聚体蛋白质，大多数由 α，β，γ，δ 4 个亚基组成。eEF-1α 的分子质量是 50 ku，作用与 EF-Tu 相似，与 GTP 和氨酰-tRNA 形成复合物，并把氨酰-tRNA 传递给核糖体。在每一轮循环中，GTP 在 eEF-1α 从核糖体上释放之前被水解。eEF-1β 具鸟苷酸交换活性，作用与 EF-Ts 相似，eEF-1γ 常与 eEF-1β 形成复合物，增加后者的 GDP-GTP 交换功能。在脊椎动物中还有 eEF-1δ，它与 eEF-1β 具同源性。这样，eEF-1αβγδ 复合物就包含有两个蛋白质交换因子，而在原核生物中只有一个 EF-Ts 交换因子。

延伸因子 eEF-2 是个单体蛋白，分子质量约 100 ku。它相当于原核生物中的 EF-G，催化 GTP 水解，使氨酰-tRNA 从 A 位转移至 P 位。Nilsson 报道，eEF-2 可以与核糖体形成高亲和力与低亲和力两种形式的复合物，前者相当于移位前状态，后者相当于移位后状态，并且在后者中，其 GTP 酶活性被激活。eEF-2 可与 GDP 形成稳定的二元复合物，与 GDP 的结合比与 GTP 的结合高 10 倍。

延伸因子 eEF-3 是在真菌中发现的。是一条 120～125 ku 的多肽链，可结合 GTP，亦能水解 GTP 与 ATP，eEF-3 在翻译的校正阅读方面起重要作用。由 EF-3 介导，使 eEF-1α·GTP·氨酰-tRNA 三元复合物先结合到该位点上，然后再以密码依赖的方式进入 A 位点。这样能保证 tRNA 正确进位。eEF-3 的 ATP 酶活性可能与氨酰-tRNA 在核糖体上位点之间移动有关。

4. 终止释放因子不同

真核生物肽链合成的终止仅涉及一个释放因子 eRF。eRF 分子质量约 115 ku。它可识别 3 种密码子 UAA，UAG，UGA。eRF 在活化了肽酰转移酶释放出新生的肽链后，即从核糖体上解离。解离时 GTP 水解，故终止肽链合成是耗能的。

14.3.7 蛋白质合成后的修饰与折叠

从核糖体释放出的新生多肽链不具备蛋白质生物活性，必须经过不同的翻译后复杂加工过程才转变为天然构象的功能蛋白。

1. 高级结构修饰

(1)亚基聚合　具有四级结构的蛋白质各亚基分别合成，再聚合成四级结构。亚基聚合过程有一定顺序，各亚基聚合方式及次序由亚基的氨基酸序列决定。成人血红蛋白由两条 α 链，两条 β 链及四分子血红素所组成。α 链在多聚核糖体合成后自行释下，并与尚未从多聚核糖体上释下的 β 链相连，然后一并从多聚核糖体上脱下来，变成 α、β 二聚体。此二聚体再与线粒体内生成的两个血红素结合，最后形成一个由四条肽链和四个血红素构成的有功能的血红蛋白分子。

(2)辅基连接　蛋白质与糖、脂类、核酸、血红素等结合形成糖蛋白、脂蛋白、核蛋白、血红蛋白等结合蛋白质。

(3)疏水脂链的共价连接

2. 一级结构的修饰

(1)氨基末端和羧基末端的修饰　所有的多肽开始端,无论细菌中 N-甲酰甲硫氨酸,还是真核生物中 N-甲硫氨酸,其甲酰基、氨基末端的 Met 残基以及其他额外的氨基末端和羧基末端的一些残基往往被相应的酶除去,因此不存在于最后的功能性蛋白中。

在几乎 50%的真核蛋白中,其翻译后氨基末端残基的氨基都要被乙酰化,羧基端残基有时也被修饰。

(2)蛋白质前体中不必要肽段的切除　分泌型蛋白质如白蛋白、免疫球蛋白与催乳素(prolactin)等,在合成时都带有一段称为"信号肽(signal peptide)"的肽段,信号肽在肽链合成结束前已被切除。有些蛋白质前体在合成结束后尚需切除其他肽段。如新合成的胰岛素前体是前胰岛素原,必须先切去信号肽变成胰岛素原,再切去 B-肽,才变成有活性的胰岛素。不少多肽类激素和酶的前体也要经过加工才能变为活性分子,如血纤维蛋白原、胰蛋白酶原经过加工切去部分肽段才成为有活性的血纤维蛋白、胰蛋白酶。

某些新生蛋白质含有部分间隔顺序待剪切,其意义类似于 hnRNA 中的内含子,此片段称为内蛋白子(intein)。

(3)氨基酸侧链的修饰　氨基酸侧链的修饰作用包括磷酸化、糖基化、甲基化、乙基化、羟基化和羧基化等。糖蛋白主要是通过蛋白质侧链上的天冬氨酸、丝氨酸、苏氨酸残基加上糖基形成的。实验证明,内质网可能是蛋白质 N-糖基化的主要场所。胶原蛋白上的脯氨酸和赖氨酸多数是羟基化的。

(4)异戊二烯基团的附加　许多真核蛋白被异戊二烯化:在蛋白的 Cys 残基和异戊二烯基团之间形成硫醚键。以这种方式修饰的蛋白包括 ras 肿瘤基因、原癌基因的产物、G 蛋白和存在于核基质中的核纤层蛋白。在一些情况下,异戊二烯基团可将蛋白锚定于膜中。当异戊二烯化过程被阻断后,ras 肿瘤基因就失去转化(致癌)活性。人们力图将这种翻译后修饰途径的抑制剂用于癌症化学疗法。

(5)二硫键的形成　不少蛋白质都含有二硫键,这是蛋白质合成后通过两个半胱氨酸的氧化作用生成的。以这种方式形成的交联有助于保护蛋白分子的天然构象,它不受细胞外环境影响而变性。

(6)多蛋白的加工　真核生物 mRNA 的翻译产物为单一多肽链,有时这一肽链经加工,可产生一个以上功能不同的蛋白质或多肽。此类原始肽链称作多蛋白(polyprotein)。例如,垂体促肾上腺皮质激素(corticotropin,ACTH)、β 内啡肽(endorphin)、α、β 促黑色细胞素(melanocyte-stimulating hormone,MSH)均从称为阿片促黑皮质激素原(pro-opio-melanocortin,POMC)一条由 265 个氨基酸残基组成的多蛋白裂解而来。

3. 多肽链折叠为天然的三维结构

新生肽链的折叠在肽链合成中、合成后完成,新生肽链 N 端在核糖体上一出现,肽链的折叠即开始。可能随着序列的不断延伸肽链逐步折叠,产生正确的二级结构、模体、结构域到形成完整空间结构。

一般认为,多肽链自身氨基酸顺序储存着蛋白质折叠的信息,即一级结构是空间结构的基础。

细胞中大多数天然蛋白质折叠都不是自动完成,而需要其他酶、蛋白质辅助。

几种有促进蛋白折叠功能的大分子:

(1)分子伴侣(molecular chaperon)　分子伴侣是一类在序列上没有相关性但有共同功能的蛋白质,它们在细胞内帮助其他多肽的结构完成正确的组装,而且在组装完毕后与之分离,不构成这些蛋白质结构执行功能时的组分。包括两大家族(图 14-21 和图 14-22):

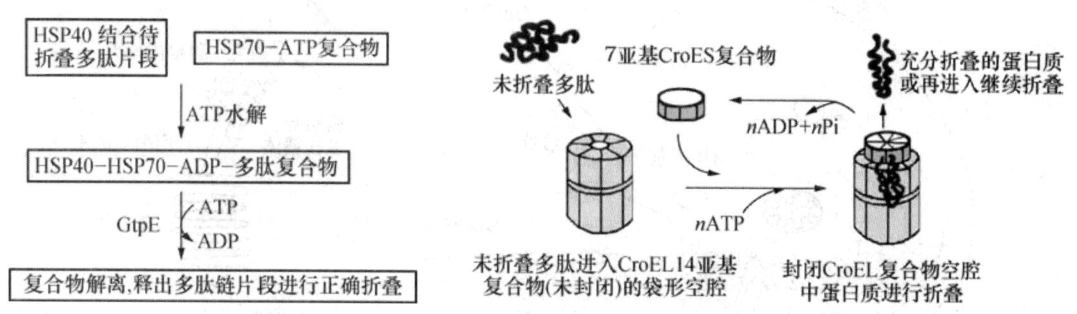

图 14-21　HSP70 家族促进蛋白质折叠过程　　图 14-22　伴侣素系统促进蛋白质折叠过程

①热休克蛋白 70(HSP70)家族:HSP70、HSP40 和 GreE 族。在体内,HSP70 家族成员的主要功能是以 ATP 依赖的方式结合未折叠多肽链的疏水区以稳定蛋白质的未折叠状态,再通过有控制的释放帮助其折叠;

②热休克蛋白 60(HSP60)家族/伴侣素(chaperonins):HSP60 和 HSP10/GroEL 和 GroES。伴侣素的主要作用是以依赖 ATP 的方式促进体内正常和应急条件下的蛋白质折叠,为非自发性折叠蛋白质提供能折叠形成天然空间构象的微环境。

(2)蛋白二硫键异构酶　多肽链内或肽链之间二硫键的正确形成对稳定分泌蛋白、膜蛋白等的天然构象十分重要,这一过程主要在细胞内质网进行。

硫键异构酶在内质网腔活性很高,可在较大区段肽链中催化错配二硫键断裂并形成正确二硫键连接,最终使蛋白质形成热力学最稳定的天然构象。

(3)肽酰-脯氨酰顺反异构酶　肽链中肽酰-脯氨酸间形成的肽键有顺反两种异构体,空间构象明显差别。肽酰-脯氨酰顺反异构酶可促进上述顺反两种异构体之间的转换。

肽酰-脯氨酰顺反异构酶是蛋白质三维构象形成的限速酶,在肽链合成需形成顺式构型时,可使多肽在各脯氨酸弯折处形成准确折叠。

14.3.8　蛋白质合成后的定位

在核糖体上新合成的多肽被送往细胞的各部分,以行使各自的生物功能,大肠杆菌新合成多肽,一部分仍停留在胞浆中,一部分则被送到质膜、外膜或质膜与外膜之间的空隙,有的也可分泌到胞外。真核生物细胞中新合成的多肽被送往溶酶体、线粒体、叶绿体、胞核等细胞器(图 14-23)。

研究发现蛋白质在细胞内的最终定位取决于其自身蛋白质的特性、相对长短以及其氨基酸序列。这些序列可决定蛋白质是被分泌、运输至核内还是其他细胞器内。例如,不同的 N 端序列能导致蛋白质进入线粒体或叶绿体,任何 5 个连续的带正电荷氨基酸是核内定位信号,能导致含该序列的蛋白质(如组蛋白)被运进核内。不同的糖基化修饰控制着蛋白质的最终定位等。

1. 蛋白质易位的途径

蛋白质插入或穿过生物膜的过程称为蛋白质易位(protein translocation)。蛋白质易位有

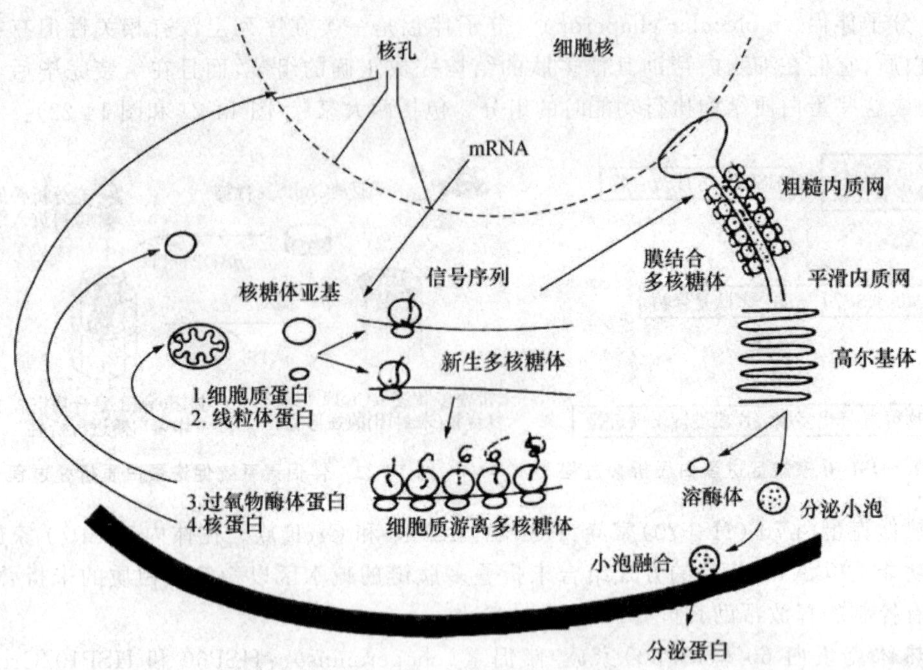

图 14-23　蛋白质合成后的定位

2 个主要途径。

(1)共翻译易位(co-translational translocation)　是即将进入内质网的蛋白质的易位方式。蛋白质正合成的时候就可与易位装置结合,结果使核糖体定位于内质网表面,称膜结合核糖体(membrane-bound ribosome)。

膜结合核糖体合成 3 类主要的蛋白质,包括溶酶体蛋白、分泌胞外的蛋白质和构建质膜骨架的蛋白质 。

(2)翻译后易位(post-translational translocation)　蛋白质翻译完成后从核糖体上释放,然后扩散至合适靶膜并与易位装置结合。

蛋白质合成时,其核糖体不与任何细胞器相连,称游离核糖体(free ribosome)。游离核糖体负责合成装配线粒体、叶绿体、输入到细胞核等的蛋白质。

2. 蛋白质的共翻译易位

(1)信号肽及其特性　一般认为,蛋白质定位的信息存在于该蛋白质自身结构中,并且通过与膜上特殊受体的相互作用得以表达,这就是信号肽假说的基础。这一假说认为,蛋白质跨膜运转信号也是由 mRNA 编码的。在起始密码子后,有一段编码疏水性氨基酸序列的 RNA 区域,该区域编码的氨基酸序列就被称为信号序列。信号序列在结合核糖体上合成后便与膜上特定信号识别颗粒(signal recognition particle,SRP)相互作用,产生通道,允许这段多肽在延长的同时穿过膜结构,因此,这种方式是边翻译边跨膜运转。

绝大部分被运入内质网内腔的蛋白质都带有一个信号肽,该序列常常位于蛋白质的氨基末端,长度一般在 13～36 个残基,有如下特点:一般带有 10～15 个疏水氨基酸;在靠近该序列 N-端常常有 1 个或数个带正电荷的氨基酸;在其 C-末端靠近蛋白酶切割位点处常常带有数个极性氨基酸,离切割位点最近的那个氨基酸往往带有很短的侧链(丙氨酸或甘氨酸)(图 14-24)。

N端侧碱性区　　疏水核心区　　C端加工区

	信号肽序列	剪切位点后
人生长激素	MATGSRTSLLLAFGLLCLPWLQEGSA	FPT
人胰岛素原	MALWMRLLPLLALLALWGPDPAAA	FVN
牛白蛋白原	MKWVTFISLLLFSSAYS	RGV
鼠抗体H链	MKVLSLLYLLTAIPHIMS	DVQ
鸡溶解酶	MRSLLIIVLCFIPKLAALG	KVF
蜜蜂蜂毒原	MKFLVNVALVFMVVYISYIYA	APE
果蝇胶蛋白	MKLLVVAVIACMLIGFADPASG	CKD
玉米蛋白19	MAAKIFCLIMLLGLSASAATA	SIF
酵母转化酶	MLLOAFLFLLAGFAAKISA	DMT
人流感病毒A	MKAKLLVLLYAFVAG	DQI

■ 碱性氨基酸　　疏水氨基酸　　剪切位点

图 14-24　信号肽一级结构

(2)信号肽与蛋白质转运的关系　①完整的信号多肽是保证蛋白质运转的必要条件。信号序列中疏水性氨基酸突变成亲水性氨基酸后，会阻止蛋白质运转而使新生蛋白质以前体形式积累在胞质中；②仅有信号肽还不足以保证蛋白质运转的发生；③信号序列的切除并不是运转所必需的。如果把细菌外膜脂蛋白信号序列中的甘氨酸残基突变成天冬氨酸残基，能抑制该蛋白信号肽的水解，但不能抑制其跨膜运转；④并非所有的运转蛋白质都有可降解的信号肽。

卵清蛋白是以翻译运转同步机制进入微粒体中的，但它并没有可降解的信号序列。有人认为，在卵清蛋白分子的中心区域有相当于信号肽功能的肽段存在。据此，“信号肽”应当定义为：能启动蛋白质运转的任何一段多肽。

(3)蛋白质共翻译易位的基本过程　根据信号肽假说，同细胞质中其他蛋白质的合成一样，分泌蛋白的生物合成开始于结合核糖体，当翻译进行到大约 50～70 个氨基酸残基之后，信号肽开始从核糖体的大亚基露出，被粗糙内质网膜上的 SRP 识别，并与之相结合。信号肽过膜后被内质网腔的信号肽酶水解，正在合成的新生肽随之通过蛋白孔道穿越疏水的双层磷脂。

SRP 能同时识别正在合成需要通过内质网膜进行运转的新生肽和结合核糖体，它与这类核糖体上新生蛋白的信号肽结合是多肽正确运转的前提，但同时也导致了该多肽合成的暂时终止(此时新生肽一般长约 70 个残基)。SRP-信号肽-核糖体复合物即被引向内质网膜并与 SRP 的受体——DP(docking protein，停靠蛋白)相结合。只有当 SRP 与 DP 相结合时，多肽合成才恢复进行，信号肽部分通过膜上的核糖体受体及蛋白运转复合物跨膜进入内质网内腔，新生肽链重新开始延伸(图 14-25)。

整个蛋白跨膜以后，信号肽被水解，形成高级结构和成熟型蛋白质，并被运送到相应细胞器。SRP 与 DP 的结合很可能导致受体聚集而形成膜孔道，使信号肽及与其相连的新生肽得以通过。此时，SRP 与 DP 相分离并恢复游离状态。待翻译过程结束后，核糖体的大、小亚基解离，受体解聚，通道消失，内质网膜也恢复完整的脂双层结构。进入内质网内腔后，蛋白质常以运转载体的形式被送入高尔基体或形成运转小泡，分别运送到各自的亚细胞位点。

3. 蛋白质的翻译后易位

(1)前导肽及其特性　翻译后跨膜易位的蛋白质，前体一般含前导肽(leader peptide)，前

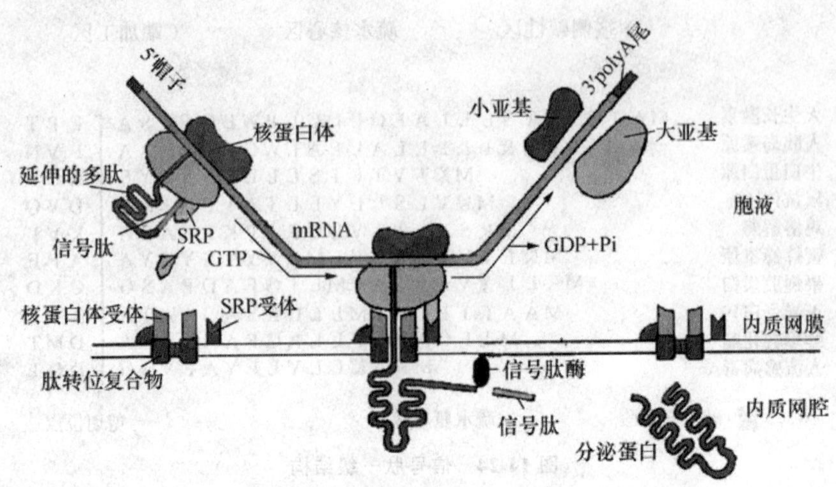

图 14-25　信号肽引导真核分泌蛋白进入内质网

导肽在跨膜运转中起重要作用。过膜后，前导肽水解，蛋白质变为有功能的蛋白质。

前导肽的一般特性：①带正电荷碱性氨基酸(Arg)较丰富，分散于不带电荷的氨基酸序列之间；②缺少带负电荷的酸性氨基酸；③羟基氨基酸(Ser)含量较高；④有形成两性(亲水和疏水)α-螺旋能力。

(2)蛋白质穿越不同器膜的过程　研究发现，叶绿体和线粒体中有许多蛋白质和酶是由细胞质提供的，其中绝大多数以翻译后运转机制进入细胞器内。

①线粒体蛋白质跨膜运转。线粒体蛋白质跨膜运转过程有如下特征：通过线粒体膜的蛋白质在运转之前大多数以前体形式存在，它由成熟蛋白质和 N 端延伸出的一段前导肽共同组成；蛋白质通过线粒体内膜的运转是一种需能过程；蛋白质通过线粒体膜运转时，首先由外膜上的特定受体复合蛋白识别与 Hsp70 或 MSF 等分子伴侣相结合的待运转多肽，通过膜上特定通道进入线粒体内腔(图 14-26)。

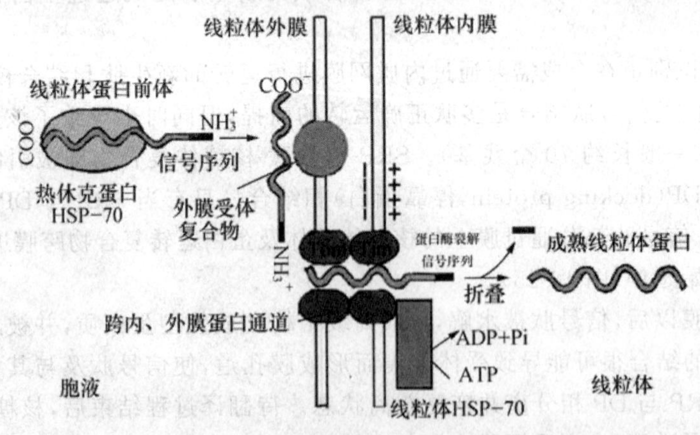

图 14-26　线粒体蛋白的定向运送

②叶绿体蛋白质的跨膜运转。叶绿体蛋白质运转过程有如下特点：活性蛋白水解酶位于叶绿体基质内，这是鉴别翻译后运转的指标之一；叶绿体膜能够特异地与叶绿体蛋白的前体结

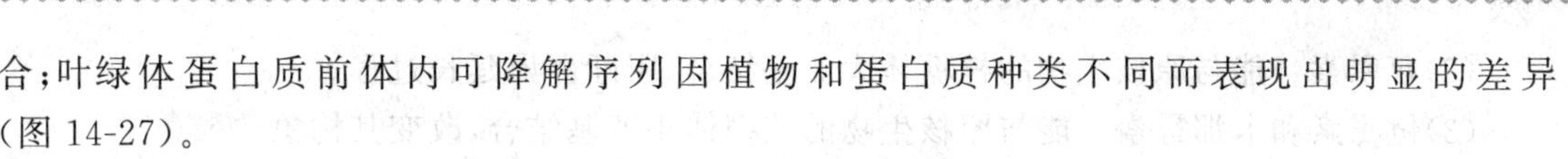

合;叶绿体蛋白质前体内可降解序列因植物和蛋白质种类不同而表现出明显的差异(图 14-27)。

③核定位蛋白的运转机制。在细胞质中合成的蛋白质一般通过核孔进入细胞核(图 14-28)。

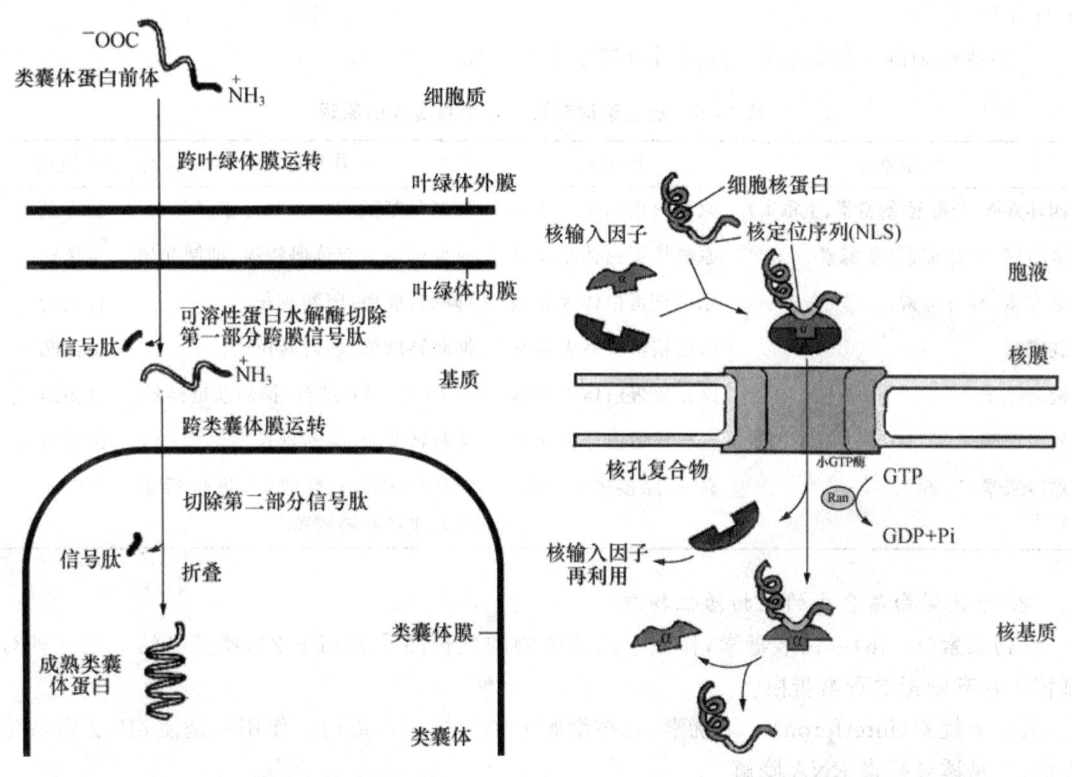

图 14-27　叶绿体蛋白的跨膜运送

图 14-28　细胞核蛋白的跨膜运送

所有核糖体蛋白都首先在细胞质中被合成,运转到细胞核内,在核仁中被装配成 40S 和 60S 核糖体亚基,然后运转回到细胞质中行使作为蛋白质合成机器的功能。RNA 聚合酶、DNA 聚合酶、组蛋白、拓扑异构酶及大量转录、复制调控因子都必须从细胞质进入细胞核才能正常发挥功能。

核膜重建的过程中,分散在细胞内的核蛋白须重新运入核内,因此为核蛋白定位的信号肽一般都不被切除。

④穿越过氧化物酶体膜。过氧化物酶体膜上也有类似的装置,但底物蛋白质并不直接与其结合。需载体蛋白协助穿过膜。

14.3.9　蛋白质合成抑制剂

蛋白质生物合成是很多天然抗生素和某些毒素的作用靶点。它们就是通过阻断真核、原核生物蛋白质翻译体系某组分功能,干扰和抑制蛋白质生物合成过程而起作用的。

1. 抗生素类

抗生素是微生物产生的能够杀灭或抑制细菌的一类药物。抗生素的作用原理见表 14-5。

(1)四环素类　包括土霉素等,它能抑制氨酰-tRNA 与原核细胞的核糖体结合,抑制细菌蛋白质的合成。

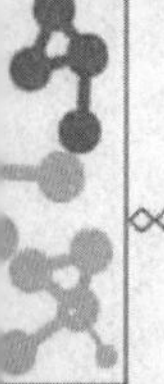

(2)氯霉素　能与原核生物的核糖体大亚基结合,阻断翻译延长过程。

(3)链霉素和卡那霉素　能与原核生物的核糖体小亚基结合,改变其构象。

(4)嘌呤霉素　结构与酪氨酰-tRNA相似,占据A位,对原核与真核细胞的翻译过程均有干扰作用。

(5)放线菌酮　抑制转肽酶,只对真核生物起作用。

表14-5　抗生素抑制蛋白质生物合成的原理

抗生素	作用点	作用原理	应用
四环素族(金霉素 新霉素、土霉素)	原核核蛋白体小亚基	抑制氨基酰-tRNA与小亚基结合	抗菌药
链霉素、卡那霉素、新霉素	原核核蛋白体小亚基	改变构象引起读码错误、抑制起始	抗菌药
氯霉素、林可霉素	原核核蛋白体大亚基	抑制转肽酶、阻断延长	抗菌药
红霉素	原核核蛋白体大亚基	抑制转肽酶、妨碍转位	抗菌药
梭链孢酸	原核核蛋白体大亚基	与EFG-GTP结合,抑制肽链延长	抗菌药
放线菌酮	真核核蛋白体大亚基	抑制转肽酶、阻断延长	医学研究
嘌呤霉素	真核、原核核蛋白体	氨基酰-tRNA类似物,进位后引起未成熟肽链脱落	抗肿瘤药

2. 干扰蛋白质合成的生物活性物质

(1)毒素(toxin)　白喉毒素,作用于真核生物的延长因子2(eEF-2),使其失活。是一种对真核生物有剧毒的毒素蛋白。

(2)干扰素(interferon)　干扰素,真核细胞分泌的抗病毒蛋白。作用一是使eIF-2磷酸化失活;二是诱导病毒RNA降解。

本章小结

蛋白质的生物合成过程是以mRNA分子中的密码子为模板,由tRNA携带相应氨基酸在核糖体上合成多肽的,合成过程中需要多种成分参与。

mRNA是蛋白质合成的模板。每三个核苷酸决定一个氨基酸及其位置,称为三联体密码或密码子。密码共有64个,其中61个编码氨基酸,3个不编码氨基酸,为终止信号,起始密码子是AUG,编码甲硫氨酸。遗传密码是无标点符号的、简并的,而且接近于完全通用。

tRNA是运载氨基酸的工具。tRNA携带氨基酸并到达核糖体,tRNA的反密码子用来识别mRNA上的密码子。

核糖体是蛋白质生物合成的场所。原核生物的核糖体70S是由50S和30S两个亚基组成,真核生物是80S,由40S和60S两个亚基组成。若干个核糖体与mRNA同时结合形成多核糖体。

肽链的合成分4步进行:氨基酸的活化、肽链合成的起始、延伸和终止释放。合成后进行加工修饰才能成为具有活性的蛋白质。然后再运送到作用点。

复习思考题

1. 遗传密码有何特点？
2. tRNA 分哪几类？有何功能？
3. 核糖体有哪些活性位点？
4. 试述原核生物蛋白质合成过程。
5. 试比较真核生物和原核生物蛋白质合成过程的异同。
6. 试述蛋白质合成后的修饰与折叠。

第15章 代谢调节

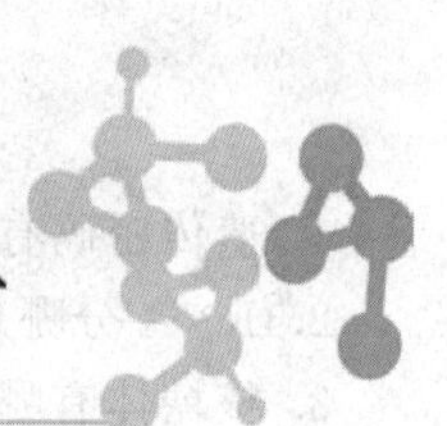

◈内容提示与教学目标

【说明】主要使学生了解新陈代谢是一个生物体不断自我更新的过程，新陈代谢包括物质代谢和能量代谢，通过代谢调节，使生物体内各物质代谢既相互联系又相互制约，形成统一的整体。

重点掌握：代谢调节的概念、代谢调节的主要层次：分子水平的调节，细胞水平的调节、激素和神经水平的调节；代谢调节的基本机制：酶活性调节和酶含量调节；酶活性调节：反馈抑制、共价修饰、级联放大系统；酶含量的调节包括操纵子学说和泛素-蛋白酶体降解。

一般了解：细胞水平的调节，激素和神经调节的详细机理，真核基因表达调控的详细机制等。

本章难点：代谢途径的相互联系；操纵子学说；泛素调节的蛋白质降解机制。

新陈代谢是生物体最基本的特征之一。组成生物体的有机分子，如蛋白质、多糖和脂肪等不断进行着分解代谢和合成代谢。

分解代谢的主要目的是生成能量（主要是ATP）、还原力（主要是NADPH）和各种生物分子合成的前体。分解代谢可以分为4个主要的阶段，第一阶段是有机大分子降解为其基本结构单元，如蛋白质降解为氨基酸，淀粉（或糖原）降解为葡萄糖，核酸降解为核苷酸等，第二阶段是生物大分子的基本结构单元降解为乙酰CoA，如葡萄糖经糖酵解生成丙酮酸，丙酮酸在丙酮酸脱氢酶系的作用下生成乙酰CoA，第三个阶段是乙酰CoA进入三羧酸循环彻底降解为CO_2和还原型辅酶，第四个阶段是还原型辅酶进入电子传递和氧化磷酸化生成ATP。

而合成代谢则利用分解代谢产生的ATP和还原力，合成生命活动所必需的各种生物分子。合成代谢一般分为3个主要阶段，第一阶段是前体分子的活化，如葡萄糖活化为UDPG，氨基酸活化为氨酰-tRNA，核苷酸活化为核苷三磷酸等；第二个阶段是生物大分子的合成，如蛋白质的合成过程，包括起始复合物的形成（核糖体、起始氨酰tRNA和mRNA），肽链的延伸（氨酰tRNA的进位、成肽和移位3个步骤不断循环）和肽链合成的终止（mRNA终止密码子出现）；第三个阶段是生物大分子合成后的加工与折叠，如蛋白质合成后要进行各种化学修饰，并最终折叠成有功能的高级结构。

分解代谢和合成代谢既相互区别，又相互联系、相互制约。比如，脂肪酸的氧化降解主要在线粒体中进行，降解的产物是乙酰CoA，而后乙酰CoA进入三羧酸循环生成能量和还原力，而脂肪酸的从头合成主要在细胞质中进行，其合成的前体分子也是乙酰CoA，同时要消耗能量和还原力。生物体通过精密的调节控制，使上述两个相反的代谢过程始终处于动态平衡之中，代谢调节就是揭示生物体内不同有机分子的代谢过程相互制约、彼此协调及其控制规律的科学。

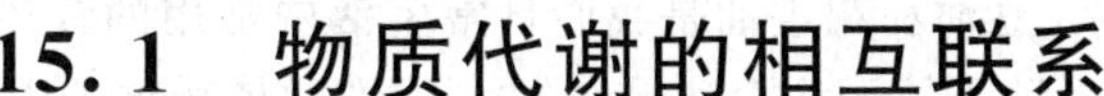

15.1 物质代谢的相互联系

15.1.1 细胞代谢网络

生物细胞内主要含有20种蛋白质氨基酸，核糖和脱氧核糖，葡萄糖和果糖，甘油和脂肪酸，腺嘌呤(A)、胸腺嘧啶(T)、尿嘧啶(U)、胞嘧啶(C)和鸟嘌呤(G)5种碱基，乙醇胺和胆碱等30多种基本的小分子物质，由这些小分子物质组成主要的4类生物大分子、蛋白质、核酸(核糖核酸和脱氧核糖核酸)、多糖(如淀粉和纤维素)和脂肪。在前面的章节中，我们已经介绍了每种生物大分子各自的合成代谢和分解代谢途径，然而，这些代谢途径不是孤立进行的，它们之间有很多交叉点，交叉点上的中间代谢物，比如6-磷酸葡萄糖、磷酸二羟丙酮、丙酮酸、乙酰辅酶A、草酰乙酸、α-酮戊二酸等，使上述各个代谢途径相互联系，形成一个复杂的经济有效、运转平衡的细胞代谢网络，部分物质代谢相互关系如图15-1所示。

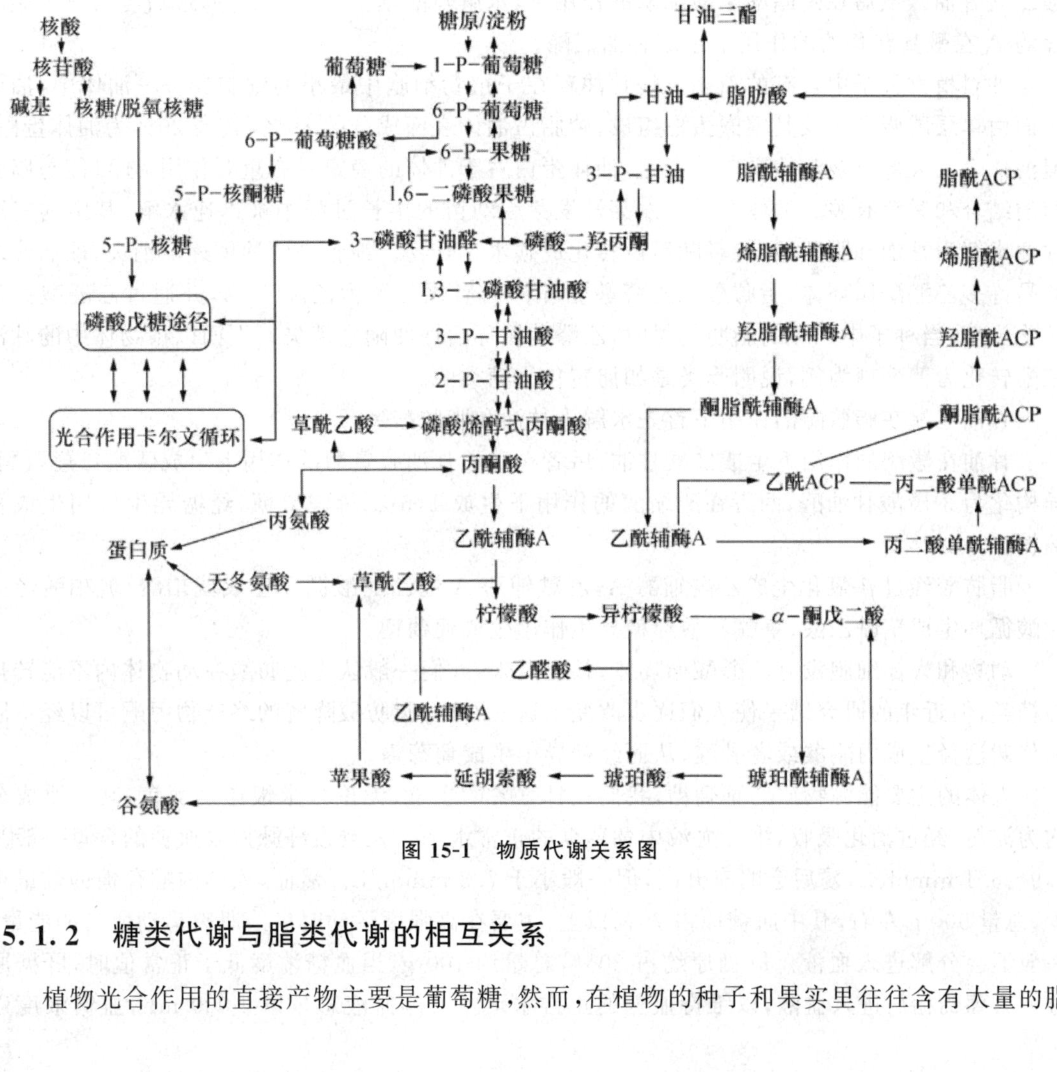

图15-1 物质代谢关系图

15.1.2 糖类代谢与脂类代谢的相互关系

植物光合作用的直接产物主要是葡萄糖，然而，在植物的种子和果实里往往含有大量的脂类。比如麻疯树的种子，其平均含油量在50%左右，最高可达80%以上，是目前生产生物柴油的主要能源植物之一。大豆油和花生油是我们日常生活中常用的食用油，大豆种子的平均含油量在20%上下，而花生种子的平均含油量在40%左右。植物种子中的这些脂类显然是由糖类转化而来的。下面以植物体中的葡萄糖转化为甘油三酯为例，说明糖类是如何转化为脂类的。

α-磷酸甘油的生成过程：葡萄糖经过糖酵解作用，首先磷酸化生成6-磷酸葡萄糖，异构化为6-磷酸果糖，再磷酸化为1,6-二磷酸果糖，在醛缩酶的作用下，生成磷酸二羟丙酮（可以直接用于甘油三酯的合成），在磷酸甘油脱氢酶的作用下，生成α-磷酸甘油（可以直接用于甘油三酯的合成），在α-磷酸甘油酯酶的作用下生成甘油。

脂肪酸的生成过程：葡萄糖经过糖酵解作用，生成丙酮酸，在丙酮酸脱氢酶系的作用下，生成乙酰辅酶A，然后在脂肪酸合成酶系的作用下，从头合成棕榈酸（软脂酸），最后经不同的脂肪酸链延长系统，可以合成不同链长的脂肪酸。

甘油三酯的生成过程（内质网）：α-磷酸甘油与脂酰辅酶A在酰基转移酶的作用下，生成溶血磷脂酸（磷酸单酰甘油），再与第二个脂酰辅酶A在酰基转移酶的作用下，生成磷脂酸（磷酸二酰甘油），然后在磷脂酸磷酸酯酶的作用下，水解磷酸基生成甘油二酯，最后与第三个脂酰辅酶A在酰基转移酶的作用下生成甘油三酯。

油料植物种子中含有的液态三酰甘油存在于植物细胞中最小的细胞器——油体中，油体表面由单层磷脂分子及其镶嵌蛋白组成，磷脂占油体表面成分的80%，其余20%为油体蛋白，但油体表面大部分被油体蛋白所覆盖，油体蛋白对于油体的稳定具有重要作用，还可能与脂肪酶的结合和激活有关。油体在种子发芽及发芽后幼苗的生长过程中被迅速水解，其中的三酰甘油水解为甘油和脂肪酸，二者随后被转化成碳水化合物。细胞中的油体逐渐消失，取而代之的是许多乙醛酸循环体，脂肪酸在乙醛酸循环体内氧化分解为乙酰CoA，并通过乙醛酸循环转化为糖，当种子中贮藏的脂肪耗尽时，乙醛酸循环活性便随之消失。下面以植物体中的甘油三酯转化为葡萄糖为例，说明脂类是如何转化为糖类的。

甘油三酯在脂肪酶的作用下首先水解为甘油和脂肪酸。

甘油在激酶的作用下生成磷酸甘油，后者在磷酸甘油脱氢酶的作用下生成磷酸二羟丙酮，异构化为3-磷酸甘油醛，两者在醛缩酶的作用下生成1,6-二磷酸果糖，经糖异生作用生成葡萄糖。

脂肪酸经过β-氧化生成乙酰辅酶A，乙酰辅酶A经乙醛酸循环生成琥珀酸，琥珀酸经三羧酸循环生成草酰乙酸，草酰乙酸经糖异生作用生成葡萄糖。

动物和人体细胞没有乙醛酸循环体，长期以来，人们一般认为脂肪酸在动物体内不能转化为糖类，但近年的研究结果使人们逐步改变了这一看法，脂肪酸降解的终产物丙酮可以经不同的代谢途径生成丙酮酸或者乳酸，从而经糖异生生成葡萄糖。

人体的主要能源物质为葡萄糖，我们一日三餐的主食，无论是米饭还是面食，其主要成分均为淀粉，经过消化吸收，维持血液中葡萄糖的正常水平。人空腹静脉血浆血糖的含量一般为3.9～6.1 mmol/L，餐后会略有升高，但一般小于7.8 mmol/L。然而，人体内贮存糖的数量很少，总量500 g左右，其中肌糖原占70%以上，主要在高强度运动时供给肌肉运动所需的能量，一般不会分解进入血液。肝糖原约占20%，总量约100 g，当血糖浓度低于正常值时，肝糖原分解为葡萄糖后进入血液，以维持血糖的正常水平。人体血液总量以4 000 mL，血糖浓度以

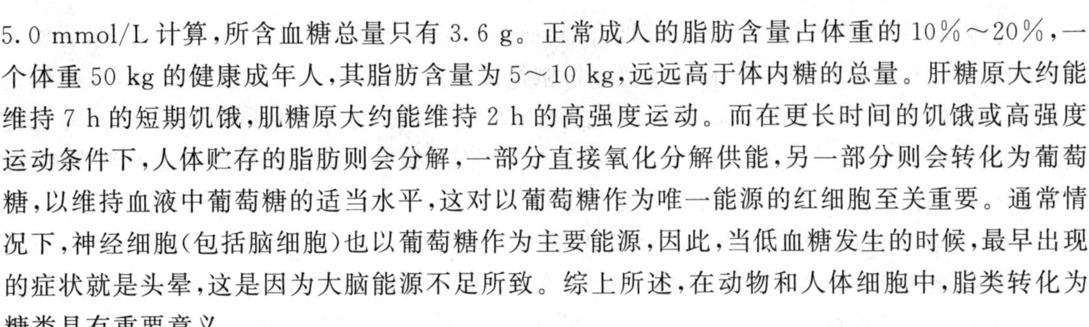

5.0 mmol/L 计算，所含血糖总量只有 3.6 g。正常成人的脂肪含量占体重的 10%～20%，一个体重 50 kg 的健康成年人，其脂肪含量为 5～10 kg，远远高于体内糖的总量。肝糖原大约能维持 7 h 的短期饥饿，肌糖原大约能维持 2 h 的高强度运动。而在更长时间的饥饿或高强度运动条件下，人体贮存的脂肪则会分解，一部分直接氧化分解供能，另一部分则会转化为葡萄糖，以维持血液中葡萄糖的适当水平，这对以葡萄糖作为唯一能源的红细胞至关重要。通常情况下，神经细胞(包括脑细胞)也以葡萄糖作为主要能源，因此，当低血糖发生的时候，最早出现的症状就是头晕，这是因为大脑能源不足所致。综上所述，在动物和人体细胞中，脂类转化为糖类具有重要意义。

糖类和脂类，除了物质上可以相互转化以外，在能量上也是相互补充和利用的关系。糖类降解产生的能量和还原力可以用于脂肪酸的生物合成，而脂类代谢产生的能量也可用于糖异生。

15.1.3 糖类代谢与蛋白质代谢的相互关系

糖类一般作为生物体的主要能源物质，而蛋白质则作为生物体的组成物质和生命活动的主要执行者与体现者。因此，对于生物体来说，糖类和蛋白质的相互转化具有重要意义。

作为自养生物的植物，其光合作用的直接产物主要为葡萄糖，那么，植物体内的蛋白质显然是由糖类转化而来，而异养生物的主要食物也为糖类，比如食草动物的主要食物为纤维素，而我们一日三餐的主食均为淀粉。组成蛋白质的常见氨基酸有二十多种，我们仅以其中的几个氨基酸为例，说明糖类是如何转化为氨基酸，进而参与蛋白质的合成。

葡萄糖经糖酵解作用和三羧酸循环，可以生成 α-酮戊二酸，α-酮戊二酸在谷氨酸脱氢酶的作用下，可以与氨一起合成谷氨酸。

葡萄糖经糖酵解作用生成丙酮酸，丙酮酸在转氨酶的作用下可以与谷氨酸作用生成丙氨酸。

葡萄糖经糖酵解作用和三羧酸循环，可以生成草酰乙酸，草酰乙酸在转氨酶的作用下可以与谷氨酸作用生成天冬氨酸。

人体含水量平均为 50%～60%，其次为蛋白质，占人体全部重量的 15%～16%，是构成组织细胞和发挥生命功能的主要成分。每天人体内约有 3%的蛋白质被分解，同时又有 3%的蛋白质被合成，如果膳食中不摄入蛋白质，健康成年人每天约流失氮 3 g 左右，相当于 20 g 左右的蛋白质。然而，肉、蛋和奶等是我们的主要副食，其主要营养成分为蛋白质，我们每日的蛋白质摄入量显然远高于 20 g，那么，多余的蛋白质氨基酸在体内就可以转化为糖类。蛋白质降解可生成二十多种氨基酸，我们仅以丙氨酸和天冬氨酸为例，说明蛋白质氨基酸是如何转化为糖类的。

丙氨酸在转氨酶的作用下可以生成丙酮酸，丙酮酸经糖异生作用可以生成葡萄糖。天冬氨酸在转氨酶的作用下可以生成草酰乙酸，草酰乙酸经糖异生作用可以生成葡萄糖。

糖类和蛋白质，除了物质上可以相互转化以外，在能量上也是相互补充和利用的关系。糖类降解产生的能量和还原力可以用于蛋白质的生物合成，而蛋白质代谢产生的能量也可用于糖异生。

15.1.4 脂类代谢与蛋白质代谢的相互关系

在植物或者微生物体内，由于存在乙醛酸循环，脂类可以转化为蛋白质氨基酸。通常情况

下,动物体内由脂肪合成蛋白质的可能性有限,而且这种转变可能是间接的。但是,脂肪作为动物的主要贮存能源,在长期禁食处于极端饥饿情况下,动物以脂肪作为主要能源,动物体仍然能合成新的蛋白质以维持生命活动,这说明,脂肪水解所形成的甘油和脂肪酸,有可能先转变为糖类(或其中间化合物),而后合成了蛋白质。我们仅以其中的几个蛋白质氨基酸为例,说明糖类是如何转化为氨基酸,进而参与蛋白质的合成。

甘油三酯在脂肪酶的作用下首先水解为甘油和脂肪酸。

甘油在激酶的作用下生成磷酸甘油,后者在磷酸甘油脱氢酶的作用下生成磷酸二羟丙酮,经糖酵解作用生成丙酮酸,在转氨酶的作用下,与谷氨酸作用生成丙氨酸。

脂肪酸经过β-氧化生成乙酰辅酶A,乙酰辅酶A经三羧酸循环生成α-酮戊二酸,草酰乙酸,α-酮戊二酸可经氨基化或转氨作用生成谷氨酸,草酰乙酸经转氨基作用可以生成天冬氨酸。在植物或微生物体内,乙酰辅酶A经乙醛酸循环生成琥珀酸,琥珀酸经三羧酸循环生成草酰乙酸,草酰乙酸经转氨基作用生成天冬氨酸。

蛋白质可以转变为脂肪。蛋白质首先水解为氨基酸,无论是生酮氨基酸还是生糖氨基酸,都能经过一定的代谢途径生成乙酰辅酶A,乙酰辅酶A可以从头合成脂肪酸。生糖氨基酸还可以直接或间接生成丙酮酸,丙酮酸可以经过糖异生过程合成磷酸二羟丙酮,从而合成甘油,丙酮酸也可以在丙酮酸脱氢酶系的作用下生成乙酰辅酶A,而后合成脂肪酸。甘油和脂肪酸再合成甘油三酯。丝氨酸经脱羧作用可以生成乙醇胺,乙醇胺经甲基化作用生成胆碱,而磷脂酰乙醇胺、磷脂酰胆碱和磷脂酰丝氨酸则是生物膜磷脂双层的主要成分。

15.1.5 核酸代谢与糖类、脂类、蛋白质代谢的相互关系

核酸代谢与糖类、脂类、蛋白质代谢密切相关,核酸降解为核苷酸,核苷酸有特定的生物学功能,以不同方式进入不同的代谢途径。

多种物质代谢离不开核苷酸及其衍生物。如ATP是能量和磷酸基团的中间载体,ATP/ADP/AMP是多种酶的调控分子,cAMP是细胞内的第二信使,UTP参与单糖的活化,CTP参与磷脂的合成,GTP参与蛋白质的合成等。

核苷酸的合成需要核糖,碱基的合成需要甘氨酸、天冬氨酸和谷氨酰胺等,核酸的合成需要糖类和脂类代谢提供大量的能量。

从本质上来说,核酸作为生物体的主要遗传物质,生物体内的一切代谢都是由核酸代谢控制的,比如代谢过程所需要的各种酶,都是通过基因表达调控而合成的,同时,核酸代谢也离不开其他物质代谢,如核酸复制所需要的能量一般来自于糖类和脂类代谢,而核酸的复制和表达所需要的各种酶多为蛋白质。

15.2 代谢调节

15.2.1 代谢调节的水平

生物体内时刻进行着物质代谢、能量代谢和信息代谢,各种代谢的动态平衡是保证有机体正常生长发育的关键。代谢调节机制就是生物体在长期进化过程中形成的对体内、体外环境

变化的一种适应能力。不同生物体的代谢调节主要分为 4 个调节水平:分子水平的调节,细胞水平的调节,激素水平的调节和神经水平的调节。原核生物主要通过调节细胞代谢物的浓度以及酶的活性进行分子水平的代谢调节,而真核单细胞生物,通过细胞内膜系统将细胞分隔成多个不同的代谢区域,产生了细胞水平的代谢调节,真核多细胞生物体为了协调不同组织细胞的代谢平衡,又产生了激素水平的调节(如植物)和神经水平的调节(如高等动物)。细胞是生物体的基本结构单位,无论是激素水平的调节,还是神经水平的调节,最终都是在细胞水平和分子水平上发挥代谢调节作用。

15.2.2 酶水平调节

对于一般的化学反应而言,反应底物浓度的增加会提高反应速度,而反应产物浓度的增加则会抑制反应速度。生物体内的代谢反应几乎都是由酶催化完成的,除了具有上述调节作用外,酶水平的调节是更灵敏更重要的分子水平调节方式。酶水平的调节包括酶活性的调节、酶含量的调节和酶的定位调节。

15.2.2.1 酶活性的调节

酶活性的调节包括酶原激活,酶的共价修饰,酶的变构调节,同工酶调节(上述调节方式见第 2 章 2.5),能荷和还原力对酶活性的调节(以上调节方式见第 7 章 7.4,第 8 章 8.2,第 8 章 8.3)等,下面介绍金属离子、代谢底物或产物以及酶的聚合解离等对酶活性的调节。

1. 金属离子对酶活性的调节

某些金属离子与酶结合紧密,作为酶的组成部分发挥作用,如 Fe^{2+} 存在于很多细胞色素的活性中心,起传递电子的作用。而某些金属离子与酶结合较松散,作为酶的激活剂发挥作用,如参与光合作用的二磷酸核酮糖羧化酶(rubisco)受 Mg^{2+} 的激活,很多使底物磷酸化的激酶也需要 Mg^{2+},钙调蛋白需要 Ca^{2+} 作为激活剂等。

2. 酶的聚合(结合)解离

很多酶是多亚基酶,当亚基聚合时有活性,而当亚基分离时,则活性部分或全部丧失,如肾脏来源的丙酮酸激酶,以二聚体形式存在时活力较低,而以四聚体形式存在时则活力较高。某些在代谢中起关键作用的酶,如大脑里的己糖激酶、谷氨酸脱氢酶等,能可逆地与细胞颗粒结合或者解离来调节酶活性。双关酶(见后)通过与膜的可逆结合来调节酶活性。

3. 直接或间接产物对酶活性的调节(前馈激活与反馈抑制)

在连续多步的代谢反应中,如果其中一个反应进行得很慢,便成为整个过程的限速步骤,催化此限速步骤的酶称为限速酶或者标兵酶。标兵酶是一种调节酶,它们常常是别构酶。反应中间产物或者终产物对其前面的标兵酶所发生的别构抑制作用,称为反馈抑制。如果一个连续的代谢反应没有分支,则终产物对标兵酶的抑制称为单价反馈抑制,如 CTP 对天冬氨酸氨甲酰磷酸转移酶的抑制(见第 11 章 11.3)。在有分支的代谢途径中,标兵酶的活性可以受到两种或两种以上中间产物或者终产物的抑制,称为二价或多价反馈抑制,通常分为顺序反馈抑制、协同反馈抑制、积累反馈抑制和同工酶反馈抑制 4 种类型(图 15-2)。

(1)顺序反馈抑制　单独的 X 抑制 E3 活性,单独 Y 抑制 E4 活性,从而导致中间产物 C 积累,C 再抑制 E1 活性。如莽草酸途径合成芳香族氨基酸的过程中,酪氨酸和苯丙氨酸的积累会分别抑制预苯酸的分解,从而导致预苯酸积累,而预苯酸是抑制该途径的第一个标兵酶。

(2)协同反馈抑制　单独的 X 或者 Y 对 E1 没有抑制作用,只有 X 和 Y 同时积累时,才抑制 E1 的活性。如,在天冬氨酸合成苏氨酸和赖氨酸的分支代谢途径中,单独的苏氨酸和赖氨酸对该途径的标兵酶——天冬氨酸激酶都没有抑制作用,只有两者同时积累时,才抑制该酶的活性。

(3)积累反馈抑制　单独的 X 或者 Y 对 E1 只有部分抑制作用,只有 X 和 Y 同时积累时,才最大限度地抑制 E1 的活性。如,谷氨酰胺合成酶催化谷氨酰胺的合成,通过谷氨酰胺可以合成甘氨酸、组氨酸、色氨酸、丙氨酸等多种终产物,每种终产物的积累都只是部分抑制谷氨酰胺合成酶的活性,只有多种终产物同时积累,同时与酶的结合中心结合时,才会使酶的活性受到最大程度的抑制。

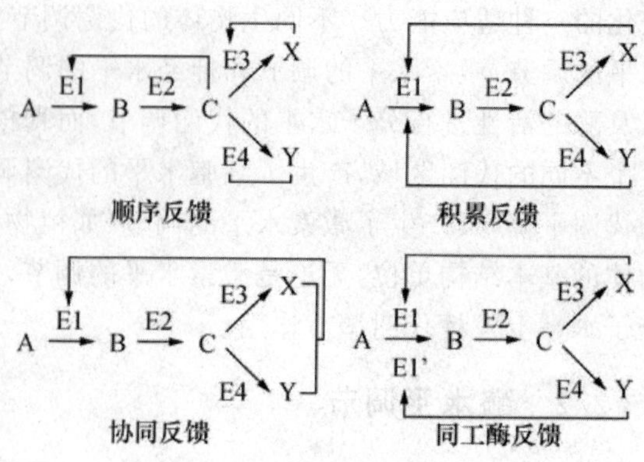

图 15-2　二价反馈抑制的 4 种类型

(4)同工酶反馈抑制　如果 E1 和 E1′是两个同工酶,则 X 抑制 E1,而 Y 抑制 E1′。如苏氨酸、赖氨酸、甲硫氨酸和异亮氨酸的合成途径中,标兵酶天冬氨酸激酶有多个同工酶,每个氨基酸只抑制同工酶中的一种,只有所有的终产物同时积累时,才能最大限度地抑制所有的标兵酶同工酶,从而起到和协同反馈抑制相类似的效果。

在连续多步的代谢反应中,如果反应序列前面的底物对反应序列后面的酶起激活作用,则称为前馈激活。如糖酵解途径前面的中间化合物 1,6-二磷酸果糖对该途径最后一个酶——丙酮酸激酶的激活作用。

15.2.2.2　酶含量的调节

酶含量的变化,既包括酶的合成导致酶含量的增加,同时也包括酶降解导致酶含量的减少。

在生物体内,某些酶的组成和含量受细胞内外环境的影响很小,这些酶称为组成酶(constitutive enzyme),它们通过酶活性的调节来调节代谢(见前)。在生物体内,在特定诱导物存在的条件下,酶的含量会大大增加,这些酶称为诱导酶(induced enzyme),如参与大肠杆菌乳糖代谢有关的酶(详见下一节乳糖操纵子)。目前,我们对基因表达调控酶蛋白的合成有较多的了解(见 5.3 基因表达调控),但对酶蛋白的降解则知之不多。

酶(蛋白)含量的变化,既可以通过基因表达调控其合成,从而使含量升高,也可以通过特定的机制降解,导致含量下降。目前已知的蛋白质降解途径主要有两种,一种是非蛋白酶体降解体系,如自噬-溶酶体降解体系,主要降解外来蛋白质;另一种为蛋白酶体降解体系,该体系又可分为泛素依赖和非泛素依赖的蛋白酶体降解体系。其中,泛素依赖的蛋白酶体系统(ubiquitin proteasome systeme)是近年发现的蛋白质选择性降解的主要途径。该系统包括泛素,泛素活化酶 E1,泛素结合酶 E2,泛素-蛋白连接酶 E3 和 26S 蛋白酶体。泛素本身是含有 76 个氨基酸的多肽,在所有真核生物中广泛存在。泛素活化酶 E1 在消耗 ATP 的条件下激活泛素,激活的泛素与 E2 连接,然后在 E3 的作用下将泛素与特定的蛋白质连接,一个蛋白质可能被单个或多个泛素所修饰,泛素化的蛋白质被 26S 蛋白酶体所识别并降解。蛋白酶体的普遍大小为 26S,其中包括一个 20S 的核心颗粒,核心颗粒为中空结构,降解蛋白质的活性位点在内部。20S核心颗粒的两端分别结合一个19S(或11S)大小的调节颗粒,调节颗粒在ATP水解的条件下,可以识别多泛素化的蛋白质,并将它们传送到核心颗粒中,然后被降解,调节颗粒发挥相当于门的作用。近年来,还发现了一些非泛素依赖的蛋白酶体降解途径,此途径由20S核心颗粒独立完成,不需要ATP。如氧化的钙调蛋白CaM,半衰期极短的鸟氨酸脱羧酶,部分肿瘤抑制蛋白p53等均可通过此途径降解,但其降解的分子机理仍然不很清楚。

15.2.2.3 酶的定位调节

不同的酶定位于细胞的不同区域,参与不同代谢途径的调节,详见下面细胞水平的调节。

15.2.3 细胞水平调节

细胞一般由质膜、细胞质和核(或拟核)构成,是生物体的基本结构和功能单位。根据核膜的有无,细胞可分为原核细胞和真核细胞。一般来说,细菌等绝大部分微生物以及原生动物由一个细胞组成,即单细胞生物;高等植物与高等动物则是多细胞生物。参与不同代谢途径的酶类集中分布于细胞内的不同区域,从而使同一代谢途径的一系列酶促反应能够连续进行,提高反应的效率。这种区域化分布,也使不同的代谢途径互不干扰,从而有利于调控分子对不同代谢途径的特异调节。同时,各种代谢底物、中间产物和终产物在不同细胞区域内集中分布,在不同区域之间也能以特定的方式进行转移,既有利于对各自代谢途径的精密调节,也有利于不同代谢途径的相互协调。

15.2.3.1 酶在细胞中的分布

1. 酶的定位控制

酶在核糖体上合成后,要经过翻译后加工,并运输到细胞指定区域才能发挥其功能活性,该过程既称为酶的定位控制。位于细胞质中的酶,一般在游离核糖体上合成,合成后直接释放到细胞质中。而细胞分泌的胞外酶、细胞膜上的酶、各种细胞器中的酶(如线粒体、叶绿体、细胞核等),则需要特殊的定位控制才能运输到各自位置发挥作用。

(1)信号肽(signal peptide) 细胞的分泌性蛋白(酶)及细胞膜蛋白(酶)等,以前体多肽的形式合成,在多肽的序列中含有通过膜所需要的特殊氨基酸序列,这种氨基酸序列称为信号序列(signal sequence)。有的信号序列位于肽链内部,在多肽链折叠后形成一种在三维结构上的特定区域,称为信号斑块(signal patch);大多数信号序列位于蛋白质的N端,称为信号肽。信号肽一般由15～30个氨基酸组成,主要包括3个区:一个带正电的N末端,称为碱性氨基末端;一个中间疏水序列,以中性氨基酸为主,能够形成一段α螺旋结构,它是信号肽的主要功能区;一个较长的带负电荷的C末端,含小分子氨基酸,是信号序列切割位点,也称加工区。当信号肽序列合成后,被信号识别颗粒(signal recognition particle,SRP)所识别,蛋白质合成暂停或减缓,在内质网上有SRP的受体蛋白(ribosome receptor protein),也称停泊蛋白(docking protein,DP)。SRP结合到该受体蛋白上,从而将核糖体一同定位到内质网上,此时,暂停的蛋白质合成重新开始后,信号肽序列跨越内质网膜,进入内质网腔,在内质网腔表面信号肽酶的作用下,信号肽被切除,新合成的蛋白质全部或者部分进入内质网腔,在内质网腔内进行翻译后加工和折叠,然后由内质网分泌的囊泡将蛋白质转运到高尔基体,再经过一系列的糖基化等修饰,成熟蛋白质随着高尔基体囊泡与细胞膜融合或者被分泌到细胞外。溶酶体蛋白质也来自于高尔基体,其定位信号是6-磷酸甘露糖。

(2)导肽(leading peptide) 叶绿体和线粒体有自身的DNA和核糖体,可以合成一部分自身的蛋白质，另外的大部分蛋白质则来自于核基因的编码，在细胞质游离核糖体上合成的。这些在游离核糖体上合成的蛋白质要运输进入线粒体或者叶绿体，需要一段特殊的氨基酸序列，称为导肽。导肽又称转运肽(transit peptide)或导向序列(targeting sequence)，它是新生蛋白 N-端一段大约 20～80 个氨基酸的肽链，通常带正电荷的碱性氨基酸(特别是精氨酸和赖氨酸)含量较为丰富，如果它们被不带电荷的氨基酸取代就不起引导作用，说明这些氨基酸对于蛋白质的定位具有重要作用。这些氨基酸分散于不带电荷的氨基酸序列之间。导肽序列中不含有或基本不含有带负电荷的酸性氨基酸，并且有形成两性 α 螺旋的倾向。导肽的这种特征性的结构有利于穿过线粒体的双层膜。不同的导肽之间没有同源性，说明导肽的序列与识别的特异性有关，而与二级或高级结构无太大关系。

2. 细胞酶系在特定细胞区域和细胞器(亚细胞器)中的隔离分布

原核细胞没有核膜结构，控制不同代谢途径的酶系主要分布于细胞内不同区域中。而真核细胞不仅有细胞核，还分化出了各种有膜或者无膜结构的细胞器以及亚细胞器。控制不同代谢途径的酶系集中分布于特定的细胞区域或者亚细胞结构中，从而使各种代谢途径在空间上彼此分开，互不干扰，按照特定的代谢方向进行。比如，糖酵解的相关酶系主要分布于细胞质中，而三羧酸循环相关的酶系则分布于线粒体中，核酸合成有关的酶系则主要分布于细胞核中。下面分别介绍不同的亚细胞结构中酶的分布以及相关的代谢。

细胞核：真核细胞含有一个由双层膜包被的细胞核，核外膜延伸与细胞质中的糙面内质网相连。细胞核是遗传物质的主要存在部位，与 DNA 复制、RNA 转录、转录后加工、DNA 损伤修复、DNA 重组等有关的酶类主要分布于核基质或者核膜上，相关的酶有 DNA 聚合酶、DNA 拓扑异构酶、DNA 解链酶、引物合成酶、RNA 聚合酶、DNA 连接酶、DNA 甲基化酶、光复活酶、核酸外切酶、核酸内切酶等等。在细胞核中，主要进行 DNA 和 RNA 的相关代谢活动。

线粒体：线粒体也是由双层膜包被，外膜光滑，内膜向内折叠形成许多突出的嵴，嵴使线粒体内膜表面积大大增加，与电子传递和氧化磷酸化相关的酶系主要分布于线粒体内膜上。线粒体是有机物质在细胞内氧化分解的主要场所，其主要功能是进行三羧酸循环及氧化磷酸化合成 ATP，为细胞生命活动提供直接能量。线粒体基质中还含有 DNA 分子和核糖体，因此，也可进行 DNA 的复制和转录，以及蛋白质的合成。

外膜：单胺氧化酶(monoamine oxidase，MAO)是外膜的标志酶，催化单胺氧化脱氨反应，如肾上腺素氧化，调节胺浓度。孔蛋白(porin)，形成非特异的跨膜通道，允许相对分子质量小于 5 000～10 000 u 的小分子自由通过。外膜转运酶(translocase of the outer membrane，TOM)，分子质量大于 5 000～10 000 u 的大分子的跨膜运输。此外，线粒体外膜还参与脂肪酸链延伸、色氨酸生物降解等生化反应，它也能同时对那些将在线粒体基质中进行彻底氧化的物质先行初步分解。

膜间隙：线粒体膜间隙是线粒体外膜与线粒体内膜之间的空隙，宽 6～8 nm，其中充满无定形液体。由于线粒体外膜含有孔蛋白，通透性较高，而线粒体内膜通透性较低，所以线粒体膜间隙内容物的组成与细胞质基质十分接近，含有众多生化反应底物、可溶性的酶和辅助因子等。线粒体膜间隙中还含有比细胞质基质中浓度更高的腺苷酸激酶、单磷酸激酶和二磷酸激酶等激酶，其中腺苷酸激酶是线粒体膜间隙的标志酶，主要进行核苷酸的磷酸化反应。

内膜：与电子传递和氧化磷酸化相关的酶主要位于内膜上，电子传递主要酶有 NADH 脱氢酶、琥珀酸脱氢酶、细胞色素还原酶和细胞色素氧化酶，氧化磷酸化的主要酶为 ATP 合成

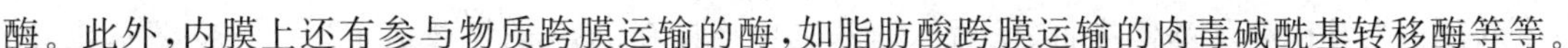

酶。此外，内膜上还有参与物质跨膜运输的酶，如脂肪酸跨膜运输的肉毒碱酰基转移酶等等。

基质：线粒体基质是线粒体中由线粒体内膜包裹的内部空间，其中含有参与三羧酸循环、脂肪酸氧化、氨基酸降解等生化反应的酶。参与三羧酸循环的酶，如柠檬酸合成酶、顺乌头酸酶、异柠檬酸脱氢酶、α-酮戊二酸脱氢酶系、琥珀酰辅酶A合成酶等，其中，苹果酸脱氢酶是线粒体基质的标志酶。参与脂肪酸氧化的酶，如脂酰辅酶A脱氢酶、烯脂酰辅酶A水合酶、羟脂酰辅酶A脱氢酶、酮脂酰辅酶A硫解酶等。此外，线粒体自身DNA复制、转录和蛋白质合成相关的酶系也分布于基质中。

叶绿体：叶绿体是含有叶绿素能进行光合作用的细胞器，叶绿体由双层膜包被，内部有一个悬浮在基质中的复杂的内膜系统，由一摞一摞的称为类囊体的扁平囊组成，光合色素和光合电子传递有关的酶主要分布于类囊体膜上。基质是内膜与类囊体之间的空间，主要包括碳同化相关的酶类：如RuBP羧化酶占基质可溶性蛋白总量的60%。此外，叶绿体基质也含有DNA，与DNA复制、RNA转录和蛋白质合成有关的酶系也分布于基质中。

细胞质：指细胞膜内、细胞核外的连续液相部分，细胞质中含有各种细胞器、亚细胞器、细胞骨架、细胞内膜系统以及大量的中间代谢物等，还有糖原颗粒、脂滴和分泌颗粒等细胞包涵物。细胞内大部分中间代谢在细胞质中进行，如糖酵解、糖异生、磷酸戊糖途径、氨基酸及核苷酸的生物合成等。

乙醛酸循环体：乙醛酸循环体是存在于某些植物细胞中的细胞器，如油料植物种子的子叶和胚乳细胞。当油料植物种子萌发时，乙醛酸循环体数量明显增多，它含有脂肪酸β-氧化的相关酶系，能进行脂肪酸β-氧化作用，脂肪酸在乙醛酸循环体中经β-氧化作用分解出乙酰辅酶A，乙酰辅酶A与草酰乙酸合成柠檬酸，柠檬酸转化为异柠檬酸，然后由异柠檬酸裂解酶催化，转化为乙醛酸和琥珀酸，琥珀酸可以再生为草酰乙酸进入下一轮循环，而乙酰辅酶A和乙醛酸在苹果酸合成酶的作用下合成苹果酸，进一步代谢成草酰乙酸，草酰乙酸在细胞质中进一步形成磷酸烯醇式丙酮酸，经糖异生作用最后转变为己糖。催化这一途径的异柠檬酸裂解酶和苹果酸合成酶，都存在于乙醛酸循环体中，是乙醛酸循环体的标志酶。乙醛酸循环体在脂类转化为糖类的代谢反应中发挥着重要作用。

内质网(endoplasmic reticulum，ER)：内质网由封闭的管状或扁平囊状膜系统及其包被的腔形成的互相沟通的三维网状结构。内质网是细胞内最丰富的膜，形成了一种网络结构，提供机械支撑作用，并成为细胞质中酶附着的支架。ER可分为粗面内质网(rough endoplasmic reticulum，RER)和滑面内质网(smooth endoplasmic reticulum，SER)两大部分，粗面内质网上附着有大量核糖体，合成膜蛋白和分泌蛋白。滑面内质网上无核糖体，为细胞内外糖类和脂类的合成和转运场所。内质网的存在，大大地增加了细胞内膜的表面积，为多种酶特别是多酶体系提供了大面积的结合位点。ER约有30多种膜结合蛋白，另有30多种位于内质网腔，这些蛋白均为酶，它们的分布具有异质性，如葡糖-6-磷酸酶，普遍存在于内质网，被认为是标志酶，核糖体结合蛋白(ribophorin)只分布在RER，P450酶系只分布在SER。

RER上结合核糖体，主要合成膜蛋白、细胞分泌蛋白、细胞器蛋白、溶酶体中的各种水解酶、需要加工修饰的蛋白等。关于蛋白质的定位控制见前。蛋白质的修饰包括糖基化、羟基化、酰基化、二硫键形成等，其中最主要的是糖基化，几乎所有内质网上合成的蛋白质最终被糖基化。糖基化可以使蛋白质能够抵抗消化酶的作用，还可赋予蛋白质传导信号的功能，也可以促进某些蛋白的正确折叠。蛋白质糖基化修饰可以发生在Ser、Thr和Hyp的羟基氧上，称为

O-糖基化，主要在高尔基体进行（见后），糖基也可连接在 Asn 的酰胺氮上，称为 N-糖基化，N-糖基化主要在内质网上进行，糖的供体为核苷糖（nucleotide sugar），如 CMP-唾液酸、GDP-甘露糖、UDP-N-乙酰葡糖胺等。糖分子首先被糖基转移酶转移到膜上的磷酸长醇（dolichol phosphate）分子上，装配成寡糖链。再被寡糖转移酶转到新合成肽链特定序列（Asn-X-Ser 或 Asn-X-Thr）的天冬酰胺残基上。葡萄糖苷酶Ⅰ、葡萄糖苷酶Ⅱ、甘露糖苷酶Ⅰ、甘露糖苷酶Ⅱ等酶参与 N-连接寡糖的核心糖基的组装。ER 的另外一个重要功能是合成生物膜所需要的磷脂，合成磷脂所需要的 3 种酶，酰基转移酶、磷酸酶和胆酰磷酸转移酶都定位在内置网膜上，ER 合成的膜脂以膜泡运输的方式转运至高尔基体，溶酶体和质膜上，或借磷脂转移蛋白（phospholipid transfer protein，PTP）形成水溶性复合物，再转至其他膜上。ER 还具有解毒作用，分布于 SER 的 P450 酶系属于单加氧酶（monooxygenase），又称为多功能氧化酶（mixed function oxidase）、羟化酶（hydroxylase），可将脂溶性有毒物质，代谢为水溶性物质，使有毒物质排出体外。ER 的标志酶，葡萄糖-6 磷酸酶，可以使葡糖 6-磷酸水解为磷酸和葡萄糖，释放糖至血液中，从而调节血糖浓度。

高尔基体（Golgi apparatus）：是由许多扁平的囊泡构成的以分泌为主要功能的细胞器。常分布于内质网与细胞膜之间，呈弓形或半球形，凸出的一面对着内质网称为形成面（forming face）或顺面（cis face）。凹进的一面对着质膜称为成熟面（mature face）或反面（trans face）。高尔基体中的酶主要有糖基转移酶、磺基-糖基转移酶、氧化还原酶、磷酸酶、蛋白激酶、甘露糖苷酶、转移酶和磷脂酶等不同的类型。高尔基体是完成细胞分泌物（如分泌蛋白）最后加工和包装的场所。从内质网送来的小泡与高尔基体膜融合，将内含物送入高尔基体腔中，在那里新合成的蛋白质肽链继续完成修饰和包装。高尔基体还合成一些分泌到胞外的多糖和修饰细胞膜的材料。O-连接的糖基化在高尔基体中进行，通常的一个连接上去的糖单元是 N-乙酰半乳糖，连接的部位为 Ser、Thr 和 Hyp 的 OH 基团，然后逐次将糖基转移上去形成寡糖链，糖的供体同样为核苷糖，如 UDP-半乳糖。高尔基体还参与蛋白原的激活，如胰岛素 C 端的切除，还参与溶酶体和细胞壁的形成等。

溶酶体（lysosomes）：为单层膜包被的囊状结构，直径 0.025～0.8 μm；内含多种水解酶，专门分解各种外源和内源的大分子物质。溶酶体内含有 50 多种酶类，包括蛋白酶、核酸酶、脂酶、磷酸酶、核酸酶、糖苷酶、磷脂酶类等。溶酶体的水解酶类，在酸性条件下（pH5）具有最高的活性，而细胞质的 pH 一般为 7.2。溶酶体膜内含有一种特殊的转运蛋白，可以利用 ATP 水解的能量将胞质中的 H^+（氢离子）泵入溶酶体，以维持其 pH5。只有当被水解的物质进入溶酶体内时，溶酶体内的酶类才行使其分解作用，一旦溶酶体膜破损，水解酶逸出，将导致细胞自溶。

15.2.3.2 内膜系统对代谢的调节

1. 双关酶（膜与酶的可逆结合）

双关酶能与膜可逆结合，通过膜结合型和可溶型的互变来调节酶的活性。大多是代谢途径的关键酶和调节酶，如糖酵解中的己糖激酶、磷酸果糖激酶、醛缩酶、3-磷酸甘油醛脱氢酶、氨基酸代谢的 Glu 脱氢酶、Tyr 氧化酶、参与共价修饰的蛋白激酶、蛋白磷酸脂酶等。双关酶与膜上固有的组成酶不同，双关酶对代谢状态变动的应答迅速，调节灵活，是细胞代谢调节的一种重要方式。

2. 代谢途径的分隔控制

细胞内的物质代谢是错综复杂的，然而在生物体内，各种代谢途径相互联系，相互制约，受严格的调节控制而有条不紊地进行。因为绝大多数代谢途径都局限于细胞内的特定区域，也称为代谢途径的区域化，把有界膜的细胞器称为区室，例如细胞核、线粒体、叶绿体、溶酶体、内质网和高尔基体等。各细胞器含有一整套酶系统，并执行着特定的功能。表 15-1 给出了真核各个细胞器中进行的一些重要代谢反应。

表 15-1 不同细胞器所进行的特定代谢反应

细胞器	特定代谢反应
细胞核	DNA 复制、转录，RNA 加工和修饰
细胞质	糖酵解，磷酸戊糖途径，脂肪酸合成，糖异生中许多反应，氨基酸、核苷酸的合成
线粒体	三羧酸循环，脂肪酸氧化，氧化磷酸化，氨基酸分解
叶绿体	光合作用
溶酶体	消化，吸收，防御，吞噬和细胞自溶
内质网	蛋白质合成、加工、转运，脂类、糖类合成
高尔基体	糖蛋白合成、加工与分泌
过氧化物酶体	氨基酸氧化，胆固醇降解
乙醛酸循环体	乙醛酸循环反应

从表 15-1 中可以看出各个区室将各个代谢途径分隔在不同细胞器中。即使在同一个细胞器内，酶分布也有一定的区域。细胞的区域化使得在同一代谢途径中的酶相互联系、密切配合的同时将酶、辅酶和底物浓缩，使在局部范围内，代谢过程以更快的速度进行。另一方面，细胞的区域化使得不同代谢途径隔离开，互不干扰，使整个细胞代谢有条不紊地进行。

3. 跨膜的浓度梯度与电位梯度

细胞质膜是细胞与细胞环境之间一种选择性通透屏障，它既能保障细胞对基本营养物质的摄取、代谢产物或废物的排出，又能调节细胞内离子浓度，使细胞维持相对稳定的内环境。由于生物膜的选择透性，造成膜两侧离子浓度梯度和电位浓度梯度，因此当离子逆浓度梯度转移时，需要消耗自由能，而离子沿浓度梯度转移时，则释放自由能。膜的 3 种最基本功能：物质运输、能量转换和信息传递无不与离子和电位梯度的产生和控制机制有关。

氧化磷酸化与跨线粒体内膜的质子浓度梯度和电位梯度直接密切相关，关于解释 ATP 合成的“化学渗透偶联学说”详见前面第 7 章。在这里，我们重点介绍跨膜浓度梯度及电位梯度与物质运输的关系。跨膜物质运输对细胞的生存和生长至关重要，物质跨膜运输主要分为被动运输和主动运输两种方式。被动运输是指通过简单扩散或协助扩散实现物质由高浓度或高电位向低浓度或低电位方向的跨膜转运。转运的动力来自物质的浓度梯度、电位梯度，不需要细胞额外提供代谢能量。被动运输主要有 3 种类型：简单扩散、水孔蛋白（水分子的跨膜通道）、协助扩散。简单扩散和水分子跨膜通道既不需要细胞提供能量，也不需要膜转运蛋白的协助。协助扩散虽然不需要细胞提供能量，但需要特异性的膜转运蛋白协助。

主动运输是由载体蛋白所介导的物质逆浓度梯度或电化学梯度由低浓度一侧向高浓度一侧进行跨膜转运的方式，主动运输需要能量。下面以 Na^{+}-K^{+}-ATP 酶为例，说明 ATP 功能驱动的主动运输过程。一般多细胞动物细胞内外 Na 和 K 离子浓度是不同的,细胞内 K^+ 浓度约为 140 mmol/L,而 Na^+ 浓度为 5 mmol/L,细胞外 K^+ 浓度约为 5 mmol/L,Na^+ 浓度为 145 mmol/L。维持这些离子浓度梯度的是 Na-K-ATP 酶,该酶每水解 1 分子 ATP,能将 2 个 K^+ 运输进入细胞,而同时将 3 个 Na^+ 运出细胞,在最佳细胞条件下,每分钟消耗 100 分子 ATP,维持的 Na^+ 浓度梯度可用于包括葡萄糖在内的第二级主动转运的主要能源。

15.2.4 多细胞整体水平调节

15.2.4.1 激素对代谢的调节

激素是细胞制造和分泌的一类高效活性小分子物质,这些物质通过一定方式到达特定的器官或细胞(称为靶器官或靶细胞)发挥特有的效应。激素对多细胞生物体的代谢起着十分重要的调节作用。通过激素对代谢的调节,使体内复杂的代谢途径有条不紊地进行,保证生长、发育、组织更新以及种族的延续(生殖)等,同时维持内环境的稳态,促进机体内外环境条件的适应等。

1. 植物激素

植物激素是指一些对植物生长发育(发芽、开花、结实和落叶等)及代谢有控制作用的有机化合物。目前研究和利用较多的高等植物激素主要有五大类,分别为生长素、赤霉素、细胞分裂素、脱落酸和乙烯。

(1)生长素　生长素(auxin)是最早发现的一类植物激素,荷兰的 Kogl(1934)等从玉米油、根霉、麦芽中分离和纯化出来的一种刺激生长的物质,经化学鉴定是吲哚-3-乙酸(indole-3-acetic acid,IAA)。除 IAA 外,还在大麦、番茄、烟草及玉米等植物中先后发现苯乙酸(phenylacetic acid,PAA)、4-氯吲哚乙酸(4-chloroindole-3-acetic acid,4-Cl-IAA)及吲哚丁酸(indole-3-butyric cid,IBA)等天然化合物,它们都不同程度地具有类似于生长素的生理活性。以后人工合成了几种生长素类的植物生长调节剂,如 2,4-D、萘乙酸等。

生长素的生理作用广泛,它不仅影响细胞分裂、伸长和分化,也影响营养器官和生殖器官的生长、成熟和衰老。在不同组织器官,不同生长发育等条件下,生长素的作用不同。在一定条件下表现为促进作用:如促进雌花增加,单性结实,子房壁生长,细胞分裂,维管束分化,光合产物分配,叶片扩大,茎伸长,偏上性生长,乙烯产生,叶片脱落,形成层活性,伤口愈合,不定根形成,种子发芽,侧根形成,根瘤形成,种子和果实生长,坐果,顶端优势。而在另外条件下,生长素则表现为抑制作用:抑制花朵脱落,侧枝生长,块根形成,叶片衰老。生长素对细胞伸长的促进作用,与生长素浓度、细胞年龄和植物器官种类有关。一般情况下,生长素在低浓度时可促进生长,浓度高则会抑制生长,如果浓度更高则会使植物受伤。细胞年龄不同对生长素的敏感程度不同。一般来说,幼嫩细胞对生长素反应非常敏感,老细胞则比较迟钝。不同器官对生长素的反应敏感程度也不一样,根最敏感,茎最不敏感,芽居中。

目前生长素对植物生长的调控作用机理,较普遍的有两种理论,一种是酸生长理论:雷利和克莱兰(Rayle and Cleland)于 1970 年提出了生长素作用机理的酸生长理论(acid growth theory)。其要点:第一,原生质膜上存在着非活化的质子泵(H^+-ATP 酶),生长素作为泵的变构效应剂,与泵蛋白结合后使其活化。第二,活化了的质子泵消耗能量(ATP)将细胞内的 H^+ 泵到细胞壁中,导致细胞壁基质溶液的 pH 下降。第三,在酸性条件下,H^+ 一方面使细胞壁中对酸不稳定的键(如氢键)断裂,另一方面(也是主要的方面)使细胞壁中的某些多糖水解酶(如

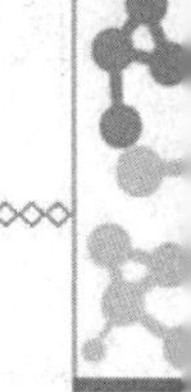

纤维素酶)活化或增加,从而使连接木葡聚糖与纤维素微纤丝之间的键断裂,细胞壁松弛。第四,细胞壁松弛后,细胞的压力势下降,导致细胞的水势下降,细胞吸水,体积增大而发生不可逆增长。生长素作用机理的"酸生长理论"虽能很好地解释生长素所引起的快速反应,但许多研究结果表明,在生长素所诱导的细胞生长过程中不断有新的原生质成分和细胞壁物质合成,且这种过程能持续几个小时,而完全由 H^+ 诱导的生长只能进行很短时间。由此提出了生长素作用机理的第二种学说:基因活化学说。许多研究表明,生长素与质膜上或细胞质中的受体结合后,会诱发形成细胞内第二信使——肌醇三磷酸(简称 IP3),IP3 打开细胞器的钙通道,释放液泡等细胞器中的 Ca^{2+},增加细胞溶质中 Ca^{2+} 水平,Ca^{2+} 进入液泡,置换出 H^+,刺激质膜 ATP 酶活性,使蛋白质磷酸化,于是活化的蛋白质因子与生长素结合,形成了蛋白质生长素复合物,再移动到细胞核,使处于抑制状态的基因解阻遏,基因开始转录和翻译,合成新的 mRNA 和蛋白质,为细胞质和细胞壁的合成提供原料,并由此产生一系列的生理生化反应。

近年来,有关生长素诱导的基因表达调控机制取得了较大进展,研究最多的是生长素快速诱导的基因,比如大豆的 SUAR 和 GH3 基因,在诱导几分钟内就能检测到 mRNA 浓度的增加,这类基因称为生长素原初反应基因。根据核苷酸序列保守性和生长素的感应动力学,生长素原初反应基因主要分为 Aux/IAAs,SUARs 和 GH3s 三个主要类别。它们的启动子通常包括最小的生长素反应元件(auxin response element,AuxRE)TGTCTC 序列,类反应元件能与植物生长素响应因子(auxin response factor,ARF)特异性地结合。

(2)细胞分裂素　细胞分裂素类(cytokinins,CTK)发现于 20 世纪 50 年代,Skoog 和 Miller 发现了鲱鱼精子 DNA 水解产物可以促进烟草髓细胞的分裂与分化,经鉴定是腺嘌呤衍生物,细胞分裂素也称为激动素。1963 年,Lethan 从未成熟玉米种子中分离纯化出反式玉米素(*t*-Zeatin,6-反式-4-羟基-3-甲基-丁-2-烯基氨基嘌呤核苷),这是最早被纯化的天然细胞分裂素,此后,人们相继纯化和人工合成了多种细胞分裂素,根据其化学结构,细胞分裂素主要分为两大类:第一类为腺嘌呤衍生物,在腺嘌呤 N_6 位上含有取代基,一般为类异戊二烯基或者芳香环衍生物侧链,如 6-苄基腺嘌呤(6-benzyladenine,6-BA)、6-呋喃甲基腺嘌呤(kinetin,KT)等;第二类为苯基脲的衍生物,N,N′-二苯基脲(DPU)、噻重氮苯基脲(thidiazuron,TDZ)等。细胞分裂素可以通过 tRNA 的降解产生,但 tRNA 的总体代谢速率较低,因此,在各种取代基转移酶的作用下,以 ATP、ADP 或 AMP 为底物,在腺嘌呤的 N_6 位置引入取代基,从而合成细胞分裂素是主要的合成途径。高等植物中,细胞分裂素主要在根尖、萌发着的种子、发育着的果实、茎尖和少数叶片中合成和分布。

细胞分裂素的主要作用是促进细胞分裂。细胞分裂素不仅能促进细胞分裂,也可以使细胞体积扩大。但和生长素不同的是,细胞分裂素是通过细胞横向扩大增粗,而不是促进细胞纵向伸长来增大细胞体积的,它对细胞的伸长有一定的抑制效应。细胞分裂素和生长素还共同调控着植物器官的分化。试验表明,细胞分裂素有利于芽的分化,而生长素则促进根的分化,当 CTK/IAA 的比值较大时,主要诱导芽的形成;当 CTK/IAA 的比值较小时,则有利于根的形成。生长素是导致植物顶端优势的主要原因,而细胞分裂素则能消除顶端优势,促进侧芽的迅速生长。此外,细胞分裂素还能延缓叶片衰老,这是细胞分裂素特有的效应。对离体叶片具有延缓衰老和保绿的作用,这主要是由于细胞分裂素能够延缓叶绿素和蛋白质的降解速度,稳定多聚核糖体,抑制 DNA 酶、RNA 酶及蛋白酶的活性,保持膜的完整性等。

细胞分裂素的作用机理还不十分清楚。在拟南芥中,已经发现多个细胞分裂素受体(*Ar-*

abidopsis histidine kinase,AHKs),这些受体为跨膜蛋白,具有组氨酸激酶活性。当激素与受体的膜外部分结合后,受体在膜内部分特定位置的组氨酸会发生磷酸化修饰,然后经拟南芥组氨酸磷酸转移蛋白(*Arabidopsis* histidine phospho-transfer proteins, AHPs)作用,将磷酸基团传递给拟南芥应答调节子(*Arabidopsis* response regulators,ARRs),部分ARRs为转录因子作用于DNA,调节基因表达,部分ARRs则进一步参与下游的信号传导,最终产生生理效应。

(3)赤霉素类　赤霉素(gibberellins 或 gibberellic acid,GA)由日本植物病理学家 Teiji-roYabum 等人在1934年从恶苗病菌的发酵滤液中分离获得,它能促进水稻徒长,此后,在多种植物也发现类似生理活性的物质,1958年在菜豆中分离得到GA1晶体,1959年确定其化学结构。赤霉素是一种双萜,有4个异戊二烯单位组成,其基本结构是20碳的赤霉素烷,有4个环,在赤霉素烷上,由于双键、羟基数目和位置不同,形成了各种赤霉素。目前,已经从植物、真菌和细菌中发现赤霉素类物质130多种,其中大多数种类存在于高等植物中,统称为赤霉素类(GAs)。

GA作为五大类植物激素之一,可促进植物细胞伸长,茎伸长,叶片扩大,加速生长和发育,使作物提早成熟,并增加产量或改进品质;能打破休眠,促进发芽;减少器官脱落,提高果实的结实率或形成无籽果实等。此外,GA与其他植物激素之间存在协同或拮抗作用。如GA与IAA在促进细胞扩大方面具有协同作用,而GA与CTK则具有相反作用,GA与乙烯间也存在着拮抗作用。GA通过一系列的信号转导,最终引起特定的GA反应等一系列生理生化过程。GA可在胞间和胞内溶解,其受体蛋白有的定位于细胞膜,有的定位于细胞内。如果GA与膜表明受体结合,则通过G蛋白偶联,在细胞内产生第二信使,异三聚体G蛋白、cGMP、Ca^{2+}、钙调素(CAM)以及蛋白激酶等都可能是GA信号转导途径中的第二信使,这些第二信使在细胞内产生进一步的生理效应。

(4)乙烯　乙烯(ethylene,ETH)是简单的不饱和碳氢化合物,分子式C_2H_4,高等植物各器官都能产生乙烯,乙烯参与调控植物生长发育的许多过程,如种子萌发、幼苗生长、开花结实、成熟和衰老等。此外,它还参与逆境条件下植物的胁迫反应,是一种具有重要生理功能的植物内源激素。

乙烯的生理作用非常广泛,它既促进营养器官的生长,又能影响开花结实。能促进解除休眠,地上部和根的生长和分化,不定根形成,叶片和果实脱落,某些植物两性花中雌花形成,开花,花和果实衰老,果实成熟,茎增粗,萎蔫。此外,乙烯还抑制某些植物开花,抑制生长素的转运等。

乙烯的合成和释放影响到乙烯的分布和浓度,而乙烯发挥其生物学效应则是通过特定的信号转导途径来实现的。科学家利用各种拟南芥突变体材料,克隆得到了许多乙烯信号转导元件基因,使乙烯信号转导研究在模式植物拟南芥中取得了明显进展,并已建立了相关的模型,即乙烯→ETR家族→CTR家族→EIN→ERF→乙烯反应相关基因的表达。ETR1定位于内质网,乙烯能自由越过质膜进入细胞内,通过一个过渡金属辅因子,大多数是铜或锌,与受体ETR结合。激素受体复合物激活下游的CTR1,CTR1通过级联反应将信号传递到EIN2,EIN2继而将信号传递到细胞核中,激活转录因子EIN3,EIN3与乙烯应答因子基因的启动子结合并诱导ERF1的表达,从而引起细胞反应。

(5)脱落酸　脱落酸(abscisic acid,ABA)发现于20世纪60年代,最初发现它能促进棉花叶柄和棉铃的脱落，因此命名为脱落酸。近年的研究表明，ABA不仅与器官脱落、种子休眠有关，在植物适应干旱、高盐、低温和病虫害等逆境胁迫反应中也发挥着重要作用。ABA是一种以异戊二烯为基本单位组成的含15个碳的倍半萜羧酸。ABA分布于高等植物的各个组织和器官中，其中以将要脱落或进入休眠的组织和器官中较多。ABA合成的前体物质为类胡萝卜素（含有40个C原子），类胡萝卜素经一系列的转化，然后裂解为黄质醛（含有15个C原子），再氧化生成ABA。

促进叶子、花和果实脱落是脱落酸的重要生理作用之一，但这种作用可能是间接的，ABA首先促进组织和器官衰老，刺激组织和器官中乙烯含量升高，而后引起器官脱落。ABA还是一种较强的生长抑制剂，可抑制整株植物或离体器官的生长。ABA对生长的作用与IAA、GA和CTK相反，它抑制细胞的分裂与伸长，抑制胚芽鞘、嫩枝、根和胚轴等器官的伸长生长。ABA还促进种子和芽休眠，调节种子胚发育过程，促进气孔关闭并抑制气孔张开，提高植株抗逆性。此外，脱落酸还与性别分化有关，能逆转由赤霉素引发的大麻雌株形成雄花的效应。

ABA处理植物，既能引起气孔的快速关闭，也能引起一系列基因的持续表达，ABA多种生理效应的发挥需要一系列的信号转导过程。由ABA引起的快速反应信号转导的可能过程为：ABA首先与其受体相结合，ABA受体可能存在于细胞膜、内质网、液泡膜等处，ABA受体复合物导致细胞内产生第二信使，第二信使可能是肌醇三磷酸（IP3），钙离子，氢离子或者离子通道，由第二信使再激活蛋白激酶或者磷酸酯酶，导致特定蛋白质磷酸化或去磷酸化，从而引发一系列生理效应。由ABA诱导的基因表达信号转导的可能过程为：ABA受体复合物通过一系列信号转导过程，导致反式作用因子被激活，这些反式作用因子结合在脱落酸反应元件（ABA response Elements，ABRE）上，从而调节相关基因的表达。

2. 动物激素

动物激素的一般生理作用可归纳为以下5个方面：

第一，调解物质代谢：通过调节蛋白质、糖和脂肪等物质代谢和水盐代谢，维持代谢的稳态，为生理活动提供能量。

第二，调节生长发育：促进形态的发生及形成，确保机体各个器官与组织的正常发育、成熟和生长，并影响衰老过程。

第三，调节神经系统活动：调节中枢神经系统和植物性神经系统的发育、活动、学习、记忆和行为。

第四，调节生殖过程，促进生殖器官和生殖细胞的发育和成熟。

第五，参与应激和应急过程的调节：在机体的内外环境发生剧烈变化，如人体进行剧烈运动时，发挥重要的调节作用，使机体得以适应运动的需要。

根据动物激素的化学成分，可将其分为4类：分别为肽类与蛋白质类激素、固醇类激素、氨基酸衍生物（胺类）和脂肪酸衍生物。

①肽类与蛋白质类激素，有来自于下丘脑的促肾上腺皮质释放因子，促甲状腺素释放因子，生长素释放因子，促性腺素释放因子等；还有来自于垂体前叶的促肾上腺皮质素，生长素，促黄体素，促甲状腺素，血管升压素等；来自于胰腺的胰岛素和胰高血糖素等。

下面以胰岛素、胰高血糖素和肾上腺素对血糖浓度的精密调节，来说明肽类激素对代谢的调节过程。

胰岛素是由胰岛β细胞基因表达出来的产物。通常情况下，胰岛素的释放是对饮食后血液葡萄糖和氨基酸浓度增加的响应。胰岛素最显著的生理功能：一方面促进胰岛素敏感性细胞摄入葡萄糖；另一方面促进肝糖原和肌糖原的合成，所以胰岛素有降低血糖的作用。胰岛素的这种效应称为“低血糖”效应。在正常情况下，当出现血糖升高的信号时，胰岛素的分泌在短时间内增加，如当饭后血糖升高时，胰岛素的分泌也略有升高；当出现血糖过低信号时，则肾上腺素、胰高血糖素的分泌增多。当胰岛受到严重破坏，胰岛素分泌显著减少时，血糖升高，尿中有糖排出，发生糖尿病，若胰岛机能亢进，则出现血糖过低现象，能量供应不足，甚至影响大脑机能。

激素调控下糖原降解反应的级联系统是一个激素调控代谢的典型例子(图 15-3)。所谓级联系统，是指连续代谢反应中一个酶被激活后，会连续地引起其他酶依次激活，从而使原始调节信号以几何级数放大，称为级联系统。引发糖原降解的激素有肾上腺素和胰高血糖素，肾上腺素主要作用对象是肝脏和肌肉细胞，而胰高血糖素则作用于肝脏细胞。

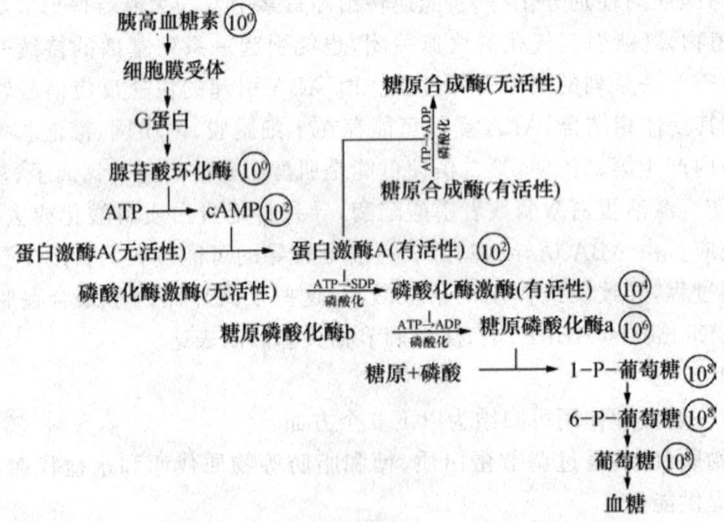

图 15-3　糖原降解反应的级联系统

如图 15-3 所示，肾上腺素或者胰高血糖素作用于细胞膜表面的受体，受体将接受的激素信号传递给 G 蛋白，G 蛋白激活腺苷酸环化酶，导致细胞中 cAMP 浓度增加，cAMP 使得无活性的蛋白激酶 A 变成有活性的酶，然后蛋白激酶再激活磷酸化酶激酶，同时使有活性的糖原合成酶磷酸化变成无活性的酶。磷酸化酶激酶再催化无活性的糖原磷酸化酶 b 变成有活性的糖原磷酸化酶 a，糖原磷酸化酶 a 催化糖原降解生成葡糖-1-磷酸，再经磷酸酶作用生成葡萄糖进入血液，从而提高血糖水平。

另外，cAMP 浓度增加通过一些反应还可降低果糖-2，6-二磷酸水平。果糖-2，6-二磷酸是磷酸果糖激酶-1(PFK-1)的一个激活剂和果糖-1，6-二磷酸酶的抑制剂。一般情况下果糖-1，6-二磷酸酶的基本活性比 PFK-1 高，因此果糖-1，6-二磷酸酶占优势，使得底物沿着糖异生方向依次生成果糖-6-磷酸、葡萄糖-6-磷酸和葡萄糖。

cAMP 浓度的升高也将引起丙酮酸激酶的磷酸化，使得该酶的活性明显下降。这将有利于糖异生中利用的烯醇化酶和其他多功能的酶促进糖异生过程。

表 15-2 胰高血糖素影响的靶酶及其生理效应

	靶酶	生理效应
激活	糖原磷酸化酶	促进糖原降解(肝)
	果糖-1,6-二磷酸酶	促进糖异生(肝)
	脂肪酶	促进脂肪动员(脂肪组织)
抑制	糖原合酶	抑制糖原合成(肝)
	磷酸果糖激酶-1	抑制糖酵解(肝)
	丙酮酸激酶	促进糖异生

总之,胰高血糖素具有增高血糖含量的效应,是通过 cAMP 提高肝糖原磷酸化酶活性,从而促进糖原分解。胰高血糖素主要作用于肝脏,并不促进肌糖原分解。影响胰高血糖素分泌的因素很多,血糖浓度是重要的因素。血糖降低时,胰高血糖素胰分泌增加;血糖升高时,则胰高血糖素分泌减少。

②固醇类激素(固醇又称"甾醇",是含羟基的环戊烷多氢菲类化合物的总称,以游离状态或同脂肪酸结合成酯的状态存在于生物体内,最重要的有胆固醇),此类激素有来自于肾上腺皮质的皮质醇和醛甾酮,来自于卵巢的雌二醇,来自于睾丸的睾酮,来自于黄体的孕酮等。

固醇类激素与肽类激素的作用方式不同,固醇类激素疏水性强,可以经简单扩散进入细胞内,通过与细胞内的受体结合而发挥作用。大多数固醇类激素的受体是影响基因转录的转录因子。因此,激素受体复合物通过影响基因表达调控过程,从而调节代谢。

③氨基酸衍生物(胺类),如来自于肾上腺髓质的肾上腺素,来自于甲状腺的甲状腺素等。

甲状腺素(thyroxin)是由两个 3,5-二碘酪氨酸分子偶联而成的一种碘化的酪氨酸衍生物,是甲状腺的主要激素,主要控制耗氧速率和总代谢速率,促进糖、脂肪和蛋白质的代谢。

④脂肪酸衍生物,如来自于各种组织的前列腺素等。

前列腺素(prostaglandin,PG)是存在于动物和人体中的一类不饱和脂肪酸组成的具有多种生理作用的活性物,具有五元脂肪环、带有两个侧链(上侧链 7 个碳原子、下侧链 8 个碳原子)的 20 个碳的脂肪酸。由于其作用类似于激素,也称为类激素。前列腺素分为 A、B、C、D、E、F、G、H、I 等类型。不同类型的前列腺素具有不同的功能,如前列腺素 E 能舒张支气管平滑肌,降低通气阻力;而前列腺素 F 的作用则相反。前列腺素的半衰期极短(1～2 min),除前列腺素Ⅰ外,其他的前列腺素经肺和肝迅速降解,故前列腺素不像典型的激素那样,通过循环影响远距离靶组织的活动,而是在局部产生和释放,对产生前列腺素的细胞本身或对邻近细胞的生理活动发挥调节作用。前列腺素对内分泌、生殖、消化、血液呼吸、心血管、泌尿和神经系统均有作用。由于前列腺素能引起子宫频率而强烈的收缩,故应用于足月妊娠的引产、人工流产以及避孕等方面,取得了一定的效果。前列腺素治疗哮喘、胃肠溃疡病、休克、高血压及心血管疾病,可能有一定疗效,因而引起人们的重视。

15.2.4.2 神经对代谢的调节

神经系统通过器官的神经末梢感受器、传入神经、中枢神经、传出神经、效应器神经装置对生命活动及各种机能活动的调节作用,叫神经调节。神经调节是人体新陈代谢、各种机能活动、机体统一协调活动及维持对体内外环境平衡作用的基本保证。如周围环境温度过高则机体散热增加，周围环境温度过低则机体散热减少或产热增加，使体温维持在正常范围；强光视物时瞳孔缩小，暗光视物时瞳孔散大以保持在不同光线下视物清楚；嗅到异常臭味常可引起恶心或呕吐，嗅到香味常可引起食欲或唾液分泌增加等均为神经调节的表现。人体所有组织、器官的功能活动，均依靠神经系统调节和体液调节来实现的。神经调节比激素调节作用短而快，能够协调组织、器官的全部代谢活动。在高等动物体内，大部分激素的合成和分泌也受神经系统的支配。神经系统能够直接调节高等动物的代谢活动，也能通过调节激素的分泌而间接控制新陈代谢的进行。

下面以体温调节为例，说明神经对代谢的调节。

体温调节(thermoregulation)是指温度感受器接受体内、外环境温度的刺激，通过体温调节中枢的活动，相应地引起内分泌腺、骨骼肌、皮肤血管和汗腺等组织器官活动的改变，从而调整机体的产热和散热过程，使体温保持在相对恒定的水平。

人的体温调节有行为性调节(如增减衣着、使用降温或取暖设备等)和自主性调节两种方式，前者是后者的补充，后者是前者的基础。体温调节以后者为主。体温的自主性调节主要通过反射来实现。环境温度或机体活动的改变将引起体表温度或深部血温的变动，从而刺激了外周或中枢的温度感受器。温度感受器的传入冲动经下丘脑整合后，中枢便发出冲动(或引起垂体释放激素)，使内分泌腺、内脏、骨骼肌、皮肤血管和汗腺等效应器的活动发生改变，结果调整了机体的产热过程和散热过程，从而可以保持体温的相对稳定。自主性体温调节为一种负反馈调节，其机制目前用调定点学说来解释。该学说认为，视前区-下丘脑前部(PO/AH)中的温度敏感神经元，尤其是热敏神经元起着与恒温器相似的调定点作用，其正常阈值为37℃。当中枢温度超过此值时，热敏神经元放电频率增加，使散热大于产热，通过发汗、皮肤血管扩张等活动使体温下降；反之，当中枢温度低于此值时，热敏神经元放电减少，使产热大于散热，通过寒战、甲状腺素分泌增多及细胞代谢加强等活动，使体温回升。

15.3 基因的表达调控

基因是通过转录和翻译两个过程表达成为有功能的蛋白质的，所以基因的表达调控是在转录的调节和翻译的调节两个水平上。转录的调节，即调节DNA转录成mRNA，包括转录前、转录和转录后；翻译的调节，即把mRNA翻译成多肽链的过程，包括翻译和翻译后。

真核生物比原核生物的结构复杂得多，原核生物的转录和翻译是在同一时间上发生的，而由于真核生物在细胞核结构上的分化，导致转录和翻译在时间和空间上都被分隔开来，基因表达调控远比原核生物复杂。

15.3.1 原核生物基因表达调控

1961年，Jacob和Monod在对大肠杆菌分解乳糖相关酶基因表达的研究时，提出了原核生物基因表达的调控模型，即乳糖操纵子模型。操纵子是指由结构基因、操纵基因和启动基因所组成的一个功能单位或转录单位。调节基因能够编码两种调控蛋白，一种是与操纵基因结合后能减弱或阻止结构基因转录的蛋白，称阻遏蛋白，其介导方式为负调控。另一种是与操纵基因结合后增强基因转录的蛋白，称为激活蛋白，其所介导的方式为正调控。有些物质可以与

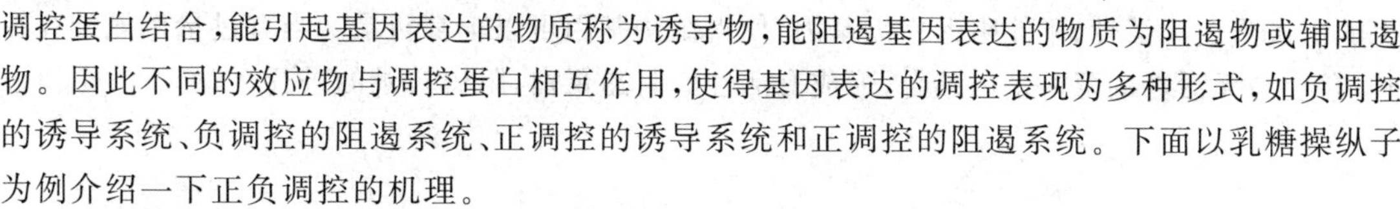

调控蛋白结合，能引起基因表达的物质称为诱导物，能阻遏基因表达的物质为阻遏物或辅阻遏物。因此不同的效应物与调控蛋白相互作用，使得基因表达的调控表现为多种形式，如负调控的诱导系统、负调控的阻遏系统、正调控的诱导系统和正调控的阻遏系统。下面以乳糖操纵子为例介绍一下正负调控的机理。

大肠杆菌的乳糖操纵子含有3个和乳糖代谢相关酶的基因 *lac Z*（产物为半乳糖苷酶）、*lac Y*（产物为半乳糖苷通透酶）和 *lac A*（产物为硫半乳糖苷转乙酰基酶），与调节蛋白结合的操纵基因（*O*）、与 *RNA* 聚合酶结合的启动子（*P*）。调节基因编码产生的调节蛋白可与操纵基因结合，决定转录的进行与否。结构如图15-4所示。

			←——	——	乳糖操纵子	——	——	——→	
基因	*CAP*	*I*		*P*	*O*	*lacZ*	*lacY*	*lacA*	*T*
基因功能	CAP蛋白	阻遏蛋白	CAP-CAMP结合部位	RNA聚合酶结合部位	阻遏蛋白结合部位	半乳糖苷酶	半乳糖苷通透酶	硫半乳糖苷转乙酰基酶	终止基因

图15-4　乳糖操纵子结构示意图

1. 乳糖操纵子的阻遏调节

大肠杆菌繁殖过程中，若没有乳糖，或同时存在乳糖和葡萄糖，大肠杆菌会优先利用葡萄糖，乳糖操纵子就一直处在关闭的状态，细胞不会消耗大量的能量去合成乳糖相关代谢的酶，这种现象叫作葡萄糖效应。

调节基因 *I* 编码的四聚体蛋白质作为阻遏物，它可以与乳糖操纵子的操纵基因 *O* 结合，而操纵基因 *O* 与启动子有7 bp的重叠，所以当阻遏物与操纵基因结合时，阻止了RNA聚合酶与启动子的结合，阻断了结构基因的表达。当诱导物乳糖存在的情况下，它能够与阻遏蛋白结合，从而改变阻遏蛋白的构象，使之从操纵基因上解离下来，这样RNA聚合酶能够结合到启动子上，从而使转录得以进行，参与乳糖代谢的3个结构基因表达如图15-5所示。

2. 乳糖操纵子的分解代谢产物阻遏

乳糖相关结构基因的正常表达还需要有一个辅助蛋白的正调控，转录才得以进行。正调控的蛋白是由于发现葡萄糖阻遏了许多操纵子而证实的。大肠杆菌在有葡萄糖和乳糖的培养基上，只有葡萄糖能被利用，而乳糖操纵子是关闭的，这种作用被称为分解代谢产物阻遏。

葡萄糖控制操纵子的开关是通过控制代谢物cAMP的浓度来实现的。大肠杆菌含有一个称为代谢产物活化蛋白（catabolite activator protein，CAP），又称cAMP受体蛋白（cAMP receptor protein，CRP），当培养基中葡萄糖缺乏时，cAMP会大量存在，cAMP能和CAP结合，形成cAMP-CAP复合体，该复合体能够结合在DNA的分解代谢物激活蛋白位点上，提高RNA聚合酶与启动子的结合效率，加快转录的速度。当培养基中有葡萄糖时，cAMP含量很低，不能形成复合体，因而不能激活启动子转录。

3. 色氨酸操纵子的阻遏调节

色氨酸操纵子包括操纵基因、前导序列、衰减子和结构基因（*E*、*D*、*C*、*B*、*A*）。调节基因产

生的阻遏蛋白无活性，不能阻遏操纵基因，使得结构基因可以正常转录。当有过量色氨酸存在时，它会与无活性的阻遏蛋白结合，形成有活性的阻遏蛋白，阻碍转录的进行。

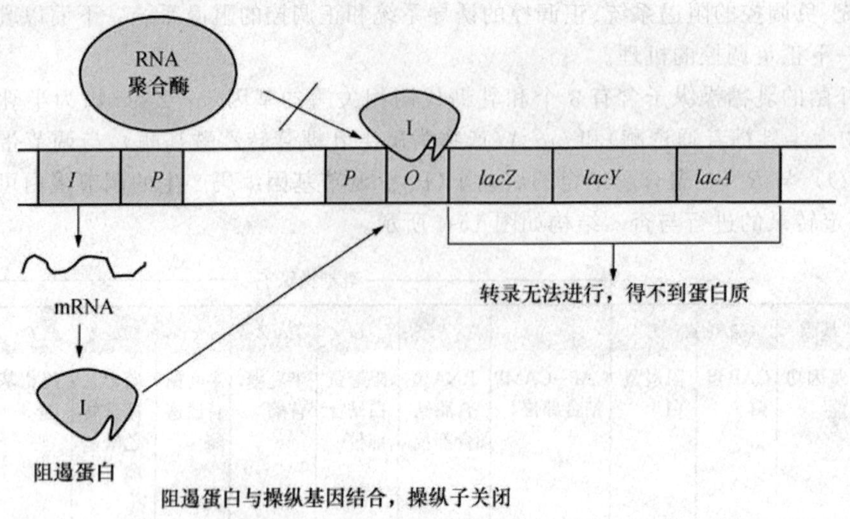

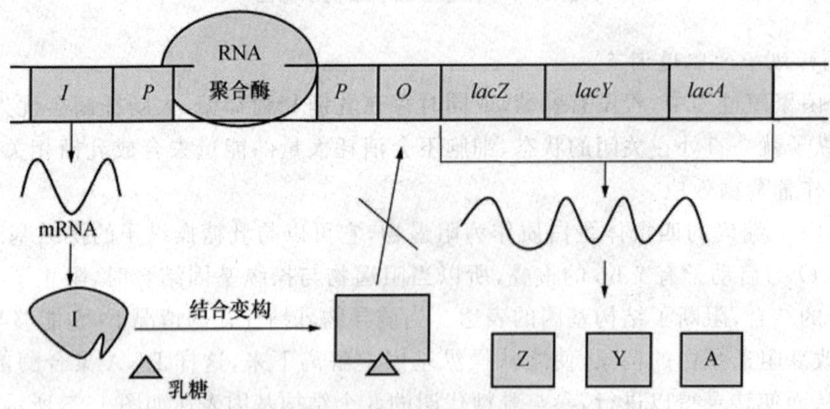

图 15-5 乳糖操纵子的阻遏调节

色氨酸操纵子结构如图 15-6 所示。

基因	P	L 序列	衰减基因 a	O	E	D	C	B	A	T
基因功能	RNA 聚合酶结合部位	前导肽（含 2 个 Trp 的 14 肽）	内部终止子	阻遏蛋白-Trp 结合部位	邻氨基苯甲酸合酶	邻氨基苯甲酸磷酸核糖转移酶	吲哚-3-甘油磷酸合酶	色氨酸合酶 β 亚基	色氨酸合酶 α 亚基	终止基因

图 15-6 色氨酸操纵子结构示意图

4. 色氨酸操纵子的衰减作用

除了上述阻遏物-操纵基因的调节外，还存在一种转录水平上调节基因表达的衰减作用，用以减弱和终止转录的进行(图 15-7)。这种衰减作用与色氨酸 mRNA 的翻译过程有关，当转录形成色氨酸 mRNA 的结构基因之前，有一段包含 161 个碱基的前导序列，这段前导序列分别以 1、2、3 和 4 表示 4 个片段，他可以以不同的方式配对，如果 2 和 3 配对，则转录继续，如果 1 和 2 配对，3 和 4 配对时则形成终止转录的发夹结构。这个前导序列能否形成终止转录的发夹环结构，与细胞中色氨酸的浓度有关。当细胞中色氨酸浓度低时，核糖体不能通过这个前导序列 5′端的 2 个色氨酸密码子，不能翻译成包含 14 个氨基酸的前导肽，核糖体停留在图中 1 部位，此时 2 和 3 配对，不能形成终止转录的发夹环结构，转录继续。当细胞中色氨酸浓度较高时，核糖体能够翻译出 14 肽，核糖体到达图中 2 部位，3 和 4 碱基互补配对，形成终止转录的发夹环结构，转录终止。

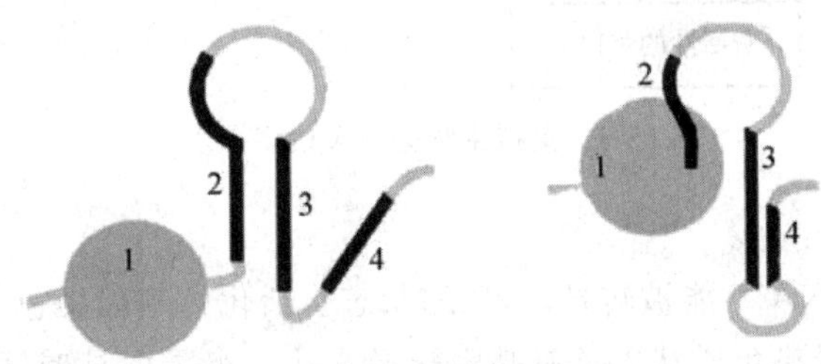

图 15-7 色氨酸操纵子衰减作用

5. 反义 RNA 对表达调控的调节

原核生物在转录后水平上也存在一些调控的机制，例如反义 RNA 对基因表达的影响。反义 RNA 是指与靶 RNA 具有互补序列的调控 RNA。反义 RNA 能够与靶 mRNA 结合，阻挡核糖体前移，阻碍翻译的进行，使得翻译不得不终止；同时反义 RNA 与 mRNA 结合所形成的 dsRNA 会被 RNase H 降解，因而抑制了蛋白质合成。

15.3.2 真核生物基因表达调控

1. 真核生物基因表达调控的水平

真核生物体由多种细胞多种组织器官所构成，虽然不同组织器官的遗传物质 DNA 基本相同，但是不同组织器官所表达的蛋白质则千差万别，原因就在于真核生物存在复杂的基因表达调控机制。真核生物基因转录和翻译与原核细胞有很多不同，例如，转录和翻译分别在细胞核和细胞质中进行，是两个相对独立的过程，而原核生物转录和翻译在细胞的同一室中完成，转录和翻译是偶联的，如色氨酸操纵子的衰减作用就是由于核糖体翻译时对 mRNA 结构产生影响而导致转录终止。再如，真核生物 mRNA 转录时为核内不均一 RNA(hnRNA)，有内含子，需要转录后加工才能形成成熟的 mRNA 等。根据真核生物基因转录和翻译的总体过程，将基因表达调控分为以下 5 个层次：转录前的调节，转录调节，转录后加工调节，翻译调节以及翻译后的加工调节，如图 15-8 所示。

2. 转录前水平的调节

染色质水平上的基因活化调节。转录前染色质结构会发生一系列的变化是基因转录的前提。染色质的结构、染色质中 DNA 和组蛋白的结构状态、基因的丢失、重排以及修饰等都影

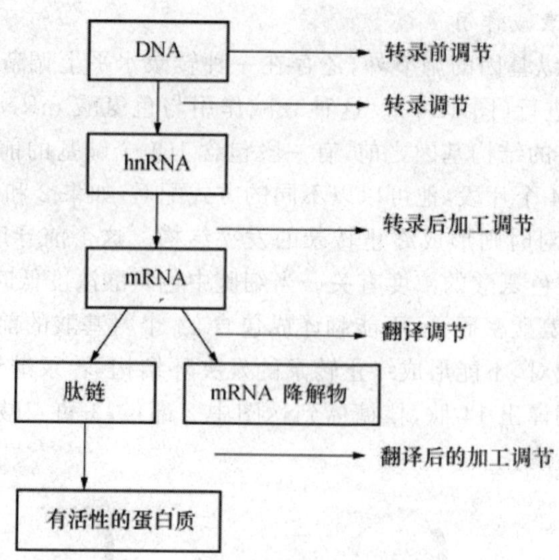

图 15-8 真核生物基因表达调控水平

响转录的进行。

非活化的染色质DNA不能被转录,呈压缩状态。活化的基因染色质呈蓬松态,常染色质中的基因可以转录,而异染色质从未见有基因转录表达。组蛋白是碱性蛋白质,带正电荷,可与DNA链上带负电荷的磷酸基相结合,从而遮蔽了DNA分子,妨碍了转录,去除组蛋白后基因才能转录。同时转录因子与组蛋白处于动态竞争之中,基因转录前染色质必须经历结构上的改变,即染色质重塑。在染色质重塑过程中,某些转录因子可以在结合DNA的同时使核小体解体。

在细胞分裂分化中常常导致部分基因丢失,同时在一些组织细胞中还会出现特定基因的拷贝数专一性大量增加的现象。此外,在细胞分裂过程中基因组中的DNA序列还可发生重排,这种重排是由特定基因组的遗传信息所决定的,是某些基因调控的重要机制。

核小体组蛋白上的某些氨基酸能够被共价修饰,常见的有乙酰基化、甲基化、磷脂化和泛素化。蛋白质的乙酰化和去乙酰化是基因表达调节的一种重要的形式,通过乙酰化或去乙酰化,改变了染色质结构或是转录因子的活性,可以调节基因转录的活性。组蛋白的乙酰化和去乙酰化能打开或关闭某些基因,增强或抑制某些基因的表达。

真核生物DNA碱基修饰主要是甲基化(methylation)和去甲基化(demethylation)。碱基甲基化影响DNA与蛋白质的相互作用,一段DNA序列甲基化可使其后的基因不能转录,甲基化可能阻碍转录因子与DNA特定部位的结合从而影响转录。当碱基去甲基化后,基因转录则被激活。

3. 转录水平的调控

转录水平的调节是真核生物基因表达调控的主要方式,真核生物不像原核生物,以操纵子为单位,调控区很小,可以很直接的促进或抑制RNA聚合酶的聚合,真核生物的转录调节区很大,包括启动子、增强子、转录因子、上游因子和RNA聚合酶,转录调控是通过顺式作用元件和反式作用元件相互调节来实现的。

顺式作用元件,它是调节基因转录的一段DNA序列,但其本身并不翻译成蛋白质,其主要包括启动子、增强子和沉默子。启动子又称为框或盒,可分为 TATA 盒的典型启动子以及富含 GC,不含 TATA 盒或不通过 TATA 盒的不典型启动子,是 RNA 聚合酶和转录因子的结合位点,能够启动转录的进行。增强子不能启动基因的转录,但是其可以增强基因的转录。增强子可分为细胞特异性增强子以及诱导型增强子。沉默子,它是负调控元件,与增强子的作用相反,它能够与阻遏物结合,抑制基因的转录。沉默子在真核生物细胞中对成簇基因的选择性表达起重要的作用。

反式作用因子,主要是各种蛋白质调控因子,具有不同的结构模式(如锌指结构域,螺旋-转角-螺旋结构域等),能够与顺式作用元件结合,参与调控转录的进行。反式作用因子有特异性,它是广泛存在于多种细胞中的 DNA 结合蛋白,有组织和细胞的特异性,有一些反式作用因子还具有诱导性。既有蛋白质结构同源性,又能结合相应特定序列的蛋白质称为"反式作用因子家族",包括类固醇激素受体家族,POU 蛋白家族,AP1 家族,转录激活因子(ATF)家族,STAT 家族等。

4. 转录后加工的调节

转录后的初始 hnRNA 要经过一系列的修饰加工后才会变成成熟的 mRNA,mRNA 前体会进行选择性拼接,即把外显子选择性拼接或内含子选择性拼接。这种拼接方式是发生在一个 RNA 分子内部的剪接,即通过剪接将一个 RNA 分子内部的内含子剪接掉,使外显子连接在一起的剪接方式称为顺式剪接。但在病毒、锥虫、线虫以及植物叶绿体或线粒体 mRNA 中发现有一种特殊的剪接方式,即反式剪接或称为分子间剪接。

RNA 编辑是在 RNA 分子上出现的一种修饰现象,mRNA 在转录后因插入、缺失或核苷酸的替换,改变了 RNA 的遗传信息,从而转译出很多氨基酸序列不同的多种蛋白质。RNA 编辑的机制包括核苷酸的替换,读码框架的改变等。RNA 编辑是一种重要的调控和补救机制。另外,mRNA 通过核孔和在细胞质内定位,mRNA 的稳定性差异等都会导致翻译成的蛋白质数量增加或者减少。

5. 翻译水平的调控

翻译的过程包括肽链合成的起始、延伸和终止。肽链合成的起始对翻译的调控起着很重要的作用。

真核的 mRNA 分子中,5′非翻译区(5′-UTR)及起始密码 AUG 附近的结构特征与起始作用的调控密切相关。5′帽子 m7GpppN 结构有增强翻译效率的作用。大量的体内和体外实验证实了大多数 mRNA 的翻译活性依赖于帽子结构。5′帽子结构还有利于 mRNA 从细胞核向细胞质的转运和增加其稳定性。起始密码 AUG 的位置对翻译的起始调节也有很重要的作用,有资料显示,90%~95%的真核 mRNA 符合第一 AUG 规律。当在正常起始密码上游再引入一个带有最适旁侧序列的 AUG 密码时,若其阅读框架一致,则新的 AUG 代替正常起始密码,翻译产物包含原表达蛋白。AUG 作为起始密码,与旁侧序列也有很密切的关系。然而某些核糖体的翻译总是起始于第一位置的 AUG,即使该密码临近的序列并非具有最佳起始所需的共有序列。真核 mRNA 3′端的 poly(A)尾巴以及终止密码也同样参与翻译过程,并起调节控制作用。在真核细胞中,几乎所有的 mRNA 在核内转录以后均被加上一个 25~25 个腺苷酸组成的尾部。一旦 mRNA 进入细胞质后,poly(A)尾部就变短。Poly(A)的功能不仅显示在 mRNA 由核内向胞质转运的过程中,而且它对 mRNA 的稳定性以及翻译效率均有调控作用。

6. 翻译后的调控

蛋白质翻译后修饰是调节蛋白质生物学功能的关键步骤之一，迄今为止，已发现200多种翻译后修饰方式，如多肽链局部断裂、磷酸化、糖基化、乙酰化、泛素化、甲基化等，蛋白质翻译后修饰是蛋白质互作的重要分子基础，也是细胞信号网络调控的重要靶点。

本章小结

代谢调节主要是对代谢过程中酶进行调节。调节的方式主要有四种：分子水平调节（酶量和酶活性的调节）、细胞水平调节（酶的定位调节）、激素水平的调节和神经水平调节（多细胞整体水平的调节），但最基本的方式是细胞水平的调节。代谢调节的机制是酶活性的调节、酶的定位调节和酶含量调节。酶的活性调节包括酶的化学修饰调节、变构调节、同工酶的调节、底物循环、酶原激活。酶的定位调节实际上就是酶的区域化调节。

酶含量的调节包括基因表达调控酶的合成以及酶蛋白的降解机制。其中最主要的是合成水平的调节，合成水平调节包括转录水平的调节和翻译水平的调节，重点是转录水平的调节。转录水平调节重点掌握原核生物的操纵子学说。

复习思考题

1. 物质代谢相互联系的枢纽是什么？有哪些关键分子？
2. 物质代谢的调节包括哪些层次？最主要的调节机制是什么？
3. 细胞膜结构在代谢调节中是如何发挥作用的？

参考文献

1. 王镜岩,朱圣庚,徐长法. 生物化学. 3 版. 北京:高等教育出版社,2002.
2. 刘国琴,张曼夫. 生物化学. 2 版. 北京:中国农业大学出版社,2011.
3. McKee T, McKee JR. 生物化学导论. 2 版. 英文影印版. 北京:科学出版社,2003.
4. Horton. H. R, Moran. L. A, R. S. Ochs, J. D. Rawn, K. G. Scrimgerour. Principle of Biochemistry. 3rd Edition. Science Press and Pearson Education North Asia Limited. 2002.
5. William J, Lennarz, M. Daniel Lane. ENCYCLOPEDIA OF BIOLOGICAL CHEMISTRY. Elsevier Pte Ltd. 2004.
6. Jeremy M. Berg, John L. Tymoczko, and Lubert Stryer, Biochemistry Fifth editionW. H. Freeman and Company, 2003.
7. Berg J M,Tymoczko J L,stryer L,Biochemistry. 6th ed. New York: W. H. Freeman and Company,2007.
8. 孟繁静,刘道宏,苏业瑜. 植物生理生化. 北京:中国农业出版社,1997.
9. 欧伶,俞建瑛,金新根. 应用生物化学. 北京:化学工业出版社,2001.
10. 蒋立科,高继国. 普通生物化学. 北京:化学工业出版社,2008.
11. 古练权,黄志纾,马林,等. 生物化学. 2 版. 北京:高等教育出版社,2011.
12. 卢龙斗,杜启艳. 操纵子概念. 生物学杂志,2000,17(5):10-11.
13. 王宪泽. 简明分子生物学教程. 北京:中国农业出版社,2008.
14. 沈珝琲,方德福. 真核基因表达调控. 北京:高等教育出版社,1996.
15. 许智宏,刘春明. 植物发育的分子机理. 北京:科学出版社,1998.
16. 武维华. 植物生理学. 2 版. 北京:科学出版社,2008.
17. Josep M. Argilés,Has acetone a role in the conversion of fat to carbohydrate inmammals? 1986,11(2): 61-63,Trends in Biochemical Science.
18. 李洁,李晓新. 人体内糖与运动能力. 西北师范大学学报(自然科学版),2004,40(4): 110-114.
19. 杨洪强,接玉玲,李林光. 脱落酸信号转导研究进展. 植物学通报,2001,18(4):427-435.
20. 林积秀. 乙烯与基因表达调控关系的研究进展. 安徽农学通报,2007,13(17):31-33.
21. 罗超,黄世文,王菡,赵露. 细胞分裂素的生物合成、受体和信号转导的研究进展. 特产研究,2011,2:71-75.
22. 冯霞,李亚男,陈大清. 生长素基因家族及其启动子、反应因子的研究进展. 长江大学学报(自然科学版),2008,5(1):64-69.
23. 李保珠,赵翔,安国勇. 赤霉素的研究进展. 中国农学通报,2011,27(01):1-5.

24. 谈心，马欣荣. 赤霉素生物合成途径及其相关研究进展. 应用与环境生物学报，2008，14(4)：571-577.

25. 黄先忠，蒋才富，廖立力，等. 赤霉素作用机理的分子基础与调控模式研究进展. 植物学通报，2006，23(5)：499-510.

26. 陈季武，左秋红，计磊，等. 非泛素依赖地降解蛋白质研究进展. 生物化学与生物物理进展，2011，38(7)：593-603.

推荐书目

1. 王镜岩,朱圣庚,徐长法.生物化学.3版.北京:高等教育出版社,2002.
2. 刘国琴,张曼夫.生物化学.2版.北京:中国农业大学出版社,2011.
3. 郭蔼光.基础生物化学,北京:高等教育出版社,2001.
4. 郑集等.普通生物化学.北京:高等教育出版社,2002.
5. 武维华.植物生理学.2版.北京:科学出版社,2008.8
6. 王镜岩,朱圣庚,徐长法.生物化学教程.北京:高等教育出版社,2008
7. B.D.Hames.生物化学.王镜岩等译.北京:科学出版社,2000.
8. 杨建雄.分子生物学.北京:化学工业出版社,2009.
9. 刘志国.基因工程原理与技术.北京:化学工业出版社,2011.
10. 朱玉贤.现代分子生物学.2版.北京:高等教育出版社,2006.
11. 王希成.生物化学.2版.北京:清华大学出版社,2004.
12. 王金胜,王冬梅,吕淑霞.生物化学.北京:科学出版社,2007.
13. 蒋立科.高继国.普通生物化学教程.北京:化学工业出版社,2008.
14. 李宪臻.生物化学.武汉:华中科技大学出版社,2009.
15. 张洪渊.生物化学原理.北京:科学出版社,2008.
16. 郑集,陈均辉.普通生物化学.4版.北京:高等教育出版社,2007.
17. 蔡孟深,李中军.糖化学——基础、反应、合成、分离及结构.北京:化学工业出版社,2007.
18. 贾弘禔.生物化学.3版.北京:北京大学医学出版社,2005.
19. 沈珝琲,方德福.真核基因表达调控.北京:高等教育出版社,1996.
20. 陈国荣.糖化学基础.上海:华东理工大学出版社,2009.
21. 孔繁祚.糖化学.北京:科学出版社,2005.
22. 泰勒,德里卡莫.糖生物学导论.马毓甲译.北京:化学工业出版社,2006.
23. 吴显荣.基础生物化学.北京:农业出版社,2000.
24. 孙大业,崔素娟,孙颖.细胞信号转导.4版.北京:科学出版社,2010.
25. 黄卓烈,朱利泉.生物化学.2版.北京:中国农业出版社,2010.
26. 许智宏,刘春明.植物发育的分子机理.北京:科学出版社,1998.
27. Biochemstry Illustrates 3rd Edition Pete N. Campbeu(影印版).北京:科学出版社,1999.
28. Garrett R H, Grisham C M. Biochemistry. 5th ed. International: Brooks/Cole, Cengage Learning, 2012.

29. Horton H R, Moran L A, Scrimgeour K G, et al. Principle of Biochemistry. 4th ed. International: Pearson Education Inc, 2006.

30. Nelson D L, Cox M M. Lehninger Principles of Biochemistry. 5th ed. New York: W. H. Freeman & Company, 2008.

31. Reginald H G, Charles M G. Biochemistry. 4th ed. Canada: Cengage Learning. Inc, 2009.

32. J·D·沃森，T·A·贝克，S·P·贝尔，等. 基因的分子生物学. 6 版. 杨焕明等译. 北京：科学出版社，2009.